LES NOUVEAUX HORIZONS DE LA SCIENCE

PAR

H. GUILLEMINOT

Chef des Travaux de Physique biologique
à la Faculté de Médecine,
Ancien Président de la Société de Radiologie médicale de Paris.

TOME IV

LA VIE
SES FONCTIONS. — SES ORIGINES
SA FIN

Avec 74 figures.

PARIS
G. STEINHEIL, ÉDITEUR
2, RUE CASIMIR-DELAVIGNE, 2

1916

LES
NOUVEAUX HORIZONS
DE LA SCIENCE

DU MÊME AUTEUR

Radioscopie et Radiographie clinique de précision. — 1 vol. petit in-16, 1900. Couronné par l'Académie des Sciences.

Technique de la Radioscopie et de la Radiographie ordinaires. — In *Traité de Radiologie médicale,* publié sous la direction du Professeur BOUCHARD, Membre de l'Institut, 1903. — G. Steinheil, éditeur, Paris.

Électricité médicale. — 1 vol. in-16, 1905; 2ᵉ édition, 1907. — G. Steinheil, éditeur, Paris, et Rebman, éditeur, Londres, pour la traduction anglaise, 1906. (Dʳ BUTCHER traducteur). — Couronné par l'Académie de Médecine.

Guide pour l'emploi de l'électricité en médecine. Principales applications de l'Electrothérapie et de la Radiothérapie. — 1 vol. petit in-16, 1906. — G. Steinheil, éditeur, Paris.

Manipulations de Physique biologique. — 1 vol. in-16, 1910. — G. Steinheil, éditeur, Paris.

Radiométrie fluoroscopique. — 1 vol. in-16, 1910. — G. Steinheil, éditeur, Paris. — Couronné par l'Académie des Sciences.

Rayons X et Radiations diverses. Actions sur l'organisme. — 1 vol. de l'*Encyclopédie scientifique.* — Doin, éditeur, Paris, 1910.

LIVRE PREMIER

FONCTION DE NUTRITION. — CROISSANCE. REPRODUCTION. — ENERGÉTIQUE ANIMALE

CHAPITRE PREMIER

Définition et conception des fonctions de la vie.

§ 1er. — Le chimisme de la matière vivante, premier facteur des fonctions de la vie, est tributaire des lois physico-chimiques générales.

Lorsque, ayant étudié les lois qui régissent les phénomènes propres à la matière inerte (T. I et II), nous avons abordé l'étude du monde vivant (T. III), nous nous sommes demandé si la vie est tributaire de ces mêmes lois, ou bien si, se dérobant aux formules de la physicochimie, elle ressortit à une énergétique inconnue, à une dynamique inaccessible à la science humaine.

Pour résoudre cette question, nous avons commencé par envisager l'évolution de l'être sous sa face la plus simple. Nous avons demandé à la chimie de la matière organisée si les mutations moléculaires de l'être qui se nourrit, qui s'accroît, qui élimine, ou qui meurt, sont de même nature que celles du monde minéral.

La réponse a été formelle. Les réactions qui se passent chez les animaux, chez les plantes, sont tributaires des deux grandes lois auxquelles obéissent les phénomènes de la nature : d'une part l'énergie se conserve au cours des mutations chimiques de la vie, le principe de Robert Mayer n'est jamais mis en défaut; d'autre part l'énergie se dégrade au cours de ces mutations, et la dégradation énergétique ou l'augmentation d'entropie correspondant à la production d'un phénomène, est, en général, la mesure de la tendance naturelle qu'il a à s'accomplir, comme le veut la formule de Carnot-Clausius.

Jamais au cours de l'étude physico-chimique que nous avons faite de la vie, nous n'avons aperçu la nécessité d'invoquer l'intervention de quelque modalité inconnue de l'énergie; jamais nous n'avons vu naître ni disparaître de l'énergie dosable; jamais nous n'avons vu se dérouler une chaîne de mutations dont la genèse ne soit conforme aux lois de la thermodynamique. Toutes les molécules constitutives des plasmas vivants, quel que soit le degré de leur complexité, nous sont apparues dans l'échelle des édifices atomiques comme le produit synthétique des radicaux plus simples dont la conjonction s'est effectuée de la même manière que toutes les synthèses de la chimie minérale, mais d'une façon plus variée et plus savante par suite des conditions spéciales du milieu.

La chimie de la matière organique et de la matière organisée en un mot s'est révélée à nous comme une branche de la chimie des éléments simples, et nous avons trouvé entre le monde inerte et le monde vivant un fossé moins difficile à franchir peut-être que celui qui nous a arrêtés un moment, quand nous avons voulu jeter un pont entre la matière et la non matière, entre la dynamique de l'atome et celle de l'électron, entre les manifestations des énergies matérielles et les propriétés de l'éther électromagnétique.

Mais la biochimie n'est qu'une face de la vie. Nous n'avons pas plus tôt abordé l'étude de la matière vivante que nous avons été frappés par un caractère qui la suit depuis l'infiniment petit jusqu'aux unités les plus perfectionnées : la forme. Il semble qu'une structure particulière, un arrangement spécial d'éléments ayant une figure propre, soit la condition *sine qua non* de toute évolution vitale.

Or l'étude des formes organiques nous a conduits à faire entrer en scène une cause directrice, orientatrice des phénomènes physico-chimiques qui les engendrent, et nous n'avons nullement pu identifier *a priori* cette cause directrice soupçonnée avec celle que nous connaissions déjà comme la raison d'être du sens des phénomènes réels, avec celle que renferme implicitement le principe de la dégradation de l'énergie.

Devant cette difficulté, nous nous sommes contentés de dire que les formes de la matière vivante sont certainement sous la dépendance des fonctions de la vie et nous avons laissé entrevoir que ces fonctions paraissent répondre à un besoin propre aux unités vivantes, à la *réalisation au mieux* de leur évolution, faisant ainsi entrer en jeu l'idée d'une utilité individuelle avec sa couleur un peu troublante de finalité.

Nous nous sommes de cette façon dérobés momentanément devant l'obstacle, rejetant l'explication des formes de la vie après celle de ses fonctions et nous bornant alors à étudier ces formes telles qu'elles sont, comme un préliminaire au problème qui se dresse à présent devant nous.

Ce problème me paraît trop important pour que je n'en précise pas les termes d'une façon rigoureuse. Aussi je crois faire œuvre utile en consacrant un paragraphe spécial à son énoncé.

2. — L'étude des formes de la matière vivante nous fait entrevoir une influence orientatrice différente de la deuxième loi de l'énergétique. Qu'est-ce que cette influence orientatrice?

Si les formes des organites simples qui composent les plasmas, si les formes primordiales des éléments vivants n'impliquent pour leur production que la mise en jeu de forces physico-chimiques connues et définies par la science expérimentale, si même certaines de ces formes sont artificiellement réalisables malgré l'ignorance dans laquelle nous sommes encore de toutes les réactions propres aux molécules organiques, il serait téméraire de prétendre reproduire la genèse de toutes les formes organiques, par la seule mise en jeu *in vitro* de ces forces connues, *en dehors des conditions complexes de la vie*. Or dès qu'on en appelle à ces conditions complexes, on fait entrer en scène les fonctions de la vie, c'est-à-dire des facteurs propres à la substance vivante. Dès que pour reproduire artificiellement un phénomène morphologique, on reconnait qu'il faudrait réaliser *in vitro* pendant le moment qu'il s'accomplit toutes les conditions propres à l'organisme qui en a été le siège, on met délibérément ce phénomène sous la dépendance de mutations liées à l'activité vitale, mutations dont l'ensemble constitue les fonctions de l'être qui évolue.

Alors se pose dans toute son ampleur la question de la nature des fonctions de la vie.

Faut-il voir dans ces fonctions de l'unité vivante quelque manifestation d'une évolution énergétique différente de celle des phénomènes que nous connaissons déjà; faut-il voir dans la direction imprimée par elles aux phénomènes physico-chimiques de la matière vivante une raison d'être surajoutée à celle que traduit le principe de Carnot-Clausius?

Les fonctions de la vie, qui se révèlent à nous avec le but apparent d'assurer au mieux l'évolution de chaque unité entre son commencement et sa fin, sont-elles un *a posteriori* du deuxième principe de l'énergétique ou révèlent-elles un principe superposé? Dépendent-elles de la loi qui règle le sens et l'intensité des phénomènes produits d'après la valeur de l'accroissement entropique lié à leur accomplissement ou bien obéissent-elles à un facteur vectoriel tout différent, à une raison directrice propre aux unités vivantes?

En un mot l'être qui évolue, grâce au jeu de toutes ses fonctions vitales, accomplit-il toutes les mutations dont il est le siège par la tendance à la dégradation des énergies mises en jeu et en vertu de cette dégradation seule, ou bien est-il poussé à travers la vie par une raison différente?

Tel est le problème qui se dresse devant nous. L'étude des formes nous l'avait fait prévoir; nous l'avons momentanément écarté. Celle des fonctions de la matière vivante va nous placer face à face avec lui. Nous l'aborderons franchement et pour cela nous - allons dès le début dire quelques mots des écueils que tout de suite nous trouverons sur notre route. Ainsi au cours de l'étude sommaire que nous ferons des phénomènes vitaux, le lecteur pourra lui-même, pierre par pierre, édifier sa conviction finale.

3.— La raison orientatrice des phénomènes de la vie est-elle renfermée implicitement dans le principe de Carnot-Clausius. Les difficultés de la réponse.

Il ne faut pas se dissimuler que nous touchons ici à l'une des questions les plus délicates que nous ayons encore abordées.

Les réponses qui lui sont proposées sont en général bien plus inspirées par des influences doctrinales que par les déductions de la science positive. Elles peuvent en effet se grouper autour de deux thèses opposées.

L'une partant de ce fait que tous les phénomènes physico-chimiques de l'être vivant ressortissent aux lois de l'énergétique et que les formes les plus simples sont réalisables par la seule mise en jeu de facteurs connus, affirme qu'il est inutile de chercher ailleurs que dans les propriétés de la matière inerte l'explication des formes et des phénomènes les plus complexes de la vie.

L'autre met en avant les caractères cardinaux de l'évolution des êtres vivants, les fonctions de la vie qui répondent à un but individuel ou spécifique, les formes des tissus dont l'harmonie ne saurait s'expliquer par une loi de hasard incapable de déterminer cette convergence des phénomènes vers un même objet ; elle montre les processus de croissance dirigés suivant un plan constant, l'hérédité des formes et des caractères qui perpétue ce plan ; et, comme dernière pièce à conviction, elle jette sur le plateau de la balance le phénomène incompréhensible de la conscience, de la pensée, de l'intelligence, que nulle dégradation énergétique ne saurait tirer d'un quartier de roche.

Ainsi retrouvons nous ici encore ces deux tendances différentes de l'esprit humain que l'on catalogue ordinairement sous les noms un peu démodés de matérialisme et de spiritualisme et qui, dans ce cas particulier, s'appellent mécanisme et vitalisme.

Dès à présent je voudrais montrer au lecteur par quelles voies les nouvelles conquêtes de la science acheminent l'esprit humain vers la solution de ce problème.

Il me paraît indispensable pour cela de dire quelques mots des arguments sur lesquels reposent les divergences de vues que nous venons de signaler.

Le point de départ des matérialistes mécanistes est

sûr, il est du domaine de la science positive. En effet ils commencent par formuler les observations que nous avons faites au cours de notre troisième volume : les phénomènes, les réactions physico-chimiques qui font évoluer la matière vers les formes moléculaires du monde organique, vers les formes micellaires ou cellulaires figurées, sont provoqués par les processus communs de dégradation énergétique. N'apercevant rien dans la nature en dehors de ces phénomènes, de ces réactions, ils concluent que cela suffit à expliquer la vie. Mais, à première vue tout au moins, on éprouve devant ce rai-, sonnement une sensation de lacune, de preuve incomplète. C'est que, si nous concevons bien que tous les actes de l'évolution vitale se ramènent à des processus physico-chimiques et que par conséquent tous sont tributaires à ce titre du principe de Carnot-Clausius, nous ne saisissons pas pourquoi, au lieu de se dérouler au hasard, ces processus convergent vers la réalisation d'unités difficiles à édifier et vers l'*évolution au mieux* de ces unités une fois créées.

Les spiritualistes vitalistes, eux, partent précisément de cette insuffisance pour asseoir leur doctrine : ils mettent en relief les faiblesses de la théorie adverse de façon telle qu'ils arrivent à un commencement de preuve par l'absurde. Ils opposent, en effet, dans les deux termes d'une antithèse suggestive deux choses qui paraissent incompatibles : d'une part, ils placent les phénomènes du monde inerte qui obéissent à la loi de dégradation énergétique et ils font voir cette loi poussant la matière à travers ses chaînes de mutations dans des directions quelconques, dans des directions *qui ne convergent nullement vers la réalisation d'un but donné*; et d'autre part, ils mettent en lumière l'unité de l'être vivant, objet essentiel vers lequel tendent tous les phénomènes de la vie, pour la *réalisation au mieux* de son individualité, *pour l'évolution au mieux* d'un cycle qui évoque l'idée *d'une chose préétablie* et d'un plan préfixé.

Ils concluent qu'il est absurde de chercher à tirer cette finalité d'une *cause efficiente* incapable d'engendrer autre chose que des phénomènes de hasard, des phénomènes divergents.

Ce n'est pas au début de ce livre que je prétends apporter à cette question une solution qui sera bien au contraire l'une des conclusions de notre étude. Mais ce que je veux faire ici, c'est montrer qu'il faut être prudent dans ces luttes doctrinales et se défier des raisonnements qui s'imposent à nous par la logique des mots plus que par le bien-fondé des déductions.

Tout d'abord, est-il bien sûr que la loi de Carnot-Clausius soit forcément l'expression d'une causalité de hasard? Voilà un premier point sur lequel il y a lieu de réfléchir un moment.

Ensuite ne connaissons-nous pas dans la nature d'influences capables de sélectionner des phénomènes iso-dégradateurs, égaux devant le deuxième principe de l'énergétique, de manière à imprimer aux mutations naturelles une direction conforme à ce deuxième principe, mais dans laquelle on trouve l'empreinte d'un triage électif juxtaposé? C'est là un second point dont nous ne ferons que soulever le voile en ce moment, mais qui, peu à peu, au cours de notre étude, va s'éclairer, grossir, s'imposer à l'esprit du lecteur pour finalement lui apparaître comme l'explication naturelle de tous les actes spéciaux de la vie.

Nous allons brièvement dans chacun des deux paragraphes qui vont suivre, expliquer la valeur de ces deux propositions et nous tâcherons de les avoir toujours présentes à l'esprit au cours de l'étude que nous allons entreprendre des fonctions de la vie. Ainsi préparerons-nous sans beaucoup de difficultés, des conclusions qui, de prime abord, peuvent paraître inextricables.

4. — Les phénomènes tributaires du principe de Carnot-Clausius ne sont pas forcément des phénomènes divergents.

Après que nous avons étudié les propriétés de l'atome et de l'électron et que nous avons, aidés par les enseignements de la cosmogonie, essayé de pénétrer la nature et la genèse de l'atome à partir de la non matière, nous sommes arrivés à concevoir l'électron comme un centre énergétique en mouvement, sans gravité, sans inertie matérielle, sans aucun des caractères cardinaux de la matière; et l'atome, lui, nous est apparu comme un agrégat d'électrons en mouvement, mais un agrégat doué de propriétés nouvelles, siège apparent des attractions gravides ou des affinités chimiques et physiques, centre d'application de ces forces matérielles si différentes *a priori* des forces électro-magnétiques.

Quelque image hypothétique que nous nous fassions de l'atome, ne trouvant en dernière analyse dans son édifice que des électrons et de l'énergie, nous sommes ainsi conduits à admettre qu'il tire toutes ses propriétés de celles des électrons en mouvement et des rapports de ces électrons avec l'éther, en un mot de la cinétique électro-magnétique, qui à elle seule n'implique nullement l'idée des forces gravides, ni des forces physico-chimiques propres à la matière.

Autrement dit, si, comme tout porte à le croire, la genèse de l'atome trouve bien son explication dans un certain mode d'agrégation des électrons constituants en mouvement, il faut admettre que ce processus d'agrégation a donné lieu à l'éclosion de propriétés nouvelles, qui ne se manifestaient pas dans les unités constituantes; et, par suite, cette genèse de l'atome, à partir de l'électron, correspond à un ensemble de phénomènes *convergeant vers la réalisation d'une unité d'ordre supérieur* douée de caractères nouveaux.

Or, il est vraisemblable, comme nous l'avons dit, que la loi de Carnot-Clausius dépasse les limites de l'évolution de la matière : de même qu'elle s'applique à la désagrégation atomique dans les corps radio-actifs, de même elle régit sans doute la génération des atomes à partir de leurs électrons constituants.

Ainsi d'ores et déjà nous voyons la loi de Carnot-Clausius susceptible de commander des mutations énergétiques engendrant des systèmes complexes à partir de systèmes plus simples, et par conséquent elle ne saurait s'imposer à nous comme une loi *excluant la convergence.*

Cet exemple pris dans l'infiniment petit n'est pas le seul. La formation des systèmes sidéraux, devant l'harmonie desquels nous demeurons étonnés, l'évolution de chacune des unités cosmiques liées aux unités voisines comme les pièces d'une machine solidaires les unes des autres, tout cela s'offre à nous comme si les mutations énergétiques mises en jeu pour aboutir à ces états ou à ces systèmes avaient *convergé* vers ce que nous appelons une synthèse ou un complexe harmonique.

Seulement ce qui paraît ressortir nettement de l'étude des choses de la nature, c'est que si la loi de Carnot-Clausius est susceptible de régir des phénomènes convergents, si elle est susceptible de déterminer parfois à elle seule la formation d'unités complexes ou d'assemblages synthétiques qui sont comme un but final aux chaînes de mutations qui y aboutissent, du moins ordinairement elle ne suffit pas à elle seule à assurer une marche *systématiquement convergente* des phénomènes.

C'est ainsi que la convergence systématique des phénomènes de la vie ne saurait être expliquée par les seules formules de la thermodynamique, bien que tous les actes vitaux soient tributaires de ces formules. Ceci demande une explication; nous allons la trouver en étudiant le deuxième point sur lequel je voulais attirer l'attention : la sélection possible des phénomènes isodégradateurs.

5. — Les fonctions vitales et l'idée de convergence introduite dans la conception du 2ᵉ principe de l'énergétique.

Jusqu'ici notre raisonnement nous a conduits en somme à cette conclusion : la 2ᵉ loi de l'énergétique, loi de hasard, provoque en général des phénomènes divergents. Cependant elle n'est pas incompatible avec la convergence, elle peut provoquer des phénomènes convergents.

Ceci pourrait nous amener tout droit à supposer que la production de beaucoup de phénomènes divergents et d'un petit nombre de phénomènes convergents est tout simplement un résultat prévu par le calcul des probabilités : sur l'ensemble des effets produits, le hasard ferait qu'il en est des convergents et les chances de production de ces effets seraient justiciables des prévisions de ce calcul pour des séries très nombreuses.

Dans tout cela rien d'illogique, rien qui puisse être entaché d'erreur. Il ne nous répugne pas d'admettre, par exemple, quand nous songeons aux hypothèses cosmogoniques, que les hasards de rencontre des particules cosmiques et le conflit de leurs énergies de translation produisent de toutes pièces un système sidéral par la dégradation des énergies mises en jeu et que ces énergies continuant à se dégrader entretiennent la cinétique indispensable à la vie de cette unité sidérale.

Il ne nous répugne pas d'admettre que la seule dégradation des énergies terrestres ait pu provoquer le refroidissement progressif de notre planète, la formation d'éléments chimiques complexes, la production même d'unités inorganiques ou organiques.

Mais regardons un moment la marche de la vie terrestre, les processus de nutrition, qui tous tendent à la réalisation au mieux de la vie individuelle, la croissance des éléments cellulaires, les spécialisations fonctionnelles, les progrès incessants d'espèce à espèce, l'évolution des unités, de leurs organes, de leurs tissus, évolution hésitante parfois dans le détail, mais infaillible dans ses résultats finaux. Il ne peut s'agir là d'une convergence accidentelle, telle que nous la ferait prévoir le calcul des probabilités, mais bien d'une convergence systématique, d'une convergence imposée.

Mais alors où ne sommes-nous pas conduits? Nous avions avec confiance suivi le développement des lois de l'énergétique depuis les phénomènes de la matière inerte jusqu'à ceux de la vie ; nous avions prouvé que les uns et les autres sont commandés par la dégradation énergétique qui accompagne leur production, nous avions établi que l'accroissement entropique propre à chacun d'eux mesure la tendance naturelle qu'ils ont à se produire, nous avions conclu que les lois de la vie ne sont pas autres que les lois du monde inerte, puis voilà que nous nous apercevons tout à coup que la convergence des phénomènes vitaux vers ce but mystérieux : réaliser au mieux l'évolution de chaque unité vivante, ne procède pas de cette loi.

La clé de l'énigme apparaîtra très simple au lecteur quand nous aurons parcouru le domaine des sciences biologiques dont nous commençons l'étude, mais dès le début je crois utile de faire entrevoir la nature de cette cause directrice apparemment surajoutée aux facteurs visés par la loi de Carnot-Clausius.

Nous savons déjà que le propre de la vie est la mise en jeu de processus qui s'accomplissent dans des états très voisins de l'état d'équilibre. Nous savons d'autre part que ces processus peuvent conduire à des résultats peu différents les uns des autres avec le même accroissement entropique ; par exemple des réactions chimiques variées peuvent conduire à la production de corps répondant à la même formule chimique, ayant le même potentiel thermodynamique, mais pourtant différents par leur forme stéréochimique : les inverses optiques.

Jusqu'ici la formation de ces corps ayant le même potentiel thermodynamique, la genèse de ces processus iso-dégradateurs, nous a paru obéir aux simples prévisions du calcul des probabilités et nous avons vu sans surprise dans la préparation de l'acide tartrique, par exemple, les molécules droites et les molécules gauches avoir la même tendance à se former. La théorie cinétique chimique nous a même rendu tangibles les raisons de cette égalité de tendance. Cependant nous avons laissé prévoir qu'il se pourrait que, sous l'influence de certaines causes, il y ait prédominance de l'un ou l'autre des composés. Nous avons donné à entendre que de deux processus isodégradateurs celui-ci ou celui-là pouvait être facilité par telle ou telle cause dissymétrique, par telle ou telle influence s'exerçant à la manière des influences statiques, des freins ou des agents lytiques, si bien que l'un de ces processus l'emporte en fréquence sur l'autre.

En un mot, nous pouvons concevoir qu'il existe des agents capables de trier, sans dépense d'énergie, sans augmentation entropique, des processus isodégradateurs et de provoquer ce résultat que tel ou tel de ces processus prime les autres.

Or, ne savons nous pas déjà que chaque unité qui prend naissance dans notre univers a son cortège de propriétés statiques nées de ses relations avec l'ambiance? L'électron a son champ statique ; en voie de translation

il possède un champ magnétique; l'atome a son champ
gravide que ne possédaient pas ses éléments constituants
les électrons; la molécule a son champ d'attraction
moléculaire, etc. Toutes ces forces, qui ont vraisemblablement leur siège dans le milieu ambiant, sont des manifestations de nature statique. De même pouvons-nous
concevoir que les unités d'ordre supérieur, les particules
colloïdales, les cellules vivantes aient, elles aussi, des
propriétés nouvelles, des forces statiques particulières.
Il est naturel de voir dans ces forces statiques si variées
de la nature des agents de triage qui peuvent sélectionner les processus isodégradateurs et l'on peut dès à présent remarquer que ces agents de triage sont propres à
chaque unité et sont par suite capables de donner à ces
unités ces apparences d'autonomie que nous verrons si
caractérisées dans la suite de notre étude.

. Ce n'est pas tout. Nous constaterons au cours de cette
étude, que la matière vivante présente cette propriété
remarquable de faciliter la répétition d'un phénomène
déjà accompli. Lorsque sans autre raison que le hasard
des probabilités une mutation s'est accomplie dans une
voie donnée, tandis qu'une autre voie isodégradatrice
était possible, la matière semble garder la trace, le
souvenir de ce choix de hasard, de cette option déjà
faite et les chances seront plus grandes pour que la
même voie soit suivie chaque fois que se reproduira la
même circonstance. Ce souvenir du déjà fait qui s'appelle l'habitude au cours de la vie d'une unité et l'hérédité au cours de la vie d'une lignée, jouera un rôle
énorme dans l'explication des phénomènes de la vie.

Je ne dois pas ici insister sur ces données. Je voulais

seulement lever un coin du voile qui couvre ces phénomènes à première vue si mystérieux. C'est l'étude
patiente des faits qui à présent nous conduira à les
mettre en pleine lumière. La pousser plus loin dans ce
paragraphe d'introduction serait s'engager dans des
discussions oiseuses et des déductions d'une logique
souvent trompeuse.

C'est donc avec ces prévisions, vagues encore, que
nous allons aborder l'étude de ces propriétés qui différencient les unités vivantes, l'étude des fonctions de la
vie.

Nous les répartirons pour la commodité de l'exposition en trois parties.

La première sera consacrée à la fonction de nutrition
qui permet à l'unité vivante d'assimiler des molécules
empruntées au monde inerte et d'entretenir les cycles
de mutations qui font sa vie physico-chimique. Nous
étudierons dans cette même partie les phénomènes d'accroissement et de reproduction liés à cette fonction,
l'hérédité et ses lois et enfin les phénomènes dynamiques et la production de travail mécanique liés à la
fonction de nutrition.

La deuxième traitera de l'origine de la vie sur la
terre, question intimement liée à celle de la nutrition,
de l'accroissement et de la reproduction des êtres.

Dans la troisième j'envisagerai les fonctions de relation qui prennent une proportion si considérable chez
les animaux supérieurs.

CHAPITRE II

Fonction de nutrition.

Section I. — Fonction de nutrition au point de vue chimique.

6. — Le rôle de la nutrition dans l'évolution des unités vivantes.

La nutrition est la fonction essentielle de la vie. Un des maîtres les plus éminents de la médecine contemporaine, M. Bouchard, a écrit : « ce qui est constant, universel, nécessaire dans la vie, c'est la rénovation, c'est le double travail continu de destruction et de réparation. Tout le reste est contingent : sensibilité, intelligence, mouvement, reproduction. Tout cela appartient à certains être vivants; la reproduction même n'appartient pas à tous; la nutrition seule appartient à tous les êtres vivants et à chacune des particules des êtres vivants. C'est ce qui m'a fait adopter cette formule où se condense toute la pensée d'Aristote : la nutrition c'est la vie. » (1)

Si en regard de cette rénovation, de ce double travail perpétuel de destruction et de réparation, nous plaçons, comme nous l'avons fait souvent, la fixité relative des formes et de l'individualité propre aux êtres vivants, la nutrition nous apparaît, pour employer une heureuse comparaison d'Ostwald, comme un courant de matière traversant un de ces systèmes, mobiles et stables à la fois, que la physique définit sous le nom de systèmes stationnaires (2).

Pareil au jet d'eau dont l'aspect ne varie pas, au fleuve qui dessine toujours le même lit, à la flamme d'une bougie ou aux stries lumineuses des tubes à vide parcourus par un courant électrique, pareil à tous ces systèmes qui conservent leur forme quoique faits de particules sans cesse renouvelées et sans cesse fugitives, l'être vivant est lui aussi un système dont la fixité n'est qu'une apparence et qui doit à l'enchaînement des phénomènes dont il est le siège, la constance de sa forme, de son aspect et de sa composition moyenne.

Mais il faut se hâter d'ajouter qu'une différence frappante sépare l'entretien des systèmes stationnaires et les rénovations propres à l'être vivant. Le système stationnaire en effet se révèle seulement comme un témoin de la constance dans le temps d'un phénomène indéfiniment répété ; il est, suivant l'expression d'Ostwald, le

____

(1) BOUCHARD. Troubles préalables de la nutrition, p. 179. *Traité de Pathologie générale.* T. III.

(2) OSTWALD. *L'énergie.* Trad. Philippi.

résultat *passif* de cette régularité ; tandis que la nutrition chez les êtres vivants comporte un ensemble de phénomènes variables, et la permanence morphologique ou individuelle qui en résulte indique, dans son accomplissement, quelque chose *d'actif* de la part de l'être qui en est le siège. Cette activité est d'autant plus évidente que ces systèmes évoluent, s'accroissent suivant un ordre constant, se reproduisent.

Alors même qu'on est pénétré de cette idée que l'ensemble des phénomènes qui déterminent la pérennité de la forme et ses modifications lentes dans le temps, sa croissance, son évolution et par suite sa reproduction, sont le fait du concours de circonstances extérieures, on est forcé de reconnaître que l'étude des fonctions de nutrition conduit à se représenter l'être vivant comme un système stationnaire dans lequel des propriétés individuelles entrent en jeu, c'est-à-dire comme un système stationnaire *actif*. Nous pouvons aussi exprimer ce fait sous une autre forme en disant que l'ensemble des phénomènes qui ressortissent à la fonction de nutrition sont des phénomènes *convergents*, des phénomènes tendant vers cette fin apparente de réaliser l'unité de l'être et de le pousser à travers un cycle déterminé.

Ainsi à peine abordons-nous la plus simple des fonctions de l'organisme que déjà nous voyons une application des remarques que nous avons formulées plus haut. Si les actes de la nutrition nous apparaissent comme tributaires des lois générales de l'énergétique par ce que nous avons vu dans nos chapitres précédents, et si les causes qui les engendrent sont simplement régies par le principe de Carnot-Clausius, le système qui en est le siège leur impose l'aspect de chaînes convergeant vers un objet apparent, une raison d'être finale : *l'utilité de l'être vivant*. Cet objet apparent prend une importance telle dans l'étude de tous les actes de la vie que nous le rencontrons partout et qu'il s'offre à nous à la fois comme le but et la cause suprême des phénomènes qui se déroulent dans la matière organisée.

Mais si nous nous laissions aller à étudier les fonctions de la vie en mettant seulement en scène l'utilité individuelle, le besoin de l'être qui évolue, la réalisation au mieux de son unité, nous perdrions vite tout contact avec les principes fondamentaux sur lesquels nous avons voulu appuyer la conception de la vie ; nous oublierions vite toutes les données de la thermodynamique.

L'étude de la fonction de nutrition est à ce point de vue pleine d'intérêt, parce qu'elle comporte deux parties qui paraissent nous entraîner vers des conclusions philosophiques diamétralement opposées : la première, c'est la chimie des matériaux qui par leurs combinaisons, leurs réactions, leurs dissociations, entretiennent la vie, c'est la chimie biologique dont nous avons rappelé les principaux enseignements dans notre tome III et dont il nous suffira ici de reprendre quelques notions pour mettre en lumière certains cycles fondamentaux de l'évolution des organismes végétaux ou animaux. Cette partie-là, nous le savons, rattache simplement les phénomènes de la vie aux lois de la thermodynamique.

La deuxième, c'est la physiologie des organes spécialisés dans la fonction de nutrition : là, l'unité vivante n'est plus passive ; elle est essentiellement active ; elle parait renfermer en elle-même la cause directrice de la constance et de l'entretien du système stationnaire qu'elle représente.

Quand nous passerons de l'une à l'autre nous éprouverons la même difficulté que nous avons rencontrée (T. III) quand, ayant terminé l'étude de la chimie de la matière vivante en général, nous avons abordé celle de sa morphologie.

Mais de même que nous avons reconnu dans les formes les plus simples de la vie, l'empreinte exclusive des forces physicochimiques que nous connaissons, de même au milieu du dédale inextricable des actes qui assurent la nutrition, nous verrons souvent des phénomènes réductibles à des processus du monde inerte.

Pour les autres, nous nous réserverons de demander à l'étude des fonctions de la vie des éclaircissements sur leur genèse.

Nous allons donc commencer par nous occuper ici des cycles parcourus par les éléments fondamentaux de la matière vivante depuis leur origine dans le monde inerte jusqu'à leur retour à l'état initial.

7. — Le cycle du carbone chez les végétaux. La fonction chlorophyllienne.

Nous avons dit que l'élément essentiel de la matière vivante est le carbone, au point que la chimie de la matière vivante ne se définit guère autrement que comme étant la chimie du carbone ; et nous avons dit aussi pour quelle raison probable c'est autour de l'atome de carbone que se sont édifiées les molécules variées qui prennent part à l'évolution des êtres (1).

A côté du carbone, l'azote, nous le savons déjà, a joué un rôle capital aussi comme élément de charpente.

Sur ces deux noyaux architecturaux se greffent d'autres éléments, non moins essentiels par leurs fonctions, mais moins fondamentaux et plus variables, l'oxygène, l'hydrogène, le soufre et toute la série des corps dont la science biologique commence à apercevoir l'utilité.

Si donc nous voulons nous faire une idée des processus par lesquels les matériaux inertes s'édifient pour figurer un moment au nombre des agents dont le concours engendre la vie, nous sommes naturellement conduits à suivre à travers leurs cycles complexes les deux éléments essentiels de la construction des matières biochimiques, les deux atomes squelettes des molécules organiques, le carbone, l'azote.

Nous étudierons en premier lieu le cycle du carbone chez la plante.

Nous savons que les végétaux à chlorophylle empruntent la presque totalité du carbone dont ils ont besoin à l'air atmosphérique. Ils le fixent d'une façon très particulière. Les rayons lumineux s'absorbent dans des organites cellulaires spéciaux grâce à la présence de cette matière verte qu'on appelle la chlorophylle, et l'énergie radiante ainsi fixée est employée à une opération chimique imparfaitement connue d'ailleurs ; l'acide

(1) T. III, p. 59.

carbonique de l'air est capté et décomposé, l'oxygène est rejeté, le carbone mis en présence des sels minéraux et de l'eau apportés par la sève se combine avec eux pour former des hydrates de carbone et même des substances quaternaires azotées.

La sève brute qui arrive des racines et qui se distribue aux parties vertes des végétaux, se charge par suite de matériaux organiques, synthétisés sur place, et va porter ces aliments aux parties jeunes, aux cellules en évolution et à tous les tissus.

Ainsi tous les matériaux de la plante, tant les substances protéiques des plasmas que les substances ternaires qui constituent la majeure partie de ses tissus, les sucres, l'amidon, la cellulose, la lignine, la cutine, etc., tirent leur carbone de l'air ambiant, et la synthèse de ces éléments, opérée grâce à l'absorption de l'énergie électromagnétique de la lumière solaire, est le phénomène dominant de la nutrition végétale. Les végétaux qui ne possèdent pas de chlorophylle, à part quelques exceptions, ne peuvent vivre qu'en parasites aux dépens d'autres végétaux, ou en saprophytes aux dépens de matières organiques en décomposition.

L'assimilation chlorophyllienne est si importante chez la plante que, depuis le jour où Priestley (1771) a montré que les feuilles vertes absorbent « l'air fixe » et rendent « l'air respirable » et depuis que Ingenhousz (1780-1800) a fait voir le rôle de la lumière dans cette absorption, on a toujours eu tendance à faire de la fabrication photochimique des composés carbonés, le processus exclusif de la vie des végétaux.

Nous avons dit le thème, très en faveur au siècle dernier, suivant lequel les deux règnes vivants se trouvaient en antagonisme absolu (T. III. p. 102). Le règne végétal prenait dans le monde inerte des éléments simples, des éléments minéraux. Il en opérait la synthèse en empruntant au rayonnement solaire l'énergie nécessaire à créer les liens interatomiques, les liens d'affinité chimique des molécules complexes ainsi construites. Il édifiait de la matière vivante avec des atomes minéraux et de l'énergie solaire. La vie du règne animal au contraire était faite de la destruction de cette œuvre édifiée ; les êtres animés ne vivaient qu'en dégradant les composés végétaux, depuis leurs formes les plus élevées jusqu'aux éléments minéraux qu'ils rendaient au monde inerte. Ainsi la vie terrestre représentait un cycle dont la première moitié, attribuée au règne végétal, conduisait les éléments minéraux vers le sommet des synthèses organiques et la deuxième, propre au règne animal, détruisait en sens inverse les composés formés pour les ramener à leur point de départ.

La première moitié du cycle impliquait un apport d'énergie étrangère : l'énergie solaire. La deuxième permettait la libération, l'utilisation de cette énergie par les êtres qui en étaient le siège.

Le végétal suivant l'expression de Tyndall était produit par l'élévation d'un poids et l'animal par la chute de ce poids ; si bien que la phase végétale du cycle organique paraissait faite en vue de la phase animale, la plante semblait avoir une vie faite non pour elle, mais pour le règne supérieur et pour l'homme en particulier, créé pour dominer la nature.

Claude Bernard l'un des premiers, s'est élevé avec

force contre cette conception. Il a montré que tout organisme vivant porte en lui-même sa finalité, qu' « il n'y a rien dans la loi d'évolution de l'herbe qui implique qu'elle doit être broutée par un herbivore ; rien dans la loi de végétation de la canne qui annonce que son sucre devra sucrer le café de l'homme ».

Cependant en principe, l'idée qui a servi de point de départ aux partisans de la conception dualiste des deux règnes est exacte. Les observations sur lesquelles se sont appuyés Dumas et Boussingault, quand ils ont donné à cette doctrine un si imposant développement, sont rigoureuses. On ne peut nier en effet que l'énergie solaire soit à la base même des synthèses végétales et que cette énergie soit dissipée au cours de la nutrition animale. Comme l'a dit Dastre, les végétaux sont bien des créateurs d'énergie potentielle, tandis que les animaux sont des destructeurs de cette même énergie.

Mais où commence l'erreur, c'est quand on croit que la vie végétale est faite de ces synthèses. Les synthèses végétales ne sont pas la vie de la plante. La plante, pour vivre, fait ce que fait l'animal : elle brûle ses produits organiques, elle respire la nuit comme le jour sans intervention de la lumière, elle absorbe de l'oxygène, elle élimine de l'eau et de l'acide carbonique ; elle vit sur ses réserves si elle manque d'aliments, et perd alors du poids comme un homme, un lapin, une grenouille, qui n'ont pas leur ration d'entretien. La plante en un mot *a sa vie animale*, pour répéter encore une fois l'expression si juste de A. Gautier dont on aperçoit à présent la portée. Tout ce qui n'est pas sa vie animale est contingent, mais ces phénomènes contingents, ces synthèses de réserves inutilisées ont une importance telle qu'ils éclipsent les autres; c'est pour cela qu'ils en imposent *a priori* pour dominer toute la physiologie de la plante, *pour être sa vie.*

8. — Ce qu'on sait de la chlorophylle.

Que savons-nous donc de cette fonction chlorophyllienne si importante dans le règne végétal? Que connaissons-nous de cette chlorophylle qui avec du carbone et de l'eau fait les hydrates de carbone et qui est à la

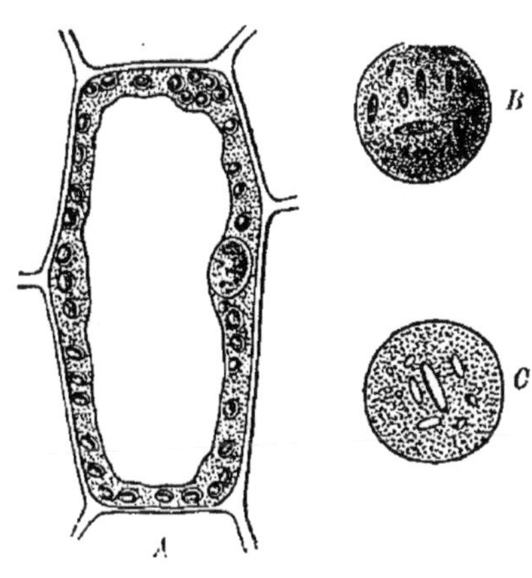

Fig. 1.

A. Leucites à chlorophylle des cellules de la feuille de Vallisneria spiralis ; au centre de la cellule on voit une grande vaccuole remplie de suc cellulaire.
B, C, Leucites isolés des cellules de la feuille de Selaginella Martensii (B en coupe médiane optique) avec, à l'intérieur, des grains d'amidon (d'après Pfeffer).

base même de la formation de toutes les substances ternaires et quaternaires chez les plantes. Quelle est la nature chimique de la chlorophylle et quel est son rôle dans les processus de synthèse?

La chlorophylle se trouve sous la forme de petits grains sphériques siégeant dans le plasma des cellules vertes. Ce qu'on désigne ordinairement sous le nom de grains de chlorophylle n'est pas composé que de chlorophylle; c'est un de ces organites assez complexes et particuliers à la cellule végétale, que les naturalistes décrivent sous le nom de *leucites*.

Les leucites, on le sait, sont de petits nodules qu'on trouve dans le plasma de presque toutes les cellules végétales actives. Ils sont faits de matière albuminoïde comme le plasma lui-même, mais distincts de lui. Ils se développent, se sectionnent, se multiplient, de telle sorte que chaque leucite paraît descendre d'un leucite antérieur et ne jamais dériver directement du plasma sinon dans les cellules embryonnaires. Ils semblent tous jouer un rôle dans la nutrition en élaborant des matériaux utiles.

Parmi les leucites il en est d'incolores qu'on trouve surtout dans les racines, et d'autres, colorés, les *chro-moleucites*, qui nous intéressent particulièrement ici. Il y a des chromoleucites de couleurs très variées dans les cellules des fleurs et des fruits, mais les plus répandus, les plus importants, sont les chromo-leucites verts ou chloro-leucites, auxquels on donne aussi le nom de *grains à chorophylle*.

On est loin de connaître le processus complet de la formation des chloroleucites, mais du moins on présume que tous les leucites ont la même origine. On assiste en effet dans certains cas à la transformation de leucites incolores en chloroleucites; et les cellules jeunes commencent par renfermer seulement des leucites incolores.

Tous les faits concourent à faire admettre que les leucites résultent de différenciations fonctionnelles du plasma et que, une fois formés, ils se reproduisent par autodivision et se spécialisent pour certaines opérations de la vie chimique.

La fonction chlorophyllienne si importante dans le règne végétal parait monopolisée par ces organites cellulaires. Certains naturalistes admettent bien que la chlorophylle existe à l'état diffus dans le plasma des organismes inférieurs tels que les nostocs et les oscillaires, variétés d'algues bleues, mais cette exception, unique d'ailleurs, n'est même pas regardée comme démontrée, tout au moins par de nombreux auteurs.

Du reste les substances jaune, rouge et orangé de la série xanthique, qui colorent certains fruits tels que la tomate, se trouvent aussi toujours incluses dans les leucites, comme l'est la chorophylle, tandis que beaucoup d'autres matières colorantes, telles que celles de la série cyanique qu'on rencontre chez un grand nombre de fleurs, sont dissoutes dans le suc cellulaire.

Quoi qu'il en soit le chloroleucite, organe essentiel préposé à la fonction chlorophyllienne se compose de deux parties : une partie incolore semblable à celle qui constitue le leucite jeune, le leucite incolore et une partie colorée, formée elle-même d'une substance jaune, la xanthophylle et d'une substance verte, la chlorophylle. Souvent on y rencontre aussi la caroline ou érythrophylle, matière colorante rouge qui se trouve abondante dans la carotte.

Tandis que la chlorophylle est de nature albuminoïde, d'ailleurs variable d'une plante à l'autre et très complexe, étant formée de plusieurs espèces chimiques réunies, la xanthophylle étudiée depuis une vingtaine d'années seulement est un composé ternaire non azoté et la carotine un composé binaire.

9. — Ce qu'on sait de la synthèse chlorophyllienne.

Caractère fondamental de la chlorophylle : action de l'air et la lumière. — Les organes verts de la plante, les feuilles en particulier, ont leurs cellules chargées de leucites à chlorophylle et c'est en présence de ces organites que s'opère la captation du carbone.

La propriété la plus importante offerte par cette substance est son altérabilité à l'air surtout quand elle es exposée à la lumière. Une lumière très vive la détruit immédiatement. Timiriazeff a montré, il y a plus de quarante ans que, si on la réduit par l'hydrogène, elle se transforme en une substance pourpre qu'il a appelée la photophylline, substance que l'oxygène ramène à l'état de chlorophylle. Cette particularité lui a fait comparer la chlorophylle à l'hémoglobine du sang.

Proportionnalité de la lumière absorbée et de l'effet produit. — D'une façon générale l'énergie radiante absorbée commande le processus de captation du carbone et l'intensité de ce processus paraît être proportionnelle à la *quantité d'énergie absorbée* quelle que soit la couleur, quelle que soit la qualité de la radiation employée, du moins dans toute l'étendue du spectre visible.

Il est apparemment facile de contrôler cette affirmation.

Étudions d'abord quelles sont les radiations qui, dans

le spectre visible sont les plus absorbées par la chlorophylle. Pour cela plaçons une solution de cette substance
sur le trajet d'un faisceau lumineux dispersé par un
prisme. Alors que le spectre recueilli au sortir du prisme
nous apparait avec ses sept couleurs d'intensité lumineuse approximativement uniforme, ou tout au moins
progressivement variée, au contraire le spectre étudié
après la traversée de la solution chlorophyllienne nous
montre du noir dans le rouge parce que le rouge a été
presque totalement absorbé, et des bandes sombres dans
le jaune, l'orangé et dans la partie actinique du spectre,
le violet, l'indigo, le bleu. Le faisceau vert, lui, traverse
la solution sans y subir d'absorption.

Faisons maintenant une expérience classique que
tout le monde connait bien. Plaçons dans le spectre
solaire des éprouvettes remplies d'eau et renfermant chacune une feuille verte, de manière que la première soit
soumise au faisceau violet, la seconde à l'indigo et ainsi
de suite. Nous verrons alors des bulles d'oxygène se
dégager, la fonction chlorophyllienne s'effectuant ici
comme chez les plantes aquatiques aux dépens de l'acide
carbonique dissous. Mais la quantité d'oxygène abondante dans le rouge, faible dans le jaune, l'orangé, très
faible dans la région actinique, est nulle dans le vert.

Toutefois la proportionnalité ne ressort pas nettement
de cette expérience surtout en raison de ce fait que l'intensité lumineuse des différents faisceaux n'est pas identiquement la même, soit à cause de l'inégale dispersion
par le prisme, de l'étalement de la région actinique en
particulier, soit à cause de l'absorption variable des différent faisceaux par le prisme lui-même.

Engelmann a donné à l'expérience une figure plus démonstrative (1) et un aspect plus élégant.

Son procédé a été répété par beaucoup d'expérimentateurs, mais les résultats n'ont pas toujours été concordants. Voici en quoi il consiste.

On place sur une lame de verre une goutte d'eau renfermant des bactéries aérobies telles que le *bactérium termo* et un filament d'algue verte. On fait tomber sur ce filament un petit spectre, de manière que les différents faisceaux monochromatiques s'échelonnent d'un bout à l'autre du filament. Il y a production d'oxygène

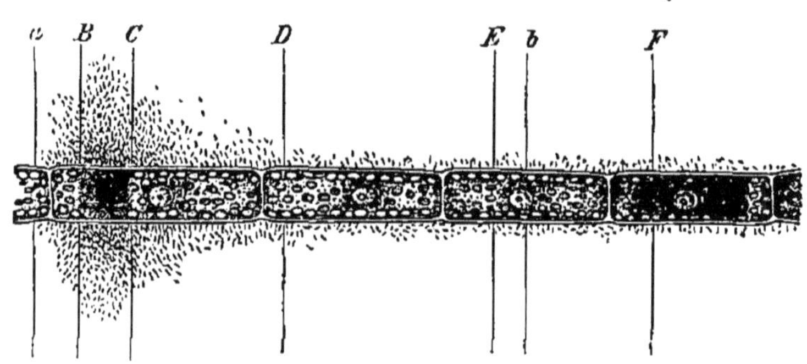

Fig. 2. — Filament d'œdogonium dans l'expérience d'Engelmann. La plus grande accumulation des bactéries se trouve entre B et C dans le rouge. La bande d'absorption à cet endroit est figuré dans le filament (d'après PFEFFER).

par photosynthèse chlorophyllienne, sauf dans le vert, et les micro-organismes s'amassent autour du filament d'algue en une couche d'autant plus épaisse que la quantité d'oxygène produite est plus considérable.

Engelmann et divers auteurs ont obtenu par ce pro-

(1) ENGELMANN (*Bot. Zeitsch.* 1882 p. 419).

cédé un maximum net du développement de la flore
bactérienne dans le rouge, maximum allant en se dégradant dans les régions voisines, et un second maximum
dans le violet et la région actinique. D'autres auteurs
n'ont pu apercevoir le second maximum du violet.

J'ai reproduit ici à dessein une figure, d'après Pfeffer,
assez différente de celles que donnent les classiques. Ici,
en effet (fig. 2), on a grand peine à discerner le moindre
maximum dans la région actinique et bien que l'éminent professeur de l'université de Leipsig ait été, avec
Draper, l'un des premiers naturalistes qui aient affirmé
la vraisemblance de la proportionnalité, il ne laisse pas
que de formuler de grandes réserves sur la valeur des
procédés imaginés pour la démontrer.

On a multiplié les dispositifs expérimentaux, on a
concentré par des lentilles les faisceaux dispersés par le
prisme (Reinke) on a réuni en bloc les faisceaux de la
région actinique d'une part et les faisceaux de la région
infra verte d'autre part (Timiriazeff) pour comparer
leurs effets, on a utilisé le procédé des filtres colorés.
Quel que soit le procédé employé, il est difficile de réaliser une expérience qui donne à elle seule la preuve
de la proportionnalité absolue, mais on peut dire que
toutes convergent à peu près à établir cette démonstration.

Les optimum de l'action photochimique. — La proportionnalité de l'effet photosynthétique à l'intensité de
l'énergie lumineuse ou mieux aux quantités d'énergie
fixées par unité de temps, n'est vraie qu'entre un certain maximum et un certain minimum de cette intensité. Ce fait, d'ailleurs, n'a rien d'étonnant. En biologie,

on trouve presque toujours *un optimum* dans les conditions extérieures pour la réalisation au mieux d'une fonction.

A côté de l'optimum de l'intensité lumineuse, il faut placer un *optimum de température*, la fonction s'exerçant au mieux au voisinage de 30° pour les plantes de nos régions, et un *optimum de proportion d'acide carbonique* dans l'air, optimum qui, en général, paraît voisin de 5 à 10 p. 100 de CO_2 pour 95 à 90 p. 100 de gaz inerte. A ce dernier point de vue, on voit que la fonction chlorophylienne s'exerce sur notre globe dans des conditions assez éloignées de l'optimum, puisque la proportion de CO_2 dans l'air n'est, comme nous l'avons dit, que de 0,03 environ pour 100.

Impossibilité de préciser le processus de captation du carbone. — Les observations que nous venons d'énumérer ne nous permettent donc pas de douter du rôle actif de la chlorophylle dans le processus de captation du carbone, impossible à réaliser par les procédés ordinaires de la chimie minérale. Mais nous ne savons pas encore quelles sont les phases de ce processus. Nous ne savons pas exactement par quelles étapes passe le carbone avant de réaliser les termes finaux qui se révèlent à notre observation.

On admet bien comme vraisemblable la théorie de Baeyer (1870) (1) qui suppose que le premier corps formé serait de l'aldéhyde formique.

$$CO_2 + H_2O = O_2 + CH_2O$$

(1) *Bericht. d. Chem. Ges.* (1870, vol. III, p. 66).

L'aldéhyde formique se polymériserait immédiatement et donnerait les sucres. Le premier sucre formé
d'après Brown et Morris serait le saccharose. De là dériveraient l'amidon d'une part, et, par dédoublement, le
glucose et le levulose d'autre part.

Cette transformation immédiate de l'aldéhyde formique expliquerait l'absence d'action nocive de ce corps,
toxique pour les plantes quand on essaie de les faire
vivre dans une atmosphère n'en renfermant même que
de minimes proportions.

Mais tous les auteurs ne se rallient pas à cette théorie.
Quelques-uns même avec Liebig-Ballo, Etard, n'admettent pas le passage par le terme CH^2O. Toutefois les
récentes synthèses opérées par Daniel Berthelot et Gau-
dechon qui, en partant de l'acide carbonique et de l'eau,
ont obtenu l'aldéhyde formique sous l'action de l'ultra
violet, sont, nous le savons, venues apporter un appoint
aux idées de Baeyer (1).

La synthèse chorophyllienne et la thermodynamique. —
Quel que soit le processus spécial des combinaisons
moléculaires propres à la synthèse chlorophyllienne,
nous trouvons dans la série des actes chimiques
accomplis, un exemple remarquable de la mutation
d'énergie électromagnétique transmise par l'éther en
énergie chimique. La transformation de CO^2, de H^2O et
des différents produits transportés par la sève en composés ternaires et quaternaires organiques, s'opère avec
accroissement de ce fond de réserve énergétique que
nous avons qualifié d'énergie interne ou potentielle.

(1) Voir à ce sujet une revue des théories proposées dans un article
de Kimpflin. *Rev. scientifique,* 10 décembre 1910.

Nous avons assez insisté sur la nature de ces processus quand nous avons passé en revue les principales notions de la thermodynamique pour qu'il nous suffise de rappeler ici que si l'ensemble de ces mutations se fait conformément aux deux grandes lois que nous connaissons, c'est-à-dire sans disparition d'aucune parcelle d'énergie et avec une chute de grade total des énergies mises en jeu, le système biochimique qu'est la plante nous donne l'impression d'un système qui a augmenté non seulement la quantité, mais la valeur des énergies qui l'ont affecté. En effet, non seulement il a accru son énergie interne, mais il a opéré la transformation de l'énergie radiante en énergie chimique et nous avons été forcés de reconnaître à l'énergie chimique une parenté avec les formes énergétiques supérieures, tandis que la lumière est à rapprocher de la forme thermique, de la forme la plus inférieure, la plus dégradée de l'énergie. Nous savons que ces cycles n'offrent rien de contradictoire avec la loi de Carnot-Clausius, ils n'en sont au contraire qu'un cas particulier (1).

10. — Le cycle du carbone peut chez la plante commencer par une série différente de celle de la synthèse chorophyllienne.

Si l'on peut dire d'une façon générale que le carbone végétal a son origine dans la fonction chlorophylienne, en ce sens que cette fonction est en effet la grande génératrice de tous les composés carbonés, ce serait une

(1) Cf. t. III, p. 162 à 195.

inexactitude de croire que la plante ne puisse emprunter le carbone à d'autres sources qu'à l'acide carbonique du milieu, ou réaliser ses synthèses suivant un autre processus que le processus chlorophyllien.

Tout d'abord, il faut savoir que des algues sans chlorophylle assimilent cependant le carbone. Winogradsky a démontré le fait chez des bactéries incolores et l'on sait aujourd'hui que les bactéries pourpres font de la photosynthèse en utilisant des rayons solaires jusque dans l'infra-rouge.

D'autre part, le même auteur a mis en lumière (1890-1896) un mode d'assimilation chimiosynthétique tout-à-fait remarquable chez des micro organismes bien connus aujourd'hui sous le nom de bactéries nitriques ou nitreuses. Prenons un liquide composé de 1 litre d'eau, 1 gramme de phosphate de potassium, 0 gr. 5 de phosphate de magnésium et 0 gr. 5 de carbonate basique de magnésium avec 2 grammes de phosphate ou de nitrite d'ammoniaque suivant l'espèce que nous nous proposons de cultiver. Ensemençons dans ce liquide des *nitrosococcus* ou des *bactéries nitreuses* quelconques, ou bien des *nitrobacter* ou autres *bactéries nitriques*, nous voyons ces microorganismes prospérer, oxydant l'ammoniaque ou ses composés et déterminant la formation continuelle des nitrates. Ces oxydations fournissent l'énergie requise pour l'assimilation du carbone à partir des carbonates.

Ainsi chez ces organismes l'énergie de chimio-synthèse carbonique est tirée d'une source chimique et non directement de l'énergie solaire et le carbone est emprunté à des composés minéraux. Si à première vue on ne saurait considérer ce fait que comme une curiosité de la nature, il est utile de se rendre compte, avant de le classer dans les exceptions, que les nitrobactéries jouent un rôle capital dans l'agriculture, et que seules elles peuvent effectuer cette opération si importante d'oxyder l'ammoniaque et les nitrites dans les terres cultivées. Nous aurons l'occasion de parler de leur rôle en étudiant le cycle de l'azote.

Pour le moment, nous devons compléter ces considérations sur l'origine du cycle du carbone en nous demandant comment, en dehors des micro-organismes dont nous venons de parler, vivent les plantes qui ne possèdent pas la fonction chlorophyllienne, les plantes que nous savons déjà ne pouvoir être autre chose que des parasites ou des saprophytes. Nous devons voir quelle est, chez elles, la valeur des processus d'assimilation du carbone devant la biologie générale.

Les parasites et les saprophytes sont nombreux dans le règne végétal et le plus grand nombre parmi eux n'ont pas de feuilles, pas de parties vertes.

Si l'on veut bien se reporter à la classification générale des espèces vivantes que j'ai rappelée à la fin du tome III, on verra que l'embranchement le plus simple du règne végétal, l'embranchement des thallophytes comprend, à côté de la classe des algues, qui presque toutes possèdent de la chlorophylle, la classe des champignons qui n'en possèdent pas.

Les champignons tels que les champignons communs, les moisissures, la rouille du blé, le mildew, le black-rot, sont des types d'organismes qui, n'opérant pas eux-mêmes la photosynthèse carbonique, doivent faire appel aux autres plantes ou aux déchets organiques de la vie pour construire leur propre substance.

Il existe aussi quelques phanérogames supérieures sans chlorophylle, telles la cuscute et l'orobranche, qui croissent en parasites sur la luzerne, le trèfle, le lin, le chanvre, le serpolet.

Le fait que ces organismes ne peuvent vivre qu'en saprophytes ou en parasites est évidemment une confirmation de l'idée que nous énoncions tout à l'heure, l'idée du cycle à deux phases de l'évolution de la matière organisée. Mais en même temps, il bat en brèche le dogme de l'antagonisme des deux règnes en nous offrant l'exemple de vies végétales qui représentent évidemment la seconde phase du cycle et non la première.

On ne peut en effet faire vivre une plante sans chlorophylle dans un milieu minéral si l'on n'ajoute aux sels minéraux au moins un composé organique ternaire, tel qu'un sucre, ou quaternaire telle que l'urée ou quelques protéiques supérieurs. A défaut de ces composés, elle est incapable d'opérer elle-même ces synthèses.

On a un peu trop tendance quand on n'est pas versé dans l'étude des sciences naturelles, à considérer les plantes parasites et saprophytes comme des exceptions, comme des anomalies de la nature, justement à cause de la dérogation qu'elles paraissent présenter au mode de nutrition des autres organismes, et de leur incapacité de vivre par elles-mêmes.

Or, cette vie est au fond la même que celle des autres plantes et que celle des animaux. Et même, si l'on veut bien se rendre compte que tous les individus du règne animal vivent les uns en se nourrissant de graines, de fruits, produits périodiquement par les plantes, les autres des produits élaborés par les fleurs, les autres en sacrifiant le végétal tout entier pour s'approprier les racines, les tiges ou les feuilles, on s'apercevra qu'il y a plus qu'une analogie lointaine entre le premier acte de leur nutrition et celui des parasites ou saprophytes végétaux. N'y a-t-il pas du parasitisme dans l'acte de l'abeille qui puise les sucs de la fleur et sa vie n'est-elle pas tributaire de celle des hôtes qui lui fournissent son butin? N'y a-t-il pas du saprophytisme dans l'acte de l'herbivore qui mange la plante verte ou le foin et qui d'ailleurs n'utilisera leurs éléments que quand ils auront subi une décomposition dans son laboratoire intérieur?

Plantes à chlorophylle ou sans chlorophylle, végétaux ou êtres animés, toutes les unités vivantes ont la même vie. Si dans la division universelle du travail, les plantes ont en général monopolisé les fonctions de synthèse des composés carbonés et si les animaux ont pu, grâce à leurs fonctions de relation, profiter des synthèses ainsi accomplies et de ce fait s'abstenir d'une partie du travail nécessaire à la vie, ce sont là des différenciations non pas essentielles, mais contingentes, et il n'est pas inutile de faire observer à ceux que flatte la supériorité du règne animal que nous voisinons avec les champignons saprophytes, avec les parasites végétaux inférieurs, dans la distribution des rôles chimiques de la matière organisée.

Ces considérations nous permettront de remarquer plus tard quand nous étudierons les origines de la vie, et l'évolution des espèces, qu'il ne suffit pas d'un seul facteur pour ouvrir une voie nouvelle au progrès des êtres vivants. Le fait de profiter des synthèses carbonées, opérées par les plantes vertes n'a certes pas fait monter bien haut dans l'échelle de la vie les individus de l'embranchement des thallophytes, tandis qu'il a puissamment aidé l'évolution de la chaîne animale.

Retenons surtout une chose de ces données, c'est que, au point de vue même des synthèses carbonées, il n'y a pas entre les deux règnes, l'antagonisme auquel pourrait faire conclure un examen superficiel.

Nous allons voir à présent quelle est la suite du cycle du carbone dans le règne végétal.

11. — La fin du cycle du carbone, chez la plante : actes chimiques de l'élimination, de la respiration, etc.

La plante nous l'avons dit, ne fait pas que des synthèses. Si elle fabrique beaucoup de réserves, de l'amidon, des sucres, des corps gras, des acides organiques, de l'inuline, de l'aleurone, des matériaux de soutien, la lignine, la cutine, etc., si elle fournit des feuilles, des fruits, des parties caduques qui abandonnent la souche productrice, emportant loin d'elle les produits élaborés par elle, si en un mot la plante, à première vue, s'offre à nous comme un lieu de fabrication des matériaux ternaires et quaternaires qui ne seront détruits qu'en dehors d'elle ou après sa mort, sans profit pour sa vie, en réalité *cette vie végétale est faite, comme la vie animale d'une rénovation incessante et la plante défait une partie de ses synthèses au fur et à mesure qu'elle les accomplit.* Elle fait parcourir aux éléments simples qui lui ont servi à édifier ses molécules organiques, des étapes inverses de celles de la phase synthétique, c'est-à-dire quelle opère elle-même cette seconde phase des cycles organiques que l'on s'est plu longtemps à localiser dans le règne animal.

La vie des plantes, je le répète à dessein, comme la vie des êtres animés, implique des processus de destruction. Ces processus de destruction caractérisent tout aussi bien la vie végétale que la vie animale et par suite nous devons nous demander comment au cours de ces processus se termine le cycle du carbone; comment le carbone entraîné peu à peu dans l'architecture des composés ternaires et quaternaires de synthèse durant la première phase du cycle, est progressivement libéré de ses liens et rendu à l'ambiance. Cette seconde phase du cycle, cette phase de dégradation des produits organiques comporte les processus chimiques d'élimination d'excrétion, de respiration.

Nous allons jeter un coup d'œil rapide sur ces processus.

La plupart des actes chimiques conduisant à la dégration des molécules organiques depuis leurs formes les plus élevées jusqu'à l'état d'éléments minéraux, sont produits par des diastases. Chaque cellule végétale, comme les cellules animales secrète des diastases; l'amylase qui transforme l'amidon en sucre, la pepsine qui transforme l'aleurone, les substances protéiques, en peptones; la saponase qui dédouble les graisses en glycérine et acides gras, l'invertine qui transforme le saccharose en glucose et lévulose, etc... Toutes ces diastases opèrent dans chaque cellule les mêmes opérations chimiques qui s'élaborent dans l'appareil digestif des animaux ou dans l'intimité de leurs tissus. Durant la période embryonnaire, la digestion des matériaux de réserve de la graine est même le seul procédé de vie de la jeune plantule.

Parmi les produits des dégradations moléculaires de la vie des plantes, il en est, tels que les substances minérales, qui sont utiles à la constitution de la charpente végétale et qui sont conservés par l'individu producteur.

D'autres constituent des produits de réserves alimentaires élaborés pour une utilité ultérieure. Ainsi on tend aujourd'hui à regarder la plupart des résines, des latex comme des aliments de réserve au même titre que les amidons.

Mais il est un produit qui peut être regardé à coup sûr comme le témoin le plus démonstratif des dégradations propres à la fonction de nutrition : c'est l'acide carbonique rejeté continuellement par la respiration diurne ou nocturne des végétaux.

La respiration comporte deux actes essentiels : l'absorption d'oxygène de l'air et le rejet d'acide carbonique dans l'atmosphère. Si le premier de ces actes est avant tout un acte de fixation d'un élément utile, le deuxième fait bien exclusivement partie, lui, de la phase descendante du cycle dont il marque la fin.

D'ailleurs on ne sait pas au juste quelle est la série des combinaisons par lesquelles passe l'oxygène depuis son entrée jusqu'à sa sortie. Si l'on peut vraisemblablement les schématiser en disant que l'oxygène respiratoire se fixe sur les sucres et les transforme en acides

tartrique, malique, oxalique, etc, et que l'acide carbonique rejeté provient du dédoublement de ces acides,
il est certain que les chaînons intermédiaires sont dans
la plupart des cas bien autrement nombreux et complexes que ne l'indique ce schéma.

Il est encore un autre phénomène de la vie végétale
qui peut, pour une très petite part, être regardé comme
un témoin de la désassimilation organique. C'est la
transpiration et la sudation.

En effet si la transpiration et la sudation ont surtout
pour effet de rejeter au dehors de l'eau qui n'a servi que
de milieu solvant, on doit admettre qu'il s'y mêle un peu
d'eau de dissociation.

Malgré que ces processus d'élimination des produits
carbonés dégradés soient très importants dans le règne
végétal, il n'en est pas moins évident que, à la différence
des animaux, les plantes font surtout de l'épargne, elles
ne brûlent pas tous les matériaux de nutrition dans la
même proportion qu'elles les forment. Aussi en général la plante s'accroît d'année en année et de plus
elle abandonne, à titre de déchets, des produits élaborés par elle et non brûlés pour son profit, soit dans
les résines, latex, sucs variés etc., qu'elle perd à l'extérieur, soit surtout dans les feuilles caduques qui sont
une partie d'elle-même rendue au monde extérieur
sans profit immédiat pour elle, soit dans la substance
des fruits, dont une partie minime seulement sert d'ordinaire à la nutrition de la future plantule.

C'est donc en dehors de la plante qu'il faudrait chercher surtout la fin du cycle du carbone végétal en étudiant l'avenir de ces matériaux de réserve, de ces maté-

riaux éliminés ou de ces matériaux perdus. Ordinairement toutes ces substances servent à la nourriture des animaux ou des végétaux saprophytes, ou bien elles se décomposent dans le sol par les processus de putréfaction utiles à la vie des infiniment petits qui les provoquent. C'est dans tous ces processus externes, dans tous ces phénomènes étrangers à la vie végétale qu'il faudrait suivre le carbone jusqu'à son ultime dissociation. C'est en particulier dans les processus nutritifs du règne animal que nous retrouverons pour une certaine part, la deuxième phase du cycle qui nous occupe.

Avant d'envisager cette fin des produits carbonés chez les animaux, nous devons prendre un aperçu du cycle de l'azote dans le règne végétal.

12. — Le cycle de l'azote chez les végétaux. Son origine.

Azote de l'air et azote organique. — On sait que l'azote de l'air se comporte presque toujours comme un gaz inerte, incapable d'entrer directement dans les combinaisons chimiques, théoriquement possibles. Aussi ne faut-il pas s'étonner que l'azote atmosphérique ne soit pas en général le point de départ immédiat de la fabrication des matières quaternaires par les végétaux.

Ordinairement l'azote est emprunté par la plante aux nitrates et sels ammoniacaux du sol, et si ces nitrates minéraux, si ces sels ammoniaciaux ne se renouvelaient pas sans cesse dans les couches superficielles de notre globe, la végétation s'arrêterait rapidement.

Or la source commune de ces produits minéraux du sol est une source organique. Ce sont les déchets des vies animale et végétale, les fumiers, les matériaux organiques en putréfaction qui en sont la source ordinaire, sans cesse entretenue par la mort des individus des deux règnes et par les résidus de leur vie quotidienne.

Cependant il ne faudrait pas croire que les nitrates et les sels ammoniacaux utiles à la plante qui croît doivent forcément avoir une origine organique. Si dans la nature, telle est leur origine principale et si l'azote qui commence son cycle organique est précisément l'azote qui vient de terminer un cycle antérieur, il ne faudrait pas s'imaginer qu'il y a un azote organique et un azote inorganique et que seul le premier jouit des propriétés spéciales qui le rendent apte à parcourir le cycle de la vie.

En effet les nitrates et sels ammoniacaux de toute provenance sont tous également aptes à fournir à la plante l'azote nécessaire, et les agriculteurs emploient aujourd'hui couramment comme engrais minéraux des nitrates fabriqués dans l'industrie par une voie quelconque.

D'ailleurs, s'il y avait un azote organique et un azote inorganique irréductibles l'un à l'autre, on pourrait se demander d'une part quelle est l'origine première de cet azote propre à la vie, et d'autre part comment sa quantité peut demeurer suffisante, alors que sans cesse il se dissipe à la surface du globe emporté par les eaux d'infiltration et soumis à de multiples causes qui le soustraient fatalement aux cycles organiques.

Mais cette dernière observation entraîne une question immédiate : quelle est donc la source qui alimente sans cesse les réserves de nitrates et de sels ammoniacaux ? Cette source est-elle seulement l'apport des produits de l'industrie humaine? Non, évidemment, puisque les pentes des montagnes, les terrains incultes, les herbages non assujettis au service de l'homme conservent indéfiniment leur luxuriante végétation.

Cette source est connue aujourd'hui. C'est précisément celle à laquelle le chimiste pouvait le moins penser l'azote de l'air ambiant. Nous allons voir comment.

L'azote de l'air peut devenir azote organique. — Nous avons dit tout à l'heure que, en général, l'azote atmosphérique se comporte comme un gaz inerte et que ce n'est pas à ce réservoir immense que puisent les végétaux pour commencer l'édification des matériaux quaternaires.

En réalité il existe deux processus suivant lesquels ce gaz peut devenir de l'azote organique.

Le premier, de beaucoup le moins important, implique un phénomène que Cavendish a mis en lumière en 1784. Sous l'action de l'étincelle électrique l'oxygène et l'azote de l'air se combinent et forment du peroxyde d'azote et de l'acide azotique en présence de la vapeur d'eau. Tous les électriciens, tous les médecins qui emploient l'électricité dans un but thérapeutique connaissent l'action néfaste des oxydes d'azote ainsi formés sur les pièces métalliques des appareils producteurs d'étincelles, d'effluves, sur les éclateurs en vase clos en particulier.

L'industrie a même mis à profit ces réactions pour la fabrication des produits nitrés, depuis que le physicien norvégien Birkeland a découvert le moyen pratique et économique d'utiliser l'arc électrique. Il ne s'agit pas d'ailleurs d'un arc de quelques millimètres comme celui des lampes qui éclairent nos promenades publiques, mais de véritables trombes de feu étalées sur une surface de plus de 3 mètres de diamètre par de puissants électro-aimants et à travers lesquels circule l'air fournisseur d'azote. Actuellement de nombreuses usines en Norvège, dans le Tyrol, en France, déversent pour les besoins de l'agriculture et de l'industrie des milliers de tonnes de nitrates ainsi obtenues à partir de l'azote gazeux (1).

Or, ce même phénomène se produit dans les couches atmosphériques sans cesse sillonnées en temps d'orage par les décharges fulgurantes, et l'acide azotique produit donne de l'azotate d'ammoniaque dans l'atmosphère même, en se combinant avec les traces d'ammoniaque qui y sont présentes, et arrive au sol entraîné par les pluies où il est facile de le retrouver par des dosages précis. Une partie d'ailleurs arrive à l'état d'acide azotique et se combine avec l'ammoniaque de

(1) On connait industriellement d'autres procédés pour faire entrer l'azote de l'air en combinaison chimique. Ainsi le carbure de calcium à chaud fixe l'azote et donne lieu à un produit nouveau, la cyanamide calcique, qui est un véritable guano. Voir à ce sujet l'ouvrage du professeur Houllevigue. *La matière, sa vie, ses transformations.* Edit. Colin, 1913.

provenance animale. Quel que soit le processus de combinaison, on voit qu'une petite partie de l'azote des nitrates d'ammoniaque se trouve avoir pour origine l'azote atmosphérique capté par la foudre.

Mais cette provenance naturelle est à peu près négligeable, comparée au deuxième processus de transformation dont il nous reste à parler.

Ce deuxième processus est l'œuvre de bactéries que l'on trouve dans le sol et surtout dans les racines de certaines légumineuses, trèfle, luzerne, etc.

L'œuvre des bactéries dans le cycle de l'azote. — Berthelot a fait l'expérience suivante : un vase est rempli de terre arable, dont on a dosé la teneur en azote. On y fait passer pendant plusieurs mois un courant d'air continu. L'azote contenu dans cette terre sous forme de composés nitrés, est trouvé plus abondant à la fin de l'expérience ; et, des mesures effectuées, il résulte qu'un are de terre considéré sous une épaisseur de 20 centimètres et convenablement aéré fixerait ainsi plus de 1 kilogramme d'azote en deux mois! Si la terre a été préalablement stérilisée, le phénomène ne se produit pas.

C'est donc qu'il existe dans le sol arable des micro-organismes capables de fixer l'azote de l'air et de le faire entrer dans les combinaisons nitriques ou nitreuses, grâce auxquelles il pourra commencer le cycle organique.

On prend sur le fait ces micro-organismes en cours de travail dans les racines des légumineuses où ils provoquent la formation de petites nodosités bien connues depuis les recherches du botaniste Prillieux (fig. 3). Ils s'y présentent sous la forme de filaments ramifiés et non cloisonnés, forme qui les rapproche des champignons. Cet habitat de prédilection leur a fait donner le nom de Rhizobium.

Hôtes des légumineuses auxquelles ils fournissent des produits azotés, hôtes très utiles puisque les légumineuses dépérissent en terre stérilisée, ils ne sont pas cependant des hôtes désintéressés, car il leur faut pour vivre, des sucres, de l'amidon, dont les végétaux à chlorophylle opèrent la synthèse, et ce sucre, cet amidon, leur sont apportés en abondance par la sève. Ceci n'est pas une vue théorique : les expériences de Berthelot ont démontré que la terre arable fixe d'autant plus d'azote atmosphérique qu'on lui fournit davantage de corps hydrocarbonés.

Nous sommes donc là en présence d'une symbiose remarquable. Comme la plupart des associations de même

Fig. 3. — Nodosités des racines de lupinus luteus (d'après Pfeffer).

nature, elle nous fait voir l'origine inconsciente des solidarités naturelles qui s'établissent entre les êtres vivants au mieux de leurs intérêts respectifs.

Cette symbiose rend compte de l'importance d'un fait bien connu des agriculteurs : les luzernes, les trèfles, les légumineuses en général, enrichissent le sol au lieu de l'épuiser. Ce fait est banal parce que tout le monde sait ce qu'est l'assolement des terrains de culture, mais si on l'analyse on s'aperçoit qu'il contient, à lui seul, la preuve d'une notion qui, par contre, n'est familière qu'à peu de personnes, c'est que le point de départ du cycle de l'azote, contrairement à toutes les apparences, contrairement à ce que l'on constate pour chaque plante en particulier, est l'azote atmosphérique. L'azote des matières quaternaires comme le carbone de tous les c omposés organiques commence son cycle à partir des molécules gazeuses contenues dans l'air ambiant.

Ce qui empêche de saisir tout de suite ce point de départ, c'est que trouvant dans le sol des nitrates et sels a mmoniacaux minéraux origine immédiate de l'azote o rganique, on ne songe pas que ces produits minéraux, tout en sortant du catalogue des substances organiques quittent à peine les cycles de la vie, puisque, résidus des cycles antérieurs, ils recommencent immédiatement des cycles nouveaux. En réalité à chaque cycle ils subissent une petite perte dont il faut trouver la compensation. Cette compensation, cet apport d'azote étranger, c'est précisément là la véritable origine de l'azote vivant, et nous venons de faire voir que c'est l'air ambiant qui en fait les frais.

13. — Les étapes de l'azote au cours de son cycle chez les végétaux.

Quelle que soit l'origine première de l'azote végétal, c'est à partir des nitrates de calcium, potassium, sodium, etc., et des sels ammoniacaux du sol que nous devons le suivre dans son cycle chez presque tous les individus du règne végétal.

Il est impossible dans l'état actuel de la science de préciser les étapes parcourues à partir de ce stade. On a émis l'hypothèse que les azotates sous l'action de l'aldéhyde formique CH^2O et du glucose $C^6H^{12}O^5$ seraient réduits et transformés en acide cyanhydrique, $CAzH$, qui lui-même serait le point de départ des synthèses quaternaires. Mais s'il est vrai que certaines plantes telles que le *Pangium edule* peuvent utiliser directement l'acide cyanhydrique, la plupart des naturalistes regardent comme difficile de généraliser ce processus, surtout en raison de la variété des chaînes que peut dérouler la nutrition végétale pour arriver aux mêmes produits finaux.

Lœw a cru pouvoir justifier l'hypothèse que la molécule d'albumine devrait passer forcément par le stade d'aldéhyde asparagique. D'autres bio-chimistes, Pfeffer en particulier, regardent cette théorie comme insuffisamment appuyée par la chimie expérimentale.

Il y a donc là toute une série de chaînons intermédiaires qui nous échappent, comme nous échappent, nous le savons, les réactions qui acheminent le carbone de l'air ambiant jusqu'aux hydrates de carbone, aux graisses ou aux matières azotées.

Mais cette ignorance dans laquelle nous nous trouvons ne doit pas nous laisser perdre de vue le rôle capital du cycle de l'azote dans la plante. Si dans ses réserves, nous ne trouvons, à part l'aleurone, que peu de substances quaternaires, il n'en est pas moins vrai que sa vie comporte comme celle de l'animal une mutation continuelle des matériaux azotés.

Le protoplasma cellulaire des cellules actives est en majeure partie composé de substances protéiques. Les nucléines y jouent, nous l'avons vu, un rôle prépondérant. En outre l'analyse chimique révèle dans l'économie végétale un grand nombre de produits qui, tels les albumoses, les peptones, les asparagines, glutamines, leucines, tyrosines, ou amides plus simples, entrent dans la composition des matières protéiques. Tous ces corps appartiennent soit à la phase ascendante du cycle de l'azote, soit à la phase descendante, sans qu'il soit possible de le préciser.

Il est à ce propos un fait intéressant à constater et bien propre à nous faire concevoir sous son juste aspect la vie des végétaux. Ce fait est le suivant : c'est surtout dans les graines qu'on trouve en général une prédominance des réserves protéiques. C'est-à-dire que là les matières azotées ont atteint le point culminant du cycle et leur dislocation sera nécessaire à la croissance de la plantule comme chez les animaux elle est indispensable à l'activité vitale. Durant la germination, les amides apparaissent en grande quantité en même temps que diminuent les matières protéiques.

Ainsi apercevons-nous que, durant les périodes de son existence où la plante ne voile pas ses processus vitaux par l'importance de son œuvre synthétique, elle étale au grand jour sa « vie animale », et son activité plasmique se traduit à nous par la dégradation active des matières albuminoïdes.

Pour peu que l'on pénètre dans la vie intime des deux

règnes, on reconnaît donc la justesse des critiques adressées à la trop spécieuse théorie du dualisme des animaux et des plantes. La vie est partout la même; seulement à côté des processus communs, il y a des spécialisations fonctionnelles dont l'importance ne doit pas faire perdre de vue les phénomènes fondamentaux de l'évolution de la matière vivante.

14. — La deuxième phase du cycle de l'azote chez les végétaux.

Les matières albuminoïdes synthétisées par la plante sont pour une grande part employées à la nutrition des animaux. Une autre part classée dans les matériaux de réserve subit à la mort de la plante ou lors de ses pertes annuelles (chute des feuilles, des fruits, etc.), la décomposition putride. Enfin une troisième part est utilisée, comme nous venons de le dire, pour la vie active du végétal lui-même.

Si nous voulons mettre en lumière les processus particuliers à cette troisième part, c'est à l'évolution de la graine en particulier que nous pouvons nous adresser. Là, nous venons de le dire, les matériaux azotés ont atteint le point culminant du cycle. Les grains d'aleurone qui représentent la forme habituelle sous laquelle on trouve les réserves azotées sont des protéiques supérieurs ressemblant beaucoup par leur composition chimique à du plasma déshydraté. Comme les albuminoïdes supérieurs, ils sont transformés en peptones par les ferments normaux de la digestion des protéiques, la pepsine en particulier.

Au moment de la germination, c'est précisément là ce que nous observons sous l'action d'un ferment analogue à la pepsine ; les réserves azotées se dégradent en peptones, assimilables par les éléments cellulaires en voie de croissance ; puis les peptones, en s'hydratant, se transforment elles-mêmes en composés azotés plus simples (asparagine, etc.) : Il semble bien que parmi les produits de désassimilation se trouve même de l'amidon, produit ternaire non azoté, ce qui indiquerait un ordre de dissociation différent de l'ordre animal tout au moins dans certains cas.

Finalement la décomposition aboutit aux acides amidiques, à l'ammoniaque et parfois même à l'azote. Une grande partie de ces produits sont repris par la plante pour de nouvelles synthèses, d'autres sont éliminés : l'élimination des déchets n'est pas particulière au règne animal ; les champignons en particulier sécrètent de l'ammoniaque. Si l'urée n'est pas l'aboutissant ordinaire de la dégradation des albuminoïdes chez les végétaux, ce serait une erreur de croire que cette particularité sépare radicalement les deux règnes et il n'est nullement prouvé que les animaux inférieurs conduisent leur dégradation protéique jusqu'à ce terme final.

Les végétaux des classes supérieures ne dépassent pas le stade des amides dans la dégradation, sauf dans la plupart des graines où l'on observe de petites quantités d'ammoniaque produites. On rend apparente cette production des amides au cours de la vie végétale en arrêtant les processus de synthèse qui les reprennent pour de nouveaux cycles avant leur dégradation plus complète. C'est ainsi qu'en mettant des branches de végétaux ligneux, des plantes herbacées, des mousses, ou même des végétaux intacts dans l'obscurité ou dans l'air privé de CO_2, pour éviter le travail synthétique, on voit s'accumuler l'asparagine et autres amides (Cf. Pfeffer T. I p. 471 : trad. franc.)

Ainsi la troisième part que nous avions indiquée plus haut dans l'avenir des matières quaternaires de la plante, celle qui sert, en se dégradant, à entretenir l'activité vitale, ne contribue que très faiblement au renouvellement des nitrates et des sels ammoniacaux du sol, et pour arriver à ce stade final du cycle il faut passer soit par les dégradations produites dans le monde animal, soit par les dégradations qui suivent la mort de la plante ou de ses parties caduques.

Par l'une ou l'autre de ces voies nous arrivons à la véritable fin du cycle, à cette dernière phase qui se produit dans la terre et qui prépare de nouvelles générations végétales. Nous allons nous arrêter un moment à cette phase ultime qui nous donnera les sels ammoniacaux et les nitrates prêts pour de nouveaux cycles.

15. — La fin du cycle de l'azote dans le sol. Retour à l'état minéral.

Le cultivateur qui chaque année transporte dans ses champs le fumier, c'est-à-dire la paille mêlée d'excréments animaux en voie de putréfaction, ne se doute pas en général, que ces engrais naturels, pour être utilisés

par la graine qu'il sème, doivent faire retour à l'état
minéral et perdre tout caractère organique. Bien au
contraire, il est une opinion presque universelle,
d'après laquelle, si les engrais artificiels, les engrais
minéraux, les engrais dits chimiques, ne valent pas les
fumures naturelles, c'est précisément à cause de leur
caractère minéral.

S'il est vrai en pratique que les engrais chimiques ne
donnent pas tous les résultats des engrais naturels, cela
ne veut pas dire que la plante utilise plus facilement
les matières quaternaires organiques que les sels minéraux, mais cela signifie tout simplement qu'ils ne renferment pas tous les éléments nécessaires à chaque culture, éléments que la science n'a pas encore complètement déterminés.

Le retour à l'état minéral est la condition de la ren-
trée de l'azote dans les cycles organiques, et la dégradation ultime des déchets azotés de la vie en sels
minéraux assimilables constitue la dernière phase du
cycle de l'azote. Elle se déroule dans le sol et implique
le rôle actif de certains micro-organismes. Elle aboutit
à la formation d'eau, d'anhydride carbonique, d'acide
sulfhydrique, d'ammoniaque, etc. L'ammoniaque oxydé
donne de l'acide azotique, qui, combiné avec les bases
du sol, la chaux, la potasse, etc, détermine la formation de ces nitrates minéraux utilisés par la plante.

L'ensemble de ces réactions constitue le processus
de *nitrification* qu'on peut dédoubler en deux phases :
la phase d'ammonisation et la phase de nitrification proprement dite.

La *phase d'ammonisation* conduit les composés organiques en voie de fermentation putride jusqu'à l'ammoniaque et aux sels ammoniacaux, grâce à l'intervention de bactéries abondantes dans les détritus organiques, et en particulier du bacillus mycoïdes.

Au cours de cette putréfaction se forment d'ailleurs des produits variés, acides organiques, tels que l'acide formique, acétique, butyrique etc., de l'acide sulfhydrique, du gaz carbonique, des ptomaïnes, produits très toxiques qu'on trouve dans toutes les viandes dès qu'elles commencent à se faisander.

L'urée abondante dans les purins et fumiers subit cette transformation grâce aux *microccus ureæ*.

$$CO\,(AzH^2)^2 + 2\,H^2O = CO^2\,(AzH^4)^2.$$
urée   carbonate d'ammoniaque

Le carbonate formé se dédouble à l'air en donnant de l'ammoniaque et du bicarbonate.

La deuxième phase, ou *phase de nitrification proprement dite*, n'est pas, comme la première, une phase d'hydratation, mais une phase d'oxydation : sous l'action d'autres micro-organismes, les nitromonas ou ferments nitreux, ou de leurs produits solubles, l'oxygène de l'air est absorbé et fixé par l'ammoniaque, suivant un processus analogue à celui-ci :

$$2\,AzH^3 + O^6 = Az^2\,O^3 + 3\,H^2O.$$

L'acide nitreux se combine avec les bases du sol et donne des nitrites.

Les nitrites à leur tour subissent une nouvelle oxydation sous l'action d'autres micro-organismes qu'on
réunit sous le nom collectif de nitrobactéries ou de ferments nitriques. Ils se transforment en nitrates et c'est
l'azote de ces nitrates qui est prêt à recommencer un
nouveau cycle à travers la matière vivante.

**16. — Le cycle du carbone et de l'azote chez les ani-
maux. L'importance et l'étendue de cette question en
biologie.**

Les animaux sont le siège d'une partie de la phase
descendante, de la phase de dégradation des matériaux
organiques ternaires ou quaternaires. Le carbone leur
est apporté soit sous forme d'aliments ternaires, hydrates de carbone, graisses, soit sous forme d'aliments
quaternaires (substances protéiques); l'azote leur est
fourni par ces dernières substances.

Si l'on veut suivre les éléments fondamentaux de la
matière vivante durant leurs étapes animales, il faut
donc suivre l'évolution des matières *ternaires* et *quaternaires* à partir du moment où elles sont introduites
dans le corps à l'état d'aliments jusqu'au moment où
elles en sortent à l'état de déchets, d'excreta.

Ces processus de dégradation varient considérablement suivant les espèces animales, depuis les animaux
monocellulaires inférieurs, tels que les amibes ou les
infusoires qui englobent les substances alimentaires
dans les vacuoles de leur plasma et les digèrent sur
place au moyen des diastases qu'ils sécrètent, jusqu'aux

mammifères supérieurs, jusqu'à l'homme omnivore, que
son outillage assimilateur très complexe rend plus apte
à utiliser les matériaux et l'énergie des composés
organiques qu'il trouve tout faits dans la nature.

Je n'ai pas l'intention de décrire ces réactions chimiques de dégradation alimentaire, telles qu'elles se passent chez les différentes espèces animales. Je ne veux
pas entreprendre un chapitre même très court de physiologie comparée. Mon but en écrivant cet ouvrage a
été seulement de donner au lecteur une idée des grands
processus par lesquels la nature est arrivée à la réalisation des unités physiques, chimiques ou organiques des
trois règnes et d'en détacher les idées générales qui
peuvent l'aider à comprendre l'univers. Aussi est-il
beaucoup plus utile de choisir ici un type animal
particulier et d'étudier les processus d'assimilation et
de dégradation alimentaire qui lui sont propres. Il
me paraît naturel de prendre comme type l'être humain
qui est certainement, sinon le plus accessible à l'expérimentation, du moins le mieux connu dans son
ensemble.

La nutrition normale est la condition première sans
laquelle l'équilibre de toutes les autres fonctions vitales
se saurait être maintenu. Chez les êtres supérieurs, chez
l'homme en particulier, la santé, l'énergie physique et
intellectuelle sont liées à l'accomplissement régulier des
actes qui composent la phase descendante des cycles
organiques du carbone et de l'azote : c'est au cours de
cette phase que l'énergie chimique des substances ternaires et quaternaires, énergie d'origine solaire, nous
l'avons vu, sera libérée et rendue disponible pour les

besoins de la vie animale. Il n'est donc pas étonnant que l'homme ait concentré toute son attention sur l'analyse de ces processus et que cette analyse constitue à elle seule une des branches les plus étendues de la science, une des plus difficiles à condenser en quelques pages. Aussi l'aperçu que je vais donner du cycle du carbone et de l'azote chez l'homme ne prétend-il nullement édifier le lecteur sur la physiologie de la nutrition animale. Il n'a d'autre but que de lui faire entrevoir comment au cours de leur dégradation, les substances alimentaires peuvent subvenir aux besoins matériels ou énergétiques de la vie et comment la matière vivante elle-même n'est qu'une phase de transformations des substances organiques qui lui viennent du dehors.

17. — Mutations propres aux substances ternaires ingérées. chez l'homme. Dislocation préalable des molécules ingérées et reconstruction dans l'organisme suivant un type spécifique.

On sait que les aliments ingérés par l'homme renferment :

1°) De l'eau et des sels, chlorure de sodium, sels calcaires, sels de fer, etc.

2°) Des aliments ternaires, hydrates de carbone (sucres et féculents), et graisses.

3°) Des aliments quaternaires, substances protéiques ou albuminoïdes (myosine de la viande, albumine de l'œuf, caséine du lait, gélatine des os, fibrine du sang, gluten du blé, légumine des pois ou des haricots, etc.).

Ces diverses substances sont précisément celles que nous avons trouvées dans la constitution du corps (p. 99, 104, ssq. T. III).

Mais il ne faudrait pas croire que les substances alimentaires sont incorporées telles quelles par les tissus. Elles subissent certaines transformations et chaque organisme démolit partiellement leur édifice pour le reconstruire suivant un plan individuel. C'est d'ailleurs en raison de cette réédification, nous l'avons dit déjà, que l'homme qui se nourrirait exclusivement de bœuf ne différerait pas d'une façon sensible de celui qui consommerait exclusivement du lapin ou du poisson pendant une série d'années consécutives; et celui qui n'emploierait jamais d'autres graisses que les huiles des végétaux aurait à quelques écarts près le même tissu adipeux que tel autre se nourrissant de beurre et de graisses animales.

Les mutations propres aux substances ternaires, aux sucres, féculents et graisses sont relativement plus simples que celles des substances protéiques. Le rôle de ces substances est d'ailleurs moins élevé, car elles ne font à aucun moment partie intégrante du plasma vivant : ce plasma est essentiellement de nature quaternaire et le phénomène intime de la vie est lié au remplacement continuel des molécules protéiques et non aux mutations ternaires qui se bornent à fournir à l'organisme de l'énergie et en particulier de la chaleur.

Quoique relativement simples ces mutations propres aux matières ternaires sont loin d'être rigoureusement déterminées. Occupons-nous d'abord des hydrates de carbone dont nous avons étudié la composition chimique antérieurement (1).

Nous savons que les sucres les plus simples, le glucose, le lévulose et le galactose, abondants dans les fruits, le miel, etc., sont des aldéhydes ou des acétones d'alcools hexatomiques répondant à la formule globale $C^6H^{12}O^6$ ou $C^6(H^2O)^6$ ou aux formules analytiques :

$$CH^2OH - CHOH - CHOH - CHOH - CHOH - CHO$$
glucose et galactose.

$$CH^2OH - CHOH - CHOH - CHOH - CO - CH^2OH$$
lévulose.

Rappelons que leur caractéristique chimique dominante est d'être dédoublés par fermentation en alcool et acide carbonique.

A côté de ces sucres groupés sous le nom de monosaccharides, nous avons parlé des disaccharides formés de deux molécules des précédents accolées avec élimination d'une molécule d'eau, et répondant à la formule générale $C^{12}(H^2O)^{11}$. C'est le saccharose, qui se dédouble en glucose et lévulose; le lactose qui se dédouble en glucose et galactose; le maltose qui se dédouble en deux molécules de glucose.

Nous avons décrit aussi les polysaccharides ou amyloses formés par l'accollement de plusieurs molécules de monosaccharides avec perte d'autant de molécules d'eau qu'il y a de sutures, et répondant par conséquent

(1) Pour les sucres voir T. III p. 122 (monosaccharides); p. 127, (Disaccharides); 128. (Polysaccharides).

à la formule générale $C^n (H^2O)^{n-1}$. Ce sont les amidons et les fécules.

Quel que soit celui de ces sucres qu'on fasse ingérer à l'organisme, on trouve finalement pour les besoins de la vie deux choses : du glucose qui est vraisemblablement le combustible fournisseur d'énergie, et du glycogène qui paraît être la réserve alimentant constamment la provision de glucose; mais on ne trouve pas dans l'économie d'amidon, de saccharose, de lactose, etc. quelque quantité que l'homme en consomme.

Si tous les sucres et féculents ingérés ne se transforment pas en glucose et en glycogène, c'est-à-dire si le sujet en ingère en trop grande quantité, le surplus fait de la graisse. Si, au contraire, le sujet ne s'alimente pas assez en hydrates de carbone pour subvenir à sa consommation de sucre et entretenir ses réserves de glycogène, ce sont ses réserves de graisse et probablement même aussi ses matières quaternaires qui font les frais de la production du glucose nécessaire.

Cet aperçu général sur la glycogénie nous montre bien que l'homme, avant d'employer pour les besoins de ses dépenses énergétiques les matériaux ternaires apportés par l'alimentation, les transforme, les fait siens, après leur avoir fait subir les mutations appropriées.

Deux groupes de processus sont donc à étudier.

1° Les processus qui suivent l'ingestion des hydrates de carbone (sucres ou féculents) et les conduisent jusqu'à l'état de réserves (glycogène ou graisses).

2° Les processus de dégradation qui comportent

d'une part la combustion du glucose, libératrice
d'énergie disponible, et d'autre part la transformation
préalable du glycogène ou des graisses ou des albuminoïdes en combustible, je veux dire en glucose.

18. — Les processus qui conduisent les sucres et les féculents ingérés vers l'état de réserves (glycogène, graisse).

Les sucres et les féculents sont absorbés par la voie
sanguine dans l'intestin où ils sont puisés et conduits
par les veines du système porte jusque dans le foie où
ils font relai. De là ils sont déversés par le système
veineux sus-hépatique, dans la circulation générale,
mais à l'état de glucose.

C'est dire qu'avant de sortir du foie tous les hydrocarbones ont été transformés, et le glucose lui-même,
le glucose qu'on retrouve dans le sang de la circulation
générale pareil à celui qui a été ingéré, n'est vraisemblablement jamais celui qui a été absorbé : tout porte à
admettre que ce dernier a été transformé par le foie en
matériaux de réserve; puis que ces matériaux ont été
transformés à leur tour en glucose nouveau élaboré
suivant les besoins de l'organisme.

Les modifications subies par les sucres et féculents
ont lieu soit dans le tube digestif, soit à la traversée de
la muqueuse intestinale, soit dans le sang du système
porte, soit dans le foie. En effet le suc intestinal renferme une invertine qui dédouble le saccharose en glucose et lévulose et une lactase (chez les animaux jeunes)

qui dédouble le lactose en glucose et galactose; le suc
pancréatique, déversé dans l'intestin contient une amylopsine qui saccharifie les amidons déjà attaqués partiellement par l'amylase salivaire; le sang lui-même renferme une maltase qui dédouble le maltose en glucose.

Ainsi c'est à l'état de monosaccharides que les hydrocarbures arrivent au foie et la cellule hépatique transforme ces monosaccharides en un polysaccharide de réserve; le glycogène.

Le glycogène a été appelé à juste titre l'amidon animal, car il a la même formule globale que l'amidon, ce polysaccharide dont nous avons étudié la constitution (T. III p. 129), mais ses propriétés chimiques ne sont pas les mêmes. Il existe dans le foie sous forme de granulations entourant le noyau des cellules hépatiques ou réparties en zones irrégulières dans le plasma (1). Quel que soit le sucre ingéré, le glycogène produit est toujours le même, il est toujours dextrogyre comme le glucose, même si le lévulose prédomine dans l'alimentation, même si cette alimentation est réduite à un pentose en C^5 comme le rhamnose, ou à des glycérines, dulcites, mannites etc, capables comme les sucres de régénérer la réserve glycogénique du foie.

On ne peut guère s'étonner d'ailleurs de ces mutations architecturales de la molécule des hydrocarbones. On sait en effet aujourd'hui depuis les travaux de Lobry de Bruyn et Van Eckenstein, que dans un milieu alcalin le glucose, le lévulose, le mannose se transfor-

---

(1) Quelques auteurs estiment que ces granulations seraient des formations artificielles dues aux réactifs et que le glycogène serait répandu uniformément dans le plasma.

ment facilement les uns en les autres. Cependant ces transformations admises par la plupart des physiologistes à la suite des conclusions expérimentales de Kültz et de divers autres auteurs sont mises en doute par Pflüger, dont les critiques, parfois un peu sévères pour un grand nombre de ces expériences, remettraient en doute beaucoup de conclusions tenues pour certaines en ces derniers temps.

Le glycogène d'ailleurs paraît n'avoir pas seulement pour origine les hydrates de carbone, mais les albuminoïdes, les graisses, et nous allons voir quelle difficulté soulève cette genèse complexe.

19. — La formation du glycogène à partir des corps autres que les hydrocarbones. Difficultés soulevées. Théories de l'épargne. Théorie de l'anhydridation.

La production du glycogène à partir des substances protéiques paraît aujourd'hui bien établie. Claude Bernard a affirmé cette origine et bien que les expériences sur lesquelles il s'appuyait fussent entachées d'erreurs, son opinion a été confirmée par de nombreux auteurs tels que Stokvis, Wolfberg, etc. Mais Pflüger qui, ici encore, montra le point faible d'un certain nombre de conclusions de ses prédécesseurs, n'admit le fait que si le protéique renferme un groupe hydrocarboné ou poly-alcools aminés comme l'ovalbumine (Hugounenq).

Les graisses pourraient, d'après certains auteurs et dans une très faible proportion, entretenir aussi les réserves de *glycogène du foie*, mais les expériences qui servent de base à cette opinion ne sont pas absolument démonstratives.

Par contre les travaux de Bouchard et Desgrez ont établi que l'ingestion de graisse par un animal à jeun augmente les réserves de *glycogène musculaire*. Il y a dans cette mutation une oxydation incomplète des graisses, car si l'on compare par exemple la formule globale d'une oléostéaropalmitine $C^{55} H^{104} O^6$ avec celle du glycogène $(C^6 H^{10} O^5)^n$ on est forcé avec Bouchard et Chauveau de voir dans la transformation une véritable combustion avec absorption d'oxygène et élimination d'eau et d'acide carbonique :

$$C^{55}H^{104}O^6 + 30O^2 = 12H^2O + 7CO^2 + (C^6H^{10}O^5)^8$$

Si l'on compare le poids moléculaire de l'oléostéaro-palmitine $C^{55}H^{104}O^6 = 856$ et celui de la quantité correspondante de glycogène $(C^6H^{10}O^5)^8 = 1296$, on voit que cette transformation doit s'accompagner d'une augmentation de poids de l'individu en observation. Une expérience fameuse dans l'histoire de la physiologie et de la médecine a donné raison à ces prévisions. MM. Bouchard et Desgrez ont constaté avec une balance enregistrante qu'un homme ou un animal nourri avec de la graisse et placé, pendant le jeune qui suit l'ingestion, sur le plateau de cette balance augmente régulièrement de poids aux dépens de l'oxygène de l'air fixé. En même temps le glycogène du muscle augmente quoique celui du foie diminue.

La même transformation a été observée dans les

graines des végétaux riches en graisse par Sachs et Wiesner.

Cette multiplicité des substances que la physiologie expérimentale révèle capables de servir la fonction glycogénique du foie, a donné naissance à une théorie qui compte un certain nombre de partisans : c'est celle qu'on a dénommée la théorie de l'épargne par opposition à celle de l'anhydridation.

La théorie de l'anhydridation croit pouvoir expliquer suffisamment la formation du glycogène en admettant que tous les hydrocarbones ou les substances ternaires et quaternaires capables de subir la mutation se transforment en glucose et que le glycogène se forme par déshydratation du glucose, suivant la genèse théorique des polysaccharides.

La théorie de l'épargne admet, au contraire, que le glycogène se formerait aux dépens d'une substance, toujours la même, par exemple une substance protéique et que l'apport des sucres ou hydrates de carbones variés ne ferait qu'épargner la consommation du glycogène fourni par ailleurs.

Nous ne pouvons ici discuter la valeur de ces deux théories. Disons seulement que la plupart des biologistes se rallient à la première qui paraît nous donner une explication plus simple de certains faits, tels que : 1° la régénération puissante et rapide du glycogène observée après l'ingestion d'un sucre quelconque quand le régime de la consommation glycogénique reste le même et quand un jeûne préalable entraînait un épuisement progressif des réserves, 2° la régénération plus lente observée après l'ingestion des albuminoïdes, ou

3° la régénération presque nulle provoquée par celle des graisses, sans doute grâce à une libération minime de glycérine.

L'existence même de cette controverse nous montre que les processus intimes de formation du glycogène dans le foie ne sont pas connus. Ils ne le sont pas davantage dans le muscle ni dans le placenta où on le trouve aussi en abondance. Si l'on admet en général, comme le veut la théorie de l'anhydridation, que c'est le glucose circulant dans le sang qui se polymérise dans ces organes en se déshydratant, la théorie de l'épargne là aussi est soutenable ; mais elle ne se réclame pas des mêmes raisons dominantes, puisque le glycogène se forme ici aux dépens d'une substance unique, le glucose du sang, et que par suite nous ne saurions nous étonner de l'uniformité de sa composition.

20. — Quelques autres problèmes relatifs à l'étude de la transformation des hydrocarbones en glycogène. Un exemple de controverse sur les symbioses.

L'évolution des hydrocarbones à partir des formes alimentaires jusqu'à l'état de réserves, soulève d'ailleurs d'autres problèmes que nous ne pouvons qu'énoncer. Ainsi les physiologistes ne sont pas parfaitement d'accord sur le lieu de dédoublement du lactose chez l'adulte qui n'a qu'exceptionnellement de la lactase dans son suc intestinal, ni sur le processus d'hydratation des amidons que quelques-uns ne croient pas exclusivement tributaire des amylases salivaires et pancréatiques

parce que si l'on prive expérimentalement de salive et
de suc pancréatique un animal dont le système digestif
est voisin de celui de l'homme, il continue à sacchari-
fier ses amidons ingérés. Ce dernier fait a même soulevé une question de biologie générale intéressante et
qu'il est utile que je rappelle ici.

On a dit : si le suc intestinal ne renferme pas lui-
même d'amylase en quantité assez appréciable pour
expliquer la saccharification des amidons, c'est qu'il
existe dans l'intestin une amylase de source différente.
Il a paru naturel d'attribuer cette production d'amylase
aux microbes qui habitent ordinairement l'intestin et il
a paru non moins naturel de faire jouer à ces microbes
un rôle efficace dans la digestion des hydrocarbones
chez les sujets normaux. Il n'y avait qu'un pas à faire
pour voir dans ce fait un exemple de symbiose remarquable où certains bons microbes de l'intestin deve-
naient les auxiliaires indispensables de leurs hôtes,
pour assurer à ceux-ci la préparation du repas quotidien, tout en profitant eux-mêmes des aliments ingérés.
Cette idée fut chère à Pasteur qui l'émit pour la première fois en 1885. On sait aujourd'hui qu'il faut
apporter de grandes réserves à sa conception.

S'il est vrai que certains microbes intestinaux sécrètent des diastases qui saccharifient l'amidon, il est au
moins très risqué de leur attribuer un rôle dans la
digestion normale, car les amylases secrétées en masse
par le pancréas ont une action assez rapide et assez complète pour qu'il ne reste plus rien à faire à l'infime
quantité des diastases microbiennes. On a même pu
vérifier que des cobayes aseptiques, extraits directe-

ment de l'utérus maternel et nourris dans de l'air aseptique avec des aliments stérilisés ne s'en portaient pas moins bien, quoique le microscope ne révélât aucune flore microbienne dans leur contenu intestinal. (Nuttal et Thierfelder).

Ces prétendus bons microbes se bornent le plus souvent à provoquer dans l'intestin de l'hôte qui les héberge, des fermentations inutiles ou nuisibles, qui préparent à son économie des produits plus ou moins toxiques, des gaz plus ou moins superflus, sauf dans les cas exceptionnels où leur rôle devient par hasard un rôle de suppléance.

Toutefois il faut savoir que chez les herbivores, la présence de certains microbes paraît indispensable, et les expériences de Schottelius ont prouvé que certains granivores, les poulets en particulier, privés de leur flore intestinale, dépérissaient de jour en jour, alors que l'introduction de *bacillus coli gallinarum* leur rendait la nutrition normale.

Quoi qu'il en soit, l'absorption des amidons sans saccharification intestinale reste un problème incomplètement résolu, et ce n'est pas le dernier qui s'offre aux biologistes sur cette question pourtant si spéciale et si limitée des processus d'assimilation des sucres.

Il faut du reste savoir que les hydrocarbones sont capables aussi de se transformer en graisses et de passer ainsi à l'état de réserves organiques. Mais si le fait est indiscutable parce qu'il tombe sous le contrôle de la physiologie expérimentale, le processus intime de l'élaboration des graisses, à partir des hydrocarbones, n'est pas rigoureusement déterminé.

21. — Les processus qui conduisent le glycogène vers l'état de combustible utilisable (glucose).

Le sang de la circulation générale renferme un gramme à un gramme et demi de glucose par litre.

Nous avons dit que beaucoup de raisons nous poussent à admettre que ce glucose n'est pas le glucose ingéré, mais que bien au contraire le glucose ingéré, comme tous les autres sucres, se transforme en glycogène dans le foie et que c'est le glycogène hépatique qui alimente et entretient à peu près constante la quantité de glucose du sang de la circulation générale.

Une série d'expériences dont plusieurs sont assez récentes, viennent donner à cette théorie la valeur d'une chose démontrée et le doute n'est plus guère permis aujourd'hui sur l'origine du sucre transporté par le sang aux organes de l'économie.

Le nom de glycogène donné au polysaccharide de réserve hépatique est donc parfaitement justifié, puisque c'est cette réserve qui engendre le glucose circulant.

Mais sous quelle influence le glycogène se transforme-t-il en sucre?

La science expérimentale tend à établir qu'il y a là des phénomènes diastasiques semblables à ceux que nous avons rencontrés à chaque pas jusqu'ici.

Cette opinion, si logique qu'elle soit, n'est pas admise sans quelque réserve, même aujourd'hui, par certains auteurs encore imbus des doctrines vitalistes. Ceux-ci se plaisent à voir aussi bien dans la synthèse du glycogène à partir des monosaccharides que dans la dégradation du glycogène en glucose une activité vitale mystérieuse propre à la cellule vivante.

Voici le raisonnement tenu par les partisans de la théorie diastasique. Prenons, disent-ils, un morceau de foie frais et lavé, hâchons le, faisons le macérer dans la glycérine pour en tirer un extrait ne contenant aucun élément figuré. Cet extrait est capable de transformer in vitro le glycogène en glucose et cette propriété disparaît par le chauffage à 100°. On reconnaît là une action du même genre que celle de l'amylase salivaire ou pancréatique, c'est-à-dire une action diastasique, et il y a tout lieu d'admettre l'existence d'un ferment soluble présidant à la dislocation du glycogène. Ce ferment soluble, si analogue qu'il soit aux diastases sacchari-fiantes salivaires et pancréatiques, en diffère d'ailleurs spécifiquement, car celles-ci n'agissent sur le glycogène qu'en le transformant en dextrine et maltose.

L'argument le plus frappant par lequel les vitalistes répondent à ces déductions est tiré de ce fait qu'on provoque la transformation rapide du glycogène en sucre par l'intermédiaire du système nerveux, en piquant le plancher du 4e ventricule cérébral dans le voisinage des origines des nerfs vagues. Il peut en effet sembler à première vue qu'il y ait là un phénomène vital, parce qu'on n'aperçoit pas toujours les liens qui existent entre une excitation nerveuse et une action exaltatrice sur un processus purement physico-chimique.

Quelle est la valeur de cette objection?

'Il est bien exact que la piqûre du bulbe augmente la transformation du glycogène en glucose, d'où *hyper-glycémie,* ou augmentation du glucose dans le sang, et *glycosurie*, ou apparition du sucre dans l'urine, la consommation du sucre dans les organes du corps et dans le muscle en particulier restant la même. Il est même facile de démontrer, que si la moelle a été sectionnée au-dessus de l'origine médullaire des nerfs grands splanchniques ou si ces nerfs eux-mêmes ont été coupés, la piqûre du bulbe ne produit plus aucun effet. Par contre l'excitation du bout phériphérique des splanchniques sectionnés produit l'hyperglycémie. Cette dernière expérience offre un argument de plus aux partisans de la théorie vitaliste : en effet si la piqûre du 4e ventricule produit une vasodilatation hépatique très notable et si par suite on peut être tenté d'expliquer par l'intermédiaire de cette vasodilatation l'exagération de la glycosécrétion, cette explication perd toute sa valeur par le fait que, quand on agit sur le bout périphérique des splanchniques, on produit une vasoconstriction nette.

Mais l'argument des vitalistes ne résiste pas à l'analyse. En effet nous savons aujourd'hui que toutes les glandes sont, au même titre que les muscles, commandées par des nerfs centrifuges ; que l'activité sécrétoire des cellules est sous la dépendance des nerfs afférents, que par conséquent les diastases sont sécrétées en plus ou moins grande quantité suivant l'excitation nerveuse. Les vitalistes doivent ainsi reculer d'un pas et se réfugier dans la discussion de la nature vitale de l'influx nerveux. C'est une discussion que nous retrouverons ultérieurement.

A côté de cet argument principal, il en est d'autres moins importants :

Ainsi on a dit que les macérations hépatiques deviennent inactives par le chauffage prolongé à 55° alors que les diastases ne sont pas détruites à cette température, mais le fait n'est pas général et d'autre part les températures minima capables d'inactiver les diastases sont très variables.

On a dit aussi que l'élément actif de ces macérations pouvait bien être simplement des diastases microbiennes ; mais des contre expériences faites avec les précautions aseptiques nécessaires ou même avec la mise en œuvre de l'arsenal antiseptique le plus efficace ont confirmé les premiers résultats.

On s'est étonné enfin que le foie perde très rapidement ses propriétés glyco-sécrétoires après sa séparation de l'organisme, alors que les diastases conservent beaucoup plus longtemps leurs actions. Mais cela s'explique par la formation rapide de produits acides qui paralysent l'action diastasique.

Avec les réserves que comportent toujours les déductions scientifiques quand elles veulent rester prudentes, on peut donc conclure qu'il s'agit bien là d'une action diastasique et nous pouvons ainsi d'emblée classer la fonction glycoformatrice dans le groupe des réactions d'équilibre tributaires des lois physico-chimiques générales, la controverse doctrinale étant reportée plus loin, sur un autre terrain, sur l'interprétation des phénomènes neuro-secrétoires.

Ce coup d'œil rapide que nous venons de jeter sur les processus qui conduisent les hydrocarbones ingérés par les animaux jusqu'à l'état de glycose par l'intermédiaire d'une phase de relai, le glycogène, nous donne déjà une idée de la complexité des mutations propres à la deuxième phase du cycle du carbone dans les deux règnes vivants.

Pour terminer le cycle, il faudrait dire à présent ce que devient le glucose déversé sans cesse dans le sang, le suivre dans sa combustion et montrer l'emploi de l'énergie libérée soit pour l'entretien de la chaleur animale, soit pour la production d'un travail mécanique; mais comme le glucose, véritable houille de la machine animale a d'autres origines que les hydrocarbones, il est plus logique que nous étudiions d'abord les autres processus du cycle (évolution des graisses, des protéiques) et que nous réservions quelque temps la question de la thermogenèse et de la production de travail par les êtres vivants.

22. — Les processus qui conduisent les graisses ingérées vers l'état de réserve et origine des graisses de l'organisme. Question de la saponification préalable et de la spécificité des graisses d'une espèce animale.

Les graisses ingérées dans le tube intestinal sont absorbées par la voie des lymphatiques (chylifères).

Il y a longtemps déjà (1622) qu'un professeur d'anatomie de l'Université de Pavie, Aselli, disséquant un chien pendant la digestion d'un repas riche en matières grasses, observa sur le mésentère des traînées blanches qui, piquées, laissaient échapper un suc laiteux. Ce suc est une émulsion de graisses; les traînées blanches sont les vaisseaux chylifères qui reçoivent la graisse absorbée

par la muqueuse intestinale et qui, par le canal thora-
cique, déversent leur contenu dans une grosse veine de
l'organisme : la sous-clavière gauche.

Si l'on étudie le phénomène de plus près, on voit que,
durant l'absorption, les cellules épithéliales des villosités intestinales sont remplies de granulations graisseuses, et, phénomène intéressant pour l'étude chimique
que nous poursuivons ici, les granulations sont plus
fines dans le voisinage du plateau de la cellule, c'est-à-
dire près de la face en contact avec le contenu intestinal. Plus on s'éloigne de cette face, plus on va dans
la profondeur de la cellule, et plus on observe en abondance de grosses granulations graisseuses. On a déduit
de là que les graisses ingérées ne pénétraient dans la
muqueuse qu'après dédoublement en glycérine et acides
gras saponifiés par les alcalis des sucs intestinaux et
qu'elles se reconstituaient à la traversée des cellules de
l'intestin. Cette théorie du dédoublement préalable
s'accorde d'ailleurs bien avec la présence dans le suc
pancréatique d'une *lipase* (*stéapsine*) qui dédouble les
graisses *in vitro*. Elle s'accorde aussi avec ce fait que
l'on peut provoquer à coup sûr, la synthèse des graisses
par les cellules intestinales en introduisant dans une
anse de l'intestin isolée des savons avec ou sans glycérine. Les chylifères contiennent peu après de la graisse.
On peut même obtenir un résultat identique avec des
acides gras non saponifiés. Tout se passe donc comme
si les cellules de la muqueuse fournissaient la glycérine
nécessaire à la reformation de la graisse. D'ailleurs on
a pu démontrer avec certitude que si l'on met dans une
anse intestinale des graisses variées, telles que le pal-

mitate de céthyle (blanc de baleine) ou d'éthyle, l'oléate d'éthyle ou d'amyle, on ne trouve dans les chylifères que des tripalmitates ou des trioléates de glycérine.

Cependant les graisses neutres paraissent bien pouvoir traverser les cellules intestinales sans que s'opère ce double travail de dislocation et de reconstruction. Elles sont simplement émulsionnées en particulier sous l'influence combinée de la bile et du suc pancréatique, comme l'ont établi les expériences de Claude Bernard et de Dastre.

Si les expériences directes sont assez difficiles à réaliser pour asseoir solidement cette opinion, certains faits généraux lui apportent une confirmation de haute valeur.

Ainsi tandis que l'ingestion de blanc de baleine, de graisses butyriques, etc., ne fait pas varier dans des proportions sensibles la composition moyenne des graisses d'un animal, au contraire une alimentation présentant une prédominance nette de tripalmitine, trioléine, ou tristéarine change peu à peu le rapport normal de ces trois graisses chez le sujet en expérience. On sait d'ailleurs que ce rapport n'est pas le même dans toutes les espèces animales, il est au contraire très variable de l'une à l'autre, mais il est constant chez une même espèce.

Quoi qu'il en soit, il est difficile de préciser si les graisses neutres, telles que celles qui existent normalement dans l'organisme, sont en totalité absorbées sans saponification préalable. En effet si l'on engraisse un animal, préalablement amaigri par le jeûne, avec des graisses neutres, tripalmitine, tristéarine et trioléine en proportions définies et très différentes de ses proportions spécifiques, on constate bien que sa graisse acquise renferme ces trois graisses en proportion notablement différente de celle de sa graisse spécifique, mais ces proportions sont très différentes aussi, en général, de celles des graisses neutres ingérées. Elles tendent à s'en écarter pour se rapprocher du type spécifique. Cela peut tenir ou bien à ce qu'une partie des graisses neutres ingérées subissent la saponification et la reconstruction avant d'être assimilées, ou bien à ce qu'une partie des graisses déposées dans les réserves organiques proviennent d'une autre source que des graisses ingérées ; or nous avons dit plus haut que ces réserves peuvent provenir, pour une part au moins, des matières albuminoïdes, malgré certaines controverses délicates auxquelles a donné lieu cette hypothèse (1), et des hydrocarbones dont la transformation en graisses est aujourd'hui regardée comme à peu près démontrée.

23. — Les processus qui conduisent les graisses de réserve vers les produits finaux. Un mot sur la théorie de Knoop.

Il est de langage courant de dire que l'homme qui travaille brûle sa graisse et le gros bon sens nous apprend que les réserves de graisses organiques peuvent être utilisées comme aliments durant le jeûne ou servir aux mutations énergétiques durant le travail.

(1) V. Trav. de Voit et Pettenkofer, contra : Pflüger.

La physiologie expérimentale confirme ces données. En tétanisant électriquement un groupe de muscles chez une grenouille dont on a lié les artères correspondantes, on s'aperçoit vite (par la réaction de l'acide osmique) que ces muscles ne présentent plus trace de graisse. Si au contraire on a curarisé la grenouille, ce qui empêche toute réponse musculaire aux excitations électriques, la graisse est intégralement conservée. Beaucoup d'autres expériences prouvent que les graisses, au même titre que les hydrocarbones, peuvent par leur combustion fournir de l'énergie.

Mais il ne faut pas croire pour cela que nous sommes très avancés dans la connaissance de l'évolution des graisses. A partir du moment où nous voyons les chylifères intestinaux les acheminer dans le sang veineux, il nous est bien difficile de dire les mutations qu'elles subissent. Transportées par le courant artériel jusque dans les capillaires, franchissent-elles ces capillaires sans subir une nouvelle décomposition? C'est peu probable, et l'hypothèse d'une saponification préalable qui les rendrait solubles se trouve justifiée par le fait de l'existence d'une lipase dans le sang (Hanriot).

Comment, une fois sorties des capillaires et déposées dans les cellules sous l'état de réserve, sont-elles ensuite reprises par la circulation? On ne le sait pas davantage. On constate seulement que les réserves adipeuses sont toujours prêtes à répondre immédiatement au premier appel de la circulation.

Sommes-nous au moins un peu plus fixés sur les processus chimiques qui président à l'oxydation des graisses ainsi appelées vers la consommation? Nous avons dit déjà qu'il est possible, qu'il est même probable qu'une partie se transforme en sucre. Si nous laissons de côté cette partie, nous nous trouvons en présence d'un problème tout d'actualité et qui, dans la physiologie et la médecine contemporaines, offre un intérêt supérieur, je veux parler de la formation d'acétones au cours de la dégradation des acides gras, et de la théorie de la bi-oxydation des graisses formulée par Knoop.

Voici en quelques mots en quoi consiste la théorie de Knoop. Nous avons dit, T. III p. 131, que les graisses sont des éthers (union d'un alcool-base et d'un acide) dans lesquels la base est un alcool à trois oxhydriles (la glycérine) et l'acide un acide organique monovalent, le plus souvent de la même forme que l'acide acétique $CH^3 — CO.OH$, mais renfermant de multiples maillons en CH^2 :

$$\text{Acide palmitique } CH^3 — (CH^2)^{14} — CO.OH$$
$$\text{Acide stéarique } \quad CH^3 — (CH^2)^{16} — CO.OH$$

Nous avons ajouté que l'acide oléique se rattachait, lui, à la série des hydrocarbures non saturés (oléfines) construits sur le même type, avec un nombre pair de chaînons intermédiaires (seize).

Knoop admet que la dégradation se fait par la chute progressive, de deux en deux, des chaînons intermédiaires — CH^2 — CH^2. Ce qui l'a conduit à cette idée c'est que des acides un peu différents, mais plus accessibles à l'expérience, tels que l'acide phényl-valérique,

$$C^6H^5 — \overline{|CH^2 — CH^2|} — \overset{\beta}{\overline{|CH^2}} — \overset{\alpha}{\overline{CH^2|}} — CO.OH$$

renfermant dans leur chaîne latérale acide un nombre pair de chaînons intermédiaires en CH^2, passent dans l'urine sous forme d'acide benzoïque.

$$C^6H^5 - CO.OH$$

tandis que les acides du même groupe, qui, comme l'acide phényl-butyrique,

$$C^6H^5 - |\overline{CH^2}| - |\overset{\beta}{\overline{CH^2}} - \overset{\alpha}{\overline{CH^2}}| - CO.OH$$

renferment dans leur chaîne latérale acide un nombre impair de chaînons CH^2, passent dans l'urine sous forme d'acide phénylacétique.

$$C^6H^5 - CH^2 - CO.OH$$

Ce fait capital lui fait supposer que la dégradation des chaînons se fait par oxydation du chaînon β et chute consécutive des deux maillons conjoints α et β. Récemment le fait a pu être vérifié dans certains cas où l'on a retrouvé le maillon β à l'état $CHOH$ (Dakin).

Quant à l'avenir des deux chaînons qui tombent chaque fois, on ne peut encore que faire des hypothèses à son sujet.

Une autre confirmation est venue de ce fait que *in vitro*, les acides gras, l'acide butyrique en particulier subissent bien l'oxydation du chaînon β.

En effet cet acide butyrique

$$CH^3 - |\overline{\overset{\beta}{CH^2} - \overset{\alpha}{CH^2}}| - CO.OH$$

quand il est oxydé *in vitro* passe par le stade acide acétyl-acétique

$$CH^3 - |\overline{\overset{\beta}{CO} - \overset{\alpha}{CH^2}}| - CO.OH$$

(qui vraisemblablement implique le passage par l'état préalable CHOH du chaînon β (acide β-oxybutyrique) pour arriver au terme final

$$CH^3 - CO - CH^3 \text{ (acétone)}.$$

Ce même processus s'accomplit expérimentalement dans le foie du chien que l'on fait traverser par un courant sanguin renfermant de l'acide butyrique.

Dans l'organisme on ne trouve que des acides gras pairs comme nous venons de le voir; par suite, la dégradation de ces acides devrait toujours passer par la phase préterminale $CH^3 - CO - CH^3$, c'est-à-dire par la phase acétone.

Or, on sait aujourd'hui que non seulement on rencontre l'acétone et l'acide acétylacétique dans l'urine anormale des sujets pathologiques et en particulier dans l'urine des diabétiques, mais qu'on décèle la présence de ces produits dans l'urine normale et aussi dans l'air expiré. La suppression des hydrocarbones de l'alimentation augmente cette quantité. Un individu qui ne se nourrit-que d'albuminoïdes et de graisses voit immédiatement son acétonurie s'accroître.

Si cette théorie de la β-oxydation de Knoop est exacte on doit admettre que l'organisme fabrique constamment de grandes quantités de produits acétoniques, mais que ces produits sont détruits au fur et à mesure dans l'organisme. Malheureusement on ne peut que faire des suppositions sur leur mode de dislocation ultérieure. Ces réserves, ces hésitations même sur l'adoption de la théorie que nous venons d'exposer nous font voir combien peu encore nous sommes fixés sur les processus de dégradation des graisses dans l'économie animale.

Nous verrons bientôt surgir d'autres controverses quand il s'agira de préciser les étapes chimiques que traversent les graisses utilisées à la production du travail musculaire.

24. — Les processus qui conduisent les protéiques ingérés vers l'état de matière vivante ou de réserve. Première phase. Phase de dislocation.

De même que nous avons vu les hydro-carbones et les graisses subir une série d'opérations chimiques qui les amènent dans les magasins de réserves, les uns à l'état de glycogène, les autres sous la forme d'une oléostéaropalmitine caractéristique de l'espèce animale considérée, de même nous allons voir les substances albuminoïdes ingérées subir des mutations, des décompositions et des synthèses pour prendre finalement la forme spécifique propre à l'animal qui les assimile.

Nous avons déjà à maintes reprises insisté sur ce travail d'édification propre qui avec des matériaux variés, d'origines diverses, opère toujours les mêmes synthèses et parait toujours réaliser le même plan. Il ne faut pas oublier que chez l'animal toute incorporation de matière s'opère ainsi en deux phases, une phase de démolition et une phase de reconstruction : c'est un double travail qui précède la phase de mise en réserve et la dégradation ultérieure des produits retenus ou fixés. Le vieux dogme de la dualité des deux règnes passait par dessus ce double travail préliminaire : l'animal ne lui apparaissant que comme un dégradateur des matériaux construits par la plante.

Or, ce double travail ne se révèle nulle part plus manifeste que dans l'évolution des protéiques. Abderhalden, professeur à l'Université de Halle, s'est servi d'une comparaison pittoresque pour faire comprendre le rôle de la cellule dans cette œuvre réédificatrice.

Il assimile la situation de la cellule à celle d'un architecte qui avec une église gothique doit faire une maison d'école. « Sans s'attarder, dit-il dans des réparations très compliquées, il commencera par jeter l'église par terre : les matériaux de démolition deviendront des matériaux de construction. Les pierres, utilisées en partie directement, en partie taillées dans le style de la nouvelle construction seront assemblées de nouveau. Rien ne rappellera plus l'édifice primitif. La cellule procède de même, elle ne se charge d'aucun élément qui n'ait été au préalable dépouillé de son agencement spécifique ».

De fait les matières albuminoïdes qui arrivent dans l'estomac, sont transformées par les ferments gastriques en albumoses, en peptones et même en produits d'une dissociation plus avancée et que nous pouvons classer parmi les polypeptides, la dissociation gastrique n'allant vraisemblablement pas jusqu'aux acides aminés.

Ce mélange acide après avoir franchi le pylore provoque, par sa présence dans le duodenum, la sécrétion de suc pancréatique, de bile et de suc intestinal qui alcalinisent le chyme duodénal. Cet appel de sécrétion pancréatique et intestinale par le chyme acide est d'autant plus grand que l'acide libre est plus abondant. Plus la digestion stomacale est avancée, ou si l'on veut plus les protéiques sont dégradés quand ils franchissent le pylore, moins il y a d'acide libre, l'acide se fixant de plus en plus sur les produits de dissociation. Il y a donc sécrétion pancréatique et intestinale d'autant plus considérable que le travail de la digestion a été moins avancé dans l'estomac.

Ce phénomène donne une idée des régulations de processus chimiques qu'on observe à chaque instant dans l'organisme.

La digestion des protéiques se poursuit dans l'intestin sous l'action de la trypsine pancréatique qui agit soit en milieu alcalin, soit en milieu neutre et peut-être même en milieu légèrement acide.

Finalement on ne trouve dans l'intestin que très peu d'albumoses et de peptones; mais les polypeptides et acides aminés y sont abondants et l'ordre d'apparition des produits de plus en plus dédoublés est à peu près le même que dans les hydrolyses produites *in vitro*. (V. T. III p. 112).

Il nous est assez difficile de dire jusqu'où est poussée la dislocation des parties de l'édifice protéique avant que ces parties soient incorporées par l'organisme et reconstruites suivant le type spécifique. On admet volontiers aujourd'hui que cette dislocation va jusqu'à la mise en liberté de tous les acides aminés. La biochimie expérimentale a pu vérifier chez l'animal l'assimilation des acides aminés introduits dans l'intestin. Elle a vu, que, grâce à cette assimilation, des individus préalablement privés de substances quaternaires et épuisés par ce jeûne partiel, revenaient progressivement à la vie azotée normale.

On a d'ailleurs d'autant plus lieu de croire à une dislocation complète qu'on trouve dans la muqueuse même de l'intestin une diastase existant aussi dans le suc intestinal et que O. Cohnheim a appelée l'*érepsine* parce qu'elle brise les molécules non réduites encore en acides aminés.

Donc sans que nous puissions préciser si la muqueuse intestinale absorbe les aliments quaternaires exclusivement sous la forme d'acides aminés ou bien aussi sous la forme de produits plus complexes, nous apercevons nettement que les protéiques ingérés, qu'ils soient d'origine végétale ou d'origine animale, commencent par être disloqués avant d'être incorporés, avant de servir à la vie de l'organisme qui les emploie.

25. — Phase de réédification des protéiques.

Nous voici arrivés à la traversée de la muqueuse intestinale. Les protéiques disloqués sont probablement alors à l'état d'acides aminés. Qu'allons nous constater de l'autre côté de cette muqueuse? Qu'allons-nous trouver dans les vaisseaux sanguins du système porte qui emmènent vers le foie les produits assimilés à travers la muqueuse intestinale? La reconstruction va-t-elle déjà être faite à ce moment, ou bien va-t-elle s'opérer dans le foie, ou bien encore les acides aminés vont-ils arriver à chaque organe où les porte le sang pour être réédifiés par chacun d'eux suivant ses besoins et suivant sa nature?

De nombreuses expériences ont été entreprises sur ce problème si important de la physiologie des vertébrés supérieurs. La description de ces expériences nous ferait sortir des limites que nous nous sommes imposées, mais leurs résultats sont assez concordants pour que nous puissions regarder comme à peu près démontré que dans la muqueuse intestinale elle-même s'opère une reconstruction qui a pour terme final une sorte d'albumine neutre, indifférente, mais spécifique, propre à l'espèce considérée. Le sang porte cette albumine à chaque organe, à chaque cellule, et cet organe, cette cellule, lui fait subir à son tour des transformations particulières.

Quel que soit d'ailleurs le lieu d'accomplissement de ces processus, on est forcé d'admettre que l'organisme a besoin, pour édifier la molécule albuminoïde spécifique, d'un nombre défini d'éléments déterminés, d'acides aminés bien qualifiés.

Alors que les végétaux préparent eux-mêmes les pierres de leurs édifices protéiques, les animaux, eux, profitent, sinon des édifices qu'ils trouvent tout faits dans le monde végétal, du moins de chacune des pierres préparées; mais encore faut-il qu'ils aient à leur disposition toutes les pierres utiles pour leur reconstruction.

Aussi concevons-nous que cette reconstruction sera d'autant plus facile que le bâtiment jeté par terre sera plus analogue au bâtiment à reconstruire par le dénombrement de ses pièces. Il est certain que les albumines végétales ingérées par les animaux supérieurs nécessitent de la part de ceux-ci une mise en scène réédificatrice plus complexe que les albumines fournies par les animaux dont ils font leur proie.

Mais nous ne connaissons pas assez le phénomène intime de ces mutations pour conclure à la supériorité de telle ou telle alimentation. Il est aussi imprudent de vouloir démontrer, au nom de la théorie, que l'idéal du rendement nutritif pour l'homme serait d'ingérer la chair de son prochain, que de vouloir généraliser au nom d'observations empiriques la supériorité du végétarisme. La vérité paraît être que l'organisme de chaque espèce animale s'adapte à son travail de réédification et trouve moyen de tirer parti d'opérations laborieuses, moins profitables que les reconstitutions plus simples, si bien que la suppression même de ces opérations n'irait pas sans dommage pour son équilibre général.

Il n'en est pas moins vrai qu'une substance protéique ingérée, très voisine des protéiques spécifiques, a une valeur nutritive supérieure à celle des substances très différentes et que plus l'albumine ingérée s'éloigne du type spécifique, moins grande est cette valeur nutritive.

Il est même possible que les albumines alimentaires auxquelles manqueraient totalement certains groupes aminés utiles aux animaux supérieurs ne puissent absolument pas convenir à leur nutrition. Ainsi a-t-on pu expliquer la valeur nutritive nulle de la gélatine quand elle est ingérée seule : privée de tyrosine, de tryptophane, etc., elle ne pourrait servir à la réédification protéique. Mais il y a lieu de se demander s il est bien certain que les animaux supérieurs ne puissent faire euxmêmes certains groupes manquants. C'est une question extrêmement délicate à résoudre dans l'état actuel de la science.

A quoi est utilisée cette albumine reconstruite? D'une part, elle est reprise par les éléments vivants, par les plasmas, dans lesquels elle remplace des quantités égales d'albumine désassimilée; c'est cette part de l'albumine qu'avec Voit on peut appeler *l'albumine fixe,* l'albumine vivante. D'autre part, elle doit forcément se trouver dans l'organisme à l'état *d'albumine circulante* transportée par le sang dans les différentes parties du corps.

Tout porte à admettre que l'albumine circulante ne se transforme pas totalement en albumine vivante avant de subir la désagrégation. Cette proposition a une grande portée, car si on ne l'admettait pas il faudrait supposer que la consommation alimentaire règle l'activité cellulaire et que ce n'est pas l'organisme qui règle la fixation suivant ses besoins.

A plusieurs reprises, nous avons déjà pu constater que la cellule règle elle-même ses échanges, ce qui permet aux animaux de garder leur type spécifique ; mais que cependant elle est dans une certaine mesure tributaire de son milieu chimique. De même ici nous allons voir que si l'intensité de la vie peut être diminuée par l'insuffisance des apports, des éléments de rénovation, elle est à peu près indépendante de l'excédent des matériaux nutritifs. Il est difficile, par la chimie expérimentale d'arriver à la preuve absolue de cette loi. Mais elle paraît se dégager sans ambiguïté de l'ensemble des faits observés.

26. — La rénovation de la matière vivante ne paraît pas dépendre des apports. Les moyens insuffisants encore dont dispose la chimie pour vérifier numériquement cette proposition.

L'importance de la proposition que nous venons d'énoncer est grande non seulement parce qu'elle intéresse la physiologie spéciale de la nutrition, mais parce qu'elle touche à la biologie générale et à la conception même de la vie. En effet, quand nous avons avec Ostwald comparé la matière vivante à un système stationnaire traversé par une matière instable et siège de phénomènes sans cesse renouvelés, quand, avec lui, nous avons rapproché la conception des formes vivantes de celle d'une flamme de bougie ou d'un fleuve, parcourus l'une par les molécules gazeuses en voie de combustion, l'autre par les masses liquides à chaque instant remplacées et indéfiniment fluantes à travers un système d'aspect fixe, nous avons ajouté que le système stationnaire qu'est l'être vivant, a quelque chose de plus que ceux du monde inorganique : nous avons dit qu'il est *actif*, qu'il possède une certaine autonomie, ce qui signifie qu'il règle lui-même les mutations qui l'engendrent.

Cette particularité apparaît peut-être minime à première vue ; elle renferme en réalité toute une doctrine. Son affirmation nous a semblé naturelle ; elle soulève au contraire des discussions sans fin. En effet, elle nous conduit à entrevoir à côté du principe de Carnot-Clausius qui régit les réactions biochimiques et en particulier les mutations catalytiques quaternaires dans le tube gastro-intestinal, quelque chose qui réglerait les substitutions des produits ainsi offerts aux plasmas vivants, quelque frein qui limiterait le métabolisme cellulaire, quelque principe vecteur qui lui imposerait une certaine direction. Ainsi surgit devant nous sous une face nouvelle, le spectre du principe vital toujours prêt à émerger de l'ombre partout où la science positive rencontre des obstacles.

Avant de discuter sur cette autonomie chimique, il serait certes désirable que la chimie puisse nous renseigner numériquement sur l'intensité de la vie dans les différentes conditions ambiantes et en particulier dans les changements du régime nutritif. Malheureusement la suite de cette étude va nous montrer que, malgré tous les progrès réalisés, elle ne touche pas encore au but et ce sont des présomptions plus que des preuves indiscutables qui nous conduisent à l'opinion que nous venons d'énoncer. Nous allons voir néanmoins ce qu'elle nous apprend à ce sujet.

Tout d'abord nous devons rappeler une observation fondamentale souvent vérifiée : si un individu arrive à maintenir son équilibre avec 40 à 50 grammes d'albumine ingérés quotidiennement et si on lui en fait ingérer une quantité 2 fois, 3 fois, 5 fois plus considérable, il désassimile à peu près tout ce surplus : *la destruction suit à peu près la consommation*.

Mais cette albumine, si vite détruite, traverse-t-elle le système stationnaire qu'est le plasma vivant, ou passe-t-elle à côté? Devient-elle albumine fixe, albumine vivante, avant d'être désassimilée?

Le bon sens répond évidemment qu'il serait bien étonnant que ces substitutions, par nature même si lentes, s'effectuassent aussi rapidement quand les apports augmentent, mais, je le répète, ce n'est là qu'une raison présomptive.

On a dit à l'encontre de cette présomption que, si les produits quaternaires assimilés au niveau de l'intestin ne traversaient pas le plasma vivant, s'ils ne passaient pas par le stade de matière azotée vivante, on devrait trouver dans l'organisme une phase de réserves même très éphémère de matières quaternaires comme on trouve du glycogène et des graisses. Il n'en existe pas. Mais d'abord il n'y a pas là de preuve en faveur de la théorie du passage par le stade d'albumine vivante; ensuite on découvre facilement un grenier de réserves, si l'on admet que les produits quaternaires peuvent se dégrader et se transformer en réserves ternaires : hypothèse qui soulève la question de l'origine quaternaire possible des graisses et du glycogène de l'organisme.

Le fait est très discuté et il faut avouer que pas une des expériences biochimiques destinées à le contrôler, ni celles de Stokvis, de Wolfberg, de Bendix, pour le glycogène, ni celle de Luthje pour le sucre diabétique, ni celle de Voit et Pettenkofer pour les graisses, ne sont à l'abri de toute critique. Pflüger les a tour à tour passées au crible de son argumentation inclémente et en fin de compte, on doit avouer que la preuve rigou-reuse de la réalité de ces mutations n'est pas faite.

Cependant, à la suite de Claude Bernard qui avait émis l'idée de la mutation possible des albuminoïdes en glycogène, le plus grand nombre des physiologistes actuels regardent l'évolution des substances protéiques vers les réserves ternaires comme un phénomène régu-lier. A. Gautier a précisé l'équation de ces transfor-mations. Bouchard, Chauveau, les font entrer en ligne de compte pour le calcul de l'équilibre chimique et énergétique de l'organisme humain.

Si l'on se range à cette opinion, on doit admettre que l'albumine ingérée se divise au moins en deux parts : l'une qui entretient la rénovation des plasmas, l'autre qui, après avoir éliminé un certain nombre de pierres de son édifice, accroît les réserves ternaires. Dès lors le problème se simplifie parce que nous allons pouvoir sans doute mesurer ces deux parts. Il y a en effet des chances pour que nous trouvions dans les excréta des déchets caractéristiques de chacune de ces parts : d'un côté des déchets provenant de la dégradation de l'albumine vivante au fur et à mesure qu'elle est remplacée, de l'autre côté des déchets laissés par les matières quaternaires se transformant en réserves ternaires. Ainsi obtiendrio ns-nous la mesure de l'intensité de la vie. Mais en réalité la question est plus complexe parce que même si nous arrivions à calculer rigoureusement ces deux parts, il y aurait lieu de se demander si une certaine quantité d'albumine, sans entrer dans les greniers ternaires, sans passer par le plasma vivant, n'est pas dissociée directement et si l'énergie libérée par cette dissociation directe n'est pas utilisée par l'organisme au même titre que l'énergie libérée par la combustion du glucose; nouvelle question litigieuse que nous retrouverons plus loin (§ 80 à 87). Une réponse précise ne pourrait être obtenue que s'il y avait possibilité de différencier les déchets protéiques provenant sûrement des plasmas vivants de l'animal en expérience et les déchets provenant soit de l'albumine alimentaire immédiatement dissociée, soit de l'albumine alimentaire évoluant vers les réserves ternaires. Cette distinction est possible dans certains cas et peut-être la chimie arrivera-t-elle un jour à différencier tous les déchets d'origine *endogène* correspondant à la désagrégation de l'albumine fixe et les déchets d'origine *exogène* correspondant à la désagrégation des protéiques qui n'ont pas passé par le stade d'albumine vivante, qui ont évolué à côté de la vie; mais pour le moment ces dosages sont impossibles et l'on peut tout au plus mesurer les déchets supposés d'origine endogène dans le jeûne relatif.

Ces considérations nous amènent à envisager la désassimilation des matières albuminoïdes, dernière phase du cycle de l'azote chez l'animal. Nous allons lui consacrer quelques pages sans oublier l'intérêt que présente cette étude pour la solution du problème que nous laissons en suspens.

72. — La dégradation de l'albumine fixe chez les animaux et chez l'homme en particulier.

Nous avons vu que les acides aminés qui entrent en conjonction pour former les polypeptides et les albuminoïdes supérieurs opèrent leur union par la fusion des groupes — CO.OH et — AzH^2 (T. III, p. 174) avec élimination d'une molécule d'eau. Nous avons vu aussi qu'inversement la rétrogradation des substances protéiques alimentaires se fait par dissociation de ces groupes fonctionnels avec hydrolyse, sous l'influence de diastases variées. C'est donc une erreur de dire que l'animal brûle tous ses aliments et en particulier ses albuminoïdes. C'est une erreur non moins grande de dire que sa vie correspond à une combustion de son albumine fixe. C'est là une généralisation trop universelle de la théorie de Lavoisier sur les combustions respiratoires. En réalité les substances protéiques, qu'elles appartiennent aux albuminoïdes alimentaires ou à l'albumine fixe, commencent leur dégradation sans mettre en jeu aucun phénomène d'oxydation, mais seulement par voie d'hydrolyse. Elles se transforment suivant *le mode anaérobie*, comme l'a établi le Professeur A. Gautier à la suite d'une série d'expériences fondamentales, et les oxydations n'interviennent que postérieurement aux dédoublements pour détruire ces produits de dissociation ou du moins certains de ces produits. On sait depuis les travaux de cet éminent chimiste que, parmi les déchets de la dégradation protéique, existent des bases toxiques, les leucomaïnes; et le Professeur Bouchard appliquant à la pathologie humaine les données de la biochimie a montré dans un travail qui compte parmi les monuments de la science que divers états morbides sont dus à l'action nocive des matériaux arrêtés ou déviés au cours de la dégradation des albuminoïdes.

Si l'on s'en rapporte à l'étude de la dégradation des albuminoïdes alimentaires, il semble établi que les groupes aminés isolés les uns des autres paraissent perdre tout d'abord leur azote, ce qui expliquerait que pendant les premières heures qui suivent l'assimilation des substances quaternaires, on trouve relativement plus d'azote dans l'urine que d'acide carbonique exhalé. Le rapport de ces deux quantités est supérieur au rapport moyen normal. Au contraire dans une deuxième phase, c'est l'inverse qui se produit comme si, la dislocation azotée étant terminée alors, la désagrégation ne portait plus que sur les restes ternaires sans azote, soit que ces restes ternaires subissent immédiatement la dégradation, soit qu'ils prennent part pour un temps à la formation des réserves de glycogène ou de graisse, pour aboutir finalement en grande partie à la production d'eau et d'acide carbonique.

La chimie s'est emparée de l'étude de ces déchets, et grâce aux progrès de sa technique, elle a pu déceler la nature et la provenance d'un grand nombre d'entre eux.

Nous ne pouvons que renvoyer aux traités spéciaux de chimie biologique les lecteurs qui s'intéressent à ces questions, mais cependant nous devons nous arrêter à quelques considérations importantes qui nous montreront comment on peut s'acheminer vers la solution du problème dont nous avons donné l'énoncé ; à savoir : la détermination de l'activité vitale par la mesure de l'intensité de dégradation de l'albumine fixe des tissus.

Pour étudier cette question, la chimie soumet à l'analyse tous les produits qui, au cours de la vie sortent de l'organisme. Or, parmi les déchets, ceux qui proviennent des substances protéiques portent ordinairement leur marque d'origine : les uns renferment encore de l'azote, tels que l'urée, l'ammoniaque, l'acide urique, les bases puriques, l'acide hippurique, la créatinine, etc; les autres dépourvus d'azote sont reconnaissables à la présence de noyaux aromatiques, de soufre, etc. Tous d'ailleurs sont loin d'être connus, et, même parmi les produits azotés, un nombre appréciable n'ont pas reçu encore leur étiquette définitive.

Nous trouverons surtout de l'intérêt à connaître la dégradation en urée, acide urique et acide hippurique et nous aborderons plus directement l'étude des déchets endogènes et exogènes des protéiques en parlant de la dégradation des nucléoprotéides dont nous avons déjà fait prévoir l'importance (Tome III, p. 117).

28. — Quelques enseignements tirés de l'étude de la production de l'urée, de l'acide hippurique, de l'acide urique.

Les travaux contemporains sur les étapes de l'urée

$$O = C \Big\langle \begin{array}{l} AzH^2 \\ AzH^2 \end{array}$$

tendent à établir que le carbonate d'ammonium et les carbamates

$$O = C \Big\langle \begin{array}{l} OAzH^4 \\ OAzH^4 \end{array} \qquad O = C \Big\langle \begin{array}{l} OAzH^4 \\ AzH^2 \end{array}$$

Carbonate d'ammonium.   Carbamate.

sont les précurseurs de l'urée dans la dégradation des protéiques, mais il est impossible de dire si tous les acides aminés passent par ces stades. Il se pourrait qu'un certain nombre d'entre eux et en particulier l'arginine donne de l'urée par simple dédoublement; une diastase spéciale que l'on trouve dans le foie, dans le rein, dans les cellules intestinales dissocie ce produit in vitro en urée et ornithine. Quoi qu'il en soit, on doit admettre que la dégradation des substances albuminoïdes en urée, implique d'abord une hydrolyse qui isole les acides aminés et met ensuite en jeu l'un ou l'autre des deux processus suivants : ou de simples dédoublements qui conduisent au terme final urée ; ou une désamination qui isole les groupes $Az\,H^2$ et qui, sous l'action de l'acide carbonique, prépare, par l'intermédiaire des échelons carbonates et carbamates, la formation de l'urée. Quelle que soit la voie suivie, on voit que nous sommes loin des processus de combustion que la physiologie du siècle dernier avait tendance à généraliser.

Dans cette dégradation par la voie des carbamates un fait surprend à première vue, c'est que parfois les dissociations organiques s'accompagnent de réédification de molécules. La formation de l'urée à partir des restes aminés éveille en effet une idée de synthèse. Mais pour peu qu'on réfléchisse on s'aperçoit que ce fait est très fréquent. Ne sait-on pas que dans toutes les réactions d'équilibre où un produit prend naissance, où une phase s'accroît aux dépens d'autres phases, il s'opère un processus de synthèse, et qu'il est rare que des dégradations de molécules complexes s'opèrent sans réédification de produits intermédiaires? Il est des cas où le travail de synthèse paraît primer le travail de dislocation et c'est ce qui fait ici notre étonnement. Si nous avons quelque peine à nous habituer à cette idée, quand nous considérons les processus de la vie animale; c'est que les vieilles conceptions sur la dualité des deux règnes nous les faisaient regarder comme des processus de dissociation sans nulle réédification. Quelques mots sur l'élaboration de l'acide hippurique vont montrer mieux encore la justesse de cette remarque.

L'acide hippurique, déchet peu abondant chez l'homme (moins d'un gramme en 24 heures) est abondant chez les herbivores. Il est formé d'une molécule d'acide benzoïque et d'une molécule de glycocolle accollées, avec pertes d'une molécule d'eau,

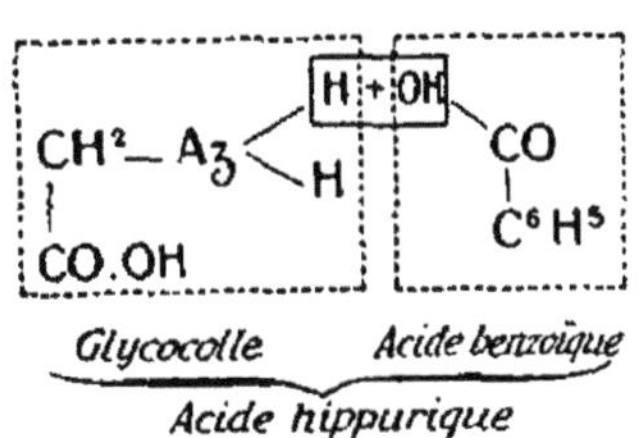

Glycocolle   *Acide benzoïque*

Acide hippurique

et il peut certainement prendre naissance par ce processus très simple dans l'organisme des animaux supérieurs, car l'acide benzoïque ingéré est éliminé sous forme d'acide hippurique. D'autre part, on sait que cet acide est abondant dans l'alimentation végétarienne (fruits à baies etc.), et que le glycocolle est un produit de désagrégation des albuminoïdes. Nous nous trouvons donc bien ici en présence d'une synthèse accompagnée de déshydratation et c'est peut-être cette synthèse qui fut la première à battre en brèche les idées anciennes, lorsque Bunge et Schmiedeberg, par un travail aujourd'hui classique, la mirent en évidence chez le chien et montrèrent que le rein en est le siège.

Les enseignements tirés de l'élaboration de *l'acide urique* sont non moins importants. Ils nous dévoilent certaines particularités qui vont nous faire toucher à la distinction des produits d'origine endogène et d'origine exogène.

Avant d'étudier l'élaboration de l'acide urique, nous devons rappeler que nous avons désigné (T. III, p. 117) sous le nom de nucléo-protéides des substances qui constituent la majeure partie du noyau cellulaire, aussi bien chez les animaux que chez les plantes et qui paraissent par cela même prendre à coup sûr une grande part au phénomène de la vie. Nous avons dit qu'elles sont caractérisées par la présence d'un acide nucléique ou acide phosphoré très complexe et très variable dans lequel on trouve des bases puriques, des bases pyrimidiques, des hydrates de carbone, etc. Cet acide nucléique est lié à un groupe protéique variable aussi et constitué en général par des protamines, des histones ou autres albuminoïdes inférieurs. L'association de l'acide nucléique avec le groupe protéique forme la *nucléine* et cette nucléine elle-même, conjointe à un fragment également protéique, forme le nucléo-protéide.

Ainsi les nucléo-protéides sont des corps essentiellement variables d'une espèce cellulaire à l'autre, très phosphorés toujours, et vraisemblablement très importants dans toutes les manifestations de la vie.

En effet, si la vie d'un organisme est avant tout caractérisée par un mouvement continuel de matière à travers des éléments apparemment stables, c'est bien la continuelle rénovation des nucléo-protéides qui peut nous faire approcher de plus près le phénomène intime de ce mouvement; par suite les déchets qu'ils donnent au cours de leur dégradation, par certains points différents des déchets des autres albuminoïdes fixes, sont d'autant plus intéressants à étudier pour nous. Mais nous devons tout de suite répéter pour eux ce que nous avons dit pour les protéiques ordinaires : les déchets que rejette l'organisme proviennent soit directement de la dégradation des nucléo-protéides alimentaires soit de la dégradation des nucléo-protéides rejetés par les cellules vivantes ; il y a en un mot pour eux comme pour les albuminoïdes en général des déchets exogènes et des déchets endogènes, et il s'agit de savoir si nous pourrons les identifier. C'est à cette question si importante dans l'étude de la vie que nous allons nous arrêter à présent en étudiant la genèse de l'acide urique.

29. — La série purique et la distinction des déchets endogènes et exogènes des nucléo-protéides. Genèse de l'acide urique. Difficulté d'apprécier chimiquement l'intensité de la vie.

L'évolution des nucléo-protéides est complexe. Qu'ils proviennent des noyaux cellulaires de l'organisme siège de leur transformation ou qu'ils proviennent de noyaux cellulaires apportés par l'alimentation, on est loin de pouvoir préciser tous les stades qu'ils traversent et les conditions de leurs mutations chimiques.

L'étude de la digestion nous apprend bien que les nucléo-protéides alimentaires ne paraissent pas attaqués par le suc gastrique, que la trypsine pancréatique les dédouble, mais sans dissocier l'acide nucléique, que par contre cet acide est disloqué par une diastase spéciale, la nucléase qu'on trouve dans les cellules intestinales en particulier et peut-être à dose minime dans le suc intestinal. Nous savons bien aussi que cet acide en se disloquant donne des bases puriques, pyrimidiques, de l'acide phosphorique, des hydrocarbones, et nous allons montrer comment l'acide urique prend naissance à la suite de cette dégradation, mais pour peu que nous cherchions à pénétrer les processus intimes de ces opérations, nous nous trouvons en présence d'une complexité telle que les variations quantitatives de chacun des produits de désassimilation prêtent à des interprétations contradictoires.

Néanmoins nous allons voir le parti qu'on peut tirer de ces considérations et pour cela nous allons rappeler ce que sont les bases pyrimidiques et puriques, et

comment dérive d'elles, théoriquement du moins,
l'acide urique.

Les bases pyrimidiques (thymine, cytosine, etc.),
données par l'hydrolyse acide des acides nucléiques,
renferment toutes le noyau de la pyrimidine dont voici
le schéma

Pyrimidine

Quant aux *bases puriques*, elles dérivent de la *purine*
définie par Fischer et dont le noyau est formé de l'accollement d'un noyau pyrimidique et d'une chaîne fermée
également nitrocarbonée.

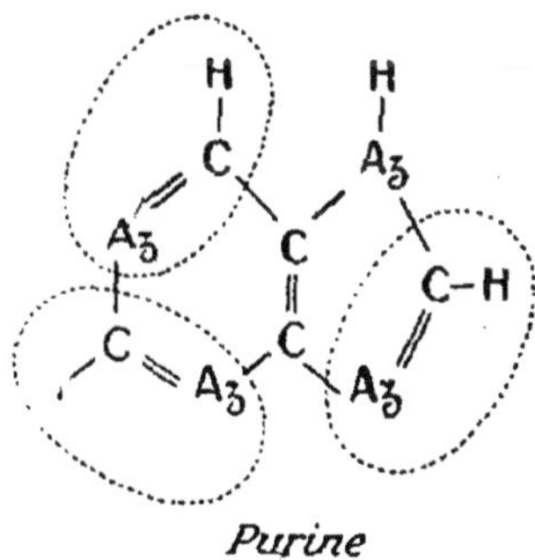

Purine

Il est très facile à présent de comprendre l'élaboration
théorique de l'acide urique.

Dans le schéma de la purine, nous avons à dessein
encadré les trois couples de chaînons

$$- Az = CH -$$

C'est que chacun de ces couples de chaînons peut par oxydation se transformer de manière à devenir

$$- AzH - CO -$$

L'oxydation des deux couples du noyau pyrimidique de la purine donne respectivement l'*hypoxanthine* et la *xanthine*, deux bases puriques très importantes dans la dégradation des nucléo-protéides, et l'oxydation totale des trois couples donne *l'acide urique*. Ces produits ne sont d'ailleurs pas les seuls de cette série : des reste s $Az\,H^2$ sont parfois greffés sur l'un ou l'autre des noyaux C, comme dans l'adénine, la guanine.

Les corps dont nous venons de donner un aperçu se trouvent plus spécialement dans les acides nucléiques du thymus. Ceux des autres cellules donnent des variantes. Néanmoins on peut par cet exemple se faire une idée des dégradations qui nous conduisent aux déchets des nucléo-protéides.

L'époque n'est pas éloignée où l'on considérait l'acide urique comme le prédécesseur de l'urée dans la série des déchets des substances quaternaires. Il était l'avant dernier terme de la dégradation des albuminoïdes comme l'urée en était le dernier terme. J'ai insisté sur sa genèse pour bien montrer aux lecteurs qui auraient conservé ces anciennes données, l'origine réelle de ce déchet qui représente chez l'homme le terme final de l'évolution des purines. C'est la condition pour comprendre ce qui va suivre.

L'augmentation des nucléo-protéides alimentaires et

en particulier des tissus riches en noyaux : thymus, rate, foie, etc., augmente la quantité d'acide urique dans l'urine humaine, tandis que l'augmentation des albuminoïdes ordinaires ne la modifie pas (Siven). Par contre la diète de nucléo-protéides réduit la dose de l'acide urique et des purines à un minimum. *Ce minimum correspond à la dégradation des nucléo-protéides endogènes.* Un sujet nourri avec du pain blanc, des pommes de terre, de la farine de maïs, du lait, du beurre, des œufs, des choux, des végétaux (sauf les légumineux et les asperges), des confitures, n'introduit dans son organisme que des quantités négligeables de nucléo-protéides. Toutes ses purines sont d'origine endogène. Dans ces conditions il produit 0 gr. 30 à 0 gr. 50 de purines en 24 heures dont 0 gr. 25 à 0 gr. 35 d'acide uriqne.

Toutes ces transformations se font par des actions diastasiques. C'est la nucléase qui libère en particulier les bases puriques; ce sont les diastases désaminantes qui transforment la guanine en xanthine, l'adénine en hypoxanthine; ce sont des diastases oxydantes qui transforment l'hypoxanthine en xanthine, la xanthine en acide urique, c'est chez certains animaux une uricase qui dégrade l'acide urique en allantoïne, produit à peu près négligeable chez l'homme, la dégradation chez lui s'arrêtant à l'acide urique.

De cet aperçu, il résulterait qu'un excellent moyen d'apprécier l'intensité des processus vitaux serait de mesurer la dégradation des nucléo-protéides endogènes par le dosage de l'acide urique chez l'homme soumis à la diète nucléo-protéidique (ou de l'allantoïne chez les animaux qui poussent plus loin la transformation). Ce serait simple mais cela risquerait de conduire à des erreurs.

En effet quand on injecte de l'acide urique sous la peau humaine, on n'en retrouve dans l'urine que 60 à 80 p. 100 seulement (Sœtbeer et Ibrahim, Wiechowski) 50 p. 100 même d'après certains expérimentateurs. Cette constatation donnerait à entendre que l'acide urique peut aussi subir des mutations chez l'homme. On peut se demander en outre si tout l'acide urique qui ne provient pas de l'alimentation a bien l'origine que nous lui attribuons ici. *Tout porte à croire qu'il peut bien s'en former par synthèse dans l'organisme.*

Puis, à supposer que tout cet acide urique provienne bien des noyaux vivants, son dosage nous donnerait-il réellement une image de l'intensité de la vie chimique quand nous songeons aux causes multiples qui peuvent provoquer des nucléolyses spéciales? Ne sait-on pas que dans la leucémie par exemple, la digestion intra-sanguine des globules blancs en excès provoque une décharge considérable d'acide urique? Il en est de même dans la pneumonie fibrineuse; et si le lecteur veut se convaincre de la prudence avec laquelle il faut conclure des données de l'expérience à la théorie des dégradations quaternaires endogènes, il n'a qu'à ouvrir les classiques médicaux traitant de la pathogénie de la goutte et des controverses relatives à l'élaboration de l'acide urique dans cette affection.

Cet aperçu sur la chimie des déchets quaternaires suffira je l'espère à montrer les difficultés que l'on rencontre à chaque pas en biologie quand on veut apprécier les facteurs de la vie. Néanmoins les travaux d'approche se précisent et là encore la science ne paraît pas marcher vers des déceptions.

Un de nos biologistes les plus éminents, clinicien patient qui a su, devant l'imprécision des données brutes de la chimie, faire parler les statistiques et tirer de cette branche du calcul des probabilités ce que la rigueur des analyses immédiates lui refusait, M. Bouchard, a apporté à la science contemporaine un précieux contingent de faits et d'idées sur ce problème troublant de l'intensité de la vie. Je ne saurais mieux faire que de terminer ce chapitre de notre étude en exposant ses vues.

30. — L'intensité de la vie et ses variations d'après les travaux du Professeur Bouchard.

Pour apprécier l'intensité de la vie chimique, M. Bouchard rapporte l'activité des échanges non pas au kilogramme corporel, mais au kilogramme d'albumine fixe. « Ce qui est actif en effet, ce qui commande et effectue les métamorphoses de la matière, ce n'est pas l'eau, ce ne sont pas les sels qui incrustent le squelette, ce n'est pas la graisse qui représente dans l'économie quelque chose comme les dépôts de charbon que la machine, la partie active, utilisera à un moment donné pour en dégager de l'énergie. Ce qui est actif, c'est l'ensemble des tissus azotés, et dans ces tissus azotés, c'est l'albumine. L'unité active c'est le kilogramme de l'albumine constitutive des tissus. Ce n'est pas toute l'albumine, ce n'est pas l'albumine circulante, l'albumine du plasma sanguin ou du plasma lymphatique, c'est l'albumine des cellules, c'est l'albumine fixe. C'est l'albumine fixe qui, à la faveur de l'eau et en utilisant la partie minérale accomplit dans l'économie tout ce qui est action. C'est elle seule qui effectue les actes nutritifs, qui transforme les matériaux alimentaires, qui les fixe en partie dans les cellules, qui en laisse une partie amorphe dans les humeurs, qui métamorphose et détruit ce qui circule et ce qui est fixe, non seulement l'albumine circulante et la graisse du tissu adipeuxl, mais aussi elle-même. Elle seule vit et détruit ce qui ne vit pas et aussi ce qui vit. C'est elle seule qui fabrique l'urée et l'acide carbonique et l'eau ; et, pour l'urée qui nous occupe plus particulièrement elle la fabrique en partie avec la matière azotée circulante, en partie à ses propres dépens. Le kilogramme d'albumine fixe est provisoirement notre unité vivante » (1).

M. Bouchard fait remarquer que si « provisoirement » il considère en bloc l'albumine fixe de tout le corps, il se pourra que par la suite on puisse déterminer le rôle de chaque albumine spécialisée. Il fallait commencer par une mesure globale, M. Bouchard l'a entrepris et il en a déduit des données précises pour l'interprétation de beaucoup d'anomalies de la nutrition.

Avec v. Noorden et conformément aux moyennes adoptées par la plupart des physiologistes, il admet

____

(1) Ch. Bouchard. Troubles préalables de la nutrition, in *Tr. Pathol. Générale*, T. III, p. 184.

qu'un kilogramme du corps humain normal renferme environ.

Albumine.	160 gr.	{ circulante 12 { fixe 148
Graisse	130 —	
Eau	660 —	
Matières minérales.	50 —	
	1.000 grammes	

Ce qu'il y a à retenir surtout de ces chiffres, c'est que le kilogramme moyen du corps humain renferme 148 grammes d'albumine fixe. Mais cette fraction varie avec la complexion (ampleur et solidité de la charpente) et avec la musculature, de sorte que l'albumine fixe par kilogramme de corps normal représente une fraction qui varie d'un sujet à l'autre, mais que l'on peut approximativement calculer à l'aide de coefficients dont M. Bouchard a précisé la valeur. Nous ne pouvons pas entrer ici dans l'exposé des calculs très simples qui permettent d'après la taille et le poids réel de chaque sujet de déterminer le poids approximatif de l'albumine fixe, mais nous pouvons dire que cette détermination est suffisamment précise pour les appréciations cliniques ou physiologiques.

D'autre part, M. Bouchard estime que la grandeur de la surface corporelle par kilogramme de substance mesure pour une grande part l'incitation à la destruction, l'*excitation catalytique*. Le rapport de l'excitation catalytique d'un sujet quelconque à celle d'un sujet normal moyen est le *coefficient d'excitation catalytique* de ce sujet. L'excitation catalytique ne se mesure d'ailleurs pas exclusivement par la surface d'émission allouée au kilogramme d'albumine fixe, il faut faire entrer en ligne de compte d'autres facteurs tels que le pouvoir émissif de la surface en calories par heure, pouvoir émissif qui varie avec la finesse de l'épiderme, la richesse et la dilatation du réseau capillaire superficiel, la rapidité du sang, etc., etc. Tout le monde sait que dans l'artério-sclérose, le défaut de souplesse des vaisseaux met un obstacle à la circulation superficielle, d'où les relations de cette maladie avec les maladies par ralentissement de la nutrition si nettement établies par ses statistiques.

Quels sont, d'après les données de M. Bouchard, les moyens qui nous permettent d'apprécier l'intensité de la vie, c'est-à-dire l'activité de destruction de l'albumine fixe, l'histolyse? Comment déterminer « quelle quantité de matière est détruite dans l'unité de temps par l'unité de poids de substance active, quand cette substance active est soumise au minimum de l'incitation à la destruction qui lui peut venir du dehors comme le refroidissement, ou des circonstances contingentes intérieures, telles que le travail musculaire? »

Pour arriver à cette détermination, M. Bouchard se base avant tout sur l'analyse de l'urine recueillie le matin de 7 heures à 10 heures, c'est-à-dire le plus loin possible d'un repas azoté, le sujet étant au repos, sans être mis au jeûne prolongé, pour ne pas perturber le chimisme normal de l'organisme.

D'une série d'expériences faites sur lui-même ou sur d'autres sujets dans ces conditions ou dans des conditions de régimes divers, de manière à faire varier la des truction de l'albumine circulante et apprécier la limite de ces variations, il arriva à cette conclusion que sur 100 parties d'azote urinaire éliminées pendant les heures matinales, 60 environ provenaient de l'histolyse et 40 de l'albumine circulante. Dans les 24 heures la proportion serait voisine de 56 à 44 et chez les jeûneurs professionnels de 76 à 24, parce que dans ce dernier cas, c'est la dégradation de l'albumine fixe qui est appelée à fournir l'énergie nécessaire à l'entretien de la température et à l'accomplissement de quelques mouvements.

M. Bouchard ne donne pas ces chiffres comme absolus, mais comme une image approchée de la réalité. Ils nous montrent qu'il peut y avoir un plus ou un moins dans l'activité histolytique et déjà il nous font présumer une régulation de l'histolyse. Seulement, si comme nous le verrons tout à l'heure, le besoin d'énergie règle la destruction des *matériaux de réserve*, des *hydrocarbones*, des *graisses*, de *l'albumine fixe même*, quand les autres produits font défaut, il faut bien se rendre compte que la régulation habituelle de l'histolyse est autre. *L'albumine fixe se détruit forcément sans être sollicitée par le besoin d'énergie.* Cette destruction se fait même si les autres matériaux alimentaires ou de réserve font tous les frais de cette dépense énergétique, elle se fait même si l'énergie libérée est inutile, superflue, et si le corps doit se débarrasser de cette énergie libérée et inutilisable en mettant en jeu son appareil de régulation thermique.

En un mot si « la destruction de la matière dans l'économie animale est commandée par le besoin d'énergie et lui est proportionnelle », si l'albumine fixe, elle-même suit en partie cette loi quand les produits ternaires font défaut, et si par le sucre qu'elle fournit elle subvient à ce besoin, il reste démontré qu'en dehors de tout besoin énergétique, *par cela même que la matière vit, l'albumine se détruit et se renouvelle.*

Nous devons insister sur le caractère obligatoire de cette destruction et sur sa signification.

31. — Sur la rétrogradation forcée de l'albumine fixe en dehors des besoins énergétiques. Sa signification. Les phénomènes statiques et la vie.

Nous avons dit antérieurement que, au cours des phénomènes de la vie considérée en bloc, pas une parcelle d'énergie ne disparaissait et pas un acte ne s'accomplissait sans une dégradation énergétique absolument identique à celle qui accompagnerait le même acte, en dehors de l'organisme vivant. Nous avons conclu que rien n'autorisait la croyance à une phase mystérieuse de l'énergie échappant à nos moyens d'investigation, à une consommation énergétique attribuable à quelque principe vital surajouté à la matière inerte pour faire la matière organisée.

A présent, il semble que nous constations une double loi dans les phénomènes de la vie, une loi régissant la matière paravitale, si je puis ainsi dire : « le besoin d'énergie règle la dégradation », et une loi intéressant la matière vivante : « l'albumine fixe se dégrade et se rénove indépendamment des besoins énergétiques parce qu'elle vit ».

M. Bouchard dans son mémorable exposé des troubles préalables de nutrition précise cette dernière loi et, au risque de faire des redites, je cite encore un passage de son œuvre qui fixera dans l'esprit du lecteur l'importance de cette discussion : « une fraction de l'albumine du corps, $\frac{1}{250}$ peut-être chez les vieillards, $\frac{1}{125}$ peut-être chez les jeunes gens, se détruit chaque jour, et chaque jour est remplacée par une égale quantité d'albumine alimentaire... La quantité de l'albumine vivante qui se détruit et se renouvelle *varie suivant les individus*, elle varie surtout *avec l'âge*; elle diminue à mesure que l'homme s'éloigne de la jeunesse ; elle diminue *dans certains états diathésiques*, elle augmente dans beaucoup de *maladies* et dans presque toutes les fièvres. *Elle n'est pas influencée par le travail musculaire ni par le froid*, pourvu que les aliments fournissent, indépendamment de l'albumine fixe à remplacer, assez de matière organique pour en dégager les calories qu'exigent le travail musculaire et la lutte contre les réfrigérations. *Elle n'est pas influencée non plus par les variations de l'apport d'oxygène ou des aliments même azotés*, pourvu que ces aliments ne soient pas en quantité insuffisante » (1).

Il est difficile d'exprimer en termes plus nets cette deuxième loi tirée d'expériences aussi rigoureuses que peuvent l'être des expériences cliniques.

Qu'est-ce donc qui pousse l'albumine fixe à se détruire et à se remplacer? Puisqu'on constate que les

______

(1) Bouchard, *loc. cit.* 223.

deux lois de l'énergétique générale sont respectées au cours de ce travail, cela prouve tout d'abord que ce n'est pas un besoin de consommation énergétique spéciale qui est en jeu, *cela prouve simplement qu'il y a là une régulation qui ne dépend pas de la consommation apparente.* C'est la régulation d'un phénomène qui se produit en vertu de la deuxième loi de l'énergétique, comme il se produirait *in vitro avec la régulation en moins.*

Voilà un premier point.

Mais quel est alors ce régulateur indépendant du besoin énergétique apparent?

Remarquons que la vie, disons si l'on veut l'évolution de l'albumine fixe, comprend non seulement une phase de destruction des matières protéiques, mais une phase de construction des albumines spécifiques à partir des acides aminés apportés par les aliments. Si la destruction correspond à une libération, à une dégradation d'énergie, au contraire la construction implique en général un apport énergétique extérieur.

Cette remarque peut être généralisée à toute la matière vivante dans les deux règnes; nous avons étudié une phase ascendante et une phase descendante du cycle organique. Ce qu'il y a de particulier ici, ce qui caractérise la vie, c'est que, au cours de ces cycles complets régis par les deux lois de l'énergétique, il se constitue des systèmes quasi stationnaires dont la forme est déterminée par ce que nous avons déjà dénommé des *causes statiques.* La matière ou l'énergie qui les traverse obéit aux lois communes de l'énergétique, mais une forme, une modalité statique se conserve en un point déterminé du cycle. Cette raison statique est, dans une certaine mesure, régulatrice des phénomènes en cause.

« Toutes ces transformations de l'albumine, dit M. Bouchard qui a conçu dans toute sa netteté la nature de cette cause directrice, sont commandées non par un besoin dynamique, mais *par un besoin statique,* par ce besoin qui pousse tout être comme toute espèce à acquérir ou à reprendre son développement normal » (1).

Il est certain que le lecteur non encore familiarisé avec ces notions se trouvera gêné par cette distinction entre un besoin énergétique et un besoin statique, et en général par la conception des causes statiques, des régulations statiques que j'ai seulement fait entrevoir jusqu'ici au cours de cet ouvrage.

Je vais par un exemple grossier, un exemple bien éloigné du sujet qui nous occupe, commencer à préciser cette notion.

Prenons une machine électrostatique, une de ces machines à plateaux d'ébonite qui produisent du courant de haute tension, établissant entre les deux pôles une différence du potentiel électrique de quelque dix mille volts.

Faisons la fonctionner en amenant le courant à deux pointes en regard l'une de l'autre reliées respectivement à chaque pôle.

Nous dépensons de l'énergie pour la faire tourner; nous pouvons retrouver toute l'énergie dépensée sous forme de chaleur ou de travail, nous pouvons faire tourner un moulinet entre les pointes, nous pouvons

____

(1) Bouchard, *loc. cit.* 219.

illuminer un tube de Crookes, produire des rayons X transformables en chaleur, etc, etc.

Eh bien au cours de cette transformation d'énergie certains phénomènes statiques peuvent se produire : tout le monde sait que les deux conducteurs chargés d'électricité contraire s'attirent. Ils s'attirent, mais s'ils sont bien fixés, s'ils ne subissent aucun déplacement, aucun travail mécanique ne résultera de cette attraction, aucune dépense d'énergie ne sera effectuée. Voilà donc un phénomène surajouté qui nous apparaît là au cours d'une mutation énergétique et qui ne figurera pas au bilan de l'avoir et des dépenses. Voilà un phénomène *statique*.

Nous pouvons aller plus loin. Ce phénomène statique peut devenir un régulateur des phénomènes dynamiques qui l'engendrent. Une machine statique qui tourne sans être amorcée, sans produire d'électricité, tourne très vite, de plus en plus vite, elle s'emballe pour employer le terme de l'industrie.

Dès qu'elle possède des charges sur ses plateaux, dès que s'exercent les attractions statiques, ces attractions font frein et modèrent le mouvement. Au lieu de pointes dans notre circuit, mettons des sphères de cuivre éloignons-les l'une de l'autre, l'écoulement d'électricité sera réduit au minimum, la différence de potentiel des charges statiques augmentera, le frein deviendra tellement puissant qu'il pourra paralyser le moteur d'entraînement.

Ceci nous donne une idée de ces causes statiques avec lesquelles nous aurons à nous familiariser, car il y a des phénomèmes statiques surajoutés à la *vie chimi-*

que. Il y a une vie statique juxtaposée à la vie dynamique et par la suite nous verrons que le plus mystérieux des phénomènes physiologiques, la conscience, paraît bien être une manifestation de ces effets statiques produits sans dépense énergétique au cours de mutations matérielles et dynamiques tributaires de la loi de Carnot-Clausius. La régulation remarquable dont nous venons d'ébaucher l'étude, la régulation d'intensité de la vie chimique en est sans aucun doute une autre manifestation,

32. — Quelques procédés d'appréciation du travail de dégradation des substances albuminoïdes: Les éléments de mesure du Professeur Bouchard.

Laissant de coté à présent le problème général de l'intensité de la vie et de la mesure de la quantité d'albumine vivifiée et rejetée dans l'unité de temps, nous allons faire voir une face de la question qui a une importance considérable dans la pathologie humaine.

S'il nous est à peu près impossible de prendre sur le vif les anomalies qui peuvent se produire dans le travail de synthèse de l'albumine vivante à partir des acides aminés alimentaires, il nous est par contre possible de saisir les accidents, les retards, les perturbations du travail de dégradation propre à la phase descendante qui aboutit au rejet des déchets endogènes.

C'est la gloire du Professeur Bouchard d'avoir montré que la clinique n'est pas complètement désarmée pour aborder ce problème à première vue si inextricable, à une époque où la chimie de la nutrition était encore si nébuleuse. Les progrès réalisés depuis quelques années, les notions acquises sur la marche des dégradations quaternaires, sur celles des nucléo-protéides en particulier ont apporté des précisions nouvelles. L'œuvre de M. Bouchard n'en reste pas moins l'une des bases impérissables sur lesquelles la clinique peut édifier ses moyens de recherches pour dépister les troubles de la nutrition.

La matière protéique, dit l'éminent maître de la médecine contemporaine, peut s'attarder dans les stades intermédiaires qui conduisent vers les déchets terminaux; alors que normalement ces produits intermédiaires, d'existence fugitive, ne figurent qu'un moment dans l'économie, il se peut que, pathologiquement, ils y demeurent un temps plus prolongé, se trouvent en excès dans le sang, apparaissent dans les urines et en même temps nuisent, par leur présence, au bon fonctionnement de l'organisme.

Or, si la chimie est impuissante à nous fixer sur tous les degrés intermédiaires de l'évolution des déchets, si elle était plus impuissante encore à le faire au temps ou M. Bouchard a entrepris ses mémorables recherches, il y a cependant des moyens élégants et précis d'apprécier le degré de dégradation des déchets et la rapidité de leurs métamorphoses. Parmi ces moyens, il en est trois qui ont été surtout utilisés par lui : la détermination du poids de la molécule élaborée moyenne; la mesure de la toxicité urinaire; l'estimation du carbone urinaire et des coefficients urinaires. Je ne pourrais sans sortir des limites que je me suis imposées, étudier en détail ces procédés. Du moins je peux exposer leur principe; le lecteur en conservera, gravées dans la mémoire, des notions précieuses sur le chimisme de la nutrition.

α) *Détermination du poids de la molécule urinaire élaborée moyenne.* — M. Bouchard partant de cette idée que, dans le travail de dégradation des albuminoïdes, les molécules produites successivement sont de plus en plus petites, s'éloignant graduellement du poids moléculaire de l'albumine 6.000, pour se rapprocher de celui de l'urée 60, arrive à cette conclusion dont on ne peut discuter la valeur : plus la dégradation est complète plus on doit trouver dans l'urine de molécules petites et moins on doit y constater la présence de molécules lourdes, expulsées avant d'avoir poussé assez loin leur travail de désagrégation.

Si donc par un procédé quelconque on arrive, même sans se préoccuper de la matière chimique des molécules, à connaître leur poids moyen, on saura par avance que plus ce poids se rapprochera de 60 plus l'élaboration sera complète, tandis que plus il se rapprochera de 6.000 moins parfait sera le travail de dissociation des matières protéiques.

Il est clair que si une urine présente une proportion de déchets peu dissociés (acide oxyprotéique, 1.322; indoxylsulfate de potasse 251; scatoxylsulfate de potasse, 265; urobiline, 592; ptomaïne, 1.021; etc.) plus grande par rapport aux déchets voisins des termes finaux (urée, 60; acide urique, 168 (ou allantoïne 158); créatinine 113; oxalate de calcium, 108; sulfocyanate de potasse 97, etc.), cette urine aura, si l'on fait la moyenne des poids des molécules qu'elle renferme, une molécule moyenne plus lourde. Au contraire une urine renfermant peu de déchets complexes et beaucoup d'urée, d'acide urique ou de produits voisins de ces déchets terminaux, aura une molécule moyenne légère.

Pour arriver à déterminer le poids de la molécule élaborée moyenne, M. Bouchard dose les matières solides dissoutes, les chlorures, le sucre et l'albumine s'il y a lieu, et, cela fait, par la méthode cryoscopique, il détermine le point de congélation de l'urine, d'où il déduit par un calcul simple le poids moléculaire moyen (1).

Ainsi a-t-il trouvé avec la collaboration de ses élèves, Claude et Balthazard, comme moyenne chez les individus normaux 76; avec des écarts de 8 en plus ou en moins. Chez les malades, ce poids est plus élevé d'une façon générale; il peut varier presque du simple au double, mais ces variations ne paraissent pas correspondre à des catégories morbides définies.

β) *Mesure de la toxicité urinaire.* — Parmi les produits de durée éphémère qui marquent les échelons intermédiaires entre l'albumine et les déchets terminaux, il en est dont la présence permanente peut

(1) Pour cela, ayant fait la part de l'abaissement dû aux matières non élaborées, par les procédés ci-dessus indiqués. il suffit de poser $M = K \dfrac{P}{\delta}$ formule qui donne le poids moléculaire en fonction de P, quantité de matières élaborées contenues dans 100 centimètres cubes et de δ abaissement du point cryoscopique, K étant la constante 18,5.

devenir nocive pour le sujet, alors que l'urée ne l'est pas (contrairement à une opinion jadis accréditée). On avait bien reconnu avant M. Bouchard, que l'urine, le véhicule le plus important des déchets organiques, avait un certain degré de toxicité (Feltz et Ritter) mais on attribuait cette toxicité à la présence des sels de potasse. M. Bouchard a prouvé que ces sels ne jouaient en cela qu'un rôle secondaire et tant par ses travaux personnels que par ceux de ses élèves et de ses collaborateurs, Charrin et Rüffer, Roger, il a établi que ce sont les produits de désagrégation des matières protéiques qui sont surtout responsables de l'intoxication provoquée chez les animaux par l'injection d'urines normales ou pathologiques. Or, l'observation paraît établir d'une façon générale que les déchets les plus toxiques sont ordinairement ceux qui ont la molécule la plus lourde, sans cependant que cette règle soit absolue, d'où la possibilité de juger du degré de la dégradation par la mesure de la toxicité urinaire.

L'appréciation de la toxicité se fait par l'injection intra-veineuse de l'urine étudiée à des animaux de poids déterminés.

L'injection intra-veineuse d'un liquide quelconque si le liquide ne possède pas la même isotonie que le sang, est d'ailleurs nocive pour l'animal injecté. Une cause nocive se superposerait à la toxicité si l'on ne prenait pas la précaution de ramener l'urine à la même tension osmotique que le sang. C'est là une opération facile aujourd'hui, mais qui à l'époque où M. Bouchard fit ses travaux, il y a 45 ans environ, n'était pas possible, les découvertes relatives aux actions moléculaires n'étant encore qu'à leur aurore. Depuis les travaux de de Vries, de Raoult, de Van-t'Hoff, la doctrine de M. Bouchard a reçu un degré de précision de plus, grâce aux recherches complémentaires qu'il a poursuivies avec la collaboration de MM. Claude et Balthazard (1899).

Il faut d'ailleurs que l'on sache bien que M. Bouchard n'a jamais prétendu attribuer une indication clinique absolue au fait qu'une urine est plus ou moins toxique. Il n'y a pas relation rigoureuse entre tel ou tel état morbide et tel ou tel écart de rétrogradation. On conçoit d'autre part que l'exagération de l'histolyse puisse entraîner l'exagération de la toxicité urinaire comme viennent de l'établir par exemple dans le cancer, les recherches de MM. Delbet, Desgrez, Caius et de Mlle Guende, la molécule élaborée moyenne pesant 78 à 124.

M. Bouchard a toujours insisté sur la prudence avec laquelle il fallait manier ces données nouvelles; et ses statistiques fidèles suffisent à montrer les grandes variations individuelles des résultats. Ce n'est que par la comparaison de moyennes tirées d'observations nombreuses, très nombreuses, qu'on peut conclure à des résultats décisifs pour la biologie générale. Voilà pourquoi nombre de cliniciens ont méconnu l'importance de cette œuvre si importante pour la conception des phénomènes de la vie.

γ) *Estimation du carbone urinaire et coefficients urinaires.* Enfin il est un moyen plus direct grâce auquel M. Bouchard a pu aborder le problème de la marche descendante des déchets quaternaires. Ce moyen repose sur la notion suivante : au cours de la dégradation des protéiques, les molécules susceptibles de passer dans l'urine se dépouillent plus vite de leur carbone que de leur azote. M. Bouchard a pu, avec le concours de M. Desgrez effectuer de nombreux dosages comparatifs du carbone urinaire total et de l'azote urinaire total chez les sujets normaux et pathologiques.

Le rapport $\frac{C}{Az}$ dans l'urée est de 0.428; dans l'albumine il est 3.43; et d'une façon générale à mesure qu'on envisage des produits de rétrogradation plus voisins de l'urée et plus distants de l'albumine, ce rapport se rapproche de 0.428 et s'éloigne de 3.43.

Par suite plus une urine est riche en déchets quaternaires voisins de l'urée, plus elle présente un rapport $\frac{C}{Az}$ voisin de 0.428; au contraire plus elle est riche en déchets à grosses molécules, plus elle présente un rapport élevé.

On sait du reste que l'urine renferme la presque totalité de l'azote provenant des albuminoïdes dissociées par l'être vivant, tandis que le carbone s'élimine en grande partie par le poumon et l'intestin.

Le rapport $\frac{C}{Az}$ de l'urine chez les sujets normaux est voisin de 0,870 d'après les statistiques de Bouchard et Desgrez, et de 0,660 à 0,740 d'après celles de Lambling, Donzé, Bouchez. Ce rapport s'élève dans un grand nombre de cas pathologiques et Lambling traduisant la pensée de M. Bouchard aujourd'hui classique a pu écrire : « *L'azote doit emmener avec lui dans l'urine la plus petite quantité possible de carbone* ».

Ce coefficient urinaire n'est pas le seul qui permette

d'apprécier le travail de dégradation des substances
protéiques, mais il est peut-être le plus frappant pour
le biologiste non spécialisé dans la chimie médicale.
C'est pourquoi nous arrêterons là les considérations
urologiques capables d'éclairer la question qui nous
occupe.

Section II. — **Les agents coordinateurs de la fonction de nutrition. Les défenses chimiques de l'organisme.**

33. — Tous les processus de transformation des composés ternaires ou quaternaires dans l'organisme sont liés les uns aux autres par des agents coordinateurs. L'équilibre moyen de la vie chimique.

Au cours de cet ouvrage nous avons fait voir déjà
comment chez un être complexe, grâce à une morphologie merveilleusement adaptée, grâce en particulier à
la morphologie du système nerveux, une coordination
utile à l'évolution organique existait entre toutes les
parties de cet être. Nous avons laissé prévoir aussi en
parlant des réactions chimiques d'équilibre propres à
l'organisme que grâce aux agents catalytiques, aux
diastases, une coordination chimique coexistait avec
la coordination nerveuse.

A présent que nous sommes plus avancés dans l'étude
de la vie, nous pouvons mieux comprendre comment,

dans l'exercice de la fonction de nutrition, peuvent s'opérer ces coordinations humorales.

Elles existent dès qu'existe un milieu intérieur et *a fortiori* quand ce milieu se déplace, circule parmi les parties à poste fixe, comme cela a lieu chez les végétaux par la sève, chez les animaux par le sang, la lymphe.

Il faut savoir d'ailleurs que chez les animaux supérieurs les produits actifs, les agents lytiques véhiculés par le sang et la lymphe, agissent tantôt directement, tantôt par l'intermédiaire du système nerveux; aussi ne faut-il pas s'attendre à trouver chez eux des réactions aussi simples que dans une cornue de laboratoire.

Il est un exemple classique de coordination nervo-humorale bien connu, parce que souvent répété, mais qui est si net et si frappant que je n'hésite pas à le rappeler ici. C'est un réflexe propre à la mécanique respiratoire.

Voici comment il est produit :

L'anhydride carbonique a une action excitatrice sur les centres nerveux bulbaires de la respiration. Par suite, si un organe du corps travaille et de ce fait déverse une quantité plus grande d'acide carbonique dans la circulation, immédiatement l'action excitatrice se produit et la respiration s'accélère.

Une contre expérience fait voir nettement l'action directe du CO_2 sur les centres bulbaires : que l'on prenne deux lapins, que l'on connecte les vaisseaux du cou de manière que le bulbe de l'un soit irrigué par le sang de l'autre et inversement, le reste de la circulation n'étant pas touché, puis, cela fait, que l'on mélange à l'air respiré par le premier une forte proportion de CO_2, c'est l'autre lapin, celui qui respire de l'air pur qui présente une augmentation de fréquence de la respiration et les signes de dyspnée.

Mais ce n'est pas tout. Depuis quelques années, la physiologie a mis en lumière une série d'actions dues évidemment à des produits qui, sans être chimiquement définis, peuvent être rangés dans le groupe des diastases et agents lytiques. Ce sont les produits de *sécrétion interne*. On définit ainsi des produits sécrétés par des cellules glandulaires, mais non déversés dans l'économie par des canaux excréteurs comme le sont les larmes par les canaux lacrymaux, la salive par les canaux des glandes salivaires, la bile par le foie.

Ce n'est pas à dire que les glandes dépourvues de canaux sécréteurs seules les fabriquent : les glandes à *sécrétion externe*, à *canaux excréteurs*, comme le foie, le pancréas, sont aussi bien capables d'avoir une *sécrétion interne* que les glandes sans canaux comme l'hypophyse, les glandes thyroïdes, les capsules surrénales, etc., mais alors il y a deux fonctions juxtaposées dans ces *glandes mixtes* et la plus apparente n'est pas forcément la plus importante.

Nous allons nous arrêter un moment à ces régulateurs d'une si merveilleuse précision constitués par les sécrétions internes des cellules glandulaires.

34. — Les produits de sécrétion interne, agents coordinateurs des fonctions de nutrition. Coordinations humorales dans l'organisme.

Le Professeur Gley (1) attribue à Legallois, 1801, le mérite d'avoir entrevu le premier le rôle des sécrétions cellulaires que Bordeu 25 ans auparavant aurait peut-être vaguement soupçonné, quand il a exprimé l'idée que chaque organe déversait sans doute dans le sang une sorte d'émanation utile à l'organisme. Mais malgré quelques travaux remontant à la première partie du 19e siècle, il faut arriver jusqu'à Claude Bernard en 1855 pour trouver nettement formulée cette affirmation que les glandes sans conduits excréteurs donnent naissance à des produits utiles auxquels il attribua le nom de produits de *sécrétion interne*. D'ailleurs l'éminent physiologiste concevait ces sécrétions comme servant seulement à maintenir constante la composition du sang.

Est-ce pour cela que pendant plus de 30 ans l'attention des savants ne fut pas spécialement attirée de ce côté et qu'il fallut les travaux retentissants de Brown Sequard, appliquant ces notions à la thérapeutique humaine, pour mettre en pleine lumière l'importance de la question? La vraie raison est peut-être que beaucoup d'idées naissent avant l'heure, avant que l'ambiance soit favorable à leur développement, avant que les autres branches de la science soient mûres pour en faire voir la portée.

(1) *Revue scientifique*, 22 novembre 1913.

Le fait est que le jour où Brown-Sequard, ayant montré l'action thérapeutique spéciale de l'extrait testiculaire, développa cette idée que chaque tissu, chaque cellule sécrète des produits ou des ferments transportés par le sang et capables d'influencer toutes les autres cellules *rendues ainsi solidaires les unes des autres*, ce fut le triomphe rapide de la théorie de la coordination humorale.

A partir de ce moment, la physiologie reprit une étude rationnelle des actions de chaque glande; et des découvertes inattendues vinrent enrichir les archives de la biologie (1).

L'appareil thyroïdien fut l'un des plus rapidement connus. On savait depuis longtemps que le crétinisme et le nanisme accompagnent certaines formes de goîtres, les formes dans lesquelles l'élément glandulaire thyroïdien est atrophié. On précisa les relations du myxœdème et des anomalies du développement intellectuel avec l'insuffisance de la fonction thyroïdienne, les relations du goître exophtalmique ou maladie de Basedow avec l'exagération ou la déviation de cette fonction. On constata que la greffe d'un fragment de thyroïde, l'injection d'extrait thyroïdien ou l'ingestion de glande fraîche peuvent parer aux effets de l'athyroïdie (Vassale, Gley).

Mais c'est surtout la physiologie expérimentale qui permit d'approfondir le rôle de la thyroïde et des parathyroïdes. L'ablation de l'appareil thyroïdien produit

(1) V. à ce sujet le rapport très complet du Professeur Gley au Congrès Intern. de méd. de Londres, 1913.

d'une part des accidents toxiques (convulsions, dépression nerveuse, lésions aiguës du foie et du rein) et d'autre part des troubles de nutrition (diminution des échanges se révélant par l'abaissement des déchets exogènes et endogènes, par une diminution de l'intensité vitale). Par contre l'ingestion de thyroïdes chez les animaux éthyroïdés rétablit l'équilibre normal, et chez les sujets sains active la dégradation des albuminoïdes et les combustions ternaires. Tout le monde sait que le traitement thyroïdien est des plus efficaces contre l'obésité, mais on sait aussi quels accidents graves il peut déterminer par l'exagération de la destruction quaternaire qu'il provoque.

La sécrétion interne des *glandes sexuelles*, du testicule en particulier, ne laisse aucun doute sur son existence. Le testicule est reconnu aujourd'hui comme formé en réalité par la conjonction de deux espèces d'éléments : des éléments producteurs de spermatozoïdes et des éléments interstitiels producteurs de cette sécrétion interne si importante pour le fonctionnement de l'organisme. Si l'on provoque la dégénérescence de la partie séminale de la glande par l'irradiation X ou par des injections sclérogènes sans toucher à la glande interstitielle, l'animal conserve ses instincts sexuels, ne se comporte nullement comme un castrat, mais est infécond. On sait au contraire que la castration faite dès le début de l'existence provoque une anomalie de formes, qui donne au sujet le type éfféminé, et que, si l'on injecte à ces castrats de l'extrait testiculaire, ils se développent normalement. (Ancel, Bouin).

Il en est de même pour l'ovaire. Le développement

de la glande mammaire à la puberté est lié à la sécrétion interne de l'ovaire. Pendant la gestation, ce sont les produits sécrétés par l'ovaire ou par le contenu utérin qui provoquent l'hypertrophie mammaire et la sécrétion lactée.

On connaît à ce sujet l'observation assez curieuse, recueillie à l'hôpital de Prague en 1910, de deux jumelles accolées par la région ischio-sacrée et présentant tous leurs organes indépendants, même ceux du bassin, à l'exception de quelques parties externes. L'une d'elles étant devenue enceinte, toutes deux présentèrent une sécrétion lactée abondante, surtout celle qui était demeurée vierge.

Une série d'expériences d'Ancel, Bouin, Villemin, Starling, Mlle Clayton, etc, ne laissent aucun doute sur le rôle actif des sécrétions ovariennes ou fœtales sur l'hyperfonctionnement momentané de la glande mammaire et ce qui prouve bien qu'il s'agit là d'une corrélation humorale, c'est que des fragments de mamelles séparés de leur territoire nerveux et greffés ailleurs, dans la région de l'oreille par exemple, chez des cobayes, subissent la même évolution, lors d'une grossesse ultérieure.

On n'ignore pas non plus l'influence des sécrétions internes des glandes sexuelles sur la nutrition, la tendance à l'obésité des castrats ou des femmes à la ménopause, l'engraissement facile des animaux émasculés. Les cliniciens savent d'autre part que l'ostéomalacie, affection dans laquelle les os se déminéralisent, se courbent, se ramollissent, est améliorée par l'ablation des ovaires. J'ai eu même pour mon compte l'occasion

de provoquer une cure complète d'un cas d'ostéomalacie par la stérilisation röntgénienne des ovaires, qui
cependant s'adresse avant tout aux cellules de la lignée
sexuelle. Ce cas était si net, il avait été si bien étudié à
tous points de vue par les médecins qui m'avaient confié
la malade que l'influence de la stérilisation ovarienne y
apparaissait indéniable; et ce cas n'est pas le seul.

Les *capsules surrénales,* ces deux petites glandes qui
coiffent le rein et qui jadis étaient regardées comme des
organes parfaitement inutiles, ont, elles aussi, des fonctions importantes, puisque leur ablation crée de toutes
pièces la maladie bronzée d'Addison, qui s'accompagne
d'abaissement considérable de la tension artérielle. Ce
dernier fait a donné à certains expérimentateurs (Zimmern et Cottenot) l'idée de chercher à abaisser la
tension artérielle chez les artérioscléreux par la röntgénisation de la région surrénale. On sait d'ailleurs que
l'adrénaline, substance soluble extraite de ces organes,
est l'un des vaso-constricteurs les plus violents que
nous possédions.

Puis c'est l'*hypophyse* qui se révéla à la suite des
travaux du Professeur Pierre Marie comme en relation
avec le travail d'ossification. L'acromégalie, affection
dans laquelle on observe un développement exagéré des
os de la face et des extrémités osseuses, paraît résulter
de lésions ou de troubles fonctionnels de cette glande.

Puis le thymus, la rate, le pancréas, l'épiphyse, etc.,
furent reconnus producteurs de substances utiles à
l'équilibre fonctionnel.

Nous n'insisterons pas plus longtemps sur cette étude.
Ce que nous venons de dire montre suffisamment que

presque toutes les cellules, tous les organes, tous les tissus, jouent un rôle complexe dans la vie d'ensemble de la collectivité dont ils font partie. Le peu que nous savons de leur action montre que presque toujours il existe pour chaque fonction utile, des excitateurs et des modérateurs qui sont vraisemblablement des agents catalytiques puissants dont les sécrétions internes représentent les types les plus accessibles à l'observation. Et dès à présent, nous voyons la ressource que peut offrir à la thérapeutique humaine la connaissance de ces excitateurs, de ces *hormones*, pour employer le néologisme créé par Starling en 1905 (de ὁρμάω, j'excite) capables de modifier si profondément le métabolisme cellulaire et le fonctionnement des différentes parties de l'organisme.

L'opothérapie a déjà fait ses preuves, elle n'est encore qu'à son aurore, mais il est assez piquant de voir la médecine du XXᵉ siècle prescrire la poudre d'ovaire dans les troubles de la ménopause, la glande thyroïde de mouton dans l'obésité, ou la macération de rognon de porc dans l'albuminurie, alors qu'il y a trente ans à peine, nous ne pouvions nous empêcher de sourire en lisant les recueils médicaux de nos ancêtres et leurs savantes préparations où le foie de grenouille voisinait avec les têtes de vipère.

35. — Sur un phénomène qu'il faut rapprocher des coordinations humorales : la formation d es anticorps. Tendance de l'organisme à se défendre contre les agents perturbateurs de son équilibre.

De même que nous venons de voir les *hormones* de l'organisme normal exciter la production de certains agents lytiques et un équilibre favorable à l'organisme résulter du concours de ces catalyseurs à effets souvent opposés, de même en analysant de près les phénomènes de la vie, nous pouvons reconnaître que des agents étrangers, des enzymoïdes venus du dehors provoquent ordinairement de la part de l'organisme la formation de *substances* capables d'annuler leurs effets nocifs, d'*anti-enzymoïdes* capables de les neutraliser.

Ce n'est pas la première fois que nous parlons de ces substances. Nous les avons mentionnées quand nous avons étudié certains matériaux de la vie qui échappent à l'analyse chimique (T. III, p. 140). Nous avons envisagé leur mode d'action et la nature des processus chimiques qui se déroulent grâce à leur intervention, quand nous avons montré que les processus vitaux se ramenaient presque tous à des réactions d'équilibre et à des phénomènes catalytiques. (T. II, p. 243). A ce moment nous avons dit que les toxines, les venins introduits dans un organisme y provoquent la formation d'antitoxines, d'antivenins par un processus dont nous n'avons pas essayé de pénétrer la nature. Nous avons ajouté que les éléments figurés d'autres animaux, comme les globules du sang, où les produits sécrétés par eux déterminent de même, quand on les injecte dans un organisme, la production de substances qui présentent beaucoup d'analogie avec ces antitoxines, ces antivenins (T. III, p. 245).

Nous avons été plus loin et nous avons fait entrevoir la complexité de ces antitoxines, de ces antivenins, de ces *anticorps* en général (appellation par laquelle on les désigne aujourd'hui), en montrant que sous l'action d'un seul agent étranger, il se développe habituellement plusieurs anticorps qu'on peut distinguer les uns des autres par leurs propriétés différentes : nous avons énuméré les *agglutinines*, les *précipitines*, les *bactériolysines*, les *hémolysines*, les *cytolysines*, etc. Insistant sur cette complexité, nous avons montré en outre que chacun de ces anticorps paraît opérer son œuvre, grâce au concours de deux substances : une substance *thermolabile*, détruite par une chaleur modérée (60° environ) et qui existe normalement dans le sérum des animaux supérieurs, l'*alexine*; et une substance *thermostabile*, qui résiste à ces températures, et qui est propre à chaque poison étranger, qui est l'anticorps spécifique de chaque ennemi, de chaque *antigène* comme on appelle aujourd'hui tous ces poisons, tous ces éléments figurés, toutes ces humeurs étrangères capables de provoquer ces processus de défense. (T. III, p. 247).

A présent que nous possédons la notion des corrélations humorales, ces phénomènes remarquables sont beaucoup plus accessibles à notre raisonnement. Leur existence s'explique naturellement, et des faits d'un haut intérêt pour la biologie nous enseignent comment la matière des êtres vivants organise au cours de son évolution ses moyens de défense. Il est indispensable que nous insistions ici sur ce côté de la question.

Précisons d'abord les faits.

Voici un organisme, un animal supérieur, un homme par exemple. Des éléments étrangers pénètrent sans cesse dans ses tissus par les voies respiratoires et digestives en particulier. D'autres produits étrangers sont déversés dans ses humeurs par des parasites, des microbes variés qui vivent dans son intimité provoquant ou ne provoquant pas l'état de maladie.

Tous ces éléments, tous ces produits étrangers ne sont pas des *antigènes*. Tous ne provoquent pas la formation d'*anticorps*. Et même la caractéristique la plus simple qu'on puisse donner de l'antigène est précisément sa propriété de donner lieu à la production d'anticorps.

On peut toutefois se faire une idée plus précise des antigènes : sans attacher à ce caractère une valeur absolue, on peut dire que l'antigène est un agent lytique; et que toute substance introduite dans l'organisme n'est antigène qu'à la condition d'avoir des propriétés catalytiques. Ainsi les aliments et les agents inertes se trouvent éliminés de la définition.

Ce n'est pas à dire que lorsque nous ingérons des aliments, des tissus quelconques, musculaires, glandulaires surtout, nous n'ingérons pas d'agents lytiques. Si en général la cuisson les détruit ou paralyse leur action, à chaque instant l'alimentation carnée nous en apporte et l'on sait d'autre part que l'opothérapie est une méthode d'introduction de ces produits utiles.

Cependant tous les agents lytiques introduits ne sont pas des antigènes. Ainsi quand nous mangeons de la viande peu cuite, quand nous prenons des produits opothérapiques, de l'extrait de foie, de thyroïde, de rein, nous introduisons en nous des agents lytiques, ces agents lytiques, du seul fait qu'ils sont introduits dans nos humeurs peuvent agir comme les hormones organiques et provoquer la sécrétion de produits conjugués : la thyroïdine peut augmenter la sécrétion surrénale, l'adrénaline la sécrétion thyroïdienne et ainsi de suite, mais si de ce fait, on devait les regarder comme des antigènes, il faudrait du même coup faire rentrer dans cette dénomination les hormones organiques elles-mêmes.

C'est peut-être en partie cette extension de l'idée que tout agent lytique présent dans l'organisme implique un produit inverse, un antiproduit doué d'une action réciproque, qui a fait naître une confusion récente dans la biologie : on a eu tendance à ramener les corrélations humorales dont nous avons parlé au paragraphe précédent à des actions réciproques, on a cru pouvoir affirmer que chaque hormone organique avait son hormone inverse. Le professeur Gley s'est élevé contre cette confusion dans ses cours au collège de France, il a insisté sur ce fait qu'il n'est nullement nécessaire ni démontré que l'on trouve à chaque sécrétion interne une sécrétion conjuguée et inverse.

L'équilibre humoral n'implique pas cet antagonisme systématique, tandis qu'il est de règle qu'un agent lytique *inhabituel* arrivant en intrus dans l'organisme y provoque la formation d'un agent lytique inverse qui s'oppose à ses effets ou le neutralise.

Disons donc simplement qu'un antigène est un agent étranger capable d'agir comme agent lytique, introduit dans l'organisme ou fabriqué dans cet organisme par des hôtes étrangers, et caractérisé par ce fait qu'il provoque de la part de cet organisme un phénomène réactionnel qui se traduit ordinairement par la formation d'anticorps.

Achevons de préciser les faits en rappelant les catégories d'antigènes et les anticorps correspondants.

Principaux antigènes : Microbes.

       Sécrétions microbiennes (toxines).

       Poisons liés au protoplasme microbien (endotoxines).

       Cellules d'espèce étrangère (stroma cellulaire, suc protoplasmique, suc nucléaire).

       Substances albuminoïdes d'espèce étrangère en général.

Anticorps.

       1re Remarque : A chaque antigène correspond un anticorps spécifique. Qu'on injecte à un cobaie des globules rouges de mouton. il se développe un anticorps capable de détruire les globules de mouton, mais non ceux d'une autre espèce.

       2e Remarque : Les anticorps agissent de façon variée sur les antigènes, en agglutinant, en neutralisant, en précipitant, etc. Un même antigène peut provoquer la formation de plusieurs anticorps différenciables par ces propriétés et parfois séparables.

D'où la classification :

1° Anticorps agglutinants. . . . . . Agglutinines.
   (agglomèrent l'antigène, à condition bien entendu que cet anti-

gène soit fait de corpuscules figurés).

2° Anticorps lytiques (détruisent l'antigène). Lysines . . . . Bactériolysines. Cytolysines. Hémolysines, etc.

3° Anticorps précipitants (précipitent l'antigène de ses pseudo-solutions) . . . . Précipitines.

4° Anticorps neutralisants. . . . . Antitoxines.

Certains auteurs y ajoutent les toxogénines de Richet qui produisent l'hypersensibilité anaphylactique. Nous allons en parler en discutant les processus de formation des anticorps.

36. — Comment concevoir les processus de formation des anticorps.

a) Formation des anticorps et équilibre humoral. — Il peut paraître étonnant à première vue que l'organisme soit si merveilleusement doué, et qu'il soit toujours prêt, lorsqu'il est aux prises avec un antigène quelconque, à construire immédiatement l'anticorps approprié pour sa défense.

Si nous ignorons le mécanisme intime de la fabrication des anticorps, du moins pouvons-nous, grâce à certaines analogies, nous faire une idée générale du processus qui les engendre.

Nous trouvons ces analogies en faisant appel à l'étude des corrélations humorales et à leur genèse.

Cette étude nous a montré que les catalyseurs qui agissent sur les processus de nutrition obéissent à une loi d'équilibre, si bien que l'augmentation ou la diminution de l'un d'eux, entraîne de multiples réactions qui modifient la quantité des autres catalyseurs produits, pour maintenir « l'harmonie » favorable à l'individu. Ce fait est un de ceux qui ressortissent à cette direction statique que nous a déjà révélée l'étude des formes organiques et sur laquelle nous avons insisté.

D'ailleurs il n'est pas plus surprenant de constater ainsi dans l'organisme des substances voisines à effets variés, souvent inverses, que de voir dans la préparation *in vitro* d'un grand nombre de composés organiques, prendre naissance des inverses optiques, des sels droits et des sels gauches, suivant des proportions déterminées par le calcul des probabilités. On conçoit d'autre part que si la loi des probabilités ne saurait que mettre en présence des substances à effets divers, la direction statique dont nous parlons puisse favoriser la spécialisation fonctionnelle de tel ou tel organe à produire telle ou telle de ces substances, et dès lors qu'un organe tend à se spécialiser pour la production de cette substance, cette tendance peut s'affirmer par l'hérédité, sans que nous cherchions tout de suite à préciser ce phénomène qui sera étudié plus loin (p. 146).

Cela posé, on admettra volontiers que la matière des organismes vivants, depuis les êtres monocellulaires jusqu'aux vertébrés supérieurs, ne produise pas un nombre infini de ces substances lytiques; et si l'on pouvait dresser la liste de toutes ces substances produites par les microbes, par les cellules des êtres monocellulaires ou par les cellules spécialisées des êtres les plus complexes, cette liste serait limitée.

Or il est un fait que doivent admettre même ceux qui se refusent à reconnaître la parenté originelle de tous les êtres organisés, de toutes les cellules vivantes, c'est que, en raison de leur analogie de caractères, toutes les unités organisées se présentent à nous comme ayant *en puissance* la faculté d'élaborer les produits auxquels l'une quelconque d'entre elles donne naissance. Chacune ne les fabrique pas tous, mais nous ne saurions nous étonner de les voir toutes posséder quelques chances de pouvoir fabriquer ces produits sous certains excitants.

En somme, nous arrivons à entrevoir, sans trop d'effort, que si les spécialisations fonctionnelles et l'intervention de la direction statique propre à chaque organisme rendent chaque cellule inapte en fait à fabriquer en tout temps tous les agents lytiques qui entrent en jeu dans les phénomènes de la vie terrestre, cependant grâce aux caractères communs à tout plasma vivant, cette cellule peut fabriquer l'un quelconque de ces produits sous l'action d'un agent provocateur approprié.

Une élégante confirmation de ces vues a été donnée par une expérience de Carrel, l'auteur de recherches si populaires sur la vie artificielle des cellules et des tissus (cf. § 69 à 71). Carrel et Ragnvald, Ingebrigtsen se sont proposés de rechercher si des cellules et des fragments de tissus cultivés in vitro produisent des anticorps lorsqu'on fait agir sur eux des antigènes déterminés. La conclusion a été absolument positive : les celules isolées des centres de l'individualité supérieure dont elles font partie conservent la propriété de fabriquer des produits de défense et Hermann Lüdke a récemment confirmé le fait en montrant la production d'agglutinine en particulier dans les mêmes conditions.

On se demandera peut-être comment il se fait qu'une cellule étrangère, un microbe, capables de jouer le rôle d'antigènes chez l'homme ne portent pas en eux l'anticorps correspondant, l'anticorps que fabriquent nos plasmas quand l'antigène considéré y est présent. Mais si le plasma de cette cellule, de ce microbe s'est spécialisé dans l'élaboration de certains produits solubles, de certaines toxines ou endotoxines, il ne nous répugne pas d'admettre que ce microbe puisse parfaitement se passer de fabriquer en même temps ce que nous appelons une antitoxine, si son propre équilibre humoral ne l'exige pas, tout en fabriquant peut-être, pour cet équilibre, quelque hormone conjuguée toute différente. La propriété de substances inverses est toute relative. Deux substances peuvent être inverses conjuguées pour une cellule, pour une espèce animale, et non pour une autre.

La qualité d'anticorps est relative aux vertébrés supérieurs dans notre terminologie et l'on comprend facilement qu'un microbe porteur de toxines, d'endotoxines, puisse vivre en équilibre humoral, alors que ces mêmes produits nécessiteraient d'autres inverses chez l'homme.

Ce fait qu'un microbe ne porte pas à la fois l'antitoxine et la toxine, n'empêche nullement que tout plasma vivant peut avoir en puissance la faculté de fabriquer des substances voisines de ces toxines, mais

variées, et, parmi elles, une substance capable de paralyser ses effets nocifs vis-à-vis de l'espèce à laquelle il
appartient, c'est-à-dire un anticorps *relatif à cette espèce*.

Il ne le fait pas en temps ordinaire, parce que rien ne
l'y pousse, parce que les besoins de l'équilibre organique
et des corrélations humorales l'ont habitué à faire autre
chose. Mais que les excitants appropriés agissent et
l'élaboration aura des chances de se produire, sinon de
la part de toutes les cellules de l'organisme du moins
de la part de certaines d'entre elles, les plus aptes à cette
fonction accidentelle.

β) *Spécialisation fonctionnelle dans la fabrication des
anticorps.* — Les *antigènes* sont précisément ces excitants. Mais, pour comprendre le mécanisme si précis
de la production des anticorps, ce n'est pas tout, et
nous devons à présent faire entrer en jeu un facteur
important : *l'organisation des défenses accidentelles par
la transmission héréditaire et les lois de l'évolution*. Ce
sera un peu devancer l'ordre des matières, mais l'étude
de ce facteur ne peut être dissociée de ce qui précède.

Considérons une espèce animale, un groupe d'individus de cette espèce, par exemple un peuple parmi les
races humaines. Supposons que par suite de conditions
d'ambiance, migration en terrain nouveau, invasion
d'hôtes étrangers, etc., ce peuple se trouve tout à coup
exposé à l'attaque de microbes inconnus de lui jusqu'alors ou tout au moins absents depuis une suite de
siècles. Ce conflit pourra se révéler par une épidémie
fatale à ce peuple. Les défenses pourront être insuffisantes, les anticorps capables de détruire les microbes,
de neutraliser leurs toxines ou leurs endotoxines pour-

ront être impuissants à compenser les effets néfastes de l'invasion.

Cependant parmi les individus frappés il se peut que quelques-uns arrivent à triompher, que chez ceux-là les cellules se trouvent par hasard mieux armées pour la production rapide des anticorps. Ceux-là seuls survivront à côté de ceux qu'aura épargnés l'épidémie. Ainsi une sélection partielle se sera opérée et s'opérera à chaque instant si la maladie reste endémique, si bien que les mieux adaptés à la lutte feront souche; et, parmi les individus de la génération suivante, grâce à la transmission héréditaire des caractères, il y aura un accroissement de la tendance à la production des anticorps appropriés dès qu'apparaîtront les antigènes menaçants.

Ainsi conçoit-on que, au cours de l'évolution de l'humanité, se soient revivifiées ou développées ces facultés cellulaires de défense. Elles peuvent se perdre de génération en génération durant les périodes de silence d'une maladie et périodiquement se réveiller à l'occasion des invasions nouvelles. Nous avons des preuves de ces processus dans le fait que beaucoup de maladies microbiennes sont plus graves lors de leur apparition que dans les siècles qui suivent. Ainsi au xve siècle, époque à laquelle fut probablement importée ou rapportée la syphilis en France, elle eut une gravité exceptionnelle, comparable à celle qu'elle possède aujourd'hui chez certains peuples du Pacifique où nous l'avons introduite. Il en fut de même de la variole transportée au Mexique par les Espagnols au xvie siècle, de la coqueluche en France au xve siècle, de la suette à la même époque en Angleterre, etc. Les organismes se fortifient dans leurs moyens de défense et souvent aussi l'agent microbien s'atténue en raison de ses conditions nouvelles d'existence et de l'adaptation à laquelle lui-même est assujetti.

γ) *Les anticorps produits ne sont pas toujours les anticorps appropriés à la défense de l'organisme. Triage de la sélection naturelle.* — Mais arrivés à ce point de notre raisonnement, une question grave se pose. Sa solution nous offrira un moyen pratique de contrôler la justesse de la théorie : est-ce que toujours les cellules organiques de l'individu attaqué seront aptes à produire l'anticorps requis. Est-ce qu'il n'arrivera pas fatalement, s'il ne s'agit là que d'une loi de fait et non d'une mystérieuse puissance vitale de défense, est-ce qu'il n'arrivera pas fatalement que dans quelques circonstances les excitants étrangers ne produiront que des élaborations inutiles ou même aggravantes? Est-ce qu'il est sûr que toujours la réaction à l'excitation aura pour résultat une élaboration utile? Si la théorie que nous soutenons est vraie, il est à croire que tant que la sélection et l'hérédité n'auront pas, dans la bonne voie, donné la priorité aux tendances favorables, il se pourra, tout au moins dans certains cas, qu'un antigène donne naissance à un anticorps qui aggrave ses effets vis-à-vis de l'organisme atteint au lieu de les atténuer.

Eh bien cette conséquence forcée de la théorie est remarquablement vérifiée par les faits. Il y a des anticorps aggravants. Le Professeur Richet a eu le mérite de les mettre en lumière : il a observé que certains agents morbifiques introduits dans un organisme, au lieu de provoquer chez cet organisme l'élaboration de produits neutralisants ou atténuants, sont capables de donner naissance à des *toxogénines*, qui loin de favoriser la défense de l'organisme, le rendent plus fragile vis-à-vis de ces agents morbifiques. De là l'*anaphylaxie* ou hypersensibilisation du malade après une première atteinte (V. § 40).

L'anaphylaxie et la réaction toxogénique sont à méditer par ceux qui veulent à tout prix admirer la mystérieuse organisation des créatures si bien armées pour la finalité de défense.

Quoi qu'il en soit, à la lueur des notions que nous venons d'exposer, les vicissitudes de la lutte d'un peuple contre les maladies microbiennes deviennent remarquablement faciles à expliquer. En effet cette lutte est fonction de plusieurs facteurs :

1°) La valeur des anticorps produits et leur efficacité pour annuler les effets nocifs des antigènes, (et l'on ne doit pas oublier que parfois certains de ces anticorps sont aggravants).

2°) La prise que peut avoir la sélection naturelle sur le phénomène réactionnel en jeu, (et l'on ne doit pas oublier que cette prise est parfois nulle ou très médiocre, ce phénomène étant étouffé au milieu des multiples facteurs plus généraux qui ont un rôle prépondérant).

3°) La gravité même et la nature de la maladie en jeu.

Un des exemples les plus frappants de ces vicissitudes est l'évolution de la tuberbulose chez nos peuples d'occident. La valeur des anticorps est insuffisante pour triompher de l'infection, et pourtant souvent suffisante pour assurer une évolution lente de l'invasion, pour la limiter, pour la laisser dormante. Les sujets les moins aptes à la résistance ne sont pas les moins aptes à faire souche, et la sélection a grand peine à mettre son veto sur la transmission des caractères défavorables. La nature de la maladie laisse en effet, dans beaucoup de cas, le tuberculeux vivre une vie presque normale.

En résumé rien ne nous apparaît comme incompréhensible dans la formation des anticorps. Nous apercevons là une propriété générale des plasmas vivants, compatible avec les spécialisations fonctionnelles; nous y voyons même une fonction d'exception qui a son origine dans cette propriété générale, et qui se développe à la faveur des besoins accidentels, de la sélection qui s'opère pendant la lutte, et de la transmission héréditaire.

37. — Quelques applications pratiques récentes de la doctrine des corrélations humorales et des processus de défense de l'organisme. Les séro-diagnostics.

Quittons à présent le domaine de la biologie générale et disons quelques mots des applications pratiques que la médecine a faites de ces découvertes de la science. Je ne les énumérerai pas toutes. La liste en est longue aujourd'hui. Mais par quelques exemples je veux seulement donner au lecteur une idée des *procédés diagnostiques* ou des *méthodes thérapeutiques* tirés de la doctrine des corrélations humorales ou de la notion des processus de défense de l'organisme contre les antigènes nocifs.

Nous parlerons d'abord des *séro-diagnostics*. Ils utilisent telle ou telle des propriétés générales que nous avons étudiées, ce qui nous servira à les classer.

a) Séro-diagnostic du type Abderhalden. — L'un des procédés de séro-diagnostic les plus simples, tout récemment introduit dans la pratique médicale, est le séro-diagnostic de la grossesse par le procédé d'Abderhalden. C'est par lui que nous commencerons cet exposé.

Il est basé sur ce fait que l'organisme se défend non seulement contre les agents figurés étrangers, mais aussi contre les éléments albuminoïdes qui ne sont pas conformes à son type spécifique, que ces éléments viennent du dehors ou bien qu'ils soient fabriqués sur place, par exemple *in utero*. Les cellules de l'individu envahi se défendent, nous le savons, en détruisant ces molécules albuminoïdes étrangères par des ferments spéciaux, comparables d'ailleurs aux ferments digestifs, qui font œuvre semblable vis-à-vis des albumines alimentaires.

On désigne assez généralement aujourd'hui ces ferments de défense contre les molécules étrangères déversées dans le sang sous le nom *d'immun-ferments*.

Abderhalden, professeur à l'Université de Halle, a pensé que l'invasion du sang maternel par les protéines placentaires, qui sont en somme des protéines étrangères pour la mère, devait déterminer de la part de celle-ci des réactions de défense et la formation d'immun-ferments capables de les dissocier en leurs acides aminés.

Si l'on n'a pu encore arriver à déceler la présence des immun-ferments dans le sang maternel, il a été possible de révéler la dissociation des protéines placentaires en peptones, polypeptides, acides aminés.

Une méthode optique élégante consiste à étudier à l'aide du polarimètre, l'action du sérum maternel sur des peptones placentaires quelconques ou sur du placenta convenablement préparé. La dislocation des protéiques placentaires ne se produit que si ce sérum est bien un sérum de femme enceinte.

On peut aussi utiliser le procédé de la dialyse. Les protéines placentaires, grosses molécules comme toutes les molécules albuminoïdes non dissociées ne traversent pas le dyaliseur. Si ces protéines sont dissociées par la mise en présence de sérum de femme enceinte, il y a dialyse des fragments qui traversent alors la membrane et qu'on retrouve dans le liquide dialysé par la réaction du biuret ou par la réaction d'Abderhalden (procédé de la ninhydrine ou hydrate de tricéto-hydrindène) (1). On discute actuellement sur la valeur de la méthode; en général les résultats sont assez constants pour qu'on puisse voir dans cette séro-réaction un procédé utile de diagnostic de la grossesse et dans la découverte d'Abderhalden une « expérience de premier plan », pour employer l'expression du professeur Bar, qui a fait exécuter des recherches spéciales à ce sujet dans sa clinique hospitalière.

____

(1) Cf. R. Labusquière. *Ann. de Gynéc. et d'Obstét.* Nov. 1913, article d'ensemble et analyses des résultats.

b) Séro-diagnostic du type Widal-Grünbaum. — Un deuxième procédé de séro-diagnostic repose sur l'observation du phénomène de l'agglutination constaté depuis longtemps déjà par Charrin et Roger dans les cultures microbiennes mises en présence de sérum provenant d'animaux immunisés contre le microbe étudié.

Ce procédé de diagnostic employé pour la première fois par Widal et Grünbaum est très simple aussi.

On prélève quelques gouttes de sang à un sujet suspect de typhoïde, de choléra, de tétanos, etc., on met une goutte du sérum tiré de ce sang en présence d'une culture du bacille que l'on soupçonne en cause; si le sérum agglutine la culture, c'est qu'il renferme bien l'agglutinine spécifique; c'est que le malade est bien atteint de la maladie infectieuse incriminée.

On emploie surtout cette méthode pour le diagnostic de la fièvre typhoïde.

c) Séro-diagnostic par l'observation des actions dues aux précipitines ou aux bactériolysines. — Nous avons indiqué la propriété que possèdent les précipitines de provoquer la formation d'un louche soit dans les cultures microbiennes filtrées, soit dans les solutions d'albuminoïdes provenant des cellules organiques. Tchistovitsch et Bordet de l'institut Pasteur ont montré le profit qu'on peut tirer de cette réaction, en médecine légale par exemple, pour la recherche de l'espèce animale à laquelle appartient une albumine, un extrait cellulaire, du sang, etc.

Nous avons dit aussi que parmi les anticorps qui se développent dans le sang d'un animal en lutte contre un agent microbien, un élément figuré étranger, se trouvent des produits déterminant la bactériolyse ou la cytolyse. Wright, Neisser et Wechsberg ont utilisé ce phénomène dans un but diagnostique.

Mais la pratique médicale a surtout bénéficié d'une méthode de recherche un peu plus complexe que les précédentes, méthode dont le retentissement a rapidement franchi les portes du laboratoire et qui a connu tout de suite les honneurs de la grande vulgarisation. Je veux parler de la réaction de Wassermann pour le diagnostic de la syphilis, réaction qui met à profit un phénomène observé en 1901 par deux savants de l'Institut Pasteur, Bordet et Gengou.

d) Séro-diagnostic du type Bordet-Gengou. Fixation du complément. Réaction de Wassermann. — On sait qu'un anticorps, spécifique d'un antigène, tend *in vitro* comme *in vivo*, à se combiner avec ce dernier.

Or quand cet anticorps se compose de l'alexine commune (complément) et d'un produit spécifique (ambocepteur), on constate le fait suivant : dès qu'on met en présence l'antigène et l'ambocepteur spécifique, puis qu'on ajoute à ce système un complément ou alexine d'animal quelconque, cobaye par exemple, ce complément est tout de suite accaparé par le système.

Telle est l'observation très générale formulée par Bordet et Gengou.

Ainsi le système :

Vibrions cholériques + *ambocepteur anticholérique,* fixe avidement l'alexine d'un sérum frais de cobaye surajouté.

Comment prouver cela? D'une façon bien simple :

Juxtaposons au système précédent un deuxième

système composé de globules rouges de mouton qui seront l'antigène de ce 2e système et d'un ambocepteur hémolytique obtenu en injectant à un lapin du sang de mouton, ce qui développe dans son sérum une hémolysine anti-mouton, puis en recueillant son sérum et en le chauffant à 56° pour détruire le complément (alexine) et ne conserver que l'ambocepteur spécifique anti-mouton.

Si ce deuxième système était placé seul en présence de l'alexine de cobaye ci-dessus, grâce à ce complément, *l'hémolyse se produirait*.

Si au contraire ce deuxième système est placé en présence de cette alexine de cobaye conjointement avec le premier système, c'est ce premier système qui accapare le complément; il ne reste rien de disponible pour activer l'ambocepteur hémolytique; *l'hémolyse ne se produit pas*.

D'où la possibilité de faire le diagnostic clinique en prenant pour inconnu le premier terme du premier système. Si ce premier terme est bien l'anticorps supposé, pas d'hémolyse. S'il n'est pas cet anticorps, l'hémolyse se produit parce qu'il n'a aucune tendance à fixer le complément. On a employé en effet la réaction Bordet-Gengou au diagnostic de la typhoïde (Widal, Lesourd), de l'infection gonococcique, de l'ecchinococcose (Weinberg, Parvu, Laubry), de la tuberculose (Widal, Lesourd, Bezançon) et surtout de la syphilis (Wassermann).

La réaction de Wassermann a été modifiée et simplifiée plusieurs fois; nous n'entrerons pas dans les détails de sa technique. Disons seulement que d'après la conception de Wassermann, on met en présence les trois systèmes suivants :

1ᵉʳ Système :

Antigène syphilitique (Extrait de foie) + Sérum suspect de renfermer
(syphilitique dilué)   l'ambocepteur anti-syphili-
tique (on le chauffe à 56°
pour détruire son alexine).

2ᵉ Système :

Globules rouges de mouton (antigène) + Ambocepteur hémolytique
(émulsion à 5 p. 100)   (sérum de lapin anti-mouton chauffé à 56°).

3ᵉ Système :

Alexine de cobaye sain (sérum dilué).

S'il n'y a pas d'hémolyse, le complément ayant été
fixé, c'est que l'ambocepteur antisyphilitique était présent, la réaction est positive, le sujet est syphilitique.

Aujourd'hui, il faut dire que les idées se sont un peu
modifiées sur la conception de ces réactions propres au
diagnostic de la syphilis; on a constaté en effet que
l'extrait de foie des nouveau-nés, ou même l'extrait
alcoolique de foie d'adulte sain, dépourvu de l'agent
infectieux de la syphilis, le spirochète, se comporte
comme de l'extrait de foie syphilitique en présence de
l'ambocepteur antisyphilitique du sujet avarié, ce qui
a fait mettre en cause les lipoïdes du foie solubles
dans l'alcool. Quoi qu'il en soit, l'expérience prouve
que le procédé a une valeur pratique réelle. Que ce soit
la réaction Bordet-Gengou seule qui soit en cause, ou
bien qu'il faille faire intervenir d'une part la richesse
plus grande du sang des syphilitiques en colloïdes capables de précipiter en présence des lipoïdes hépatiques,
et d'autre part le rôle fixateur du précipité vis-à-vis de
l'alexine du système n° 2, le phénomène de la fixation
du complément n'en reste pas moins une des applica-

tions les plus intéressantes et les plus utiles des données de la biologie générale à la pratique quotidienne.

38. — Applications thérapeutiques récentes de la doctrine des corrélations humorales et des processus de défense de l'organisme. Opothérapie. Sérothérapie.

La thérapeutique a bénéficié non moins que la clinique
des nouvelles données de la science que nous venons
de passer en revue. De la doctrine des corrélations
humorales est née l'opothérapie, dont nous avons parlé
déjà au § 34. De la notion des défenses humorales
de l'organisme est née la sérothérapie, dont l'étude va
nous amener à envisager l'immunisation.

I. De *l'opothérapie* nous dirons peu de chose. Nous
en connaissons le principe, cela seul est intéressant
pour notre étude de biologie générale : apporter à un
organisme des produits de sécrétion glandulaire utiles
à son fonctionnement normal et dont il est insuffisamment pourvu, tel est, nous le savons, l'objet de cette
thérapeutique spéciale. On administre d'ailleurs les
extraits soit par la voie buccale soit par la voie hypo-
dermique.

Les plus couramment employés sont : *l'extrait thyroïdien* (tiré ordinairement du corps thyroïde de
mouton) contre l'obésité, le myxœdème, les dermatoses,
le crétinisme, etc ; *l'extrait testiculaire* (taureau et bélier)
contre la neurasthénie, l'impuissance, la tuberculose,
la paralysie agitante, etc.; *l'extrait ovarien* (vache,
brebis) contre les troubles consécutifs à l'ovariotomie

et certains accidents de la ménopause ou de la fonction menstruelle chez la femme; *l'extrait pancréatique* contre le diabète maigre; *l'extrait de capsules surrénales* contre la maladie d'Addison; *l'extrait plasmique* des globules sanguins, *l'extrait hépatique*, *l'extrait musculaire*, *l'extrait thymique*, etc, etc.

II. La *sérothérapie* est, d'après la définition de Landouzy, « la méthode qui emprunte ses agents et ses moyens thérapeutiques aux sérums » (1). Mais parmi les sérums employés, nous ne nous occuperons ici que de ceux qui renferment des anticorps ou des produits capables de prévenir ou de guérir les maladies infectieuses.

Lorsqu'on introduit dans un organisme un sérum à anticorps, on se propose de renforcer le pouvoir microbicide naturel des humeurs de cet organisme, de venir en aide aux anticorps naturels.

Le premier degré de la sérothérapie antimicrobienne consiste à introduire dans un organisme malade du sérum naturel d'un autre sujet ou d'un autre animal, quand on soupçonne que le sérum de cet organisme malade est fortuitement ou naturellement impuissant à fournir les anticorps suffisants. Richet et Héricourt sont partis de cette idée pour essayer l'hématothérapie, et Bouchard la sérothérapie-préventive.

Un pas de plus et l'on s'efforce de choisir un sérum dans lequel la propriété utile est exaltée, c'est-à-dire un sérum dans lequel on aura développé, par une préparation spéciale de l'animal qui l'a fourni, les anticorps utiles pour combattre la maladie visée.

(1) Landouzy. *Les sérothérapies*, 1898, Paris.

Dans le premier cas, on ne fournit que l'alexine, ou peut-être parfois, à dose infinitésimale, un ambocepteur approprié à l'antigène qu'il faut combattre. Dans le second cas, on apporte à la fois l'alexine et l'ambocepteur spécifique requis, on fait vraiment de la thérapeutique spécifique.

C'est généralement le cheval qu'on choisit pour la fabrication des sérums thérapeutiques, parce que son sérum est presque inoffensif pour l'espèce humaine et qu'on peut l'obtenir en grande quantité. Pour préparer le cheval, on lui injecte pendant 2 ou 3 mois des doses progressives de toxine tétanique, diphtérique, etc., de venins, il s'entraîne ainsi à fabriquer des anticorps; il acquiert progressivement l'*immunité* contre la maladie visée, si bien que les inoculations du microbe pathogène, cause de cette maladie, peuvent lui être faites impunément. A ce moment, on lui fait une saignée. Le sérum jouit des propriétés thérapeutiques requises. En injectant aux sujets atteints d'une maladie microbienne déterminée le sérum préparé à l'encontre de cette infection, on apporte à ces sujets les anticorps qui vont leur permettre de faire face au premier choc, et de préparer eux-mêmes leur défense. Si l'affection est subaiguë, on leur fournit le supplément de moyens défensifs qui leur manquait pour triompher. En l'injectant à des sujets sains, on leur confère ordinairement une immunité temporaire.

Tout le monde sait aujourd'hui que la médecine possède un sérum anticharbonneux préventif et curatif, un sérum antidiphtérique (Behring, Roux) qui confère une immunité temporaire de 5 à 6 semaines et qui

jouit de propriétés curatives dont toutes les mères de
famille connaissent la valeur, un sérum antiméningo-
goccique (Flexner, Kolle et Wassermann, Dopter) qu'on
injecte dans la cavité arachnoïdienne contre la mé-
ningite cérébrospinale, un sérum antistreptococcique
(Marmorek, Charrin-Roger, Besredka) contre l'érysi-
pèle, la fièvre puerpérale, etc., un sérum antitéta-
nique (Behring et Kitasato, Roux, Nocard, Vaillard),
un sérum antivenimeux (Calmette, Phisalix), un sérum
antidysentérique efficace contre la dysenterie bacil-
laire (β de Shiga Kruse), un sérum antipesteux (Roux,
Yersin); et la liste, espérons-le, n'en est pas close.

39. — Propriétés naturelles ou artificiellement acquises, dues à la mise en jeu des corrélations humorales ou des processus de défense. Immunité. Vaccination.

α) *Ce qu'on entend par immunité.* — Quand on met
un sujet en présence de microbes pathogènes, ce
sujet n'est pas fatalement voué à subir la maladie. Il
a des défenses extérieures qui font une barrière à
l'invasion : la peau, les muqueuses, des sécrétions
externes, qui sont plus ou moins bactéricides, la
salive, le suc gastrique, etc. A supposer que les microbes aient franchi ces obstacles, que le sujet soit
au seuil de la maladie, il a encore pour se défendre les
anticorps de ses humeurs, de ses sécrétions internes.

Quand on parle des défenses extérieures en vertu
desquelles un sujet est mis à l'abri de la maladie, on dit
qu'elles *prémunissent* le sujet contre l'infection, mais

on ne dit pas en ce cas que ce sujet jouit de l'*immunité*. Si on lui inoculait le virus au delà de ses barrières externes, il serait susceptible de devenir malade ; l'immunité est incompatible avec cette susceptibilité.

On réserve le mot d'*immunité* à cette propriété que possèdent tels ou tels sujets d'enrayer une infection avant même qu'elle détermine une réaction morbide grâce à ses *défenses humorales, à sa police intérieure*. Nous verrons tout à l'heure combien l'emploi de cette expression est gros de conséquences doctrinales.

β) *Prophylaxie, diaphylaxie et immunité*. — Quand par les mesures d'hygiène on met des sujets à l'abri des invasions microbiennes, quand on renforce l'efficacité des barrières extérieures dont nous venons de parler, on fait de la *prophylaxie*, et les procédés mis en œuvre sont des procédés prophylactiques. Quand c'est l'organisme lui-même qui organise ses défenses intérieures de manière à nous apparaître comme possédant ou acquérant l'immunité, ce n'est plus là la prophylaxie. On a proposé le terme de *diaphylaxie* et de fonctions diaphylactiques (1) pour désigner cette défense interne de l'organisme en vue du maintien de son intégrité et en vue de sa résistance contre les microbes et en général contre tout ce que nous avons vu jouer le rôle d'antigène. La diaphylaxie serait exactement la fonction en vertu de laquelle, à *l'apparition d'un antigène dans l'organisme, serait liée la mise en jeu ou la production d'un anticorps*.

_____

(1) Cf. P. Bonnier. *Rev. Scient.* 23 avril 1910.

γ) *Immunité naturelle et immunité acquise.* — Si l'anticorps est supposé exister naturellement dans cet organisme ou encore s'il est supposé s'y développer naturellement, fatalement, dès qu'apparaît l'antigène, l'organisme jouit de l'*immunité naturelle*. Si cet anticorps n'existe que momentanément ou s'il n'est incité à se former que pour un temps, à la suite d'un incident de la vie, comme une maladie, ou par un procédé artificiel et voulu de défense, comme la vaccination, on dit que l'*immunité est acquise* et les procédés mis en œuvre sont des procédés d'immunisation.

La biologie ne connaît pas encore assez la nature des anticorps pour dire si, *dans l'immunité naturelle*, ces anticorps préexistent ou s'ils se forment au premier signal de l'infection, la paralysant avant même qu'elle se manifeste. On sait bien que l'alexine existe normalement dans le sérum et que par conséquent elle préexiste à toute infection. Mais chez les sujets possédant l'immunité contre une maladie infectieuse, est-ce l'alexine seule qui préexiste, ou y a-t-il là aussi, toutes prêtes à agir, de minimes traces d'ambocepteurs spécifiques variés, gardes du corps, veillant contre chaque infection en particulier?

Les essais de thérapeutique par injection, à l'homme aux prises avec une maladie microbienne, de sérums d'animaux jouissant de l'immunité naturelle, ont bien donné quelques succès, mais aussi des déceptions ; et ces déceptions sont si nombreuses que l'on est en droit de penser que les succès sont dus peut-être au simple apport supplémentaire d'alexine. S'il préexiste des anticorps chez ces animaux, indépendamment de toute incitation provoquée par un antigène, leur quantité doit être tellement minime que leur effet est presque nul.

Il est donc, provisoirement du moins, plus logique et plus conforme à la doctrine que nous avons exposée, de penser que les ambocepteurs spécifiques se forment lors du besoin, même chez les animaux jouissant de l'immunité naturelle, et que l'immunité, qu'elle soit naturelle ou qu'elle soit acquise, consiste dans ce fait que le sujet qui en jouit, demeure tout prêt à fournir instantanément, à côté de ses éléments de défense permanents, (l'alexine), des armes spéciales adaptées à chaque ennemi, (les ambocepteurs spécifiques).

δ) *L'immunité et la diaphylaxie, fonctions humorales*. — J'ai dit tout à l'heure en définissant l'immunité qu'elle était fonction des défenses humorales et qu'elle relevait de la police intérieure de l'organisme. J'ai ajouté que ces expressions faisaient surgir de grosses questions doctrinales. C'est qu'en effet depuis l'époque où Pasteur en 1880 hasarda la première ébauche de théorie capable d'expliquer l'immunisation et la guérison des infections par la mort du microbe dans sa culture vivante, bien des opinions contradictoires ont été émises.

Pasteur, assimilant les cultures *in vivo* aux cultures en bouillon, pensait que le microbe succombait à l'appauvrissement du milieu. L'organisme devenu réfractaire représentait pour lui un milieu *épuisé* vis-à-vis de l'agent infectieux considéré. Il regardait donc bien l'immunité comme une *propriété humorale*, mais comme une *propriété humorale négative*.

Chauveau, peu après, prouva qu'on peut forcer les défenses chez les animaux immunisés en augmentant la dose de virus, d'où il conclut à l'impossibilité de la théorie de l'épuisement, puisqu'un milieu épuisé ne peut qu'être stérile vis-à-vis de toute dose de virus. D'où la théorie de l'*addition*, d'après laquelle l'immunisation correspond à quelque chose d'ajouté à l'organisme normal. Pasteur se rallia du reste sans réserve à cette théorie.

Mais la connaissance de ce quelque chose surajouté n'aboutit pas directement à la notion des défenses humorales et du rôle actif des anticorps.

En effet depuis longtemps déjà, on avait étudié le mécanisme des réactions de l'organisme contre l'infection. L'inflammation avait sa théorie. Virchow, dès le milieu du xixe siècle, avait fait de la *cellule* l'agent essentiel des réactions contre les accidents de l'ambiance. L'inflammation, pour lui, était une hyperactivité vitale des *cellules lésées* sous l'incitation d'un agent nocif; c'était une manifestation d'une irritabilité spéciale; la congestion de la région enflammée était due à cette hyperactivité vitale, elle était par conséquent accessoire. Si Virchow n'aperçut pas le rôle des cellules migratrices, on peut le regarder néanmoins comme le père de la *théorie cellulaire* des réactions de l'organisme contre les agents infectieux. Cette théorie se trouva complétée par Cohnheim qui mit en lumière la *diapédèse* des globules blancs, c'est-à-dire l'issue des leucocytes du sang à travers les capillaires et leur migration dans la région envahie. Avec lui, ce fut le leucocyte qui devint l'agent essentiel de la réaction et non plus les cellules fixes des tissus comme le voulait Virchow.

C'est à ce moment que surgit la découverte de Pasteur. Le microbe et ses produits solubles apparurent comme les facteurs immédiats provoquant l'inflammation.

Les idées se partagèrent alors. Les uns avec Metchnikoff considérèrent surtout le processus cellulaire de la lutte, le rôle actif des globules blancs, des *phagocytes*. Les travaux du savant zoologiste russe qui venait à ce moment de quitter l'université d'Odessa et qui, à partir de cette époque devait contribuer à la gloire de la science française, mirent en pleine lumière le phénomène de la phagocytose et son importance dans la lutte de l'organisme contre l'infection. Les globules blancs au premier signal de l'attaque se mobilisaient en masse vers le lieu envahi, sortaient des vaisseaux par diapédèse, englobaient le microbe envahisseur, l'enfermaient dans leur plasma, le digéraient et limitaient ainsi le théâtre de la lutte.

Les autres, Bouchard et son école, Roux, Arloing, Behring, pour ne rappeler que quelques noms, sans nier ce processus cellulaire, concentrèrent leur attention sur les phénomènes *humoraux* et continuèrent d'avancer dans la voie préparée par Chauveau.

Rapidement les travaux s'accumulèrent : ce furent ceux de Charrin et Roger qui montrèrent que le bacille pyocyanique, cultivé dans le sérum d'un animal vacciné, est modifié dans sa morphologie, dans ses cultures, dans ses propriétés sécrétoires, ceux de Roger qui établirent la diminution de virulence du streptocoque cultivé dans le sérum d'un animal immunisé, ceux de Schmidt, de Grohmann, de Flügge, de Bitter, de Behring, de Kitasato, et je n'en cite que quelques-uns, pris au hasard dans les archives de cette période fameuse, qui vinrent apporter leur appui à la théorie humorale à laquelle le Professeur Bouchard donna sa formule définitive dans son ouvrage magistral sur les microbes pathogènes en 1892.

Ainsi la lutte phagocytaire n'apparut plus que comme une phase du drame, la phase visible au microscope, l'œuvre décelable du service policier de l'organisme, qui dissimulait les processus chimiques essentiels de la défense.

Aujourd'hui que nous connaissons mieux ces agents chimiques, aujourd'hui que la doctrine de la genèse des anticorps est venue apporter ses lumières au problème, nous voyons combien devient claire et compréhensible la conception humorale des défenses de l'organisme dont la phagocytose n'est plus qu'un adjuvant.

ε) *Vaccination*. — De tout ce que nous avons dit jusqu'ici se dégage cette idée dominante que l'immunité d'un individu vis-à-vis d'un agent infectieux procède avant tout de la production d'un anticorps approprié dès que l'antigène nocif manifeste sa présence. L'invasion est arrêtée avant même qu'elle ait pu se produire.

Nous avons d'autre part constaté que l'immunité a ses degrés; il n'y a pas que des sujets contaminables et des sujets réfractaires; il y a au contraire des sujets qui seront mortellement frappés, d'autres chez lesquels la réaction sera meilleure, d'autres qui seront à peine atteints, d'autres enfin qui ne le seront pas du tout ; et fréquemment un sujet à peine atteint contamine mortellement un sujet jusque là indemne, ce qui prouve que les différences d'évolution morbide tiennent ordinairement plus au terrain, au processus de défense, qu'à la virulence des microbes.

Enfin, nous avons vu comment, naturellement, indépendamment de toute intervention voulue, le terrain peut se transformer chez un peuple, les processus de défenses humorales donnant prise à la sélection naturelle. Ainsi avons-nous constaté que, le plus souvent, l'immunité repose sur la « mémoire cellulaire », sur l'aptitude de la cellule à produire sous l'influence d'un excitant l'ambocepteur approprié pour le combattre.

L'intervention rationnelle de l'homme, cherchant à aider la nature dans cette lutte du terrain contre l'antigène, consiste à réveiller cette mémoire, à aider ces processus de défense.

Or, parmi les moyens de réveiller la mémoire cellulaire, il en est un bien connu aujourd'hui et qui met nos populations à l'abri de bon nombre d'épidémies, comme nos animaux domestiques à l'abri de bon nombre d'épizooties : c'est la vaccination.

On obtient l'immunisation artificielle soit par l'inoculation d'un virus distinct de la maladie visée, soit par le virus même de cette maladie atténué préalablement, ou inoculé dans des régions où il ne peut créer qu'une infection locale, soit enfin par des produits solubles.

On sait comment, à la fin du xviiie siècle, le médecin anglais Jenner mit en œuvre le premier procédé de vaccination : la vaccination contre la variole. On sait aussi que c'est une observation banale qui conduisit à cette découverte, puisque le point de départ fut cette constatation très simple que les éleveurs qui vivaient en contact quotidien avec les vaches et qui par hasard contractaient une maladie éruptive propre à cet animal, le cowpox, étaient réfractaires à la variole. Partant de là Jenner eut l'idée géniale et hardie d'essayer l'inoculation de la variole à un enfant préalablement inoculé de cowpox ; et ainsi put-il vérifier l'immunité acquise.

Je n'énumérerai pas ici les maladies justiciables de cette thérapeutique préventive, et je n'ai pas besoin de mentionner sa dernière conquête contre la typhoïde ; pendant que j'écris ces lignes, la vaccination antityphique de Chantemesse et Vincent est partout vulgarisée par les feuilles civiles et militaires, et peut-être cette mesure préventive deviendra-t-elle bientôt obligatoire dans l'armée comme la revaccination anti-varioleuse.

Je terminerai cet aperçu en insistant sur une considération importante que le lecteur aura sans doute dégagée des notions précédentes, c'est que la thérapeutique, quand elle emploie la sérothérapie d'une part, la vaccination d'autre part, met en œuvre deux procédés de lutte différents. On peut en effet combattre un antigène, contre lequel l'organisme est insuffisamment armé, par deux voies distinctes :

1º En apportant momentanément des anticorps étrangers pour suppléer à l'insuffisance de ceux qu'il fabrique.

2º En le préparant, en l'entraînant à les fabriquer par l'introduction d'antigènes peu dangereux.

Les deux procédés sont, on le voit, tout différents.

Le premier est le propre de la sérothérapie, son effet est momentané, le deuxième est le propre de la vaccination, il immunise pour un certain temps.

Seulement, étant donnée la complexité des produits solubles, il arrive qu'en faisant de la sérothérapie, on fait parfois un peu de vaccination et inversement.

40. — Une aberration des processus de défense. L'anaphylaxie de Ch. Richet.

α) *Les processus anaphylactiques en général.* — Nous avons dit déjà ce qu'est l'anaphylaxie. Lorsque nous avons exposé la propriété remarquable que possède l'organisme d'opposer à chaque antigène un anticorps approprié, nous .avons dit qu'il ne s'agit pas seulement d'une action chimique, mais qu'il y a un dressage cellulaire, un entraînement poursuivi de génération en génération et contrôlé par la sélection naturelle des caractères favorables à l'espèce. Nous avons ajouté que par suite, si le dressage manque, si la sélection naturelle n'a pas eu de prise sur le caractère en jeu en raison de la multiplicité des autres caractères sur lesquels elle s'exerce, si l'entraînement héréditaire n'a pas orienté la réaction chimique pour la faire frapper juste, il se peut que l'organisme ne produise que des anticorps insuffisants, mal adaptés à leur rôle ; bien plus il se peut qu'il fabrique des anticorps qui, loin de s'opposer à l'invasion, la favorise, comme le ferait en temps de guerre un régiment mal dirigé qui, à la première alerte, tirerait sur les troupes amies, ou dynamiterait leurs ouvrages de résistance sans discernement. C'est alors la réaction anaphylactique.

L'organisme, loin d'être immunisé contre une nouvelle atteinte des antigènes en cause, est hypersensibilisé, il est hyperfragile. Loin d'être entré dans la voie des réactions *diaphylactiques* qui rendraient plus efficace et plus immédiate la mise en jeu d'anticorps utiles à la défense, il est en état d'*anaphylaxie* et il aggrave lui-même sa situation par une aberration de ses réactions de défense.

Le point de départ de la découverte de l'anaphylaxie (ἀνα φυλάσσειν, contre protéger), mise en lumière par le Professeur Charles Richet il y a une douzaine d'années, se trouve dans l'étude d'un fait très particulier.

Si l'on injecte à un chien un poison que l'on rencontre dans les tentacules d'actinies (Richet et Portier) à la dose de sept centigrammes environ par kilogramme d'animal, on provoque une forte congestion de tous les viscères. Cette congestion s'accentue durant les trois jours qui suivent l'injection et peut se terminer par la mort si l'on augmente la dose à 8 ou 10 centigrammes, d'où le nom d'*actinocongestine* qui lui a été donné.

Eh bien, si, après avoir injecté à un chien des doses modérées, on le laisse terminer sa réaction, guérir, il se produit un fait remarquable : une nouvelle injection de doses très minimes, moins d'un demi centigramme, suffit pour produire les accidents les plus graves, vomissements, dyspnée, paraplégie, et cela aussitôt après l'injection nocive.

Richet a trouvé, en comparant les doses capables de provoquer les vomissements, que le chien anaphylactisé est 80 fois plus sensible que les témoins neufs.

Arthus a, peu de temps après, reconnu que l'anaphylaxie se produit aussi quand on injecte du simple sérum sanguin d'espèce étrangère, comme le sérum de cheval ; et l'on peut être assuré qu'il s'agit bien là d'une production d'anticorps spécifique nocif, car l'injection de sérum de bœuf ou de toute autre espèce, après une première injection de sérum de cheval reste inoffensive.

L'hypersensibilité ne se développe d'ailleurs que progressivement ; il faut une douzaine de jours après la première injection pour qu'elle atteigne son maximum.

Ainsi envisagée, la théorie de l'anaphylaxie paraît simple. Elle découle naturellement des données de la biologie générale que nous avons exposées, et elle nous apparaît comme une conséquence logique du mécanisme des défenses humorales, tant est vraie cette constatation qu'il n'est pas de loi tirée de l'observation de-faits contingents qui n'ait ses exceptions nécessaires.

Cependant il ne faudrait pas se laisser prendre à cette simplicité apparente et nous ne devons rien dissimuler des difficultés qui entourent l'interprétation des phénomènes anaphylactiques.

β) Quelques faits qui semblent compliquer la question. — Voici une série de faits qui, à première vue, paraissent rendre inextricable l'interprétation des processus anaphylactiques.

1) Quand on injecte une substance jouant le rôle d'antigène, du sérum de cheval par exemple, à un cobaye,

l'hypersensibilité anaphylactique est *d'autant plus accusée* que la dose injectée est *moins forte*. Plus la dose est forte, plus il faut de temps pour que se manifeste l'anaphylaxie.

2) L'anaphylaxie demande dans tous les cas une dizaine ou une douzaine de jours pour se développer. Si l'on fait avant ce temps une seconde injection du même antigène, bien loin de hâter le processus d'hypersensibilisation, on l'enraye et l'on *immunise* l'animal contre l'anaphylaxie.

3) La propriété toxique d'un sérum vis-à-vis d'un animal anaphylactisé pour ce sérum, s'atténue un peu avec le temps, mais se conserve presque indéfiniment. Ainsi le sérum de cheval, tel que le sérum antidiphtérique de Roux (ici nous ne considérons que le sérum et non les substances antidiphtériques qu'il renferme), tue un cobaye, préalablement anaphylactisé par une injection de sérum de cheval, à la dose de $\frac{1}{32}$ de cm³ quand il est frais, de $\frac{1}{8}$ de cm³ après le deuxième mois et de $\frac{1}{4}$ de cm³ au bout de 13 ans (Besredka). La chaleur, qui ne diminue que d'une façon insensible l'action anaphylactisante du sérum lors de l'injection sensibilisatrice, atténue l'action nocive de l'injection d'épreuve : ainsi quand on chauffe à 56° durant un temps assez prolongé le sérum qui sera injecté dans le but de tuer l'animal anaphylactisé, ce sérum devient beaucoup moins nocif. C'est pour cela qu'on chauffe tous les sérums médicamenteux qui sortent de l'Institut Pasteur : on n'empêche pas l'effet anaphylactisant de la première injection, mais

on prévient le choc anaphylactique des injections ultérieures. .

4) On évite le choc anaphylactique en donnant de
l'alcool, de l'éther, des anesthésiques, à l'animal hypersensibilisé, avant de pratiquer l'injection d'épreuve à
dose mortelle. Cette immunisation est temporaire.

5) On évite encore le choc anaphylactique, et d'une
façon plus durable, en injectant à l'animal anaphylactisé une dose minime du sérum dangereux pour lui,
ou en lui faisant absorber par le rectum une forte dose
de ce sérum. Au bout de quelques heures après cette
injection ou ce lavement, on peut procéder à l'injection
d'épreuve à dose mortelle : l'animal n'en est pas incom-
modé.

L'idée que nous avons naturellement conçue de l'anaphylaxie à la suite de notre étude des corrélations humorales et des défenses de l'organisme devient insuffisante
pour expliquer ces faits. Il va falloir la compléter par
une hypothèse accessoire.

γ) *Hypothèse complémentaire expliquant les processus
anaphylactiques.* — Tout d'abord il y a lieu de supposer que tout antigène qui possède le pouvoir anaphylactisant développe un anticorps non toxique par
lui-même, mais qui le devient lorsqu'il y a rencontre
brusque de cet anticorps et d'une nouvelle dose d'antigène : l'actinocongestine étudiée par Richet dévelop-
perait comme anticorps une *toxogénine* (Richet) ou
sensibilisine, qui ne serait pas toxique par elle-même,
mais engendrerait la toxicité par son contact avec une
nouvelle dose de congestine injectée. Ceci résulte des

faits connus dès le début de la découverte de l'anaphylaxie et semble d'autant mieux établi que si, *in
vitro*, on mélange du sérum d'animaux anaphylactisés
avec l'antigène semblable à celui qui a provoqué l'état
anaphylactique, on obtient souvent ce composé hyper-
toxique et foudroyant qui, injecté à un animal neuf, le
tue instantanément.

D'autre part, il est à présumer que l'antigène anaphylactisant possède, à côté de sa fonction antigène
proprement dite (de laquelle résulte la formation d'une
toxogénine), une *fonction antilytique* (ou une *antilysine*),
qui aurait pour effet de provoquer la destruction de la
toxogénine au fur et à mesure de sa production. Lorsqu'on injecte une forte dose de sérum ou d'antigène
anaphylactisant quelconque, l'antilysine serait assez
abondante pour détruire la toxogénine, pour l'accaparer
dans tout l'organisme partout où elle se forme, d'où
l'hyponocuité des hautes doses.

Au contraire, à petite dose, cette toxogénine, ne ren-
contrant pas d'obstacle suffisant, irait librement dès le
début se fixer électivement sur les cellules nerveuses.

Le choc anaphylactique grâce à cette hypothèse
s'explique de la façon suivante : quand, au bout de 10,
15 jours, la toxogénine est fixée en assez grande quantité sur les cellules nerveuses, et qu'on injecte de
nouveau l'antigène anaphylactisant, la combinaison de
cet antigène et de la toxogénine développe un poison
qui agit au premier chef sur la cellule nerveuse. D'où
la possibilité d'éviter les effets de ce choc en anesthé-
siant la cellule nerveuse. D'où aussi la possibilité de
détruire l'état anaphylactique en injectant une très

petite dose de l'antigène anaphylactisant, car alors il y a lysis progressive de la toxogénine fixée, sans choc.

Si cette hypothèse complémentaire est exacte, sommes-nous conduits pour cela à voir une différence fondamentale entre les antigènes diaphylactisants et les antigènes anaphylactisants, différence caractérisée en particulier par l'existence d'une fonction antilytique et par la genèse d'anticorps qui, combinés avec l'antigène, sont toxiques pour la cellule nerveuse?

Ce serait en somme arriver à cette conclusion que *a priori*, par sa nature chimique même, un antigène ne peut être qu'anaphylactisant, ou que diaphylactisant.

Je crois au contraire qu'il ne faut voir là qu'une différence contingente. Il se peut qu'un antigène X soit capable de provoquer dans un organisme des réactions variées; tantôt l'anticorps produit agit par lui-même ou par sa mise en présence avec l'antigène générateur au profit de l'organisme, tantôt il agit au détriment de l'organisme. Nous trouvons d'ailleurs des analogies entre le phénomène d'affinité qui produit le choc anaphylactique par combinaison de l'antigène et de la toxogénine et d'autres phénomènes connus, par exemple le phénomène de la déviation du complément que nous avons signalé et aussi celui de la formation des précipitines (Friedberger).

Ces processus tombant souvent sous le coup de la loi de sélection, il y a de grandes chances pour que ce soient les premiers qui passent à l'état de caractères spécifiques; mais il se peut aussi, comme nous l'avons dit, que la sélection n'ait pas eu prise sur l'évolution

de ce caractère, alors l'anaphylaxie a presque autant
de chances de se produire que la diaphylaxie.

Section IV. — **Un aperçu de la morphologie comparée des organes spécialisés dans la fonction de
nutrition.**

**41. — Les spécialisations cellulaires dans la fonction de
nutrition chez les deux règnes vivants.**

L'étude des formes propres aux cellules et aux organes
spécialisés dans les différentes fonctions de la vie, est
l'un des sujets les plus vastes de la science.

Quand nous avons cherché à donner une idée générale des formes de la matière vivante, nous avons dit
quelques mots de la morphologie comparée du système
nerveux chez les animaux. Cet aperçu nous a fait voir
l'étendue d'un tel sujet.

Entreprendre cette étude pour chaque fonction serait
égarer le lecteur dans des régions certes pleines d'intérêt, fertiles en enseignements, mais trop détournées de
la route que nous suivons. D'ailleurs l'anatomie comparée n'est pas, pour le moment, une science tout à
fait d'actualité; elle a eu son apogée de gloire il y a
une cinquantaine d'années, au moment où pas à pas la
théorie de l'évolution naturelle s'édifiait et prenait
corps, grâce à l'examen attentif de toutes les données
de l'embryogénie, de l'anatomie et de l'histologie comparées. Depuis lors les travaux spéciaux publiés sur ce

sujet ont eu moins de retentissement, parce qu'ils sont venus simplement confirmer la doctrine du transformisme et n'ont pas donné lieu à des déductions nouvelles capables d'impressionner avec fracas l'esprit humain.

Cependant nous ne pouvons omettre complètement cette branche de la science, car il est quelques idées générales qui se dégagent d'elle et que peut-être tous les lecteurs n'auraient pas assez présentes à l'esprit au moment d'en tirer des conclusions.

La plus importante de toutes est sans contredit l'idée de continuité phylogénique dans les formes des organes préposés à la même fonction, formes souvent différentes chez les espèces variées, puis c'est en second lieu l'idée de continuité dans les étapes morphologiques des organes progressivement spécialisés et modifiés pour des besoins nouveaux, à partir de formes originelles communes.

C'est seulement dans le but de dégager ces données propres à la science si vaste dont nous cotoyons l'étude, que je rappellerai quelques-uns de ses enseignements.

Chez les êtres monocellulaires, une cellule unique cumule toutes les fonctions. Les premières différenciations qui s'opèrent concernent les fonctions de nutrition et de reproduction, les deux fonctions essentielles de la vie, celles qui assurent son entretien et la perennité de la matière vivante.

Pour le moment, nous ne considèrerons que l'évolution morphologique des éléments préposés à la fonction de nutrition.

Or, dès le début, même chez les monocellulaires, nous

pouvons observer que parmi les matériaux nécessaires
à la vie, il en est un, l'oxygène qui est puisé dans le
milieu extérieur à l'état de corps simple, soit libre dans
l'air atmosphérique, soit dissous dans l'eau (animaux et
plantes aquatiques); les autres, le carbone, l'azote, l'hydrogène, le soufre, les métalloïdes et métaux divers qui
prennent part aux cycles organiques, sont empruntés à
leurs combinaisons variées.

Ce n'est pas à dire que l'oxygène ne puisse être emprunté lui aussi à des composés oxygénés. Ce n'est pas
à dire non plus que certains autres éléments ne puissent
être puisés à l'état de corps simples, et nous savons que
l'azote de l'air lui-même est fixé par certains êtres monocellulaires (T. IV § 12). Mais ce qu'il faut constater,
c'est que la prise de l'oxygène libre du milieu ambiant
est un procédé général d'assimilation de cet élément,
que chez presque tous les êtres des organes spéciaux se
sont différenciés à l'effet de faciliter l'oxygénation de
chaque cellule de la colonie ou de l'être total, qu'une
fonction en un mot, tributaire de la fonction de nutrition, mais très particulière, s'est caractérisée chez les
animaux et les plantes : la fonction respiratoire.

Une autre sous-fonction dépendant de la fonction de
nutrition s'est aussi nettement caractérisée, mais dans
un règne seulement : elle est particulière aux végétaux.
Alors que les animaux reçoivent tous les éléments utiles, sauf l'oxygène respiratoire, par les voies digestives,
les végétaux ne puisent pas dans le sol par leurs racines,
qui pour eux sont les voies d'apport du milieu extérieur,
tous les matériaux de nutrition. Il est un élément, le
plus important de tous, le carbone, qui leur vient ordi-

nairement par une autre voie. Nous savons en effet que les végétaux à parties vertes puisent le carbone utile à leurs synthèses dans l'acide carbonique du milieu ambiant : la fonction chlorophyllienne est une sous-fonction de nutrition propre aux plantes vertes.

L'étude de la fonction de nutrition envisagée du point de vue où nous nous sommes placés comprendrait donc trois parties :

1°) Evolution des organes préposés à l'assimilation des éléments utiles à la vie en général. Cette partie comprendrait chez les animaux les voies digestives, les voies circulatoires, les organes annexes, les organes éliminatoires, et, chez les végétaux, les racines, les vaisseaux de la sève et les divers organes moins hautement différenciés, que ceux du règne animal.

2°) Evolution des organes préposés à l'assimilation directe et spéciale de l'oxygène du milieu ambiant, autrement dit évolution du système respiratoire.

3°) Evolution des organes préposés chez les végétaux à l'assimilation du carbone emprunté au milieu ambiant ou évolution des organes chlorophylliens.

Comme nous ne pouvons pas les embrasser toutes, nous nous bornerons à choisir quelques exemples types, qui nous permettront d'apercevoir par quelles voies la science arrive à ses conclusions. Nous choisirons ces exemples dans le règne animal, le plus intéressant pour nous. Le lecteur possédant déjà les notions générales qui montrent les relations du monde végétal et du monde animal et la similitude de leur vie chimique, il n'y aurait, je crois, aucun avantage à mener de front la morphologie des deux règnes.

Ainsi limiterons-nous notre étude à la considération des formes comparées de quelques organes des systèmes digestifs, respiratoires, circulatoires et éliminatoires dans le règne animal.

42. — Les spécialisations des voies digestives chez les animaux.

a) Chez les animaux inférieurs, monères, amibes, rhizopodes, monocellulaires ou composés de quelques cellules, il n'y a pas de spécialisation fonctionnelle décelable. L'assimilation nutritive se fait par voie de diffusion ou d'osmose suivant toute la surface extérieure.

Fig.4. — Premier degré de la fonction digestive (cavités temporaires). Amibe englobant une particule alimentaire.

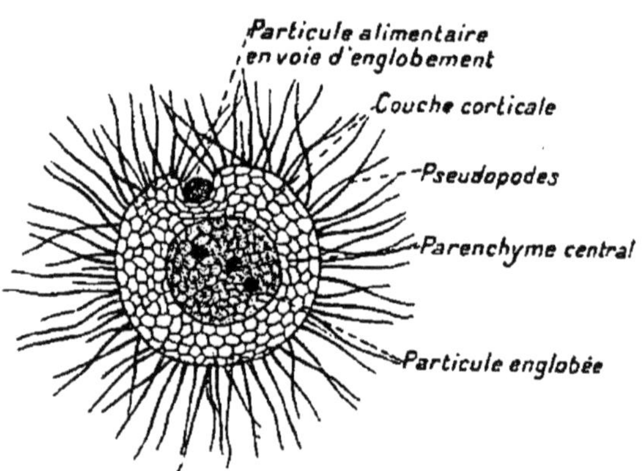

Fig. 5. — Premier degré de la fonction digestive chez les êtres polycellulaires (cavités temporaires). Actinospherium englobant une particule alimentaire.

Mais là déjà, nous apercevons un mécanisme sur lequel il est bon d'attirer l'attention : chez les monocellulaires et polycellulaires non différenciés, quand un corps étranger alimentaire vient au contact de la surface externe, une dépression s'opère, une cavité se forme, le corps étranger englobé finit par se trouver dans une cavité intérieure (figures 4 et 5). Dans cette cavité agissent les diastases, les humeurs sécrétées par le plasma. Une digestion s'opère, suivie d'absorption, de fixation moléculaire intraplasmique. Ce qui n'est pas absorbé est rejeté par un point quelconque de la surface.

Donc ici déjà l'irritabilité plasmique entre en jeu. Cette irritabilité qui est réglée par une relation d'affi-

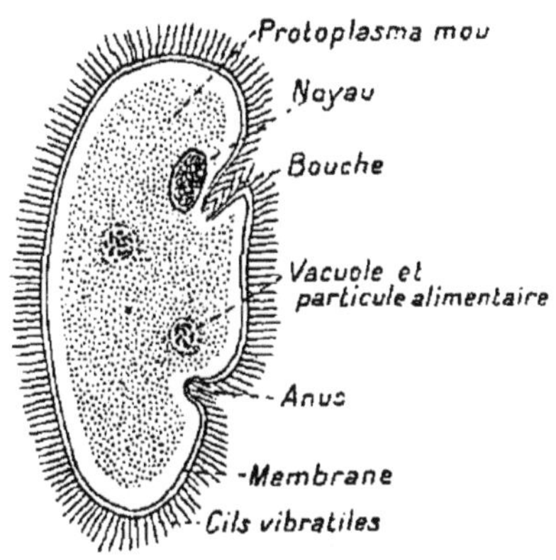

Fig. 6. — 2ᵉ degré de la fonction digestive.
Permanence des orifices. Pas de tube digestif.
Infusoire (Paramécie).

nité chimique entre le corps englobé et le plasma est la première manifestation active de la nutrition.

b) Un degré de plus et nous arrivons à la permanence d'un orifice qui sera la porte d'entrée et de sortie des aliments. Quelquefois, il y en a deux, l'un sert de porte d'entrée, l'autre de porte de sortie, il y a alors une bouche et un anus (fig. 6).

Mais, à l'intérieur, il n'y a pas de canal tracé, les aliments se trouvent incorporés dans un parenchyme mou, il y a en un mot, ici encore, des cavités digestives temporaires avec permanence des orifices seuls dans la couche corticale. On observe parfois un petit canal faisant suite à la bouche et allant se perdre dans le parenchyme mou de la région centrale.

Gegenbauer, le savant professeur de l'Université d'Heidelberg, dont l'ouvrage d'anatomie comparée est demeuré le monument le plus original sur ce vaste problème des analogies spécifiques, fait observer que les cellules qui forment cette ébauche permanente de bouche et d'œsophage ne paraissent nullement différenciées, et qu'ainsi nous apercevons là déjà que la localisation de la fonction est antérieure aux différenciations cellulaires. Les premières différenciations qui apparaissent, consistent dans l'épaississement des couches cellulaires qui limitent ces ébauches de canaux, dans la présence de cils vibratils ou organes propulseurs qui aident au transport des aliments.

c) Avec le deuxième embranchement du règne animal, *les éponges*, qui, comme nous l'avons dit (T. III p. 405), sont des colonies cellulaires en forme d'urne, nous voyons apparaître une cavité permanente qui se tapisse de cils vibratils et se ramifie en canaux.

La permanence d'une cavité destinée à l'élaboration des aliments s'affirme dans le troisième embranchement. Les cœlentérés, nous le savons, ont le corps en forme de sac, un orifice unique ordinairement sert de bouche et d'anus. Nous avons cité comme types l'hydre et le corail qui sont fixes, les méduses, les siphonophores qui vivent librement. L'hydre a la bouche placée au milieu d'une couronne de tentacules, les parois de

la cavité intérieure ne sont pas très différenciées, et
Trembley a cru même pouvoir établir le peu de différenciation des cellules préposées à la fonction de nutrition en retournant l'animal comme on retourne un sac.
Les cellules tout à l'heure extérieures deviennent inté-

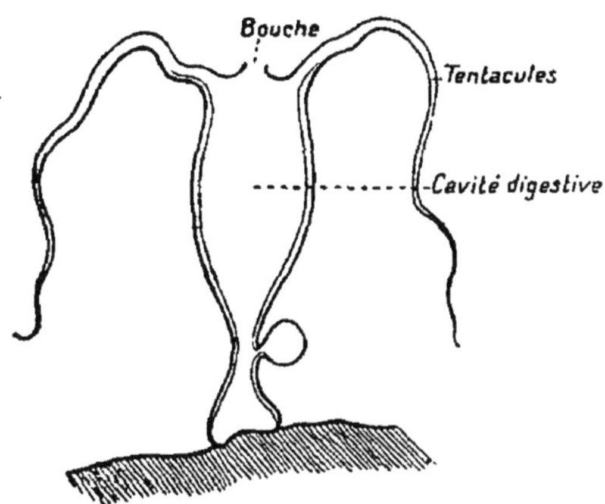

Fig. 7. — 3ᵉ degré. Permanence de la cavité digestive.
Hydre d'eau douce.

rieures et inversement, l'endoderme devient l'ectoderme.
La digestion continue à se faire. Toutefois il faut noter
que les cellules ectodermiques paraissent s'acquitter
assez mal de leur nouveau rôle. En effet Nussbaum a
observé que dans ce cas, l'ectoderme devenu interne se
recouvrait par place de cellules endodermiques venues
par effraction et que ces ilôts endodermiques s'acquit-
taient seuls, à son avis, des fonctions digestives. Les
animaux chez lesquels ne se développent pas ces ilôts
meurent. La controverse entre ces deux savants a d'ailleurs peu d'importance devant la biologie générale : ce
n'est qu'une question de spécialisation plus ou moins
accentuée, plus ou moins définitive entre les deux
feuillets chez une espèce particulière.

d) La méduse a sa bouche ouverte en dessous de l'ombrelle, la cavité digestive est située dans l'ombrelle même. De cette cavité partent des canaux, réunis sur le bord par un canal circulaire (fig. 8).

e) Mais c'est avec le quatrième embranchement, celui des échinodermes que nous voyons apparaître des dif-

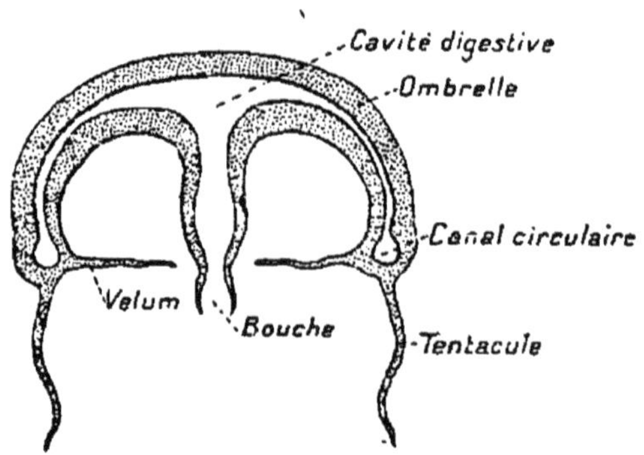

Fig. 8. — 4e degré. Cavité digestive permanente avec ramifications canaliculaires. Méduse.

férenciations vraiment notables des cellules préposées à la fonction de nutrition. Ce qui caractérise les individus de ce groupement, c'est l'existence d'un tube digestif distinct des parois du corps, de telle façon qu'il existe un espace entre ce tube et les parois. Le tube flotte dans l'espace limité par les parois comme l'intestin de l'homme dans la cavité abdominale.

Tantôt le tube intestinal n'est pas plus long que le corps, tantôt comme chez les holothuries, les oursins, il est beaucoup plus long et y forme des replis plus ou moins nombreux (fig. 9 et 10).

Les individus de ces deux classes présentent en outre des appareils masticateurs annexés à la bouche.

Dans les trois embranchements des vers, des arthropodes et des mollusques, nous trouvons des différenciations très importantes. Les céphalopodes (mollusques) ont un œsophage, un estomac plus large, un intestin possédant des circonvolutions, un rectum. Les glandes annexes commencent à jouer leur rôle : ainsi les crustacés (arthropodes) possèdent un foie volumineux, certains céphalopodes possèdent des glandes salivaires, œsophagiennes, un foie à plusieurs lobes.

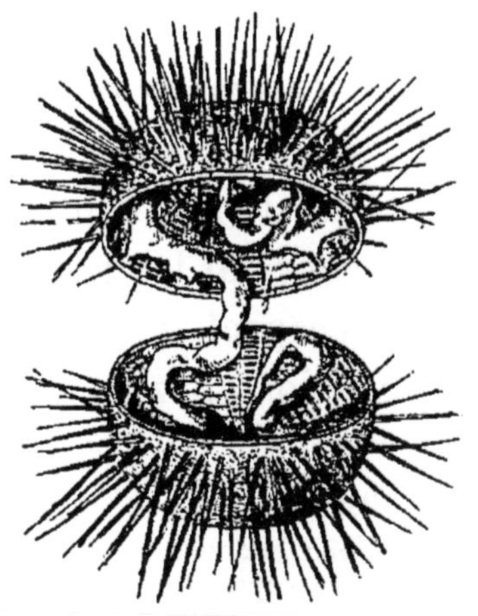 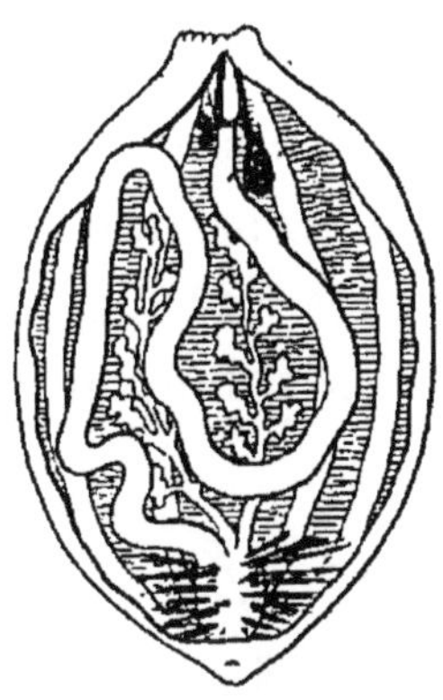

Fig. 9. — Oursin.   Fig. 10. — Holothurie.

5ᵉ degré. — Échinodermes chez lesquels existe un tube digestif plus long que le corps.

Chez quelques espèces, on aperçoit déjà un degré très élevé de complexité des voies digestives. Mais comme ce sont surtout les vertébrés qui nous intéressent et que les vertébrés les plus simples présentent un tube intestinal très simple aussi, nous aurons avantage à suivre de préférence chez eux, les degrés successifs de complexité des organes digestifs à partir des premières ébauches de différenciation, que nous avons observées

dans les embranchements inférieurs étudiés au début
de ce paragraphe.

43. — Les différenciations fonctionnelles du système digestif chez les vertébrés.

Beaucoup de raisons font classer les tuniciers et
l'amphioxus tout à fait au bas de l'échelle des vertébrés. Nous avons même, pour la commodité de notre
exposé rapproché ces deux groupes d'animaux dans une
même classe, sous le nom de vertébrés ébauchés, suivant la tendance actuelle des naturalistes et contrairement à la classification de Gegenbauer qui les rangeait
parmi les vers. Si nous étudions l'aspect des organes
spécialisés dans la fonction de nutrition chez eux, nous

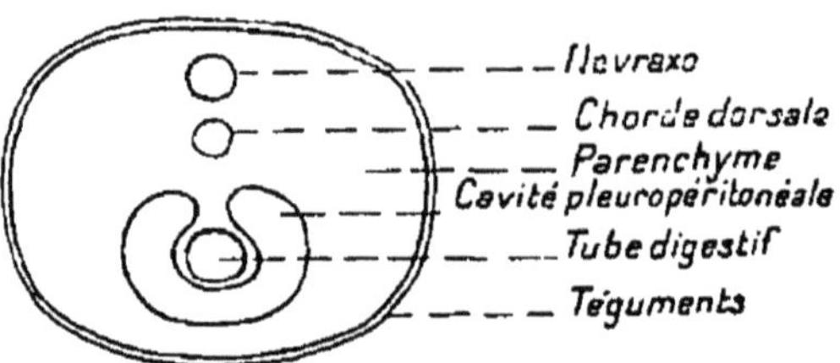

Fig. 11. — Coupe transversale schématique d'un vertébré.

les voyons d'ailleurs très simples. L'amphioxus en particulier répond assez au schéma suivant (fig. 11 et 12), qui
est celui de tous les vertébrés. On peut y distinguer :

1°) Une enveloppe dont la forme d'ensemble est assurée par une tige semi rigide servant d'axe longitudinal
et située près de la face postérieure : c'est la *chorde dorsale*, plus tard colonne vertébrale.

2°) Une cavité placée en avant, la cavité pleuro-péri-
tonéale.

3°) Un tube gastro intestinal flottant dans cette
cavité.

4° Un névraxe ou cordon nerveux longitudinal situé

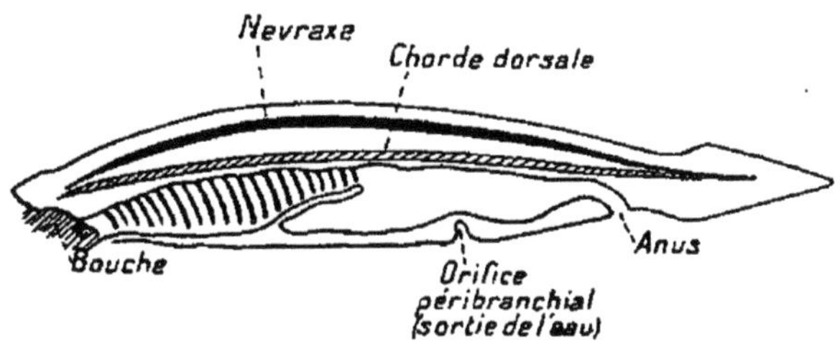

Fig. 12. — Schéma de l'amphioxus.

en arrière de la chorde dorsale et plus ou moins protégé
par elle.

Chez l'amphioxus le tube digestif très simple s'étend
de la bouche à l'anus. Les fonctions respiratoires et
digestives sont intimement connectées; en effet la partie antérieure de ce tube est élargie et renferme un

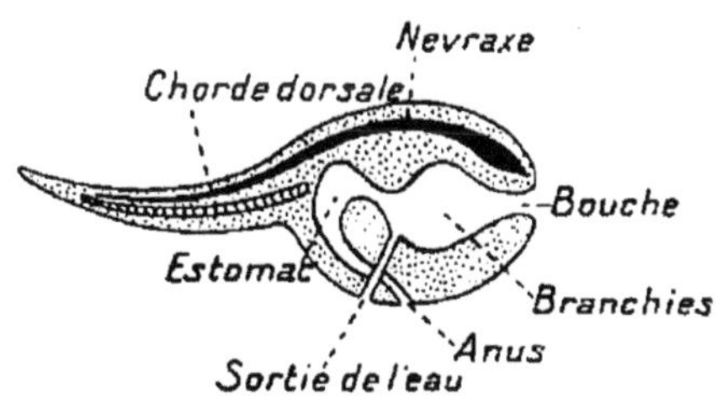

Fig. 13. — Schéma d'un tunicier (Larve d'ascidie).

organe destiné à multiplier la surface de contact
entre le sang et l'eau ambiante; ce sont les branchies.

L'eau introduite par la bouche passe ensuite dans une cavité péribranchiale et est rejetée à l'extérieur : ainsi est assurée l'assimilation de l'oxygène dissous. La séparation des organes respiratoires et digestifs commence à s'affirmer chez les reptiles. La bouche ne sert bientôt plus qu'à l'introduction des aliments, l'orifice nasal demeure propre aux voies respiratoires. La bouche présente tantôt des productions cornées servant à la mastication (amphibiens) et analogues à celles des embranchements inférieurs, tantôt des dents que certains poissons (ganoïdes, téléostéens) portent sur les maxillaires, les palatins, le vomer, l'os hyoïde, etc. d'autres (sélaciens) seulement sur les maxillaires.

Le tube digestif proprement dit lui-même présente des spécialisations fonctionnelles graduées.

Chez les poissons l'estomac est une dilatation peu volumineuse, peu distincte de l'œsophage. La partie moyenne, ou intestin moyen, présente à son origine des glandes spéciales, ou appendices pyloriques, très variables de nombre et de forme (fig. 14).

L'intestin présente fréquemment des circonvolutions (téléostéens), des replis (sélaciens, ganoïdes), particularité favorable à l'absorption des aliments. Outre les appendices pyloriques on trouve constamment chez les poissons un foie volumineux et un pancréas. Ces organes glandulaires se forment aux dépens de la paroi du tube digestif et sont représentés dans leur ébauche la plus simple par un cul de sac ou dépression de cette paroi. C'est ainsi qu'ils se révèlent à l'origine chez l'amphioxus et certains invertébrés, où un simple cœcum, placé à l'origine de l'intestin moyen (intestin grêle), représente l'organe producteur de la bile ou d'un liquide analogue.

Dans la classe des batraciens qui marque la transition entre la vie aquatique et la vie aérienne, l'estomac est à peine différencié chez certaines espèces telles que le protée, nettement caractérisé au contraire chez les anoures tels que le crapaud, la grenouille. L'intestin moyen a une longueur variable suivant le genre de vie : très long par exemple chez les têtards herbivores, il est court

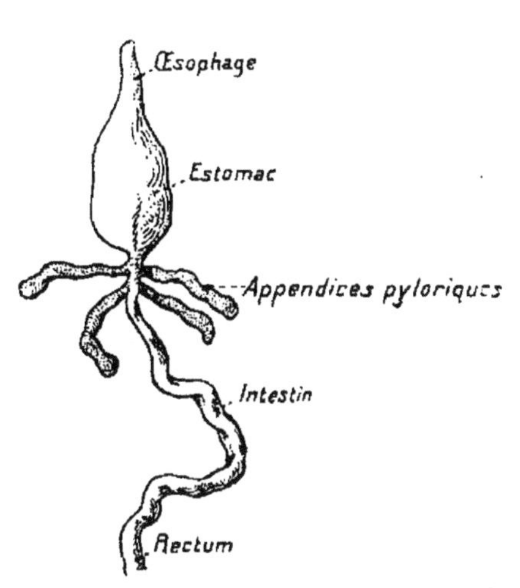

Fig. 14. — Tube digestif chez les poissons.

chez les grenouilles adultes carnivores. On voit déjà dans la classe des batraciens s'ébaucher la formation d'un intestin terminal différencié (gros intestin). Les organes glandulaires annexes sont surtout représentés chez eux par un foie bilobé et un pancréas bien différencié.

Chez les reptiles, tantôt on trouve un estomac à peine différencié de l'œsophage (serpents, lézards), tantôt la poche gastrique s'affirme comme chez la tortue. L'intestin moyen (intestin grêle) est long surtout chez la tortue et le crocodile. Le gros intestin présente chez certains serpents une division en deux ou trois parties avec plis annulaires et dilatation des segments limités par eux, Le foie et le pancréas sont variables de forme.

Chez les oiseaux, l'œsophage est ordinairement assez long. Il présente souvent une dilatation ampullaire ou une véritable poche annexe, bien caractérisée chez certaines espèces (granivores, carnassiers), le jabot. L'estomac lui-même se divise ordinairement en deux parties successives. La première a une couche glandulaire très riche, la deuxième est surtout musculaire. Celle-ci est d'autant plus forte que le travail de l'estomac est plus considérable ; elle atteint son maximum chez les granivores qui présentent même parfois sur la paroi interne une couche cornée utile au broiement des matériaux alimentaires. L'intestin grêle est plus ou moins long suivant le régime alimentaire. Le gros intestin est court. La muqueuse présente des plis et des villosités.

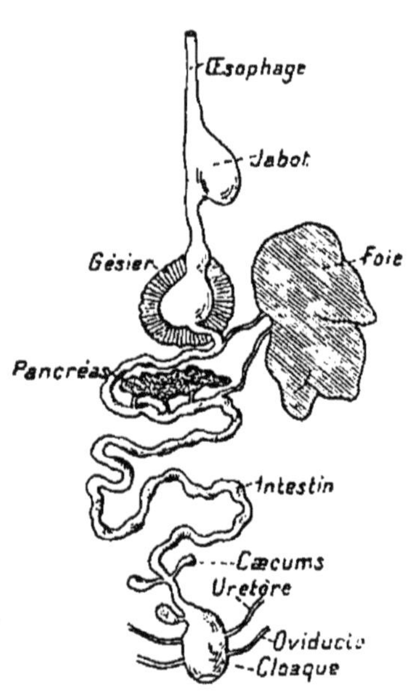

Fig. 15. — Tube digestif chez les oiseaux.

Les mammifères ont comme les oiseaux un estomac bien différencié de l'œsophage. Cet estomac est d'ailleurs très variable suivant les espèces.

Souvent comme chez le rat, il présente deux régions, une région glandulaire dans le voisinage de l'œsophage et une région servant de magasin dans le voisinage de l'intestin. Chez les ruminants l'estomac est remarquablement adapté à ses fonctions. Il présente en effet quatre poches : la *panse* et le *bonnet* font

suite à l'œsophage et servent de magasin où s'accu-
mulent les herbes et l'eau. Quand l'animal veut utiliser
ces provisions, il fait remonter les aliments par l'œsophage jusqu'à la bouche, leur fait subir une mastication
complète et les avale à nouveau pour les diriger dans

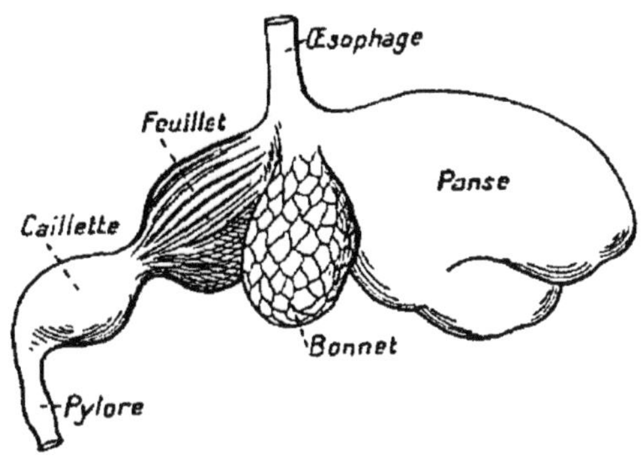

Fig. 16. — Estomac des ruminants.

les deux autres poches, le *feuillet* et la *caillette* qui se
font suite et qui sont l'estomac proprement dit (fig. 16).

L'intestin a une longueur variable, 2 mètres chez le
chat, 4 à 5 chez le chien, 40 chez le bœuf. Les plis et
villosités qui multiplient la surface d'absorption de la
muqueuse sont de règle chez la plupart des espèces.
L'existence du foie et du pancréas est constante.

44. — La différenciation fonctionnelle du système digestif chez l'homme en particulier.

Chez l'homme, omnivore par son régime habituel, on
trouve réalisé d'une façon complète l'appareillage le

plus favorable à la digestion et à l'absorption des aliments. D'ailleurs les quelques mots de description que nous allons donner de ses organes digestifs conviennent, à quelques variantes près, à tous les mammifères.

La bouche, munie de son système masticateur, possède des glandes annexes, parotides, sous maxillaires, sublinguales, qui fournissent la salive et sa diastase, la ptyaline, capable de transformer les féculents en glucose. Si la bouche est séparée du nez extérieurement, les voies respiratoires et digestives, il faut le noter, ont un carrefour commun au niveau du pharynx.

L'œsophage (fig 17), avec ses tuniques fibreuse, musculeuse et muqueuse, est un simple canal que parcourt rapidement le bol alimentaire, mais un canal actif, qui le fait cheminer par ses contractions propres. Ces mouvements, inconscients d'ailleurs, poussent vers l'estomac tout corps étranger introduit dans sa cavité.

L'estomac, avec ses trois tuniques semblables, forme une poche volumineuse dont la muqueuse est pourvue de glandes à pepsine dans la région du cardia (orifice de l'estomac terminant l'œsophage) et de glandes muqueuses dans la région du pylore (orifice qui fait communiquer l'estomac et l'intestin grêle.

Par sa pepsine en solution acide le suc gastrique transforme les substances albuminoïdes en peptones : L'acidité du suc gastrique est due avant tout à l'acide chlorhydrique, qui a pour origine les chlorures du sang. Nous savons déjà que l'action du suc gastrique ne pousse pas la dissociation des albuminoïdes jusqu'aux acides aminés ; elle est à peu près nulle sur les

nucléo-protéides. Le suc gastrique renferme aussi un
ferment capable de coaguler le lait, le ferment lab ou
chymosine (présure telle qu'on la trouve dans la caillette du veau), d'ailleurs très analogue à la pepsine.
Le ferment lab ne paraît pas avoir pour attribution
unique de dédoubler la caséine du lait, car on le trouve
aussi chez les oiseaux et chez certaines plantes.

Au delà du pylore nous rencontrons l'intestin dont la
longueur est de 10 mètres environ chez l'homme; la
première partie, l'intestin grêle, mesure 8 mètres environ et la deuxième, le gros intestin, 2 mètres. L'intestin grêle n'a guère que 3 centimètres de diamètre,
le gros intestin le double.

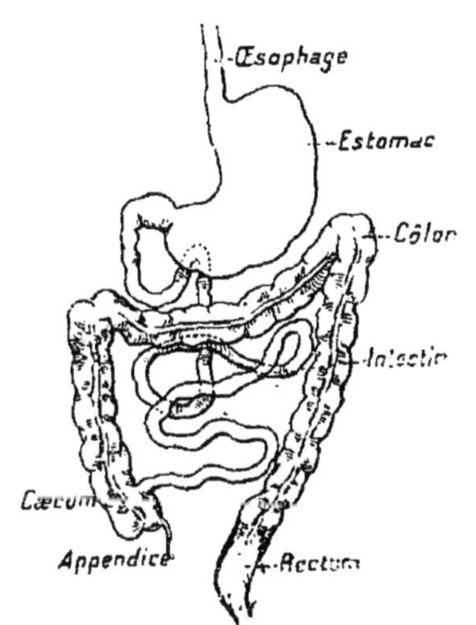

Fig. 17. — Tube digestif de
l'homme.

Le tube intestinal, for-
mé de 3 tuniques concen-
triques comme l'estomac,
n'est pas plus que ce dernier un canal inerte : par
sa musculature il fait cheminer son contenu vers
l'extrémité anale. De nombreux replis, des villosités
très vasculaires sont particulièrement favorables à l'absorption des éléments de la digestion dans l'intestin
grêle.

Le foie et le pancréas déversent leurs produits de
sécrétion à l'origine de l'intestin grêle.

Lorsque le chyme stomacal a franchi le pylore, lorsqu'il a pénétré dans le duodénum, immédiatement le

pancréas entre en fonctionnement et déverse sur lui son triple ferment capable d'attaquer les albuminoïdes, les graisses et les hydrates de carbone.

Nous avons déjà vu (v. § 24) que le mélange acide chassé par l'estomac provoque par sa présence dans le duodénum la sécrétion de suc pancréatique, de bile et de suc intestinal. En même temps, par un effet réflexe de l'excitation acide du duodénum, le pylore se referme, pour ne se rouvrir que quand ces différents sucs ont alcalinisé le chyme duodénal et fait cesser par suite la provocation du réflexe pylorique. Nous avons dit en outre que les sécrétions sont d'autant plus considérables que le chyme est plus acide, c'est-à-dire la digestion stomacale moins avancée. Ce sont là des phénomènes qui ont certes pu nous apparaître alors comme d'une complexité étonnante. Connaissant à présent la doctrine des corrélations chimiques et possédant les notions d'anatomie comparée que nous venons de passer en revue, il nous devient possible de discuter leur genèse.

Faut-il voir là seulement l'effet d'un réflexe nerveux mettant en jeu le mécanisme compliqué des neurones de la vie organique? On l'a cru au début. Aujourd'hui on y voit bien plus une action humorale.

Bayliss et Starling, ayant injecté dans le sang du liquide de macération de la muqueuse duodénale acidifié par l'acide chlorydrique, ont vu se produire abondamment la sécrétion pancréatique, alors que le liquide neutre est sans action. Ils en ont conclu que le suc duodénal renferme probablement une substance inactive par elle-même, mais qui deviendrait active par l'acidification. A cette substance inactive ils ont donné le nom de *prosécrétine*, à la substance active le nom de *sécrétine*. La sécrétine ne paraît pas être une diastase, elle résiste à l'ébullition.

Quoi qu'il en soit de cette hypothèse, il paraît certain qu'une action humorale se trouve à l'origine du phénomène, ce qui n'exclut pas bien entendu l'intervention du système nerveux dans son accomplissement.

Le foie, beaucoup plus volumineux que le pancréas, est, nous le savons, dans la série animale, l'un des organes glandulaires les plus constants. Ses fonctions sont multiples et sa morphologie par suite très compliquée. Mais toujours dans toute la série animale son ébauche primitive, chez l'embryon comme chez les espèces les plus simples, est un *diverticulum* de l'intestin, et ordinairement ce même diverticulum donne naissance à la fois aux deux glandes pancréatique et hépatique.

Remarquons d'ailleurs que ce sont des similitudes fonctionnelles qui font donner le nom de foie chez les animaux inférieurs à des formations qui sont très loin de l'organe parfait que nous connaissons. Il ne s'agit, chez les êtres du bas de l'échelle, que d'épithélium intestinal légèrement différencié. Peu à peu cet épithélium se localise sur de petits diverticules, de petits cœcums multiples qui s'ouvrent dans la cavité intestinale. Puis ce sont des follicules nombreux plus ou moins agglomérés s'ouvrant dans l'intestin chacun par un canal propre ou par des bouches communes à plusieurs. Enfin on voit se produire une séparation graduelle de l'organe qui n'a plus qu'un ou quelques canaux excréteurs (mollusques supérieurs, vertébrés).

Si nous cherchons à présent à tirer une idée générale de la morphologie complexe des organes digestifs, nous sommes frappés avant tout par plusieurs faits capitaux : 1°) une spécialisation fonctionnelle remarquable de chaque partie du tube digestif et une adaptation non moins remarquable de sa forme à sa fonction; 2°) une autonomie nervomotrice très caractérisée de tout le système, autonomie grâce à laquelle l'activité musculaire du tube digestif intervient activement dans les différents actes de la nutrition sans participation de la volonté; grâce à laquelle aussi telle ou telle partie, telle ou telle glande, entre en activité quand telle ou telle autre est excitée mécaniquement ou chimiquement; 3°) une admirable autorégulation humorale qui fait que le chimisme si complexe de la nutrition, que les actions catalytiques si délicates de ses premiers actes, que tous les phénomènes de dégradation ternaire ou quaternaire sont menés avec une régularité systématique, à la faveur de corrélations dont nous avons peine à concevoir le mécanisme intime.

La connaissance des organes digestifs et de leur fonctionnement n'est, avons-nous dit, qu'une partie de l'étude de la fonction qui nous occupe. L'assimilation de l'oxygène du milieu ambiant est un facteur essentiel de la nutrition. Les actes de cette assimilation constituent la fonction respiratoire dont le développement a entraîné dans la série des êtres vivants des différenciations morphologiques que nous allons passer rapidement en revue.

Après cela nous verrons comment, conjointement au

développement des organes digestifs et respiratoires, a dû se modifier et se perfectionner le système de répartition intérieure des matériaux nutritifs qui s'appelle le système circulatoire, et comment, conjointement aussi, ont été réalisés des dispositifs spéciaux pour le rejet des émonctoires.

45. — Les spécialisations fonctionnelles pour la fixation de l'oxygène du milieu. L'appareil respiratoire chez les animaux.

Originairement, la fonction d'oxygénation n'est pas séparée de la fonction de nutrition.

Les êtres monocellulaires, pour la plupart, assimilent directement l'oxygène du milieu et rejettent l'acide carbonique à travers leurs parois ou à travers la couche limitante qui les sépare du milieu.

Vivant ordinairement dans l'eau, c'est à l'oxygène dissous qu'ils s'adressent afin de pourvoir aux besoins de la respiration.

Chez les animaux supérieurs, chaque cellule respire à la manière des êtres monocellulaires. Vivant dans un milieu intérieur liquide (sang, lymphe), c'est à ce milieu qu'elle emprunte l'oxygène dissous. Mais pour cela, il faut que l'oxygène du sang se renouvelle. Ce qu'on entend vulgairement sous la dénomination d'acte respiratoire est précisément ce réapprovisionnement continuel du sang en oxygène, en même temps que sa décharge d'acide carbonique, produit des combustions intraorganiques. D'ailleurs, chez les êtres formés d'une série d'assises cellulaires, de tissus se recouvrant les uns les autres, d'organes juxtaposés, chaque cellule de ces assises, de ces tissus, de ces organes, doit avoir son apport d'oxygène; et comme l'osmose, la diffusion serait insuffisante pour apporter l'oxygène à travers toutes les couches qui séparent les cellules profondes des superficielles, de nouveaux besoins sont nés de la complexité croissante des formes organiques.

Or, il n'y avait guère que deux procédés pour répondre à ces besoins : ou bien établir à travers tous les tissus une canalisation d'eau ou d'air au moyen de cavités toujours béantes pour irriguer d'oxygène tous les éléments qui en ont besoin; ou bien établir à travers eux une circulation d'un liquide intérieur qui se chargerait d'oxygène au contact de l'air ou de l'eau extérieure et qui irait distribuer sa provision aux régions profondes.

Les deux solutions ont du bon. Toutes deux sont réalisées dans la nature. La première n'implique pas en somme de spécialisation fonctionnelle, puisqu'on ne fait que multiplier les surfaces de contact avec le milieu oxygéné. La deuxième implique des organes spéciaux capables d'aller vite dans leur travail d'oxygénation du milieu intérieur.

Ceci nous montre une fois de plus les tâtonnements de la nature pour arriver à satisfaire à une fonction utile. Plusieurs procédés sont-ils bons, il est rare qu'on ne les trouve pas concurremment. L'un est-il meilleur, il est rare qu'il ne prenne pas une prépondérance marquée.

C'est pour cela qu'ici nous allons trouver :

1°) Des êtres à canalisation d'eau.

2°) Des êtres à canalisation d'air.

3°) Des êtres à organes spécialisés pour oxygéner leur milieu intérieur aux dépens de l'oxygène de l'eau.

4°) Des êtres à organes spécialisés pour oxygéner leur milieu intérieur aux dépens de l'oxygène de l'air.

Disons un mot seulement de chacun d'eux.

1° *Etres à canalisations d'eau.* — Ce système est le premier en date. On le trouve dans tous les embranchements inférieurs. Les cœlentérés par exemple présentent une cavité ramifiée où circule l'eau : ce sont les canaux gastro-vasculaires qui apportent la nourriture, emportent les émonctoires et sont le siège des échanges gazeux (fig. 18).

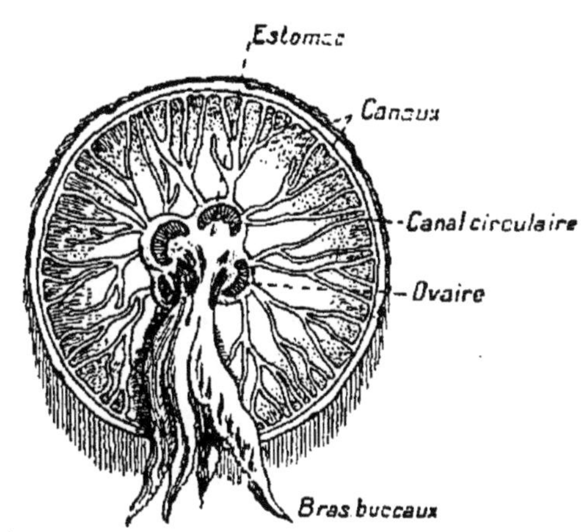

Fig. 18. — Schéma du système gastrovasculaire chez l'Aurelia Aurita (d'après Gegenbauer).

Les échinodermes présentent des dispositifs très comparables à celui dont nous venons de donner l'ébauche.

2° *Etres à canalisations d'air.* — Des animaux relativement élevés dans l'échelle de la complexité organique présentent le système des canalisations d'air; ce sont les arthropodes chez lesquels nous trouverons d'ailleurs aussi le système à circulation propre.

Les canalisations d'air s'appellent des *trachées*. Ce sont des tubes qui sont maintenus béants par une sorte de charpente chitineuse. Ils s'ouvrent à l'extérieur par des orifices ou *stigmates* placés sur les côtés de l'abdomen. Ils vont se ramifier dans tous les organes de telle façon que c'est le milieu extérieur qui va vers les tissus, vers les cellules. Mais chez ces animaux déjà existe un système circulatoire très différencié, très perfectionné et la circulation du milieu intérieur pourrait presque assurer l'œuvre d'oxygénation de toutes les parties du corps.

3o *Êtres à branchies*. — Un être qui posséderait une circulation active d'un milieu intérieur (sang, lymphe) et une peau très vascularisée et très perméable à l'oxygène *de l'eau* où il vit, pourrait assurer l'oxygénation de toutes ses cellules par la respiration cutanée. Cela n'existe que chez les êtres inférieurs et peu volumineux. Chez les autres, dès que ce mode d'oxygénation est employé, ou voit la surface cutanée se développer considérablement en une région quelconque qui se plisse de manière à multiplier les points de contact avec le milieu ambiant et se différencie de manière à favoriser l'oxygénation du milieu intérieur à travers les cellules superficielles. Une suractivation circulatoire énorme se produit à ce niveau. Il se peut d'ailleurs que ce soit des replis du tube intestinal qui subissent cette évolution.

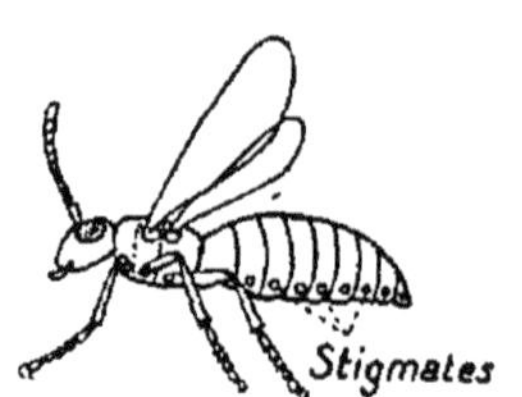

Fig. 19. — Schéma des orifices trachéaux (stigmates) chez les insectes.

On donne le nom de branchies à ces replis, à ces feuillets tégumentaires. Le plus grand nombre des espèces aquatiques respirent à l'aide de branchies.

Parmi les animaux à branchies cutanées externes,

nous pouvons citer les vers marins, certains crustacés (écrevisse), certains mollusques. Si beaucoup de ces espèces respirent par leurs téguments, sans différencia

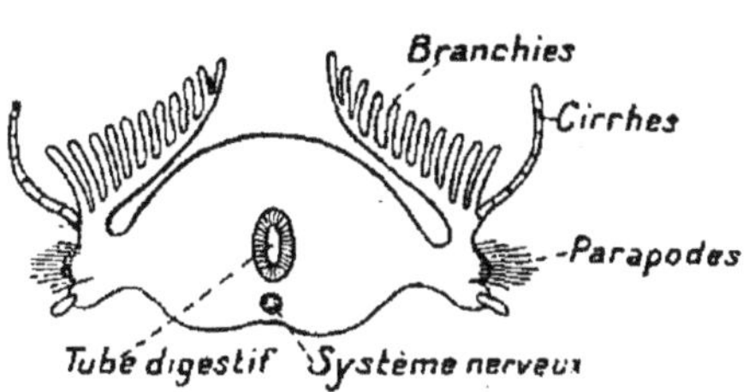

Fig. 20. — Coupe transversale d'Eunice.
Type de branchies cutanées.

tion fonctionnelle (les vers en particulier), un assez grand nombre présentent en effet des organes spécialisés dans cette fonction : ces dernières possèdent le plus souvent des branchies arborescentes formées de replis des téguments, tel le superbe panache des vers tubicoles (fig. 21), telles aussi les branchies des eunices, vers marins du groupe des annelés (fig. 20).

Les mollusques ont eux aussi des branchies tégumentaires souvent cachées dans des cavités appropriées.

Nous voyons d'autres animaux qui ont des branchies

Fig. 21. — Ver tubicole, autre type de branchies cutanées.

internes formées par des replis de la paroi du tube digestif. Les vertébrés aquatiques en sont un exemple

et le schéma que nous avons donné de l'amphioxus
(fig. 12) nous fait voir le dispositif général de l'organe.
La figure 22 nous montre le dispositif des branchies
chez les poissons.

4° *Êtres à poumons*. — Enfin le 4e mode d'oxygénation
consiste à fixer l'oxygène *de l'air* sur le milieu intérieur
circulant dans des organes spéciaux. Ces organes sont
désignés sous le nom de poumons.

Certains mollusques comme l'escargot terrestre respirent au moyen d'un pou-
mon, d'autres comme les am-
pullaires ont à la fois poumon
et branchies.

Le poumon n'est dans sa
forme la plus rudimentaire
qu'un simple sac d'air dont
les parois sont très vascularisées. A mesure que se perfectionne l'organe, on le voit
multiplier ses surfaces, former des anfractuosités, des
lobules multiples.

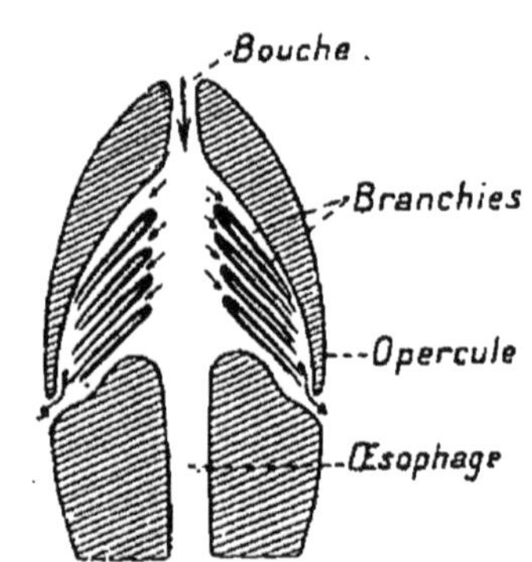

Fig. 22. — Dispositif des
branchies chez les poissons.
Branchies formées aux dé-
pens de la muqueuse du
tube intestinal.

Il n'y a donc en principe aucune différence fondamentale entre les branchies et les poumons, et le parallélisme apparaît plus frappant encore, si l'on songe que
les branchies, maintenues humides, peuvent fonctionner longtemps à l'air, ce qui permet le transport des
poissons vivants dans l'herbe mouillée. On sait d'autre
part que la surface pulmonaire ne fonctionne que dans
un certain état hygrométrique.

Nous ne décrirons pas l'appareil pulmonaire. C'est là

une notion familière à tout le monde depuis que l'enseignement primaire et secondaire comporte des notions assez étendues d'anatomie humaine. La fig. 23 qui rappelle le dispositif des dernières ramifications bronchiques chez l'homme et de l'épithélium lobulaire se trouve aujourd'hui dans tous les classiques.

Mais nous nous arrêterons un moment à une notion

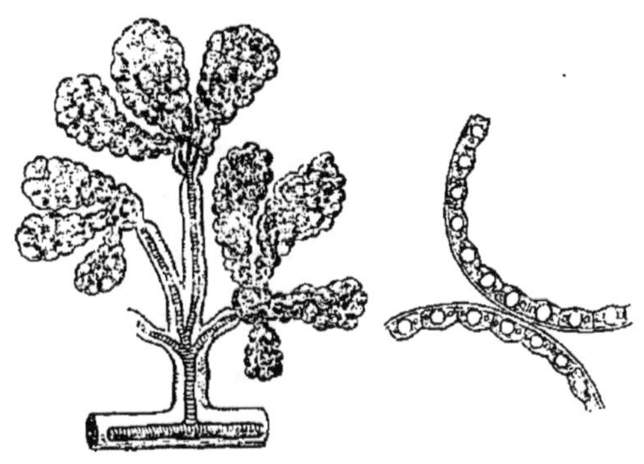

Fig. 23. — Schéma d'un lobule pulmonaire chez l'homme et aspect de l'épithélium d'oxygénation.

qu'il est important de connaître lorsqu'on veut se rendre compte de la formation phylogénique des organes. Cette notion est la suivante : il arrive fréquemment qu'un organe prend naissance surtout pour les besoins d'une fonction principale et sert accessoirement, on pourrait presque dire fortuitement, à une autre fonction. Par suite du changement des conditions extérieures, la fonction principale s'efface, et l'accessoire prenant le premier plan modifie et développe l'organe de telle manière qu'il perd complètement sa marque d'origine.

Nous aurions pu établir ce fait déjà pour les branchies qui, chez les vers, sont des modifications des cirrhes ou appendices filiformes dont la raison première semble bien être leur utilité dans la fonction locomotrice. Nous en avons un nouvel exemple ici quand nous cherchons à découvrir la première ébauche des poumons : nous la trouvons en effet dans des poches à air communes à diverses espèces de poissons (sélaciens, ganoïdes, téléostéens) et connues sous le nom de vessies natatoires. Ces poches à air sont originairement assez peu vascularisées et ne paraissent guère justifiées pour une utilité respiratoire, mais elles ont une utilité hydrostatique certaine, permettant à l'animal d'augmenter ou de diminuer sa densité globale pour s'abaisser ou s'élever sans effort dans les couches marines. Quand on examine ces poches à air dans la série des espèces échelonnées d'après leur adaptation aérienne, on voit ces organes de plus en plus vascularisés présentant une surface de plus en plus grande. Et chez les dipnoï, ils ressemblent plus à un poumon qu'à une vessie natatoire.

46. — Les spécialisations fonctionnelles pour la distribution des matériaux de nutrition aux différentes parties du corps et le transport des émonctoires. Le système circulatoire.

Le système circulatoire n'est pas essentiel à la vie. Il se développe progressivement au fur et à mesure que des organes différenciés se spécialisent dans la fonction de digestion et d'autres dans la fonction d'oxygénation : son rôle est alors de porter les matériaux assimilés par ces organes aux différents éléments du corps, afin de suppléer par un transport mécanique à l'insuffisance du transport par diffusion de cellule à cellule.

Chez les protozoaires, on ne trouve pas de système circulatoire caractérisé. Cependant les contractions plasmiques établissent déjà des courants fluides dans la masse cellulaire et l'on voit ces courants fluides présenter parfois une direction constante dans l'intérieur de la cellule (chez les paramécies par exemple). Nous savons que le même fait est observé chez certaines cellules végétales.

Si l'on monte d'un degré dans l'échelle des êtres, on voit deux modes de circulation différents qui tendent à s'établir.

Le premier en date, ou, si l'on veut, le plus simple est constitué par la circulation du liquide ambiant, qui est en même temps le liquide nourricier, dans des canaux en relation avec la cavité gastrique : ce mode de circulation multiplie en somme les contacts du milieu ambiant et des éléments du corps. Il exclut la spécialisation fonctionnelle des organes digestifs et respiratoires, puisque, comme nous l'avons vu en étudiant les canaux aquifères, il a justement pour objet de mettre en particulier chacun de ces éléments dans la possibilité de s'oxygéner lui-même, d'assimiler lui-même les éléments utiles.

A priori, il est permis de penser que cette circulation gastrovasculaire, à quelque degré de perfectionnement qu'elle puisse atteindre, n'est pas un dispositif d'avenir, parce qu'incompatible avec la division du travail, et de fait nous ne la constatons que chez les animaux inférieurs (cœlentérés, échinodermes (v. fig. 18).

Le deuxième mode de circulation est tout différent. Un milieu liquide intérieur imprégnant les éléments figurés du corps, sert d'intermédiaire entre les organes assimilateurs et ces éléments figurés. La diffusion seule des particules dissoutes dans ce milieu intérieur serait insuffisante à assurer le transport des matériaux de nutrition, quoique cependant plus facile que l'osmose de cellule à cellule ; d'où l'utilité de la circulation de ce milieu.

Il circule soit dans un système de canaux et de lacunes, les canaux servant surtout à le propulser par leurs parois contractiles, les lacunes à le répandre au milieu des éléments vivants; soit dans un système de canaux et canalicules clos, les échanges chimiques s'opérant à travers les fines parois des vaisseaux les plus petits.

Le système lacuno-vasculaire se rencontre chez les arthropodes, les mollusques en particulier. Le système clos se trouve ébauché chez les vers; il est réalisé chez les vertébrés supérieurs avec ses caractères les plus parfaits.

Je me bornerai à montrer deux types de chacun de ces systèmes.

Système lacuno-vasculaire. — Certains arthropodes présentent un seul vaisseau dorsal formé de plusieurs chambres successives munies de valvules : c'est là un appareil contractile, un cœur multiple, qui envoie le sang d'arrière en avant dans une cavité générale ; le sang, après avoir baigné les organes, revient par de petits canalicules dans les poches vasculaires et recommence son cycle. D'autres, parmi les arthropodes, comme les crustacés, ont un vaisseau dorsal composé d'une seule cavité. De ce cœur unique part le sang qui se distribue aux différents organes, s'y répand dans des lacunes interstitielles, puis se collecte dans un sinus veineux, d'où il passe par les branchies et revient au cœur.

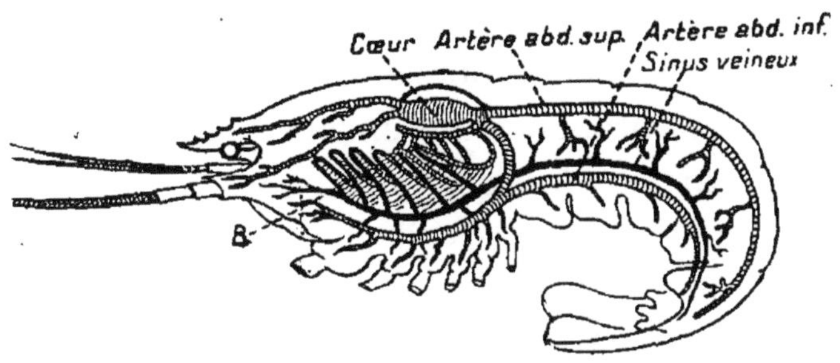

Fig. 24. — Schéma du système circulatoire lacuno-vasculaire chez l'écrevisse.

Chez les mollusques, on trouve un dispositif assez analogue. Ainsi l'escargot a un cœur à deux cavités, oreillette et ventricule ; ce cœur envoie par quelques vaisseaux le sang à un système lacunaire, puis au poumon et de là au cœur (fig. 25).

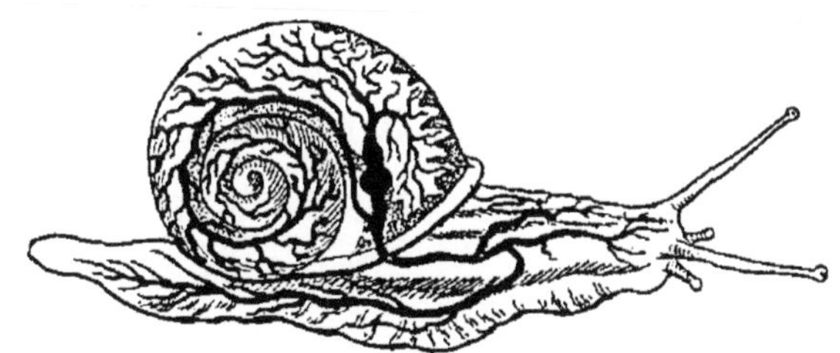

Fig. 25. — Schéma du système circulatoire lacuno-vasculaire chez l'escargot.

Système clos. — Le système clos se trouve ébauché chez les vers où l'on voit tous les degrés de développement de l'appareil circulatoire. En effet, dans les classes inférieures, le liquide nourricier se diffuse à partir du canal intestinal vers les régions diverses du corps par simple osmose. Dans les classes plus élevées comme celle des némertiens, on trouve un système lacunaire au milieu duquel se dessinent des canaux longitudinaux. Enfin, chez les espèces supérieures, il n'y a plus de cavité générale : chez les annélides à branchies, on voit un gros vaisseau dorsal et un vaisseau ventral réunis par des branches qui enveloppent le tube intestinal. Les gros vaisseaux sont contractiles. Parfois parmi les canaux latéraux, il en est une paire dont la

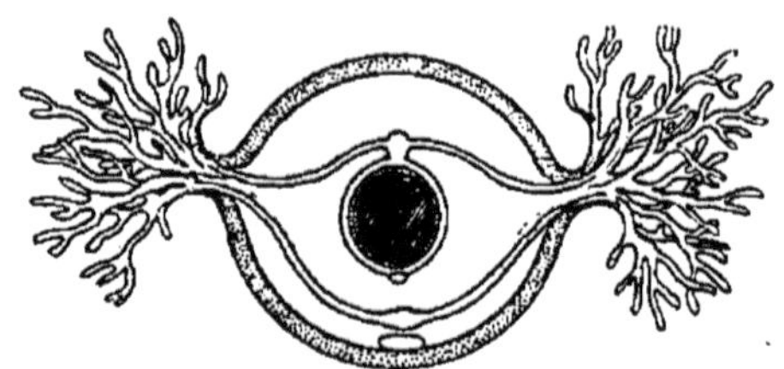

Fig. 26. — Schéma de la circulation chez les vers supérieurs.
(d'après Gegenbauer)

musculature et le calibre augmentent et l'on peut voir là une ébauche de cœur. D'autre part le vaisseau dorsal envoie une ramification spéciale aux branchies quand elles existent. Le sang qui de là revient au tronc ventral est du sang oxygéné.

47. — Le système circulatoire chez les vertébrés.

Le système circulatoire des vertébrés, dans son ébauche la plus simple rappelle beaucoup celui des vers supérieurs. Ainsi chez l'amphioxus on rencontre un vaisseau dorsal (aorte ébauchée), qui envoie le sang aux différentes parties du corps et un vaisseau ventral, grosse veine de retour, qui conduit le sang vers les branchies au moyen de plusieurs gros vaisseaux latéraux. Ces derniers forment, à droite et à gauche, des arcs qui cheminent chacun respectivement dans un feuillet branchial et rejoignent en arrière le vaisseau dorsal. Chacun de ces arcs branchiaux offre une région contractile à son origine, près de la veine ventrale : ce sont là autant d'ébauches de cœurs.

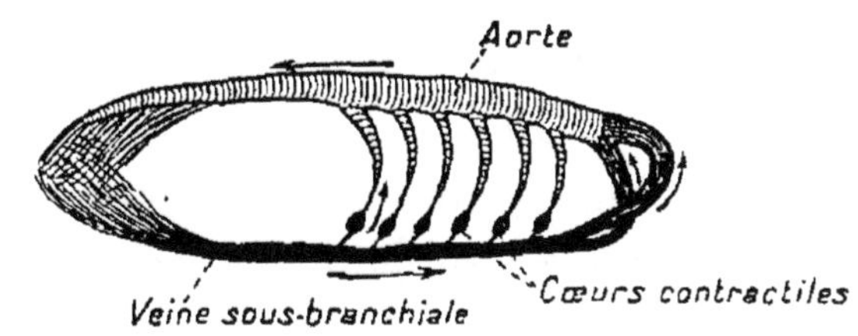

Fig. 27. — Schéma de la circulation chez l'amphioxus.

Plusieurs choses nous frappent dans ce dispositif. C'est d'abord ce fait que, à chaque révolution, le sang passant du vaisseau veineux au vaisseau artériel traverse en grande partie le réseau oxygénateur, je veux dire les branchies, tandis que chez les vers branchiés, une petite partie seulement s'oxygène à chaque tour par cet appareil. En second lieu nous devons remarquer l'importance que présente le développement d'un organe contractile sur l'appareil veineux. Enfin il faut observer que l'ensemble de l'appareil circulatoire constitue un système clos dans lequel le sang est emprisonné.

Ces trois caractéristiques se retrouvent chez tous les vertébrés, mais sous la réserve des observations suivantes :

1°. Si l'appareil branchial est interposé ici, plus que

chez les invertébrés en général, entre la masse du sang veineux et le tronc artériel qui envoie le sang oxygéné à toutes les régions du corps, c'est que l'oxygénation se fait surtout par cet appareil et beaucoup moins par la surface des téguments. En effet dans tous les cas où cette surface tégumentaire reprend de l'importance au point de vue respiratoire, comme chez les batraciens, ou bien toutes les fois qu'un organe respiratoire accessoire se développe à côté des branchies, comme la vessie natatoire des poissons dipnoï, nous voyons des dérivations s'opérer par ces voies : la morphologie du système vasculaire est tributaire de la fonction d'oxygénation.

2°. Si le cœur (1) paraît s'être de préférence développé sur le vaisseau veineux, nous verrons, pendant que la respiration pulmonaire supplante la respiration branchiale, une transformation remarquable de l'organe contractile se produire, si bien que finalement il commande à la fois le système du sang artériel et le système du sang veineux.

3°. Enfin si le système circulatoire chez les vertébrés est un système clos, comme chez les vers supérieurs, s'il n'y a aucune communication entre ses cavités et le milieu extérieur, il faut savoir pourtant qu'une partie du liquide sanguin au cours de chaque révolution traverse les parois des vaisseaux et s'insinue dans les interstices des éléments figurés du corps, dans les minuscules espaces lacunaires qui les séparent : c'est la lymphe. De ces espaces, la lymphe est poussée vers des vaissaeux

---

(1) Chez l'amphioxus comme chez les invertébrés les gros troncs vasculaires sont contractiles, il y a seulement prédominance des phénomènes moteurs au niveau des cœurs des arcs branchiaux.

collecteurs spéciaux et revient par des canaux lymphatiques plus volumineux vers le système veineux général.
C'est donc là une véritable dérivation par voie lacunaire
greffée sur la circulation générale. Cette voie dérivée a
une importance considérable dans la nutrition ; on sait
en effet que dans les lymphatiques de la paroi intestinale se collectent les éléments du chyle nourricier. Il
est d'ailleurs intéressant de remarquer que les éléments de la lymphe, ou globu-
les blancs, propres à cette circulation quasi-lacunaire, sont les
éléments les moins différenciés
du liquide intérieur, ceux que
l'on retrouve avec des variantes
dans toute la série animale. Au
contraire les éléments caractéristiques du sang, les globules
rouges, propres à la circulation
des êtres les plus complexes,
à la circulation close, sont des
éléments hautement différenciés,
et d'autant plus spécialisés qu'on
s'élève dans l'échelle des vertébrés, d'autant plus distincts

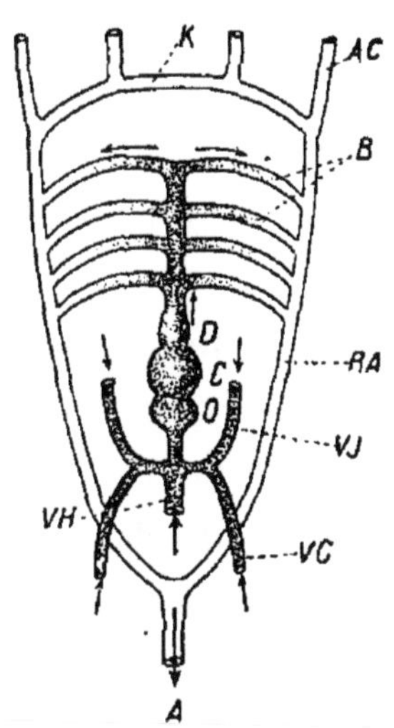

Fig. 28. — Cœur veineux
des poissons ; suppres-
sion des dérivations sur
le circuit des organes
respiratoires.

qu'ils sont mieux adaptés à la fonction d'oxygénation
qui leur est dévolue.

Cette vue d'ensemble de l'évolution du système circulatoire nous dispensera de nous attarder aux détails.
Je vais seulement par quelques exemples montrer le
processus de ses différentes phases.

Chez les poissons (fig. 28), nous voyons un cœur bien

caractérisé C se développer sur le tronc veineux, et les arcs branchiaux se résolvent presque complètement en capillaires qui permettent au sang de subir une **oxygénation** complète dans les branchies B. En sortant des branchies, le sang arrive dans le système artériel : racine de l'aorte RA, carotide AC, aorte A.

Cœur veineux, passage total du sang par les capillaires des branchies à chaque révolution, telles sont les deux caractéristiques de la circulation des poissons.

Le cœur présente d'ailleurs deux cavités, un ventricule C et une oreillette O, séparées par des valvules qui font soupapes. L'oreillette reçoit le sang des veines VH, VC, VJ.

Nous savons qu'une classe de poissons, les dipnoï, présentent une vessie natatoire, poche à air reliée au tube digestif, et servant à la fois à la vie de relation et à la respiration. Cette vessie natatoire peut être tellement vascularisée qu'elle constitue un véritable poumon. Or dès qu'apparaît une ébauche de poumon, on voit se dessiner une modification importante dans le système circulatoire.

L'oreillette se divise en deux parties par un tissu musculaire réticulé formant une cloison longitudinale d'ailleurs incomplète. Le sinus veineux qui ramène le sang des diverses parties du corps, débouche dans l'oreillette droite, la veine qui vient du poumon naissant, au lieu de faire retour dans le sinus veineux, s'abouche dans l'oreillette gauche.

Il est certainement difficile de comprendre les avantages de ce dispositif et par suite les raisons de l'établissement de ce caractère, si l'on s'en tient à ce simple aperçu. Mais il est un groupe d'animaux chez lesquels on assiste au cours de l'existence individuelle à la mu-tation de la vie aquatique en vie aérienne, je veux parler des *batraciens*. Ils nous font saisir sur le vif le mécanisme de la transformation.

En effet le têtard des batraciens possède un système circulatoire analogue à celui des poissons. Il présente un cœur à deux cavités sur le vaisseau veineux et quatre paires d'arcs branchiaux qui se réunissent après avoir traversé les branchies pour former le vaisseau aortique. Au fur et à mesure que la fonction branchiale perd de son importance, l'appareil capillaire des branchies disparaît et le sang suit son cours par des canaux de gros diamètres. Mais ce phénomène ne s'accomplit que quand une dérivation établie sur les derniers arcs branchiaux assure l'oxygénation par l'appareil pulmonaire AP et la peau AC. La veine ramenant le sang oxygéné O aboutit à l'oreillette gauche G,

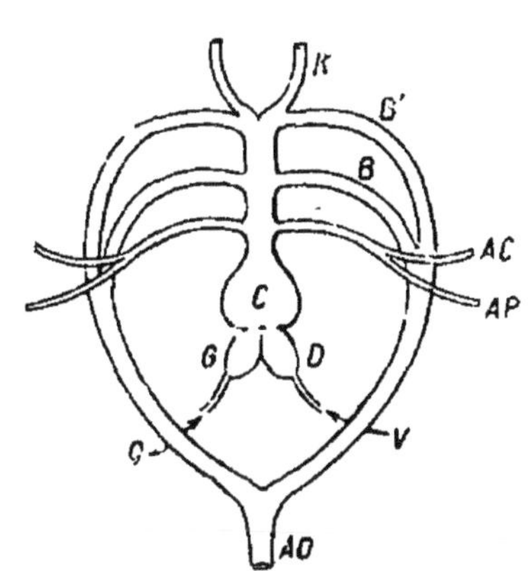

Fig. 29. — Circulation chez les batraciens (schéma).

le sinus veineux V ramenant le sang des diverses parties du corps à l'oreillette droite D.

Or les divisions presque immédiates du bulbe artériel en ses gros troncs d'une part, les inflexions des divers organes au cours du développement d'autre part, suffiraient à peu près à déterminer ce résultat que le sang ventriculaire formé de sang pulmonaire rouge et

de sang veineux noir mal mélangés se répartit *inégale-
ment* entre les troncs artériels : ici c'est du sang rouge
presque pur qui pénètre dans le vaisseau, là du sang
noir presque pur, là du sang mélangé. On conçoit l'a-
vantage que peut avoir pour l'animal cette répartition
particulière si le sang noir se trouve de ce fait envoyé
plus spécialement aux organes respiratoires et le sang
rouge aux différentes parties du corps ; et l'on ne saurait
s'étonner par suite que la séparation des gros troncs
artériels se soit accentuée dans le bulbe même par des
cloisons longitudinales qui favorisent cette distribution
sélective, comme s'accentuent tous les caractères utiles
de générations en générations. On constate en effet que
grâce à l'existence de deux cloisons longitudinales du
bulbe artériel, le sang qui provient surtout de l'oreillette gauche, c'est-à-dire le sang oxygéné est envoyé
plus particulièrement dans la partie du bulbe artériel
conduisant aux carotides K, le sang de la partie droite,
provenant des diverses parties du corps, sang veineux
qui réclame l'oxygénation, est envoyé plus particulièrement dans l'artère pulmo-cutanée. Quant aux racines
aortiques B,B', elles reçoivent surtout le sang de la
partie médiane qui est du sang mélangé. Voilà réalisé
avec une tout autre disposition morphologique que chez
les êtres branchiés supérieurs, ce desideratum que,
à chaque révolution, la plus grande partie du sang
traverse l'organe oxygénateur. Tous les progrès de
transformation de l'appareil central de la circulation
vont tendre à assurer avec plus de perfection cette distribution dans le cours du sang.

Cela posé, nous franchirons rapidement les étapes,

successives de l'évolution; nous noterons seulement que les *reptiles* inférieurs possèdent deux oreillettes et un ventricule unique dans lequel on voit s'ébaucher un double cloisonnement, qui, par un jeu assez complexe, assure le service du sang très oxygéné à la tête, aux organes les plus importants et l'envoi du sang le plus désoxygéné directement dans l'appareil pulmonaire; tandis que les reptiles supérieurs ont achevé la division du ventricule en deux cavités.

Les *oiseaux* ont aussi un cœur à deux oreillettes et deux ventricules et ainsi arrivons-nous au type circulatoire des *mammifères*, de l'homme en particulier, dont je ne ferai que donner ici le schéma très simplifié (fig. 30.)

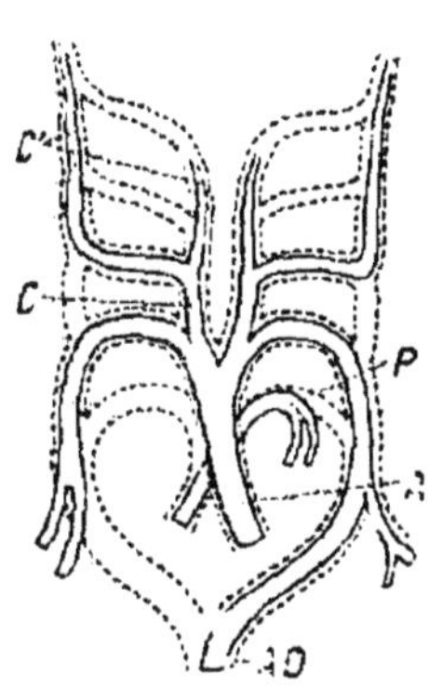

Fig. 30. — Schéma de la transformation des arcs aortiques chez les vertébrés supérieurs (d'après GEGENBAUER).

A. Aorte.
AD. Aorte descendante.
CC'. Carotides.
P. Artère pulmonaire.

La fig. 30 montre les rapports du système circulatoire central chez l'*homme* avec le dispositif-type des arcs aortiques. D'ailleurs si l'on suit le développement du système artériel chez le fœtus, on voit, chez lui comme chez les vertébrés inférieurs, l'aorte naître de deux racines aortiques formant deux arcs symétriques à droite et à gauche; quatre arcs artériels qui s'atrophient par la suite cheminent dans l'épaisseur des arcs pharyngiens qui ne sont autre chose que des bourrelets mésodermiques correspondant aux arcs branchiaux des animaux aquatiques. De ces arcs artériels naissent

les troncs artériels définitifs suivant le processus schématisé dans la fig. 30.

48. — Quelques réflexions sur les spécialisations fonc-tionnelles dans les organes circulatoires.

Ce n'est pas sans quelque effort que le lecteur aura
pu suivre cet aperçu trop rapide, s'il ne s'est aidé des
ouvrages d'anatomie comparée et d'embryologie, mais
alors même qu'il n'aura pas assimilé toutes les particularités de cette évolution remarquable du système circulatoire, il aura forcément été frappé par ce fait, que
des premiers aux derniers échelons de la chaîne des
êtres, comme des premiers stades fœtaux à la naissance
chez l'embryon humain, *le développement des organes
ne va pas droit au but final*.

Si un architecte avait à construire le système circulatoire d'un être artificiel du type humain, il commen-
cerait certainement par établir deux circuits indépendants, l'un pour les poumons, l'autre pour le corps ; il
les mettrait en série, l'un au bout de l'autre et sur chacun d'eux, placerait une pompe aspirante et foulante.
Pour la commodité, il rapprocherait sans doute les deux
corps de pompe et les ferait actionner par le même
moteur.

Combien loin sommes-nous de ce processus : les systèmes mécaniques les plus imparfaits, les dérivations
les moins propices à assurer l'oxygénation totale du sang
marquent dans la chaîne des êtres le début de mutations qui finalement arrivent à la réalisation de cet
objet : oxygénation totale du sang à chaque révolution.

Le développement ontogénique du système circulatoire nous donne lui aussi une idée de ces tâtonnements de la nature modifiant sans cesse les formes organiques pour arriver à un dispositif capable de satisfaire au mieux aux besoins d'une fonction. Cela ne saurait nous surprendre. Nous avons eu déjà l'occasion de constater que les formes fœtales successives offrent en raccourci l'image approximative des formes propres aux espèces plus simples groupées suivant leur ordre de complexité, suivant leur filiation pour employer le langage évolutioniste. La ressemblance de certaines formes fœtales avec les formes des êtres adultes, placés plus bas dans la chaîne des organismes terrestres, a depuis longtemps frappé l'esprit des naturalistes ; et il y a plus de 3/4 de siècle que Serres a formulé le fait en disant que l'ontogénie est la répétition de l'anatomie comparée. Il est vrai que ce serait une grosse erreur de croire à un parallélisme complet entre ces phases successives de la phylogénie et de l'ontogénie : les conditions de milieu sont trop différentes, ici en particulier, où la fonction d'oxygénation se fait de façon si spéciale au cours de la vie fœtale et surtout chez les placentaires.

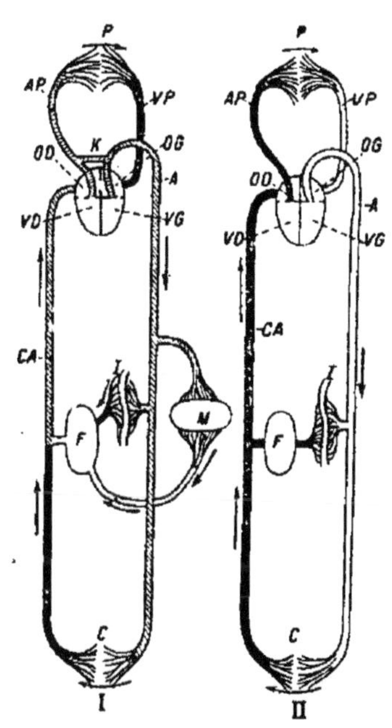

Fig. 31. — Circulation fœtale et circulation adulte.

Mais néanmoins, nous pouvons nous attendre à vérifier dans l'étude de l'évolution ontogénique, l'observation générale que nous venons de formuler.

Au cours de la vie utérine, c'est le placenta qui fait office d'intestin et de poumon, c'est-à-dire que c'est lui qui fournit les matériaux de nutrition et l'oxygène. Le poumon P (fig. 31), est alors un organe dont l'utilité sera ultérieure (1), mais qui est parfaitement inutile actuellement; l'intestin I est profondément inutile aussi. Or l'arbre circulatoire est néanmoins dans ses grandes lignes l'image de celui de l'adulte, mais avec quelques particularités. Le sang de la veine cave CA est un mélange de sang noir venant des différentes parties du corps et de sang oxygéné venant du placenta M. Il arrive à l'oreillette droite OD, de là passe en partie dans l'oreillette gauche OG (la cloison interauriculaire est incomplète, perforée qu'elle est par le trou de Botal) en partie dans le ventricule droit VD. Du ventricule droit, il est envoyé en partie dans l'artère pulmonaire, en partie dans l'aorte A (car ces deux vaisseaux communiquent par un canal de jonction K). Le sang revenant du poumon P va à l'oreillette gauche et de là au ventricule gauche qui l'envoie dans l'aorte. Entre l'aorte et les veines caves se trouvent plusieurs circuits dérivés les uns sur les autres : 1°) le circuit des tissus et organes variés C, qui porte aux cellules leurs éléments nour-

(1) Il peut paraître étrange à première vue de voir au cours de la vie fœtale se développer complètement des organes qui n'auront qu'une utilité ultérieure. Mais nous verrons comment grâce à l'hérédité et à la sélection des êtres arrivés à leur état définitif, des organes présentement inutiles peuvent se former, quand ils sont justifiés par des avantages qu'ils procurent à l'espèce au cours de l'existence individuelle.

riciers et leur oxygène; 2°) le circuit intestin, foie,
I, F etc. (système porte), qui sera appelé à une destination si importante chez l'adulte; 3°) le circuit placenta M, dans lequel le sang se réapprovisionne en
oxygène et en éléments nutritifs et qui disparaîtra chez
l'adulte.

Le sang n'est donc régénéré que par une dérivation,
comme cela a lieu chez les animaux inférieurs, et l'organe central avec son trou de Botal et son canal artériel est adapté à son rôle transitoire.

Les réflexions que nous venons de faire à l'occasion
de l'étude du système circulatoire peuvent être répétées
pour tous les organes, pour tous les éléments figurés,
et comme le dit le grand savant qui a donné il y a
20 ans une si puissante impulsion aux recherches de
biologie générale, le Professeur Yves Delage (1), « presque jamais l'ontogenèse ne suit une marche simple et directe, presque jamais les cellules ne prennent tout de suite
les dispositions qui préparent à l'embryon sa forme définitive. L'ontogenèse se rapproche peu à peu du but,
mais comme en louvoyant contre un vent contraire, et
ses longues bordées l'en éloignent parfois d'une manière
étonnante. Elle dessine des masses de rudiments inutiles, fait pousser des membres qui ne serviront pas,
perce des fentes branchiales chez un animal pulmoné
pour les fermer ensuite... etc. Les vertébrés supérieurs
ont successivement trois appareils urinaires et les mollusques en ont deux, dont le dernier seul persiste; le

(1) Yves Delage. *La structure du protoplasma et les théories
sur l'hérédité*, 1895.

cheval, la baleine ont des doigts distincts et séparés, le serpent a deux paires de membres... » La succession de ces formes embryonnaires provisoires ne serait évidemment guère explicable, si on ne faisait appel aux théories générales capables de les justifier.

49. — Les spécialisations fonctionnelles pour le rejet des émonctoires.

De même que nous avons vu chez les êtres monocellulaires le plasma cumuler toutes les fonctions d'assimilation, de même nous pouvons constater que ce plasma élimine les produits de désassimilation résultant de son activité vitale.

Le plasma de chaque cellule chez les êtres plus complexes, si spécialisée que soit cette cellule, ne se comporte pas autrement à ce point de vue que celui des êtres monocellulaires primitifs. Seulement lorsque, dans un organisme complexe, on considère non plus chaque cellule en particulier, mais l'ensemble de l'être, les produits d'élimination cellulaire ne pouvant plus être directement versés au dehors, il devient nécessaire que ces produits charriés par le milieu intérieur, par le sang, par la lymphe soient extraits de ces liquides et rejetés dans le milieu ambiant.

Cette extraction et ce rejet se font par toute la surface du corps chez les êtres qui n'ont pas subi de différentiations notables.

Au fur et à mesure que l'organisme se complique et que les cellules se spécialisent, on voit, en même temps

que se développent les systèmes digestif, respiratoire, etc., prendre naissance des organes éliminateurs.
Quels que soient ces organes, ils se ramènent toujours
à des modifications d'une région de l'épithélium séparant le milieu intérieur du milieu ambiant. Nous avons
déjà insisté sur ce point que le tube digestif et les voies
respiratoires sont en réalité une prolongation du milieu
ambiant dans des dépressions de cet épithélium. Leurs
cavités ne le franchissent pas et restent extérieures à
l'organisme, bien que incluses dans son intimité. C'est à
travers l'épithélium limitant le corps que sont absorbés
l'oxygène respiratoire et les produits alimentaires;
c'est aussi à travers lui que vont s'éliminer les émonctoires.

Partout, dans tous les appareils éliminateurs nous
retrouverons l'épithélium séparateur, et nous l'y verrons spécialisé dans la fonction sécrétrice, fonction qui
a pour effet de puiser dans le sang les matériaux à éliminer et de les rejeter au dehors. Les organes différenciés
en vue de ce rôle éliminateur s'appellent des glandes.
Il y a d'ailleurs des glandes qui sécrètent des produits
utiles à l'organisme et employés immédiatement par lui
telles que les glandes gastriques, intestinales, etc. ; nous
ne nous occuperons ici que des glandes éliminatrices
proprement dites et encore laisserons-nous de côté l'un
des appareils éliminateurs les plus importants, l'appareil respiratoire qui débarrasse l'organisme de son acide
carbonique.

En principe toute glande éliminatrice peut donc être
envisagée comme un épithelium en contact intérieure-
ment avec un réseau vasculaire plus ou moins riche et

extérieurement avec le milieu ambiant. La forme en est variable comme le rappellent les figures 32 (A et B).

Parmi les organes glandulaires spécialisés dans la fonction d'élimination les plus importants dans la série animale sont certainement le rein, le foie, les glandes sudoripares, les poumons, etc.

Nous ne dirons que quelques mots de la morphologie comparée du *rein* et du *foie*.

On rencontre déjà chez les vers de petits canaux qui

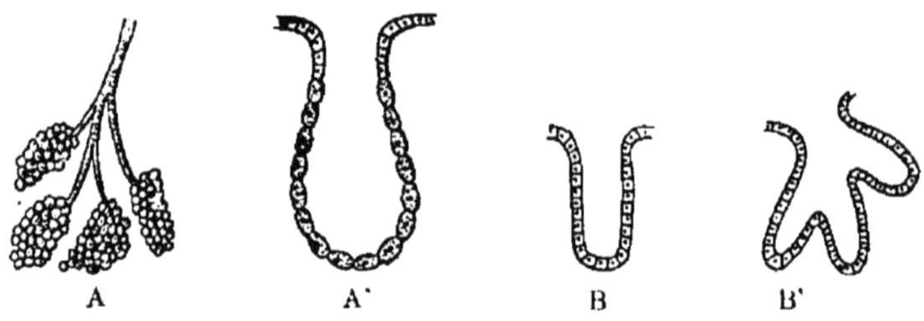

Fig. 32. — Morphologie glandulaire.
AA', Glandes en grappes. A, vue d'ensemble. A', un acinus grossi.
BB', Glandes en tube.

viennent déboucher au dehors et qui se terminent au dedans de façon variée suivant les espèces, ce sont vraisemblablement des *reins* rudimentaires. Chez celles qui possèdent une cavité interne ils s'ouvrent ordinairement dans cette cavité par une sorte d'entonnoir cilié; chez celles qui n'en possèdent pas, ils se terminent le plus souvent par des ramifications nombreuses. Les mollusques présentent pour la plupart un dispositif analogue à celui des vers. Chez les arthropodes on trouve des canaux longs et ramifiés qui s'ouvrent dans l'intestin et qui jouent à peu près sûrement le rôle d'organes urinaires; ce sont les canaux de Malpighi ou canaux urinaires.

Mais le rein ne commence à se caractériser d'une façon précise que dans l'embranchement des vertébrés.

Cependant chez l'amphioxus, on ne rencontre encore qu'un organe éliminateur pareil à celui des vers : chaque segment de son corps possède un tube excréteur particulier communiquant séparément avec l'extérieur.

Chez certains vertébrés inférieurs, chez les myxinoïdes en particulier, on trouve l'ébauche de ce qui deviendra le rein parfait : c'est un canal qu'on peut assimiler à un uretère et qui porte de place en place des diverticules contre la paroi desquels vient se pelotonner un réseau de vaisseaux sanguins.

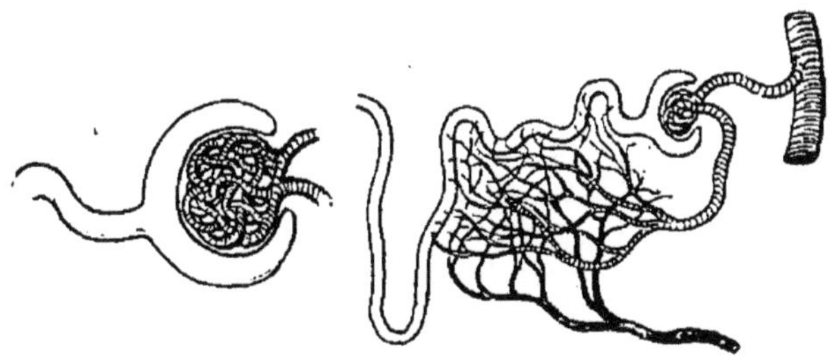

Fig. 33. — Appareil éliminateur rénal ; à gauche le glomérule de Malpighi.

Ce dispositif porte le nom de glomérule de Malpighi. C'est l'élément essentiel du rein humain dont la figure 34 rappellera à simple vue la morphologie.

On sait en effet que chaque rein, placé à droite et à gauche de la colonne vertébrale au niveau de la dernière côte (fig. 34), renferme une série de canaux groupés en faisceaux et formant ainsi ce qu'on appelle les pyramides de Malpighi. Chacun de ces canaux du tube urinifère n'est en réalité qu'une simple glande en tube au fond de laquelle est un paquet vasculaire (glomérule de

Malpighi), le tube présente une région en U qui a un rôle important et encore discuté dans la formation de l'urine.

Le *foie* est un organe qui a subi des différenciations non moins remarquables.

Chez les cœlentérés, les vers, nous avons signalé plus haut l'existence d'épithéliums ou de culs de sac peu différenciés paraissant avoir pour fonction la sécrétion d'un liquide analogue à la bile. D'échelon en échelon, on voit ces organes se différencier progressivement, former des annexes spécialisées du tube digestif et déjà, chez les mollusques supérieurs, le foie n'est plus relié au canal intestinal que par un conduit excréteur. Il en est de même chez les vertébrés. Mais ici encore nous pouvons constater chez l'amphioxus, ce prototype remarquable des vertébrés, une disposition qui rappelle celles des vers et de certains mollusques : le foie est constitué chez lui par un cul de sac, un cœcum placé à l'origine de l'intestin. Cette même ébauche du foie se retrouve chez les vertébrés supérieurs durant les premières phases embryonnaires. Sur l'embryon humain de 4 millimètres le foie n'est en effet représenté que par un bourgeon creux du tube intestinal, origine du foie et du pancréas, bientôt dissociés dans l'embryon de 8 millimètres.

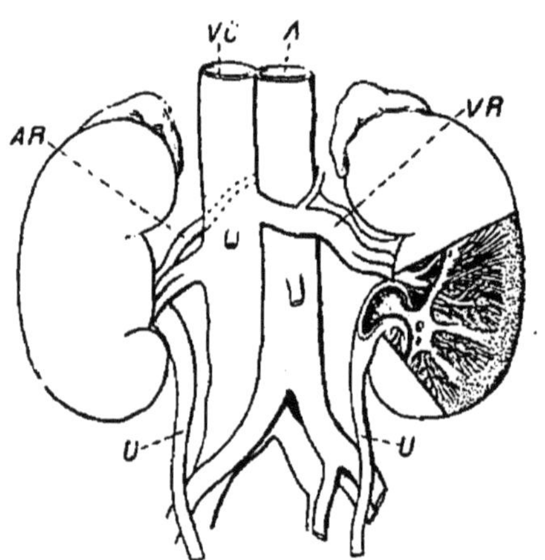

Fig· 34. — Schéma général de l'appareil urinaire des vertébrés supérieurs.

Chez l'adulte, il se présente comme un agglomérat de lobules dont le centre est occupé par une veinule H et la périphérie par un réseau artériel A. De fines ramifications vasculaires vont du réseau artériel périphérique à la veine centrale enveloppant les cellules hépatiques réparties dans tout le lobule. De fins canalicules collec-

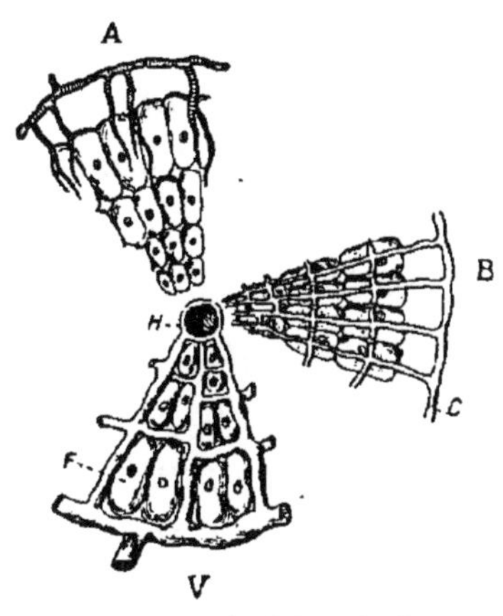

Fig. 35. — Le lobule hépatique (schéma). 3 segments dissociés pour la clarté de l'exposition.
A. Voies artérielles.
B. Voies biliaires avec, en C, le canal collecteur interlobulaire.
V. Voies veineuses avec, en H, la veine sus hépatique.

teurs B de la bile se réunissent à la périphérie du lobule en C, (fig. 35).

Si j'ai rappelé ce schéma qui correspond à la description classique actuelle du lobule hépatique, c'est pour montrer qu'il diffère assez profondément de la conception embryonnaire et phylogénique qui ferait placer le collecteur biliaire (cul de sac glandulaire) au centre et les vaisseaux à la périphérie. Ainsi très souvent assistons-nous à des remaniements fondamentaux de la morphologie organique au cours du développement individuel ou de l'évolution phylogénique. D'ailleurs ce n'est qu'aux approches de la naissance que chez l'embryon humain on constate nettement la division en lobules distincts.

C'est sur cette observation que nous terminerons cet aperçu trop rapide de la morphologie des principaux organes adaptés à la fonction de nutrition dans l'échelle animale. Elle contribuera à donner plus de relief à cette idée que nous nous sommes efforcés de mettre en lumière, à savoir : *que la forme des matériaux de la vie est essentiellement souple et variable : si chaque être paraît à sa naissance apporter avec lui un plan immuable dont nulle circonstance ne pourrait le faire dévier, et si cette constatation évoque en notre esprit l'idée de l'invariabilité des formes, il suffit de jeter un coup d'œil sur la morphologie comparée des organes préposés à une même fonction dans la série des espèces, ou bien sur la succession des formes embryonnaires au cours de la vie d'un même individu, pour concevoir bien au contraire les tâtonnements progressifs de la nature vers la réalisation au mieux d'une fonction utile, d'après les circonstances ambiantes.*

CHAPITRE III

Phénomènes matériels liés à la fonction de nutrition. L'entretien. La croissance. La reproduction. L'hérédité.

50. — Les phénomènes liés à l'acte de la nutrition. Phénomènes matériels. Phénomènes énergétiques.

Nous touchons à présent à des régions nouvelles vers lesquelles nous conduit naturellement l'étude de la nutrition : l'unité vivante en se nourrissant peut avoir un excédent d'apports, *alors elle accroît sa masse;* elle peut ne pas employer toute l'énergie des dégradations alimentaires à ses synthèses d'assimilation, *alors elle possède un crédit d'énergie.* Accroissement matériel et phénomènes connexes d'une part, utilisation de l'énergie chimique libérée et transformée en chaleur ou en travail mécanique d'autre part, tels seront respectivement les sujets des deux chapitres III et IV de notre étude de la fonction de nutrition. Occupons-nous d'abord de l'accroissement et en général des phénomènes matériels résultant de la fonction de nutrition. Ils soulèvent des problèmes du plus haut intérêt scientifique; nous allons tâcher d'en faire saisir la portée.

Nous avons vu que le chimisme des échanges nutritifs obéit aux lois générales de la physicochimie; que, conformément à ces lois, les éléments fondamentaux de la matière vivante, le carbone, l'hydrogène, l'oxygène, l'azote, etc, parcourent à travers les unités vivantes des deux règnes des cycles déterminés. Ainsi traversées par une matière sans cesse renouvelée, ces unités nous apparaissent, nous l'avons dit (§6), comme des systèmes stationnaires où rien n'est fixe sinon la forme générale et certains autres caractères d'ensemble liés précisément à cette chose abstraite, l'*individualité*, dont la forme est pour nous la manifestation tangible.

Nous avons acquis une autre notion en considérant les unités vivantes de plus en plus complexes. Nous avons dit que si la constance de l'individualité est assurée chez elles, c'est grâce à un remarquable concours de phénomènes dépendant de la fonction de nutrition. Corrélations humorales ici, coordinations par le système nerveux là, processus chimiques ou neurochimiques de défense ailleurs, tout dans la vie paraît concourir vers ce but suprême : *la conservation du système stationnaire qu'est l'individu, grâce à la régulation parfaite des phénomènes dont il est le siège.*

Voilà ce que nous avons vu; et, à travers la complexité des faits, nous avons discerné l'image vague et incertaine du *type spécifique, de la forme individuelle, des caractères stationnaires* de l'unité vivante. Poussés parfois par les faits à sonder le mystère de ces choses nouvelles, nous avons aperçu, dans le mécanisme de leur conservation une direction statique n'impliquant par elle-même aucune dépense d'énergie; mais à dessein nous ne nous sommes pas attardés à ces réflexions qui ne pouvaient être envisagées avec fruit tant que nous ne connaissions pas toutes les particularités physico-chimiques de la fonction de nutrition.

A présent nous devons aborder de front ce problème entrevu : que savons-nous de cette merveilleuse propriété de la matière vivante qui passe avec une si inconcevable précision à travers des systèmes stationnaires fixes dans une ambiance changeante ; que savons-nous de ce caractère remarquable des unités vivantes qui réalisent sans cesse un système stationnaire déterminé, un type morphologique durable, quand la vie implique le perpétuel changement ?

Le problème comporte en réalité plusieurs questions graduées :

1°) Comment se fait-il qu'une individualité vivante conserve son type morphologique malgré la rénovation continuelle de sa matière dans toutes ses parties ?

2°) Comment concevoir, quand elle s'accroît, qu'elle respecte ce même type morphologique.

3°) Comment comprendre, quand elle se scinde, quand elle donne naissance à de nouvelles individualités, qu'elle transmette à ces dernières la même tendance à réaliser indéfiniment le type morphologique qui la caractérise ?

Ainsi la question de l'hérédité se pose-t-elle comme étant l'une des faces particulières sous lesquelles on peut envisager ce problème général.

Il faut bien se rendre compte en effet que si nous nous étonnons de voir une individualité-fille réaliser le type morphologique de l'individualité-mère, il n'y a dans ce fait rien de plus surprenant que de voir une individua-

lité à sa période de constance, à sa période *d'entretien
dans le statu quo*, maintenir son type morphologique
malgré l'instabilité de sa matière, malgré la fluence
continue des éléments qui la traversent sans s'y arrêter.
L'entretien du type morphologique en période stable,
sa persitance pendant la croissance, sa transmission
lors de la reproduction ou hérédité, ne sont que des
aspects particuliers d'un même phénomène : la permanence d'un système stationnaire alimenté par une
matière changeante.

Attaquer ce problème c'est chercher à déterminer les
causes qui provoquent la formation de ce système stationnaire, qui l'entretiennent à travers les vicissitudes
du milieu et qui règlent le cours de la matière et les
phénomènes dont il est le siège, pour assurer durant
un temps, sa conservation intégrale.

En l'attaquant ainsi, dès l'abord s'offre à nous une
conception féconde de la vie. La vie d'un être nous
apparaît non plus comme l'histoire de sa matière qui se
forme, s'accroît, vieillit et se disperse, mais comme
l'histoire d'un système stationnaire né d'un concours de
propriétés matérielles dont la cellule originelle a le
dépôt, qui se développe suivant le type morphologique
des générateurs et qui s'éteint quand paraissent épuisés
*non pas les éléments matériels de son corps, mais les
facteurs de la cinétique vitale qui coordonnent le passage des éléments à travers ce système.*

Ainsi en est-il de tous les systèmes stationnaires : le
géographe qui décrit l'histoire d'un cours d'eau, ses
lents déplacements de siècles en siècles, l'évolution de
sa forme sous des causes physiques déterminées, ne fait

pas l'étude de la masse d'eau qui le parcourt, sans cesse conduite par lui de la montagne à la mer, et ramenée par les pluies à son lieu d'origine : il considère seulement les effets cinétiques de cette masse qui modifient son aspect stationnaire ; il abstrait en un mot les causes déterminant l'équilibre stationnaire du système ou le modifiant lentement, et ne s'attache pas à la matière même qui passe à travers lui.

De même si nous décrivions un jet d'eau alimenté par une barrique qui se vide progressivement, nous parlerions des causes dynamiques déterminant sa forme, sa direction, sa hauteur, des causes entraînant sa modification dans le temps, telle que la baisse de pression à mesure que la barrique se vide. Quant à la nature du jet liquide lui-même, elle nous importerait peu sinon par son poids spécifique, sa viscosité, etc., c'est-à-dire par des qualités physiques retentissant sur la statique du système, mais non pas par sa nature même. Que ce liquide soit de l'eau, du vin ou de la bière, cela nous intéresserait peu, c'est la forme abstraite du système que nous envisagerions et non la substance même qui le parcourt.

Nous n'insisterons pas pour le moment sur cette conception dont le lecteur se pénétrera progressivement, surtout en étudiant les fonctions les plus élevées de la vie et nous allons aborder la question par sa face la plus simple et la plus matérielle.

SECTION I. — **Croissance et reproduction. Conservation du type morphologique au cours de ces phénomènes.**

51. — Conservation du type morphologique au cours des rénovations de nutrition. Ses variations lentes.

L'idée de la conservation du type morphologique n'est pas la seule qui se dégage de l'étude de l'évolution de la matière vivante. Il en est une seconde à laquelle nous ne nous sommes pas encore arrêtés spécialement et qui est non moins importante; c'est celle du *changement lent parcouru par chaque unité, par chaque système stationnaire dans le temps* : changement de chaque cellule des organismes supérieurs qui évolue du type embryonnaire commun jusqu'aux types hautement différenciés, changement de chaque organe qui commence par une ébauche et finit par réaliser la machine la mieux adaptée à une fonction donnée, changement de chaque être total qui monte par degrés vers son épanouissement, reste quelque temps à l'apogée de son activité dans un *statu quo* à peu près fixe, puis décline progressivement jusqu'à sa mort.

Si la première avait déjà éveillé en nous l'image d'une force orientatrice propre aux unités vivantes, la seconde accentue encore cette image en nous faisant apercevoir une auto-direction au moins apparente non seulement dans l'espace, mais aussi dans le temps, puisque chaque unité suit, durant un temps donné, une évolution toujours la même.

Si la relative constance des conditions du milieu où évoluent les êtres nous permettait à la rigueur d'expliquer la pérennité des formes de la matière vivante et par suite de ramener l'auto-direction que nous croyions apercevoir en chacun d'eux à une hétéro-direction effective, il devient plus difficile de concevoir les variations du type morphologique dans le temps se reproduisant toujours les mêmes sans faire intervenir des facteurs directeurs propres à chaque unité.

Bien souvent ce sont des raisons doctrinales qui empêchent l'esprit humain de s'attacher à cette idée de facteurs auto-directeurs, parce que l'on craint de se trouver entraîné à établir une conjonction entre ces facteurs auto-directeurs et l'hypothétique principe vital des doctrines surannées.

Nous laisserons ici toute préoccupation doctrinale de côté et si les faits mettent en lumière ces facteurs auto-directeurs, sans nous inquiéter des conséquences théoriques que nos conclusions peuvent entraîner, nous formulerons simplement leur existence, quitte à en discuter plus tard la nature.

Nous allons commencer par étudier dans cette première section le phénomène de la croissance en nous attachant surtout à envisager la conservation du type morphologique et ses variations lentes dans le temps.

52. — Croissance et conservation du type morphologique.

Regardons tout d'abord croître un élément figuré, une cellule. Si l'augmentation de volume de cette cel-

lule s'offre à nous comme un fait très simple lié à la
fonction de nutrition et résultant de l'excédent des apports sur les départs, il est en réalité beaucoup plus
complexe qu'il ne le paraît. Nous savons en effet que
la cellule est très compliquée, qu'elle est formée d'organites d'une structure très savante et imparfaitement
connue. Non moins savante est la sélection qui s'opère
entre les éléments chimiques d'apport dans l'acte de
l'accroissement. Chacun de ces éléments va se fixer là
où il est utile, donnant lieu dans l'individu-cellule à
autant de croissances particulières qu'il y a d'organites
différents. Cependant cette complexité des processus
de croissance n'a en réalité rien de plus étonnant que
celle des processus d'entretien. Nous avons déjà insisté
sur ce fait d'une façon générale, je ne crains pas d'y
revenir en étudiant le phénomène intime de la croissance
de chaque unité vivante.

En effet imaginons une cellule réduite à un minimum
d'organites différenciés, une cellule faite par exemple
d'un plasma à molécules albuminoïdes quelconques et
de filaments nucléaires à molécules nucléo-protéiques,
sans autre morphologie que celle qui peut résulter des
forces physicochimiques moléculaires. Imaginons encore
que cette cellule se soit formée dans un milieu de composition à peu près constante, comme le milieu marin.
Ce qui caractérisera sa vie, ce sera la constante dislocation des molécules du plasma remplacées par de nouvelles molécules semblables, synthétisées à partir des
éléments du milieu extérieur, et la constante dislocation
des molécules des filaments remplacées de même. Or,
nous trouvons là la même sélection savante, la même

fixation élective que dans le processus de croissance;
et, dans la nature, cette fixation élective est bien
autrement complexe que chez cette cellule schématique.

Qu'il s'agisse de processus de nutrition simple, c'est-
à-dire de remplacement moléculaire assurant le simple
maintien du *statu quo*, ou bien qu'il s'agisse de processus de croissance, c'est-à-dire de remplacement
moléculaire avec excédent des apports, le phénomène
au fond est donc absolument le même.

Cela posé on se rendra compte facilement que le phénomène de la croissance comme celui de la nutrition
comporte à la fois une auto-direction, *apparente peut-
être*, et une hétéro-direction réelle, nettement tributaire de la loi de Carnot-Clausius.

Il est utile de préciser cette double proposition.

1°) Ces phénomènes impliquent avant tout, disons-
nous, une hétéro-direction réelle relevant de la deuxième
loi de l'énergétique. En effet toutes ces opérations de
remplacement sont, nous le savons, des réactions chimiques d'équilibre, des réactions du type réversible,
mais provoquées par une dégradation énergétique du
système global beaucoup plus vaste dont l'unité fait
partie. Au cours de ces réactions, l'équilibre des phases n'est jamais obtenu, bien que les substitutions se .
fassent toujours dans le même sens; c'est là une caractéristique des systèmes stationnaires comparés aux
systèmes chimiques ordinaires; les réactions d'équilibre
dont ils sont le siège sont sans cesse et indéfiniment
renouvelées dans le même sens.

La dégradation énergétique qui correspond à l'ensemble de ces réactions ne conduit pas immédiatement le système où s'accomplissent ces phénomènes vers un état d'équilibre stable pour la raison très simple que ce système élimine au fur et à mesure qu'elles se forment les phases terminales des réactions qui les affectent.

Très longtemps l'unité vivante reste le siège de ces réactions sans cesse renouvelées, imposées par la loi de Carnot-Clausius et, lorsque cette unité meurt, ce n'est pas que son système a atteint un maximum entropique, car sa mort même est encore un effet de cette loi comme la dispersion de ses éléments matériels et leur reprise pour d'autres cycles.

Ainsi conçue l'unité vivante est bien le système stationnaire passif, le phénomène permanent né d'un flux constant, localisé dans un même lieu de l'espace, au cours d'une chaîne de phénomènes bien plus généraux, provoqués par l'augmentation entropique d'un système bien plus vaste. Sa morphologie, sa structure intime, sa nature même apparaissent bien comme le résultat de l'accomplissement permanent à travers elle de chaînes de phénomènes ayant leur raison d'être dans une dégradation énergétique étrangère, c'est-à-dire comme le résultat d'une hétéro-direction effective.

2°) A côté de cette *hétéro-direction réelle*, nous disons que nous apercevons, dans le phénomène de croissance, mieux encore que dans le phénomène de nutrition, une auto-direction que nous avons provisoirement taxée de *peut-être apparente*, parce que nous avons vu plusieurs de ses caractéristiques ressortir en réalité à une hétéro-direction effective, mais dont nous n'avons pas encore précisé la valeur ni la nature. C'est à cette deuxième

partie de la proposition que nous allons nous attacher
à présent.

53. — Sur les facteurs auto-directeurs qui paraissent conserver le type morphologique des unités pendant leur entretien et pendant leur croissance.

Je vais développer ici des données auxquelles le lecteur
a été, à diverses reprises, préparé. J'ai fait entrevoir en
effet, aux paragraphes 2 et 3, que l'influence orientatrice des phénomènes vitaux nous apparaissait comme
différente du deuxième principe de l'énergétique sans
lui être opposée : j'ai montré que cette orientation *a
priori* nous semblait être l'instrument d'une cause
finale entraînant la convergence des phénomènes vers
un objet déterminé, alors que la deuxième loi de l'énergétique était l'expression d'une causalité efficiente
donnant habituellement lieu à des phénomènes divergents ; j'ai laissé pressentir que la cause orientatrice en
jeu pourrait bien se ramener en dernière analyse à un
simple triage des probabilités donnant la prédominance
à certains phénomènes isodégradateurs, à l'exclusion
de certains autres ; et j'ai émis l'idée que l'agent de ce
triage était vraisemblablement une de ces influences
statiques dont les systèmes stationnaires, comme les
unités fixes peuvent être le receptacle (§§ 5 et 6).

Cette idée a pris une forme plus concrète quand,
ayant étudié les phénomènes généraux de la nutrition,
nous avons pu discuter sur l'auto-régulation des phénomènes vitaux et sur l'autonomie de l'intensité vitale,
(§§ 31 et 32) ; plus loin l'étude des coordinations humo-

rales et des défenses chimiques de l'organisme s'est présentée comme un corollaire du théorème général et
comme une vérification expérimentale des conclusions
proposées. A présent que l'étude de la croissance, de
la reproduction, de l'hérédité nous met face à face avec
le problème si souvent rencontré, je vais condenser
tous les éléments de sa solution.

Mais je dois faire appel à toute l'attention du lecteur,
car malgré les travaux d'approche que je viens de rappeler et qui nous ont acheminés vers la solution, il nous
reste à surmonter de grosses difficultés.

Tâchons donc de procéder avec ordre.

Deux principes tirés de l'étude physico-chimique de
la vie doivent être inscrits à la base même de toute
discussion sur l'autonomie des êtres.

1° *Les réactions biochimiques de la vie, réactions
d'équilibre, sont tributaires de la loi de Carnot Clausius.
La nutrition correspond à une dégradation énergétique.*

2° *Parmi les réactions propres à la vie et en général
dans beaucoup de réactions d'équilibre, on aperçoit la
possibilité de variantes correspondant à la même dégradation énergétique.*

Telle est par exemple la formation des inverses optiques qui possèdent le même potentiel thermo-chimique
et prennent naissance simultanément au cours de certaines mutations.

Alors c'est le calcul des probabilités seul qui décide
de la proportion relative des phénomènes accomplis.

Nous allons voir comment ces deux principes vont
nous conduire à notre but.

Le premier a été assez développé au cours de cet

ouvrage pour que je n'y insiste pas. C'est lui qui nous fait voir la vie de chaque unité vivante tributaire de l'ambiance, tributaire de la dégradation énergétique du système global formé par cette unité et par son milieu, et dont elle n'est qu'un phénomène partiel.

Le second au contraire a été seulement entrevu et se dégage à peine de notre étude antérieure. Il n'est pas complètement nouveau, il est vrai, puisque déjà l'exemple de la formation des inverses optiques nous a montré l'intervention du « hasard » dans la réalisation des phénomènes, mais certainement le lecteur ne lui a pas jusqu'ici attaché l'importance que nous allons lui découvrir.

Le propre des phénomènes de la vie flottant dans le voisinage des états d'équilibre est de trouver, si je puis ainsi dire, plusieurs voies devant eux. Ils sont doucement sollicités par la loi de Carnot-Clausius à prendre quelqu'une de ces voies indifféremment et le calcul des probabilités, qui est la mise en formule des lois de hasard, nous apprend les chances respectives qu'ils auraient de choisir telle ou telle direction.

Or le calcul des probalités ne saurait être basé que sur des moyennes très étendues et, dans l'étude des faits particuliers, il se peut que le hasard des séries mette complètement en défaut ses prévisions.

Chacun sait combien, dans certains phénomènes banaux où le calcul des probabilités règne en maître, la contemplation de séries est impressionnante. Les séries heureuses ou malheureuses des faits de hasard ne sont pas sans frapper l'esprit humain dans les choses quotidiennes.

Quand, à plusieurs reprises déjà, nous avons parlé des tâtonnements de la nature, nous avons, sans le spécifier, fait entrer en jeu ces phénomènes relevant de la loi des probabilités. La chimie nous a fourni des exemples précis, tangibles, des manifestations de cette loi. Il est à présumer que ces rares exemples ne sont rien à côté de ceux que nous ignorons, parce que nous ne connaissons pas la plupart des phénomènes intimes de la vie. Nous pressentons, au fond de tous ces phénomènes, la pluralité des voies offertes, l'équivalence de sollicitation dans des directions variées.

Parmi tous les phénomènes biologiques que nous avons étudiés, il en est une catégorie, la plus imposante de toutes, qui est bien faite pour justifier ce que nous avançons : ce sont les phénomènes catalytiques dont l'étude des corrélations humorales nous a montré le jeu, si merveilleusement ordonnancé chez les animaux supérieurs. Nous savons en effet que presque tout le chimisme de la vie repose sur des actions lytiques et que ces actions ont pu être qualifiées, sans trop d'erreur, du nom d'actions de présence, ce qui évoque immédiatement en notre esprit le mécanisme d'une de ces influences statiques dont nous avons parlé.

Or une série de faits et en particulier l'étude des défenses de l'organisme par les anticorps nous a fait voir que la mise en jeu de ces agents de présence se fait plus ou moins à propos et qu'elle se fait d'autant plus à propos que l'individu en a été plus souvent le siège, qu'il a subi un entraînement meilleur, qu'il a acquis en un mot *l'habitude* d'en être le lieu d'accomplissement.

Cette introduction des mots *habitude, entraînement,*

tendance individuelle, apporte une nouvelle notion à notre étude et nous fait faire un pas de plus vers la solution cherchée.

Il y a dans le monde physique de rares exemples de ce fait qu'un phénomène déjà produit se reproduit plus facilement dans la suite pareil à lui-même, comme si les systèmes matériels qui en sont le siège avaient gardé la *mémoire* de la mutation accomplie. La matière vivante, elle, est tout particulièrement apte à subir cet entraînement, à fixer cette habitude, à manifester cette mémoire.

Par l'intermédiaire de ces catalyseurs si complexes et si multiples dont elle est pourvue et grâce à l'intervention à propos de ces agents d'ordre statique mis en œuvre d'une façon sélective, en vertu de tendances individuelles, les phénomènes isodégradateurs sont de fait triés et choisis, et la loi des probabilités se trouve influencée par *des facteurs propres à l'unité vivante, des facteurs procédant de son autonomie et mettant en scène son habitude, sa mémoire, son intervention active.*

Les agents lytiques ne sont pas d'ailleurs les seuls témoins de l'intervention des agents statiques de triage. Il est surtout à côté d'eux une cause directrice, statique aussi, d'une importance de plus en plus considérable à mesure qu'on gravit l'échelle des formes animales : l'influx nerveux, la centralisation nerveuse. Bornons-nous à la signaler ici, nous réservant de l'étudier plus tard.

54. — Le rôle de la sélection naturelle des unités dans la fixation des agents de triage conservateurs du type morphologique se révèle déjà par l'étude de la croissance.

Quoi qu'il en soit, nous arrivons à ce point de notre étude où, dans toute sa clarté, nous apparaît cette cause *a priori* si mystérieuse qui, juxtaposée au principe de Carnot-Clausius, semble pousser les phénomènes de la vie vers une finalité voulue.

En effet au cours de la vie des êtres, la mise en jeu des causes de triage dont nous venons de parler ne peut que s'accentuer. Elle s'affirme nécessairement. La nécessité de cette accentuation, de cette affirmation est due à l'intervention de la sélection naturelle dont nous avons déjà parlé et que nous étudierons bientôt en considérant non plus les phénomènes de croissance, mais la reproduction et l'hérédité. La sélection naturelle va fixer des caractères propres à l'unité vivante, caractères qui sous le nom de tendance, d'habitude trient sans cesse les phénomènes isodégradateurs de manière à réaliser l'accroissement ou au moins le *statu quo* de cette unité. Voici comment :

Au cours des rénovations chimiques de la nutrition trois choses peuvent être regardées comme possibles, toutes trois compatibles avec la loi de Carnot-Clausius, toutes trois indifférentes à son application.

1°) On peut supposer que dans le système chimique où s'accomplissent les réactions d'équilibre considérées, les phases (1) antérieures, les phases intermédiaires propres au système stationnaire et les phases postérieures soient dans un rapport constant : alors la cellule resterait pareille à elle-même. Il n'est pas dans la nature d'exemple d'unités vivantes qui restent indéfiniment pareilles à elles-mêmes.

2°) On peut supposer au contraire que le passage des phases antérieures aux phases intermédiaires aille moins vite que le passage de celles-ci aux phases finales : alors la cellule diminuerait, puis disparaîtrait. Ce phénomène ne se produit qu'aux phases terminales des vies individuelles.

3° On peut supposer enfin qu'il y ait excédent de vitesse des mutations d'apport sur les mutations de départ, alors il y aurait accroissement de masse du système intermédiaire, de la cellule. Si ce phénomène n'était pas général dans l'évolution de la matière vivante, la vie n'aurait jamais existé sur la terre.

De cette constatation se dégage une idée sur laquelle nous reviendrons lorsque nous étudierons le problème des origines, mais qui, dès à présent, va nous être utile parce qu'elle va nous faire apercevoir à la base même de la vie cette auto-direction si troublante pour les énergétistes physiciens et l'intervention de la sélection naturelle dans la fixation des agents de triage.

En effet quelle que soit l'origine des premières unités existantes, origine que nous ne discuterons pas ici, qu'elles aient été formées d'emblée, ou bien que, dans

(1) Rappelons que le mot phase désigne ici la quantité de matière d'une espèce donnée présente dans le système à un moment considéré.

l'universalité de réactions diffuses, elles aient surgi, tels des systèmes stationnaires nés de la convergence à travers eux de chaînes de phénomènes continus, nous concevons facilement que parmi les unités formées, celles là seules puissent prétendre à la pérennité qui présentent une égalité ou un excédent de vitesse de mutations d'apport sur les mutations de départ. Nous concevons en un mot que la vie ne peut être indéfinie que pour celles qui sont toujours pareilles à elles-mêmes ou pour celles qui s'accroissent.

La propriété que possède ces dernières de pouvoir se diviser et ainsi de se reproduire, nous permettra même bientôt de dire que celles-là seules qui possèdent la tendance à l'accroissement sont susceptibles d'un avenir indéfini en raison des causes de destruction qui sans cesse les menacent toutes. Celles-là sont, par la force même des choses, *choisies* pour se perpétuer. Il y a donc là une intervention de la sélection naturelle que nous préciserons d'ailleurs plus loin.

Dès lors nous apercevons comme nécessaire à l'avenir et à la pérennité de la matière vivante un fait qui nous semblait contingent en lui-même, une tendance qui nous paraissait tributaire du hasard et qui en tout cas n'était pas imposée par la deuxième loi de l'énergétique : *le fait pour chaque individualité de s'accroître.*

Il se peut que dans le hasard de l'apparition des systèmes stationnaires les trois catégories aient autant de chances l'une que l'autre de se former, mais à peine avons-nous fait cette supposition, que nous comprenons la nécessité pour nos unités d'être des unités croissantes, si nous voulons que leur matière ait la pérennité.

Mais dès lors qu'elles font cela par la nécessité même des choses, la croissance nous apparaît comme tous les caractères développés par sélection, avec un but utilitaire, avec une apparence de finalité préfixée. Chaque unité semble travailler grâce à la fonction de nutrition pour *sa vie au mieux* et son *accroissement au maximum*. Elle travaille en réalité à ce but apparent grâce à ses facteurs de triage, grâce à leur mise en jeu à propos, grâce à l'habitude matérielle de cette mise en jeu, grâce à la mémoire matérielle du déjà fait.

Quoi qu'il en soit, ces mêmes agents de triage que nous avons trouvés dans tous les phénomènes électifs de la vie, dans tous les phénomènes convergeant vers l'utilité de l'unité vivante, nous les trouvons à la base même de la fonction de nutrition pour la conservation du type morphologique pendant que l'être s'entretient ou pendant qu'il s'accroît; cette croissance même nous apparaît comme imposée par eux et ainsi dès le début voyons-nous s'affirmer l'idée de l'auto-orientation et de l'autonomie des unités vivantes, caractère propre à la vie et se développant en marge des grandes lois de la physicochimie, à côté du principe universel de Carnot-Clausius.

Nous allons voir bientôt quelle importance vont prendre ces agents auto-directeurs quand nous constaterons qu'ils suivent la matière vivante non seulement pendant que chaque unité s'accroît mais quand elle se divise et là encore nous nous apercevrons que la sélection naturelle, raison d'être de la loi de croissance, est aussi la raison majeure qui rend nécessaire la pérennité de ces agents auto-directeurs, c'est-à-dire qui impose la loi d'hérédité.

Seulement toute discussion sur l'hérédité serait stérile si nous ne connaissions pas auparavant d'une façon précise le mécanisme matériel de la reproduction. C'est pourquoi nous allons consacrer une section à l'étude de la reproduction des êtres vivants dans les deux règnes.

Section II. — Mode de reproduction des unités vivantes.

55. — La reproduction des êtres et des unités organiques résultat de la fonction de nutrition. Les processus de division des cellules arrivées à un certain degré de croissance.

Nous avons montré comment un élément vivant, pendant qu'il se nourrit, s'accroît en conservant sa forme.

Quand il a dépassé un certain volume, comme si l'équilibre de ses parties devenait instable, il se scinde et chacune des parties reproduit la forme primitive (1).

(1) Van Rees a cru pouvoir expliquer la nécessité de la scission par le fait suivant mis en lumière d'ailleurs antérieurement par Spencer : les apports alimentaires se font par la surface de chaque élément. La consommation se fait dans toute la masse. Or quand la cellule grossit la surface croît comme le carré d'une des dimensions linéaires de la cellule et le volume, la masse, comme le cube de cette dimension. Autrement dit la consommation croît plus vite que l'apport et la scission devient nécessaire comme moyen d'augmenter la surface. Mais cette raison, raison utilitaire, fait partie des causes donnant prise à la sélection et non des causes efficientes du phénomène lui-même.

Voilà dans son expression la plus simple en quoi consiste le phénomène de la reproduction.

Son processus le plus répandu dans les deux règnes, celui que nous retrouvons presque universellement dans l'ovule des animaux et des plantes, quand il évolue vers la formation de l'être nouveau, celui que nous apercevons dans la multiplication des éléments cellulaires de nos tissus, des tissus animaux et végétaux en général, c'est le processus du dédoublement du filament nucléaire auquel Schleicher en 1876 a donné le nom de karyokinèse et dans lequel on discerne déjà une grande complexité morphologique.

Il existe de l'avis de la plupart des histologistes un processus correspondant à un degré de différenciation cellulaire moindre, le processus de division directe du noyau sans dédoublement du filament (*amilose* ou *karyosténose*).

Quel que soit le mode de division, le noyau joue un rôle important dans le phénomène (Schneider), contrairement à une opinion accréditée il y a une quarantaine d'années et formulée en particulier par Flemming qui croyait voir le noyau disparaître au moment de la division (1873).

Nous allons prendre un aperçu rapide de ces procédés de division.

I. — *Karyosténose* (κάρυον, noyau ; στένωσις, rétrécissement) *ou division directe, ou amilose* (α *privatif,* μίτος *filament*). Quand les cellules de la lymphe de certains animaux à sang-froid (axolotl) se divisent, on voit tout d'abord le noyau s'étrangler comme s'il était serré par une bride de sténose; il se scinde; puis le plasma cellulaire subit le même processus, il s'étrangle et se divise en deux masses. D'autres fois le noyau au lieu de s'étrangler paraît coupé par une faille, une fissure qui le divise finalement en deux parties.

On observe ce mode de reproduction dans beaucoup de cas, mais ces cas constituent une infime minorité si on les compare à ceux qui caractérisent la karyokinèse : certains protozoaires, des infusoires, les leucocytes, les cellules de la lignée sexuelle (gonies) chez un grand

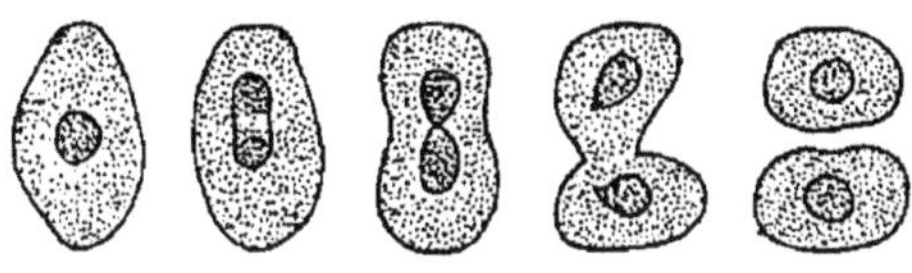

Fig. 36. — Schéma des phénomènes de la karyosténose.

nombre d'espèces, certains épithéliums (tubes de Malpighi des insectes), etc., sont regardés comme tributaires de la multiplication karyosténosique.

Remarquons que durant sa vie une cellule présente souvent des changements de forme du noyau, des étranglements passagers, des fentes, des échancrures. Ce fait nous permet de concevoir que les causes qui, à un moment donné, provoquent la sténose complète ou le clivage *ne sont pas particulières à l'acte de la reproduction et existent en tout temps pendant que la cellule se nourrit.*

II. — *Karyokinèse* (χάρυον, noyau ; χίνησις, mouvement), *ou division indirecte, ou mitose* (μίτος, *filament*). La karyokinèse, qui, nous venons de le dire, est le procédé ordinaire de la reproduction des cellules, consiste en un processus de division beaucoup plus précis et plus complexe. La division porte ici non plus sur la masse du noyau comme elle paraît le faire dans la karyosténose, mais sur chaque organite du noyau qui subit un dédoublement remarquable ainsi que nous allons le faire voir très schématiquement.

Soit une cellule 1 avec son plasma B, son noyau N, renfermant un réseau chromatique K et une sphère directrice S.

Au moment où va s'opérer le phénomène de la reproduction on voit le réseau chromatique s'accentuer,

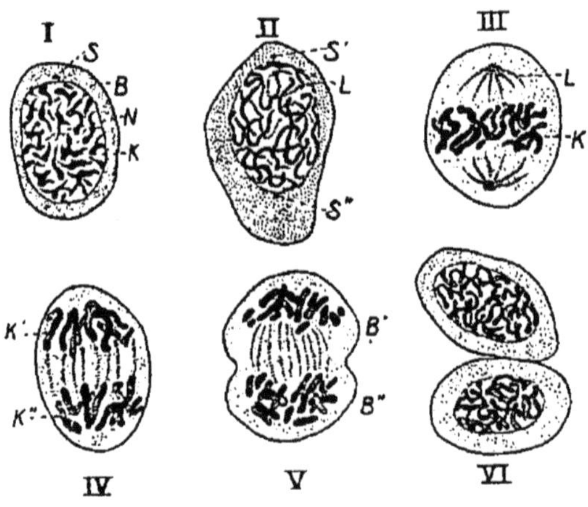

Fig. 37. — Karyokinèse.

prendre l'aspect d'un filament, d'un cordon pelotonné sur lui-même. Le centrosome paraît de bonne heure se dédoubler, les deux moitiés S' S'' s'éloignent l'une de l'autre, finalement se placent de part et d'autre du noyau, un fuseau fibrillaire L à peine marqué les unit l'une à l'autre, fig. II ; ces fibrilles sont vraisemblablement constituées par une différenciation transitoire du plasma. D'après Strasburger, c'est le kinoplasme qui fait les frais de la formation du fuseau. Avec lui Guignard, Boveri, Henneguy, etc. considèrent le fuseau comme d'origine extra-nucléaire, tandis que Butschli, Carnoy, Hertwig, etc., le regardent comme formé par la linine du noyau et que Prenant, Flemming, etc., rattachent sa partie polaire au plasma cellulaire et sa partie centrale au noyau.

Bientôt, fig. III, on voit le cordon chromatique nucléaire se diviser en fragments, appelés *anses chromatiques* (à cause de leur forme en U ou en V qu'ils affectent généralement), ou *chromosomes*. Ces chromosomes viennent se ranger à peu près suivant un plan perpendiculaire à la ligne des centres cellulaires SS' : c'est la plaque ou couronne équatoriale, K, fig. III. Il est remarquable de constater que le nombre des anses chromatiques est constant pour une espèce cellulaire donnée.

A ce moment (fig. IV), se produit un phénomène de dédoublement essentiel ; chaque anse chromatique se dédouble non pas par une scission transversale, mais par un clivage longitudinal et chaque moitié K', K" se dirige, l'angle en avant, vers chacun des centres cellulaires.

Un peu plus tard ces anses se réunissent respectivement vers chaque extrémité du fusau, s'y soudent et forment un cordon chromatique (fig. V). On aperçoit ordinairement dès ce stade un étranglement équatorial de la masse cellulaire totale dont le plasma tend à se diviser B' B".

Après une durée totale du phénomène qui est très variable (une heure, deux heures, vingt heures) suivant les cellules et suivant les conditions extérieures, on voit la séparation se parfaire (fig. VI), et chaque cordon chromatique, prenant l'aspect d'un réseau, constitue les deux nouveaux noyaux cellulaires.

Quelle est la cause, quel est le mécanisme intime de ces phénomènes karyokinétiques? Il est impossible de donner une réponse précise à ce problème dans l'éta^t actuel de la science. Alors même qu'on admettrait avec Van Beneden, Boveri, Hertwig, etc., que les filaments des sphères attractives, attachés aux anses chromatiques se rétractent pour les séparer, ou bien avec Strasburger que les chromosomes dédoublés glissent le long de ces filaments, attirés qu'ils sont par le chimiotactisme des centres directeurs, on ne serait guère plus avancé pour concevoir les raisons intimes du phénomène; et ce ne sont pas jusqu'ici les images artificielles de karyokinèse qu'on a pu obtenir *in vitro* (Bütschli, Henking, Leduc, etc., V. T. III) qui peuvent nous en donner la clé. Les chromosomes, dit Yves Delage dans son ouvrage admirable sur l'hérédité, nous donnent « l'impression d'une troupe de marionnettes jouant une petite pièce muette, mais très compliquée, avec une merveilleuse précision de mouvement et rentrant dans la coulisse pour recommencer à la division suivante. Nous comprenons le but de l'action : c'est le partage équitable des substances et organes du noyau mère entre les deux noyaux filles. Mais comme nos marionnettes ne parlent pas, qu'elles sont très petites, qu'une partie de leurs mouvements nous est cachée par le décor et que nos lorgnettes sont un peu troubles, nous sommes bien loin de voir et de comprendre tous leurs mouvements ». Si, depuis 1895, époque à laquelle furent écrites ces lignes, nos lorgnettes sont devenues peut-être un peu moins troubles parce

que la technique de nos procédés d'investigation s'est
améliorée, si ces processus ont pu être même fixés par
la cinématographie, nous n'en savons guère plus sur
leur véritable mécanisme. Nous restons les spectateurs
étrangers, ceux qui ne sont pas admis, dans les cou-
lisses.

56.—Particularités relatives à la reproduction des unités polycellulaires. Reproduction par scissiparité. Reproduction par cellules spéciales asexuées et sexuées.

Beaucoup d'êtres polycellulaires, surtout parmi les
plus simples, peuvent, on le sait, donner naissance à de
nouveaux êtres par division de leur propre substance.
Souvent les parties résultant de cette scission sont
inégales; la partie destinée à former l'être nouveau est
plus petite et ordinairement constituée par des cellules
du type embryonnaire : c'est un bourgeon (polypes hy-
draires, ascidies composées, tuniciers, etc.), ou un
germe multicellulaire. Chez certains vers trématodes,
l'adulte donne naissance dans l'intérieur d'une poche
sacciforme à de multiples bourgeons qui sont autant
d'individus nouveaux.

On sait aussi que des êtres présentant déjà un notable
degré de perfectionnement mais formés d'unités jouissant d'une autonomie relative tels que certaines espèces
de vers, peuvent se multiplier par séparation de une
ou plusieurs de ces unités complexes qui deviennent
le point de départ de nouvelles unités collectives.

On n'ignore pas non plus que chez les plantes, le
mode de reproduction par marcotte artificielle ou

naturelle, par bouture, par greffe est un autre exemple de cette continuation de l'unité-mère, par scission d'une de ses parties.

Mais ordinairement ce n'est pas une moitié de l'être, ce n'est pas une fraction notable de l'être, ce n'est pas une partie multicellulaire, même minime, qui est préposée à cette fonction d'assurer la pérennité de l'espèce. C'est presque toujours une cellule, un germe monocellulaire qui, se détachant de l'unité-mère et proliférant pour son compte, reproduit cette unité. On peut aller plus loin et dire que, à part les cas spéciaux où nous gratifions du nom d'unité ce qui n'est en réalité qu'une colonie d'unités, la reproduction par scission pluricellulaire n'est pas une reproduction d'avenir, elle ne conduit pas bien loin dans son évolution la lignée qui a emprunté cette voie. La reproduction par un germe monocellulaire est le véritable processus général qui assure la pérennité de la matière vivante.

Seulement, très vite dans les séries animales et végétales, nous voyons le phénomène se compliquer.

Les processus karyokinétiques propres aux cellules spécialisées dans la fonction de reproduction se présentent avec une complexité croissante, preuve de la complexité des organites cellulaires qui entrent en jeu. Parmi les processus les plus remarquables résultant de cette évolution, celui qui nous frappe le plus est le processus de la sexualité dont on aperçoit les premières ébauches chez les êtres inférieurs, chez les infusoires ciliés en particulier et qu'on trouve arrivé à son complet épanouissement chez les végétaux et les animaux supérieurs.

Nous allons tâcher, au cours de ce paragraphe et des paragraphes suivants, de faire comprendre les transitions entre ces différents modes de reproduction. Nous partirons pour cela des amibes dont plusieurs espèces se reproduisent par karyokinèse, suivant un processus dont la fig. 37 donne une idée fidèle.

Un peu au-dessus des amibes végétales nous trouvons dans le règne végétal un premier témoin intéressant de la spécialisation cellulaire en vue de la reproduction chez la classe la plus simple de l'embranchement des thallophytes, chez les algues.

On connait ces algues très simples qui offrent l'aspect d'une gelée verdâtre sur les vieux bois humides. Elles sont formées de petits filaments qui se reproduisent, quand le végétal est en pleine activité, par simple scissiparité, par division du filament en parties pluricellulaires. Or, quand les conditions ambiantes sont défavorables, on voit des cellules se différencier, s'entourer de parois protectrices, s'isoler du monde extérieur jusqu'à ce que les conditions climatériques lui redeviennent favorables. A ce moment elles rompent leur enveloppe et deviennent le point de départ de nouvelles algues.

Cette cellule qui s'est chargée de perpétuer l'espèce est une *spore*.

Nous avons déjà vu (T. III, p. 240), quand nous avons étudié les différenciations morphologiques des cellules liées à la fonction de mouvement, que les spores de certaines algues, se transportant dans l'eau, présentent à cet effet des cils vibratiles, telles les spores de vaucheries (v. fig. 49, T. III).

Voilà donc un premier pas réalisé dans la fonction de reproduction ; une cellule se différencie dans le thalle de l'unité mère, se sépare de cette unité, puis se développe quand les conditions le permettent pour reproduire un thalle semblable. C'est là la *reproduction asexuée* réduite à sa plus simple expression.

Faisons un pas de plus et nous allons trouver la transition entre la reproduction asexuée et la reproduction sexuée.

57. — Reproduction par cellules spéciales et sexuées.

C'est peut être dans le mode de reproduction par sporanges, commun à la plupart des thallophytes, que l'on saisit le plus facilement cette transition. Prenons comme type les flagellés que l'on a eu le droit d'hésiter à classer parmi les animaux ou parmi les plantes, parmi les infusoires ou parmi les algues inférieures.

Tantôt nus, tantôt enveloppés d'une carapace siliceuse, ils présentent des cils vibratiles diversement disposés et quelquefois réduits à un seul prolongement en forme de fouet, de flagelle, d'où le nom générique qui leur a été donné.

Parmi les flagellés, un certain nombre d'espèces telles que le polytoma uvella se reproduisent par sporanges.

On donne le nom de *sporange* à un organe formé d'un petit renflement contenant des spores. Voici comment il se forme : la division d'une cellule mère, au lieu de donner seulement deux cellules filles qui se développeraient ensuite pour leur compte et se sectionneraient à

leur tour, donne immédiatement, par une série de bipartitions, 4, 8, 16 cellules nouvelles, qui n'ont même pas le
temps de prendre la taille et les caractères de cellule
mère, comme si l'activité karyokinétique exaltée,
n'attendait pas le travail de la nutrition, comme si elle
le devançait (fig. 38).

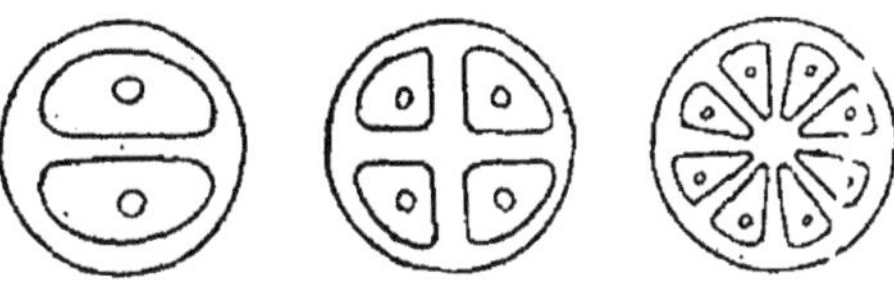

Fig. 38. — Schéma des bipartitions rapides qui entraînent
la formation des sporanges.

Or si en principe chaque cellule nouvelle résultant de
cette série de bipartitions, si chaque spore ainsi formée
peut être l'origine d'un être nouveau, en fait on constate que l'activité reproductrice de chacune de ces cellules, un moment exaltée, se fatigue et s'arrête, si bien
que la mort menacerait la lignée si aucun autre phénomène n'entrait en scène. Ce phénomène nouveau, grâce
auquel les cellules des divisions terminales peuvent
récupérer leur faculté reproductrice et leur activité
karyokinétique illimitée est le suivant : deux spores
s'accolent, se fusionnent, confondent leurs noyaux,
reforment une unité double, annulent pour ainsi dire
l'effet de la dernière bipartition. Il semble alors que de
cette fusion résulte une activité nouvelle, un équilibre
vivace. Dangeard, le savant professeur de la Faculté des
Sciences de Poitiers, a, après Van Rees, et d'une façon
plus catégorique que Van Rees, attribué ce regain
d'énergie à un phénomène d'autophagie, qu'il appelle

l'*autophagie sexuelle*. La nutrition ayant été en retard sur la prolifération, les « *spores affamées* » se mangeraient deux à deux, chaque cellule jouant vis-à-vis de sa partenaire à·la fois le rôle de *mangeur* et celui de *mangé*.

Si la plupart des naturalistes n'ont pas suivi M. Dangeard dans cette conception et s'il peut paraître bizarre d'assimiler cette fusion pure et simple de deux cellules à un acte de digestion réciproque, on peut du moins retenir de sa doctrine cette idée que, dans la formation des sporanges, nous assistons à une différenciation cellulaire qui exalte une fonction au détriment d'une autre. L'activité karyokinétique dont nous ne connaissons pas le mécanisme intime, et que nous avons simplement présentée comme un *a posteriori* des actes de la nutrition, va plus vite que l'encaissement nutritif. De là, un déséquilibrement qui pourra devenir fatal à l'avenir de l'espèce. Il le devient en fait, la lignée s'épuise si les spores isolées doivent assurer la descendance. Mais que deux spores différentes se fusionnent, l'équilibre se rétablit. Faut-il voir dans le fait de cette fusion un apport de matière qui compense l'insuffisance de nutrition? Il semble que ce soit là peut-être le point discutable de la doctrine; et il me paraît plus rationnel, au moins provisoirement, d'y trouver simplement le rétablissement *d'un équilibre moyen des fonctions nutritives* avec conservation d'une puissante activité reproductrice, grâce à la conjonction de deux unités déséquilibrées de façon différente. Ceci mérite un mot d'explication.

·Le fait de fusionner deux unités, chez lesquelles l'exaltation d'une fonction a perturbé l'équilibre général, a des chances d'être salutaire. En effet, la perturbation produite peut n'être pas identiquement la même chez toutes les unités intéressées. Elle ne l'est pas en fait et ici encore nous trouvons un exemple de ces effets différents qui peuvent se produire au cours des réactions de la vie et qui sans être connus dans leur intimité peuvent être qualifiés d'isodégradateurs. La loi des probabilités règle seule, en principe, la fréquence de leur production.

La formation des isomères dissymétriques inverses, la genèse des anticorps, les corrélations humorales, etc., nous ont préparés à cette conception et déjà ont éveillé en nous deux idées. La première c'est que deux systèmes physicochimiques isomères présentant le même potentiel thermodynamique, peuvent avoir des propriétés très différentes; la deuxième c'est que le rapprochement de ces deux systèmes peut donner lieu à des échanges cinétiques, à des phénomènes dynamiques, qui attribuent au nouveau système formé des propriétés nouvelles.

On conçoit dès lors, sans qu'il soit permis de vouloir préciser des conditions qu'on ignore, que deux spores apparemment identiques, puissent présenter quelque déséquilibrement inverse.

On conçoit d'autre part que ce déséquilibrement puisse chez chacune d'elle être une cause nuisant à la nutrition indéfinie et par suite à la pérennité de la matière vivante, tandis que le fusionnement de deux inverses, non seulement rétablit l'équilibre, mais grâce aux phénomènes dynamiques ou cinétiques auxquels il donne lieu, provoque un regain d'activité, d'accroissement, sans cesse renouvelé de génération en génération.

Ainsi le phénomène de déséquilibrement physico-chimique dans deux unités, suivi du rapprochement de ces deux unités, peut devenir un phénomène utile à la pérennité de la matière vivante, à l'évolution de la vie. C'est dire qu'il va pouvoir donner prise à la sélection naturelle : dès lors nous pouvons prévoir que les déséquilibrements inverses vont être incités à s'accentuer et le phénomène du rapprochement à se généraliser. C'est ce qui est arrivé en fait. Les différences des cellules reproductrices s'accusent au fur et à mesure qu'on s'élève dans l'échelle des êtres. L'une prend le type que nous appelons mâle, l'autre prend le type que nous appelons femelle.

Ici chez nos flagellés, nous devons déjà reconnaître une spore mâle et une spore femelle, un gamète mâle et un gamète femelle, pour employer le terme consacré.

Nous allons tâcher de donner un aperçu de l'évolution de cette sexualité à partir de ces types originels jusqu'aux types les plus caractérisés.

58. — Evolution de la sexualité à partir des stades d'origine chez les plantes.

Sans quitter la classe des algues, on voit une différenciation fonctionnelle assez significative se caractériser en considérant les espèces plus élevées.

Les gamètes males et femelles se présentent sous des aspects différents et tellement frappants qu'ils suffi-

raient à eux seuls à justifier la théorie, que je proposais
ci-dessus, du déséquilibrement inverse des propriétés
physico-chimiques ou biologiques chez chacun d'eux.
Le gamète mâle ou anthérozoïde est plus petit et pourvu
de cils vibratiles qui lui permettent de se déplacer. Le
gamète femelle ou oosphère est plus gros, il est fixe.
Dès lors que les gamètes commencent à présenter des
caractères sexuels aussi différenciés, leur union est qua-
lifiée du nom d'*hétérogamie*; tel est le cas de l'œdogonium, algue filamenteuse qu'on trouve dans les eaux
douces.

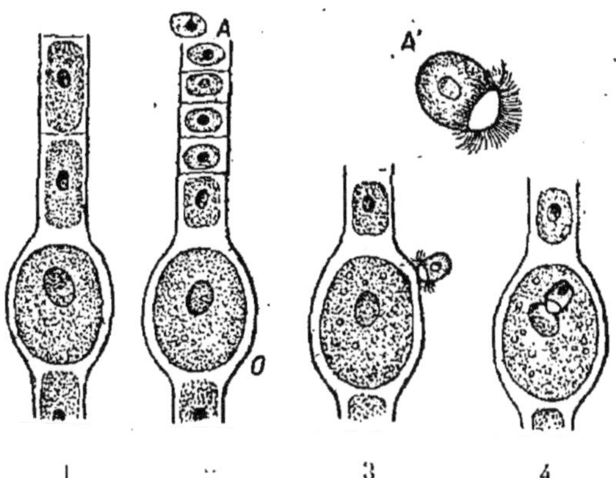

Fig. 39. — Évolution vers l'hétérogamie.
1. Filament d'œdogonium.   2. Oosphère (O) et anthérozoïde (A)
A' anthérozoïde plus grossi.
3. Oosphère en voie de fécondation.   4. Oosphère féconde.

On a au contraire réservé le nom d'*isogamie* aux cas
où les deux gamètes ne sont pas différenciables par nos
procédés d'investigation.

On trouve tous les degrés entre l'isogamie et l'hétérogamie.

L'hétérogamie paraît s'être accusée de plus en plus
par ce fait qu'il y a avantage pour l'espèce à ce que les

gamètes mâles qui fécondent l'oosphère ne soient pas les plus voisins par leur origine de cette oosphère, d'où l'utilité des caractères permettant leur *venue d'ailleurs*, en particulier l'utilité des cils vibratiles.

Je ne peux signaler un fait aussi important sans attirer sur lui l'attention des lecteurs. Qu'on veuille bien observer ce que renferme d'enseignement cette observation, qu'il semble y avoir souvent avantage pour l'avenir de la descendance à ce que le gamète mâle ne soit pas de la même souche, de la même lignée que le gamète femelle, qu'il provienne d'un plant différent, d'un filament de mousse autre que celui de l'oosphère. C'est un caractère non essentiel puisque l'hermaphrodisme est d'observation courante dans le règne végétal, mais c'est un caractère commun à la plupart des êtres vivants, puisque souvent, même chez les hermaphrodites, des caractères sexuels accessoires favorisent la fécondation par des éléments mâles, des anthérozoïdes *venus d'ailleurs*. Ceci nous conduit fatalement à penser qu'il existe des différences bien autrement subtiles que celles que nous pouvons apprécier entre les isomères chimiques, entre les inverses optiques, entre les substances voisines même qui entrent en jeu dans le processus des corrélations humorales et des défenses chimiques de l'organisme. Ne connaissant rien de la nature de ces différences, il serait vain d'y insister, mais du moins que cette remarque soit toujours présente à notre esprit, quand nous nous proposerons d'interpréter les faits qui touchent à l'évolution de la vie, à l'hérédité des caractères, aux prédispositions individuelles, etc.

Quoi qu'il en soit l'hétérogamie s'accentue peu à peu.

Chez certains *fucus*, les thalles se spécialisent. Les uns produisent seulement des oosphères, les autres seulement des anthérozoïdes.

Mais il arrive parfois chez des végétaux très simples que les processus de reproduction sont excessivement complexes. Je n'en prendrai qu'un exemple dans la classe des *mousses*. Au cours d'une première phase on

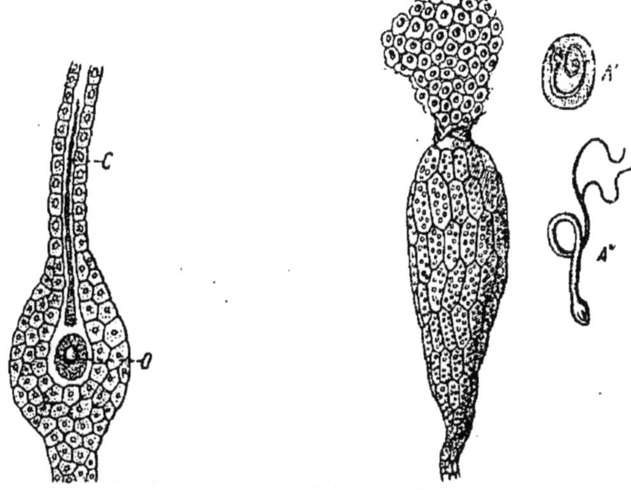

Fig. 40. — Éléments reproducteurs chez les mousses.

Gamète femelle des mousses. Archégone avec oosphère O au milieu. C canal de fécondation.

Gamète mâle. Anthéridie ou sac à anthérozoïdes.
A' Anthérozoïde dans la cellule-mère.
A" Anthérozoïde libre.

voit se produire sur certains pieds de mousse des oosphères logées dans des organes en forme de bouteille (archégones) ; sur d'autres pieds se produisent des anthérozoïdes enfermés aussi dans ses sacs protecteurs spéciaux (anthéridies) ; ces anthérozoïdes sont à peu près réduits au noyau cellulaire. La conjonction s'opère entre ces cellules et un œuf se trouve formé. Il engendre une sorte de sporange monté sur une tige, c'est la deuxième phase de la reproduction; de ce sporange s'échappent des spores qui se développent sous forme de filaments. Chacun de ces filaments, par une sorte de bourgeonnement, donne naissance à la forme définitive des mousses.

La figure 40 nous fait voir, mieux que toute description, la différenciation profonde qu'ont subie chez ces organismes inférieurs les cellules préposées à la reproduction. Le gamète mâle et le gamète femelle n'ont plus aucune analogie. L'oosphère (fig. 40) logée au fond de son archégone, protégée par les parois de ce sac, n'a pas d'enveloppe cellulosique. A côté d'elle s'est développée une autre cellule qui prolifère, sé multiplie. Les nouvelles cellules ainsi formées envahissent le col de l'archégone, se gélifient et transforment ce long col de l'archégone en un canal au milieu duquel l'élément mâle pourra cheminer librement. L'élément mâle, l'anthérozoïde, lui, est tout autre. Presque réduit à un noyau qui affecte la forme d'un filament renflé à une extrémité, il présente seulement une couche très mince de plasma qui donne naissance du côté de la queue à deux cils vibratils. L'anthérozoïde est une cellule éminemment aquatique. Par les temps de pluie, quand les hasards l'amènent au contact d'un archégone, il se faufile dans la gelée du canal, se fusionne avec l'oosphère; et l'oosphère devenue œuf s'entoure d'une membrane cellulosique.

Chez les *cryptogames vasculaires* (ex. fougères) les gamètes présentent des différences du même ordre.

Si des cryptogames, nous passons aux *phanérogames*, aux plantes à fleurs si connues de tout le monde,

nous n'avons pas besoin de rappeler que chez elles, existe
une diversité très remarquable dans les éléments sexuels
et les organes connexes utiles à la fonction de reproduction. Personne n'ignore le luxe des enveloppes de
la fleur avec son calice, sa corolle, d'une multiplicité
de formes presque infinie, ni la complexité des organes
porteurs des cellules mâles, les étamines avec leurs
anthères, et des cellules femelles, le pistil avec son
ovaire, son style et son stig-
mate, (fig. 41). Tous les lecteurs
ont certainement retenu cette
notion, donnée dès l'enseignement primaire, que toutes ces
parties enveloppantes procèdent
des feuilles modifiées ou *car-
pelles*, et ils ont encore présentes devant les yeux les figures
démonstratives qui leur firent
saisir tous les intermédiaires,
tous les termes de passage entre

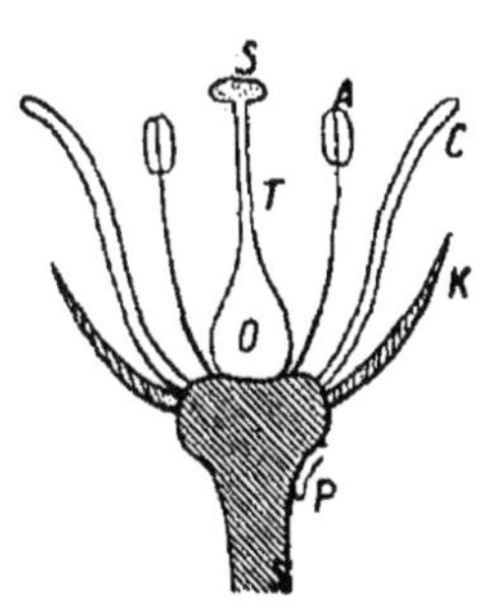

Fig. 41. — Les parties
de la fleur.

T style. S stigmate. O ovaire.
A anthère. C corolle. K calice.
P pédoncule,

les feuilles vraies, les sépales, les pétales, les étamines
et le pistil.

Ils ont conservé certainement aussi dans la mémoire
la notion du processus de fécondation des fleurs :
l'enseignement actuel le choisit comme type, pour faire
entrevoir aux enfants l'origine de tous les êtres vivants
et leur expliquer l'évolution individuelle à partir de la
cellule primordiale. Ils n'ont pas oublié avec quelle
curiosité admirative ils suivirent le phénomène de la
pollinisation au cours duquel le grain de pollen, abandonnant l'étamine, va tomber sur le stigmate du pistil,

soit directement, le phénomène se passant *in situ*, soit indirectement par l'intermédiaire des vents, des insectes, des abeilles qui vont de fleur en fleur. Ils n'ont pas oublié non plus l'étonnement légitime de leurs jeunes années quand on leur fit voir les anthères de certaines fleurs hermaphrodites s'incliner vers le stigmate du pistil et tour à tour venir y poser leur pollen. La notion de cette organisation complexe et merveilleuse du monde végétal concentrée tout entière vers l'accomplissement d'une fonction essentielle où entrent en scène à la fois le hasard et la précision méthodique, est bien faite pour préparer à la conception de la vie.

Ceci me dispense d'insister sur une description qui serait très longue et qui resterait forcément incomplète.

Mais il est un stade de la reproduction des phanérogames auquel je dois m'arrêter un instant parce qu'il nous montre la marche ascendante de l'hétérogamie, au fur et à mesure que nous nous élevons dans l'échelle du règne végétal : c'est la mise en présence de l'élément mâle et de l'élément femelle, de l'anthérozoïde et de l'ovule et le processus de fécondation en rapport avec l'organisation propre de chacun de ces éléments.

59. — Le phénomène de la fécondation chez les phanérogames.

1°) *Préparation et organisation du gamète mâle.* — Le grain de pollen formé dans l'anthère procède, par différenciations successives, des cellules superficielles du pédoncule comme le pistil, la corolle, et le calice.

Les cellules au début nous apparaissent toutes identiques. Elles se différencient quand l'anthère est formée
et l'on voit apparaître sous une couche cellulaire extérieure (épiderme) E, (fig. 42), des formations cellulaires S M surtout remarquables par la taille des cellules
et qui sont les futurs sacs polliniques. On y distingue

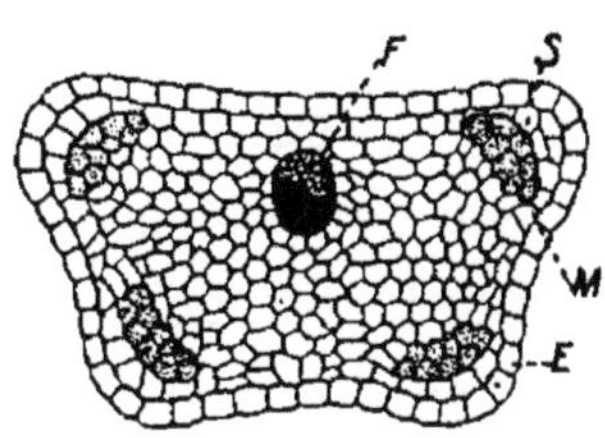

Fig. 42. — Coupe schématique de l'anthère pour montrer
l'origine de la lignée pollinique (d'après Pizon).

E. Epiderne.
S. Cellules qui formeront la paroi du sac pollinique.
M. Cellules qui deviendront les cellules mères du grain de pollen.
F. Filet de l'étamine.

des cellules extérieures S qui deviendront ultérieurement l'enveloppe du sac pollinique et des cellules
intérieures M d'où dériveront les cellules mères du
pollen.

Chaque cellule mère se sectionne par deux bipartitions successives donnant ainsi lieu à
ce qu'on appelle la tétrade pollinique,
(fig. 43). Chacune des quatre parties de
cette tétrade constitue un grain de
pollen. Mais ce n'est pas tout : ici
commence le processus sur lequel

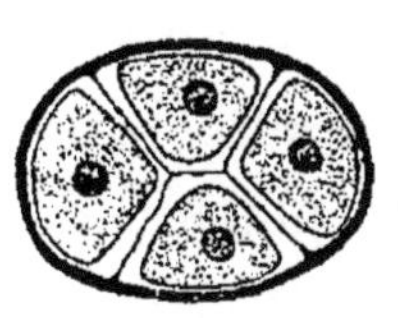

Fig. 43.
Tétrade pollinique.

j'ai voulu surtout appeler l'attention. Le grain de
pollen se divise eu deux parties inégales; il donne
naissance à deux cellules : 1° une grosse qui occupe
toute la figure 44; elle a un rôle nutritif, son noyau NV

est plus gros, son plasma plus abondant; on la désigne sous le nom de cellule végétative; 2° une petite, CG, dite *cellule génératrice*, qui engendrera les gamètes mâles.

Or, ce qu'il y a de très particulier dans ce processus, c'est que la bipartition du noyau se fait de telle façon que chacun des deux noyaux nouveaux ne renferme que la moitié du nombre des segments chromatiques caractéristiques de l'espèce considérée. Ainsi chez le lys où le nombre des segments est de 24, il n'y en a plus que douze à la suite de cette division.

La suite du phénomène va se dérouler au moment de la fécondation.

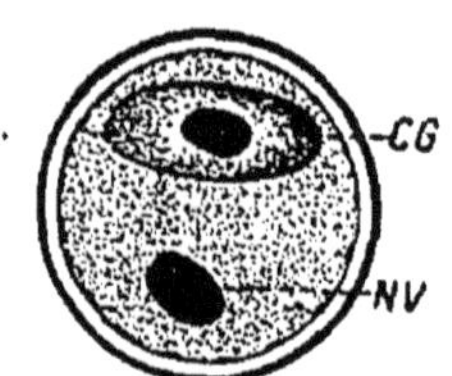

Fig. 44. — Evolution du grain de pollen.
GG. Cellule génératrice.
NV. Noyau de la grosse cellule végétative.

A ce moment en effet le grain de pollen, qui s'était revêtu d'une membrane résistante l'isolant du milieu ambiant durant sa phase de vie ralentie, rompt une partie de cette membrane. Par l'ouverture, par le pore ainsi formé, le plasma proliférant fait hernie au dehors (fig. 45), constituant ainsi une sorte de prothalle mâle (Pizon) qu'on appelle le tube pollinique. Ce prothalle est formé par le plasma de la cellule végétative dont le noyau NV (fig. 45) s'engage ordinairement le premier à l'extrémité du tube. La cellule germinatrice CG s'engage elle aussi dans le tube pollinique et se divise en deux nouvelles cellules CG¹ et CG² qui n'ont elles aussi qu'un demi noyau, c'est-à-dire un nombre de segments chromatiques réduits à moitié.

Ce prothalle n'a aucun avenir individuel. Quoi qu'on fasse, quel que soit le milieu nutritif qu'on lui offre, il est voué à la mort prématurée. Au contraire s'il évolue

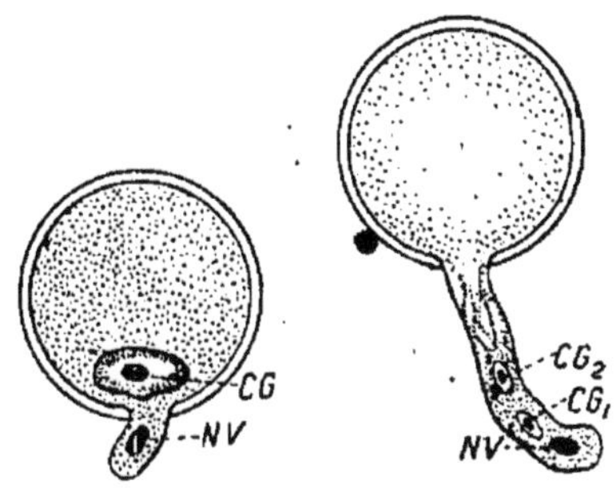

Fig. 45. — Germination du grain de pollen.
CG, cellule germinatrice. CG, CG₂, son dédoublement.
NV, noyau végétatif.

vers le gamète femelle, l'un des noyaux des cellules germinatrices devient un noyau fécondant et nous allons voir se dérouler la phase d'union des gamètes mâles et femelles.

Il est inutile que nous rappelions que les tubes polliniques s'engagent dans le canal du pistil, mais que même en dehors de ces conditions, on arrive à lui faire atteindre des longueurs considérables plus de 10 à 15 centimètres dans de l'eau sucrée par exemple.

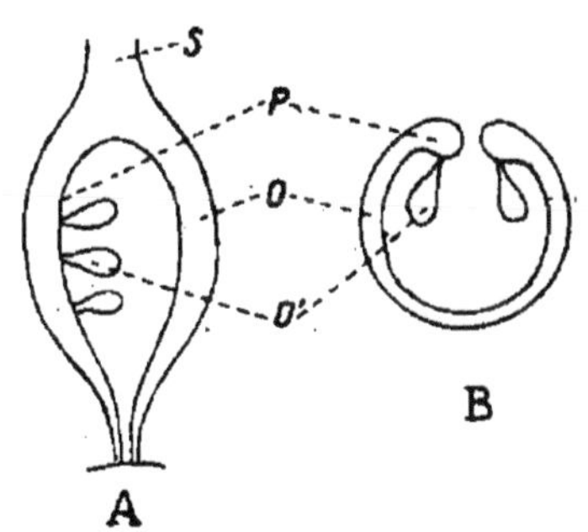

Fig. 46. — Ovaire et ovule.
A. Coupe longitudinale. B. Coupe transversale (ovaire formé d'un seul carpelle). O. Ovaire. O'. Ovule. P. Placenta. S. Style.

2°) *Préparation et organisation du gamète femelle.* — De même que les grains de pollen prennent naissance dans un sac pollinique, de même les gamètes femelles sont renfermées dans des sacs développés à la base du pistil. Enveloppe et gamète dérivent des cellules du pédoncule comme dans la lignée mâle. La fig. 46 rappellera au lecteur la disposition de la base du pistil. Sur la paroi interne de l'ovaire, dont la forme est d'ailleurs très variable suivant les espèces, s'implantent les ovules suspendues par leur *funicule* au *placenta*, ou bord du carpelle ovarien qui leur sert de point d'insertion.

L'ovule qui est la future graine se compose, (fig. 47), d'une masse centrale (nucelle) N entourée de téguments P, S laissant un orifice à la partie opposée au funicule, le micropyle M.

A l'intérieur du nucelle se différencie de bonne heure, dans la zone sous épidermique une cellule qui rappelle les formations SM de l'anthère (fig. 42).

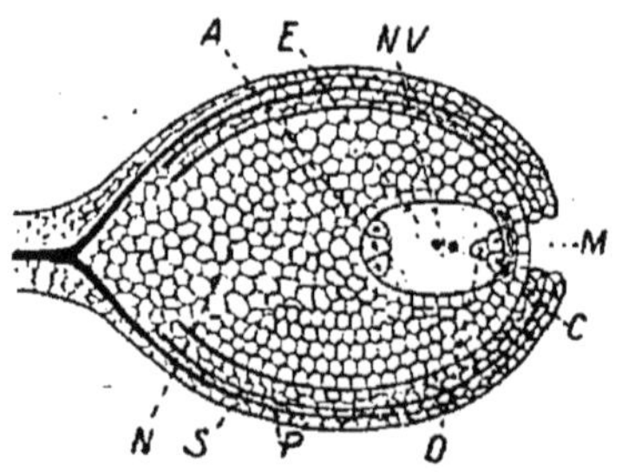

Fig. 47. — Structure de l'ovule.

P. Primide.   NV. Noyau vitellin.
S. Secondine.   A. Les trois antipodes.
N. Nucelle.   O. Oosphère.
M. Micropyle.   C. Les deux synergides.
E. Sac embryonnaire.

Elle se divise, donne des cellules d'enveloppe et des cellules profondes. Parmi ces dernières, il s'en trouve une qui va être appelée à jouer un rôle important.

Celle-ci, ou macrospore, se multiplie sur place et donne lieu à la formation d'un prothalle femelle dont l'ensemble E prend le nom de sac embryonnaire en raison de ses destinées ultérieures. Son noyau se divise en deux, puis en quatre et en huit; et dès lors se produisent les différenciations typiques de la sexualité que nous avions annoncées plus haut et qui sont comparables à celles de la lignée mâle (fig. 47).

Une tétrade de noyaux se trouve placée du côté du micropyle, l'autre tétrade du côté du hile. Trois des noyaux antérieurs entourés de plasma et d'une fine enveloppe forment trois cellules filles importantes : l'une d'elles est *l'oosphère* O qui sera fécondée, les deux autres C ont reçu le nom de *synergides*, elles disparaissent après la fécondation. Le quatrième noyau en NV reste dans la masse plasmique globale du sac embryonnaire.

Tous ces noyaux de la tétrade antérieure comme le noyau de la cellule mère ou macrospore qui les a formés, ne sont que des demi-noyaux possédant la moitié du nombre ordinaire des segments chromatiques.

Trois noyaux de la tétrade postérieure, entourés aussi de plasma, forment trois cellules qui n'ont qu'un rôle nutritif et auxquelles on a donné le nom *d'antipodes* A. Le quatrième noyau en NV reste comme celui de la tétrade antérieure dans la masse plasmique du sac embryonnaire.

Aux approches ou au moment de la fécondation, le quatrième noyau antérieur et le quatrième noyau postérieur se fusionnent et forment le noyau définitif du plasma du sac embryonnaire ou noyau végétatif NV.

Voyons à présent comment va s'opérer la conjonction des deux gamètes quand, le tube pollinique ayant pénétré jusqu'à l'ovule, jusqu'au micropyle, le gamète mâle à demi-noyau va se trouver en présence du gamète femelle de l'oosphère à demi-noyau.

3°) *Phénomène de la fécondation.* — Le gamète mâle pénètre jusqu'à l'oosphère, les deux demi-noyaux se fusionnent, les plasmas se confondent. L'œuf est formé. Il s'enveloppe d'une membrane qui empêche la pénétration d'autres gamètes. Pendant ce temps, le gamète mâle accessoire CG² (à demi noyau) de la figure 45 s'unit au noyau secondaire du sac embryonnaire (fig. 47) (à noyau complet) et dès lors commence une prolifération active des cellules nourricières dont l'ensemble constitue l'albumen (N, fig. 48 et A, fig. 49). Strasburger voit dans cette union des noyaux végétatifs une sorte de fécondation végétative nécessaire pour donner un regain d'activité au plasma du sac embryonnaire et l'amener à pousser plus loin son développement : l'albumen ainsi formé ne serait que la continuation du développement du prothalle femelle que constituait le sac embryonnaire. Il s'agirait d'une fécondation vraie malgré l'inégalité des noyaux dont l'un est un demi-noyau et l'autre un noyau complet. Quant au noyau végétatif du tube pollinique, il a disparu de bonne heure.

Les synergides s'atrophient et paraissent utilisés comme éléments nutritifs. Toutefois, il est un fait intéressant à signaler ; chez quelques plantes telle que le mimosa, les synergides peuvent être fécondés et le sac renferme alors plusieurs embryons. Mais il n'y en a

ordinairement qu'un seul qui arrive à maturité. Ce fait
nous révèle la signification des synergides. Les trois
cellules antérieures du sac embryonnaire sont vraisemblablement des candidats-gamètes, dont un, sans doute
le plus apte, prend le premier plan, ce qui nous offrirait

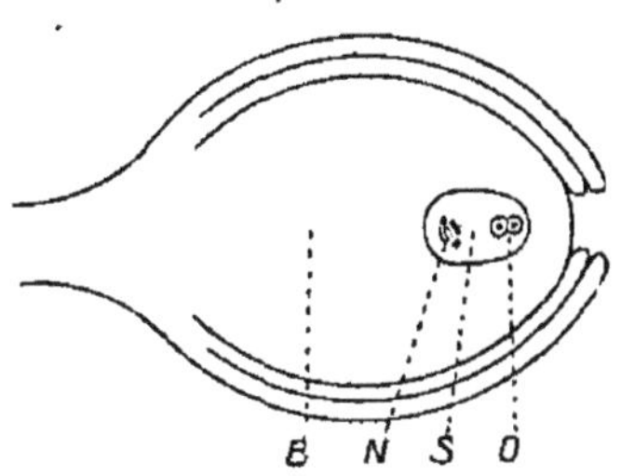

Fig. 48. — Bipartition immédiate de l'œuf fécondé et disparition
des autres cellules différenciées du sac embryonnaire.
B. Nucelle. N. Noyau végétatif en voie de division. S. Sac embryonnaire.
O. OEuf déjà divisé en deux cellules.

dès le début de la reproduction sexuelle un exemple
de triage favorable à l'espèce, et d'emprise de la sélection naturelle avant même que se soit produite la fécondation.

Dès que les noyaux des deux gamètes mâle et femelle
sont fusionnés, commence la prolifération embryonnaire : l'oosphère, l'œuf fécondé devient un embryon,
l'ovule devient une graine, l'ovaire devient un fruit.

On voit en effet simultanément trois processus différents s'accomplir :

1°) L'œuf se divise d'abord en deux cellules (O, fig. 48).
L'une de ces cellules, la plus rapprochée du micropyle
subit une série de bipartitions et devient le ligament
suspenseur L (fig. 49), qui fixe l'embryon aux parois du
sac embryonnaire. L'autre se divise aussi activement

d'où résultent finalement deux assises de cellules : l'externe qui forme l'épiderme de l'embryon, l'interne qui forme tout le corps de l'embryon E. (fig. 49).

2°) Des divisions successives du noyau végétatif du sac embryonnaire et de son plasma résulte la formation d'un grand nombre de cellules qui occupent toute la cavité du sac et au milieu desquelles est inclus l'embryon. Ces cellules ou albumen, véritable prothalle femelle, n'ont d'autres destinées que de nourrir l'embryon. Leur couche la plus externe secrète des dias-

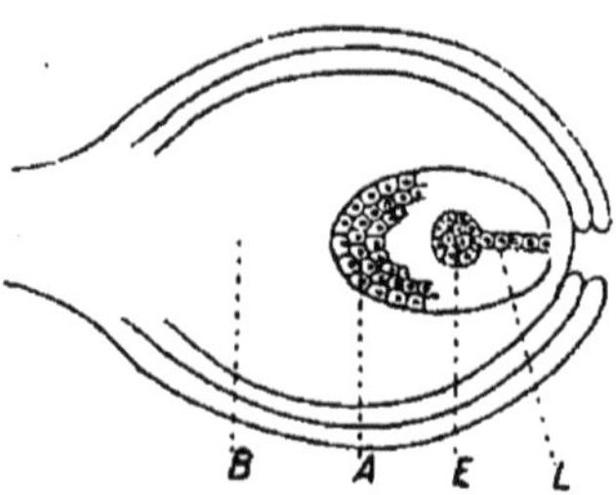

Fig. 49. — Évolution de l'œuf et de ses enveloppes.
B. Nucelle. A. Albumen. E. Embryon. L. Ligament suspenseur.

tases qui digèrent peu à peu les cellules du nucelle. A mesure que le sac embryonnaire grossit, le nucelle diminue, il finit par être mangé complètement ainsi que son enveloppe interne. Il ne reste plus que l'externe (primine), qui forme une double paroi à la graine (sa couche interne formant le *testa* et l'externe le *tegmen*).

3°) La paroi de l'ovaire, figure 46, devient la paroi du fruit qui se compose de trois couches, l'épicarpe, le mésocarpe, l'endocarpe. C'est l'endocarpe qu'on mange dans l'orange, le mésocarpe dans les fruits à noyau, comme la cerise.

L'embryon continue sa vie active jusqu'à un certain stade, puis s'arrête. Il entre en période de vie ralentie. La graine paraît suspendre son activité vitale, ses échanges sont réduits au minimun, l'embryon attend dès lors que les conditions extérieures lui permettent de germer.

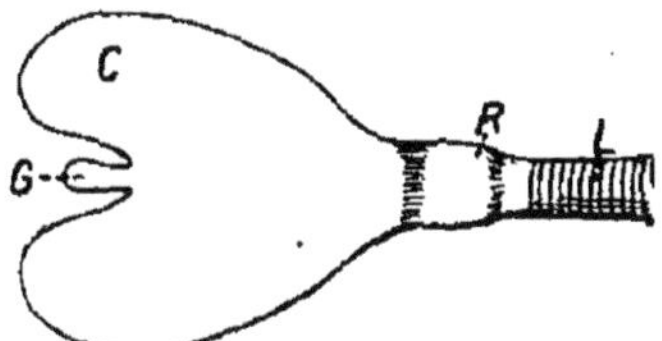

Fig. 50. — Stade final de l'évolution de l'embryon jusqu'à la phase de vie ralentie.

L. Ligament suspenseur. R. Radicule. G. Gemmule. C. Cotylédon.

A ce moment on lui distingue déjà toutes les parties essentielles de la plante, radicule, tigelle, cotylédons ou premières feuilles, gemmule ou bourgeon terminal de la tigelle (fig. 50.)

60. — Evolution de la sexualité chez les animaux. Son étude chez les vertébrés.

De même que, chez les végétaux, nous avons vu des différenciations se produire entre les gamètes mâles et femelles, à partir des classes inférieures, de même que nous avons vu là le phénomène de la karyokinèse prendre un aspect particulier favorable à la fusion intime des deux gamètes, de même enfin que nous avons vu des différenciations accessoires s'accomplir soit pour aboutir à la protection des cellules sexuelles, soit pour assurer leur nutrition, soit pour favoriser le phénomène de la fécondation, de même constatons-nous dans le règne animal une évolution absolument comparable.

Mais pour deux raisons d'ordre différent je ne suivrai pas les étapes de ces différenciations chez les animaux. La première c'est qu'elles ne diffèrent pas des étapes végétales d'une façon suffisante pour que leur étude puisse éveiller en nous des idées nouvelles. La deuxième c'est que, depuis une trentaine d'années, aucune découverte bien saillante n'est venue modifier les notions que chacun en possède plus ou moins. Comme le dit le professeur Prenant en 1906 dans la préface de la deuxième édition française d'un traité d'embryologie de l'homme et des vertébrés du professeur Hertwig, dont la première édition parut en 1886, « l'embryologie morphologique, bien qu'elle ait donné lieu, dans ces dernières années, à un nombre considérable de recherches, n'a fait que bien peu d'acquisitions véritables nouvelles et importantes. Les faits fondamentaux et les grandes conceptions théoriques sont restées les mêmes qu'il y a vingt ans. ».

Je pourrais ajouter une troisième raison. C'est que de bonne heure même chez les invertébrés très inférieurs, on observe les différenciations capitales de la karyokinèse, telles qu'on les trouvera ensuite dans toute la série animale et qu'il y a plus de différence entre la reproduction par karyosténose des protistes inférieurs et la reproduction sexuelle d'un oursin qu'entre cette dernière et celle de l'homme.

Aussi je crois préférable de mettre tout de suite sous les yeux du lecteur le processus karyokinétique propre à l'homme et aux vertébrés supérieurs.

Nous allons voir d'abord chez les animaux supérieurs les phénomènes antérieurs à la fécondation. Une série de divisions cellulaires préliminaires conduisent en effet les cellules sexuelles depuis les formes souches jusqu'à l'état de cellules sexuelles mûres prêtes pour la conjonction reproductrice : ces divisions portent le nom de *mitoses de maturation.* Elles rappellent d'une façon frappante celles que nous avons constatées à l'origine de l'oosphère et du grain de pollen chez les végétaux. Les mitoses de maturation s'accomplissent dans des organes spéciaux, l'ovaire pour la lignée féminine, le testicule pour la lignée masculine. Après cela nous envisagerons le phénomène de la *fécondation.*

61. — Le type mâle et les mitoses de maturation de l'élément sexuel.

Le testicule est essentiellement formé de canalicules (canalicules séminipares) agglomérés les uns contre les autres par du tissu conjonctif. Ces conduits peuvent atteindre, quand on les déroule, une longueur supérieure à 1 mètre et chaque testicule pourrait en renfermer près d'un kilomètre. Le tout est protégé extérieurement par des enveloppes appropriées. C'est l'épithélium tapissant les parois internes de ces canalicules qui engendre les cellules sexuelles de la lignée mâle. Cet épithélium présente quatre espèces de cellules appartenant à la lignée sexuelle et des cellules toutes différentes appelées cellules de Sertoli (C. fig. 51), du nom de l'histologiste qui les aperçut, il y a une cinquantaine d'années.

Ces dernières sont en général aujourd'hui regardées comme des cellules nourricières et des éléments de soutien. De fait quand les cellules de la lignée sexuelle sont arrivées au terme de leur évolution c'est-à-dire à l'état de spermatozoïdes, elles paraissent se grouper au niveau des cellules de Sertoli, s'attabler à leur plateau comme des moutons à un ratelier, si bien que l'on a pu croire les éléments de Sertoli comme les générateurs

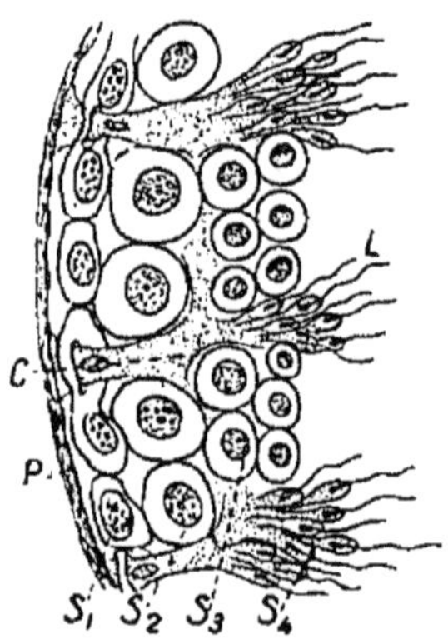

Fig. 51. — Coupe schématique d'un canalicule séminipare.

Fragment des parois avec en P son enveloppe conjonctive et en L la lumière intérieure du canal. S¹ spermatogonie, S² spermatocyte, S³ spermatide, S⁴ spermatozoïdes qui paraissent groupés en attendant qu'ils se détachent à l'extrémité des cellules indifférentes, dites cellules de soutien C ou cellules de Sertoli.

des spermatozoïdes et qu'on les a décrits parfois sous le nom de spermatoblastes.

Occupons nous donc seulement des quatre espèces de cellules de la lignée sexuelle. On les désigne sous le nom de spermatogonies (S¹ fig. 51) les premières en date, de spermatocytes (S²), de spermatides (S³), et enfin de spermatozoïdes (S⁴). Elles descendent les unes des autres par un processus que nous allons préciser.

Les spermatogonies sont des cellules, les unes assez volumineuses, de 20 μ en moyenne, les autres moins volumineuses, de 10 μ à 12 μ. Ce sont les éléments primordiaux de la lignée. Les noyaux présentent le

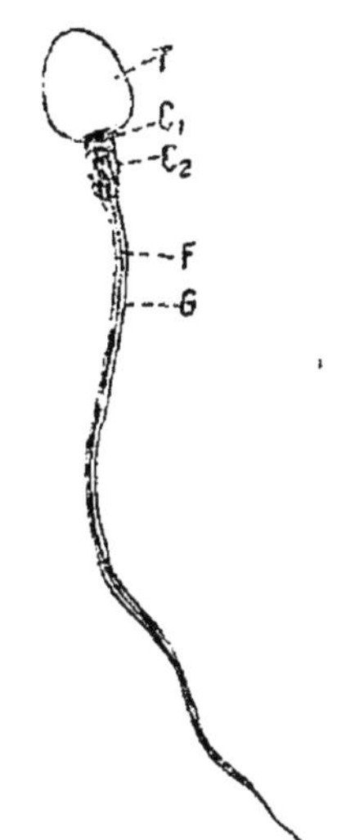

Fig. 52. — La cellule mâle adulte.

T. Tête. C¹ Centrosome antérieur. C² Centrosome postérieur. F. Filament axile. G. Gaine plasmique.

même nombre de segments chromatiques que les cellules somatiques caractéristiques de l'espèce, probablement 24 chez l'homme. Elles se reproduisent par karyokinèse banale et les cellules filles sont soit du type de 20 μ, soit du type de 10 à 12μ. Les premières ont un noyau à fines granulations chromatiques (spermatogonies à noyau poussiéreux), les deuxièmes ont un noyau à grumeaux chromatiques (spermatogonies à noyaux croûtelleux).

Toutes ont un noyau complet. La forme *poussiéreuse* est la forme primitive, la forme *croûtelleuse* est celle qui par mitose va donner naissance aux spermatocytes.

Les spermatocytes augmentent de volume sans se diviser immédiatement. Puis le phénomène de la mitose se prépare. Les grains chromatiques se disposent en filaments, en cordon. Ce cordon se morcelle en segments chromatiques et coup sur coup deux divisions successives se produisent, ce qui a fait dire ici comme pour les mitoses végétales que le processus de reproduction allait plus vite que le processus de nutrition. Ce qu'il y a de certain, c'est que le nombre des segments chromatiques n'est plus que de douze pendant cette division des spermatocytes, sans que l'on puisse préciser la raison intime, ni le mécanisme certain de cette réduction.

Chaque spermatocyte donne ainsi naissance à quatre cellules filles, les spermatides, cellules ovoïdes à noyau situé vers le centre. Ces spermatides vont se transformer en spermatozoïdes (fig. 52).

Le spermatozoïde affecte une forme toute différente et très caractéristique. C'est une cellule allongée de 55 à 60 µ de longueur. Il présente à l'une de ses extrémités une partie renflée discoïde analogue à une sphère aplatie, la tête T, qui n'est autre chose que le noyau de la spermatide coiffé d'une sorte de capuchon antérieur, formation différenciée de la spermatide, l'idiosome.

A la suite de cette tête vient un segment allongé appelé segment intermédiaire. Il renferme les deux centrosomes C_1 C_2 de la spermatide et l'on aperçoit au centre un filament F formé de fibrilles très fines et recouvert d'une gaîne plasmique G.

La partie terminale ou queue ne présente plus que ce filament au centre et une gaîne plasmique sur une partie seulement de sa longueur.

Le spermatozoïde présente donc une assez grande analogie avec une cellule à cils vibratiles, à fouet. La queue est un organe de propulsion. On voit en effet sous le microscope ces cellules s'agiter d'un mouvement rapide et cheminer dans le liquide qui les baigne.

Est-il besoin de rappeler ici que le jour où un étudiant en médecine du nom de Hamm découvrit en 1677 dans le sperme humain ces filaments animés de mouvements et de formes si spéciales, de grosses discussions s'élevèrent dans le monde savant. A cette époque régnait, souveraine, la théorie des germes emboîtés : elle impliquait cette idée que le germe premier n'était autre chose qu'une miniature de l'être futur.

Mais d'où venait ce germe? Du père ou de la mère? La découverte des spermatozoïdes donna à penser que cet animalcule était bien le petit être préformé qui, transporté dans l'œuf, réceptacle féminin nourricier, devait en se développant donner l'enfant tout entier, et Leeuwenhœk, le maître de Hamm, soutint avec ardeur cette doctrine qui dans le demi-siècle suivant conquit l'apogée de sa gloire. Je reproduis ici d'après un cliché d'Hertwig ce qu'on crut apercevoir alors à l'aide du microscope dans un spermatozoïde humain et en particulier la miniature que le Hollandais Hartsœker décrivit et dessina à la suite de ses observations.

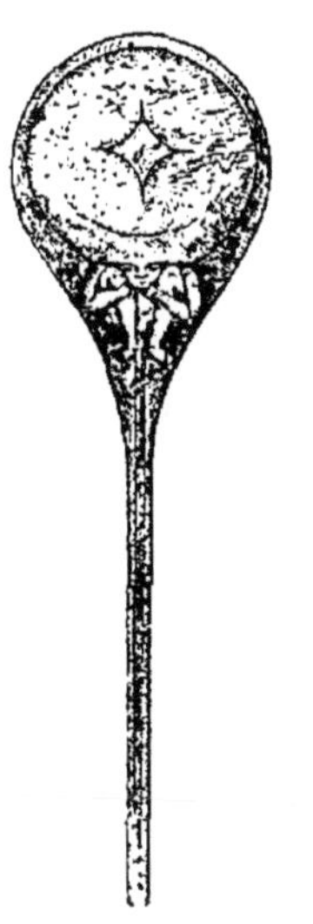

Fig. 53. — Schéma d'un spermatozoïde humain d'après Hartsœker (reproduit de Hertwig).

Si le jeune penseur, accroupi là dans une pose méditative en attendant l'avenir, n'a pas trouvé grâce devant les progrès de la science, du moins son image nous apprend ce qu'a pu concevoir, de bonne foi, la fantaisie des chercheurs guidés par une idée doctrinale dans l'histoire de la pensée humaine.

62. — Le type femelle et les mitoses de maturation de l'élément sexuel.

L'ovaire, organe dans lequel s'élaborent chez la femme les processus de production et de transformation des cellules sexuelles, n'est pas comme le testicule formé par un agglomérat de canalicules, mais il est constitué par une série de vésicules closes.

Qu'on ne voie pas entre ces deux structures si différentes des parenchymes testiculaires et ovariens une différence fondamentale. Bien au contraire il existe une grande analogie entre les deux organes, les vésicules closes se ramènent à des canaux coupés, sectionnés ; chaque tronçon est l'origine d'une vésicule.

Les canaux tronçonnés ovariens et les canaux permanents testiculaires ont la même origine. Ils dérivent en effet l'un et l'autre d'une sorte de repli situé chez l'embryon de chaque côté du mésentère ; c'est l'*éminence germinale*, recouverte d'une couche épithéliale appelée par Waldeyer l'épithélium germinatif et identiquement la même chez les deux sexes. Plus tard l'épithélium germinatif évolue vers la formation de tubes séminipares si l'embryon prend le type mâle et vers la formation de cordons (cordons de Valentin Pflüger), qui se morcèlent immédiatement, si l'embryon prend le type femelle.

Dès à présent, on aperçoit que cet épithélium germinatif commun aux deux sexes constitue, chez l'embryon, le tissu essentiel à la pérennité de l'espèce : c'est lui qui va fournir par karyokinèses successives les cellules essentielles à la reproduction, le spermatozoïde, l'ovule ; c'est en lui que réside la véritable continuité de la matière vivante. Tout le reste du corps, les vaisseaux qui transportent les matériaux alimentaires et les émonctoires, les organes digestifs qui élaborent les aliments, les organes respiratoires qui fixent l'oxygène, les muscles, la charpente osseuse qui, en facilitant la vie de relation, favorise la nutrition, les organes des sens qui augmentent l'aptitude de l'unité vivante à mettre à profit les circonstances extérieures, les organes reproducteurs externes qui facilitent le phénomène de la fécondation, *tout cela n'est qu'accessoire, tout cela*, nous le comprendrons bientôt, *ne s'est développé que parce que, grâce à cela, la pérennité de la matière vivante a été mieux réalisée à travers le progrès des individualités.*

Revenons donc à ces cordons morcelés provenant de l'épithélium germinatif de Waldeyer : chacun d'eux prend la forme d'une vésicule et ces vésicules qu'on appelle *follicules de Graaf*, du nom de l'histologiste qui les découvrit en 1672, se comptent par milliers dans l'ovaire. Il s'en forme sans cesse de nouvelles dans les premières phases de la vie à partir de l'épithélium germinatif qui enveloppe l'ovaire. Puis la prolifération cesse et au cours de l'enfance et de la vie sexuelle leur nombre va toujours en diminuant.

Chaque vésicule renferme en son centre une cellule volumineuse, appelée *ovule primordial*, autour de laquelle se trouvent de petites cellules appelées cellules folliculeuses.

Les follicules ovariens subissent chacun à leur tour

une évolution progressive. Ils mûrissent. De cette maturation naît un ovule prêt à être fécondé, qui se détache, chez la femme, à chaque période menstruelle.

C'est au cours de cette maturation que nous voyons se dérouler les processus de mitose qui transforment d'abord les cellules banales de l'épithélium germinatif en *ovules primordiaux*, puis ces ovules primordiaux en *ovules mûrs*. Ces processus sont parallèles à ceux que nous avons constatés dans la lignée mâle.

En premier lieu on observe en effet une phase de

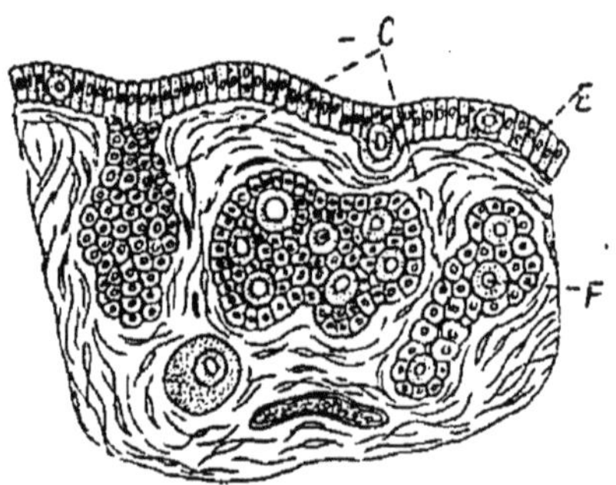

Fig. 54. — Coupe de l'ovaire chez une enfant nouveau-née
(d'après Waldeyer).

F. Follicules ou vésicules de Graaf.
C. Un cordon primordial qui montre la formation
des vésicules de Graaf à partir de l'épithélium
germinatif E.

multiplication des cellules de l'épithélium germinatif. Cette phase qui cesse dès la deuxième année est la phase *ovogonique*. Les cellules de l'épithélium germinatif ou *ovogonies* se reproduisent par karyokinèse ordinaire.

Les ovogonies ne sont pas encore différenciées. Elles constituent les cellules des cordons de Valentin Pflüger. On les voit évoluer de deux façons différentes. Les unes conservent leurs caractères somatiques, elles formeront *les cellulles folliculeuses*. Les autres subissent des modifications : elles se transforment en *ovocytes*. L'ovocyte va présenter des caractères sexuels différenciés analogues, mais non identiques, à ceux du spermatocyte.

Voyons ce qui se passe durant cette période ovocytique. L'ovocyte différencié, qui n'est autre que l'ovule primordial, subit des phénomènes très spéciaux du côté de son noyau. Les grains chromatiques, d'abord en réseau, se mettent en filament, puis en cordon; le cordon se divise en 12 segments; puis on voit réappa-

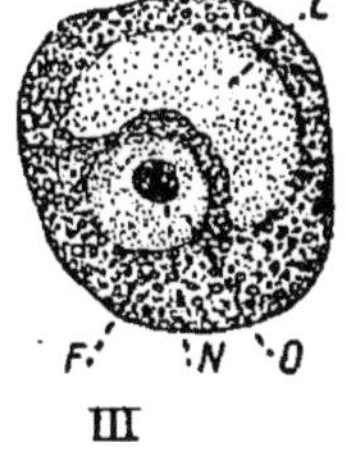

Fig. 55. — Évolution de l'ovocyte.

Follicule primordial	Follicule en voie d'accroissement	Follicule mûr
Echelle 1/500 environ	Echelle 1/250 environ	Echelle 1/100 environ
Les follicules primordiaux existent seuls dans l'ovaire de l'embryon et dans la première enfance jusqu'à 4 ans environ.	Ces follicules s'observent dans l'ovaire à partir de 4 à 5 ans jusqu'à la fin de la vie sexuelle.	S'observe durant la période sexuelle.
O, ovocyte, 50 à 70µ. *N*, noyau. *B*, corps de Balbiani *F*, cellules germinatives folliculeuses.	*O*, *N*, *B*. *F*. comme dans 55 I. *L*, lacune.	*O*, Ovocyte, 200µ. *N*, noyau. *L*, lacunes. *F*, cellules folliculeuses.

raître la structure réticulée. Tout cela s'opère avant même que les follicules soient isolés, c'est-à-dire que le phénomène se déroule dans les cordons de Valentin Pflüger.

L'évolution de l'ovocyte se poursuit dans le follicule de Graaf. Au début cet ovocyte se présente sous la forme d'une grosse cellule 0 (fig. 55) de 50 à 70 μ de diamètre entourée de petites cellules folliculeuses nourricières, F, disposées sur un seul rang.

Le follicule qui le renferme est alors à son stade de follicule primordial (figure 55,1). L'ovaire de l'embryon de l'enfant nouveau-né se présente sous cet aspect jusqu'à l'âge de 4 à 5 ans. A ce moment déjà on aperçoit, à côté du noyau, N, de l'ovocyte une formation dite corps de Balbiani, B, que l'on considère comme une différenciation fonctionnelle du plasma.

Plus tard l'ovocyte a grossi encore (fig. 55, II), son plasma présente des *granulations.* Il est entouré de nombreuses couches de cellules folliculeuses nourricières qui se sont reproduites par karyokinèse ordinaire. Parmi ces cellules se forment des lacs renfermant un liquide (liquor folliculi) constitué soit par du plasma transsudé soit par une sécrétion cellulaire, soit par dégénérescence des cellules folliculeuses. Le follicule constitué par l'ensemble de ces cellules ou *follicule dit en voie d'accroissement* s'observe dans l'ovaire à partir de l'âge de 4 ou 5 ans jusqu'à la ménopause.

Plus tard encore l'ovocyte atteint jusqu'à 200 μ. Il est visible à l'œil nu, son noyau mesure jusqu'à 50 μ. Le follicule qui le renferme est mûr. On l'observe dans l'ovaire durant la vie sexuelle. Chaque maturité est suivie d'une ponte marquée chez la femme par une période menstruelle.

L'ovocyte, pour être apte à la fécondation, doit subir dans le follicule de Graaf deux divisions successives, comme le spermatocyte subit lui-même deux divisions successives pour se transformer en spermatozoïdes.

Mais tandis que là les 4 cellules filles donnent 4 spermatozoïdes, ici les mitoses donnent des produits inégaux. C'est d'abord à la suite d'une première division, nucléaire un seul demi-noyau qui est expulsé (1er globule polaire). Peu après l'ovocyte restant subit une nouvelle bipartition nucléaire qui s'opère au moment où le follicule donne naissance d'une part à un second globule polaire expulsé, et d'autre part à un nouvel ovocyte qui devient l'ovule fécondable.

Le tableau (fig. 56) ci-joint indique le parallélisme des phases de l'ovule et du spermatozoïde et résume l'évolution des cellules de la lignée sexuelle.

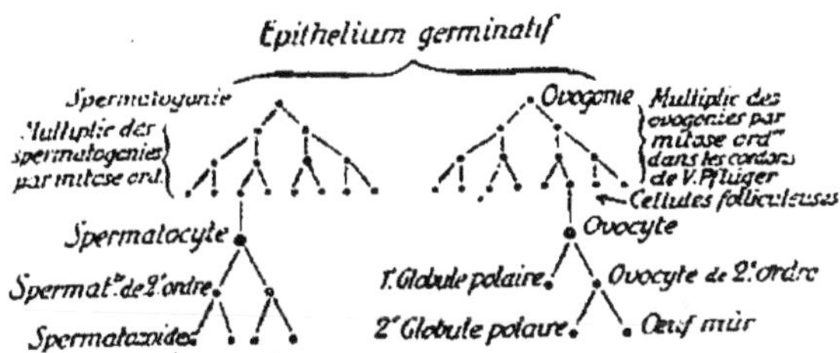

Fig. 56. — L'évolution comparée des cellules sexuelles.

Qu'on me permette en terminant cet aperçu sur l'évolution des cellules sexuelles de faire observer que parmi les ovogonies un petit nombre seulement sont appelées à devenir des ovocytes et que parmi les ovocytes un bien petit nombre aussi sont appelés à devenir des ovules murs et prêts pour la fécondation. En effet si l'on admet l'existence de 100.000 à 300.000 follicules de Graaf dans l'ovaire et si l'on accorde en moyenne à la femme, entre 12 et 45 ans, 400 à 450 pontes ovulaires, on se rend compte que c'est un bien petit nombre de cellules sexuelles qu'elle mène au terme final. Et parmi celles là, on peut sans risquer de faire erreur dire qu'il y a beaucoup d'appelées et peu d'élues.

De même quand on songe au nombre de spermatozoïdes qui, évoluant jusqu'à la maturité, sont voués à la destruction pure et simple, on ne peut se défendre d'un certain étonnement devant la profusion avec laquelle la nature multiplie les chances de pérennité de la matière vivante, mais on reste quelque peu surpris en même temps du gaspillage fantastique des billets de loterie effeuillés dans le tirage des lots de la vie.

Si le hasard entre pour la plus grande part dans ce tirage, la sélection naturelle y joue aussi son rôle, puisque les chances sont forcément réparties sur chaque individualité proportionnellement à ses aptitudes pour les *fonctions* auxquelles elle est appelée.

63. — Le phénomène de la fécondation et la première division de l'œuf chez les animaux supérieurs et chez l'homme en particulier.

L'ovule mûr est expulsé et chemine lentement dans la trompe qui grâce à son appareil cilié le propulse du côté de l'utérus. En rompant la paroi ovarienne, en abandonnant le follicule, il laisse une cavité qui se comble par le développement d'un tissu glandulaire transitoire appelé le corps jaune. Ce tissu augmente de volume progressivement après la ponte, puis il diminue deux ou trois semaines après et laisse à sa place une cicatrice. Si l'ovule est fécondé, s'il y a grossesse, le corps jaune augmente pendant plusieurs mois et regresse pendant la dernière partie de la grossesse. Les physiologistes sont d'accord aujourd'hui pour regarder le corps jaune comme un organe glandulaire à sécrétion interne. Les cellules qui le forment sont en effet des cellules épithéliales à protoplasme alvéolaire, entourées d'un riche réseau capillaire et sans canal excréteur. Ils admettent que la sécrétion interne du corps jaune joue un rôle important dans les phénomènes de la vie génitale, dans la grossesse, dans la lactation (Ancel et Bouin) et que la suppression de cette sécrétion est responsable des troubles de la ménopause comme de certains états pathologiques. Le corps jaune serait donc l'agent réel des sécrétions glandulaires internes de l'ovaire et c'est à ses cellules que devrait être attribué ce que, dans notre étude des synergies glandulaires, nous avons rapporté provisoirement en bloc à l'ovaire.

Suivons l'ovule dans son évolution.

Gros, chargé de matériaux nutritifs (1) utiles pour ses premières segmentations, dépourvu de tout organe de translation, il est poussé passivement et lentement de l'ovaire vers l'utérus.

Durant qu'il s'y achemine, il rencontre, si la fécon-

____

(1) Le plasma cellulaire de l'ovule chargé de matériaux nutritifs (granulations graisseuses, substances albuminoïdes, etc.) est appelé vitellus et les granulations nutritives qu'il renferme, grains vitellins; Van Beneden a donné à cet ensemble nutritif le nom de deutoplasme sous lequel on le désigne souvent. Chez la femme le deutoplasme avec ses grains vitellins est accumulé autour du noyau (Nagel); chez la brebis il se trouve au contraire dans la zone marginale.

Le protoplasme donnera naissance à l'embryon, le deutoplasme aux matériaux de nutrition (V. § 64).

dation doit avoir lieu, les spermatozoïdes qui, eux, grâce à leur petite taille, à leur queue propulsante, à leurs mouvements rapides, ont après le coït, traversé l'utérus et remonté dans les trompes. Chez la souris, en moins de trois heures, ils ont atteint la surface de l'ovaire.

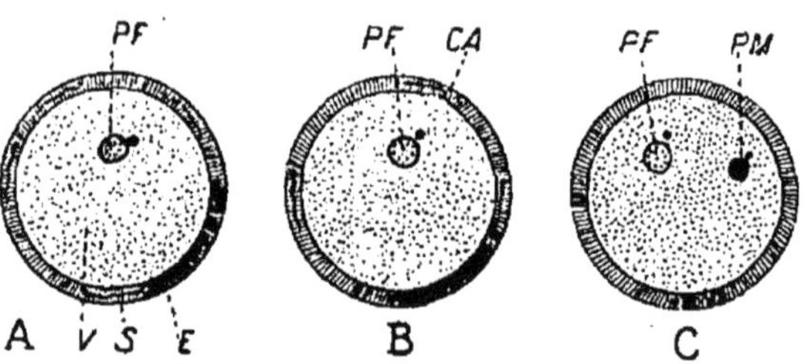

Fig. 57. — Le processus de la fécondation.

V, vitellus.
E, enveloppe vitelline.
PF, pronucleus de l'ovule.
CA, cône d'attraction.
S, spermatozoïdes.
P.M, pronucleus mâle.

Pendant ou après que les deux globules polaires sont émis, c'est-à-dire pendant ou après les mitoses de maturation ovulaire étudiées plus haut, les spermatozoïdes arrivent à la surface du vitellus (fig. 57, A).

On voit une petite élevure se former en un point de la surface ovulaire (fig. 57, B). Cette élevure a reçu le nom de cône d'attraction, parce qu'elle paraît attirer les éléments mâles : l'un d'eux y adhère, s'y engage, pénètre dans le corps de l'ovule où il apparaît bientôt comme un noyau de faible dimension accompagné de son centrosome (fig. 57, C).

Très vite il grossit en s'hydratant aux dépens du plasma de l'ovule. Il finit par atteindre le volume du pronucleus femelle.

Pendant cette évolution les grains chromatiques des
deux noyaux mâle et femelle se sont disposés en cordons. Nous savons déjà que cette orientation en cordons
est le signe préliminaire des mitoses nucléaires.

La suite du phénomène avait été précisée par Fol à la

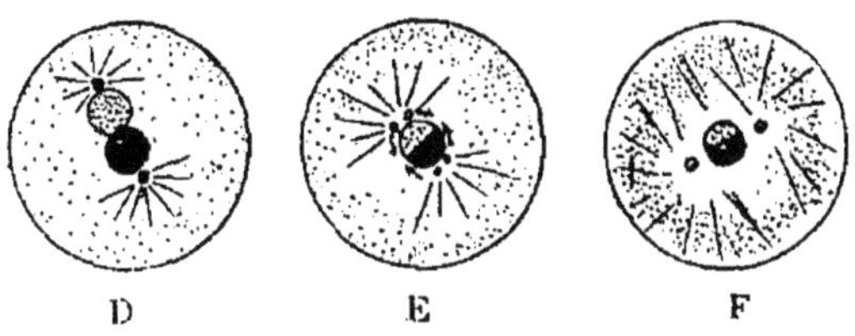

Fig. 58. — La conjonction des noyaux et le quadrille
des centres (d'après Fol).

suite de ses recherches sur la reproduction des échinodermes de la façon suivante. Le noyau mâle et le noyau
femelle avec chacun un centrosome se rapprochent
et se fusionnent. Chaque centrosome (fig. 58, D) se
dédouble. Les demi-centres s'éloignent respectivement
l'un de l'autre et se rapprochent des demi-centres de
l'autre sexe (fig. 58, E), puis se fusionnent avec eux,
(fig. 58, F). Ce processus a été qualifié de l'appellation
quadrille des centres. Finalement l'ovule se trouve constitué par un nucleus mâle et femelle et par deux centrosomes diamétralement opposés, également mâle et
femelle tous deux.

Aujourd'hui l'opinion de Fol est quelque peu discutée. On ne regarde pas comme bien certain que
telle soit l'origine des deux centrosomes de la phase
terminale F de la fig. 58.

Quoi qu'il en soit, on voit chacun de ces centrosomes
devenir le sommet d'un fuseau achromatique tel que

cela s'observe dans tous les processus karyokinétiques en général.

La substance chromatique du nouveau noyau se fragmente en 24 segments qui se groupent suivant le plan équatorial du fuseau (fig. 59, G), puis on assiste au

Fig. 59. — Les stades de la première mitose de fécondation.
Les deux premières cellules de l'embryon.

dédoublement des anses chromatiques qui s'acheminent vers les sommets du fuseau (fig. 59. H) et enfin s'opère la première bipartition cellulaire suivant le processus commun de la karyokinèse (fig. 59, I). L'embryon commence à vivre par lui-même, son individualité est constituée.

64. — Les premiers stades du développement de l'œuf consécutif à la première division cellulaire.

L'évolution ultérieure de l'embryon diffère légèrement suivant la quantité et la disposition du matériel nutritif (deutoplasme, vitellus nutritif) qui accompagne le plasma cellulaire proprement dit de l'ovule.

Chez les mammifères le deutoplasme est relativement peu abondant; les matériaux nutritifs graisseux sont peu encombrants; ils se trouvent répartis sous forme de granulations en suspension dans le plasma. Les mammifères ont des œufs oligolécithes (ὀλίγος, rare ; λέκιθος, substance grasse) pour employer la dénomination proposée par Prenant plutôt que celle de *alécithes* de Balfour.

Chez les amphibiens, le deutoplasme plus abondant se collecte vers un pôle de l'œuf et les organites germinatifs à l'autre (œufs télolécithes (τέλος, pôle). Cette séparation en deux zones peut être parfaite, le deutoplasme et le protoplasme germinatif étant complètement distincts (œufs eutélolécithes), comme chez l'oiseau.

Une loi formulée par Balfour nous apprend que la segmentation est d'autant plus rapide que la région plasmique intéressée est moins encombrée de matériaux nutritifs, d'où le retard de segmentation dans la région nutritive des télolécithes et le défaut de segmentation à l'un des pôles dans les eutélolécithes.

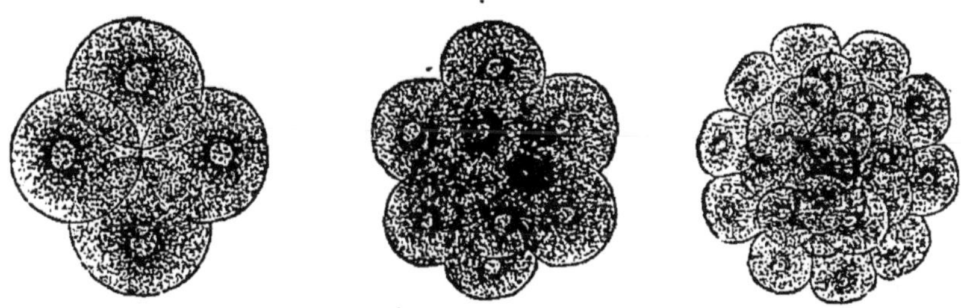

Fig. 60. — Les premières divisions embryonnaires (d'après Hertwig).

A cette différence près la marche du développement de l'embryon est comparable chez tous les animaux. Les divisions se succèdent et le nouvel organisme prend peu à peu l'aspect d'une sphérule muriforme (fig. 60). On lui donne le nom de *morula* (petite mure).

On voit alors apparaître au sein de la morula une cavité pleine de liquide qui s'accroît et finalement repousse toutes les cellules à la périphérie. L'œuf prend alors le nom de *Blastula* (petite vésicule).

La figure 61 qui est le schéma de l'œuf de l'amphioxus montre, à la partie inférieure C, des cellules un peu plus volumineuses. Ce sont les cellules qui ont été un peu plus encombrées de matériaux nutritifs (cellules végétatives) et qui se développent plus lentement que celles où le plasma ovulaire est à peu près dépourvu de deutoplasme (cellules animales). Dans des œufs parfaitement alécithes cette différence n'existerait pas (actinies, coraux, échinodermes). Chez les mammifères, le déve-

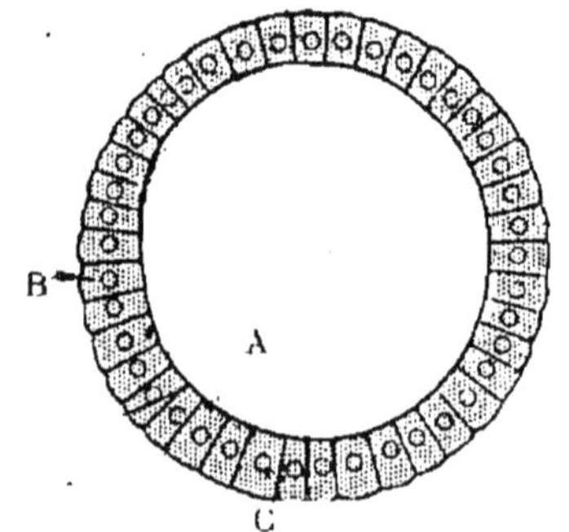

Fig. 61. — Blastula d'Amphioxus (d'après Hatschek et Hertwig).

A Cavité blastocélienne.
B Cellules animales.
C Cellules végétatives.

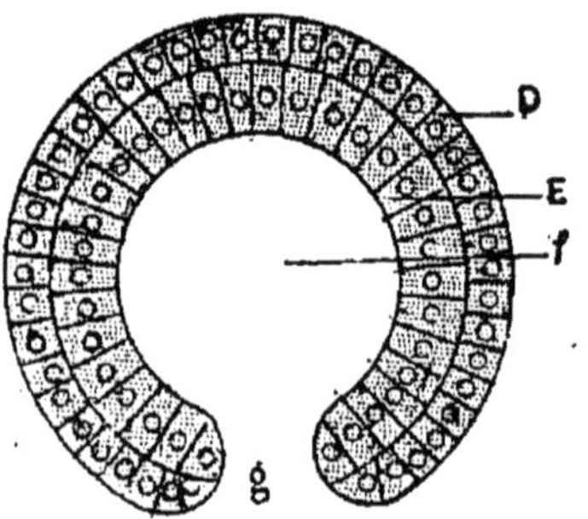

Fig. 62. — Gastrula d'Amphioxus.

D Feuillet germinatif externe.
E   —   —   intérieur.
f Intestin primitif.
g Bouche primitive.

loppement des cellules animales va beaucoup plus vite que celui des cellules végétatives et celles-ci se ramassent au pôle végétatif de la blastula.

Au stade suivant on voit la partie végétative de la blastula s'invaginer dans l'intérieur de la cavité et venir s'appliquer contre les cellules de la partie animale. La cavité blastocélienne disparaît. Une nouvelle cavité (fig. 62) apparaît, c'est la cavité intestinale primitive. Le sac à double paroi ainsi formé a reçu le nom de *gastrula* (petit estomac). La couche cellulaire externe est l'ectoderme, la couche cellulaire interne est l'entoderme.

Nous savons déjà qu'il y a des êtres qui ne vont pas plus loin que ce stade. La phase gastrulaire représente leur état adulte. Telles sont les hydres d'eau douce qui, à part quelques différenciations cellulaires peu importantes, en sont restées à cet échelon de la morphologie animale.

Entre ces deux feuillets prendra naissance un troisième par prolifération de cellules appartenant probablement à l'entoderme : c'est le mésoderme.

De ces trois feuillets dériveront tous les organes du corps. De l'ectoderme, la peau et ses annexes, le système nerveux, les organes des sens. Du mésoderme, le tissu conjonctif cartilagineux, osseux, musculaire et les épithéliums de l'appareil génital. De l'entoderme les épithéliums digestif et respiratoire, les glandes annexes, le sang, l'endothélium vasculaire.

D'ailleurs ce serait une erreur de voir là une différenciation originelle absolue ; des cellules musculaires peuvent dériver des trois feuillets et on trouve une assez grande diversité dans la genèse des organes. Il est vraisemblable que si nous pouvions prendre l'œuf au stade de gastrula et retourner le sac de manière à mettre sa paroi intérieure à l'extérieur, l'être s'il continuait à évoluer n'aurait nullement sa peau à la place de son tube digestif, ni ses villosités intestinales à la place de ses téguments. De même qu'il y a des suppléances fonctionnelles dans l'organisme, de même il y a une grande laxité dans l'attribution des rôles d'avenir aux cellules de l'individu qui se forme : la diversité même des formations embryonnaires dans la chaîne des êtres suffit à établir cette thèse; l'étude des phénomènes d'hérédité rapprochée de celle de la fécondation, de la parthénogenèse et des agents fécondateurs artificiels la confirme.

Section III. — **Hérédité et Reproduction.**

65. — Hérédité et reproduction en général. Conservation et variations du type morphologique des unités mères chez les unités filles. Le rôle de la sélection naturelle.

La marche que nous avons suivie dans notre étude nous a préparés à aborder le problème de l'hérédité sexuelle sous une face très accessible, parce que nous avons envisagé l'hérédité dans ses formes les plus simples comme une manifestation de l'habitude ou de la mémoire matérielle qui conserve le type morphologique d'une unité au cours de sa vie.

Nous avons vu en effet chaque unité vivante poussée à travers sa vie individuelle, d'une part par les processus immédiatement tributaires du deuxième principe de l'énergétique, d'autre part par des agents de triage qui sélectionnent les processus isodégradateurs.

Ces agents de triage se manifestent à nous non seulement dans les actions catalytiques, dans les actions de présence si variées, que la chimie nous fait connaître, mais dans tous les facteurs de corrélation qui assurent le fonctionnement de l'organisme.

La dégradation énergétique n'ayant aucune prise sur ce triage, sur cette électivité entre des phénomènes voisins, c'est, nous le savons, l'habitude, la facilité de répétition du déjà fait, la mémoire matérielle seule qui nous rend compte de la constance du phénomène et de l'auto-direction apparente qui en résulte.

Sans beaucoup d'effort, nous concevons que quand une unité vivante, douée de cette mémoire matérielle, se dédouble par scissiparité, par boutures, par bourgeonnement, les deux parties nouvelles, quand elles évoluent chacune pour leur compte, continuent à manifester les effets de cette mémoire dans le triage des phénomènes thermodynamiquement indifférents.

Nous avons fait prévoir déjà, pour montrer la nécessité de cette continuation, qui est la forme la plus simple de l'hérédité, que la sélection naturelle la rendait inévitable, et cette entrée en scène d'une chose nouvelle, *la sélection naturelle*, a retenu un moment notre attention. Elle est tellement importante, elle prend une valeur telle dans l'évolution de la matière vivante, que je ne crains pas, à l'occasion de cet aperçu sur le phénomène d'hérédité, de répéter et de préciser son effet.

Or on conçoit que chez les métazoaires ou chez les métaphytes qui se reproduisent par bourgeonnement, c'est-à-dire qui donnent d'emblée une unité fille plus petite, mais presque équivalente morphologiquement à l'unité mère, il y ait quelque variété dans la continuité des caractères qui assurent la conservation du type morphologique. Il se peut que les unes continuent fidèlement l'habitude de l'ancêtre, tandis que les autres ne la reproduisent pas exactement; dans ce dernier cas, il y a bien des chances pour qu'il manque quelque chose d'utile à ces unités, et par suite elles se trouveront dans un état d'infériorité vis-à-vis de leurs sœurs qui possèdent les caractères ancestraux. Si le même phénomène se reproduit à la génération suivante, l'infériorité aura grand chance de s'accentuer et par suite, en raison de la lutte constante qu'est obligée de soutenir chaque individualité pour se nourrir, pour lutter contre les difficultés extérieures, les causes de destruction seront plus funestes à la lignée qui n'aura pas été le siège d'une transmission fidèle des caractères.

Le fait de cette transmission deviendra ainsi un caractère nécessaire parce que la sélection affermira la supériorité des lignées chez lesquelles elle est constante.

Pour peu qu'on réfléchisse, la conception de l'hérédité, qui paraît ainsi accessible à notre entendement pour les êtres polycellulaires simples, pourra s'étendre aussi aux êtres complexes qui se reproduisent par germe monocellulaire. comme les animaux et les plantes supérieurs.

Bien que ce soit en effet une cellule unique qui constitue l'unité fille, nous nous imaginons sans trop de difficulté que cette cellule puisse se conduire comme le ferait un germe né par bipartition et nous concevons sans trop de peine que dans l'équilibre déjà complexe de ses organites, de sa morphologie moléculaire, dans ses empreintes catalytiques, dans la délicatesse des rouages de son auto-direction statique, elle puisse présenter les mêmes facteurs directeurs qui ont fait évoluer le générateur dans une certaine direction.

Puis nous pouvons nous reporter aussi à un raisonnement dont on apercevra mieux, par la suite, la justesse. Ce raisonnement fait passer les individus d'une lignée du premier au second plan : le sujet principal dans l'histoire de la matière vivante n'est pas l'être vivant, mais les cellules germinatives dont il assure la filiation. L'individu avec ses organes, ses tissus, sa savante organisation, n'est que le serviteur anonyme et éphémère des cellules reproductrices dont la descendance est indéfinie. D'après cette conception dont nous avons déjà ébauché le principe et sur laquelle nous aurons à revenir, il faut se représenter l'animal ou la plante comme le lieu où un petit groupe de cellules (celles de l'épithélium germinatif) se perpétuent par le procédé de division des êtres monocellulaires. Tous les organes de cette plante ou de cet animal, les tissus de soutien, les organes de nutrition, de respiration, d'élimination, etc., ne sont là que pour servir humblement cet épithélium germinatif qui assure la pérennité de la matière vivante. Les êtres qui se succèdent dans une lignée ne sont que les serviteurs passagers des cellules germinatives indéfiniment renouvelées. Ces cellules changent périodiquement leur domesticité. Chaque être qui est conçu est une nouvelle maison qu'elles substituent à la précédente. Chez les êtres sexués ce changement de la domesticité se fait à l'occasion d'une conjonction : elles colonisent en terrain neuf en se mettant en ménage. Elle évoluent un certain temps avec cette nouvelle domesticité qu'elles viennent de former, se scindent par karyokinèse comme de vulgaires amibes et se reproduisent sans cesse. Quelques-unes d'entre elles favorisées par le sort seront appelées après conjonction à former une nouvelle maison. Les autres vieillissant avec une domesticité caduque vont offrir leurs épaves, les corps des êtres qui meurent, aux besoins des autres vies sans cesse renaissantes.

Lorsqu'on se représente ainsi la succession des êtres vivants, on abstrait forcément de la contemplation de leurs lignées l'idée de la reproduction indéfinie de ces cellules germinatives qui seules comptent pour la pérennité de la matière vivante. Dès lors les facteurs directeurs qui commandent, la morphogenèse de tous les organes accessoires nous apparaissent comme résidant dans ces cellules des épithéliums germinatifs qui vivent là comme un souverain maître sur son trône, entouré de sujets attentifs à le servir. La seule chose qui différencie par suite les cellules qui se succèdent dans l'épithélium germinatif propre aux êtres supérieurs, de l'amibe, née par équipartition de l'amibe mère, c'est qu'elles savent faire leur maison et qu'elles se transmettent de mère en fille la mémoire de cette édification comme les amibes se transmettent les habitudes ou propriétés héréditaires.

Mais malgré cette extrapolation d'un raisonnement apparemment simple, étendu du domaine de la multiplication des êtres par scissiparité à celui de la reproduction par gamète monocellulaire, il ne faut pas se dissimuler que si le « pourquoi » de la continuité des caractères ancestraux nous est connu, le « comment » de cette continuité est difficile à se représenter. Cette

difficulté est d'autant plus grande que l'unité mère est
plus complexe et le germe plus simple.

C'est en cherchant ce « *comment* » d'emblée dans les
cas les plus difficiles, c'est-à-dire chez les plantes et les
animaux supérieurs. que l'on a imaginé les théories les
plus contradictoires pour expliquer l'hérédité.

66. — Le « comment » de la transmission héréditaire. Doctrines impliquant la localisation matérielle des déterminants héréditaires.

Les théories relatives à l'hérédité sont d'autant plus
différentes qu'elles portent l'empreinte des deux tendances opposées de l'esprit humain, tendances que je
signalais au paragraphe 51 : les unes à couleur imprécise de mysticisme, partant de l'idée que toute unité
matérielle renferme dans son intimité même la cause
primordiale de tous les phénomènes dont elle est le
siège, veulent trouver dans chaque élément, dans chaque
organite de la cellule primordiale tout le plan préfixé
de son avenir; les autres, s'inspirant de l'étude physico-
chimique de la nature, et regardant surtout les liens de
l'unité avec son milieu, réduisent volontiers l'hérédité à
la constance des relations des individualités successives
avec l'ambiance.

Nous allons dire quelques mots de celles qui ont eu
le plus de vogue. L'une des plus fameuses, tributaire
de la première de ces tendances, est la vieille doctrine des germes emboîtés, ou de la préformation des
organes; c'est d'elle que procèdent les théories encore
récentes qui regardent chaque parcelle germinative,

comme la matrice de chaque organe déterminé; ou simplement comme le réceptacle de *déterminantes* capables d'engendrer cet organe.

Des raisons assez spécieuses semblent *a priori* justifier ces théories récentes parce qu'elles sont tirées de l'observation même des faits.

En effet si l'on compare dans la reproduction sexuée les ovules volumineux et les infimes spermatozoïdes, et que d'autre part, on remarque que malgré cette disproportion la transmission des caractères héréditaires se fait en général par moitié à partir de chaque lignée, on est amené à conclure que ce qui est vraiment actif dans l'œuf, ce sont les éléments des chromosomes nucléaires, égaux en nombre et en volume chez l'une et l'autre cellule sexuelle. De là à localiser dans chaque grain chromatique les tendances héréditaires, il n'y a qu'un pas.

Nul ne conteste assurément que les éléments des chromosomes sont les agents essentiels de la transmission héréditaire. Nul ne conteste que s'il y a disproportion entre l'ovule et le spermatozoïde, cette disproportion ne porte que sur des parties accessoires ; elle résulte simplement d'une division du travail, d'une spécialisation fonctionnelle. L'*ovule* en effet assume la tâche de pourvoir à la nutrition du germe après la conjonction, il se charge de réserves, de substances grasses, d'albuminoïdes, qui souvent l'encombrent au point d'en faire une cellule visible à l'œil nu, un œuf de grosse taille. Ainsi encombré, il devient impropre à se mobiliser, à aller à la recherche d'un partenaire. Ce partenaire d'ailleurs n'est pas toujours à sa portée, parce que d'origine différente, l'utilité de la fécondation résidant comme l'a dit Darwin dans « l'union des éléments physiologiques légèrement différents d'individus peu différents ». *Le spermatozoïde* au contraire assume la tâche de l'explorateur; mais, explorateur imprévoyant, il agit comme s'il était sûr de trouver table et gîte au terme du voyage : il met bas tous les impedimenta et part sans provisions. Quand il arrive au but, il trouve dans le plasma ovulaire, dans les réserves vitellines de quoi subvenir à son rôle.

Nul ne conteste non plus que les mitosès de maturation et les premiers phénomènes karyokinétiques qui suivent la conjonction mettent suffisamment en relief le rôle des chromosomes pour qu'on leur accorde le premier plan dans la scène de la reproduction.

Mais est-ce à dire pour cela qu'on doive regarder chacun d'eux comme le réceptacle défini de tels ou tels facteurs de l'évolution future?

S'il en était ainsi il serait difficile d'expliquer certains phénomènes ou certaines constatations aujourd'hui bien établies. Comment concevoir en particulier que quand avec une aiguille on bouleverse chez certains animaux à gros œufs, l'orientation des éléments germinatifs, quand on détruit même quelqu'un d'entre eux, souvent l'embryon se développe normalement. Quand durant les premières stades du développement on sépare l'une de l'autre les deux premières cellules de division ou l'une des quatre premières (échinodermes, amphioxus, amphibiens), on obtient par la suite, non pas une fraction d'embryon, mais des embryons complets qui ne diffèrent que par la taille.

.. Il est vrai que dans certains cas on peut par des per-

-turbations mécaniques ou physicochimiques, provoquer l'apparition de monstruosités, mais il suffit que chez quelques espèces ou dans quelques cas particuliers, on constate que ces suppressions d'une partie de la matière germinative n'entraînent pas la malformation ou la formation incomplète de l'embryon pour infirmer les théories qui, sous le nom de théorie de la spécificité des centres germinatifs, théorie de la mosaïque, etc, attribuent à chaque infiniment petit matériel une destinée organologique préfixée.

D'autre part plus on pénètre dans la connaissance des gamètes mâles et femelles ou des cellules reproductrices en général, plus on est obligé de reconnaître leur analogie avec les cellules somatiques banales.

Mais en formulant cette constatation nous touchons précisément à l'un des points de la biologie qui a été le plus controversé et il est bon que nous nous y arrêtions un moment.

67. — La doctrine de la localisation matérielle des déterminantes héréditaires est contredite par l'analogie des cellules reproductrices et des cellules somatiques. Discussion de cette analogie. Théorie du parasitisme sexuel.

Beaucoup de raisons ont paru justifier cette opinion que les cellules de la lignée sexuelle *procédant directement des cellules reproductrices originelles* cheminaient à travers la vie de l'individualité qui les portait comme un hôte de lignée supérieure ou comme un parasite au milieu de serviteurs infimes.

Sous différentes formes cette théorie du parasitisme des éléments sexuels fut tour à tour rééditée. Elle était contenue implicitement dans l'hypothèse des germes emboîtés. Elle réapparut avec un caractère plus conforme aux nouvelles données de la science en 1885 avec Weismann qui distinguait dans l'individu deux sortes de plasma : le *soma* servant à former le corps en général, téguments, sang, muscles, viscères, tissus de soutien, etc., et le *germen* qui se logeait en un endroit déterminé dans le corps en évolution et qui évoluait pour son compte.

Les plasmas somatiques étaient mortels, le germen était immortel parce qu'il passait des ascendants aux descendants se reproduisant indéfiniment par division cellulaire.

Il est difficile de formuler avec une plus grande précision cette idée du parasitisme, que Béard, quelques années plus tard, accentua encore en considérant le corps entier comme un organisme stérile n'ayant d'autre objet que de nourrir les cellules germinatrices. Elle est conforme à la conception générale que nous avons donnée de l'évolution de la matière vivante. Elle est conforme aussi à certains faits, car chez beaucoup d'animaux, le cyclope d'eau douce, la raie (Béard) etc., on remarque que, dès les premières divisions de l'œuf, quelques cellules se séparent des autres, s'isolent, se divisent lentement jusqu'au moment où elles constituent les organes génitaux donnant parmi leurs descendants directs, les gonies, les cytes et les cellules sexuelles.

Le Professeur Giard est regardé comme ayant apporté un appoint original à cette théorie en montrant que l'on peut remplacer par des parasites ordinaires les tissus génitaux et déterminer, grâce à cette substitution l'apparition de caractères sexuels secondaires comparables à ceux que donnent ces organes eux-mêmes ; et Le Dantec n'a pas craint de parler de la virulence des parasites sexuels, des poisons sécrétés par le germen sur son hôte le soma. Un pas de plus et l'on va jusqu'à expliquer les tumeurs malignes comme résultant du développement dans une région quelconque de l'organisme des cellules du type germen aberrantes dans les tissus. (Béard).

Certes je n'irai pas ici à l'encontre de cette idée sur laquelle j'ai plusieurs fois insisté, que la matière vivante chemine indéfiniment à travers des formes éphémères, qu'elle se continue, qu'elle se poursuit grâce à la filiation des cellules germinatives, et qu'elle sème sur sa route des déchets qui sont les unités vivantes elles-mêmes « les branches que la mort élague sur l'arbre éternel de la vie ». Si l'on fait du parasitisme des cellules sexuelles un corollaire de cette idée, il faut s'avouer partisan de la théorie parasitaire.

Mais alors il faut s'entendre et définir le mot. Veut-on seulement exprimer par une image une conception de la biologie générale qui n'implique aucune différence matérielle absolue entre les cellules somatiques et les cellules germinatives? Alors nous n'avons aucune objection à faire. Veut-on dire au contraire que les cellules sexuelles sont des cellules d'un ordre particulier, dépositaires de propriétés spéciales (les propriétés vitales d'un certain néo-spiritualisme sont certainement de celles-là), transmises par elles depuis les origines de la vie? Alors nous répondrons : non, elles ne le sont pas.

Elles ne le sont pas, parce que nous voyons les différenciations qui les caractérisent, et sur lesquelles est basée la doctrine du germen parasitaire, apparaître seulement chez les espèces d'une complexité déjà élevée et non chez les espèces inférieures ; ce qui indique que c'est là un caractère surajouté et non un caractère fondamental.

Elles ne le sont pas, parce que nous voyons dans les chaînes des espèces animales et végétales les différenciations ontologiques des cellules germinatives ne pas s'accomplir autrement que celles des cellules somatiques adaptées à telles ou telles fonctions; parce que dans certains cas mêmes, nous connaissons les facteurs qui ont provoqué les différenciations, les raisons qui les ont déterminées.

Elles ne le sont pas, parce que, dans la lignée des cellules sexuelles, nous trouvons des cellules à caractères somatiques qui peuvent jouer le rôle de cellules sexuelles au besoin. Le noyau du sac embryonnaire chez les phanérogames avec ses caractères de cellule somatique à fonctions nourricières subit une véritable fécondation par sa conjonction avec le second gamète du prothalle mâle. Les globules polaires, que la théorie parasitaire regarde plutôt aussi comme des déchets laissés par le germen sur sa route, peuvent être fécondés : Francotte en 1893 a montré que dans l'œuf d'une planaire marine, le premier globule polaire conjoint à un spermatozoïde est susceptible de développement. Il est vrai que Giard, Whitmann, Flemming ont développé l'idée que la formation des globules polaires rappelle ontologiquement la division des protozoaires ou protophytes enkystés et qu'on peut les regarder comme des ovules rudimentaires.

Elles ne le sont pas, parce que des cellules essentiellement somatiques sont capables de transporter les caractères héréditaires : les greffes en sont un exemple chez les végétaux, et si les greffes animales, les greffes des animaux supérieurs surtout, ne donnent pas les mêmes résultats, si les tissus cultivés *in vitro* (§ 71) perdent beaucoup de leurs caractères spécifiques, cela tient aux relations étroites qui, chez les êtres supérieurs, lient chaque partie de l'organisme à la collectivité, à l'exception précisément des cellules sexuelles. Celles-ci comme une conséquence même de la spécialisation de chacune des autres et par un *a posteriori* de la division du travail, restent seules capables de suivre la filière indéfinie de la matière vivante en évolution. Mais ce caractère ne fait pas d'elles des unités spéciales, et l'une des preuves les plus démonstratives en est qu'elles donnent naissance sur leur route, dans leur évolution au milieu du soma qui les héberge, à beaucoup de productions accessoires destinées à assurer au mieux l'avenir de certaines d'entre elles. Que ces productions s'appellent les anthères ou l'ovaire chez les plantes supérieures, les glandes sexuelles mâles et femelles chez les animaux supérieurs, les nucelles ou vitellus dans l'ovule des deux règnes, toujours il s'agit là d'une sorte de soma-germen plus ou moins soma ou plus ou moins germen suivant la date de leur naissance. Plus on s'éloigne des productions primitives pour se rapprocher des dernières en date, c'est-à-dire plus on passe des productions différenciées les premières dans le tissu germinatif embryonnaire (organes sexuels) aux derniers produits des mitoses germinatives (formations nutritives de l'œuf, mitoses de maturation), plus on constate que ces productions présentent d'analogie avec les cellules reproductrices elles-mêmes, plus elles sont susceptibles de se comporter comme elles et moins elles portent l'empreinte d'une spécialisation fonctionnelle somatique qui les rend inaptes à la reproduction.

C'est pour cela qu'on peut regarder comme une véritable fécondation la conjonction du noyau du sac embryonnaire avec le second gamète mâle, phénomène que nous rappelions ci-dessus.

La même raison explique que dans certains cas les globules polaires sont fécondables et transformables en embryons, et que chez les plantes et les animaux inférieurs, les cellules somatiques peuvent se comporter comme cellules reproductrices, continuatrices de l'espèce, parce que la différenciation est poussée moins loin, parce que toutes les cellules somatiques ont conservé le caractère de cellules germinatives.

Nous sommes loin, si nous adoptons cette conception, de la théorie parasitaire entendue dans son sens littéral, et je ne vois pas pour mon compte que les expériences du Professeur Giard, que nous avons relatées, puissent être invoquées en faveur de cette acception littérale. Pour que de la greffe parasitaire substituée à l'organe sexuel et se comportant à son instar au point de vue fonctionnel, on puisse conclure à la nature

parasitaire des cellules sexuelles, il faudrait être sûr
d'abord qu'aucune cellule somatique ne puisse jouer le
même rôle, qu'aucune greffe somatique ne puisse se
comporter de même façon. Et encore cela serait-il,
que la seule conclusion qui pourrait en être tirée est
que les effets fonctionnels liés à la vie des éléments
sexuels dans les organismes supérieurs, ou à l'évolution du germen dans le soma nourricier, sont plus
faciles à reproduire artificiellement en substituant à ce
germen des cellules non différenciées plutôt que des
tissus spécialisés dans une fonction somatique déterminée.

De ces considérations il résulte que les cellules reproductrices nous apparaissent de même nature que les
cellules somatiques, mais avec cette seule différence
qu'elles n'ont pas été adaptées à une fonction spéciale
dans la collectivité, qu'elles ont conservé au contraire
un caractère non différencié, tout en prenant part à la
vie de la collectivité et en gardant dans son agrégat
individuel l'empreinte du *modus vivendi* de l'agrégat
total, empreinte qui constitue le *phénomène de l'hérédité*.
Elles sont donc *non pas des parasites d'un soma* qui
évoluerait parallèlement à elles, comme évolue le chêne
parallèlement au gui qu'il nourrit, mais, ainsi que je le
disais au paragraphe 65, simplement des anneaux de la
chaîne ininterrompue de la matière vivante, anneaux
qui se créent une maison, une domesticité, d'autant
mieux organisée qu'ils ont acquis plus d'aptitude à le
faire dans la suite des âges : l'hérédité est la pérennité
dans le germen des habitudes acquises, des aptitudes
à s'édifier cette maison et cette domesticité temporaire

à chaque étape de l'évolution, je veux dire à chaque conjonction chez les êtres sexués.

Si, pénétrés de cette idée, nous essayons d'interpréter certains faits propres à la sexualité et relatifs à l'évolution des cellules mâles et femelles, nous nous apercevons que ces faits souvent regardés comme mystérieux et incompréhensibles s'éclairent d'un jour lumineux. Nous allons leur consacrer un paragraphe spécial.

68. — Interprétation simple de quelques phénomènes relatifs à la sexualité. Parthénogénèse, mérogonie. La doctrine de l'hermaphrodisme.

La théorie contre laquelle nous avons sans cesse accumulé les objections apportées par les faits positifs, la théorie de la localisation matérielle des caractères héréditaires dans les organites spéciaux des cellules reproductrices, avait eu son corollaire dans l'interprétation de la sexualité : la doctrine de l'hermaphrodisme cellulaire fut engendrée par cette tendance de l'esprit humain à vouloir localiser les caractères généraux des unités vivantes dans les infiniment petits composants.

Cette théorie repose sur une observation d'ailleurs très juste. Toutes les cellules du corps proviennent des divisions de l'ovule mère; tous les chromosomes de ces cellules proviennent par divisions longitudinales successives des chromosomes des cellules antérieures et par conséquent des chromosomes de l'ovule mère fécondé; par suite tous contiennent moitié d'éléments mâles et moitié d'éléments femelles. En poussant les choses à l'extrême on peut aller jusqu'à dire avec Van

Beneden que les éléments de chaque cellule somatique sont moitié à caractère mâle, moitié à caractère femelle.

Si cette conception pouvait être justifiée dans l'esprit du savant naturaliste qui a si puissamment enrichi les archives de la science belge, elle risque d'entraîner à de graves erreurs. La plus dangereuse de ces erreurs serait de croire que les organites cellulaires d'origine mâle impriment les caractères mâles à la cellule formée et que les organites d'origine ovulaire lui donnent les caractères femelles. Parmi les cellules filles, les cellules germinatives des descendants ne feraient pas exception ; or, comme le dit Y. Delage, « le spermatozoïde n'est mâle que par sa queue, l'œuf n'est femelle que par ses réserves ».

Pour reprendre une comparaison qui nous a déjà servi plus haut à une autre démonstration, si un architecte avait à construire une église art nouveau et une maison d'école gothique avec les matériaux d'une vieille église gothique et d'une vieille maison d'école art nouveau, il puiserait dans les matériaux indistinctement, si bien que chacun des monuments nouveaux renfermerait des éléments des deux précédents. Chacun d'eux n'en serait pas pour cela moitié maison d'école, moitié église, et la maison d'école ne devrait nullement sa destination et son style aux éléments provenant soit de l'un, soit de l'autre.

D'ailleurs s'il en était ainsi, il serait bien difficile d'expliquer l'origine de la sexualité dans l'échelle phylogénique. Il serait non moins difficile d'expliquer l'analogie des descendants parthénogénétiques et sexués chez certaines espèces.

Ceci nous amène à dire un mot de la parthénogenèse et de la mérogonie.

Parthénogenèse. Il arrive que chez des animaux à génération sexuée des femelles vierges donnent sans fécondation des œufs ou des ovules capables de se développer normalement. On a donné à ce phénomène le nom de parthénogenèse (παρθένος, vierge ; γέννησις, génération). Certaines espèces animales (rotifères), de rares espèces végétales (chara nitida, sorte d'algue) présentent même la particularité de se reproduire par des ovules bien caractérisés et pourtant sans fécondation.

Chez certaines autres, comme chez les pucerons par exemple, la parthénogenèse a lieu ou n'a pas lieu suivant les circonstances saisonnières ou climatériques.

Chez d'autres enfin comme chez les abeilles, elle apparaît comme facultative : la reine fécondée une fois pour toutes reçoit dans sa poche copulatrice une provision de sperme. Durant les quelques années au cours desquelles se succèdent les pontes, le sperme est ou n'est pas employé à la fécondation des œufs qui passent. suivant qu'elle ouvre ou qu'elle ferme la poche copulatrice.

Il est à noter enfin que chez quelques espèces animales où la reproduction sexuée est de règle, on arrive à provoquer le développement parthénogénétique des ovules à l'aide de certains excitants, soit chimiques (solutions diverses), soit physiques (radiations, modalités électriques, etc.), soit biologiques : dans cette dernière classe il faut ranger les spermatozoïdes d'espèces trop différentes pour opérer une fécondation, une fusion nucléaire, mais agissant cependant assez pour provoquer l'évolution de l'œuf peut-être par l'intermédiaire de réactions humorales ou de phénomènes catalytiques.

Un exemple très intéressant de parthénogenèse expérimentale est invoqué par O. Hertwig pour expliquer la différence d'évolution des œufs d'oursin, de grenouilles, de truites, etc, dont les spermatozoïdes ont été irradiés avant la fécondation par des doses moyennes ou par des doses très fortes de rayons β et γ du radium. Il a reconnu en effet que les premiers stades du développement étaient plus retardés si les doses de radiations avaient été moyennes, tandis qu'ils l'étaient moins pour les doses très fortes. La raison en est que le spermatozoïde très irradié conserve sa motilité, pénètre dans l'ovule, mais, ayant perdu sa faculté karyokinétique, se comporte comme un simple excitant, comme un spermatozoïde d'espèce très différente.

Les oursins offrent à ce point de vue un champ remarquable d'expériences et c'est pour avoir trop méconnu les données de la biologie générale que l'on a attribué une portée exagérée et fausse à quelques observations relativement récentes de parthénogenèse expérimentale réalisées à l'aide de produits radio actifs. Il s'agit là simplement d'un excitant physique particulier.

Le fait à retenir de cet aperçu que nous venons de donner de la parthénogenèse est que l'ovule est capable sous certains excitants de se développer comme une cellule somatique ou comme une cellule génératrice asexuée. Quelle que soit l'idée qu'on se fasse de la parthénogenèse, quelque importance qu'on attribue à la constatation faite par Weismann que l'œuf parthéno-génétique n'émet qu'un globule polaire et aux observations de Boveri, Hertwig, Brauer qui ont vu le deuxième globule polaire se séparer momentanément du pronucleus femelle et se refusionner avec lui, il faut reconnaître que même chez les espèces animales à caractères sexuels différenciés, les chromosomes femelles sont capables à eux seuls d'engendrer chez les descendants le prétendu hermaphrodisme de toutes les cellules somatiques et génératrices.

Les enfants nés de la parthénogénèse peuvent en général être aussi bien du sexe mâle que du sexe femelle. D'ailleurs le sexe n'a rien d'héréditaire ; il suffit de réfléchir pour s'en rendre compte.

Mérogonie. Un autre groupe d'observations tend à prouver ou bien que les chromosomes femelles sont inutiles parfois pour la génération d'embryons normaux ou bien que les cellules mâles sont capables dans certains cas d'évoluer en embryons comme les ovules parthénogénétiques. Ces observations sont relatives à ce qu'on a appelé la mérogonie. Voici en quoi consiste le phénomène.

O. Hertwig avait observé qu'en agitant brusquement des œufs d'oursin en suspension dans de l'eau de mer, ces œufs se fragmentaient en deux ou plusieurs parties. Parmi les fragments, les uns renferment le noyau, les autres sont anucléés. Or cet expérimentateur observa en 1886 qu'on peut féconder les fragments dépourvus de noyau.

Est-ce donc que le plasma privé de noyau peut évoluer en embryon et transmettre même des caractères héréditaires ? Est-ce, au contraire, suivant une explication proposée par Boveri que ce cytoplasme maternel sert seulement d'élément nourricier à la cellule mâle qui subit dans l'œuf anucléé une évolution quasi parthéno-génétique? Les expériences de ce dernier auteur parais-sent établir que, quand on féconde des œufs anucléés d'une certaine espèce, par des spermatozoïdes d'une autre espèce, les produits présentent tous les caractères paternels et le développement quasi parthénogénétique des spermatozoïdes paraît possible. On sait du reste aujourd'hui à la suite de remarquables observations de Werwoorn, que des spermatozoïdes, chez certaines espèces animales du moins, peuvent évoluer dans un milieu de culture approprié.

Mais la difficulté de ces observations et la complexité des expériences rendent souvent bien difficile l'interpré-tation des faits particuliers. Des contre expériences de Rauber paraissent établir que le plasma prend part aux phénomènes héréditaires chez le crapaud et la gre-nouille.

Quoi qu'il en soit, il faut reconnaître que la théorie qui attribue aux chromosomes mâles et femelles l'ori-gine d'un hermaphrodisme nécessaire de toutes les cellules somatiques et germinatives est dénuée de fon-dement et ici encore nous voyons les cellules sexuelles se dépouiller des caractères mystérieux qu'un examen superficiel pouvait leur faire attribuer.

69. — Les cellules somatiques différenciées peuvent être reproductrices et assurer la pérennité de la matière vivante. Boutures, greffes, tubercules, régénération d'organes.

La doctrine de la localisation matérielle de déterminants héréditaires sur les infiniment petits des cellules germinatives ne résiste guère devant tous les faits que nous venons de passer en revue. Une autre catégorie d'observations intéressantes vient apporter contre elle des raisons non moins importantes. Elles sont relatives aux processus de développement des cellules somatiques tendant à former une partie d'organe, un organe, ou un être tout entier pareil à celui duquel elles dérivent. Ces cellules somatiques, en se développant ainsi, accomplissent une œuvre semblable à celle des cellules germinatrices, ce qui compliquerait singulièrement, si elle était exacte, la doctrine que nous combattons.

Nous allons nous arrêter un moment à l'examen de ces cas dans lesquels les cellules du *soma* travaillent à la pérennité de la matière vivante sous les mêmes lois directrices que le *germen*, prétendu unique dépositaire des caractères ancestraux.

Nous savons déjà que ces cellules participent toutes à la vie de l'individualité dont elles font partie : elles renouvellent sans cesse leur propre substance, elles s'accroissent, elles se multiplient tout en respectant la forme générale du tissu ou de l'organe auquel elles appartiennent.

Nous savons aussi que chaque tissu, chaque organe,

a ses déchets. Les desquamations épidermiques, les éliminations cellulaires des glandes, la chute des poils, des plumes, la pousse des ongles, des dents, la cytolyse générale de toutes les parties de l'organisme impliquent un processus réparateur de multiplication cellulaire. En tout temps, les cellules somatiques sont reproductrices et il faut bien admettre qu'elles transmettent aux cellules filles leurs propres caractères qu'elles tiennent elles-mêmes de leurs ancêtres, au même titre que les cellules germinatrices transmettent à leur descendance les caractères héréditaires. C'est à cette condition que le type morphologique est respecté. Seulement ce phénomène ne frappe pas l'esprit parce qu'il se passe dans chaque région de l'organisme, parce que les cellules qui se reproduisent sont englobées dans des cellules semblables, parce qu'on perd de vue chaque élément pour n'apercevoir que la morphologie générale du tissu ou de l'organe qui paraît maintenu dans sa forme par une direction supérieure propre à l'individu total.

Il commence à nous frapper si nous regardons non plus les faits ordinaires et banaux que nous venons de rappeler, mais les phénomènes de régénération d'organes amputés qu'il faut rapprocher de la reproduction par bourgeonnement, par greffe, par bouture, par tubercules.

Prenons un triton ou bien un axolotl, vertébré amphibien, avec ses quatre membres renfermant leur squelette osseux, leurs cartilages, leurs muscles, leurs vaisseaux, leurs nerfs. Coupons lui un bras ou une cuisse près de la racine. Le membre se reforme spontanément. Ainsi le tissu osseux de la partie supérieure du fémur ou de l'humérus va proliférer et former non pas un bourrelet osseux informe, mais un fémur ou un humérus nouveau, avec, au bout, les os de la jambe ou du bras, les os du tarse ou du carpe, les phalanges, etc.

On dira bien : mais il y a dans les centres nerveux des centres trophiques qui tiennent sous leur dépendance la morphologie de chaque partie du corps; il y a une direction centrale. C'est pour cela que l'escargot ne refait sa tête, ses tentacules, sa bouche amputée que si on a respecté les centres nerveux céphaliques.

Il y a des cas cependant où cette direction centrale est bien problématique : qu'on prenne une hydre, qu'on la hache en menus morceaux, chaque morceau est capable de refaire un individu complet. Le ver de terre coupé en deux régénère sa tête et sa queue. Chez les végétaux la bouture qui reforme des racines, le bourgeon qui greffé donne un individu pareil à celui dont il provient, le tubercule qui donne une plante nouvelle, tous ces cas montrent bien que la localisation des caractères héréditaires ne saurait être limitée aux infiniment petits du germen.

Si l'on étudie d'un peu plus près ces divers modes de reproduction partielle ou totale, on constate, en particulier dans le cas des régénérations d'organes, que les tissus régénérés se forment ordinairement aux dépens des cellules de même nature ou des cellules appartenant aux feuillets embryonnaires qui leur ont donné naissance au cours des processus ontogéniques. Pourtant d'après Wagner, le lombriculus sectionné en plusieurs morceaux refait une bouche et un anus à chaque extrémité aux dépens de l'endoderme des bords de la section, tandis que dans l'évolution ontogénique ces organes dérivent de l'ectoderme. D'autre part, il ne faut pas oublier que quand un triton régénère son bras à partir d'une surface de section ne comportant pas d'éléments cartilagineux, ni synoviaux, ni ligamenteux, il n'en forme pas moins ses cartilages articulaires, ses synoviales, son appareil fibreux articulaire. Cela pousse à croire que la régénération se fait surtout aux dépens de cellules qui, bien que différenciées, sont voisines du type embryonnaire et capables d'évoluer dans telle ou telle direction suivant les besoins.

Si l'on ne se laisse pas impressionner par les faits particuliers et si l'on prend la question de haut dans son ensemble, voici à mon avis ce qu'on peut en dégager :

1°) Toute cellule chez les êtres très simples paraît apte à transmettre les caractères héréditaires et à reformer un être pareil à celui dont elle provient.

2°) Au fur et à mesure que des groupes cellulaires se spécialisent dans des fonctions somatiques ils deviennent de moins en moins aptes à cette fonction reproductrice et se cantonnent dans des reproductions spéciales, rénovation de tissu, réparation des éléments caduques, etc.

3°) Cependant des cellules à caractères somatiques peuvent conserver l'aptitude à la reproduction et à la transmission des caractères héréditaires généraux quand ce processus est devenu un procédé utile de pérennité de l'espèce. De là l'aptitude des cellules des bourgeons, boutures, marcottes, etc.

4°) Ordinairement cette aptitude est devenue de moins en moins grande en particulier chez les animaux supérieurs parce que l'utilité n'a pas été suffisante pour perpétuer une faculté peu compatible avec les spécialisations fonctionnelles des cellules. C'est pourquoi, bien que les vertébrés supérieurs paraissent pouvoir regénérer certains organes, les chiens leur glande thyroïde, leurs capsules surrénales; les chats, les chiens, leur foie; les lapins, leur glandes salivaires, leur foie, leurs ovaires, etc.; ces régénérations sont plutôt l'exception. Cependant on la retrouve cette faculté régénératrice, même chez les animaux supérieurs quand elle paraît être d'un intérêt tellement capital qu'elle peut sans ambiguïté être regardée comme un caractère ayant donné prise à la sélection naturelle. Alors toutes sortes de faits complexes ont pu entrer en jeu pour l'expliquer y compris l'intervention des centres trophiques, la mise en jeu des cellules embryonnaires spéciales veillant à une fonction déterminée, etc.

Avant que l'école transformiste ait développé cette idée, on appelait ce fait « la prévoyance de la nature » (Lessona, 1868). Darwin et son école ont montré les raisons plausibles capables d'expliquer chaque cas particulier. Le triton n'est-il pas exposé au cours de sa vie aquatique à avoir les pattes fréquemment amputées par un coup de dent de ses ennemis? D'où la formule un peu paradoxale à première vue : « Ce qui se régénère est ce qui est exposé à être coupé ».

La sélection n'explique pas le comment de la régénération, mais elle en donne le pourquoi. Elle simplifie le problème en ce qu'elle montre la faculté régénératrice chez les animaux supérieurs réductible à la régénération chez les simples, régénération perpétuée et perfectionnée par les besoins.

Une preuve à l'appui de cette interprétation peut-être tirée d'une observation formulée par Ribbert : *en général la faculté régénératrice des organes pairs est inversement proportionnelle à celle d'hypertrophie compensatrice.* Voici ce que signifie cette proposition. Quand, à la suite d'une perte d'organe pair, d'un rein, d'une glande sexuelle, salivaire, etc., la glande conjuguée, s'hypertrophiant, suffit à assurer la fonction, il n'y a pas de régénération ; la régénération n'étant pas indispensable, la faculté reproductrice cellulaire s'est éteinte.

Tous les faits que nous venons de passer en revue sont donc en résumé bien peu compatibles avec la théorie que les caractères héréditaires sont localisés dans les infiniment petits matériels des cellules sexuelles. En effet pour les rendre compatibles avec cette théorie, il faudrait singulièrement en compliquer l'interprétation. Il est vrai que cette complication n'a pas arrêté les défenseurs de la doctrine des localisations. Weismann, qui fait de l'idioplasme nucléaire le réceptacle des caractères de l'être vivant, admet dans cet idioplasme des unités qu'il appelle *idantes* (les chromosomes) réductibles à des unités plus petites ou *ides* (les microsomes), elles-mêmes réductibles à des unités encore plus petites, supports de la vie, les biophores, qui forment d'ailleurs des groupes spéciaux, les *déterminants.* Chaque cellule renfermerait autant de biophores que de caractères élémentaires indivisibles et autant de déterminants qu'elle est susceptible de for-

mer de parties différentes de l'organisme. De là la
complexité presque infinie des cellules régénératrices,
qui malgré leur spécialisation doivent renfermer tous les
déterminants nécessaires. Bien peu de biologistes ont
suivi l'auteur dans le dédale de ses conceptions hypothétiques. Une hypothèse n'offrant aucun commencement de preuves ne saurait apporter rien de nouveau à
la science et s'il ne s'agit que d'exprimer un fait par des
mots qui le fixent dans l'esprit, mieux vaut employer
l'image poétique de Vöchting, qui dit simplement que
l'être entier sommeille dans chaque cellule; c'est moins
précis, mais plus compatible avec la réalité, surtout si
l'on transforme un peu la formule en disant que si l'être
entier sommeille. prêt à s'éveiller et à se manifester,
dans chaque élément des êtres à cellules non différenciées ou peu différenciées, il dort d'un sommeil de plus
en plus lourd dans les cellules spécialisées au point de
ne plus pouvoir s'éveiller qu'imparfaitement si l'exercice.
l'entraînement n'interrompent pas à chaque instant sa
léthargie. Si l'éminent histologiste O. Hertwig a ac-
cepté cette formule de Vöchting, c'est qu'elle renferme
bien en effet une grande part de la vérité.

Nous allons à présent nous demander quelle est la
part de la direction imposée par les unités supérieures
à la multiplication des cellules de leurs tissus, de leurs
organes. Pour cela nous allons changer ces cellules de
milieu, en les faisant vivre ailleurs. Nous verrons ainsi
ce qu'elles ont en elles de facteurs auto-directeurs
propres et dans quelles limites l'évolution des cellules
différenciées est tributaire de la vie de l'unité supérieure
dont elle fait partie.

70. — Transmission des caractères héréditaires par les cellules somatiques. La part de la direction centrale dans la conservation du type morphologique. Renseignements tirés des greffes.

Nous avons au paragraphe précédent, soulevé une grave question au sujet de la régénération des organes accidentellement amputés ; nous nous sommes demandé quelle est, dans la reproduction exacte du type morphologique de l'organe régénéré, la part de l'auto-direction des cellules régénératrices, c'est-à-dire la part de l'hérédité due aux cellules somatiques et la part de la direction centrale exercée par l'unité totale au moyen de ses centres trophiques en particulier.

Je dis que cette question est grave. En effet elle touche de près à la conception même de l'hérédité. Nous avons montré déjà qu'un élément figuré, une cellule évolue suivant une loi qui nous paraît préfixée en elle, mais qui est attribuable en partie à l'influence du milieu, à une direction extérieure. Ce qui est vrai des cellules isolées vivant d'une vie autonome l'est *a fortiori* des cellules vivant en collectivité, des cellules qui font partie de l'architecture complexe des unités supérieures, au point que nous perdrions volontiers la notion des facteurs propres à cette cellule pour ne voir que la direction supérieure qu'elle subit.

Qu'il s'agisse de l'hérédité en général ou qu'il s'agisse de la conservation du type morphologique par chaque cellule en particulier, cette double influence se retrouve à des degrés variés. Mais en raison de la tendance que je viens de signaler, il est d'un intérêt capital de déterminer, quand on le peut, ce qui appartient à l'unité collective et ce qui appartient à chaque cellule dans cette direction morphologique de croissance.

L'un des moyens les plus décisifs pour résoudre cette question est d'arracher des cellules d'une collectivité complexe et de les faire vivre ailleurs, soit en les greffant sur un autre individu, soit en les cultivant dans un milieu artificiel.

La *greffe* est bien connue et couramment employée dans la culture des végétaux. On sait qu'elle consiste à introduire une petite tige d'une plante préparée sur le tronc d'une autre plante servant de porte-greffe. Quand les vaisseaux de la sève sont convenablement raccordés, le greffon se développe à condition que les deux espèces, greffon et porte-greffe, ne soient pas trop différentes. D'ailleurs, d'une façon générale chez les végétaux on observe une remarquable aptitude à la croissance d'une partie dissociée et à la reproduction par elle d'un individu complet.

Le fraisier qui se reproduit par ses stolons ou ramifications bourgeonnantes, traçant sur le sol et poussant des racines, le lys qui se reproduit par ses caïeux, la pomme de terre par ses tubercules, sont des exemples naturels où se manifeste cette aptitude.

Le marcottage, le bouturage en sont des applications artificielles.

La greffe se pratique aussi chez les animaux. On connaît l'expérience de T. Bryand greffant des fragments de peau de nègre sur la jambe ulcérée d'un blanc et obtenant une large plaque de peau noire. Aujourd'hui les exemples de greffe sont innombrables : nez, doigt, remis en place, greffe de téguments chez le sujet auquel ils sont empruntés, greffe d'organes variés, telle l'expérience de Paul Bert (1866) qui greffa le bout de la queue d'un rat sous la peau du dos du même animal, puis sectionna la racine et vit la sensibilité conservée après la reprise; telle aussi l'expérience de Mantegazza, 1865, qui greffa l'ergot d'un coq à l'oreille d'un bœuf et le vit atteindre une longueur de 24 centimètres et un poids de 396 grammes, et beaucoup d'autres dont on trouvera en particulier la description dans l'ouvrage du Professeur Yves Delage.

La question de la greffe a eu tout récemment un regain d'actualité avec les prodiges chirurgicaux accomplis par un chirurgien d'origine française, Directeur de l'Institut Rockefeller de New-York, Carrel, dont les travaux retentissants ont appelé l'attention publique sur ces questions d'un si haut intérêt scientifique.

Carrel est arrivé à transplanter des membres entiers chez des individus d'une même espèce, des cuisses en particulier, des organes internes tels que le rein.

Grâce à une antisepsie rigoureuse et à une habileté opératoire admirable pour la suture du périoste, des muscles, des artères, des veines, des nerfs, des aponévroses, après fixation des deux parties du fémur par un tube d'aluminium engagé dans la cavité médullaire, il a vu des animaux vivre plus ou moins longtemps avec un membre étranger.

L'étude de la greffe du rein a donné des résultats très significatifs : si l'on enlève le rein à un chien, qu'on le lave avec de l'eau salée poussée dans ses vaisseaux, puis qu'on le remette en place en opérant les sutures vasculaires, le rein reprend ses fonctions normales au point qu'on peut enlever l'autre rein sans nuire à l'animal.

Si au contraire on transplante sur le chien privé de son rein, le rein d'un autre chien, la greffe reprend bien, mais le rein subit ordinairement par la suite l'atrophie, et dégénère en un petit bloc fibreux incapable d'aucune fonction. Chez le chat, la greffe de rein d'animal à animal réussit mieux, probablement dit Carrel parce que « ces animaux sont plus rapprochés « les uns des autres au point de vue zoologique que le « chien » (1). Mais à ce propos l'éminent biologiste signale le cas d'un chat ainsi muni de reins étrangers qui mourut 40 jours après la transplantation avec des reins presque normaux, mais avec un système artériel général atteint de calcification très accusée.

Ces résultats ne sauraient nous étonner. Nous avons assez insisté sur l'équilibre des humeurs et sur les processus de défense contre les éléments étrangers pour comprendre le peu de chance de succès définitif de ces greffes d'organes entiers. Quand on voit une femme enceinte réagir par des anticorps de défense contre les antigènes du fœtus, on ne peut guère s'étonner de voir une tendance à la cytolyse des tissus d'un animal greffé sur le corps d'un animal même très voisin.

Cette idée théorique a été le point de départ de recherches très intéressantes faites par Carrel et son assistant Ingelriksen, qui se sont demandés si la greffe

____

(1) CARREL. *Conférences de Paris 1912.* (Service du Dr TUFFIER).

aurait plus d'avenir en opérant chez des animaux présentant entre eux un minimum de réactions d'hémolyse et d'agglutination. Les résultats ont été plutôt décevants, en ce sens qu'ils ont montré que l'avenir de la greffe ne paraît nullement dépendre de l'intensité de ces réactions.

D'ailleurs il faut reconnaître qu'il y a beaucoup d'inconnues dans cette question de la greffe : pourquoi un lombric, une planaire n'acceptent-ils ni la greffe, ni la cicatrisation d'un morceau de leur propre corps détaché? Il est vrai qu'ils le reconstituent, ce morceau détaché, par autorégénération. Mais cela ne nous conduit à aucune explication; cela nous mène tout au plus à l'énoncé d'une loi tout à fait remarquable que le Professeur Yves Delage a dégagée de l'examen de faits nombreux; *il y a antagonisme entre la greffe et la régénération.*

Dans une série de travaux récents, Carrel a montré que parmi les greffes, l'une des plus intéressantes est la greffe de fragments de vaisseaux sanguins interposés sur le trajet de vaisseau d'animaux d'autre espèce ; les fragments vasculaires, servant de greffon, peuvent être conservés des mois en glacière, dans un liquide nourricier.

Toutefois Fleig et Hedon pensent qu'en pareil cas, il ne s'agit pas de véritable reprise des tissus, mais que le greffon joue simplement le rôle de corps aseptique « formant soutien pour les éléments de néoformation ». Cette opinion paraît d'autant plus justifiée que, nous venons de le voir, les greffes hétéroplastiques (d'espèce à espèce) sont ordinairement suivies de la résorption progressive du greffon.

Au point de vue qui nous occupe ici, la greffe présente surtout un intérêt quand on peut suivre l'évolution d'un greffon sur un porte-greffe d'espèce différente. Comment évolue le greffon ainsi arraché de son milieu normal, de ses connexions normales ?

Nous avons déjà vu, dans les cas exceptionnels où la greffe animale d'organes très simples réussit, que des anomalies de croissance très nettes peuvent se produire : l'exemple de l'ergot de coq prenant une croissance exagérée sur l'oreille d'un bœuf est caractéristique.

La greffe végétale offre beaucoup plus d'intérêt. Ordinairement le greffon se développe comme se développent les marcottes, les boutures, en conservant son type spécifique. Cependant quelquefois le porte-greffe imprime son caractère à la pousse ; et en ce cas on observe divers degrés de métissage.

.. Dans la greffe dite par approche de deux rameaux de vigne, l'un à grains blancs, l'autre à grains noirs, on obtient dans les deux branches soudées des grains panachés.

Il est remarquable de voir parfois le caractère hybride de rameaux poussant sur le nœud de soudure du greffon et du porte greffe : ainsi le cytise jaune et le cytise rouge peuvent dans ces conditions donner un cytise portant des fleurs rouges, des fleurs jaunes et des fleurs intermédiaires. Weismann explique le cas par une conjugaison cellulaire déjà invoquée par Strasburger et suppose, pour satisfaire à sa théorie particulaire que le nombre des idantes (chromosomes) doit être la somme de ceux des deux espèces en jeu. Il est permis d'ailleurs dans beaucoup de cas d'invoquer simplement les influences humorales sur l'évolution du greffon.

Cette étude est assez limitée, on le voit, par le fait que les greffes, quelles qu'elles soient, ne prospèrent définitivement que dans des conditions très particulières, impliquant avant tout une proche parenté du greffon et du porte-greffe.

A part quelques cas aberrants, il est difficile de tirer de ces observations des conclusions générales sur l'influence qu'exerce le milieu ou la collectivité cellulaire sur l'évolution des cellules somatiques. Mais tout au moins l'idée qui s'en dégage est que dans la plupart des cas le groupe cellulaire greffé conserve ses caractères généraux. Le porte-greffe peut seulement modifier son évolution dans une certaine mesure variable suivant les cas particuliers. Nous allons à présent voir ce que deviennent des groupes cellulaires, des fragments de tissu, des organes, mis en milieu de culture artificielle.

71. — Renseignements tirés de la culture in vitro de cellules, de fragments de tissu, d'organes séparés du corps. Travaux de Carrel.

Il y a longtemps que Cl. Bernard avait affirmé le principe de l'autonomie cellulaire en donnant comme une vérité indiscutable qu'une cellule qui serait placée dans un milieu à chaque instant identique à celui qui s'offre à elle dans l'organisme vivrait libre dans ce milieu comme dans l'organisme dont elle fait partie.

Seulement Cl. Bernard regardait comme presque impossible à réaliser ces conditions de milieu, parce que beaucoup d'entre elles ne peuvent être obtenues que par un concours de circonstances qui précisément caractérisent la vie de l'unité totale.

Cette restriction, à première vue, rend un peu vide de sens le principe que nous venons de rappeler. En effet dire qu'une cellule évoluerait suivant la même voie que sa voie naturelle, si elle était placée exactement dans les mêmes conditions par des moyens artificiels, constitue un axiome évident, quand on met au nombre de ces conditions toutes celles qui résultent de l'équilibre fonctionnel des cellules voisines, de leurs rapports nerveux, des corrélations humorales, etc.

Cependant l'autonomie cellulaire nous apparaîtra de mieux en mieux, la vie de là cellule nous sera de mieux en mieux connue, si par la voie expérimentale nous arrivons à déterminer une à une ces fameuses conditions de milieu et si finalement nous parvenons à faire évoluer la cellule comme elle évolue dans l'organisme sans recourir aux conditions vitales de cet organisme.

Il se pourra que nous n'arrivions jamais à l'identité d'évolution, à la reproduction de toutes les particularités qui caractérisent l'avenir de la cellule dans son milieu naturel, mais du moins nous aurons ainsi une mesure de son autonomie, nous saurons la part de la direction centrale dans cette évolution.

C'est pour cela que sous son apparence d'axiome, la formule énoncée par le grand physiologiste français du siècle dernier, demeure la première expression d'une vérité profonde que les multiples travaux entrepris depuis ont en grande partie vérifiée.

Quand on cherche à réaliser la vie des tissus *in vitro*,

l'un des plus grands obstacles qu'on rencontre est l'insuffisance du renouvellement du milieu, l'insuffisance d'apport des matériaux nutritifs, de l'oxygène, l'insuffisance du déblaiement des émonctoires. Si l'on prend un fragment de tissu et que l'on établisse à travers les vaisseaux conservés une circulation artificielle comme l'a fait Ludwig, on prolonge considérablement la vie de ces tissus.

Une autre difficulté réside dans la complexité du milieu chimique intérieur. Le liquide de Ringer et Locke aujourd'hui couramment employé pour ces expérienc es physiologiques (eau 1.000, sel marin 9 grammes, bicarbonate de soude 0 gr. 2, chlorure de potassium 0 gr. 2, chlorure de calcium 0 gr. 2, glucose 1 gramme ; oxygène à saturation) a réalisé à ce point de vue un progrès considérable.

Il est presque inutile d'ajouter que les éléments cellulaires qui vivent librement dans l'organisme comme les globules sanguins, les leucocytes, les spermatozoïdes, s'accommodent mieux que les autres de leur milieu artificiel sans aucun artifice de circulation et peuvent y être conservés très longtemps.

Mais la survie des organes complexes comme le cœur peut être, elle aussi, considérable, surtout s'il s'agit d'animaux à sang froid.

Athanasiu et Gradinesco ont fait vivre un cœur de grenouille pendant 33 jours *in vitro*. Arnaud obtint la survie d'un cœur de lapin séparé du thorax, en injectant du sérum artificiel dans les coronaires. Hédon et Gilis en 1892 virent battre avec force le cœur d'un supplicié en créant de la même manière une circulation artificielle et Kouliabko a renouvelé la même expérience sur le cœur d'un cadavre humain 20 heures après la mort (1).

Hédon et Fleig ont obtenu par la circulation artificielle en 1903 la survie de fragments d'intestin avec persistance des mouvements péristaltiques. Ils ont vu en particulier l'importance de la qualité du sérum artificiel : la présence du calcium paraît indispensable et sans lui les contractions ne se produisent pas d'une façon appréciable. Carnot et Dorlencourt ont pu par ce procédé réaliser *in vitro* l'absorption des savons et la synthèse des graisses.

Beaucoup plus instructives pour le sujet qui nous occupe sont les expériences de cultures cellulaires sur des milieux nourriciers.

En ce cas au lieu de prendre un organe ou un gros fragment de tissu, on prend seulement quelques groupes cellulaires et la nutrition se fait par imbibition : on les dépose pour cela dans du plasma sanguin liquide, puis on coagule ce plasma de manière à lui donner une consistance gélatineuse.

On voit alors les cellules croître, se multiplier et l'on peut comparer cette évolution libre à l'évolution *in vivo*. Les récents travaux de Carrel qui a eu l'idée de renouveler indéfiniment le milieu, présentent un intérêt biologique capital à ce point de vue. Il a été précédé dans cette voie par Ross Harrisson qui, il y a 4 ou 5 ans, a cultivé des embryons de grenouille en milieu artificiel, et par Burrow qui ensemença pareillement des cellules nerveuses et mésenchymateuses d'embryons de poulet.

(1) Voir à ce sujet Hédon. *Presse médicale*, 1er janvier 1913.

Aujourd'hui les expériences de culture et de reproduction cellulaire ont été largement vulgarisées, elles ont été cinématographiées (Braus) et tout le monde a vu à l'heure actuelle l'accroissement et la multiplication des cellules en milieu artificiel se dérouler sur la toile cinématographique avec la même précision qu'une scène mélodramatique.

Si les cellules embryonnaires sont particulièrement aptes à subir ces cultures, les cellules adultes elles-mêmes peuvent proliférer en milieu artificiel, après une période de repos variable. Carrel et Burrow ont pu obtenir un grand nombre de ces cultures avec des cellules du rein, de la rate, des différentes glandes de l'organisme, avec des cellules conjonctives, etc.

Il est à remarquer ici que les nouvelles cellules produites ont d'abord le même type morphologique que les cellules mères, mais il n'y a aucune tendance à un arrangement cellulaire d'ordre plus élevé. Ainsi les cellules de foie n'ont aucune tendance à se disposer en lobules. D'ailleurs peu à peu les nouvelles cellules produites s'écartent du type morphologique ancestral ; il y a selon l'expression de Champy *dédifférenciation progressive* des éléments cellulaires.

Plus on peut prolonger la vie cellulaire plus on voit les cellules s'acheminer vers le type indifférent. Les récents progrès de la technique imaginée par Carrel sont très précieux à ce point de vue : il sort les cultures de leur milieu, les lave à froid dans le liquide de Ringer pendant plusieurs heures et les repique en milieu neuf. Puis il les porte à l'étuve. Il leur fait subir successivement ainsi des phases de vie active et de vie ralentie.

La vitalité de beaucoup de ces cultures paraît activée avec le nombre des repiquages. Certaines cultures de cellules amiboïdes proliféraient surtout à partir du 5ᵉ mois. Lorsque les cellules ainsi cultivées forment un groupement autonome avec des centres trophiques, elles peuvent conserver certains caractères morphologiques d'agrégats ; ainsi Carrel a rapporté à l'Académie de Médecine en 1912 le cas d'un fragment de cœur d'embryon de poulet séparé de l'organisme et qui au bout de trois mois était encore animé de 92 contractions rythmiques par minute. La multiplication ne se fait pas également pour toutes les espèces cellulaires. Il y a des cultures pour lesquelles elle est si lente qu'on peut se demander si on ne les conserve pas seulement à l'état de survie, mais dans la plupart des autres la prolifération est assez active pour qu'il ne reste aucun doute dans l'esprit.

72. — Conclusions sur la nature de l'hérédité. L'hérédité pérennité d'une fonction d'agrégat. Les deux facteurs de l'hérédité.

Nous voici arrivés à un point de notre étude où nous pouvons tirer une conclusion des données acquises sur l'hérédité. Cette conclusion va nous être utile pour deux raisons. La première est qu'elle va fixer dans notre esprit l'enseignement des faits que nous avons passés en revue. La seconde est qu'elle va nous permettre de mieux comprendre les effets de l'hérédité que nous allons étudier dans les paragraphes suivants ; elle va nous simplifier l'étude des lois de la transmission des caractères, du mendélisme, de la télégonie, de la fixation possible des caractères accidentels; elle va ainsi nous préparer à concevoir les rapports de l'hérédité avec l'évolution des espèces et des êtres organisés en général.

Plusieurs groupes d'observations nous ont conduits pas à pas à envisager l'hérédité sous sa juste face.

Tout d'abord nous avons vu que, au cours de la vie individuelle, *le type morphologique de l'être monocellulaire ou polycellulaire est conservé malgré la rénovation chimique continuelle de chaque élément figuré*, malgré les rénovations incessantes de la plupart de ses infiniment petits.

Ce sont les observations de ce groupe qui ont éveillé en nous l'idée de comparer l'être vivant à un système stationnaire, et cette comparaison nous a incités à penser que la conservation de ce type morphologique résultait surtout d'un concours de circonstances résidant dans le milieu ambiant. Pourtant nous n'avons pas été sans nous laisser frapper par la persistance de ce type, malgré des changements de milieu très étendus, et nous avons été conduits à soupçonner quelque chose d'actif de la part de l'être vivant, une certaine autonomie propre à cet être dans la conservation de ses caractères.

En second lieu, en étudiant les êtres complexes, nous avons découvert toute une série de phénomènes qui nous ont montré *les moyens par lesquels s'exerçait cette autonomie de chaque être*. Corrélations humorales, coordinations nerveuses, synergies glandulaires, processus chimiques ou neurochimiques de défense, etc.

tels sont les aspects variés sous lesquels se présentent à nous les rouages de cette autodirection. Dans cette œuvre coordinatrice, chaque cellule de 'la collectivité est spécialisée. Son rôle est déterminé, mais l'œuvre de chacune d'elles ne vaut que par le concours de toutes les autres. D'ailleurs la cellule elle-même est un petit monde d'organites également spécialisés, et chaque organite apporte son concours à la vie de l'ensemble. Ainsi avons-nous pu, de ce deuxième groupe d'observations, sortir la conception du modus faciendi de l'auto-direction apparente propre à chaque unité vivante.

En troisième lieu, nous avons regardé chaque unité croître. Nous nous sommes expliqué la permanence du type morphologique tant par la permanence relative des conditions de milieu que par la mise en jeu continuelle des processus d'auto-direction que nous venons de signaler.

En quatrième lieu, nous avons regardé une unité simple, une cellule, se partager en deux unités filles, nous avons étudié le processus de cette division et nous n'avons pas été surpris de voir le même type morphologique se poursuivre dans la croissance des unités filles : en effet la même permanence relative des conditions de milieu continue son effet, et les facteurs de corrélation que nous avons énumérés peuvent bien avoir les mêmes chances de se perpétuer dans la matière issue de la cellule mère. Ce que nous avons conçu comme naturel quand il s'agit de la reproduction par scissiparité, nous l'avons sans grand effort conçu aussi comme possible lorsque une seule cellule émise par un être polycellulaire est chargée d'engendrer un nouvel être.

Cette conception s'est éclairée d'un jour nouveau quand nous avons cherché à pénétrer le phénomène intime de cette permanence des caractères de la matière vivante à travers ses mutations de nutrition, à travers ses processus de croissance, et à travers les remaniements périodiques qui caractérisent chaque production d'unités nouvelles à partir d'une unité antérieure vouée désormais à la destruction.

Nous avons vu en effet que l'auto-direction propre à chaque unité se ramène en dernière analyse à une habitude de triage de la part de cette unité, à un choix ordinairement fait par elle, entre plusieurs phénomènes isodégradateurs. Nous avons montré que la conservation du type morphologique est simplement due à la persistance de cette habitude empreinte dans la matière vivante et suivant cette matière à travers ses unités.

En cinquième lieu, nous nous sommes demandé en quoi consiste cette empreinte capable de perpétuer une habitude matérielle. Nous avons dit que cette empreinte ne devait pas être localisée sur chaque infiniment petit considéré isolément.

En effet, le choix entre deux phénomènes isodégradateurs, la répétition ordinaire du même choix, l'habitude d'une direction élective entre deux voies différentes, dont la pente est la même, est essentiellement un phénomène cinétique, un phénomène de relations et non une propriété d'infiniment petits matériels, au repos.

Cette habitude peut marquer son empreinte sur le jeu des éléments matériels concourant à la vie, mais si chacun d'eux peut dans une certaine mesure en porter une marque stable, cette marque ne vaut que par le concours de leur jeu commun. En un mot, cette habitude est une fonction d'agrégat.

Le biologiste qui prétendrait expliquer par des caractères propres à chaque infiniment petit les particularités de la vie, se trouverait dans la situation de l'astronome qui voudrait justifier les mouvements complexes de chaque unité planétaire sans faire entrer en jeu l'équilibre cinétique de tout le système; qui voudrait par exemple, trouver dans « l'impulsion initiale » de Saturne ou de Jupiter les raisons de toutes les perturbations dues à l'influence gravide des astres voisins. Il aurait le droit certes de s'émerveiller des déterminantes mystérieuses incluses dans la chiquenaude initiale.

De même pourrait-on s'émerveiller du caractère pathétique du trombone à coulisse ou de la grosse caisse, dans un motif passionnel d'un opéra de Wagner, parce que c'est ce trombone ou cette grosse caisse qui a donné la note grave. Le pathétique lui aussi est une fonction d'agrégat et quand nous comparons l'émotion que crée en nous l'audition de deux motifs différents, c'est le concours d'une succession de sons que nous envisageons : cette émotion pourra être très différente quoique le trombone ait donné dans les deux cas la même note et que la grosse caisse ait envoyé les mêmes vibrations dans l'espace.

La valeur gravide et la vitesse de Jupiter et de Saturne, éléments nécessaires pour le calcul de leurs perturbations sont évidemment des facteurs propres à ces unités; la gravité, l'intensité, le timbre des notes lan-

cées par le trombone ou la grosse caisse sont évidemment des propriétés personnelles à ces instruments;
de même chaque organite cellulaire joue dans le concert de la vie un rôle lié à ses caractères physico chimiques. Mais les perturbations planétaires, le pathétique
d'un motif, ne se conçoivent que comme effet d'un
concours de phénomènes; l'auto-direction des unités
vivantes, l'habitude du triage électif des probabilités
biologiques, émanent pareillement du jeu d'ensemble
de facteurs variés. Nous avions donc bien le droit de la
définir : *une fonction d'agrégat*.

L'hérédité est le nom que nous donnons à la *pérennité
de cette fonction d'agrégat*. Ainsi arrivons-nous à cette
première conclusion : il y a deux groupes de facteurs
dans la conservation du type morphologique.

Il y a des facteurs extérieurs de nature physico chimique : la constance relative des relations de chaque
unité avec le milieu ambiant assure une certaine constance dans la réalisation des systèmes stationnaires
successifs qui procèdent les uns des autres. Mais ce
facteur ne saurait faire autre chose que d'établir entre
les êtres successifs une certaine ressemblance, de
même que l'identité de constitution du suif et celle de
l'atmosphère où il brûle établissent aussi une identité
de forme entre les flammes de chandelle qu'on allume
ici ou là.

Il y a des facteurs intérieurs, qui sont propres à l'être
et qui agissent par voie d'une habitude fonctionnelle,
ce sont des propriétés d'agrégats. Ce sont elles qui
constituent vraiment le bagage héréditaire qu'emporte
la matière vivante en parcourant ses formes successives.

73. — La distinction de ces facteurs explique deux particularités de l'évolution des êtres. 1°) Tendance à la variation sous certaines influences; 2°) Tendance à la conservation du type spécifique.

La conclusion que nous venons de dégager est capitale pour ceux qui n'ayant pas encore consacré aux études biologiques un temps suffisant, veulent aborder le problème des origines de la vie.

En effet, nous prévoyons dès à présent un conflit possible entre les facteurs de la transmission du type morphologique de chaque être à sa descendance.

D'une part les variations du milieu peuvent dépasser les limites entre lesquelles le système stationnaire n'est pas déformé. Par suite la déformation peut se produire.

D'autre part, l'habitude fonctionnelle de chaque agrégat tend à s'opposer à cette variation et si elle est vaincue, il faut qu'un nouvel équilibre fonctionnel s'établisse. Ainsi l'auto-direction individuelle nous apparaît-elle comme capable d'assurer la permanence du type spécifique, malgré une certaine variabilité de l'ambiance, mais cette variabilité à son tour nous apparaît comme capable dans certains cas, de remanier l'auto-direction et de créer un nouvel habitus.

Or si ces deux propositions sont bien comprises, on est conduit, en dehors de toute hypothèse doctrinale à une déduction des plus fécondes, que nous avons fait pressentir plus haut.

Nous n'avons pas oublié que tous les processus physico-chimiques, tous les phénomènes de la vie, s'accomplissent dans le voisinage des états d'équilibre; que si l'ensemble de leur production correspond à une augmentation entropique globale, le choix de la route à suivre entre les processus isodégradateurs échappe à l'emprise de la deuxième loi de l'énergétique, et nous venons précisément de rappeler au paragraphe précédent que l'auto-direction héréditairement transmissible consiste dans l'électivité systématisée, le choix habituel de telle ou telle route dans chaque cas particulier. Cela posé, que l'on veuille bien ici réfléchir que si les routes variées qui s'offrent à l'auto-direction des unités vivantes peuvent être équivalentes en thermodynamique par le fait qu'elles sont isodégradatrices, elles sont très différentes souvent au point de vue de l'avenir de l'être. L'une peut favoriser sa croissance, son équilibre, sa vie dans le milieu ambiant, l'autre peut lui nuire.

Dès lors nous apercevons que l'hérédité va devenir un agent capital dans l'évolution d'une lignée. En effet dès que l'électivité entre deux processus différents est fixée par un commencement d'habitude, dès que le choix n'est plus exclusivement tributaire du hasard, cette faculté élective devient une propriété héréditaire. J'en ai déjà ébauché la preuve, je la répète ici pour asseoir nos conclusions. Supposons que de deux unités sœurs, l'une fixe une électivité favorable, la transmette à sa descendance, tandis que l'autre ne la fixe pas, la première lignée présentera avec plus de constance que la seconde un caractère favorable. Indépendamment de toute idée doctrinale on est forcé de reconnaître que les chances de survie, les chances de faire souche, sont d'autant plus grandes pour chaque unité que cette unité possède plus de caractères favorables. Il suffit, pour s'en rendre compte, d'une part d'invoquer un fait sur lequel nous avons à maintes reprises attiré l'attention du lecteur à savoir que depuis les premières phases de la vie jusqu'à l'état adulte, les unités vivantes sont vouées à des chances innombrables de destruction qui ne laissent survivre que quelques élues; d'autre part de faire appel au calcul des probabilités qui met dans le lot de chaque unité un nombre de chances d'avenir qui dépend en partie de ses propres aptitudes, c'est-à-dire de la valeur de son auto-direction individuelle.

La déduction à tirer de ces faits, est que la lignée à *caractères favorables fixés* arrivera tôt ou tard à supplanter l'autre et par suite l'hérédité qui a été l'agent de sa supériorité se trouve établie par la force même des choses, en même temps que le caractère fixé devient un caractère héréditaire. Nous pourrions tout de suite appeler ce caractère un caractère *spécifique,* si nous n'avions à craindre d'être accusés de parler le langage d'une école. Nous reviendrons d'ailleurs longuement sur cette question au paragraphe 75, quand nous demanderons aux faits s'ils justifient la théorie.

Ainsi le même raisonnement nous a conduits d'abord à concevoir l'hérédité comme nécessaire *parce que fait utile,* ensuite à comprendre la fixation par elle des caractères favorables, *parce que donnant à la lignée qui la présente un contingent plus grand de chances d'avenir.*

Nous allons à présent aborder les questions de faits que nous avons fait prévoir.

Dans quelle limite la variabilité du milieu modifie-t-elle la constance du type spécifique? Dans quelle limite les modifications accidentelles survenues dans l'auto-direction spécifique sont-elles transmissibles? L'hérédité fixe-t-elle ou ne fixe-t-elle pas les variations individuelles? Nous serons ainsi entraînés à examiner les lois de l'hérédité, question toute d'actualité et dont la solution nous sera précieuse : elle nous conduira en effet tout droit aux données positives indispensables à connaître pour aborder le problème de l'origine de la vie.

Section IV. — **Hérédité et évolution. Les lois de l'hérédité.**

74. — **La transmission héréditaire des caractères ancestraux permet une certaine variabilité de la descendance.**

Personne n'a jamais eu l'idée de nier l'hérédité des caractères spécifiques, des caractères de race. Tout ce que nous venons de dire a eu pour objet d'expliquer cette hérédité. Par contre des controverses très aiguës se sont élevées sur la transmission des caractères individuels.

La question a une importance capitale, car si les caractères spécifiques seuls sont indéfiniment transmissibles et si les caractères individuels, si les variations présentées par chaque sujet ne le sont pas, c'est la fixité de l'espèce qui est assurée, ou tout au moins c'est une difficulté considérable apportée à la démonstration de la théorie de la descendance.

Lorsque pour la première fois on aborde l'étude de l'hérédité, on est effrayé du nombre et de la diversité des opinions émises par les auteurs les plus autorisés sur sa nature et la limite de sa portée et l'on est surtout troublé par l'abondance des faits positifs que chacun d'eux apporte à l'appui de sa thèse. Mais on éprouvera d'autant moins de peine à se faire une idée personnelle nette, qu'on aura mieux étudié le mécanisme de la conservation du type morphologique au cours de la croissance individuelle et de la reproduction, conservation qui est le principe même du phénomène de l'hérédité; c'est pourquoi j'ai cru devoir développer avec un soin particulier les notions générales exposées dans les paragraphes précédents avant d'aborder l'étude de ces controverses.

Les caractères individuels doivent être nettement rangés en plusieurs catégories suivant leur genèse.

1°) Il en est *pour la production desquels l'individu n'a aucune part* : ces caractères là ne procèdent en rien d'une tendance particulière au sujet qui les porte, ils ne touchent ni de près, ni de loin à l'auto-direction propre à son unité, ils ne résultent même pas d'une réaction de son individualité contre une influence étrangère accidentelle. Prenons des exemples :

Voici des moutons auxquels on coupe systématiquement la queue de générations en générations, des chiens qu'on ampute de leurs oreilles ou de leur queue; voici une mutilation voulue, la circoncision chez les Juifs, répétée depuis des siècles; ou une mutilation nécessaire, la défloration qui, chez toutes les races humaines conduit la jeune fille à la maternité pour citer, après Yves Delage, l'exemple le plus frappant peut-être de mutilation indéfiniment rééditée.

Ces caractères acquis sans la participation spontanée de l'être ne sont pas transmis, quoique nous ayons choisi à dessein des exemples où leur répétition est méthodique et même naturellement obligatoire. A peine peut-on les regarder comme exceptionnellement transmissibles.

Les chiens, les moutons auxquels on coupe la queue ou les oreilles durant une série de générations naissent indéfiniment avec la queue ou les oreilles de leur race. Les Juifs n'atrophient nullement l'appendice tégumentaire dont les privent leurs rites religieux. La femme du xxᵉ siècle naît avec l'emblème de sa virginité et le conserve sans qu'aucun processus de résorption vienne l'atteindre, bien au contraire, à l'âge où la mutilation est de règle. L'hérédité en un mot paraît mettre un point d'honneur à fermer les yeux sur les incidents de la vie individuelle.

Je crois stérile d'énumérer les cas où l'on a cru voir la transmission effective d'un de ces caractères accidentels : blessures d'un ascendant donnant une trace homologue ou une marque quelconque chez les descendants ; mutilation systématique aboutissant à une diminution organique, dans la descendance, etc. Il faut dans tous ces cas faire la part soit des coïncidences, soit des tendances présentées normalement par la race étudiée ; bien souvent les éleveurs qui coupent la queue ou les oreilles, qui opèrent une mutilation quelconque, n'ont d'autre but que d'accentuer ainsi, pour une utilité mercantile immédiate, un caractère distinctif de la race.

2°) Il se peut que dans certains cas une mutilation entraîne un syndrome réactionnel chez l'individu qui en est porteur; là nous commençons à voir entrer en scène un facteur propre à l'individu, une modification dans l'auto-direction qui le caractérise. Dans ces conditions il y a une transmissibilité possible. Ainsi chez les végétaux, les feuilles de tilleul, d'après Lundström, présentent certaines déformations produites ordinairement par la piqûre d'acariens, mais qui seraient héréditaires et se retrouveraient chez les descendants *protégés contre ces parasites*. Cet exemple n'est pas le seul. Chez les animaux, chez les cobayes en particulier, Brown Sequard, a montré que la section du nerf sciatique entraîne dans la descendance une atrophie des phalanges correspondantes. La section partielle du bulbe rachidien entraîne de l'exophtalmie non seulement chez ce sujet, mais chez les descendants. Les faits analogues abondent, surtout lorsque le système nerveux participe à la réaction.

Le caractère ainsi transmis pourra persister de générations en générations, mais ordinairement il va s'atténuant parce que l'auto-influence qui lui a donné naissance n'est pas entretenue par une raison extérieure, ni par un besoin, parce que d'autre part il ne procure aucun avantage à l'individu qui le porte, avantage qui pourrait donner prise à la sélection naturelle des sujets chez lesquels il est le plus accentué.

3°) A côté des mutilations entraînant un syndrome réactionnel se placent les maladies, qui, au premier chef, déterminent des processus de défense que nous connaissons. Nous avons assez insisté plus haut sur l'hérédité possible de l'immunité, sur les modifications d'aspect des épidémies chez les peuples, grâce à l'hérédité des processus de défense, pour nous dispenser de revenir sur ce point. L'hérédité des maladies touchant le système nerveux ne fait pas plus de doute.

4°) Enfin, il est des caractères individuels qui paraissent se produire en vertu de la tendance naturelle du sujet, sans influence nette des conditions de milieu, la couleur des cheveux, les particularités tégumentaires, la forme du nez, de la face, etc., la tendance morbide à l'obésité, à tel ou tel état chronique. Tout le monde sait que ces caractères sont héréditaires.

En résumé, nous pouvons conclure que toutes les fois que la modification survenue dans la vie individuelle n'implique pas une participation active du soma, une entrée en scène des corrélations humorales, des synergies fonctionnelles, une modification de l'équilibre des fonctions de nutrition ou des régulations du système nerveux, cette modification n'est pas transmise. Si exceptionnellement elle l'est, c'est par suite d'une coïncidence ou par suite de raisons inhabituelles dont nous ne voyons presque jamais l'enchaînement.

Au contraire, s'il y a dans la modification survenue une participation active de l'auto-direction individuelle, les unités filles peuvent très bien présenter le caractère des unités mères et le caractère apparu accidentellement peut se perpétuer chez tout ou partie de la descendance. Il s'accentuera si les causes extérieures qui l'ont provoqué continuent d'exister.

La distinction que je viens d'établir paraît beaucoup plus simple, beaucoup plus facile à concevoir que la distinction entre les caractères acquis et les caractères innés. Les controverses du siècle dernier ont montré combien il est difficile de s'entendre sur le sens du mot inné, au point que E. Reh a fini par considérer que sauf les mutilations accidentelles, il n'y a pas de caractères acquis : tous seraient innés et par suite transmissibles, c'est tout simplement avec un mot qui prête à double sens et au prix d'un élargissement de sa signification ordinaire arriver à la distinction que je viens d'établir.

Quoi qu'il en soit, nous apercevons nettement que l'hérédité des caractères spécifiques est compatible avec certaines variations individuelles et que suivant les cas, ces variations. individuelles sont ou ne sont pas transmissibles. Cette transmissibilité des variations individuelles nous conduit fatalement à concevoir le caractère transmis comme capable de s'accentuer de génération en génération et de *se fixer*. Ceci mérite de nous arrêter, car cette déduction est grosse de conséquences.

75. — Fixation héréditaire possible des variations individuelles.

Les notions de biologie générale que nous avons acquises jusqu'ici nous permettent en effet de poser hardiment les termes des propositions suivantes :

1). Un caractère apparu chez un individu avec la participation de l'auto-direction de son organisme et sous des causes connues ou inconnues de nous, *peut* se transmettre à sa descendance.

2). Ce caractère *a des chances* de s'accentuer chez les descendants si les causes provocatrices continuent d'agir.

3). Si ce caractère est avantageux pour les individus qui en sont porteurs, *il se peut* que ceux-ci aient une supériorité à un moment quelconque de leur évolution depuis l'état d'éléments sexuels jusqu'à celui d'embryon, jusqu'à celui d'individu adulte et reproducteur, et par conséquent qu'ils aient plus de chances de faire souche, d'où la *tendance à la fixation* de ce caractère par sélection naturelle.

Mais dès lors se dresse devant nous tout le cortège des corollaires à tirer de cette proposition ; si un caractère se fixe, cette fixité va pouvoir le transformer en caractère spécifique, une espèce nouvelle va pouvoir naître par le jeu de la sélection naturelle. C'est le problème de la fixité des espèces qui se pose. Si les caractères impliquant une entrée en scène de l'auto-direction organique sont transmissibles, un être dont les conditions de vie sont modifiées par changement de milieu. par passage du sédentarisme à la vie active ou inversement, par entraînement sportif, habitudes variées, etc., va sans doute pouvoir transmettre les caractères acquis à sa descendance : alors c'est le Lamarkisme qui d'emblée triomphe avant toute discussion sur l'origine des espèces.

Je crois que si l'on veut éviter les erreurs doctrinales et ne pas se laisser influencer par les conséquences philosophiques des premières déductions, il faut commencer par se poser les questions suivantes : les caractères théoriquement transmissibles sont-ils tous réellement transmis? S'ils ne le sont pas tous, en est-il qui le soient régulièrement?

Ces caractères ainsi transmis sont-ils capables en fait

de se fixer et de survivre à la cause qui a provoqué leur apparition?

En est-il parmi eux qui puissent s'appeler dès lors caractères spécifiques?

.. Il y a une vingtaine d'années, quand une vive réaction s'opéra contre la transmissibilité des caractères acquis avec Weismann en tête, puis Pflüger, Nœgeli, Strasburger, Kœlliker, His, etc., et tous les néo-darwinistes, on prit à tâche de démonter la possibilité d'une fixation des caractères par simple sélection naturelle sans intervention de l'hérédité. Or si nous nous sommes bien compris jusqu'ici, on conçoit que la négation de la *transmissibilité* des caractères somatiques est un non sens, même s'ils sont acquis, mais que *leur transmission réelle* est une question de fait qui dépend des circonstances.

Cela posé, il faut ne pas se laisser influencer par les résultats de certaines expériences particulières souvent fort impressionnantes. Prenons en une dans le nombre, Nœgeli, un des partisans les plus convaincus de la non transmissibilité des caractères acquis, apporta 2.500 variétés de plantes alpestres dans le jardin botanique de Munich et les observa pendant 13 ans. De ces observations il crut pouvoir conclure que, ces variétés prenant dès la première année de leur transfert les caractères des plantes de plaine et les présentant ensuite toujours les mêmes de génération en génération, il ne s'agissait-là que d'une influence de milieu et non d'une transmission héréditaire de caractères acquis. Les variétés de Munich, reportées dans les Alpes, reprenaient en effet immédiatement leurs caractères de plantes de montagne.

A l'encontre du fait rapporté par Nœgeli où les caractères de plaine ou de montagne procèdent simplement de l'influence du milieu et se modifient immédiatement lors de la transplantation, on peut en citer une foule d'autres où la modification survit à sa cause. Ainsi Schübeler rapporte qu'en Scandinavie les céréales de plaine semées dans la montagne y fleurissent plus tôt. Rapportées ensuite en plaine elles continuent d'être précoces. De même Hoffmann obtint chez certaines plantes, par la réduction des matériaux nutritifs, des modifications durables après la cessation des réductions. Le cerisier de Ceylan, étudié par Detmer, fournit un cas analogue. Cet arbre issu de notre cerisier à feuilles caduques est pourvu cependant de feuilles persistantes. Pour expliquer ce fait, on est forcé d'admettre que la persistance des feuilles s'est faite par accroissement progressif de leur durée et que cet accroissement a dû être *transmis* de génération en génération, *si bien que les effets se sont cumulés* jusqu'à la persistance des feuilles durant toute l'année. Les exemples abondent sur les modifications progressives des races animales changées de milieu.

Les partisans de la non transmissibilité ont cru pouvoir justifier leur théorie en disant que les cellules germinatives du germen sont dans certains cas modifiées directement par les variations du milieu et non par l'intermédiaire des cellules somatiques : cette subtilité de distinction n'a d'autre but que de justifier cette idée doctrinale : le germen n'est pas modifié par les variations accidentelles du soma. Nous savons le cas que nous devons en faire.

La vérité est que les exemples sont très variés et très contradictoires et que nous ne connaissons pas les raisons en vertu desquelles un caractère, même acquis accidentellement, s'impose à la descendance avec une persistance remarquable, tandis que d'autres en apparence bien plus essentiels paraissent échapper à l'hérédité. Cela dépend évidemment du retentissement que peuvent avoir les causes provocatrices de la modification sur l'habitus de chaque cellule en particulier, et avant tout sur l'habitus des cellules du germen, mais le mécanisme de ces relations nous échappe et nous ne pouvons que constater la grande diversité des résultats. Le Professeur Yves Delage, dans son ouvrage magistral sur l'hérédité, insiste sur les effets parfois surprenant de ce qu'il appelle la force héréditaire et se demande à juste titre pourquoi certaines anomalies telles que la polydactylie, la syndactylie ou certains états morbides se transmettent avec une telle insistance par voie héréditaire, pourquoi on voit des caractères individuels, tels que la forme du nez dans la famille des Bourbons, se perpétuer malgré les alliances les plus variées et parfois dans les deux lignées, mâle et femelle.

Il cite des cas authentiques où une variation brusque a été transmise d'une façon durable : les marronniers d'inde à fleurs doubles proviennent d'un marronnier de Genève dont une branche présenta accidentellement des fleurs doubles et dont on fit des boutures. Bien que la bouture opère en réalité une survie finie ou indéfinie du soma, il faut bien voir là une transmission héréditaire. Les axolotls albinos aujourd'hui très répandus proviennent d'un axolotl ordinaire qui n'offrait aucun signe prémonitoire. Les moutons-bassets (ancons à courtes pattes) dérivent aussi d'une variation brusque, etc., etc.

Ces exemples variés suffisent à établir deux choses : la première c'est que les caractères individuels même acquis brusquement sont *transmissibles* en fait. La deuxième c'est que la transmission a lieu ou n'a pas lieu sans que nous puissions préciser les raisons pour lesquelles elle s'effectue ou ne s'effectue pas. Ils nous laissent toutefois prévoir que ce qui justifie ces différences c'est le retentissement que peut avoir la modification survenue dans l'auto-direction générale sur l'habitus propre à chaque cellule somatique ou germinative.

76. — Complexité dans la transmission effective des caractères théoriquement transmissibles. Loi de Mendel.

L'exposé sommaire que nous venons de donner de la transmission héréditaire nous fait prévoir combien complexe doit être dans la réalité le phénomène de la *ressemblance* des rejetons à leurs ancêtres.

Lorsqu'un embryon provient de la conjonction de deux éléments cellulaires comme cela a lieu chez tous les animaux et toutes les plantes sexués, nous savons que chaque cellule germinative est susceptible d'apporter ses caractères propres.

Si les deux êtres qui ont participé à la génération de cet embryon sont morphologiquement différents ou s'ils sont de races différentes, il sera d'autant plus instructif d'étudier les caractères de la descendance.

Il y a un peu plus d'un demi-siècle un assistant au muséum d'histoire naturelle dont le nom a été trop oublié, Naudin, avait mis en lumière deux faits des plus importants (1859).

Il avait remarqué que de l'union de deux individus présentant des dissemblances nettes, résultait ordinairement une première génération de descendants *homogènes*, c'est-à-dire ne présentant pas les uns les caractères du père, les autres ceux de la mère, mais tous ressemblant soit à l'un, soit à l'autre.

Il avait remarqué en deuxième lieu qu'à partir de la deuxième génération, on voyait une distinction s'opérer comme s'il y avait retour aux types originaux des grands parents.

D'après lui, les essences spécifiques qui font la ressemblance tendent à se séparer dans les gamètes fournis par les descendants de la première génération, de sorte que l'union de gamètes de même essence provoque un retour au type pur ancestral.

Quelques années plus tard (1865) un moine augustinien d'Altbrünn, Mendel, publiait un travail remarquable sur l'hybridation dans le règne végétal. Ayant croisé durant plusieurs années consécutives 22 variétés différentes de pois dans le jardin botanique de Brünn, il put tirer de statistiques très imposantes des conclusions précises qu'il énonça sous la forme de lois. Durant plus de trente ans, ses travaux, que seuls avaient connus les peu nombreux lecteurs du Bulletin d'une société de naturalistes de Brünn, demeurèrent ignorés. Ils furent exhumés seulement au début de notre XX\ :sup:`e` siècle par Correns de Berlin qui les vérifia sur les pois et le maïs, par Tschermarck de Vienne, par de Vries d'Amsterdam qui expérimenta en particulier sur le pavot. Leur retentissement s'accrut au fur et à mesure qu'on en reconnut l'exactitude et de nombreux expérimentateurs en vérifièrent les conclusions dans certains cas d'hérédité animale, Darbishire et Guenot, chez les souris, Lang chez les colimaçons, Toyama chez les vers à soie, Davenport chez les poules, etc., etc., sans parler des éleveurs de la race chevaline qui, d'après les généalogies de leurs pur-sang et d'après les croisements systématiques qu'ils opéraient, cherchèrent dans le mendélisme une justification de pratiques empiriques.

Je vais tâcher de faire comprendre en quelques lignes en quoi consiste la théorie mendélienne.

Prenons deux variétés de pavots distinctes en particulier par un caractère très saillant, facile à apprécier : la variété possédant des fleurs à centre noir et la variété à centre blanc. Croisons-les. Récoltons les graines et semons-les.

Les plantes de la première génération donnent toutes des fleurs à centre noir et paraissent *identiques* à l'un des ascendants par ce caractère. L'ascendant à centre noir paraît imposer son caractère à la descendance : il est *dominant*. L'ascendant à centre blanc est *dominé*, il cède le pas au dominant. Il est *récessif*. Le fait que tous les descendants ont le caractère du dominant conduit à la première loi de Mendel : *loi de dominance*, propre à la première génération. C'est ce que Naudin avait déjà énoncé sous cette forme : les descendants de première génération sont homogènes.

Soumettons à présent les fleurs de cette première

génération à l'auto-fécondation. Semons les grains obtenus. La deuxième génération ne sera plus homogène, il y aura des fleurs à centres blancs et des fleurs à centres noirs. C'est *la loi de disjonction* des caractères de .Mendel, *la séparation des essences spécifiques* de Naudin.

Opérons encore l'auto-fécondation chez les descendants de 2ᵉ génération, nous verrons que les centres blancs donnent seulement des centres blancs, qu'une partie des centres noirs donnent seulement des centres noirs et qu'enfin l'autre partie des centres noirs se comportent comme les hybrides de première génération, c'est-à-dire donnent en partie des centres blancs purs, en partie des centres noirs que la suite révèlera comme centres noirs purs et des hybrides.

C'est le dénombrement de ces catégories qui a conduit Mendel à l'expression de la formule mathématique qu'on peut appeler *la loi des quarts*; cette formule a fait la gloire de l'illustre observateur et a imposé le mendélisme comme une doctrine d'une.précision absolue; mais en même temps elle a poussé les naturalistes vers une conception de l'hérédité à laquelle ils n'étaient que trop enclins par la diffusion de la doctrine de Weismann et des théories particulaires.

Voici quelle est cette formule.

Les descendants homogènes de première génération donnent naissance : 1°) à $\frac{1}{4}$ de descendants à centre blanc qui n'auront jamais dans leur descendance que des centres blancs; ce sont les *récessifs purs*; 2°) à $\frac{1}{4}$ de centres noirs qui n'auront jamais dans leur descendance que des centres noirs : ce sont les *dominants purs* ; 3°) à $\frac{2}{4}$ de centres noirs qui se comportent comme les homogènes de première génération, c'est-à-dire comme des hybrides et qui donneront eux-mêmes comme descendants $\frac{1}{4}$ de récessifs purs, $\frac{1}{4}$ de dominants purs et $\frac{2}{4}$ d'hybrides.

Le tableau (1) ci-joint résume ces résultats :

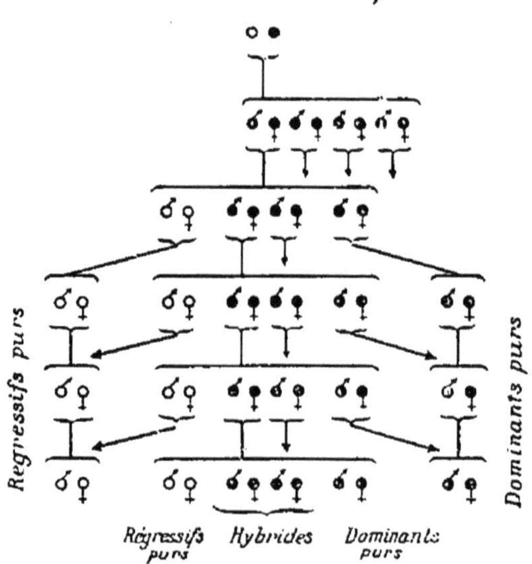

Fig. 63. — Loi de Mendel.

Cette loi se retrouverait dans l'union des souris grises (dominantes) avec les souris blanches (dominées) ; des chevaux bais (dominants) et des alezans (dominés) ; probablement des albinos humains (dominés) et des sujets normaux (dominants) etc. D'après quelques biologistes

(1) J'ai figuré dans ce tableau deux descendants, un mâle ♂ et un femelle ♀ pour chaque groupe pour montrer que c'est ensuite par interfécondation qu'a lieu la reproduction.

elle régnerait en maîtresse sur toutes les inextricables particularités de l'hérédité morbide dans les deux règnes et dans les races humaines en particulier.

Nous allons voir à quelles erreurs conduisent ces généralisations et ces interprétations spécieuses.

77. — Extension abusive de la loi de Mendel. Erreurs doctrinales tirées des faits énoncés par Mendel.

Lorsque pour la première fois on se trouve en présence de la formule de Mendel, on est naturellement porté à croire que tous les caractères individuels considérés isolément sont tributaires de cette formule. Un descendant de première génération renfermerait les caractères des deux ascendants. Les uns parmi ces caractères seraient actifs, apparents, (type dominant) les autres latents, non apparents (type récessif). A la deuxième génération, il y aurait séparation de ces caractères temporairement conjoints, mais non mélangés.

C'est là un premier écueil.

Il faut en effet bien se rendre compte qu'ordinairement les caractères n'apparaissent pas aussi entiers chez les descendants. Pour un caractère qui frappe l'œil, comme la couleur d'un centre de fleur et qui paraît être une entité bien définie, créant une analogie absolue entre les individus qui le possèdent, il y en a dix, il y en a vingt qui sont moins nets, qui ne créent qu'une vague ressemblance entre les individus qui en sont porteurs. En réalité, même dans les cas où il semble *a priori* qu'il ne puisse y avoir qu'identité parfaite ou opposition radicale entre les individus, suivant qu'ils présentent ou qu'ils ne présentent pas le caractère considéré, à cause de la brutalité même du caractère qui est ou qui n'est pas, cette identité parfaite ou cette opposition radicale ne sont qu'apparentes. Chaque caractère individuel se révèle à nous comme résultant d'un concours de circonstances propres à chaque être et susceptibles de plus ou de moins. Un caractère n'est pas une entité, une chose ayant son existence propre, c'est une résultante. Mais dans certains cas, dès qu'il apparaît, il nous donne l'impression d'apparaître tout entier, de n'être pas susceptible de plus ou de moins et par suite évoque l'idée d'une cause déterminée, qui elle-même ne possède pas de degré.

Un deuxième écueil, beaucoup plus grossier, écueil à la faveur duquel ont été apportés les exemples les plus disparates à l'appui du mendélisme est la méconnaissance des hasards de séries. Une loi statistique telle que la loi des quarts ne saurait être dégagée que d'un très grand nombre d'observations.

Certaines séries peuvent, quand on cherche systématiquement des rapports numériques entre leurs termes, présenter ces rapports sans que l'on soit en droit d'en induire des généralisations conformes aux prévisions. Grâce à ces vérifications partielles on s'est laissé entraîner à étendre la formule bien au delà des limites qu'elle était susceptible d'atteindre.

De ces deux erreurs, à savoir : l'assimilation de chaque caractère individuel à une entité bien définie et l'attribution à la plupart des caractères individuels des règles mendéliennes, est résulté ce fait que l'on a cherché une explication théorique du mendélisme en traitant chacun des caractères des êtres vivants comme une chose possédant une existence propre, ou tout au moins comme le produit immédiat et direct d'un *facteur* générateur ayant son existence réelle, d'un *déterminant* constituant bien une chose matérielle. Ainsi a-t-on été naturellement entraîné vers la théorie particulaire de l'hérédité. Une conjonction était presque fatale entre le mendélisme ainsi entendu et les théories ayant pour pivot les hypothèses de Weismann.

Or, il s'est produit ici un fait qui n'est pas unique dans la science. Il s'est trouvé que l'introduction de cette théorie particulaire a donné d'emblée la raison d'être de la loi des quarts avec une telle simplicité qu'elle s'est imposée au raisonnement et que la loi des quarts a été invoquée comme une preuve de la théorie particulaire de l'hérédité. Le mendélisme, en triomphant, entraînait dans sa gloire la doctrine des déterminants.

Voici en effet le raisonnement qui conduisait à l'explication de cette loi.

Prenons l'exemple de nos pavots noirs et blancs.

Le gamète centre blanc et le gamète centre noir qui donnent les homogènes de première génération renferment chacun le déterminant correspondant.

Les homogènes de première génération possédant ces deux déterminants sont tous noirs parce que l'un de ces déterminants *domine* l'autre.

Les gamètes de ces homogènes de première génération ne présentant plus que la moitié du nombre des chromosomes somatiques renferment les uns les déter-

minants centres noirs N, les autres les déterminants
centres blancs B. Parmi ces gamètes, on aura donc des
mâles à déterminants centres noirs mN et des mâles à
déterminants centres blancs mB ; de même parmi les
femelles nous trouverons fN et fB. Ce raisonnement
implique l'hypothèse gratuite que la séparation des anses
chromosomiques opère le triage des déterminants, ce
qui, n'en déplaise aux défenseurs de la théorie, est contraire à la conception particulaire telle que la présente
Weismann, conception suivant laquelle les déterminants
croissent et se divisent comme tous les infiniment petits
de la matière vivante.

Quoi qu'il en soit, cette nouvelle hypothèse étant
encore acceptée, le reste n'est plus qu'un jeu. Si l'on
admet qu'il y a $\frac{1}{4}$ de mB, $\frac{1}{4}$ de mN, $\frac{1}{4}$ de fB et $\frac{1}{4}$ de fN,
il va de soi que le croisement donnera :

$$m\text{B} + f\text{B} = 1/4 \text{ de récessifs purs centres blancs}$$
$$m\text{B} + f\text{N} = 1/4 \text{ de mixtes}$$
$$m\text{N} + f\text{B} = 1/4 \text{ de mixtes} \quad \Big\} \text{ hybrides}$$
$$m\text{N} + f\text{N} = 1/4 \text{ de dominants purs centres noirs}$$

On peut dire que c'est le charme de cette formule si
simple du calcul des probabilités qui a poussé inconsciemment à admettre à tout prix comme réelles toutes
les hypothèses nécessaires pour l'établir.

Un de nos jeunes biologistes dont la compétence est
des plus étendues et qui a du mendélisme une conception qui me paraît particulièrement juste, M. E. Guye-
not, a montré tout ce qu'il y avait d'arbitraire dans

ces hypothèses (1) par une comparaison suggestive.

Pour lui, dire qu'un caractère qui apparaît chez un individu résulte de l'existence d'un facteur, d'un déterminant ou du jeu d'une entité matérielle quelconque, est aussi incohérent que d'attribuer l'apparition de la pluie dans le ciel à un *facteur pluie* présent dans un lieu déterminé de l'espace. En réalité, de même que la pluie résulte du concours de diverses circonstances, état hygrométrique de l'air, température, tension électrique des nuages, pression atmosphérique, etc, de même la genèse d'un caractère individuel résulte du concours d'un ensemble de propriétés plasmatiques transmises par les cellules germinatives.

Seulement lorsqu'on fait ainsi du caractère individuel un épiphénomène résultant de l'équilibre organique ou du fonctionnement des diverses parties de l'agrégat qu'est chaque unité organisée, on ne voit plus sous un jour aussi simple d'une part la *conjonction* qui explique la loi de dominance chez les homogènes de première génération et d'autre part la *disjonction* qui explique la loi des quarts aux générations suivantes. Mais bien souvent la nature ne se révèle-t-elle pas à nous beaucoup plus compliquée que ne se l'imagine *a priori* notre conception simpliste? La théorie des germes emboités, par exemple, n'était-elle pas plus lumineuse que celle qui nous fait voir chaque phase de l'être vivant tributaire de toutes sortes de relations pour engendrer la phase suivante et pour acheminer cet être d'étape en étape vers son état parfait, et pour-

(1) E. Guyénot. Le mendélisme et l'hérédité chez l'homme. *Biologica*, janvier 1914.

tant n'avons-nous pas dû reléguer les doctrines des ovistes et des spermistes dans les archives du souvenir...?

D'ailleurs il ne me semble pas que la théorie néo-mendélienne des déterminants ou des facteurs de caractères telle que l'a exposée en particulier M. Hagedoorn nous donne une grande satisfaction quand nous l'étendons aux caractères non mendéliens, je veux dire aux caractères qui n'entraînent pas l'idée d'identité entre le descendant et l'ascendant, aux caractères qui établissent seulement entre eux une ressemblance vague ; ceux-là font naître en notre esprit l'image d'une fusion indéfinie de ces facteurs ancestraux si empressés à se disjoindre chez les hybrides mendéliens. Y aurait-il donc deux ordres de facteurs ou de déterminants, les uns admettant la fusion, les autres ne l'admettant pas?

En second lieu, il ne me semble pas que la théorie des déterminants possède vraiment le monopole de la simplicité pour expliquer la loi des quarts. Pour peu qu'on réfléchisse, la théorie qui fait des caractères individuels en général et des caractères mendéliens en particulier, une fonction d'agrégat, est susceptible de conduire elle aussi à cette loi. Il suffit pour cela de regarder le caractère mendélien comme présentant cette seule particularité de plus que les autres, d'apparaître à nos moyens d'investigation subjective comme non susceptible de plus ou de moins, si bien que c'est lui tout entier ou sinon ce que nous appelons son inverse qui se développe intégralement, mais sans que pour cela il diffère objectivement du caractère non mendélien lié manifestement à des fonctions d'agrégat. On peut raisonner

sur la répartition des tendances d'agrégat dans les gamètes comme sur la répartition de déterminants fictifs en
tenant simplement compte de l'aspect subjectif particulier propre au caractère mendélien, tel que je le signalais plus haut.

En résumé la loi de Mendel met en relief, un ensemble
de faits très importants, mais elle a conduit à des erreurs théoriques. La simplicité qu'apportent à son interprétation les hypothèses particulaires de l'hérédité ne
doit pas faire perdre de vue les inconséquences auxquelles elles conduisent et le mendélisme ne saurait
cesser de nous faire considérer la transmission des
caractères comme la continuité d'une fonction d'agrégat
à travers les unités vivantes successives.

La mention de quelques faits particuliers par laquelle
nous terminerons ce chapitre viendra encore à l'appui
de cette interprétation.

78. — Quelques faits inexplicables par les théories particulaires de l'hérédité. Imprégnation. Xénie.

I. *Imprégnation.* On donne le nom de télégonie ou
d'imprégnation à un phénomène curieux. Lorsqu'une
femelle quelconque est fécondée par un mâle différant
notablement d'elle par ses caractères individuels ou
par ses caractères de race, elle subit une modification
telle que les rejetons qu'elle produit avec un autre mâle,
un an, deux ans, plusieurs années après, présentent des
signes non douteux se rattachant aux caractères du
premier mâle.

Tel est le fait admis par la plupart des éleveurs. Il aurait été observé parfois, d'une façon nette, même dans l'espèce humaine si l'on en croit certains observateurs : tel le cas de Flint, rapporté par Y. Delage; une femme blanche fécondée une première fois par un nègre aurait donné par la suite, après son mariage avec un blanc, des enfants blancs portant des caractères nets de la race nègre. Par contre Y. Delage a recherché systématiquement des exemples de faits analogues chez les enfants de veuves remariées et n'a pas trouvé de preuves vraiment nettes à l'appui de la télégonie. Chez les animaux les exemples cités abondent. Ici c'est le cas d'une truie qui, saillie par des verrats, donnait des petits normaux jusqu'au jour où, saillie par un sanglier, elle donna des métis; couverte ensuite par les verrats, pères des premiers produits, elle donna des petits présentant de grandes analogies avec les métis de sanglier. Là, c'est le cas d'une jument alezan saillie par un couagga (sorte de zèbre), qui donna à partir de ce moment avec les étalons ordinaires, des petits à rayure de zèbre. Ce sont des chiens, ce sont des moutons, ce sont des oiseaux même, qui fourniraient des preuves à la télégonie.

Devant la multiplicité des faits apportés, il paraît difficile de refuser crédit à ces observations. Il ne nous répugne nullement d'ailleurs d'y ajouter foi aujourd'hui que nous pouvons en deviner le mécanisme : n'avons-nous pas dit que la femelle pendant la grossesse subissait des modifications humorales tellement importantes que certaines d'entre elles étaient décelables par nos procédés grossiers d'investigation? Est-il étonnant que ces modifications plus ou moins durables puissent affecter les portées suivantes?

II. *Xénie.* — L'évolution du germen peut marquer son empreinte sur le soma nourricier dans des circonstances un peu différentes. Chez beaucoup de végétaux on sait que les cellules germinatives se développent au milieu d'un organe nourricier plus ou moins complexe, la graine, le fruit. On sait d'autre part que ces parties nutritives sont ordinairement déjà constituées avant la fécondation de l'ovule, ou tout au moins que les cellules nutritives somatiques évoluent à côté du germen et indépendamment de lui, antérieurement à la fécondation. Aussi lorsqu'on opère des croisements, lorsqu'on féconde un ovule par du pollen de variété nettement différente, si l'embryon est hybride comme il est naturel de le prévoir, la graine, le fruit, conservent le caractère du porte-graine et ne sont pas modifiés par le métissage de l'embryon qu'ils nourrissent, comme il est non moins logique de le supposer. Or, dans beaucoup de cas, le fruit est modifié par ce métissage : les pois blancs fécondés par des pois de couleur donnent des grains panachés (1). Les grands pois sucrés fécondés par le pois à cosse pourpre donnent une cosse nuancée de pourpre (Laxton, Darwin, cités par Y. Delage). La fleur d'oranger fécondée par le pollen du citronnier donne une orange à zeste de citron. Les jardiniers, comme le rapporte encore Y. Delage, évitent d'exposer les fleurs du melon à la pollinisation des fleurs de courges, les viticulteurs évi-

____

(1) Il s'agit bien entendu ici du grain dans lequel est opéré le métissage et non des hybrides de la première génération. Il s'agit des parents et non des enfants.

tent la pollinisation des raisins blancs par les fleurs de raisins noirs.

Tous ces faits sont bien incompréhensibles dans l'hypothèse des déterminants.

79. — Consanguinité et évolution de la race.

Je terminerai cet aperçu des lois de l'hérédité en disant quelques mots d'une question qui a soulevé de nombreuses controverses. C'est celle de l'influence de la consanguinité sur l'avenir de la descendance.

Ordinairement on regarde la supériorité de la génération sexuée sur la génération asexuée comme liée à ce fait qu'elle permet le rapprochement de caractères légèrement dissemblables portés par des sujets apparemment très semblables (Darwin). Cette dissemblance peut être très faible d'ailleurs, puisque chez les végétaux l'hermaphrodisme est très fréquent. D'ailleurs nous ne savons pas ce qui fait la dissemblance d'un individu et d'un autre individu de même espèce ; l'étude des greffes animales (§ 70 travaux de Carrel) et de la cytolyse du greffon nous a montré combien il nous est difficile de dire dans quel cas un animal est identique à un autre animal de même race et même très proche parent ; les réactions hémolytiques elles-mêmes sont bien impuissantes à nous renseigner à cet égard, nous l'avons vu.

Malgré cela, il est admis en général que, chez les animaux supérieurs tout au moins, le rapprochement de deux générateurs très proche parents donne des produits inférieurs, et l'on attribue ce fait à la trop grande analogie des caractères individuels des deux parents.

Les unions consanguines trop rapprochées sont proscrites par les lois des peuples civilisés ou par les lois religieuses, non seulement comme contraires à la morale, mais comme nuisibles à l'avenir de la race et les éleveurs le plus souvent s'efforcent, dans leurs croisements, d'éviter la consanguinité.

Que devons-nous donc en fait penser de cette question si troublante de la consanguinité?

Si nous nous plaçons à un point de vue général, nous devons tout d'abord constater que le croisement d'individus dissemblables d'une même race a pour résultat final de maintenir un certain type moyen dans la descendance de cette race en mélangeant sans cessé les caractères extrêmes. Les unions consanguines systématiques pourraient créer des lignées divergentes.

Or, l'éleveur qui veut développer un caractère ou conserver sans mélange un type possédant des caractères transmissibles autres que ceux de la race d'où il dérive, se trouve entraîné à utiliser les unions consanguines. Y a-t-il vraiment là un facteur défavorable à la descendance?

Si l'exemple des végétaux nous incite peu à cultiver cette crainte, l'opinion la plus répandue est certes nettement contraire à la pratique de l'union consanguine. Il est intéressant pour la biologie générale de savoir si oui ou non, il est indispensable qu'il existe entre les procréateurs une certaine dissemblance et si la proche parenté est nuisible. Le progrès des espèces est en effet en partie tributaire de toutes les causes qui peuvent accentuer ou fréner les écarts individuels.

Sans prétendre trancher la question pour l'espèce humaine, je me contenterai de rapporter ici l'opinion des éleveurs de la race chevaline. Les documents qu'ils nous fournissent ont une grande valeur parce qu'ils connaissent exactement la généalogie de tous leurs étalons et de toutes leurs poulinières, depuis des souches très lointaines.

On donne le nom d'*outbreeding* à l'accouplement de deux individus qui ne comptent aucun ascendant commun dans leur généalogie et celui de *inbreeding* à l'accouplement de procréateurs parents à quelque degré que ce soit. Pratiquement l'outbreeding est impossible à réaliser, mais on s'en rapproche d'autant plus qu'on choisit des procréateurs ne présentant que des liens de parenté le plus éloignés possible. L'inbreeding, cela se conçoit, permet bien mieux que l'outbreeding d'arriver à sélectionner et développer un caractère, puisque, dans ce dernier cas, il y a à se préoccuper de toute l'ascendance des conjoints à chaque croisement, tandisque, dans le premier, il suffit de sélectionner les caractères à développer parmi les étalons et poulinières consanguins dont on suit les générations. La consanguinité additionne les tendances similaires des conjoints (Yves Delage). Mais risque-t-elle d'affaiblir la race comme on le croit volontiers surtout en France? Les exemples abondent pour et contre cette opinion.

La race du pur sang, née par mutation brusque, au xviiie siècle, d'étalons orientaux et de poulinières anglaises, et conservée fidèlement depuis, implique forcément l'inbreeding. Tous les représentants de la lignée mâle remontent à trois étalons et les femelles à cin quante poulinières. Non seulement on trouve de la consanguinité dans l'ascendance de chaque procréateur, mais on trouve toujours des ascendants communs aux deux lignées. D'ailleurs on n'incrimine ordinairement l'inbreeding que lorsqu'il s'opère entre deux proches parents (1er, 2e, 3e ou 4e degrés). Le moyen le plus rationnel d'apprécier les effets de l'inbreeding est précisément de baser les statistiques sur le degré de parenté ou ce qui revient au même sur le nombre de « *générations libres* » (Von OEttingen, Lehndorff) qui séparent respectivement chaque conjoint de l'ancêtre commun.

R. Riondet, d'après la méthode de Von OEttingen a eu la curiosité d'établir la statistique de plus de 700 étalons actuellement en fonction en Angleterre et en France. Il les a classés suivant le nombre des générations libres de leur ascendance. La colonne A se rapporte à 396 étalons anglais, B à 82 étalons d'origine anglaise ou américaine fonctionnant en France, C à 136 étalons français, D aux 143 performers vainqueurs en 1912.

			A	B	C	D
0 génération libre.			0,3 %	» %	» %	» %
1	—	—	3,5	2,4	»	1,4
2	—	—	4,8	8,5	2,2	5,6
3	—	—	13,1	14,7	10,3	9,8
4	—	—	23,2	22,0	17,6	11,9
5	—	—	31,1	30,5	30,9	32,8
6	—	—	20,2	19,5	26,5	27,3
7	—	—	3,8	2,4	12,5	9,8
8	—	—	»	»	»	1,4

Ce tableau montre que l'on pratique beaucoup plus l'inbreeding rapproché en Angleterre (A et B) qu'en .

France (C), et cependant les éleveurs français trouvent nécessaire de relever la race de leurs pur-sang de temps en temps en faisant appel aux procréateurs anglais.

On cite en outre nombre d'étalons de valeur comme Perth, fameux dans les annales des courses, qui ont été obtenus par une sélection ancestrale comportant de l'inbreeding à générations libres très restreintes.

Aujourd'hui, en France, il semble qu'un courant tende à se produire nettement vers la pratique de l'inbreeding serré, quelques-uns voudraient même aller d'emblée à l'inbreeding incestueux pour sélectionner les caractères saillants communs aux consanguins les plus rapprochés.

Sans généraliser cette pratique il paraît ressortir de ces considérations que si la dissemblance systématique des générateurs est un avantage à certains points de vue pour l'avenir de la race et en particulier pour la conservation du type moyen et la correction des écarts, elle n'est nullement indispensable à la qualité des produits, elle est même un obstacle à la création des types nouveaux que la fixation des variations brusques pourrait transformer en souche de races nouvelles.

Seulement grâce à elle, l'acheminement morbide qui existe dans beaucoup de lignées se trouve compensé par des tendances contraires et c'est à ce point de vue surtout, dans les familles à tendance déchéante, que l'outbreeding le plus complet paraît salutaire.

CHAPITRE IV

Phénomènes dynamiques liés
à la fonction de nutrition.

**80. — Energie libérée au cours des processus de nutri-
tion. Production chimique de l'énergie animale.**

Nous savons que la matière parcourt ses cycles organiques parce que, à la faveur des combinaisons atomiques ou des dissociations moléculaires qu'elle subit, de
l'énergie se dégrade.

De l'énergie se dégrade quand sous l'action du
rayonnement solaire s'opèrent les synthèses végétales
ou quand, par sa vie même, la plante brûle ou dissocie
certains de ces matériaux nutritifs préalablement synthétisés.

De l'énergie se dégrade, quand les animaux se nourrissent, croissent, font leurs synthèses ou leurs dissociations chimiques.

En un mot pendant que s'opèrent les phénomènes
chimiques qui constituent la nutrition, une transformation continuelle de l'énergie s'accomplit ; et l'énergie
chimique, dont la réserve s'accroît ou décroît dans
les systèmes vivants au cours de cette dégradation

énergétique, est une phase de l'énergie qui traverse ces systèmes.

Quoique les deux règnes vivants ne diffèrent pas essentiellement au point de vue qui nous occupe en ce moment, il est d'observation courante, nous l'avons dit, que, dans le règne végétal, il y a augmentation du fond de réserve de l'énergie chimique aux dépens de l'énergie solaire, tandis que, dans le règne animal, il y a dépense d'énergie chimique et production d'énergie mécanique et de chaleur.

Ainsi dans les deux règnes, mais surtout dans le règne animal, aperçoit-on que la fonction de nutrition a pour résultat immédiat non seulement de rénover la matière des êtres vivants, *mais encore de libérer de l'énergie chimique dont cet être pourra tirer profit.*

Toute l'énergie mécanique déployée par les animaux ou par les cellules végétales, depuis les mouvements plasmiques et ciliaires jusqu'aux mouvements de la vie élevée de relation, toute l'énergie thermique libérée, depuis la faible émission de chaleur liée au travail de croissance chez la plante jusqu'à la grande production calorique des animaux supérieurs, tout cela a son origine immédiate dans l'énergie chimique des matériaux de nutrition.

Nous sommes ainsi autorisés à regarder la production d'énergie par les êtres vivants comme un effet de la fonction de nutrition, et l'énergétique animale en particulier ne saurait être considérée autrement que comme un corollaire de l'étude du chimisme de la matière vivante.

81. — Production d'énergie mécanique par les animaux et principe de Carnot-Clausius.

Avant d'aborder cette étude, je crois utile de mettre le lecteur en garde contre certaines conceptions erronées sur la genèse de l'énergie mécanique produite par les animaux.

Tout d'abord l'origine de l'énergie chimique, thermique, mécanique, mise en jeu au cours de la vie des organismes terrestres étant, en dernière analyse, la lumière solaire, et sa transformation la plus intéressante étant constituée par la production d'énergie mécanique, par la production du travail animal en particulier, on a volontiers tendance à se représenter l'être vivant comme un transformateur très spécial qui, avec de l'énergie de qualité inférieure, fait de l'énergie de qualité supérieure, qui, avec de la chaleur et de la lumière, fait du travail mécanique.

Mais il faut se rendre compte que cette tendance provient avant tout d'une idée inexacte sur les réactions d'équilibre qui sont à la base de tous les actes de la nutrition. Nous avons insisté sur ce fait que si l'équilibre chimique se déplace suivant un mode réversible par l'apport ou le départ de chaleur, tout déplacement de cet équilibre correspond en réalité à une augmentation entropique du système global dont le système chimique n'est qu'une partie.

D'autre part, on sait parfaitement que de l'énergie franchement inférieure comme la chaleur peut se transmuter en énergie supérieure comme le travail mécanique, à condition que ce phénomène s'accompagne d'une chute de tension thermique, ou si l'on veut d'une perte de calorique par conduction, dans une partie du système, c'est le principe même des machines à vapeur d'où Carnot a tiré les bases du deuxième principe de l'énergétique.

En conséquence, on conçoit parfaitement que de l'énergie chimique accumulée à partir des transformations de l'énergie solaire puisse servir, même par voie de réactions d'équilibre, à fournir du travail mécanique, conformément à ce deuxième principe.

Il y a toujours quelque part, au cours de ces mutations durant lesquelles un système particulier semble prendre du grade, une autre partie du système global où se produit une chute qui compense et au delà cette prise de grade ; et, toujours conformément à la loi Carnot-Clausius, l'excès de chute de grade est la mesure de la tendance naturelle qu'a le phénomène à se produire.

Un deuxième point sur lequel nous devons arrêter notre attention est précisément relatif à cette constatation que les phénomènes du monde vivant comme ceux du monde minéral se produisent d'autant plus fatalement qu'ils correspondent à une augmentation entropique plus considérable. On risquerait si l'on ne précisait les conditions de cette production de se trouver à première vue en contradiction avec les faits observés à chaque pas.

Nous avons dit en effet que ce qui caractérise la vie et l'individualité des êtres vivants, ce qui explique l'autonomie croissante des unités organisées, c'est la possibilité d'un triage effectué par elles entre des phénomènes isodégradateurs. Nous avons montré aussi que ce triage engendre une sorte de mémoire, que sa répétition constitue une habitude, d'où l'auto-direction apparente des unités vivantes, auto-direction transmissible à travers la chaîne des unités qui se succèdent.

Triage d'ordre purement chimique chez les unités les plus simples, cette électivité embrasse peu à peu toutes les transformations de l'énergie à mesure qu'on s'élève dans l'échelle des êtres et il vient un moment, où, consciente, elle nous donne l'image de la liberté individuelle, de la liberté pour l'être de produire à volonté telle ou telle chaîne de phénomènes nonobstant la loi du maximum d'augmentation entropique.

C'est ici qu'il faut bien s'entendre.

Voici sur une table un bâton de zinc et un verre d'eau acidulée. Si le bâton de zinc est mis dans l'eau acidulée, une transformation énergétique tributaire de la loi de Carnot-Clausius s'accomplira, imposée, fatale, à cause de cette loi. Mais il dépend de nous que le phénomène s'accomplisse ou ne s'accomplisse pas, il dépend de nous que le bâton de zinc reste indéfiniment à côté du verre d'eau acidulée.

Il se peut que l'accomplissement ou le non accomplissement de la réaction engendre respectivement une chaîne de phénomènes consécutifs tout à fait différents, correspondant à des accroissements entropiques complètement autres et nous pouvons à notre choix les produire ou ne pas les produire. Mais tous les phénomènes que nous provoquerons seront tributaires de la deuxième loi de l'énergétique.

Ainsi nous apercevons-nous nous-mêmes comme comparables aux démons de Maxwell : incapables de provoquer aucun phénomène qui échappe à la loi de Carnot-Clausius, nous ne pouvonsque laisser les échanges énergétiques dont nous sommes les témoins ou le siège s'accomplir suivant les lois de la thermo-dynamique, mais nous avons parfois la faculté de les trier, de les sélectionner, au point que le résultat peut à première vue en imposer comme échappant à ces lois.

Tant que cette faculté est inconsciente, comme cela a lieu dans le triage chimique des processus isodégradateurs chez les êtres simples, nous disons qu'il s'agit de l'auto-direction statique de l'individu, ou du rôle actif du système stationnaire, et nous faisons d'elle une habitude matérielle propre à chaque unité et transmissible des unités mères aux unités filles. Mais quand elle devient consciente, quand surtout elle relève de la volonté, nous l'appelons la liberté individuelle.

Ce n'est pas ici le lieu de nous attarder plus longtemps à une question qui relève de l'étude des fonctions de relation, mais cet aperçu était nécessaire pour bien montrer au lecteur la place qu'occupe le travail animal dans les phénomènes propres à la matière vivante. Nous allons à présent envisager brièvement les questions les plus actuelles qui peuvent, dans le domaine de l'énergétique animale, intéresser la biologie générale et nous aider à la conception de la vie.

82. — Notion préliminaire sur la production d'énergie en dehors de tout travail mécanique extérieur. Dépense de fond.

Nous avons montré plus haut comment en établissant le bilan des apports et des dépenses, divers expérimentateurs (Rübner, Chauveau, Pettenkofer et Voit, Laulanié, Atwater et son école, etc.), ont pu démontrer d'une façon rigoureuse que tout le travail fourni par l'organisme et toute la chaleur produite par lui, trouvaient leur équivalent dans l'énergie chimique des aliments *évaluée par leur chaleur de combustion.*

Dans l'organisme il est vrai que les albuminoïdes ne sont pas, comme les hydrates de carbone et les graisses, brûlés jusqu'au bout, puisque les excréta présentent des produits azotés encore complexes (urée, ammoniaque, créatinine, etc.), mais on peut, en tenant compte de ce fait, accepter comme suffisamment exactes les moyennes proposées par Rübner, qui admet que :

1 gr. d'albumine fournit en moyenne à l'organisme.   4 cal. 1
1 gr. de graisse en moyenne . . . .   9 cal. 3
1 gr. d'hydrate de carbone . . . .   4 cal. 1

Au cours de la vie ordinaire les aliments ingérés ont une digestibilité variable et ce serait une erreur de croire que les chiffres indiqués soient ceux qui correspondent aux poids des matériaux ingérés. Il y a lieu de déduire, d'après Rübner, environ 2/10 pour compenser cette cause d'erreur, ou si l'on tient compte de la digestibilité respective moyenne de chaque groupe d'aliments, de prendre comme valeur dynamogène moyenne les chiffres suivants proposés par A. Gautier :

1 gr. d'albumine . . . . 3 cal. 68
1 gr. de graisse . . . . 8 cal. 65
1 gr. d'hydrate de carbone . . . 3 cal. 88

Nous avons vu d'autre part que, indépendamment de tout travail extérieur, chaque être pour vivre doit être le siège de mutations d'énergie : théoriquement, nous l'avons établi en comparant l'être vivant à un système stationnaire; expérimentalement il a été démontré qu'il existe un minimum de consommation appréciable en calories, au-dessous duquel un sujet donné ne peut vivre. L'homme moyen au repos dépense par kilogramme de poids et par heure environ 1 calorie. Tout travail surajouté élève la consommation d'une quantité mesurable et la fonction de nutrition a la charge de pourvoir aux besoins suivant les circonstances.

Il est possible d'apprécier cette consommation minima, qui correspond au travail de rénovation matérielle des tissus d'une part et d'autre part aux dépenses de la mécanique interne : déplacement du sang, de la lymphe, translation des excréta, mouvements des organites cellulaires, accroissement ou reproduction propre à chaque tissu, etc.

En effet, si l'on dose les oxydations chez l'animal au repos et placé dans une ambiance telle que la régulation thermique n'incite pas à la dépense, on arrive directement à la notion de l'énergie chimique nécessaire pour l'entretien de la vie.

Cette dépense minima s'appelle *la dépense de fond*.

C'est celle qu'effectue l'animal à jeun, vivant sur ses réserves et placé dans un repos complet, sans même accomplir aucun travail de digestion.

Nous allons voir comment on peut approximativement mesurer cette quantité d'énergie si utile à connaître.

83. — La dépense de fond et les conditions de température extérieure. Optimum thermique.

L'animal, tout en ne produisant aucun travail extérieur est donc obligé de pourvoir à une dépense de fond.

Au cours de cette mutation de l'énergie chimique des apports alimentaires ou des réserves en énergie de travail intra organique, il y a forcément un dégagement de chaleur produit, alors même que ce dégagement est inutile à l'organisme. L'organisme s'en débarrasse par rayonnement à l'extérieur.

Pour que la température reste constante, comme cela doit avoir lieu chez les homéothermes, on conçoit *a priori* qu'on se trouve dans les meilleures conditions lorsque la température extérieure est un peu inférieure à celle du corps. (L. et M. Lapicque).

Ici nous devons nous arrêter un moment.

Lorsqu'on ne suit pas la marche du raisonnement que nous avons adopté, on est tenté de dire : un homéotherme dépensera d'autant moins pour sa régulation thermique que la température ambiante est plus voisine de sa température moyenne. Donc pour réduire au minimum les dépenses et pour évaluer la dépense de fond, il faut mettre l'animal dans un milieu à sa propre température.

Ce serait là une erreur.

Le fait que, pour les besoins de sa vie, l'animal doit transformer de l'énergie et cet autre fait que les mutations énergétiques en cause s'accompagnent forcément d'un dégagement de chaleur font que, si l'on veut réduire la dépense à la dépense de fond, on doit placer l'organisme dans des conditions telles qu'il se débarrasse de son excédent de chaleur avec le minimum d'effort.

Si la température ambiante est élevée, il faudra qu'il mette en œuvre son appareil de régulation thermique : circulation plus active, sécrétion de la sueur qui par son évaporation refroidit l'organisme, etc. Il faudra que ces agents frigorigènes déterminent un abaissement de température supérieur à la production de chaleur nécessitée par leur mise en jeu pour que le résultat final soit un effet thermolytique. Cette mise en œuvre provoquera un appel supplémentaire d'énergie et l'on ne sera pas dans les conditions de travail minimum.

Cet appel a lieu même si la température externe est égale à celle de son corps. Il faut donc, comme nous le disions, pour que le rayonnement se produise avec le minimum d'effort que la température ambiante soit plus basse que la température du corps. C'est là l'*optimum thermique*, celui pour lequel l'animal au repos réduit ses dépenses à la dépense de fond.

Rübner avait bien établi l'existence de cet optimum thermique. Il avait particulièrement étudié à ce point de vue l'homme et le chien et avait constaté que la température de 15 à 16° pour le premier et de 25 à 30° pour le second assurait au mieux le minimum de dépense.

Cet écart entre deux êtres si voisins prouve d'ailleurs les risques de l'expérimentation : on ne pourrait vraiment établir de comparaison qu'entre un homme nu et un chien rasé de toute fourrure, sans quoi il faut considérer chacun d'eux comme enveloppé d'une couche d'air emprisonné par les vêtements ou la fourrure, où la température est bien supérieure à la moyenne de nos climats.

Quoi qu'il en soit, les mesures de Rübner, souvent vérifiées depuis, confirment bien le fait prévu par la théorie : le minimum de dépense est atteint lorsque la température ambiante est à un degré inférieur à la température moyenne de l'organisme.

84. — Action des variations de la température extérieure sur la dépense.

La dépense de fond s'accroît d'une dépense supplémentaire quand la température ambiante s'élève au-dessus de l'optimum ou s'abaisse au-dessous de lui.

Nous avons dit les raisons pour lesquelles l'accroissement de température au-dessus de l'optimum augmente les dépenses : rappelons que c'est la mise en jeu de l'appareil de régulation qui nécessite cet appel d'énergie.

Si la température s'abaisse en dessous de l'optimum, il y a alors incitation à la production de chaleur à partir de l'énergie chimique des réserves ou des matériaux

alimentaires. Il y a incitation à la destruction chimique
en vue de produire non pas du travail mécanique non
pas de l'énergie utile aux besoins de la vie, mais tout
simplement de la chaleur.

Ce besoin spécial de calories pour faire face à la
déperdition de rayonnement *peut être satisfait par n'importe quel moyen* : c'est là une proposition que l'on doit
se graver profondément dans l'esprit si l'on veut éviter
de grosses erreurs. Il pourrait être satisfait par une
lampe chauffante qui serait placée dans les cavités du
corps et qui abandonnerait au corps par rayonnement
ce que lui-même abandonne à l'ambiance par le même
procédé.

Il peut être satisfait par l'échauffement électrique des
tissus ; la *diathermie* par les courants de haute fréquence a été proposée par le Professeur Bergonié, de
Bordeaux, comme un moyen d'apporter aux sujets
débiles l'appoint de calories que les combustions chimiques sont insuffisantes à combler ; ce qui n'a pas manqué
de faire dire que quelques coulombs d'électricité pouvaient suppléer à un bifteck chez les sujets sans
appétit.

Ces données étant bien comprises, nous devons à
présent nous demander par quels processus l'organisme
subvient chimiquement aux dépenses thermiques nécessitées par le rayonnement dans une ambiance dont la
température est inférieure à l'optimum thermométrique.

Les physiologistes ne sont pas parfaitement d'accord
sur le mécanisme de cette augmentation. Les uns, avec
Senator, Speck, Lœwy, etc. se basant sur l'apparition

d'un phénomène de défense bien mis en lumière par Richet lorsque l'animal passe d'une température ambiante. moyenne à une température basse, le frisson, croient pouvoir affirmer que le travail musculaire, producteur de chaleur, est l'intermédiaire forcé entre l'incitation à l'émission thermique et l'émission produite. Les autres avec Rübner, se basant sur ce fait, qu'aucune réaction musculaire n'est perceptible pour les faibles abaissements thermiques, admettent que l'incitation venue de l'extérieur agit directement sur l'activité des processus chimiques, le travail musculaire n'entrant en jeu que pour faire face à un besoin plus grand dans les abaissements considérables.

Mais ceux qui admettent l'opinion de Rübner, doivent cependant reconnaître que cette activation chimique se produit dans le muscle ou implique une intervention active du muscle. En effet, l'homme qui passe d'un milieu moyen dans un milieu froid et qui s'observe avec attention de manière à éviter, par la volonté, toute contraction, tout frisson, conserve la même activité chimique (appréciée par la valeur des échanges respiratoires, Lœwy, Johannson); il en est de même chez les animaux curarisés.

Cette controverse apparaît à première vue comme d'ordre secondaire. En réalité, elle a une importance telle que sa discussion domine toute une branche de la physiologie parce qu'elle conduit tout droit à deux théories opposées : l'isodynamie et l'isoglycosie des matériaux chimiques fournisseurs d'énergie. Nous allons l'aborder tout à l'heure.

Pour le moment, connaissant déjà l'action des variations de la température ambiante sur les dépenses minima, nous devons envisager un second facteur capable de faire varier ces dépenses : l'alimentation. Les renseignements que nous allons tirer de là, nous seront très profitables pour comprendre facilement la controverse entre les isodynamistes et les isoglycosistes.

85. — Action des variations de l'alimentation sur la dépense.

α) *Les dépenses ne sont pas proportionnelles aux apports.* L'ingestion des aliments étant intermittente chez l'homme, on remarque que la dépense est accrue à la suite de chaque repas.

Le fait paraît logique à première vue : quand on met du bois dans la cheminée, la chaleur du foyer augmente. Telle fut l'opinion de Fick, qui regarda la dépense ou l'intensité des phénomènes vitaux comme une fonction directe des apports. Cette opinion est inexacte. On a dû reconnaître que les dépenses ne sont nullement proportionnées à l'apport, et nous savons déjà que si l'apport dépasse les besoins, les matériaux au lieu de brûler ou de se dégrader passent à l'état de réserves. Il n'en est pas moins vrai que les dépenses augmentent à l'occasion de la digestion, parce que les organes digestifs fournissent un travail supplémentaire. C'est pour cela qu'un repas d'os chez le chien augmente considérablement la fixation d'oxygène respiratoire, comme l'a observé Magnus Levy, à cause du travail de la paroi digestive.

β) *Les dépenses varient par rapport aux apports suivant les aliments.*

Ce n'est pas tout; et l'on peut facilement constater que les dépenses sont accrues lors de l'ingestion alimentaire suivant la nature des aliments. Ceci demande à être précisé.

Prenons, comme l'a fait Rübner, un animal placé à la température ambiante optima, au repos et à jeun. Supposons que dans un temps donné il dépense ainsi 100 calories (1), empruntées à ses tissus ou à ses réserves et constituant sa dépense de fond. Donnons-lui alors une quantité d'albuminoïdes, de graisses ou d'hydrates de carbone capable de fournir ces 100 calories, l'animal verra immédiatement un accroissement de dépenses se produire. L'accroissement sera de 31 calories pour les albuminoïdes, 13 pour les graisses, 6 pour les hydrates de carbone. Comme la partie de cet accroissement dûe au surcroît de travail digestif est vraisemblablement à peu près la même dans les trois cas, une autre cause doit intervenir pour justifier les écarts.

Allons plus loin.

Sans nous exposer à faire entrer en jeu le mécanisme de la digestion, tâchons d'observer si l'animal qui vit sur ses réserves se comporte de même façon suivant la nature de ces réserves.

(1) Quand nous disons qu'un animal dépen e 100 calories il est bien entendu que cela ne signifie pas qu'il prod uit 100 calories thermiques, cela signifie qu'il transforme une quantité d'énergie équivalente à 100 calories, l'habitude prise de mesurer l'énergie en calories est due à ce fait qu'on apprécie l'énergie chimique des aliments par la chaleur de combustion.

Prenons encore avec Rübner un chien à la température optima, au repos et à jeun, mais choisissons pour cela un chien gras, ayant beaucoup de réserves. Apprécions sa dépense de fond quotidienne par la mesure de ses combustions comme précédemment. Supposons qu'en un temps donné il dépense 100 calories. Laissons le par jeûne, épuiser ses réserves. Un moment vient où il commence à vivre sur ses albuminoïdes. A ce moment la dépense de fond augmente de $\frac{1}{3}$ environ. Cela prouve bien que, si au lieu d'employer des aliments ternaires pour subvenir aux besoins énergétiques de la vie, on emploie des matériaux quaternaires, les calories qui représentent la combustion de ces derniers *ne sont pas complètement utilisables* : il faut en brûler plus pour récolter la même dose d'énergie utilisable : autrement dit la dépense totale mesurée en calories est accrue.

γ) *Conclusion sur l'accroissement des dépenses par l'accroissement de l'apport sans proportionnalité.* — Concluons : quand on donne à un individu à jeun, au repos et à l'optimum thermique, un repas d'albumine, de graisse ou d'hydrocarbones, ses dépenses s'accroissent.

Elles s'accroissent à cause du travail de la digestion d'abord.

Elles s'accroissent apparemment aussi par le fait que toute l'énergie chimique de ces aliments n'est pas utilisable pour ses besoins énergétiques propres et que le supplément se dissipe inutilement tout en figurant au bilan des dépenses totales. Environ 1/3 des calories apportées par l'albumine ne peuvent être utilisées pour subvenir à la dépense de fond, de sorte que ce tiers va être disponible pour autre chose ou pour rien.

Or, c'est ici qu'il est important de distinguer entre les sujets placés à l'optimum thermique ou à une température inférieure.

δ)*Phénomènes particuliers à l'animal placé à l'optimum thermique.* — Si les sujets sont à l'optimum thermique, ce surcroît de calories ne servira *à rien qu'à gêner la régulation* et nécessitera la mise en jeu plus ou moins appréciable du système frigorigène. S'ils sont à une température inférieure, les calories disponibles seront utiles au même titre que notre lampe chauffante ou que notre diathermie électrique de l'exemple ci-dessus : elles feront face aux besoins de la régulation thermique.

Atwater, qui a conclu de ses expériences, rapportées plus haut, à l'équivalence de tous les aliments pour la fourniture de l'énergie nécessaire à l'entretien de la vie, a toujours opéré en dessous de l'optimum thermométrique. Les calories perdues trouvaient ainsi leur emploi pour la régulation thermique. Il a généralisé les conclusions de ce cas particulier à tous les cas, c'est là l'une des grandes causes qui apporte de l'obscurité dans ces discussions.

Cent calories d'albuminoïdes, de graisses, d'hydrocarbones ont la même valeur pour l'entretien de la vie, quand le sujet placé en dessous de son optimum a besoin de chaleur supplémentaire d'origine quelconque. Autrement dit en ce cas des quantités *isodynames* des corps ternaires ou quaternaires s'équivalent.

ε) *Equivalence des quantités isoglycosiques d'aliments à l'optimum thermique.* — Mais si le sujet est à l'optimum

thermique, cette équivalence est détruite, les albuminoïdes, les graisses, les hydrocarbones ne sont utilisables que jusqu'à concurrence de leur valeur glycogénique, d'après l'opinion même de Rübner qui a nettement établi la distinction entre ces deux cas. Les aliments ne valent que par leur pouvoir glycogénique ; les
quantités *isoglycosiques* des corps ternaires et quaternaires s'équivalent.

Les travaux que nous venons de rappeler nous montrent donc Rübner comme partisan de l'équivalence, *pour
les besoins de la vie*, des quantités isoglycosiques d'aliments ; tandis qu'Atwater, pour s'être placé dans des
conditions particulières, nous apparaît comme ayant
généralisé à tort l'idée de l'équivalence des quantités
isodynames.

Il n'est pas inutile de faire cette remarque, car bien
souvent on rapproche les noms de Rübner et d'Atwater
qu'on regarde comme les champions de la théorie isodynamique, tandis que Seegen et Chauveau sont considérés comme les promoteurs de la théorie isoglycosique.

Observons d'ailleurs que jusqu'ici nous avons parlé de
l'animal au repos. Nous n'avons pas fait entrer en jeu le
travail musculaire externe. A peine avons-nous soupçonné qu'il pouvait intervenir pour la régulation thermique quand on est en dessous de l'optimum.

Cependant nous avons dit que les besoins dynamo-
gènes de cet animal au repos correspondaient aux mouvements plasmiques, aux mouvements des organites
cellulaires, à la translation du sang, de la lymphe, des
sécrétions glandulaires, etc., etc., ce qui met en jeu
l'activité des muscles de la vie végétative.

Cette observation nous fait prévoir que nous allons rencontrer probablement des processus analogues quand nous allons étudier l'énergétique des muscles de la vie de relation. Seulement là, le problème présente d'autres difficultés et ces difficultés sont telles que les controverses ne sont pas épuisées entre les isodynamistes et les isoglycosistes.

86. — Production de travail mécanique extérieur. Théorie isodyname et isoglycosique. Les idées de Chauveau et de Rübner.

Nous ne chercherons pas ici à pénétrer le mécanisme du travail musculaire, réservant cette question pour le chapitre traitant des fonctions de relation. Mais nous l'étudierons seulement au point de vue de l'énergie qu'il consomme pour se produire.

Sans énergie chimique fournie, pas de travail musculaire : telle est la formule d'où il faut partir. De même dirait-on : sans chaleur, sans vaporisation de l'eau dans la machine à vapeur, pas de mouvement du piston.

Pas plus que dans la machine à vapeur toute l'énergie thermique ne peut se transformer en mouvement mécanique, la plus grosse part devant se dégrader par conduction, pas plus dans le muscle toute l'énergie chimique ne peut se transmuter en mouvement ; une partie se dégrade en chaleur qui se dissipe par conduction ou par rayonnement.

Cette chaleur produite est bien souvent inutile à l'organisme. Elle peut servir à la régulation thermique, c'est certain, quand on se trouve en dessous de l'optimum. Nous savons en effet que, si l'on suppose le sujet au repos et insuffisamment chauffé par les calories alimentaires inutilisables, ce sujet doit pourvoir chimiquement à sa régulation thermique par une consommation supplémentaire s'ajoutant à la dépense de fond. Mais cette consommation supplémentaire n'a pas à être envisagée quand l'animal travaille, parce que la consommation incomparablement plus grande nécessitée par le travail musculaire dégage de la chaleur en excès. Tout travail nécessitant un effort musculaire supérieur à celui des occupations ordinaires de la vie, entraîne en effet une production de chaleur qui dépasse beaucoup les besoins de la régulation de repos.

La marche, la course, l'ascension, la nage, la bicyclette peuvent décupler les dépenses énergétiques. Un sujet étudié par Atwater pendant 16 heures de bicyclette a dépensé 9.314 calories dont 1.600 pour la dépense de fond et 200 pour le travail digestif, c'est-à-dire qu'il a dépensé 7.514 calories en travail musculaire, soit une augmentation de 470 p. 100 de la dépense de fond. Guntz a trouvé de son côté pour une marche horizontale de 3 kilomètres et demi, une augmentation de 215 p. 100 ; pour 15 kilomètres de bicyclette en terrain plat 460 p. 100 et avec vent contraire de 10 mètres à la seconde, de 900 p. 100.

Toutefois cette dissipation d'énergie par conduction ou rayonnement thermique, à supposer qu'elle soit même totalement inutile, est relativement moins considérable que celle des machines à vapeur. Le rendement de la machine animale, de la machine humaine en particulier, est bien meilleur que celui des moteurs thermiques : on peut l'évaluer à 30 p. 100 en moyenne, alors que la machine à vapeur ne donne en travail mécanique que 13 p. 100 de l'énergie qui lui est fournie.

Ajoutons rétrospectivement qu'il paraît bien certain que le travail intra organique de la machine au repos, celui qui figure dans la dépense de fond, celui que nous avons étudié plus haut, s'opère dans des conditions comparables. Il est difficile de dire si le rendement est alors le même, mais ce qui n'est pas douteux, c'est que la chaleur dégagée au cours de ce travail d'entretien de de la vie provient de la dégradation énergétique forcée et inévitable qui accompagne les mouvements de la vie intime.

Lorsqu'un sujet veut produire du travail musculaire, il y a donc appel aux réactions chimiques capables de fournir cette énergie et la chaleur dégradée qui l'accompagne.

Tous les aliments ont-ils la même aptitude à fournir cette énergie? Toutes les réserves ont-elles la même valeur énergétique, à chaleur de combustion égale?

C'est ici que nous retrouvons ces deux théories adverses que nous avons déjà discutées : la théorie de l'*isodynamie* et celle de l'*isoglycosie*. C'est ici que l'on a surtout opposé les noms de Rübner et Atwater, à ceux de Seegen et Chauveau.

J'ai dit en parlant des idées de Rübner relativement à la dépense de fond, que tous ses travaux, tous ses raisonnements établissaient d'une façon formelle le fait que les aliments ne sont pas du tout isodynames, pour les frais de cette dépense, à moins de se placer dans le cas particulier des températures basses.

On a trop oublié cette partie de l'œuvre de Rübner, Il est vrai que ses travaux sont si difficiles à lire qu'il n'est pas étonnant que les idées qu'on s'est faites d'eux soient très diverses.

Pour mon compte, j'étais bien près de renoncer à le comprendre, lorsque parut en 1910, un travail du professeur G. Weiss sur l'interprétation de l'œuvre de Rübner et ce n'est pas sans quelque satisfaction que j'y lus le récit des difficultés qu'il éprouva lui-même à suivre dans le texte allemand les raisonnements de l'éminent biologiste. « J'ai, dit-il, dans ma vie lu des choses bien arides, mais je déclare n'avoir jamais rien déchiffré qui puisse approcher du livre de Rübner.., » (1) et il n'est pas démenti par les physiologistes allemands, dont l'un, et non des moindres, lui avouait que malgré ses efforts il n'avait pu arriver à lire Rübner jusqu'au bout.

Quoi qu'il en soit, aux idées d'Atwater et de l'école isodynamiste, on oppose à juste titre celle de Chauveau, inspirée en partie par les conclusions de Seegen.

87. — Le rôle du glucose dans le travail musculaire et la théorie de Chauveau.

Dans la première partie du siècle dernier on croyait en général sous l'inspiration des idées de Liebig que les corps ternaires étaient destinés par leur combustion à fournir exclusivement de la chaleur, tandis que les protéiques fournissaient l'énergie musculaire.

(1) G. WEISS. La production de la chaleur animale. *Revue des Sciences*, 15 Janvier 1910.

On reconnut peu à peu que le travail musculaire n'augmente pas la quantité d'azote excrétée (Pettenkofer, Voit, Chauveau), dans les conditions ordinaires de la vie; que par suite ce sont les réserves ternaires qui font les frais de la dépense.

Ce n'est qu'exceptionnellement chez les animaux très maigres, n'ayant plus de réserves, que les protéiques subviennent aux besoins.

Presque tous les physiologistes sont d'avis aujourd'hui que tous les aliments peuvent subvenir à la fourniture, mais que l'incitation à la dépense est d'abord adressée aux composés ternaires.

Où les avis divergent, c'est quand il s'agit de savoir si, dans les conditions ordinaires de la vie, lorsque le travail musculaire faible, moyen, ou fort, ajoute ses dépenses aux dépenses de fond, les matériaux ternaires et quaternaires s'équivalent à valeur calorigène égale (théorie isodyname), ou bien si comme le suppose Chauveau ces matériaux n'ont de valeur que jusqu'à concurrence du glucose qu'ils peuvent fournir.

Le sucre est-il ou n'est-il pas l'intermédiaire qui alimente immédiatement le muscle pour la production du travail mécanique ?

A première vue, il semble qu'il soit facile de trancher la discussion.

En effet, d'après les formules de Chauveau ou de Bouchard et Chauveau, on peut évaluer que 62 grammes de graisse en s'oxydant donnent 100 grammes de glucose; 125 grammes d'albumine d'après Chauveau donnent aussi 100 grammes de glucose. Autrement dit 125 grammes d'albumine, 62 grammes de graisse ou

100 grammes de sucre, s'équivalent : ce sont les poids isoglycosiques de ces trois classes d'aliments. Mettons en regard les poids isodynames, nous aurons :

	Poids isodynames	Poids isoglycosiques
Glucose	100	100
Graisse	39	62
Albumine	92	125

Si donc on alimente un animal exclusivement avec des graisses ou exclusivement avec du sucre, il semble que les écarts doivent être suffisants pour décider entre les deux théories. En réalité les résultats de ces expériences sont incertains, parce qu'il est presque impossible de limiter la consommation à une seule substance.

Un grand nombre de physiologistes se disent, sur la foi de l'école de Atwater, partisans de la théorie isodynamique.

De l'étude du sujet au repos, de l'interprétation des travaux de Rübner, de Chauveau et d'Atwater, dans ces conditions, il semble se dégager cette idée que l'isodynamie n'est qu'apparente quand on l'observe.

Aujourd'hui, en France tout au moins, grâce à une étude plus approfondie des travaux de Chauveau, grâce à l'interprétation claire et rationnelle que M. Weiss a donnée de son œuvre, comme de celle de Rübner, grâce aussi à une analyse plus exacte des travaux de l'école d'Atwater et des savants étrangers, beaucoup de biologistes tendent à admettre que les besoins dynamiques de l'être au repos ou en travail musculaire nécessitent vraisemblablement le passage des matériaux utilisés par la phase glucose.

Nous ne sommes pas assez avancés dans la connaissance du mécanisme intime de la production du travail des cellules musculaires et des plasmas vivants pour interpréter ce fait, mais du moins il doit être pris en considération par tous les chercheurs qui se proposent d'explorer cette région inconnue de la science de la vie.

Conclusions de l'étude de la fonction de nutrition.

88. — Ce qui ressort de l'étude de la fonction de nutrition. Les deux faces de la vie. La face physico-chimique.

J'ai crû devoir accorder une large place à l'étude de la fonction de nutrition, parce que, comme nous l'avons constaté, elle est à elle seule presque toute la vie. Il nous est impossible de rien comprendre des autres phénomènes biologiques si cette fonction ne nous est pas parfaitement connue.

Tout notre troisième volume n'avait été en quelque sorte que la préface de cette étude. Il nous y avait préparés d'abord en nous montrant que la chimie organique ressortit aux lois de la thermodynamique, ensuite en nous laissant apercevoir que les formes prises par la matière vivante semblent faire entrer en scène des facteurs autres que ceux que met en jeu la loi de Carnot-Clausius, *des facteurs orientateurs propres aux fonctions de la vie.*

Aussi dès le début de notre quatrième volume, avons-nous posé sans ambiguité les termes d'un problème qu'on élude trop volontiers, quand on se laisse guider par une idée doctrinale dans l'étude des sciences biologiques. Nous nous sommes demandés si réellement ces facteurs orientateurs existent, nous nous sommes préoccupés de connaître leur nature et de comprendre comment leur jeu se concilie avec le deuxième principe de l'énergétique.

Nous avons commencé par montrer que la loi de Carnot-Clausius n'engendre pas toujours fatalement des phénomènes divergents, mais que cependant, quand des phénomènes tributaires de cette loi paraissent converger vers une finalité déterminée, telle que la réalisation des unités vivantes, ce n'est ordinairement pas *en vertu de cette loi elle-même* que la convergence s'effectue, mais *en vertu d'un triage électif* qui n'a pas sa raison d'être dans cette loi. Ce triage orientateur s'effectue le plus souvent entre des phénomènes isodégradateurs. Mais on peut le concevoir comme imposant une voie qui ne réponde pas au maximum d'augmentation entropique. Sa nature, si mystérieuse qu'elle puisse paraître, ne nous est d'ailleurs pas inaccessible. Il relève manifestement de causes statiques qui, tout en étant propres aux unités vivantes sont comparables aux propriétés statiques présentées par les autres agrégats du monde physicochimique.

Dès le début, nous avons fait voir que ces causes statiques, qui aiguillent les chaînes de phénomènes propres à la vie vers telles ou telles voies isodégradatrices, ne doivent pas être imaginées comme des propriétés particulaires de tel ou tel infiniment petit qui entre dans la composition de l'unité vivante. Nous avons insisté sur ce fait que, au contraire, chaque fois que nous pouvons apercevoir le mécanisme de leur action, nous constatons qu'elles procèdent de l'agencement de ces infiniment petits, des rapports unissant les différentes parties de l'unité totale, qu'elles sont en un mot des fonctions d'agrégat.

Ce sont ces propriétés d'agrégat qui font que l'être vivant, s'il est assimilable à un système stationnaire, constitue en réalité *un système stationnaire actif.*

Ainsi toujours et partout, les phénomènes de la vie se sont montrés à nous sous une double face. D'un côté liés par les lois thermodynamiques aux mutations qui les précèdent et à celles qui les suivent dans le monde inorganique, ils nous sont apparus comme semblables à tous les phénomènes de la nature quant à leur *causalité efficiente.* De l'autre côté, ils nous sont apparus comme aiguillés dans des directions déterminées, comme concourant à un but utile pour l'unité organisée et comme convergeant vers une finalité au moins apparente.

C'est sous sa *première face* que nous avons d'abord envisagé la fonction de nutrition. Sous cette face, elle s'est laissée étudier comme ressortissant naturellement aux données de la chimie organique. Nous avons pu voir le carbone et l'azote accomplissant leurs cycles à travers les unités des deux règnes, figurant un moment comme partie intégrante des plasmas vivants, puis rendus à l'ambiance après leur avoir prêté passagèrement leur matière et leur avoir fourni de l'énergie empruntée au milieu extérieur conformément aux lois fondamentales de l'énergétique.

Nous avons reconnu au cours de cette étude physi-cochimique de la nutrition que la rénovation de la matière vivante, cette rénovation qui fait l'intensité de la vie, ne dépend pas des apports; et, à peine avons-nous constaté ce fait, que nous nous sommes vus incités à regarder curieusement la vie sous sa *deuxième face.*

Le mot même de régulation a évoqué en effet une idée qui n'est pas renfermée implicitement dans le principe de Carnot-Clausius et qui nous a fait pressentir l'autonomie relative de l'unité vivante.

Mais nous avons, tant qu'il en a été besoin, résisté à la curiosité et nous nous sommes astreints à conserver notre premier point de vue chaque fois que nous avons abordé l'étude d'un phénomène de la vie. Nous avons envisagé le métabolisme cellulaire sans nous préoccuper d'autre chose que de ses raisons d'être physicochimiques; nous avons regardé se dérouler l'œuvre des diastases, des sécrétions internes, des anticorps, etc., sans y chercher autre chose qu'une manifestation particulière de la catalyse; nous avons observé la morphologie complexe de la machine où s'élaborent les aliments dans l'intimité de l'organisme des deux règnes sans y voir en défaut les lois communes. Ainsi avons-nous acquis la certitude qu'en passant du monde inerte au monde vivant, nous n'avions pas à ouvrir un nouveau code : *la législation est uniforme dans toute la nature.*

Cependant, de même que la contemplation des régulations nutritives avait provoqué notre curiosité, de même à chaque pas nous avons eu l'occasion de nous demander pourquoi les phénomènes de la vie se déroulent systématiquement suivant des voies qui ne leur sont pas imposées d'une façon formelle par les facteurs de l'énergétique commune. Nous avons constaté par exemple avec quelque étonnement les voies souvent tortueuses suivies par la matière vivante pour arriver à la réalisation de ses formes les plus élevées. Nous avons contemplé avec quelque surprise les bégaiements de la nature, ses hésitations, ses tâtonnements, les corrections apportées à son œuvre et nous avons pu à juste raison nous demander quel est le censeur mystérieux qui redresse ainsi les divergences du monde vivant en plaçant devant lui un but déterminé. vers lequel il l'oblige sans cesse à monter.

Ce censeur, nous le savons déjà, n'est pas une puissance surnaturelle qui échappe à la science, ce n'est même pas un principe vital d'essence inconnue, surajouté à la matière vivante, c'est tout simplement l'utilité individuelle ou collective qui exerce son emprise par la voie de la sélection naturelle, et qui, consacrant les habitudes prises par la matière, les inscrit aux tablettes des us et coutumes comme des lois nécessaires, sans toucher à la législation générale de la matière, sans créer de nouveau code.

Ainsi après avoir parcouru dans ses détails le domaine de la causalité physico-chimique de la vie, nous sommes-nous laissés aller à la contemplation du mécanisme spécial de son évolution. Dès lors nous avons en toute connaissance de cause quitté notre premier point de vue. Nous avons cessé de regarder l'édifice de la vie par sa première façade. Nous avons contourné le pignon du bâtiment et nous nous sommes délibérément placés vis-à-vis l'autre face, celle qu'il ne faut

jamais regarder la première, parce qu'elle est impressionnante, avec son architecture inextricable, sa complexité savante, sa machinerie presque inconcevable et
surtout sa couleur de finalité si bien faite pour entraîner
l'esprit humain vers les erreurs séduisantes.

L'ancien matérialisme n'aimait pas qu'on fasse le
tour de l'édifice. La seconde façade le gênait. Inconsciemment ses adeptes fermaient les yeux sur elle avec
la même crainte que les disciples de certains dogmes
religieux ferment les yeux sur les notions capables
d'éclairer leur foi.

La science contemporaine au contraire nous fait
passer sans cesse d'une façade à l'autre en les éclairant
du même jour et j'espère au cours de ce livre n'avoir
jamais manqué une occasion de conduire le lecteur
vers le deuxième point de vue réservé jadis aux yeux
des philosophes.

89. — La deuxième face de la vie.

En abordant cette deuxième façade nous nous
sommes posé dès le début, dans toute sa brutalité la
question capitale qui domine tous les phénomènes de la
nutrition, toute l'évolution de la matière vivante :
puisqu'il existe une régulation autonome des mutations
de la vie, comment concevoir le système régulateur ?

J'ai rappelé pour l'expliquer la fameuse comparaison
d'Ostwald qui assimile les êtres vivants à des systèmes
stationnaires : la matière et l'énergie qui traversent ces
systèmes obéissent aux lois générales de l'énergétique,

mais du fait que, en un point donné du cycle, se trouve réalisée une forme, une modalité statique qui se conserve et qui constitue précisément le système stationnaire qu'est l'être vivant, résulte cette conséquence que des propriétés statiques, caractéristiques de ce système stationnaire sont engendrées. Ces propriétés statiques sont capables de jouer le rôle de frein électif, d'agent trieur et par suite d'orienter dans un certain sens les phénomènes qui se déroulent conformément aux lois de la thermodynamique.

Ainsi dès l'abord avons-nous pu apercevoir, d'une façon confuse il est vrai, la nature de ces facteurs de triage que la suite de notre étude nous a mis en lumière. Ces facteurs, sélectionnant les phénomènes iso-dégradateurs propres à la matière vivante, constituent pour chaque être un *habitus* qui lui donne son apparente autonomie, juxtaposée à la loi de Carnot-Clausius.

Lorsque, avant d'étudier les détails de cette deuxième façade devant laquelle nous nous sommes placés, on a acquis la notion bien claire de cette auto-direction apparente des unités vivantes, lorsqu'on a bien présente à l'esprit la place qu'elle occupe en regard de l'énergétique générale, les problèmes les plus graves sont à moitié résolus.

Ces problèmes, nous l'avons vu, se groupent autour d'un petit nombre de chefs que nous avons envisagés successivement quand ils se sont présentés à nous.

α) C'est d'abord la question de savoir par quels processus matériels s'exerce la régulation, l'auto-direction qui tend à la conservation du type morphologique. Chaque fois que l'occasion s'en est offerte nous avons

montré les moyens qu'emploient ces agents trieurs afin
d'accomplir leur œuvre. Pour n'en citer qu'un exemple,
le plus complexe de tous, nous avons appris que les animaux supérieurs conservent leur type morphologique
grâce à un concours d'agents coordinateurs remarquables ; les synergies glandulaires, les processus de
défenses humorales de l'organisme, la formation des
anticorps etc., sont des phénomènes qui, lorsqu'ils s'accomplissent, obéissent bien aux lois de la thermodynamique, mais sont orientés de telle façon que le résultat
final de leur mise en œuvre est l'utilité de l'être dans
lequel ils se déroulent.

β) Le fait que chaque unité d'une espèce donnée, au
moment où elle se forme, paraît avoir en elle les facteurs autodirecteurs capables de déterminer toute
l'évolution future de l'individu, a soulevé la troublante
question de savoir si ces agents trieurs sont localisés
quelque part. Nous avons à plusieurs reprises et par
plusieurs voies différentes montré que l'habitus qui,
dans le système cinétique complexe qu'est l'unité
vivante, aiguille dans telle ou telle direction les chaînes de phénomènes, est un *habitus d'agrégat*, une modalité d'équilibre, une manifestation de mouvements conjugués et non une propriété matérielle particulaire des
infiniment petits composant le système. Ce sont, comme
nous l'avons dit, des caractères stationnaires, si l'on
consent à entendre par là des propriétés résidant dans
la cinétique même des agrégats vivants.

Or cette conception ne nous a pas apporté qu'une
satisfaction théorique. Elle nous a dans une certaine
mesure expliqué la genèse même de ces caractères

dont la complexité croissante nous étonne à mesure
que l'être grandit depuis ses premières phases.

γ) Cette genèse en effet perd de ses caractères mystérieux si l'on se rend compte que les caractères auto-
directeurs s'engendrent les uns les autres à mesure que
s'accroît la complexité des rouages particulaires et à
partir d'un point de départ propre à la cellule reproductrice originelle.

Nous avons ainsi compris qu'il ne faut voir dans
l'hérédité que la continuité des us et coutumes
de la cellule germinatrice, qui ne sont eux-mêmes
qu'une édition de format spécial, l'édition de propa-
gande, de l'habitus cellulaire de l'être générateur tout
entier.

Seulement nous concevrions difficilement la parfaite
régularité de dérivations successives de ces caractères
les uns à partir des autres s'il n'y avait là encore un
contrôle sévère, une censure rigoureuse des écarts et si
par quelque moyen coercitif et irrésistible, la matière
vivante n'était contrainte à suivre sa voie. Ainsi avons-
nous pu nous demander pourquoi elle avait dû prendre
l'habitude non seulement de se conserver suivant son
type morphologique dans chaque unité formée, mais de
se développer suivant les mêmes étapes dans chaque
unité qui se forme. Le censeur ici, comme toujours,
nous est apparu sous sa forme accoutumée : la sélection
naturelle, qui tôt ou tard arrive à éteindre les lignées
qui ne respectent pas les conditions les plus favorables
à l'existence individuelle.

Dès lors l'hérédité se révélait à nous comme la continuité d'une fonction d'agrégat imposée par la force

même des choses aux lignées capables d'assurer la pérennité de la matière vivante.

δ) Un autre problème intimement lié aux précédents s'est dressé devant nous. Pénétrés de cette idée que toute unité vivante est avant tout le lieu où se déroulent des phénomènes qui ont leur raison d'être en dehors d'elle, mais que cette unité a en elle, dès facteurs d'auto-direction, nous avons été en droit de vouloir connaître dans chaque cas particulier la part de la direction autonome et celle des facteurs extérieurs. Nous avons voulu savoir en quoi les grosses modifications des conditions extérieures peuvent modifier le régime des caractères stationnaires : ainsi avons-nous été amenés à chercher l'influence des variations du milieu sur les caractères héréditaires individuels ou spécifiques. L'étude de cette question nous a fait voir, peut-être mieux que tout autre, la nature de ces caractères stationnaires qui sont pour l'unité un modus vivendi, un régime autonome qu'on ne perturbe à l'aide d'agents étrangers, qu'en dépassant un certain minimum : au-dessous de ce minimum les modifications *ne marquent pas*. Nous avons vu combien sont complexes les conditions grâce au concours desquelles une modification d'habitus peut devenir durable et définitive : le chapitre de la transmission héréditaire des caractères acquis est l'un des plus délicats de la science.

ε) Dans les unités complexes, dans les collectivités savantes que représentent les êtres supérieurs des deux règnes, l'auto-direction est *à plusieurs degrés*. Il y a une auto-direction de chaque cellule, et une auto-direction de l'unité pluricellulaire qui par la voie chimique ou par la voie nerveuse impose son modus vivendi à chaque cellule composante. Rien ne pouvait mieux éclairer le problème de l'autonomie apparente de l'unité vivante que de déterminer la part de chacune de ces auto-directions dans la vie élémentaire. Nous avons vu que l'étude des greffes, des cultures cellulaires *in vitro*, etc. ne pouvait que nous fortifier dans cette opinion que chaque unité organisée a pour loi dominante de s'adapter à ses fonctions, et de *remplir au mieux* le rôle capable d'assurer la pérennité de la matière vivante. Soustraite à ces fonctions spéciales, entraînée à vivre autrement, elle change son habitus : les différenciations cellulaires, dues à la division du travail chez les organismes complexes, tendent à s'atténuer progressivement dans les cultures *in vitro*.

Les problèmes que je viens de rappeler et qui s'éclairent d'une façon si précise, grâce à la conception rationnelle que nous avons acquise de l'autonomie de l'unité vivante, ne sont assurément que quelques exemples pris au hasard dans la multiplicité des faits qui s'offrent à nos méditations. Si nous rapprochions d'eux l'étonnante adaptation de chaque cellule, de chaque organe à ses fonctions de digestion, de protection, de soutien, de reproduction, etc., le merveilleux ordonnancement de la collectivité cellulaire des tissus, des organes, concourant à la vie totale des êtres supérieurs, nous verrions avec plus de netteté encore que tous les faits convergent vers une même conclusion, plusieurs fois énoncée déjà, mais que je tiens à formuler à nouveau, comme couronnement de notre étude de la vie, contemplée sous sa deuxième face :

D'une façon générale les actes qui se déroulent dans la vie de la matière organisée, lorsqu'ils ne sont pas exclusivement commandés par la dégradation énergétique, mais lorsqu'ils sont tributaires en même temps des agents de triage électif propres aux unités vivantes, convergent tous vers un but unique : la conservation et l'évolution au mieux de la matière vivante.

Il y a là comme une obligation, une contrainte qui s'impose *avec la même force que les lois physico-chimiques* que nous avions étudiées jusqu'ici. Seulement ses voies sont plus tortueuses. Elle n'arrive à ses fins qu'en louvoyant. Il n'en est pas moins vrai que rien ne lui échappe et que tôt ou tard elle triomphe. Aussi terminerons-nous l'étude de la fonction de nutrition en essayant de préciser la nature de cette loi dont les moyens de contrainte sont à première vue si différents de ceux que nous rangions dans le domaine de la causalité efficiente propre à la physico-chimie.

90. — La conservation et l'évolution au mieux de la matière vivante considérée comme loi nécessaire. Sa nécessité imposée par la sélection naturelle. Finalité effective des processus vitaux.

La loi de causalité exprime ordinairement la relation de deux phénomènes qui s'enchaînent de telle façon que le premier, quand il se produit, est toujours suivi du second. Le second nous paraît se produire *parce que le premier l'a déterminé.* Quelquefois cependant il nous semble que le premier a lieu *pour que le deuxième se produise,* si bien que la raison d'être du premier serait dans la production du second. Ainsi disons-nous que les sexes se rapprochent *pour perpétuer* l'espèce, que les os renferment des sels calcaires *pour assurer* la rigidité du squelette, etc., ainsi disait-on jadis que le soleil avait été fait parce que la terre avait besoin d'être éclairée. En réalité, l'espèce se perpétue parce que les sexes se rapprochent, la rigidité du squelette résulte de la calcification des os, et la terre est éclairée parce que le soleil brille.

La finalité en un mot est apparente et son rôle est fictif dans la genèse des phénomènes. Toutefois ce rôle peut devenir actif et réel dans certains cas, sans pour cela que la loi de causalité efficiente soit atteinte : ces cas se trouvent avant tout dans le domaine de la biologie.

De là les controverses inextricables qui ont marqué toutes les étapes de la science de la vie.

Le jour où l'on est vraiment entré dans l'ère scientifique de la biologie, on s'est aperçu que tous les phénomènes organiques avaient, comme les phénomènes du monde inerte, leurs causes physicochimiques bien déterminées. On a réussi le plus souvent à trouver dans chaque cas particulier la causalité efficiente qui les justifie. De ce qu'ils convergent parfois vers la réalisation de choses étonnantes, on a bien été quelque peu gêné. Mais les nouvelles doctrines étaient trop séduisantes pour qu'on s'embarrassât de si peu : le hasard devint la providence du jour, et que ne put le hasard !

Les idées se sont lassées aujourd'hui et la vérité s'est dégagée en toute lumière. Au risque de paraître momentanément suspect de néospiritualisme à ceux qui n'ont encore regardé la vie que sous l'une de ses faces, nous devons même ici formuler en termes précis et sans réserve la proposition suivante : *un but à atteindre peut être la raison d'être de l'accomplissement d'un phénomène, ou, si l'on veut, un phénomène peut être contraint à se produire par le fait d'une cause finale.*

Sous son paradoxe apparent cette proposition renferme toute l'explication de la vie, mais il faut se hâter de préciser les termes de sa formule si l'on veut qu'elle soit bien comprise.

Ce n'est pas le but à atteindre qui engendre le phénomène considéré ; ce phénomène est engendré par des causes antécédentes d'après les lois ordinaires de l'énergétique. Seulement une particularité le caractérise qui fait de lui un phénomène à finalité quasi effective : au moment où il a été sur le point de s'effectuer, *il pouvait s'accomplir ou ne pas s'accomplir,* parce que plusieurs processus thermochimiquement équivalents pouvaient se dérouler avec les mêmes chances de production les uns que les autres et que parmi eux un seul pouvait en fait avoir lieu à la fois. Au lieu que ce soit le hasard qui en décide, supposons que le système où se passent ces phénomènes possède le droit de veto sur tel ou tel d'entre eux ; le choix ainsi fait n'aura pas consommé d'énergie, tous les phénomènes concurrents s'équivalant en thermochimie, mais ses conséquences peuvent être graves. Tel de ces phénomènes peut en effet atteindre un but, les autres passer à côté. Eh bien ! que cette atteinte du but soit une condition *sine qua non* de l'existence du système en jeu, et l'on concevra tout de suite que ce choix facultatif devienne une contrainte *par rapport au système considéré.* Cela signifie que ce choix n'est pas et ne sera jamais *thermodynamiquement nécessaire*, mais que l'existence du système considéré est subordonnée à son accomplissement, et que par suite en regard de ce système, il a la valeur d'une loi obligatoire, sous peine de destruction du système.

Il suffit que le système possède en lui un agent quelconque de triage capable d'assurer le choix, pour que se trouve assurée cette réalisation nécessaire et dès lors cet agent trieur intervient *pour* la réalisation d'une finalité.

But apparent en regard de la thermochimie, la finalité est donc réelle par rapport au système ou s'effectue le triage. Physiciens, nous devons dire : les causes finales sont apparentes. Biologistes, nous avons le droit de dire : elles ont une réalité effective.

Nous avons en effet maintes fois eu l'occasion au cours de notre étude d'appliquer ces données abstraites de la biologie. Ainsi nous avons à chaque instant été frappés par la fécondité avec laquelle les unités vivantes tendent à se produire, nous avons insisté sur le nombre de cellules germinatives aptes à la production de nouveaux êtres et inutilisées. A chaque étape de leur filiation, les éléments de la vie s'offrent en surnombre au choix de la nature. Synergides laissés pour compte dans le sac embryonnaire des végétaux, gamètes mâles ou femelles disséminés et voués à la destruction, ovogonies qui ne deviennent jamais ovocytes, ovocytes qui ne deviennent jamais ovules, ovules qui ne sont jamais fécondés, spermatozoïdes qui n'arrivent jamais à destination, œufs qui ne se développent pas, embryons qui ne voient jamais le jour, jeunes animaux et jeunes plantes qui meurent avant d'avoir produit, cellules qui dans l'intimité de chaque tissu, de chaque organe cessent de croître et de donner naissance à des cellules nouvelles pendant que d'autres lignées se substituent à elles, partout nous avons vu que l'unité vivante pour vivre et pour faire souche doit posséder un certain contingent de chances d'avenir devant la loi des probabilités.

Non moins souvent nous avons eu l'occasion de faire voir que parmi ces chances figurent avant tout ces propriétés autodirectrices, ces caractères d'agrégats stationnaires, apanage héréditaire qui suit la matière vivante à travers ses unités successives. Les individus qui possèdent au plus haut degré ces caractères sont ceux qui possèdent aussi le plus de chances de faire souche, si bien que se trouvent vouées à la destruction plus ou moins immédiate toutes les lignées chez lesquelles ne s'affirment pas d'une façon permanente ces propriétés autodirectrices. Trier les phénomènes isodégradateurs de manière à réaliser au mieux la conservation et la reproduction des individus qui en sont porteurs est la condition primordiale de la vie.

Le progrès des unités pour la réalisation au mieux des phénomènes de la vie devient ainsi la finalité effective qui confirme le triage systématique des processus vitaux : la sélection naturelle devient la censure implacable qui veille à ce que la loi de finalité soit pour les unités vivantes une loi aussi inéluctable que les grandes lois qui régissent la matière inerte.

Mais si la réalisation au mieux des fonctions de la vie

peut être considérée comme une raison finale expliquant, par le mécanisme des propriétés autodirectrices des systèmes vivants et sous le contrôle de la sélection naturelle, la conservation et l'amélioration du type morphologique dans chaque lignée, cette explication va s'imposer à nous forcément au delà du champ de notre observation directe et sa portée va déborder fatalement le domaine de la biologie expérimentale.

En effet puisque nous savons que sous cette cause finale directrice la matière vivante se conserve, s'améliore dans ses unités successives et évolue vers le progrès, nous sommes entraînés à étendre le rôle de cette finalité en deça du monde vivant actuel et à lui demander la clé du mystère de ses origines? C'est à l'étude de cette question que nous allons consacrer notre deuxième livre.

LIVRE II

ORIGINE DES ÊTRES VIVANTS

La fonction de nutrition et l'origine de la matière vivante.

91. — Les bases scientifiques du problème des origines de la vie. La loi biologique d'option et la sélection naturelle.

Du long examen que nous avons fait des fonctions de la vie, deux propositions fondamentales sont à retenir. Quoiqu'énoncées plusieurs fois, elle doivent être répétées ici et inscrites en tête de ce livre qui va traiter des origines de la vie.

La première est que *tous les phénomènes vitaux sont tributaires des lois de l'énergétique*, en particulier de la loi de Carnot-Clausius, et sont par conséquent justifiés par l'augmentation entropique du système global dont les êtres vivants font partie, de la même façon que tous les autres phénomènes étudiés par la physicochimie.

Le deuxième est que *la plupart des phénomènes vitaux*

se passent dans un état voisin de l'état d'équilibre, état qui laisse ordinairement le choix entre plusieurs voies isodégradatrices différentes. La voie suivie résulte d'un *triage électif* dont le critérium suprême est une cause apparemment finale : la conservation et l'évolution au mieux de la matière vivante. Le triage opéré est sans cesse contrôlé par la *sélection naturelle*.

Cette deuxième proposition met en toute lumière que la matière vivante dans son évolution obéit à une loi qui n'est pas contenue implicitement dans la loi de Carnot-Clausius : les voies électives qu'elle suit, quand plusieurs voies *thermodynamiquement équivalentes* s'offrent à elle, ne lui sont pas imposées par les lois de l'énergétique, mais elles ne sont pas moins nécessaires, fatales ; la matière vivante ne peut s'y soustraire ; elle est contrainte de les suivre. Si en effet elle s'y soustrait, si elle agit contrairement à la loi imposée, elle introduit dans l'évolution de la lignée dont elle fait partie une cause de déchéance qui tôt ou tard conduit cette lignée à l'extinction.

Système stationnaire *actif* l'être vivant n'a d'avenir dans sa lignée que si son activité se conforme à cette loi que nous désignerons simplement dorénavant sous le nom *de loi biologique d'option*; c'est-à-dire que cette activité doit fatalement se manifester par le triage des probabilités qui l'affectent dans le sens de *l'utilité* de la lignée dont il est un chaînon. Les lignées d'avenir sont celles qui obéissent à cette obligation. Les autres sont vouées à la mort; la sélection naturelle des lignées est la censure suprême qui veille à l'observance de *la loi biologique d'option* dans le sens du progrès.

Quelle que soit l'opinion que l'on professe sur l'origine de la vie, on ne peut se soustraire à ces deux propositions, pas plus à la seconde qu'à la première.

Le savant éminent qui fut peut-être l'adversaire le plus courtois, et, par cela même, le plus redoutable, du Darwinisme, l'homme de science qui ne put pas se convaincre de la continuité de la matière vivante à travers ses formes successives, de Quatrefages, a déclaré au milieu de ses charges classiques contre le transformisme qu'il y a cependant des points inattaquables dans la doctrine; c'est la lutte pour l'existence et la sélection qui en résulte. « J'ai peine à comprendre, dit-il, que ces phénomènes aient pu être mis en doute ou même niés. Ce n'est pas de la théorie, ce sont des faits. Bien loin de répugner à l'esprit, ils se présentent comme inévitables et leurs conséquences se déroulent avec quelque chose de nécessaire et de fatal qui rappelle les lois du monde inorganique » (1) et le savant professeur d'anthropologie est cependant un ennemi tellement sincère de l'évolutionisme qu'il met quelque coquetterie à braver l'opinion qui le traitera « d'esprit étroit rempli de préjugés, de vieillard attardé dans la routine »...

Les deux propositions énoncées ci-dessus, doivent toujours être présentes à notre esprit. La première nous garantit d'une erreur : en nous montrant que tous les actes de la vie sont tributaires des lois de l'énergétique, elle nous met à l'abri des conceptions vitalistes qui croient nécessaire de faire intervenir dans les actes de la vie des formes inconnues de l'énergie. Elle

____

(1) De Quatrefages. *L'espèce humaine*, 1877, p. 69.

nous entraîne en même temps à penser que, si la vie d'un individu, d'une lignée, d'une espèce, se déroule suivant les lois générales de la thermochimie, il serait bien surprenant que l'origine de cette lignée, de cette espèce ait été marquée par un acte surnaturel échappant à ces mêmes lois et renversant toutes nos conceptions sur l'universalité et la constance des lois de la nature. Mais par contre elle n'explique pas le monde vivant. Malgré les tentatives hardies de quelques expérimentateurs qui ont cru pouvoir tirer de la seule mise en jeu des facteurs physico-chimiques la réalisation des formes rudimentaires de la vie, la genèse des êtres les plus simples resterait un mystère inaccessible, si nous nous enfermions pour l'interpréter dans les frontières de la thermo-chimie.

C'est à la seconde proposition qu'il faut demander de nous éclairer sur les origines.

Or dès que l'on admet, avec tous les biologistes qui n'ont aucun parti pris, que la sélection naturelle est capable, dans une lignée, de maintenir les caractères utiles, de développer et d'accentuer des caractères nouveaux également profitables à cette lignée, le problème des origines se pose avec une précision remarquable. Il revient à se demander si l'évolution des caractères et des formes est limitée au cadre de l'espèce, ou si, dépassant ce cadre, cette évolution a pu faire dériver tous les êtres les uns des autres et faire remonter l'histoire de la vie à une souche commune.

C'est sur ce terrain que se rencontrent les biologistes les plus éminents. Les uns suivant les idées de Lamarck, Darwin, Hæckel, Kowalevsky, Ray Lankester, Ed Van

Beneden, C. Vogt, P. Bert, etc. admettent la doctrine du transformisme en posant en principe que des caractères individuellement acquis peuvent être héréditairement transmissibles et fixés définitivement par la sélection naturelle comme caractères spécifiques.

Les autres suivant l'exemple d'Agassiz, de Quatrefages et des naturalistes plus anciens, regardent comme fermé le cadre des espèces, et, à l'aube de chacune d'elles, placent un point d'interrogation ou une intervention surnaturelle du domaine de la croyance.

A côté de ces deux classes de biologistes, il y a bien aussi des esprits insuffisamment éclairés sur les sciences naturelles qui se plaisent à nier le progrès dans les lignées vivantes, à nier l'évolution, à nier la sélection naturelle, et qui raisonnent ordinairement en vertu d'idées préconçues pour satisfaire consciemment ou inconsciemment une préférence dogmatique, ou par crainte de voir s'effondrer quelque croyance chancelante. Mais ceux-là, à moins de reprendre leur instruction par la base, feront mieux, à mon avis, de ne pas lire les ouvrages de vulgarisation de la science actuelle, car dans ces ouvrages, les seules choses qui les frappent sont celles qui paraissent rompre en visière avec des idées qui leur sont chères. Dans ce domaine nouveau, pour bien voir, il faut être libre et ne pas craindre d'ouvrir les yeux tout grands devant les merveilles de la nature.

On ne s'étonnera donc pas dans la suite que je passe sous silence certaines objections qu'on a faites contre le transformisme, objections puériles pour l'homme de science, mais parfois jolies à dire *ex cathedra* devant

un auditoire incompétent ou entraîné dans une sentimentalité à laquelle la curiosité scientifique n'a
aucune part. Les lecteurs qui m'ont suivi jusqu'ici ont
certainement la liberté intellectuelle et la curiosité
scientifique, sans quoi ils auraient depuis longtemps
fermé le livre. Aussi la suite de cet ouvrage ne sera pas
une polémique contre un adversaire imaginaire, mais
seulement une étude rationnelle des déductions capables de nous acheminer pas à pas parmi les écueils de
notre doute scientifique vers quelque rayon d'une lumière vacillante encore dans les ténèbres qui nous
enveloppent.

92. — Quelques mots d'histoire sur les théories de l'origine de la vie.

Aujourd'hui la loi biologique fondamentale d'option
et la sélection naturelle nous apparaissent comme inséparables de toute conception sur l'origine des êtres
parce que le transformisme qui est la seule théorie
scientifique de la création ne peut se passer d'elles. Mais
avant que ces deux idées : *sélection naturelle* et *genèse
de la vie* aient ainsi opéré leur conjonction par la force
même des choses, elles existaient dans le cerveau
humain et le hantaient avec une insistance d'ailleurs
très inégale.

En effet l'idée de progrès dans une lignée, de sélection naturelle même n'avait rien de troublant ni de captivant pour l'esprit humain, alors qu'il ne pouvait en
prévoir la portée lointaine. Les problèmes qu'elle soulevait pouvaient tout au plus être un sujet de conver-

sation au dessert, à l'usage des chasseurs, des jardiniers
ou des éleveurs ; ce qui n'empêche pas certain philosophe qui vivait il y a quelque dix-huit siècles avant Darwin, d'avoir fait preuve d'une clairvoyance utile à méditer. Ne lit-on pas dans Plutarque (Propos de table,
question VIII) (1) au sujet de ce fait que les chevaux
lycospades (c'est-à-dire qui ont été courus par les loups)
paraissent être plus rapides et plus courageux que les
autres : « Je dis quant à moi, rectifie le grand moraliste
grec, que ce n'est pas parce qu'ils ont été courus par les
loups qu'ils sont plus courageux et plus rapides, mais
au contraire que c'est parce qu'ils étaient plus courageux et plus rapides qu'ils ont échappé aux loups. »

On ne peut guère exprimer plus clairement l'idée qui
par-dessus plus de 60 générations d'hommes, vint éclore
à nouveau dans le cerveau du grand naturaliste anglais,
dont le nom est attaché à la doctrine actuelle des origines de la vie.

Mais ce serait singulièrement comprendre l'histoire
des doctrines scientifiques que de faire de Plutarque un
précurseur des transformistes de notre époque. Longtemps, durant des siècles parfois, des idées sont dans
l'air, avant que surgisse le génie qui fera jaillir l'étincelle capable de les associer, de les faire produire et de
tirer d'elles des clartés inattendues.

Au contraire les conceptions relatives à la création des
êtres vivants n'ont cessé de tourmenter la curiosité de
l'homme surtout parce que le secret de ses propres
origines peut dans une certaine mesure éclairer le problème de sa fin.

(1) In *Revue des Idées*, 15 fév. 1904.

C'est pour cela que toutes les religions ont leur genèse. C'est pour cela que les maîtres et les prêtres de tous les cultes de l'antiquité ont cru devoir donner aux foules les explications des origines qu'eux-mêmes croyaient les plus vraisemblables ou que de bonne foi ils pensaient tenir d'une intelligence supérieure qui les leur aurait révélées. A ce point de vue l'histoire dès religions nous donne les documents les plus émotionnants sur le bégaiement de l'esprit humain montant à la conquête de la vérité.

Ici, c'est comme dans l'Egypte antique, et dans certaines sectes de l'Inde, l'union du dieu de la terre et de la déesse du ciel, l'union de Dyaus et de Prithivy, qui engendre le monde.

Là comme chez les Babyloniens des puissances surnaturelles ont créé l'homme avec de la terre, de l'argile.

Ailleurs comme chez les Arméniens et dans certaines parties de l'Egypte, une divinité invisible créa d'abord l'eau, puis y déposa une semence merveilleuse qui devint un œuf d'or aux rayons plus éclatants que ceux du soleil. Dans cet œuf elle prit la forme d'un homme-dieu. Brisant sa coquille après des milliers d'années, ce dieu générateur créa de ses différentes parties le ciel et la terre. Puis lui-même se scindant en deux fit d'une de ses moitiés les mâles et de l'autre les femelles dont les produits couvrirent la surface du globe.

Les fables mythologiques et les légendes de la tradition sont pour nous des documents précieux qui nous aident à reconstruire l'histoire de l'esprit humain. Parmi les notions qu'elles nous apportent ici, il en est une qui présente un intérêt tout particulier. La croyance très répandue dans les peuples de l'antiquité aux métamorphoses successives qui parfois faisaient gravir à l'homme tous les échelons de l'animalité, prouve assez que l'origine commune des hommes et des animaux ne répugnait pas à leur mentalité simpliste.

Les anciens d'ailleurs se contentaient de peu et n'exigeaient pas une logique serrée dans l'histoire de la création. Les croyances populaires se limitaient le plus souvent à des vues partielles. Les dogmes qui avaient leurs racines dans ces croyances n'avaient bien souvent aucune prétention à s'ériger en corps de doctrine. Quand la tradition apprend par exemple aux insulaires du Sud que les hommes naquirent d'insectes ou de vers développés sur une plante merveilleuse, il leur suffit de savoir que cette plante fut apportée avec une motte de terre, par la fille d'un dieu puissant, sur un rocher émergé de la mer universelle. Ils ne s'étonnent pas qu'on leur apprenne en même temps que des poissons existaient avant la création des êtres terrestres et ils trouvent bien naturel que les puissances divines. apercevant certains d'entre eux mis à sec lors de l'érection du rocher hors des eaux, les aient transformés en pierres, témoins les fossiles de la région !

Pas très loin de nous encore, en plein épanouissement du christianisme qui avait donné de la genèse un enseignement précis et intangible, on retrouve de ces fables accréditées dans l'esprit populaire et dont l'accord avec les dogmes généraux a le droit de paraître problématique à notre logique contemporaine. Parmi celles là, il en est une qui vaut la peine d'être rappelée. Les amateurs d'analogies pourront y trouver une ébauche lointaine de l'idée de la descendance des espèces.

On croyait assez volontiers, il y a quatre à six siècles surtout, que des oiseaux prenaient naissance aux dépens de certaines coquilles marines telles que le *lepas anatifera*, crustacé qui se fixe aux débris flottants et qui par l'ouverture de ses valves laisse sortir rythmiquement des appendices dont les mouvements ont pu en imposer pour les efforts de l'oiseau sur le point de briser sa coquille.

On croyait non moins volontiers que certains végétaux pouvaient opérer la même éclosion. F. Houssay dans une remarquable étude historique de l'idée de l'évolution reproduit une série de documents pleins d'intérêt sur cette question. Il donne en particulier d'après John Gerarde, 1597, l'aspect du fameux arbre aux oiseaux qui éveilla la curiosité de quelques personnalités illustres (fig. 65), puisque Æneas Sylvius Piccolomini, le futur pape Pie II, se serait enquis, au cours d'un voyage en Ecosse, des régions où l'on pouvait observer l'arbre

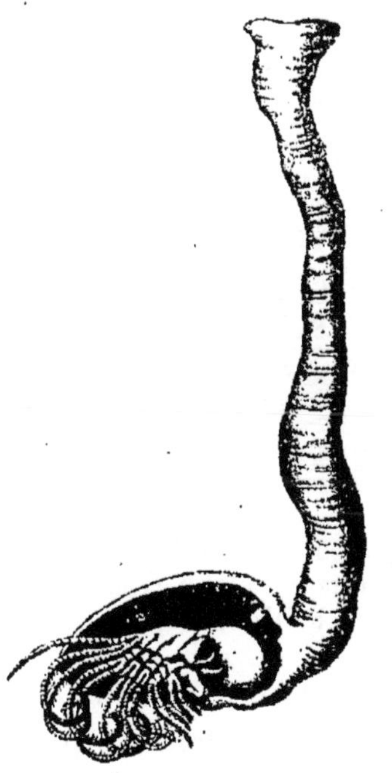

Fig. 64. — Le Lepas anatifera (d'après E. Hæckel).

merveilleux et n'aurait d'ailleurs rapporté qu'une déception.

On pourrait même, d'après F. Houssay, aller plus

loin et admettre que, chez certains artistes tout au moins, l'idée de la descendance des espèces existait très nette dans l'antiquité et dans les temps modernes. Ainsi sur une corniche de la basse nef méridionale de la cathédrale Saint-Jean à Lyon, la succession de formes passant progressivement du poisson au mammifère témoignerait d'après lui des idées de l'auteur sur la dérivation des formes organiques. Les poissons du portail occidental de Saint-Pierre de Moissac (Tarn-et-Garonne, xiie siècle) dont la tête passe en série de l'aspect naturel à celle des mammifères et à celle des oiseaux, lui semblent une preuve plus convaincante encore à l'appui de cette idée. D'autre part, l'étude particulière qu'il a faite de la *croix gammée* ou *svastika* des Indiens, que les archéologues ont découverte un peu partout dans les monuments de l'antiquité et dont nous retrouvons la forme dans beaucoup de bas reliefs des xiiie et xve siècles, lui paraît, dans un nombre imposant de cas révéler des idées non douteuses de filiation des espèces. Cette croix gammée serait dérivée d'une stylisation spéciale des bras du poulpe ou de l'argonaute, céphalopode voisin, qui, au moment de la ponte, porte dans sa coquille une multi-

Fig. 65. — L'arbre producteur des oiseaux. (John Gérarde, reprod. de F. Houssay)

tude de petits plus ou moins bien formés, disposés en grappe et suggérant facilement l'idée de la mystérieuse genèse des formes (Houssay). Ainsi le poulpe aurait été considéré comme l'emblème de la fécondité. Tantôt comme sur l'amphore de Pitané (V. l'Histoire de l'art

Fig. 66. — Dérivation zoologique de la croix gammée (Houssay).

de M. Perrot) et divers décors de vases anciens nous voyons entre 8 bras de poulpe des formes aquatiques, des poissons, et plus loin des oiseaux dérivés d'elles grâce à la puissance génératrice que personnifie le crustacé symbolique. Tantôt ce sont des dessins qui nous représentent deux espèces réunies par la croix gammée et paraissant dériver l'une de l'autre, telles que le hérisson et l'oursin, le cheval et l'hippocampe.

Cet aperçu montre assez que dans son inconscience enfantine, l'homme a toujours été double. Regardant le ciel il a toujours été prêt à y voir une puissance surnaturelle capable de tirer la vie de la matière ou même de rien. Regardant la terre et la marche quotidienne des choses, il a toujours cherché des explications matérielles de ce qu'il contemplait.

Quoi qu'il en soit, il ne faudrait pas voir dans ces vagues puérilités populaires un embryon des théories nouvelles. L'homme a pu imaginer des genèses extraordinaires d'animaux, comme le fabuliste a pu faire parler ses chevaux et ses singes. L'idée de production d'un oiseau à partir d'une coque de fruit ne dénote pas forcément de la part des observateurs qui ont propagé ces légendes une préoccupation quelconque du mystère de nos origines. Pas plus nos fabulistes dans leurs récits ne peuvent être soupçonnés d'avoir fait de la prédiction phylogénique, ni d'avoir eu l'idée qu'un jour le progrès des espèces donnera aux singes la parole, aux chevaux la faculté d'extraire des racines cubiques, et aux grenouilles les aspirations des rois de nos sociétés contemporaines.

Néanmoins, il est assez piquant d'observer que l'esprit populaire ne répugne pas à imaginer certaines filiations qui parfois, Houssay l'a bien montré, ne sont pas sans évoquer des rapprochements avec la théorie évolutionniste. Par contre quand on l'a mis, un peu brutalement il est vrai, en présence du transformisme rationnel, il n'a eu qu'un cri pour protester : l'homme ne peut pas, lui, l'être d'essence divine, descendre de l'animal, vile matière.

93. — L'étude rationnelle des origines commence avec Lamarck.

« Lamarck est le plus ancien et aussi de beaucoup le plus important des prédécesseurs de Darwin ». Telle est l'opinion qu'un vulgarisateur ardent du darwinisme, Louis Büchner, émettait au cours de remarquables conférences qu'il fit en 1866-1868 à Offenbach et à Mannheim sur les théories nouvelles des origines de la vie. Je cite cette opinion parce qu'elle date d'une époque où l'œuvre si séduisante de Darwin, encore toute récente, captivait les esprits au point de faire passer l'éponge sur tout ce qui l'avait précédé. Je la cite parce que l'homme qui l'a formulée n'est pas suspect d'avoir été un Lamarckiste enthousiaste. « Les vues de Lamarck, déclare-t-il plus loin, sont systématiques, fausses et insoutenables en partie ». Je la cite surtout parce qu'elle est celle d'un étranger, d'un Allemand, et que les étrangers, les Allemands en particulier, ont eu leurs précurseurs de Darwin.

Ils ont eu Gœthe, le poète admirable qui écrivit Faust et Werther, et en même temps le naturaliste estimé et autorisé qui publia, en 1790, un ouvrage sur « La métamorphose des plantes », où il développa avec précision une théorie complète de la descendance. Ils ont eu Lorenz Oken qui tout au début du xixe siècle (1809-1811) écrivit son « Traité de philosophie de la nature »; on y voit formulée nettement l'affirmation d'une mucosité primordiale (Urschleim), première ébauche de l'unité vivante, et l'hypothèse non moins hardie d'après laquelle les animaux et les plantes ne seraient que des agrégats d'infusoires.

Gœthe et Oken furent des prescients; ils ne furent pas, de l'avis de Büchner lui-même, des fondateurs de théories philosophiques. Lamarck au contraire, quelque méconnu qu'il fût par ses contemporains, quelque dédaignée que fût son œuvre jusqu'à ce que l'on eût aperçu dans la doctrine de Darwin certaines lacunes qui obligèrent à exhumer les travaux antérieurs, Lamarck fut bien un initiateur et un créateur de doctrines.

Malheureusement, en France on ne connut l'œuvre

de nôtre grand naturaliste que le jour où elle fut solennellement condamnée par l'Académie des Sciences (1830), et nous verrons tout à l'heure que l'autorité de ceux qui la condamnèrent n'était pas faite pour encourager les chercheurs qui auraient été tentés alors de marcher dans son sillage, si bien qu'il fallut que la doctrine fût réimportée de l'étranger chez nous pour y trouver à nouveau le crédit qu'elle méritait..

Quoi qu'il en soit tout le monde s'accorde aujourd'hui pour faire de Lamarck le père du transformisme, et il suffit de parcourir les documents qu'il nous a laissés pour se convaincre de l'importance de son œuvre.

Lamarck, dans sa *Philosophie zoologique* (1809) et dans son histoire des *animaux sans vertèbres* (1815) affirma nettement cette idée que l'espèce n'est pas immuable. Les caractères fondamentaux qui différencient une espèce d'une autre d'après lui ne sont fixes qu'autant que les conditions extérieures restent les mêmes. Cela posé, il tire nettement et courageusement de ces prémisses une conclusion formelle : les êtres vivants dérivent les uns des autres à partir d'une unité primordiale extrêmement simple. C'était rompre en visière avec la théorie classique à laquelle Linné avait donné sa formule sacramentelle : « *Species tot sunt diversæ quot diversas formas ab initio creavit infinitum Ens* ». Il existe autant d'espèces différentes qu'il y eut de formes différentes créées par Dieu à l'origine .

Il attribua à l'habitude, à l'usage, à l'influence du milieu, à l'hérédité des caractères acquis, les causes de l'évolution des organismes et alla jusqu'à admettre la genèse de l'être primordial à partir de la matière inerte.

L'évolution progressive des caractères lui ayant paru suffisante pour expliquer l'origine des espèces, il omit même de tenir compte, dans l'histoire de la vie, de l'opinion des géologues. Ceux-ci en effet regardaient alors comme certaine la production de catastrophes périodiques dans l'évolution de l'écorce terrestre et admettaient volontiers la nécessité après chacune de ces catastrophes d'un acte créateur pour la reprise de la vie. Ils l'admirent jusqu'au jour où le grand géologue anglais Lyel eut montré que ces catastrophes n'étaient que partielles et que la continuité de l'évolution des organismes était par suite compatible avec elles.

Lamarck était trop modeste, il doutait trop de son autorité pour espérer jamais imposer sa conviction à ses contemporains. Rêveur, échappé aux études préparatoires qui devaient le conduire aux ordres, obligé à cause de sa santé de quitter l'armée à 18 ans, alors qu'il venait d'être nommé officier sur le champ de bataille de Willingshausen par le maréchal de Broglie, il avait fait de la science selon ses goûts et suivant son inspiration, touchant à toutes ses branches, sans s'astreindre à se faire une notoriété dans l'une d'elles. Cependant l'amitié de Jussieu, son maître, et de Buffon, son précurseur, celui dont « l'histoire naturelle » publiée en 1749, avait été condamnée par la Faculté de théologie comme renfermant 14 propositions contraires à la cosmogonie mosaïque et à l'esprit de la religion, l'avaient dirigé plus spécialement vers la botanique et la zoologie. Lamarck n'eut pas la joie de voir son œuvre analysée, ni discutée : c'est une œuvre posthume que l'Académie condamna en 1830. Sa vieillesse fut attristée par la maladie, la cécité et la douleur de voir sa doctrine traitée comme une conception fantastique par le petit nombre de ceux qui ne l'ignoraient pas. Il mourut le 20 décembre 1829, oublié de tous, mais entouré du moins par la sollicitude dévouée de sa fille qui sut toujours le soutenir dans l'amertume de ses revers; c'est aux paroles encourageantes de la compagne de sa vieillesse, à la pensée généreuse avec laquelle elle essaya toujours de lui donner confiance dans l'avenir, que notre génération actuelle, réparant les erreurs du passé en célébrant son centenaire, a emprunté la belle inscription gravée sur le monument érigé au Muséum : « La postérité vous honorera, vous vengera ».

Ce fut un homme des plus considérables de cette époque, un naturaliste beaucoup plus jeune que lui, mais beaucoup plus éminent alors, Geoffroy St-Hilaire, qui prit en mains la défense des idées nouvelles. Avec la prudence du savant respectueux de son prestige, il limita les hypothèses de Lamarck à ce qu'elles lui parurent comporter d'indiscutable, à savoir : la mutabilité de l'espèce.

Après 30 ans de réflexion il formula et professa ouvertement l'idée opposée au dogme de Linné. L'inquiétude pénétra alors dans les milieux officiels. Une discussion fut ouverte à l'Académie des Sciences de Paris touchant le problème de l'espèce et c'est à ce moment, un an après la mort du père du transformisme, qu'eut lieu la fameuse séance de Février 1830, page lamentable dans les annales de la science.

Deux idées entraient en lice. D'une part celle de

Linné et de tous les naturalistes de l'époque, affirmant la fixité; d'autre part celle de Lamarck affirmant la variabilité. Chacune d'elles eut son champion. La première eut Cuvier dont l'autorité allait alors chaque jour grandissant et qui gravissait successivement tous les degrés des hautes fonctions sociales, le Conseil d'Etat, le Conseil Supérieur de l'Instruction Publique, le sécrétariat perpétuel de l'Académie, etc. La seconde eut Geoffroy St-Hilaire que la hardiesse de ses vues avait déjà rendu suspect dans le milieu traditionnaliste qui représentait la science officielle. L'idée nouvelle fut vaincue et la docte assemblée fut témoin ce jour là d'une de ces tristes défaites de la pensée humaine succombant sous les coups de la tradition. Cette défaite fut d'autant plus néfaste que les armes qui frappaient étaient les armes même de la science, c'est-à-dire les raisons alléguées par des savants de bonne foi, des érudits, des hommes de laboratoire passibles d'un seul reproche, celui de ne pouvoir se soustraire aux idées qui les avaient formés. Près d'un siècle après cette séance néfaste l'esprit populaire reste encore fermé aux idées transformistes dont il ignore les données les plus élémentaires.

Il ne faudrait pas croire d'ailleurs que la lutte contre l'ignorance soit facile. Il ne faudrait pas croire que la doctrine de Lamarck puisse s'enseigner avec fruit par quelques articles de vulgarisation à la portée de tout le monde. Trop souvent ces articles ne peuvent que faire sourire ceux qui, n'ayant pas pris la discussion par sa base n'en saisissent que certains traits et ne sont impressionnés que par quelqu'un de ces exemples qu paraissent choquer le gros bon sens. J'ai fait parfois lire un exposé succinct de la doctrine de Lamarck à des sujets traditionnalistes ou indifférents, non préparés par des études scientifiques suffisantes à discuter le problème des origines. Ce qui les frappait le plus dans cet exposé c'étaient des phrases comme celles-ci : le cou du cygne est long et recourbé parce que le cygne cherche sa nourriture au fond de nos rivières. La girafe a allongé le sien parce que sans cesse elle est obligée d'aller chercher sa pâture vers les feuilles des arbres élevés. Les serpents ont le corps lisse par *l'habitude* qu'ils ont de glisser (*l'habitude!* mot si difficile à comprendre quand on n'a pas gravi les marches de l'éducation biologique!). Ce sont ces phrases là et des phrases analogues qui les impressionnaient et les faisaient sourire. Est-il possible, me disait l'un d'eux, dans une indignation sincère, d'édifier une doctrine sur de pareilles puérilités!

Au fond, le Lamarckisme, si nous en extrayons la partie essentielle conforme aux données que nous avons acquises au cours de notre étude de la matière et de la vie, se réduit aux propositions suivantes :

1º Les êtres dérivent les uns des autres à partir des formes les plus simples.

2º Les agents de ces transformations sont avant tout : les modifications dues à l'influence extérieure entraînant une habitude nouvelle de la part de l'être qui s'adapte; la transmission héréditaire des caractères ainsi acquis, leur fixation plus ou moins définitive, créant les cadres des espèces.

Ce que n'a pas vu Lamarck, c'est le rôle de *la sélec-*

tion naturelle. La conséquence de ce fait, c'est que rien dans sa théorie n'a pu justifier la nécessité d'une évolution dans un certain sens. Darwin, lui, l'a vu ce rôle. Il l'a trop vu même, car le reste a disparu à ses yeux ; et, parmi les néodarwiniens, il en est qui ont été plus loin que lui et qui ont nié jusqu'à l'utilité de l'hypothèse de l'hérédité des caractères acquis, prétendant tout expliquer par la sélection naturelle.

94. — Darwin et la floraison du transformisme.

L'activité des chercheurs fut détournée momentanément du problème de la filiation des êtres vivants après la séance de l'Académie de 1830.

Cependant, durant les 30 années qui suivirent, l'hypothèse nouvelle parut, surtout en Angleterre, hanter de plus en plus l'esprit des savants ; et certaines publications peu orthodoxes purent à juste titre apporter quelque souci aux défenseurs du dogme de la fixité des espèces.

C'est W. Herbert qui en 1837 déclarait que, à son avis, les espèces ne peuvent être que des variétés plus complètement différenciées.

C'est, sept années plus tard, l'auteur anonyme de l'ouvrage « *Vestiges of creation* » qui poussait très loin l'analyse des causes mises en jeu dans l'évolution des organismes.

C'est, peu après, en 1846, l'éminent géologue belge d'Omalius d'Halloy qui soutenait la théorie de la descendance devant l'Académie Royale de Bruxelles.

C'est le Français Naudin qui, vers 1852, développait

les mêmes idées que Herbert sur la mutabilité d e l'espèce et l'artificialité de son cadre.

C'est le matérialiste allemand Louis Büchner qui, dans son ouvrage « Force et Matière », 1855, affirmait que la filiation des êtres ne peut être attribuée qu'à des causes naturelles.

C'est Herbert Spencer, c'est Baden Powel qui formulaient au point de vue philosophique les conséquences de la théorie de la filiation des êtres.

C'est l'anatomiste Huxley, qui, non content de prouver la logique scientifique de la descendance de l'homme, se préoccupait d'établir l'accord de cette doctrine avec les textes bibliques.

A ce moment Charles Darwin, naturalite anglais, né en 1808, déjà connu par la relation d'un voyage fameux autour du monde sur le vaisseau anglais Beagle 1832-1837, rassemblant dans une synthèse impressionnante toutes les idées de ses devanciers et celles qui se dégageaient éclatantes de 20 années de travaux personnels et de réflexion, publiait son ouvrage fameux : *Production des espèces à la faveur de la sélection naturelle ou à la faveur de la conservation des races accomplie dans la lutte pour l'existence*.

Charles Darwin eut surtout le mérite de parler le langage qui frappe et qui séduit. Il posséda l'art des déductions fécondes. Il sut se faire comprendre non seulement des naturalistes, non seulement des érudits, mais aussi de tous ceux qui, possédant quelque instruction, étaient curieux des choses de la nature. C'est pour cela que la publication de son ouvrage marque une étape de la science et consacre l'une des plus glorieuses conquêtes de l'esprit humain. C'est pour cela aussi que la doctrine du transformisme s'est inscrite dans les archives de la biologie sous le nom de Darwinisme.

Le darwinisme comporte plusieurs principes essentiels qu'il est facile de dissocier, voici les principaux :

1°) Les individus qui naissent présentent des variations. Tous ne sont pas identiques.

2°) Ces individus sont sans cesse en lutte les uns contre les autres depuis leur origine jusqu'à leur mort. Les plus aptes triomphent.

3°) Les caractères nouveaux qui les ont fait triompher sont susceptibles de transmissibilité héréditaire.

4°) De cette sélection des lignées les plus aptes, résulte la formation des variétés, puis des espèces qui ne sont que des variétés plus différenciées.

Darwin a excellé par la clarté dans l'exposé de sa doctrine. Il commence par accumuler des faits qui frappent le lecteur; il montre les analogies de l'homme et des animaux supérieurs et celles des animaux entre eux. Il insiste sur l'analogie plus remarquable encore des embryons qui se ressemblent tous au début et d'autant plus longtemps que les espèces comparées sont plus voisines. Il met en relief l'existence des organes rudimentaires, muscles du pavillon de l'oreille humaine inaptes à le faire fonctionner, repli semi-lunaire de l'angle interne de notre œil, rudiment de la troisième paupière des oiseaux, des reptiles, ceinture scapulaire chez l'orvet sans utilité pour supporter des membres antérieurs absents, muscles et os rudimentaires représentant les membres postérieurs, chez le boa, le python, etc. Ces organes ordinairement variables et inconstants chez les espèces pour lesquelles ils sont inutiles, sont souvent très développés au contraire et constants chez des espèces voisines où ils sont très utiles. Il compare les facultés mentales de l'homme et des animaux et trouve chez ces derniers l'embryon des facultés humaines les plus élevées.

De cette première partie de son exposé il conclut à la parenté probable des espèces, mais se demande si cette parenté présumée est explicable.

Il l'explique par les quatre propositions que nous venons d'énumérer et dont je ne peux ici entreprendre la discussion complète.

La première d'ailleurs n'a pas besoin de commentaires. Tout le monde sait que chaque être qui naît, naît avec des caractères individuels. On sait aussi que les écarts présentés par un individu par rapport au type moyen d'une lignée sont parfois considérables et vont jusqu'à la monstruosité.

D'autre part nous avons discuté antérieurement la question de la transmissibilité des caractères acquis et nous avons dit comment la sélection naturelle qui fait l'objet de la troisième proposition que nous avons énoncée est à la base même de l'histoire de la vie et conduit à la conception de la loi biologique d'option.

Aussi ne parlerons-nous ici que de cette fameuse lutte pour l'existence (2ᵉ proposition) sur laquelle le savant naturaliste anglais a si brillamment attiré l'attention et de la sélection qu'elle opère (4ᵉ proposition). La mise en relief de la « *struggle for life* » qui élimine les moins aptes ou les empêche de faire souche, de la concurrence vitale incessante qui finit par assurer le

triomphe des lignées où l'adaptation de chaque individu
à son milieu et à son rôle est le mieux réalisé, est en
effet l'idée qui domine l'œuvre.

Dans l'ardeur que l'on a mise en ce commencement
de xxᵉ siècle à restituer à notre grand Lamarck la pater-
nité de la doctrine, on a parfois trop oublié que la
gloire de Darwin est d'avoir su montrer comment le
triage des divergences en biologie peut avoir un sens,
une direction imposée et devenir une loi nécessaire,
alors que Lamarck avec sa vision déjà très nette de
l'habitude transmissible, élément indispensable de l'évolution, ne pouvait guère nous conduire qu'à une loi
facultative, difficile à ranger sur le même plan que les
deux grands principes de la thermodynamique pour
expliquer la vie.

95. — Les aspects de la lutte pour l'existence
d'après Darwin.

Darwin a su rendre lumineuse cette lutte de tous les
instants qui se révèle à nous moins dans les combats
des fauves qu'à travers la poésie même de la nature et
l'harmonie apparente dans laquelle se déroule la vie
quotidienne des êtres. « Lorsque par une belle soirée
d'été, dit l'éminent philosophe anglais dans un passage
souvent cité et qu'un poète ne renierait pas, les oiseaux
tranquilles font retentir autour de nous le bruit de leurs
chants, lorsque la nature entière ne semble respirer
que la paix et la sérénité, nous ne pensons pas que
tout ce bonheur repose sur un vaste et perpétuel anéantissement de la vie, car les oiseaux se nourrissent d'in-

sectes et de graines de plantes; nous oublions aussi que ces chanteurs dont nous recueillons les accents ne sont que les rares survivants d'entre leurs frères qui ont été sacrifiés aux oiseaux de proie et aux ennemis de tout genre qui dévastent les nids, ou qui ont succombé aux rigueurs des saisons, de la disette, de la froidure, etc. ».

Il faut se rendre compte en effet que la lutte n'est pas toujours directe. Ainsi un gui peut engager la concurrence avec ses voisins par la qualité de ses fruits, par leur douceur, par leur saveur jugées par les oiseaux, car ce sont les oiseaux qui disséminent la semence, d'autant plus sûrement que les fruits sont préférés par eux.

Darwin insiste à maintes reprises sur la multiplicité des procédés de lutte. Ainsi beaucoup de plantes doivent leur fécondation au transport de pollen par les insectes. Or la prospérité des insectes est très variable. Le nombre des bourdons par exemple dépend de la quantité des rats des champs qui détruisent leurs nids et ceux-ci sont eux-mêmes tributaires de la plus ou moins grande abondance des hiboux et des chats... ce qui n'a pas manqué de faire mettre en ligne de compte par quelque auteur humoristique l'influence du nombre des vieilles filles, protectrices traditionnelles de la gent féline, sur la fécondité des fleurs (Huxley).

On peut aller plus loin et dire que la concurrence vitale directe, la lutte d'individu à individu est l'exception, tandis que la concurrence indirecte est la règle. Que l'on importe des espèces nouvelles, des chèvres par exemple, dans une île fertile, qu'on les laisse s'y multiplier en liberté, elles vont brouter l'herbe, dénuder.

le sol, manger les jeunes rameaux verts. Une partie des herbivores qui les précédaient vont périr de disette s'ils n'ont pas les moyens de s'adapter à une existence nouvelle. La lutte ne se passe pas directement entre les chèvres et ces animaux. Si la sélection naturelle laisse survivre quelques espèces antérieures ce n'est pas parce que ces espèces ont vaincu les autres en combats singuliers, c'est parce que des caractères propres leur ont permis avec plus de facilité de s'adapter aux conditions nouvelles. Le fait se passa à Sainte-Hélène, quand les Européens y ont amené des porcs et des chèvres. Il s'est passé en maintes circonstances, au cours de l'évolution du globe, à l'occasion des migrations, déplacements, changements climatériques, perturbations de toute nature apportées à l'habitude vitale d'une région.

Il est une forme de la lutte sinon pour la vie, du moins pour l'avenir, sur laquelle Darwin a insisté avec tout le charme persuasif qui a fait son triomphe, c'est celle qui donne prise à la sélection sexuelle.

Il ne s'agit pas ici seulement de la lutte des mâles au moment du rut, telle que nous en voyons des exemples dans les batailles de papillons, de lézards, d'où les plus forts sortent vainqueurs et par conséquent désignés pour la reproduction, mais il s'agit surtout de la sélection des mâles et des femelles par les caractères sexuels secondaires : c'est ici qu'entrent en jeu les chants des oiseaux, l'éclat du plumage ou des téguments, les parades d'amour, les danses devant les femelles, etc.

On ne met plus en doute aujourd'hui que la femelle choisisse librement le mâle, chez beaucoup d'espèces, et que ce choix s'opère soit après une mise en scène de ces talents spéciaux, soit en vertu d'une certaine attirance provoquée par des caractères sexuels secondaires, couleur, forme, particularité esthétique, talents individuels. Brehm a donné une description curieuse de la danse du coq de Bruyère devant la femelle avant l'accouplement. « Le coq redresse la queue, l'étale en éventail, lève la tête et le cou ; toutes ses plumes se redressent et il déploie ses ailes. Il fait ensuite quelques sauts dans différentes directions, quelquefois en cercle, et appuie si fortement contre terre la partie inférieure de son bec que les plumes du menton en sont arrachées. Pendant ces mouvements il bat des ailes et tourne toujours, sa vivacité augmentant son ardeur et il finit par prendre un aspect frénétique (1) ». Un très grand nombre d'oiseaux exécutent des danses bizarres ; les pigeons avec leurs salutations, les coqs, les dindons avec leurs mouvements d'ailes, les perdrix avec leurs courses circulaires, etc., nous offrent des exemples de caractères secondaires qui influent sur le choix de la femelle, et il faut bien savoir que même chez les animaux à grands combats sexuels, là où les mâles s'entre-déchirent, la femelle ne choisit pas toujours le vainqueur et se montre parfois plus sensible aux charmes du plumage et du chant qu'à la force belli-queuse.

Ce fait surprendra peut-être quelque lecteur, mais pour ceux qui douteraient de l'existence de l'idée du beau et du goût du décor chez les animaux, Darwin ne manque pas de rappeler le cas de certains oiseaux

______

(1) *Cf.* Darwin. *La descendance de l'homme.*

d'Australie qui s'édifient des « berceaux d'amour »
richement décorés de branches et de coquillages et seulement utilisés pour la journée nuptiale après laquelle
ils procèdent à l'édification d'un nid, berceau de la
famille à venir, construit ailleurs.

Présentée sous cet aspect nouveau dont il est impossible de donner en quelques lignes autre chose qu'un
aperçu, la théorie de l'évolution s'imposa au monde.
Elle eut tout de suite ses adeptes enthousiastes, ses
vulgarisateurs bruyants. Une philosophie nouvelle s'affirma. Puis des doutes, des objections surgirent et l'histoire du darwinisme après Darwin constitue l'une des
pages les plus intéressantes de l'histoire de la pensée
humaine.

96. — Les prévisions prématurées de l'Ecole Darwiniste
L'œuvre de Hæckel.

Darwin avait été prudent dans ses conclusions. De
l'observation attentive de certaines espèces animales,
d'espèces domestiques en particulier, il avait conclu à
la divergence des caractères dans les lignées, à la transmissibilité des variations individuelles, à la formation
des espèces à partir des variétés ainsi créées par l'œuvre
de la sélection naturelle. Il avait tiré de là une explication possible du monde organisé tout entier, mais s'était
bien gardé de préciser la filiation des êtres et le degré
de parenté de tous les organismes actuels.

Que restait-il à faire alors? Presque rien mais un travail de géant, un travail que des générations de savants
peuvent seules accomplir. Il restait à donner à la théorie

une forme concrète, il restait à dresser l'arbre généalogique de la vie terrestre.

Un homme eut l'audace d'entreprendre à lui tout seul
et en quelques années cet immense travail. Ce fut une
imprudence. En effet l'hypothèse à peine née, à peine
sortie des premières critiques qui lui avaient été adressées, à peine assise sur des bases dont la généralité des
savants ne reconnaissait pas encore la solidité, se dé-
ploya avec lui dans toute son envergure et s'ouvrit
de tous les côtés à la fois aux attaques de ses adversaires.

L'histoire de la science compte quelques-unes de ces
œuvres prématurées. Mais qu'importe leur danger! Si la
contemplation d'une vérité nouvelle n'était plus capable
de produire chez les chercheurs l'enthousiasme débor-
dant jusqu'à ce mépris du péril, c'est que la curiosité
humaine, l'amour passionné de l'inconnu, n'existerait
plus sur terre.

Cet émule ardent de Darwin, Ernst Hæckel, tout
en conservant la responsabilité de ses affirmations trop
hâtives et de ses erreurs, a néanmoins complété la doctrine nouvelle en disant aux sceptiques : « Cet arbre
généalogique que vous nous demandez, nous pouvons
vous le dresser entier, complet, sous une forme provisoire. Peut-être des branches sont mal soudées, peut-
être y aura-t-il des transpositions à faire, peut-être
l'étude de chaque lignée montrera-t-elle que l'état civil
de tel ou tel groupe a été complètement erroné, il n'en
est pas moins vrai que ce tableau provisoire est à peu
près en accord avec les données actuelles de la science. »

Seulement il faut que le lecteur se rende compte tout
de suite que dans ce tableau précoce où des homologies

douteuses d'organes ont dû être établies, où des relations risquées ont été affirmées, la critique a beau jeu. Or, chaque fois que la critique a triomphé sur un point particulier, elle a prétendu du même coup infirmer la théorie tout entière. De là certaines hésitations chez des savants qui ont consacré leur carrière à l'étude de telle ou telle partie de la botanique ou de la zoologie.

Il ne nous appartient pas dans un ouvrage aussi général que celui que j'ai entrepris de discuter aucun des faits particuliers en litige. Nous ne pouvons que nous borner à prendre une vue d'ensemble de cette partie de l'œuvre des premiers émules de Darwin, partie très importante au point de vue de la vulgarisation du transformisme, puisqu'elle illustra la doctrine d'une image quasi tangible.

Hæckel, professeur de zoologie à l'Université d'Iéna est un esprit de haute lutte. Il est utile qu'on connaisse son caractère pour juger son œuvre. Matérialiste convaincu, il ne cherche aucune conciliation avec les doctrines adverses. Il envenime les controverses, il augmente les oppositions, il aggrave les incompatibilités, et, quand il a bien montré l'impossibilité de tout rapprochement, il mord. Son histoire de la création est une vaste polémique. Les traditionnalistes qui en font la lecture en sortent les poings fermés et la haine au cœur, sans avoir fait un grand pas vers la vérité scientifique, heurtés qu'ils sont à chaque pas par l'esprit agressif du savant vulgarisateur.

Dans son traité de l'histoire de la création des êtres organisés, tout est bataille.

Ici, il met en relief l'antithèse de deux conceptions

fondamentales du monde vivant, d'une part la création miraculeuse telle que l'a formulée le traditionnaliste géologue suisse, Louis Agassiz et selon laquelle « chaque espèce immuable est comme une pensée créatrice incarnée de la divinité », et d'autre part la création naturelle expliquée par le transformisme. Il bombarde en se jouant les raisons de la première comme un tireur à la carabine qui, sûr de son tir, abat tour à tour les pipes de terre rangées devant lui : l'une s'appelle « l'ordre moral du monde », l'autre « la conformité au but final », une troisième « l'unité du plan de composition » etc., et quelques balles égarées ne vont-elles pas atteindre « la toute bonté du créateur », « la souveraineté morale du pape », les « crimes horribles de la papauté infaillible », les méfaits de sa « pieuse inquisition » et jusqu'au « matérialisme sensuel des orthodoxes dans toutes les formes de la religion! »

Là il attaque dans un réquisitoire violent tout ce qui peut éveiller l'idée de raison finale. Son intolérance ne peut même pas supporter la doctrine parfois si large de Kant, le grand philosophe allemand qu'on a à juste titre regardé comme un des premiers adeptes de la théorie de la descendance, le savant dont les connaissances en astronomie, en physique, en histoire naturelle étaient si étendues. Kant, il est vrai, avait écrit que si les espèces ont une affinité effective, une parenté réelle à partir d'une mère commune, l'évolution du monde organique implique des causes qui ne se révèlent pas dans la science du monde inerte. Et ces causes propres au monde organique il les avait qualifiées purement et simplement de *causes finales*.

L'idée de finalité a le don d'exaspérer Hæckel. Il ne voit dans l'œuvre de l'illustre philosophe de Kœnigsberg que la contradiction entre ses tendances mécanistes, transformistes même peut-on dire par anticipation, et le spiritualisme qu'il aperçoit derrière ces causes finales.

Du reste la doctrine de Kant est difficile à comprendre si l'on n'a pas soi-même essayé de comparer les lois d'évolution de la matière inerte et celles des organismes. Pour peu qu'on réfléchisse aux degrés qu'il faut gravir pour passer de la conception actuelle de la deuxième loi de la thermodynamique à la loi biologique d'évolution telle que nous l'avons exposée avec son cortège de données sur l'isodégradation énergétique, le triage actif des probabilités, l'option forcée imposée par la sélection naturelle, la finalité utilitaire qui la justifie, etc, on se rend compte de ce qu'il pouvait y avoir de contradiction apparente dans l'œuvre d'un philosophe frappé par ces contrastes, alors que le mécanisme de l'évolution n'était pas même soupçonné. C'est préciment, à mon avis, la contradiction entre son dualisme biologique et sa conception du monde inerte qui est surtout intéressante aujourd'hui dans la philosophie de Kant, parce qu'elle révèle un état d'âme bien commun encore à notre époque chez les savants qui ont étudié la vie.

Mais Hæckel a une aversion trop profonde pour le concept de finalité qui repose au fond de toutes les doctrines dualistes de la vie pour que tout le Kantisme ne se résume pas pour lui en une erreur. C'est que l'idée de finalité procède ordinairement d'une certaine puérilité de l'esprit humain et le savant ne sait pas toujours avoir pour ces puérilités l'indulgence du vrai philosophe. Qu'un zoologiste bien connu de Munich, Andreas Wagner se soit chargé d'expliquer la mutabilité des espèces domestiques et des plantes cultivées en alléguant que « dans la prévoyance du créateur, elles étaient destinées d'avance à l'usage de l'homme » et n'avaient en conséquence que faire de l'immutabilité, cela peut nous faire sourire ; mais Hæckel, lui, ne sait pas sourire. Exaspéré par « ces assertions absurdes et risibles », irrité par cet anthropomorphisme attaché si souvent à la représentation des causes finales, il ne sait pas se contenir. Son œuvre inclémente est un réquisitoire tellement violent qu'il a contribué pour une grande part à déchaîner les passions. Le darwinisme avec lui est devenu la suprême expression du matérialisme incompatible avec toute croyance.

Prise à partie par le traditionnalisme, son œuvre n'en est pas moins restée l'image d'un des plus gigantesques efforts de la pensée humaine vers la recherche des origines. Nous allons voir en donnant un aperçu de l'arbre généalogique qu'il a dressé, dans quelle voie sont dirigés les travaux des chercheurs qui apportent leur pierre à la réédification de notre histoire lointaine.

97. — L'œuvre de Hæckel et les difficultés de la réédification de l'arbre généalogique des organismes. Quelques mots de géologie paléontologique.

Avant de mettre en scène l'histoire de la vie il faut connaître le théâtre où elle s'est déroulée. Le décor a

changé souvent depuis que la vie est devenue possible
à la surface du globe et, heureusement pour la science
actuelle, chaque tableau, chaque époque, nous a laissé
quelques documents précieux.

Toutes les théories cosmogoniques admises aujour-
d'hui impliquent, nous le savons, ce fait que notre planète a passé à l'origine par une phase d'incandescence
où la température élevée était incompatible avec la vie.
V. T. II, p. 315 à 415.

Qu'il s'agisse du système de Laplace ou de théories
divergentes, telles que celles de Faye, de du Ligondès,
de G. H. Darwin, qu'il s'agisse des théories générales
de Norman Lockyer, d'Arrhénius, de Sée, de Belot etc,
toutes les données scientifiques capables de justifier
chacune d'elles nous conduisent à reconnaître pour
chaque planète une phase initiale de fusion ignée. Cette
hypothèse presque évidente par elle-même entraîne ce
corollaire qu'au cours du refroidissement par rayonnement, une écorce solide et cristalline a séparé le noyau
central, formé d'éléments à poids atomiques élé-
vés, des couches périphériques gazeuses formées de
corps légers, oxygène, hydrogène, azote, gaz carbonique, etc.

Cette couche solide en raison de sa faible conductibilité thermique a dû forcément soustraire peu à peu
l'atmosphère terrestre au rayonnement thermique du
noyau incandescent et c'est là un fait très important à
considérer dans l'histoire de la terre. Lord Kelvin estime
que, d'après les calculs les plus rationnels, une centaine
de siècles à partir de la première ébauche de solidifica-
tion auraient suffi pour que le flux de chaleur venu de

l'intérieur n'ait plus qu'une influence minime sur la température de la surface.

Que l'on veuille bien se pénétrer de ce fait dès le début. Beaucoup de personnes, frappées par des événements relativement récents dans l'histoire du monde, tels que le recul vers l'équateur de la flore et de la faune tropicales jadis étendues jusque dans les régions polaires, l'arrivée des périodes glaciaires dans nos régions européennes, etc., croient y apercevoir une manifestation du refroidissement progressif de notre planète. Cette croyance est une erreur. Notre terre se refroidit, c'est certain, mais les vicissitudes des climats à sa surface ne sont pas dues à ce refroidissement. La température de cette surface est fonction avant tout du rayonnement solaire et l'a été presque dès le début, je veux dire dès que la couche de roches ignées formant la première écorce a eu une épaisseur suffisante.

La rétraction progressive du noyau, les mouvements de la masse centrale, l'influence des attractions solaire et lunaire déformant la sphéricité, peut-être aussi la diminution progressive de vitesse de rotation du globe, entraînant une diminution de l'écart entre le diamètre polaire et le diamètre équatorial, toutes ces causes sont vraisemblablement entrées en jeu pour perturber sans cesse, plisser, craqueler, accidenter la couche solide. Pendant ce temps la vapeur d'eau atmosphérique soustraite à la chaleur rayonnante centrale s'est précipitée ; et c'est à ce moment seulement que commence l'ère intéressante pour nous.

En effet jusque là, il ne pouvait exister que des roches ignées, les roches cristallines, dans lesquelles on ne trouve aucun vestige de vie. Dorénavant, au contraire, nous allons assister à la formation des roches sédimenteuses, grâce au concours des eaux.

Roches ignées, roches sédimenteuses, telles sont donc les deux grandes classes entre lesquelles on répartit les couches de l'écorce terrestre. La vie ne commence qu'avec la deuxième.

Il serait téméraire de prétendre se faire une image du globe durant ses premières phases, mais on peut du moins présumer qu'en raison même des accidents de la surface, de ses plis, de ses grandes et de ses petites dépressions, l'eau tombant de l'atmosphère s'est collectée dès le début, formant les rivières, les fleuves, les lacs, les mers. Dès le début aussi, désagrégeant les roches sur lesquelles elle coulait, elle emportait, comme elle le fait aujourd'hui vers les fonds marins, les particules solides entraînées par son cours. Ces dépôts accumulés au fond des mers sont l'origine des couches sédimenteuses.

Mais l'écorce terrestre était trop faible pour être immuable. Bien plus qu'à notre époque, où nous assistons cependant à des élévations ou à des enfoncements des côtes, à des perturbations sismiques et volcaniques, à de vastes oscillations décelables malgré la brièveté de nos observations, cette écorce était déformée par des mouvements lents ou plus ou moins rapides. Tel fond marin a émergé ici pendant que là tel continent s'est enfoncé sous les mers. Le résultat de ces fluctuations d'autant plus gigantesques qu'on se rapproche davantage des origines, est que toutes les régions du globe depuis le fond des océans jusqu'aux sommets les plus élevés de nos montagnes ont tour à tour été des mers ou des continents (1). Ce n'est que pendant leurs siècles de submersion qu'elles ont pu recevoir les dépôts sédimenteux, si bien qu'il ne faut pas s'étonner de voir ces séparations bien tranchées entre les couches successives que la géologie nous révèle.

D'ailleurs les caractères des dépôts ont pu changer plus ou moins brusquement d'âge en âge suivant que les continents dégradés par les fleuves changeaient eux-mêmes, suivant qu'ils offraient à l'action corrosive des eaux tel ou tel mélange de roches ignées et de couches sédimenteuses antérieurement déposées et dont la composition avait été puissamment influencée par le chimisme de la vie naissante.

Mais ceci n'est qu'une vue générale du grand travail géologique qui dans la réalité est beaucoup plus compliqué. Lorsque dans une galerie de mine, dans une tranchée profonde, le géologue cherche à s'orienter dans la succession des terrains, il se trouve aux prises avec des difficultés à première vue insurmontables, et par suite desquelles bien longtemps les descriptions données ne furent qu'un chaos incohérent.

Le Danois Stenon, dans la deuxième partie du xviie siècle, est peut-être le premier savant qui ait fait sortir du domaine de la fantaisie l'histoire de l'écorce terrestre. Les couches de la terre, dit-il, sont le produit

____

(1). Peut-être de grands mouvements se sont-ils produits à une époque relativement peu éloignée de nous Tout le monde connaît la fable de l'Atlantide racontée par Platon. Ce continent situé à l'ouest de Gibraltar, en plein Océan, aurait porté une civilisation avancée; l'exploration des fonds marins ne dément pas la légende.

de la sédimentation des eaux et ces couches à l'origine se sont déposées horizontalement. Une couche qui en recouvre une autre lui est ordinairement postérieure dans l'histoire du globe.

Ces deux lois ne sont que l'expression des données que nous avons rappelées plus haut, mais le grand mérite de Sténon est d'avoir compris la genèse des vastes mouvements et déplacements de terrain. Toutes les fois qu'on trouve une couche oblique, dit-il, c'est qu'elle a subi un déplacement postérieur à sa formation. Tous les géologues sont d'accord aujourd'hui pour reconnaître que, sous des influences variées et sans doute en particulier sous l'influence de la rétraction du noyau central, d'immenses plissements se sont formés; le sommet du pli se déversant à droite ou à gauche a ainsi superposé sur la surface voisine deux assises dans lesquelles l'ordre des terrains est inverse. La plupart des régions du globe ont été étudiées à ce point de vue. La carte géométrique des plissements accomplis a suscité de nombreuses théories. L'étude particulière de chaque localité a montré souvent des enchevêtrements inextricables. Ici de multiples couches manquantes, d'autres à peine ébauchées, là des renversements, des glissements donnant à la coupe des terrains des aspects inattendus. Quoi qu'il en soit, en rapprochant les observations propres à chaque région du globe, on a pu constater que les terrains présentaient des caractères différents et assez nettement distincts suivant les âges; si bien que le seul examen d'une couche terrestre permet de dire à quel étage elle appartient.

La tectonique ou science des couches recouvrant la

surface terrestre est suffisamment avancée aujourd'hui pour que l'on puisse déduire de l'histoire géologique présumée d'un pays, la présence de telle ou telle couche à une profondeur déterminée, même dans des situations très anormales : c'est ainsi qu'on est arrivé à la découverte de certains dépôts houillers dans les régions carbonifères franco-belges.

A supposer qu'une même région ait reçu dans un ordre régulier les couches successives définies par la géologie, on pourrait y reconnaître de bas en haut les assises suivantes désignées par leur époque de formation.

1°) *Age primordial*, comprenant les époques précambrienne, cambrienne et silurienne (1). Sa durée serait vraisemblablement égale à celle de tous les autres réunis. Beaucoup de géologues font de ces premiers étages l'assise la plus profonde de l'âge primaire. Ce ne sont d'ailleurs là, on le conçoit que des divisions tout artificielles. Ces divisions sont basées non seulement sur la constitution des terrains, mais sur l'étude des fossiles qui caractérisent chaque couche géologique. Ainsi dans les couches précambrienne et cambrienne, on trouve des traces d'annélides, des crustacés, etc, dans la silurienne les trilobites, les premiers poissons ganoïdes, puis les céphalopodes, les brachiopodes, des plantes marines et quelques plantes terrestres. Tout récemment sur les frontières de la Colombie, le savant paléontologiste américain C. D.

---

(1) Il n'y a aucun inconvénient à adopter ici la classification d'Hæcke qui a l'avantage de montrer l'importance et la longue durée des premiers âges. Le lecteur aura intérêt à suivre cette description sur e tableau de la page 464.

Walcott a découvert une zone cambrienne remarquable par ses fossiles silicifiés dans des conditions tellement spéciales que la plupart des organes mous sont figurés, tels que les cæcums hépatiques du genre Burgessia, (crustacés) ou les branchies arborescentes du genre Marella, autre crustacé marin. Bien plus on a trouvé les empreintes d'animaux à corps tout à fait mous comme les méduses (cœlentérés), les holothuries (échinodermes), les annélides (vers cœlomés). Les découvertes récentes confirment, comme nous le verrons dans le tableau ci-après, les prévisions de Hæckel sur les dates d'apparition des différentes branches de l'arbre généalogique des organismes.

2°) *Age primaire*, comprenant les périodes dévonienne, carbonifère et permienne.

Au cours de la période dévonienne, les poissons ganoïdes atteignaient l'apogée de leur épanouissement. Les fougères commençaient à apparaître. On trouve dans les couches supérieures les premiers insectes et peut-être déjà quelques batraciens.

Au cours de la période carbonifère caractérisée par le grand développement des cryptogames vasculaires, on assiste à la prolifération des batraciens, des poissons sélaciens, etc., et l'on voit apparaître les premiers reptiles.

Ces caractères s'accentuent durant la période permienne où abondent en outre les ammonites qu'on rencontre encore durant tout l'âge secondaire.

3°) *Age secondaire*, comprenant les périodes triasique, jurassique, crétacée.

Le Trias offre les fossiles de reptiles encore pourvus

de pattes, de sauriens (crocodiles), etc. Il est probable que c'est à ce moment là qu'il faut placer l'apparition des premiers mammifères, et c'est à ce moment aussi que les gymnospermes (cycadées, conifères (pins), commencèrent à prendre leur grand développement.

Le *Jurassique* a vu le développement des reptiles nageurs, des sauriens ailés, des mammifères marsupiaux, des premiers oiseaux, voisins des reptiles (archéopteryx, etc.). Ce fut aussi l'ère des ammonites, des bélemnites dont les fossiles sont si communs, des échinoïdes dont tous les collectionneurs possèdent de si beaux spécimens. Dans le règne végétal à côté des cycadées et des conifères, on voit apparaître les mono-cotylédones, puis les dicotylédones qui vont, durant la période *crétacée*, marcher vers leur épanouissement.

Durant cette période *crétacée* ont vécu la plupart des espèces énoncées ci-dessus avec les premiers serpents, les autruches, etc., pendant que des espèces antérieures, telles que les ammonites disparaissaient graduellement.

4°) *Age tertiaire*, comprenant les périodes éocène, miocène, pliocène.

C'est pendant la période éocène que les mammifères placentaires se multiplient à côté des marsupiaux et qu'apparaissent les premiers quadrumanes.

La période miocène est marquée surtout par l'abondance des pachydermes, des proboscidiens, des équidés, etc. ;

Et la période pliocène par le développement de l'éléphant méridional, du rhinocéros, de l'hippopotame, des cervidés et des bovidés. Peut-être est-ce à cette période qu'il faut faire remonter les premiers hommes.

5°) *L'âge quaternaire* qui se poursuit actuellement est marqué surtout par le développement des premières races humaines, dont nous étudierons plus loin l'évolution dans nos régions.

98. — L'arbre généalogique de Hæckel dressé d'après la connaissance des terrains et de leurs fossiles, d'après les fluctuations géologiques et les vicissitudes présumées des climats et d'après les notions d'anatomie et d'embryologie comparées.

a). — *Données fournies par l'histoire des terrains, des climats.* — Nous sommes bien loin de connaître la structure de toutes les régions du globe et par suite il est difficile de préciser les fluctuations qui ont fait émerger ou disparaître sous les eaux telle ou telle contrée pendant la suite des âges. On est surtout peu fixé sur les perturbations des premières périodes géologiques. Si l'on sait que de vastes plissements circulaires des zones polaires et équatoriales se sont produits durant l'âge primordial; si l'on sait que la période dévonienne correspond à une expansion de la mer en Europe, et la période carbonifère à un recul, pendant que s'effectuaient les grands plissements dits hercyniens qui intéressent tous les terrains antérieurs au carbonifère dans l'Europe centrale; si l'on sait enfin que la période jurassique et la période crétacée ont été marquées respectivement au début par une nouvelle expansion de la mer-et à la fin par un nouveau retrait; ce n'est en réalité qu'à partir de l'âge tertiaire qu'on commence à pouvoir se faire une idée de la topographie approximative des continents.

Ainsi durant l'éocène se seraient produits les plissements des montagnes rocheuses, puis ceux des Pyré-
nées, de la Provence, des Apennins, avec une expansion
méditerranéenne très marquée. Durant le miocène, c'est
l'Atlas, l'Himalaya, les Alpes, les Carpathes, les Balkans
qui ont dressé leur pli, pendant que la Méditerranée
régressait et que se produisait la dépression de la Cas-
pienne étendue jusqu'à l'Aral. Durant le pliocène, les
grands mouvements sont plus rares, les fluctuations se
poursuivent lentement, marquées seulement dans nos
régions méditerranéennes par l'effondrement des terres
correspondant à la dépression de Gibraltar et de celle
où apparut la mer Egée qui, aujourd'hui encore, sépare
la Grèce de l'Asie Mineure.

Nous sommes bien loin aussi de connaître toutes les
vicissitudes climatériques qui ont eu une influence si
prépondérante sur le développement de la faune et de la
flore terrestres. Nous savons seulement qu'à partir des
époques primitives où se sont déposés les premiers
sédiments, la chaleur centrale n'a joué qu'un rôle négligeable et nous avons dit que le refroidissement progressif de la Terre n'entre que pour une part minime et
pratiquement nulle dans l'histoire des climats. Le refroidissement progressif dans la suite des âges peut avoir
pour effet d'abaisser de quelques degrés la température
moyenne des mers, mais non de provoquer les changements climatériques relativement rapides qui ont laissé
leur marque dans l'histoire. Le fait que les faunes et
les flores étaient les mêmes dans toutes les parties du
globe, durant les époques primaires, nous donne à penser
que le climat était uniforme. On attribue en général ce

fait à ce que les nuages abondants diffusaient la chaleur
solaire et l'on admet volontiers aussi que le soleil, se
présentant sous un diamètre apparent incomparablement plus considérable, irradiait plus uniformément la
surface de notre globe. Ce serait pour cela que les
coraux qui ne vivent actuellement que jusqu'à une lati-
tude de 30° de part et d'autre de l'équateur, auraient
pu se développer jusque dans les zones voisines des
pôles.

Il faut toutefois remarquer ici que la température des
fonds marins bien plus que celle de la surface terrestre,
a dû rester longtemps tributaire de l'influence thermique centrale et ce fait peut servir pour sa part à
expliquer l'uniformité relative de la faune et de la flore
marines des premiers âges. Quinton, auteur d'une
théorie biogénique originale, admet que la vie aurait
commencé dans les fonds marins à une température
voisine de 40° et à un taux de salure voisin de 7 à 8
pour 1.000 au lieu de 33 comme aujourd'hui dans nos
océans.

C'est durant la période tertiaire que l'on peut le
mieux se rendre compte de la spécialisation des climats.
Les saisons deviennent changeantes. Les alternatives
d'ères de chaleur, de froid sec, de froid humide, ont
laissé leur marque dans la paléontologie. C'est à la fin
de cette période et au commencement de la quaternaire
que nous trouvons l'empreinte indubitable dans nos
régions européennes, au moins de deux phases glaciaires
dues en grande partie à l'abondance des pluies et probablement à des causes météorologiques différentes et
difficiles à préciser.

En résumé, quelqu'imparfaite que soit notre connaissance de la structure des régions terrestres, quelque vagues que restent les notions que nous possédons des variations climatériques, ce sont là cependant les éléments essentiels de l'histoire de la vie. Il est toutefois une autre source de renseignements qui, maniée avec prudence, nous apporte des documents bien plus nombreux et bien plus généraux, c'est l'anatomie et l'embryologie comparées.

b). — *Données fournies par l'anatomie et l'embryologie comparées.* — L'anatomie comparée nous permet de sérier les espèces actuelles par ordre de complexité croissante et l'embryologie de suivre dans le temps la succession des formes propres à chaque espèce depuis l'œuf jusqu'à l'état complet. Or, nous avons dit déjà que ces formes successives de la période embryonnaire sont dans une certaine mesure l'image des formes sériées par l'anatomie comparée et bien plus fidèlement des formes fossiles sériées de même manière. D'où la conclusion que chaque être qui se forme donne par ses stades successifs l'image en raccourci des formes qui l'ont précédé dans sa chaîne ancestrale. Agassiz lui-même, l'ennemi juré du transformisme, n'a-t-il pas écrit : « C'est un fait que je puis maintenant énoncer d'une manière tout à fait générale : les embryons et les petits de tous les animaux qui existent aujourd'hui, à quelque classe qu'ils appartiennent, sont la miniature vivante des types fossiles de ces familles ».

Fritz Müller en affirmant en 1864 le parallélisme de l'ontogénie et de la phylogénie ne disait pas autre chose.

Il faudrait un volume pour développer cette idée,

montrer jusqu'où elle doit être acceptée et jusqu'à quel point on peut conclure de l'analogie des fœtus au degré de parenté des espèces actuelles. Je n'entreprendrai pas ici cette tâche. Il est bien certain que si, comme le fait remarquer Hæckel, on compare les formes générales des fœtus d'animaux tels que ceux de la figure 67 rame-

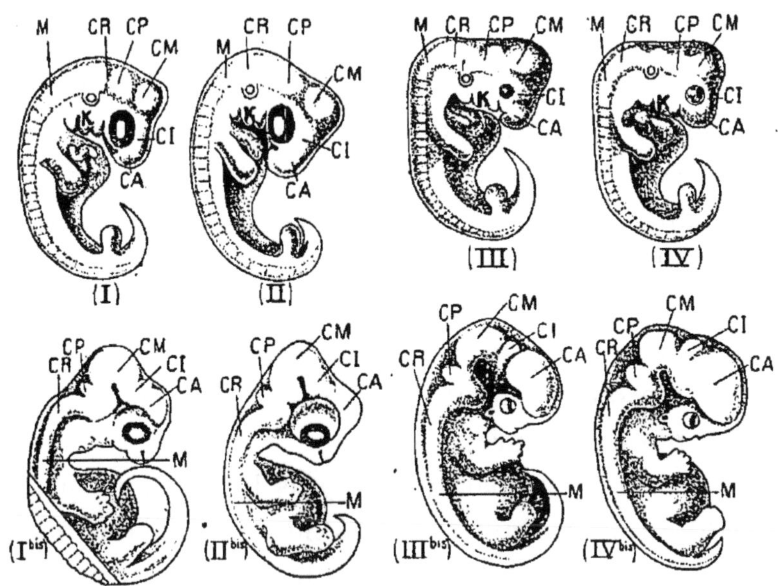

Fig. 67. — Analogies des formes fœtales (Hæckel).
I et I[bis] Tortue à 4 et 6 semaines.
II et IIbis Poule à 4 et 8 jours.
III et IIIbis Chien à 4 et 6 semaines.
IV et IVbis Homme à 4 et 8 semaines.

CA, cerveau antérieur. — CI, cerveau intermédiaire. — CM, cerveau moyen. — CP, cerveau postérieur. — CR, arrière-cerveau. — M, moelle. — K, arcs branchiaux.

nés à la même échelle, on constate une ressemblance tout à fait suggestive de ces formes, mais il ne faudrait pas de là conclure à une identité. Pour avoir donné à entendre cette identité le transformisme a imprudemment offert le flanc à la critique.

L'ovule de l'oursin et l'ovule du mammifère ne sont pas semblables. Les ovules de deux mammifères voisins présentent des différences. Si la science ne peut saisir ces dissemblances, si le microscope est impuissant à déceler les particularités morphologiques capables de les révéler, il n'en est pas moins vrai que la transmissibilité des caractères spécifiques et des caractères individuels qui est à la base même de la théorie de la descendance implique que dès le début le germen chez les générateurs porte l'empreinte de différenciations.

Autant il serait faux de croire que ces différenciations consistent dans la présence d'unités morphologiques dissemblables comme l'a fait l'école Weismannienne, autant il serait inexact de croire à l'identité parfaite des cellules du germen, des cellules fécondéés des embryons des fœtus, chez des espèces différentes, jusqu'à l'âge où se manifestent des différenciations dans les formes extérieures.

Ne savons-nous pas déjà depuis les travaux du Professeur Armand Gautier que là où notre œil ne voit que des différenciations morphologiques, l'analyse chimique peut dans certains cas particuliers révéler des modifications moléculaires antérieures, auxquelles elles peuvent être liées? L'étude que fit ce savant du pigment de la vigne, des catéchines des acacias, des tanins, des chlorophylles, lui a révélé des transformations chimiques des plasmas générateurs qui nous permettent de préciser l'une des causes lointaines des modifications morphologiques extérieures.

D'ailleurs les phases fœtales ne sauraient être l'image des phases de la chaîne phylogénique ancestrale que

jusqu'à concurrence des besoins propres au genre de vie
du fœtus, c'est ce qui nous a fait dire plus haut (§ 48) que
si le fœtus d'une espèce supérieure peut être regardé dans
ses grandes lignes comme l'archiviste des formes antérieures de la nature, c'est un archiviste très personnel
qui adapte ses documents à ses vues individuelles.

Ces constatations nous montrent une fois de plus
qu'à chaque instant on risque de mal comprendre les
affirmations des transformistes et par suite d'adresser à
la doctrine des reproches injustifiés. De ce que les
transformistes de la première heure ont cherché à frapper
l'esprit en montrant les analogies morphologiques des
embryons et en tirant de ces analogies des documents
pour établir l'ascendance de chaque espèce, on a conclu
qu'ils croyaient à l'identité originelle des embryons et
qu'ils admettaient, selon une idée tirée du Lamarckisme
plus que du Darwinisme, que les conditions extérieures
et l'habitude faisaient naître les caractères différenciés.
De là à dire que l'identité des premières formes est à
la base même du transformisme, il n'y avait qu'un pas,
et la condamnation de la doctrine, au nom de l'erreur
patente, ainsi mise en relief, n'était plus qu'un jeu.
Nous savons, ayant étudié le phénomène de l'hérédité,
ce qu'il faut penser de ce raisonnement.

L'embryologie comparée n'en reste pas moins l'une
des sources les plus précieuses auxquelles on peut puiser
et auxquelles a puisé le grand naturaliste allemand dont
nous étudions les travaux, pour établir la parenté des
espèces.

A présent que nous connaissons le champ d'étude
immense parcouru par les premiers transformistes pour

arriver à l'édification de la chaîne ancestrale de chaque espèce, je vais me borner à donner, à titre de document, un arbre généalogique tiré des différents tableaux publiés par Hæckel. Il permettra au lecteur de prendre une vue d'ensemble de la descendance telle que l'a conçue le naturaliste allemand.

Le tronc de l'arbre, origine du règne végétal, du règne animal et de ce groupe d'êtres mono ou polycellulaires très simples que Hæckel désigne sous le nom de règne des protistes est constitué par les proto-monères qu'on voit se perpétuer à travers les âges successifs dans ces trois règnes.

De la monère végétale dérivent successivement les amibes, les algues et autres thallophytes, puis les mousses et les fougères apparues beaucoup plus tard. Les frondaisons plus touffues marquent les périodes d'épanouissement des espèces ou des groupes indiqués, ainsi les fougères à l'âge primaire, les cycadées et conifères à l'âge secondaire, etc.

De la monère animale dérivent les embranchements des éponges et des cœlentérés d'une part, des échinodermes, des mollusques et des vers d'autre part. Des vers dérivent ces deux groupes d'animaux dont nous avons fait voir les analogies, les tuniciers et l'amphioxus, origine des vertébrés.

Tout à fait à gauche on aperçoit l'homme dont la souche greffée sur des placentaires de la famille simienne se trouverait. dans les étages supérieurs de l'âge tertiaire.

Couches Géologiques		RÈGNE VÉGÉTAL							RÈGNE DES PROTISTES
		Phanérogames		Cryptogames					
		V	IV	III	II	I			
						Thallophytes			
		Angiospermes	Gymnospermes	Fougères	Mousses	Inophytes	Algues		
Age quaternaire									
Age Tertiaire	Pliocène								
	Miocène								
	Eocène								
Age Secondaire	Crétacé								
	Jurassique								
	Triasique								
Age Primaire	Permien								
	Carbonifère								
	Devonien								
Age Primordial	Silurien								
	Cambrien								
	Laurentien								

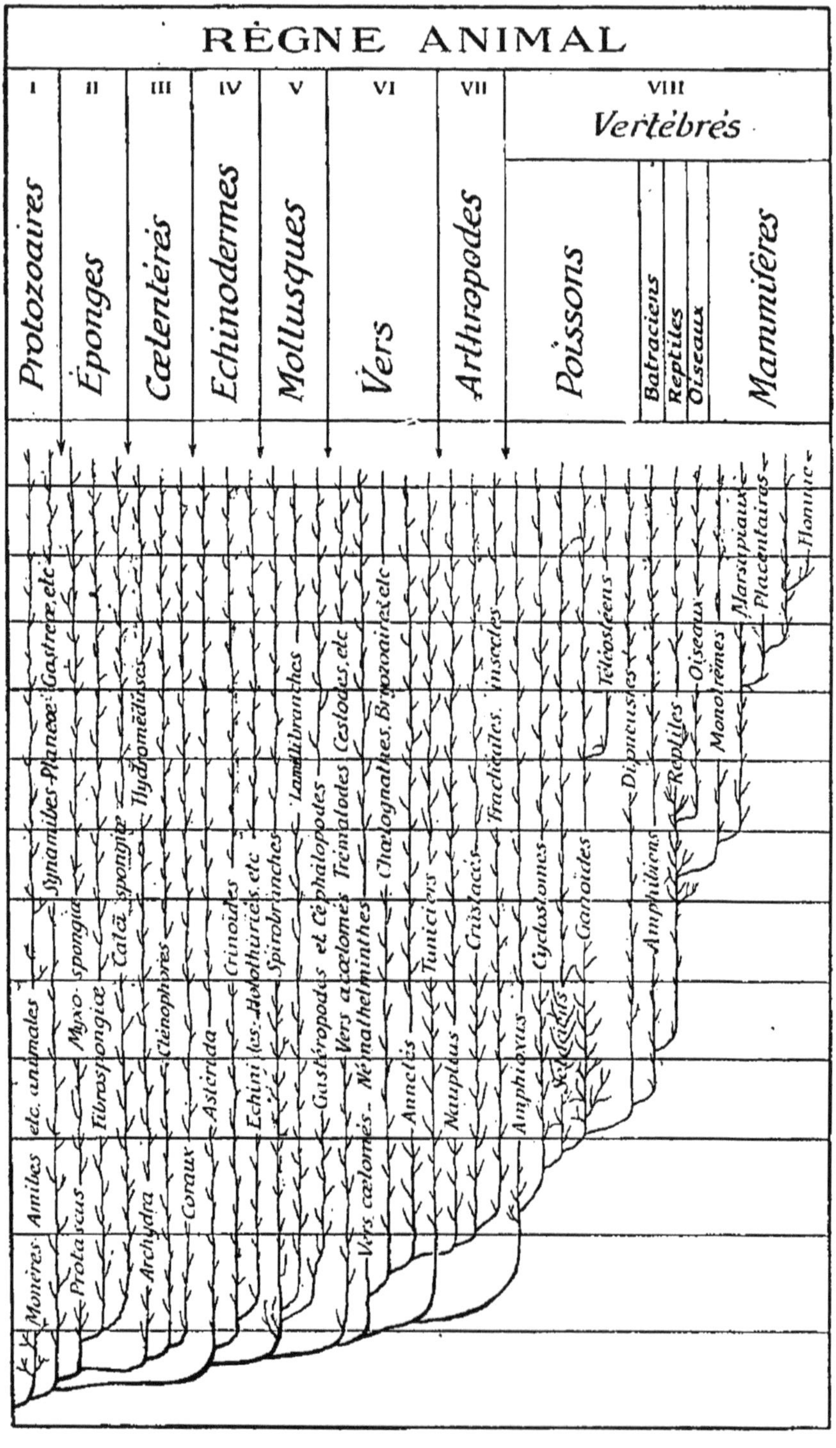

RÈGNE ANIMAL

I	II	III	IV	V	VI	VII	VIII

Vertébrés

Protozoaires · Éponges · Cælentérés · Échinodermes · Mollusques · Vers · Arthropodes · Poissons · Batraciens · Reptiles · Oiseaux · Mammifères

Monères · Amibes · etc. animales · Protascus · Synamibes-Planeæ · Gastræa, etc · Myxo-spongiæ · Fibrospongiæ · Cala spongiæ · Archydra · Cténophores · Hydroméduses · Coraux · Asterida · Crinoïdes · Echinides · Holothuriés, etc · Spirobranches · Lamellibranches · Gastéropodes et Céphalopodes · Vers cœlomés · Trématodes Cestodes, etc · Vers cœlomés · Némathelminthes · Chætognathes, Bryozoaires etc · Annelés · Tuniciers · Nauplius · Crustacés · Trachéates · insectes · Amphioxus · Leptocardis · Cyclostomes · Ganoïdes · Téléostéens · Dipneustes · Amphibiens · Reptiles · Oiseaux · Monotrèmes · Marsupiaux · Placentaires · Homme

99. — L'origine de l'homme en particulier.

Il est deux problèmes dont la solution apparaît comme renfermée implicitement dans les conclusions précédentes. C'est d'une part le problème de *l'origine de l'homme*; c'est d'autre part celui de l'origine première de la vie, qu'on énonce souvent sous le nom de problème de *la génération spontanée*.

Le naturaliste qui a, comme nous l'avons fait au cours de ces quatre volumes, gravi un à un les échelons de nos connaissances sur la matière inerte et la matière vivante, celui pour qui l'histoire du monde apparaît ininterrompue à partir des origines cosmogoniques de la matière inerte jusqu'à la réalisation des unités vivantes supérieures, celui-là considère l'apparition de la vie comme un épisode de l'évolution générale et la production de l'espèce humaine comme la suite naturelle de la transformation des espèces. Si une obscurité difficile à percer enveloppe encore les origines premières de la vie et les origines immédiates de l'humanité, c'est une obscurité peu troublante pour lui, parce que les lacunes de nos connaissances ne sauraient jeter aucun doute sur la validité de sa conception générale du monde.

Il serait donc assez logique de nous en tenir à l'étude que nous venons de faire sans envisager en particulier les origines premières de la matière vivante pas plus que l'histoire de la naissance de l'homme et de sa filiation.

Cependant notre xxᵉ siècle porte encore tellement l'empreinte de l'anthropocentrisme ancien, et la théorie dualiste de la vie a encore des racines si profondes dans l'esprit humain que beaucoup de personnes ne sauraient se résigner à regarder les deux problèmes énoncés plus haut comme de simples corollaires de la théorie générale de notre monde.

Aussi je crois indispensable de consacrer quelques paragraphes à ces questions spéciales. Nous allons commencer par envisager ce que la science connaît de l'origine immédiate de l'humanité.

L'homme tertiaire. — Nous avons dit que c'est peut-être à la fin de l'âge tertiaire, aux dernières étapes du pliocène supérieur que l'homme a fait son apparition sur notre planète.

Toutefois il faut savoir que les documents sur lesquels on se fonde pour admettre la présence de l'homme à cette époque sont peu nombreux et peu certains.

C'est d'une part la présence dans quelques régions du pliocène supérieur de pierres *apparemment taillées* ou *éolithes*. Mais plusieurs paléontologistes tels que MM. Boule et Breuil regardent ces pierres comme des productions accidentelles de frottements et chocs occasionnés par les torrents.

C'est d'autre part la découverte faite à Java par le docteur Eugène Dubois, médecin de l'armée néerlandaise, d'une calotte crânienne, de deux molaires, et d'un fémur. Parmi les savants les plus autorisés, les uns regardent ces débris fossiles comme certainement humains; les autres croient qu'ils appartiennent à une race simienne supérieure. Le fossile de Java, le fameux *pithecanthropus erectus* a donné lieu à des polémiques acerbes. Sa description a envahi la grande presse et les controverses qu'il a provoquées ont eu tant de retentissement dans le public que l'on pût croire un moment que l'avenir du transformisme était lié à son identification.

Ne m'étant jamais consacré spécialement aux sciences paléontologiques, je n'entreprendrai pas la discussion de ces controverses que la physicobiologie ne saurait ignorer, mais qu'elle ne peut envisager que de loin; le peu que j'en ai dit suffit pour faire entrevoir au lecteur combien sont nombreuses et délicates les difficultés de détails au sujet desquelles on a cru pouvoir mettre en cause toute la doctrine du transformisme.

Concluons simplement que les dernières assises des couches tertiaires nous offrent des témoins incertains de l'existence de l'homme, mais que rien ne nous permet d'affirmer d'une façon indiscutable que les quelques ossements mi-humains, mi-simiens rattachés à cet âge terrestre appartiennent bien à un ancêtre de l'homme quaternaire.

L'homme quaternaire. — A partir du début de l'âge quaternaire on trouve au contraire des preuves indéniables de la vie humaine et si l'on observe les caractères différentiels propres à l'homme de chacun des étages quaternaires successifs, on est frappé de l'évolution de son ossature et en particulier de la forme du crâne et de la face.

On divise ordinairement l'âge quaternaire, que nous n'avons fait que figurer dans l'arbre généalogique de Hæckel, en deux grandes périodes : l'ancienne ou *pleistocène* et l'actuelle ou *holocène*.

La période ancienne qui fait suite au pliocène de l'âge tertiaire comprend elle-même trois étages : l'inférieur, le moyen et le supérieur ; ce dernier est recouvert par l'assise de la période actuelle.

Le pleistocène inférieur a été caractérisé au début dans nos régions par la période glaciaire dont nous avons parlé et à la fin par un climat doux. C'est l'ère de l'éléphant antique et de l'hippopotame. C'est à cette époque que remontent les premiers vestiges certains de l'industrie humaine, à elle aussi que se rattachent les fossiles humains, découverts dans les environs de Heidelberg, duché de Bade (*Homo Heidelbergensis*) et dans le Sussex près de Piltdown (*Eoanthropus Dawsoni*). Ces fossiles sont caractérisés surtout par l'aspect massif de la mâchoire inférieure et l'absence de menton ; et il eût été difficile de dire, si l'on n'avait possédé deux molaires nettement humaines, si ces débris ne se rapportaient pas plutôt aux espèces simiennes.

Le pleistocène moyen nous offre des documents plus complets. Il porte dans nos régions l'empreinte d'un

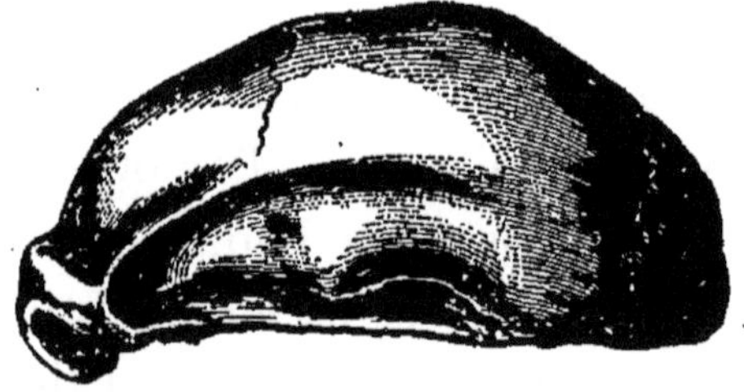

Fig. 69. — Calotte crânienne de l'homme de Néanderthal.

climat froid et humide. C'est la période glaciaire du mammouth, du rhinocéros à longue laine et aussi du renne qui va se développer de plus en plus pour atteindre son apogée dans le pleistocène supérieur. C'est dans cette assise que l'on a découvert en 1856, dans une grotte de la vallée de Neander, une calotte crânienne qui est regardée comme le type de la race (*homo néanderthalensis*). Quelques années auparavant avait été mis au jour un crâne incomplet de même conformation près de Gibraltar. Et depuis furent découverts plusieurs exemplaires semblables à Spy, près de Namur, à Krapina (Moravie) etc, et plus récemment à la Chapelle aux Saints, Corrèze (1908), au Moustier, Dordogne (1909), à la Ferrassie (dont les ossements ont été étudiés avec un soin particulier par le Docteur Capitan et son collaborateur Peyrony) et à la Quina (1910 et 1911).

On a beaucoup discuté sur la capacité crânienne de ces fossiles. Broca l'estimait à 1230 centimètres cubes à peine, alors que la capacité moyenne actuelle chez nous est de 1560 au moins; par contre Fraipont, Boule, Verneau l'évaluent à 1600 centimètres cubes environ en particulier chez l'homme de Spy.

Si le corps est de petite taille l'ossature est massive et le volume du crâne est, à n'en pas douter, bien plus en rapport avec cette ossature puissante qu'avec un développement intellectuel considérable. Les plus gros cerveaux ne sont pas les plus intelligents dans la série animale. D'ailleurs la face est très développée par rapport au crâne, le front est fuyant comme celui d'un chimpanzé. La mâchoire inférieure est robuste quoique moins massive que celle du pleistocène inférieur. Les jambes sont courtes, la colonne vertébrale et les os des membres présentent des caractères qui révèlent une attitude bipède moins parfaite que chez l'homme actuel (Boule).

Le pleistocène supérieur porte la marque d'un climat froid et sec dès le début avec un acheminement progressif vers notre climat actuel. Le renne domine dans nos régions.

L'homme a laissé des traces intéressantes de sa vie durant cette époque. Les vestiges de son industrie et ses restes fossiles sont nombreux.

Le type le plus ancien relatif à cette époque si voisine de la nôtre paraît être représenté par deux squelettes découverts près de Menton dans les grottes de Baoussé-Roussé, commune de *Grimaldi* par le prince de Monaco et étudiés par le docteur Verneau. Ces deux squelettes reposaient assez profondément en dessous de squelettes de la même assise mais plus récents (squelettes du type Cro-Magnon). D'après le docteur Verneau leur ossature se rapproche de celle des nègres; d'après le Professeur Albert Gaudry la dentition est celle de la race la plus inférieure que nous connaissions aujourd'hui, la race australienne.

Mais le type humain caractéristique du pleistocène supérieur est celui qu'on désigne ordinairement sous l'appellation de *type de Cro-Magnon* (1). C'est le nom d'un abri sous roche de la vallée de la Vézère qui a été exploré par Christy et Lartet. Haut de taille, mesurant en moyenne 1 m. 87, l'homme de Cro-Magnon a une puissante ossature et une puissante musculature, si l'on en juge par les surfaces d'insertion osseuse des tendons. Le talon forme une saillie exagérée. La face est courte, large, le crâne allongé d'avant en arrière. Les

(1) Cf. *Crania ethnica*. Les crânes des races humaines décrits par MM. de QUATREFAGES ET HAMY, Paris, 1873-1875.

arcades sourcilières proéminentes dans leur région interne, s'aplanissent extérieurement. D'après le Doc-teur Verneau ce type est représenté assez fidèlement aujourd'hui par certains berbères et par quelques des-cendants des anciens Guanches des Canaries.

Ce type ne diffère donc pas essentiellement des types

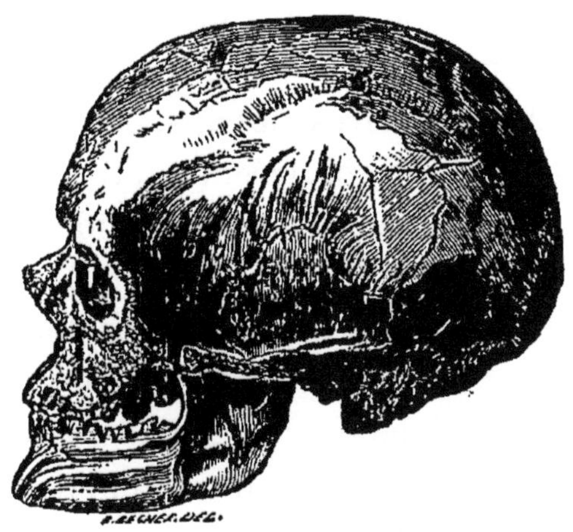

Fig. 65. — Crâne de l'homme de Cro-Magnon
(ext. de Topinard, Anthropologie).

actuels et il serait peu intéressant en conséquence de nous attarder à parler de l'homme de la période holo-cène ou de l'homme actuel.

Filiation des types fossiles découverts jusqu'ici. — La filiation de nos races contemporaines et de l'homme du type Cro-Magnon est facile à concevoir.

Au contraire, et c'est là un point capital dans notre histoire, la filiation du type Moustérien ou néander-thallien du pleistocène moyen avec le type Grimaldi et Cro-Magnon du pleistocène supérieur est beaucoup plus difficile à établir dans nos régions. La description som-maire que nous en avons donnée le prouve. De plus il existe entre les restes de l'industrie propre à chacun de ces types un hiatus non moins étrange que celui qui sépare leurs fossiles et sur lequel l'abbé Breuil a attiré spécialement l'attention. Tandis que les premiers n'avaient qu'une industrie rudimentaire (pierres grossièrement taillées), les types du pleistocène supérieur travaillaient avec art : les outils de pierre, de bois de rennes, d'os, qui nous viennent de cette époque portent des sculptures, gravures, dessins, des plus variés (industrie magdalénienne, solutréenne, etc.) (1).

Ce passage brusque du type néanderthallien au type de Grimaldi et Cro-Magnon ne signifie pas qu'il y a eu là une mutation rapide comme l'accepteraient volontiers les partisans du transformisme par sauts brusques (sports ou mutations brusques de de Vries). Il est bien plus logique et plus simple d'admettre que, lorsque dans une contrée on trouve un fossé entre deux types de même espèce qui l'ont occupée successivement, ou entre deux espèces qui paraissent être des rameaux de la même lignée, cela signifie que le type le plus ancien a disparu et a fait place, immédiatement ou bien après des siècles de silence, au type qui l'a remplacé.

Quoi qu'il en soit, ces exemples, pris dans l'histoire de nos régions, nous montrent combien il est difficile de reconstituer l'arbre généalogique des races et des espèces quand les documents paléontologiques sont si rares. Il faudra des siècles pour que, de la synthèse des sciences géologiques et paléontologiques, puisse sortir la connaissance précise des migrations et déplacements

_____

(1) P. Rivet, L'origine de l'homme. *Biologica*, 15 mars 1914.

variés qui expliqueront les particularités des fossiles trouvés jusqu'ici.

Mais ce qui ressort de l'étude de plus en plus complète de ces types disparus, faite par les paléontologistes les plus éminents, c'est : 1°) que les races humaines successives diffèrent entre elles plus encore que nos races actuelles, 2°) que les plus anciennes présentent des caractères simiens indéniables, 3°) que la lacune qui existe entre l'homme et les mammifères voisins est moins grande que celle qui existe entre certains autres mammifères.

Il y a longtemps d'ailleurs que Linné avait dit qu'entre l'Européen civilisé et le Hottentot du Cap il y a plus de différence anatomique qu'entre l'homme et le singe. Il y a longtemps aussi que Huxley avait montré l'analogie de constitution des mains et des pieds de l'homme avec les extrémités correspondantes des quadrumanes et que Schaafhausen avait démontré qu'entre le pied humain avec sa voûte de sustentation pour le poids du corps et le pied du quadrupède ou même de l'orang-outang on ne peut imaginer aucun intermédiaire anatomique autre que celui que présente le gorille dont l'attitude participe de l'un et de l'autre. Personne n'ignore du reste que les menuisiers chinois emploient le gros orteil à fixer les pièces qu'ils travaillent, les bateliers de Ka-Ching à manier la rame, les Indiens du Yucatan à maintenir des pierres lancées avec le pied, etc. Ce n'est pas d'aujourd'hui non plus que l'on sait que la dentition de lait de l'enfant est semblable à celle du singe, que la prétendue absence chez l'homme des os intermaxillaires, constants chez le singe, est une erreur que le naturaliste poète Gœthe a mise au jour en montrant l'existence de ces os chez l'enfant et leur soudure précoce avec les maxillaires supérieurs; que l'œil, l'oreille, les organes du toucher offrent une ressemblance frappante avec les mêmes organes simiens, tandis qu'ils diffèrent notablement les uns et les autres de ceux des autres mammifères; que l'hymen féminin et la menstruation qu'on a tendance à regarder comme un privilège de notre espèce, existent chez les singes et d'autres mammifères.

Ce serait folie après cela de vouloir au nom de l'anatomie et de la paléontologie dresser une barrière entre l'humanité et la chaîne animale dont elle porte l'empreinte dans ses moindres détails.

Il faut que ces notions pénètrent peu à peu l'esprit du peuple. L'espèce humaine ne dérive pas des espèces simiennes actuelles, mais les unes et les autres ont leur souche lointaine dans le passé et ces souches se rattachent à un ancêtre commun qui vivait sans doute dans les époques avancées de l'âge tertiaire. Cet ancêtre commun lui-même figure l'un des degrés supérieurs de la longue chaîne phylogénique dont la science arrivera peu à peu à connaître les anneaux.

100. — Les races humaines dérivent-elles d'un seul ancêtre, ou bien ont-elles plusieurs souches? Polygénie ou monogénie ?

Monogénie et polygénie en général. — Il est une question très générale qui se pose pour tous les animaux et pour toutes les plantes et qui offre un intérêt tout spécial en ce qui concerne l'humanité. C'est celle de l'origine unique ou multiple de chaque espèce.

Chaque espèce dérive-t-elle d'une seule souche ou bien résulte-t-elle de la transformation progressive d'une série de couples de l'espèce mère? Chaque espèce a-t-elle un seul lieu d'origine ou bien a-t-elle pris naissance sur plusieurs points du globe à la fois?

Le problème importe peu à la théorie du transformisme qui est compatible avec les deux hypothèses, celle de la *monogénie* et celle de la *polygénie*. Mais on conçoit que la réponse, tout indifférente qu'elle soit au point de vue doctrinal, est pleine d'intérêt surtout pour l'histoire de l'homme.

Tous les peuples actuels, tous les humains de races blanche, noire, jaune ont-ils eu le même berceau, dérivent-ils d'une même souche primitive ou bien sont-ils sortis de plusieurs branches simiennes de l'époque tertiaire?

Ce qui rend la question troublante pour le grand public. — Beaucoup de personnes, même peu instruites, même peu accessibles aux charmes des problèmes de la science spéculative, éprouvent une émotion soudaine à l'énoncé de cette question. La raison en est que dans nos régions les plus civilisées presque tous les enfants ont été bercés dès leurs premières années par les jolies légendes tirées, du livre de Moïse.

Quand plus tard, une page de vulgarisation vient leur annoncer par son titre qu'elle va leur parler du premier homme, immédiatement est évoquée chez eux la réminiscence d'un tableau lointain encore vivant dans un coin de la subconscience à côté du chant maternel qui endormait le soir, ou du conte de fée qui faisait rêver. C'est le tableau imprécis du premier couple de la Bible, Adam fait du limon de la terre et animé du souffle de Dieu, et Eve, que le Créateur forma d'une côte arrachée au père de l'humanité (1).

La curiosité pour beaucoup d'entre eux est aiguisée par le fait que la légende hébraïque, à la différence des contes et des chansons, leur a été plus tard enseignée au même titre que les règles de la grammaire ou les quatre opérations de l'arithmétique élémentaire ; elle est aiguisée surtout parce que, à l'âge où ils commençaient à réfléchir et à discerner le vrai de l'incertain, ils ont vu autour d'eux les uns parler avec respect des récits traditionnels et d'autres sourire en les racontant ; ils ont été témoins de discussions acerbes à ce sujet, parfois jusqu'au sein de leur famille et ils ont entendu ici traiter de fable et de puérilité ce qui là était énoncé comme vérité indiscutable.

Appelés par les besoins de la vie vers d'autres sujets de préoccupation, tous ont eu bien peu le loisir depuis de songer à l'Adam et à l'Eve du berceau, mais la curiosité est demeurée prête à poindre, et tel qui reste indifférent devant l'œuvre des Lamarck et des Darwin s'émeut à l'idée qu'on va lui dire si un seul Adam et une seule Eve ont présidé à la naissance de l'humanité ou bien s'ils se sont mis plusieurs pour l'engendrer.

Les réponses de la science. — Or les avis sont très partagés à ce sujet, même parmi les hommes de science. Un des adversaires les plus ardents du darwinisme,

(1) Cf. 1er livre de Moïse, Genèse, Chap. II § 21 à 25.

Agassiz, croyait à la multiplicité des origines géographiques de l'espèce humaine. Il affirmait que les races d'hommes primordiales avaient été engendrées séparément et qu'il y avait eu plusieurs centres géographiques de création : les centres polynésien, australien, malais, hottentot, africain, européen, mongole, etc.

De Quatrefages au contraire, un autre adversaire du darwinisme, croyait à l'origine unique des espèces, s'appuyant en particulier sur ce fait que toutes les espèces animales ou végétales n'occupent pas toute la surface du globe et semblent avoir chacune un centre d'apparition. Pour lui, ce centre d'apparition de l'espèce humaine aurait été la région centrale de l'Asie, qui a présenté, plus que toutes les autres, une réunion remarquable de types humains extrêmes. Les migrations de l'homme dans les deux continents et les îles n'ont rien pour lui qui puisse surprendre quand l'histoire nous apprend qu'Annibal a franchi les Alpes avec ses éléphants et Bonaparte avec ses canons, que Fernand de Soto n'a pas été arrêté par les marais de la Floride et que les Kalmouks des confins de la Chine ont pu franchir l'Asie deux fois, au 17e siècle pour s'installer sur les rives du Volga et au 18e pour émigrer à travers 700 lieues de terres impraticables, regagnant leur patrie d'origine; quand des explorateurs comme Cook nous disent l'endurance des doubles pirogues et autres véhicules permettant aux races primitives d'aller d'île en île; et enfin quand la géologie nous révèle les isthmes disparus ou les îles enfoncées dans les mers.

M. G. Mivart, ardent catholique et quelques évolutionnistes chétiens, tels que le R. P. Zahm, professeur à l'Université de Notre-Dame (Indiana) enseignent que le corps du premier homme a dû provenir d'un animal inférieur. Ils croient trouver dans les textes de la genèse ou dans les enseignements de St-Thomas et de St-Augustin les prévisions du darwinisme avec l'affirmation de la théorie monogénique. Il est vrai qu'ils sont violemment pris à partie par d'autres publicistes, non moins ardents catholiques, sinon à cause de leur monogénisme du moins à cause des raisons qui les y conduisent.

Hæckel, le joûteur implacable, l'ennemi juré de la tradition, combat le polygénisme et s'attaque en particulier à l'opinion d'après laquelle les indigènes d'Amérique dériveraient d'une espèce simienne de ce continent, à l'encontre de Carl Vogt qui admet la pluralité des souches et des lieux d'origine.

Les néotransformistes sont assez partagés entre les deux thèmes.

Ainsi dans tous les camps constatons-nous une remarquable divergence de vues sur la question de l'unité ou de la pluralité des origines et chaque auteur apporte des raisons valables à l'opinion soutenue.

Ce serait sortir de notre sujet que de nous attarder à la discussion de ces raisons. Cependant parmi elles, il en est un groupe particulièrement important et duquel je dois dire quelques mots, ne serait-ce que pour montrer la faiblesse de certains des arguments dont on se sert dans ces grandes controverses. Ce groupe se rattache à une science dont nous n'avons pas encore parlé, la *linguistique*, ou étude du langage humain.

Nous allons voir en quoi cette étude est intéressante

pour la question qui nous occupe et où doit s'arrêter l'intérêt qui s'y attache.

La linguistique et la controverse du polygénisme et du monogénisme. — Considérons les langages des différents peuples qui habitent la surface du globe. Comparons-les; voyons comment chacun d'eux rend une idée, représente un objet ou une action; disséquons les racines des mots qui leur sont propres. De deux choses l'une : ou bien nous trouverons que toutes les langues de l'univers sont réductibles à une seule langue mère et alors il sera bien vraisemblable que cette langue unique aura été parlée *par un peuple unique* d'où dérivent toutes les races humaines, ou bien nous trouverons que ces langues sont irréductibles et alors il sera vraisemblable qu'elles auront pris naissance *chez des peuples séparés les uns des autres.*

Or les linguistes ne sont pas d'accord. Les uns, ce sont les moins nombreux, sont partisans de la langue mère unique et trop volontiers ils concluent à la *monogénie de l'espèce humaine.* Les autres croient à l'origine multiple des langues et trop volontiers aussi ceux là concluent à la *polygénie.*

Je n'ai aucun parti pris pour le monogénisme, ni pour le polygénisme et je me hâte de me déclarer trop incompétent en paléontologie, et en paléogéographie pour avoir autre chose qu'une préférence d'instinct entre deux théories également soutenables, mais je crois utile pour le lecteur de mettre en toute lumière l'illogisme des conclusions que je viens de rapporter. Peut-être épargnerai-je ainsi à quelques uns le travail ardu de chercher dans une étude forcément superficielle de la linguistique à se faire une opinion sur la controverse du couple unique.

Erreur de croire que la faculté de parler est née brusquement avec l'apparition de l'homme. — Il suffit de réfléchir pour apercevoir cet illogisme. En effet, que les hommes soient nés d'un seul couple ou de plusieurs souches, rien ne nous dit que, *dès leur apparition*, ils ont parlé. Tout nous dit au contraire que le langage comme toutes les facultés s'est développé progressivement au cours de l'évolution des espèces vivantes.

Ses premières ébauches en effet se rencontrent en haut de l'échelle animale. Quelques singes supérieurs tels que les Cœbus Azaræ du Paraguay émettent au moins 6 ou 7 sons avec des tonalités variées qui sont compris de l'entourage et provoquent la joie, la crainte, ou certains états d'âme différents.

En second lieu, nous trouvons dans l'étude des langues la preuve manifeste que chacune d'elles a passé par des étapes successives, ce qui rend inadmissible l'idée que l'homme dès sa naissance a été doué d'une faculté nouvelle toute faite et toute prête à produire ses fruits. Toutes les langues ont d'abord été *monosyllabiques*, c'est-à-dire formées de racines juxtaposées et invariables comme le sont encore le Chinois, l'Annamite, le Siamois, le Birman, le Thibétain, qui n'ont pas, malgré leur longue existence, franchi le premier gradin de l'évolution ; puis elles ont été *agglutinantes*, c'est-à-dire que le mot y a renfermé non seulement l'idée contenue dans le radical principal, mais des idées modificatrices apportées par des racines accessoires, préfixes, suffixes, etc. ; les Hottentots, les Boschimans, les Nègres africains, les Cafres, les Nubiens, les Papous, les Australiens, les Maléopolynésiens, les Japonais, les Coréens, les Basques de l'Oural, les Samoyèdes, les Finois, les Tatars, les Mongols, les Asteks, etc., etc., parlent des langues qui en sont restées à cette deuxième étape. Enfin, il est un troisième degré auquel sont parvenues les langues les plus parfaites après avoir franchi les deux premières étapes, c'est la *Flexion*. Les langues à flexion sont celles dans lesquelles la racine en se modifiant dans sa forme prend une série de sens définis : les déclinaisons, les conjugaisons, etc., sont trop familières à tous nos peuples civilisés pour qu'il soit besoin d'insister sur cette caractéristique. Elles sont actuellement représentées par deux grands groupes : le groupe sémito-khamitique (araméo-assyrien, hébraïque, phénicien, arabe, égyptien, libyen, éthiopien, etc.), et le groupe indo-européen avec ses branches hindoue (sanskrit, langues néo-hindoues, etc.), éranienne (zend, perse, néoperse ou persan, arménien, béloutche, afghan, etc.) et européenne (gréco-italico-celtique, germanique, slave, etc.).

De cette double considération il résulte que nous commettons une erreur patente quand nous croyons la naissance de l'humanité et l'apparition du langage comme étant des faits nécessairement contemporains.

Cette erreur a surtout été cultivée par les adversaires des idées transformistes qui d'une part se plaisent à croire que l'homme a été créé avec tous ses attributs actuels y compris son langage et d'autre part veulent à tout prix trouver une différence fondamentale entre l'homme et le reste de l'animalité. Ni les caractères anatomiques, ni la structure des dents, du bassin, du sternum, du cerveau, ni l'os intermaxillaire, ni le pouce opposable n'ont pu servir à édifier la barrière. Les facultés intellectuelles mêmes ne leur ont pas fourni le critérium intangible, puisque tout le monde reconnaît aujourd'hui que les animaux supérieurs possèdent la mémoire, l'imagination, le raisonnement, la prévoyance, la pitié, l'admiration, l'ambition, l'affection, la volonté, la pudicité, la crainte et jusqu'au remords. Aussi ne leur restait-il que le langage articulé qui puisse marquer l'humanité à sa naissance.

Le langage articulé est né progressivement dans l'espèce humaine, d'où compatibilité de l'origine unique ou multiple des langues avec la monogénie et la polygénie.— La vérité est qu'un certain langage rudimentaire peut avoir été ébauché même chez les ancêtres de l'homme, témoins les faits que nous relations plus haut chez les singes ; mais le véritable langage articulé a été probablement très postérieur à l'âge où l'espèce humaine a acquis ses principaux caractères distinctifs. Partant de là, la déduction suivante s'impose :

Que les hommes soient sortis de plusieurs souches dans un même lieu géographique et aient développé en commun la faculté du langage ou bien qu'une humanité prête immédiatement pour la parole soit sortie d'un couple unique, le résultat est le même : l'unité d'origine des langues est compatible avec la monogénie et la polygénie.

Que les hommes soient sortis d'un seul couple, mais qu'ils n'aient commencé à forger des mots que quand les migrations les ont dispersés en groupes variés, ou bien qu'une humanité prête tout de suite pour la parole soit sortie de souches géographiquement séparées, le résultat peut aussi être identique : la pluralité d'origine des langues est compatible avec la monogénie et la polygénie.

Cela posé il deviendrait oiseux dans un ouvrage aussi général que celui que j'ai entrepris de chercher à montrer l'erreur de ceux qui ont prétendu trouver à toutes les langues monosyllabiques et agglutinantes une origine commune dite touranienne. Si l'histoire du patriarche Tour, qui aurait donné naissance à cette race, s'accorde avec les légendes traditionnelles chez nos peuples d'occident, elle est bien peu conforme aux enseignements de l'anthropologie qui nous fait voir tant de dissemblances entre les nations variées dont le langage n'a pas atteint la troisième étape de flexion.

Il serait non moins oiseux de discuter l'identité d'origine du sanskrit et de l'hébreu, chère à quelques savants, ou de disserter sur la situation géographique du berceau des langues indoeuropéennes que les Aryas auraient les premiers parlées sur le plateau de l'Iran (1).

Toutes ces questions, très intéressantes en elles-mêmes ne sauraient changer en rien les conclusions générales vers lesquelles nous nous acheminons.

Nous ne donnerons donc aucune solution au problème posé en tête de ce paragraphe. Le monogénisme et le polygénisme ont chacun leurs raisons spécieuses. Si le monogénisme paraît être ordinairement démontré pour la plupart des espèces en raison de l'existence de

---

(1) Voir à ce sujet les travaux de l'éminent linguiste Chavée.

leur centre unique de développement, il ne répugne nullement d'admettre que le polygénisme puisse exister pour d'autres espèces, mais je ne vois pour mon compte, après avoir parcouru toute la littérature relative à cette discussion, aucune raison majeure qui oblige à l'admettre de préférence pour l'espèce humaine.

101. — L'évolution et la sélection dans l'espèce humaine.

α) *L'histoire prouve que l'espèce humaine évolue.* — On ne discute plus guère aujourd'hui pour savoir si l'humanité évolue. Les partisans de l'immutabilité de l'homme dans le temps se réduisent au petit nombre de ceux qui, sur la foi d'un traditionnalisme désuet, s'imaginent que la première génération d'hommes possédait toutes les qualités intellectuelles et morales de nos sociétés civilisées avec peut-être les mauvais penchants en moins, ce qui est plus convenable pour des figurants de l'âge d'or.

L'histoire ne plonge pas assez loin dans le passé pour qu'elle puisse nous édifier sur des ancêtres très différents de nous-mêmes, néanmoins elle nous permet de juger des progrès de l'intellectualité au cours de quelques milliers d'années. Il y eut certes quelques belles civilisations longtemps avant notre ère; mais elles sont d'autant plus rares qu'on remonte plus loin dans le passé. Elles nous apparaissent au début comme faisant tache sur notre globe, entourées qu'elles étaient de populations, vivant dans l'état demi-bestial que nous constatons encore à présent chez certains sauvages. Habitués comme nous le sommes en Europe à notre vie sociale perfectionnée, nous sommes presque incapables de nous représenter sous leur aspect véritable ces peuplades de moins en moins nombreuses de l'Afrique, du nouveau continent et des Iles.

« Je n'oublierai jamais l'étonnement que j'ai ressenti, dit Darwin, en voyant pour la première fois une troupe de Fuégiens sur une rive sauvage et aride, car aussitôt la pensée me traversa l'esprit que tels étaient nos ancêtres. Ces hommes absolument nus, barbouillés de peinture, avec des cheveux longs et emmêlés, la bouche écumante, avaient une expression sauvage, effrayée et méfiante. Ils ne possédaient presque aucun art et vivaient comme des bêtes sauvages de ce qu'ils pouvaient attraper. Privés de toute organisation sociale, ils étaient sans merci pour tout ce qui ne faisait pas partie de leur petite tribu. Quiconque a vu un sauvage dans son pays natal n'éprouvera aucune honte à reconnaître que le sang de quelque être inférieur coule dans ses veines » (1).

De siècle en siècle ces races sauvages diminuent.

« Aujourd'hui, dit Topinard dans un ouvrage bien connu (2), les races inférieures disparaissent, tandis que les races supérieures se multiplient, c'est un fait, quelle qu'en soit l'explication, contre lequel il n'y a pas à lutter ».

L'explication d'ailleurs est des plus simples et si l'évolution de l'espèce humaine ne se produisait pas il fau-

____

(1) DARWIN. *Descendance de l'homme.* T. II in fine.
(2) TOPINARD. *Anthropologie.* Paris.

drait que toute la logique humaine fût fausse et que la science reposât sur des erreurs.

β) *Cette évolution est imposée par la force des choses.* En effet personne ne saurait nier la transmission de certains caractères individuels, tels que la haute stature, la robustesse, le nanisme, la débilité constitutionnelle, l'infériorité ou la supériorité intellectuelle, etc. Ce sont là des faits d'observation courante.

Personne ne contesterait davantage que si l'on voulait sélectionner les caractères ainsi transmissibles comme nous le faisons pour nos animaux domestiques, on arriverait à développer et à généraliser dans des groupes de lignées les caractères visés. Si des raisons sociales ou humanitaires empêchent de réaliser cette sélection artificielle, l'efficacité n'en est pas douteuse comme le prouvent les quelques cas où elle a été pratiquée. On sait par exemple que Frédéric-Guillaume et Frédéric II ont créé une véritable race distinguée par sa haute taille en mariant les plus grandes femmes aux géants de leur garde et ils ne sont pas les seuls à avoir tenté l'expérience. On sait aussi quelle efficace sélection opéraient les Spartiates en supprimant les malingres dès la naissance.

Seulement toute sélection artificielle n'étant maintenue par aucune autre cause que le caprice humain, il est évident que le jour où la cause sélectionnante cesse, les lignées font retour par croisement, par récession, au type commun.

Si l'on voulait obtenir un type durable il faudrait plus.

Parmi les individus sélectionnés il y en a qui imposent plus ou moins à leur descendance le caractère visé. De là dans certaines lignées l'installation solide de ce caractère malgré les causes extérieures de retour au type commun. Dans d'autres au contraire cette transmission manque de solidité. Ce qu'il faudrait faire, c'est opérer une deuxième sélection; mettre à part ceux qui imposent avec force le caractère à leur lignée. Alors, après une série de générations il y aurait chance que ce caractère devienne durable et spécifique, surtout si les causes sélectionnantes continuaient d'agir.·

Eh bien, ce qu'il nous est difficile de faire, la sélection naturelle le fait fatalement et simplement. Dans la lutte des nations, dans la rivalité des peuples, la loi suprême et toujours agissante est celle-ci : vaincre ou disparaître. Or les éléments de victoire sont multiples. Nous allons rappeler les principaux.

γ). *Les facteurs de sélection dans l'espèce humaine.* — Ce n'est pas seulement la force dans les luttes à main armée qui est en jeu, ce ne sont pas seulement les caractères d'endurance physique, de courage, d'ingéniosité, d'esprit de discipline et d'organisation, ce ne sont pas en un mot seulement les vertus guerrières qui donnent prise à la sélection, mais ce sont surtout les qualités individuelles et sociales, l'intelligence des besoins de la vie en commun, l'initiative commerciale et industrielle, les vertus sociales et morales, le perfectionnement mental dans toutes les branches de l'activité humaine, qui font la force de la collectivité. Les peuples qui triomphent sont ceux qui possèdent l'ensemble de ces qualités et c'est pour cela que la morale individuelle qui éloigne les causes de déchéance figure au titre de chose nécessaire et inéluctable chez tous les peuples qui ont pris place dans la scène du monde.

Aujourd'hui on peut même aller plus loin et dire que les luttes à main armée, telles qu'elles existent encore entre nos nations civilisées, opèrent une sélection à rebours, et n'ont pas sur l'avenir lointain de l'espèce humaine un effet sélectif dans le sens du progrès tel qu'on pourrait l'attendre. En effet nos armées sont constituées de telle sorte que tous les hommes les plus jeunes et les plus forts sont seuls exposés au feu. Toute l'élite d'un peuple, qu'il soit vainqueur ou vaincu, peut être décimée à l'occasion d'une guerre dont le résultat n'indique souvent qu'une supériorité de nombre et non de qualité.

Quelques esprits hardis ont bien songé à remédier dans la mesure du possible à cet effet sélectif inverse. Les médecins majors Simon et Perrin par exemple ont proposé d'utiliser les malingres dans l'armée, de les soumettre à un entraînement progressif dans des pelotons spéciaux. On pourrait songer à faire plus, mais il ne faut pas oublier qu'on se heurte à de graves obstacles humanitaires. Le malade dans nos civilisations est sacré, parce qu'il souffre, et notre altruisme nous interdit de disposer de lui autrement que pour lui venir en aide.

Aussi y a-t-il peu à espérer de ce côté et le véritable devoir des hommes sensés, de ceux qui veulent par leur volonté libre aider l'œuvre de l'évolution dans le sens du progrès est de travailler pour le pacifisme. Mais je me hâte d'ajouter qu'en montrant ici les raisons scientifiques du non sens des guerres, je ne prétends nullement insinuer que l'idée de patrie qui les excuse peut-être, mais ne les justifie pas, soit une idée à combattre et à détruire. L'émulation des peuples est nécessaire et l'amour du pays en est un facteur puissant. Cette émulation conforme à la loi du progrès engendre une certaine rivalité utile, elle stimule les activités et l'initiative de chacun, comme les jeux développent les facultés de l'enfant. Mais, de même qu'il y a des jeux qu'il faut interdire, des jeux immoraux qui avilissent et qu'il faut avoir la fermeté de proscrire, de même il y a des procédés de concurrence auxquels il faut renoncer. Que les peuples mettent en lice tous les facteurs de lutte dont l'effet sélectif est conforme à l'œuvre de la nature, mais qu'ils proscrivent ceux qui la contredisent : c'est le devoir qui incombe à notre siècle.

D'ailleurs la sélection naturelle reprend toujours ses droits ; et si les peuples les plus puissants persistent dans leurs errements ce sont peut-être des souches humaines insoupçonnées qui préparent dès à présent les voies de l'avenir.

Quoi qu'il en soit cet aperçu suffira, je l'espère, pour montrer que l'espèce humaine continue, comme toutes les espèces animales et végétales, sa marche vers le progrès et cette proposition nous sera précieuse quand il s'agira d'asseoir la morale humaine sur une base scientifique inébranlable.

102. — La question de la génération spontanée.
Panspermie interastrale.

J'ai dit que, à côté de la question de l'origine immédiate de l'homme, il est un deuxième problème dont la solution paraît comme renfermée implicitement dans les théorèmes généraux du transformisme : c'est le problème de l'origine première de la vie sur notre globe, ou problème de la génération spontanée.

Sa solution apparaît *a priori* comme une conséquence naturelle des données antérieures parce que, d'une part, nous avons vu que les espèces dérivent les unes des autres à partir des formes primitives, et que, d'autre part, la longue étude que nous avons faite de la matière vivante au point de vue chimique et morphologique nous a montré qu'une série d'échelons insensiblement gradués nous permettent de passer du monde inerte au monde vivant.

Cependant, beaucoup de personnes, n'ayant accordé qu'un intérêt médiocre à l'examen de tous ces théorèmes physicochimiques, morphologiques ou physiologiques, arrivées aux étapes finales de cette longue exploration du domaine de la biologie, font un retour subit en arrière et se raidissent contre des conclusions inévitables.

Entre un animal qui vit et une pierre inerte n'y a-t-il pas un abîme? Et puisque toute plante vient de sa graine et tout animal de sa cellule originelle, puisque tout être vivant a son germe, n'est-il pas nécessaire qu'un germe initial ait été créé ou apporté sur la terre ?

A la question ainsi posée voyons ce que la science répond :

Elle nous fait tout d'abord remonter jusqu'à la cellule primitive, à la monère d'Hæckel si l'on veut, au globule plasmique ; elle nous dit que chimiquement nous savons à peu près reconstituer sa substance avec certaines de ses propriétés, avec certains de ses caractères morphologiques. Elle constate que quelques caractères nouveaux lui sont propres, mais elle nous rappelle en même temps que la formation des unités nouvelles est toujours marquée ainsi par l'apparition de nouveaux caractères, de caractères d'agrégats, qui n'existaient pas dans les parties constituantes. Nous avons vu par exemple l'atome, fait probablement d'électrons, présenter des propriétés que ne possède pas chaque électron isolé. Et sans cesse le chimiste obtient par synthèse des molécules complexes douées de propriétés que ne possédait pas chaque atome constituant.

Si l'on veut appeler *création* le fait qu'il y a apport de propriétés ou de caractères nouveaux à la nouvelle unité faite d'unités plus simples, elle n'y voit aucun inconvénient, et c'est pourquoi nous parlons souvent de la création de l'électron, de la création de l'atome, de la création de la cellule. Il y a bien là une création, mais une *création naturelle*, accessible un jour ou l'autre sinon à notre expérimentation du moins à notre observation.

Voilà ce que nous dit la science. La théorie ainsi développée s'appelle, je crois, la *génération spontanée*. Je n'en suis pas bien sûr, parce que le mot de génération spontanée a signifié tant de choses différentes et souvent d'une invraisemblance si enfantine que j'hésite un peu à l'employer ici, et j'aimerais autant m'en tenir à l'expression de création naturelle.

Peu importent les mots d'ailleurs. L'idée que j'y attache a été assez développée, je l'espère, au cours de cet ouvrage pour qu'aucune ambiguïté ne reste dans l'esprit du lecteur à cet égard.

Eh bien, en regard de cette théorie scientifique qui fait évoluer la matière à partir de ses éléments originels immatériels jusqu'à l'unité vivante sous l'action permanente des lois de la nature, que trouvons-nous parmi les autres systèmes?

Je ne dirai rien des conceptions relevant des croyances. Le fait d'attribuer à une cause extranaturelle la production d'un phénomène dont on ne conçoit pas la cause est simplement une fin de non recevoir opposée à l'étude rationnelle de ce phénomène. Si peu de personnes aujourd'hui vont jusqu'à croire qu'une puissance surnaturelle aurait, à l'encontre des lois connues, construit de toute pièce, avec du limon, la machine humaine qu'elle aurait ensuite dotée de la force de vie, beaucoup d'autres par contre préfèrent imaginer une *création a nihilo* du premier germe vivant sur la terre. C'est là une croyance et non une déduction rationnelle. Nous aurons l'occasion de revenir sur certaines interprétations relatives à la conception de cet acte créateur.

Je ne dirai rien non plus d'une certaine génération spontanée entendue dans un sens parfaitement ridicule. Elle consiste à supposer que des unités vivantes, d'ailleurs déjà très complexes, peuvent sortir du monde inerte par simple hasard. Peut-être l'amour des mathé matiques n'est-il pas pour rien dans cette hypothèse fantasque appuyée si non engendrée par le calcul des probabilités. « Tout être vivant est fait de molécules chimiques. Ce qui distingue cet être vivant c'est la proportion respective et l'arrangement de ces molécules. Or toutes ces molécules existent dans le monde·inerte. Le hasard les fait entrer toutes en relations, seulement la combinaison complexe répondant à l'unité vivante n'a que peu de chances de se produire; il y en a mille, un million, un milliard, qui se produiraient sans cesse avant que la bonne soit réalisée. Pourtant cette dernière est possible, il suffit qu'elle ait lieu une fois pour que la création de la vie soit fortuitement accomplie!... » Autant attendre de la loi des probabilités que d'un bain de fonte sorte, comme le dit le Dantec, une locomotive avec ses bielles, ses pistons et ses rouages, ou bien, comme le disait Voltaire, que d'un sac de poussière versé dans un tonneau et longtemps remué, il sorte des statues ou des tableaux de maître.

Je ne dirai rien même d'une théorie cependant beaucoup plus rationnelle où la génération spontanée prend une figure plus acceptable, c'est celle qui a été soutenue avec énergie par divers savants : Schaafhausen, G. Pennetier, Pineau, Nicolet, Pouchet, Joly, Musset, Wymann, Mautegazza, etc., qui croyaient avoir observé la génération d'organismes très simples tels que les infusoires dans des bouillons inertes. Milne Edwards, Schwann, Max Schultze, Helmholtz, ont montré que ces microorganismes ne se développent pas si l'on a préalablement stérilisé le bouillon; et nous savons que Pasteur et R. Koch ont établi de même façon après des discussions fameuses que les microbes eux-mêmes ne sauraient naître spontanément.

Alors que reste-il en regard de l'hypothèse scientifique que nous avons développée ?

Il reste une seule théorie. Elle a eu son heure de vogue. Elle vaut la peine que nous nous y arrêtions un moment. C'est la théorie de la Panspermie interastrale.

Le fondateur en est H. E. Richter (1) qui crut pouvoir conclure de la présence des composés carbonés sur certains météorites à l'existence de produits organiques transportés par eux. L'un de ses adeptes les plus éminents fut lord Kelvin qui ne pouvait admettre que de la matière sans vie puisse évoluer vers la formation d'unités vivantes.

D'après cette théorie la vie sur la terre a eu un commencement et aura une fin, mais elle a pris naissance à la faveur de germes apportés par les météorites et provenant d'autres astres : la vie sur chaque astre serait limitée, mais la vie de l'univers, « serait éternelle comme l'univers lui-même ». (Van Tieghem).

Beaucoup de savants se sont inscrits en faux contre une telle hypothèse parce que d'une part comme l'a prouvé Pasteur, l'ensemencement aseptique de la matière des météorites dans des bouillons stérilisés n'a jamais donné de cultures, d'autre part parce que l'analyse chimique des composés carbonés n'a jamais révélé que des hydrocarbures banaux et pas de débris organiques et enfin parce que les températures qu'ils ont

(1) H. E. Richter. Zur Darwinchen Lehre. *Schmidts Jahrb. d. ges. Med.* 1865-1870.

vraisemblablement à subir sont incompatibles avec la conservation de la vie.

Swante Arrhénius a repris la théorie de la panspermie sous une autre forme. Nous savons que les poussières cosmiques, sous l'action de la pression de radiation, sont chassées loin des astres qui les émettent à travers les espaces intersidéraux. Les germes microbiens pourraient d'après Arrhénius se comporter comme ces fines poussières et parvenir sur des astres jeunes prêts pour l'éclosion de la vie. A la faveur de poussières plus lourdes cheminant dans le voisinage du système vers lequel le hasard les conduit, accolés à ces poussières, ils subiraient de la part de ces systèmes une attraction gravide supérieure à la pression de lumière émise.

Cette nouvelle hypothèse a donné lieu à d'intéressants travaux sur la résistance des germes au froid excessif et aux degrés de vide élevés.

Maquenne et surtout Paul Becquerel (1) ont montré l'extrême endurance des graines et des spores à l'état de vie latente, même à des températures de — 190° et — 253° (P. Becquerel).

Par contre on sait que tous les germes connus sont tués par les radiations actiniques surtout par l'ultra-violet; et Paul Becquerel s'est attaché en particulier à prouver que l'ultra-violet stérilise les graines et spores, alors même qu'on les place aux très basses températures et aux très basses pressions des espaces interplanétaires.

(1) Maquenne, *C. R. Ac. Sc.*, — CXXXIV, 1243; CXXXIV, 208. Paul Becquerel, recherches sur la vie latente des graines *Ann. Sc. Natur. Bot.* 9ᵉ série 1907. *C. R. Ac. Sc.*, — 30 mai 1910 et : La panspermie interastrale, *Revue Scientif.* 18 février 1911.

Ces belles expériences nous obligent à regarder comme inadmissible l'ingénieuse hypothèse du grand savant Arrhénius et si la production terrestre de la vie à partir du monde inerte ne découlait pas presque nécessairement de l'étude que nous avons faite, elle devrait se déduire forcément du raisonnement par élimination de toutes les autres doctrines proposées.

Cependant à cette théorie rationnelle de l'évolution continue, telle que nous l'avons soutenue depuis le début de cet ouvrage, il est une objection à première vue assez spécieuse et que je me reprocherais de ne pas énoncer ici. On a dit : mais si la première cellule, si la première matière vivante est dérivée du monde inerte, comment se fait-il que cette production ne se poursuive pas chaque jour, actuellement ?

Mais d'abord rien ne nous dit qu'elle ne se poursuit pas. Rien ne nous dit que dans les fonds marins les protamibes, les protomonères, les masses plasmiques indéfinies que Carpenter et Wyville Thomson ont trouvées à de grandes profondeurs et qu'ils ont appelées *Bathybius Hœckeli*, ou celles que le docteur Bessels a trouvées au fond du détroit de Smith, ou tout autre protoorganisme que nous ignorons ne se produisent pas continuellement. Si cela est, il paraît d'ailleurs logique d'admettre que leur avenir soit immédiatement limité à cause de la présence d'hôtes concurrents qui leur sont bien supérieurs.

Si au contraire cette production ne se poursuit pas, ce qui est possible, qu'y a-t-il d'étonnant qu'un monde au cours de son refroidissement ait, à un moment donné, présenté des conditions de biogenèse plus favorables ?

Ne savons-nous pas qu'une température de 40° comme celle que certains auteurs et Quinton en particulier croient pouvoir attribuer aux fonds marins de la genèse, est la plus propice au développement cellulaire?

Concluons donc simplement que cette objection n'a aucune valeur contre la théorie proposée. Elle me paraît bien au contraire la fortifier à cause de l'explication qu'elle fait naître.

103. — L'état actuel de la question des origines. Importance de la loi d'option en biologie. Conclusions.

On a dirigé contre le transformisme des critiques de détail qui ont, depuis Darwin et Hæckel, pu faire croire à quelques savants que la doctrine elle-même était en péril. A Lamarck on a reproché l'insuffisance des causes invoquées : l'action des milieux, l'habitude ne peuvent il est vrai que bien difficilement expliquer à elles seules la fixation des caractères nouveaux et le progrès des espèces. A Darwin on a reproché de ne pas se soucier des agents modificateurs et de ne s'être préoccupé que du triage des modifications obtenues; ce qui est exact d'ailleurs : la sélection naturelle ne crée pas les modifications des caractères, elle les choisit, les trie. On a attaqué l'œuvre de Hæckel en beaucoup de points particuliers; nous avons dit déjà combien cette œuvre, admirable dans son envergure, donnait prise à la critique de détail. A certains adeptes ardents du darwinisme tels que Kowalewsky de Kiew, dont les immortels travaux sur les relations ancestrales des ascidies et des vertébrés (1867) ont été pris à partie par des naturalistes de la valeur d'Agassiz et de K. E. von Baer, on a opposé quelques objections qui ne sont pas sans fondement.

Il y a plus. Darwin, par sa malencontreuse théorie des gemmules ou petites particules qui dans chaque cellule seraient le support des caractères spécifiques, peut être regardé comme l'un des fondateurs du Weismannisme. Or si Weismann est un darwiniste convaincu, il est un adepte des plus dangereux de la doctrine. La théorie particulaire de l'hérédité conduit, nous l'avons vu, à une interprétation inadmissible du transformisme. Elle est incompatible avec la doctrine de Lamarck qui renferme une si grande part de la vérité. Nous savons en effet que cette doctrine admet que des causes secondaires, des influences extérieures, des habitudes apportant une modification quelconque au soma peuvent impressionner le germen au point de faire passer dans le bagage héréditaire les qualités acquises. Au contraire les néodarwinistes, les partisans de Weismann, excluent ce retentissement du soma sur le germen et ils attribuent à l'apparition fortuite d'un caractère, d'une gemmule, dans la cellule du germen les variations brusques observées chez les rejetons. D'après le néodarwinisme le hasard et la sélection devraient suffire à expliquer le monde vivant et c'est surtout à cause de cela qu'on a pu croire à la faillite de la doctrine.

Je n'insisterai pas sur ces questions déjà développées plus haut. Je les rappelle seulement pour expliquer cette prétendue crise qui d'après quelques auteurs mettrait en péril le darwinisme tout entier. Pour comprendre le transformisme dans toute son ampleur, il faut jeter par dessus bord la théorie Weismannienne sous quelque forme qu'on la présente et il faut opérer la conjonction du darwinisme et du lamarckisme, en ajoutant au premier l'explication des variations qu'il ne donne pas et au second le contrôle de la sélection naturelle qui lui manque.

Cela fait on peut dire qu'aucune des critiques adressées ne peut attaquer la doctrine elle-même.

Est-ce à dire que la science connaît l'explication rationnelle de toutes les mutations qu'elle observe au cours de l'évolution de la vie? Est-ce à dire qu'elle peut, grâce à la connaissance des lois de la thermodynamique et de la loi d'option opérant sous le contrôle de la sélection naturelle, préciser le mécanisme de toutes les transformations morphologiques qu'elle constate dans la chaîne des unités vivantes? Evidemment non. Nous assistons à des modifications qui bien souvent paraissent se produire dans un sens déterminé, sans que nous puissions les justifier par une utilité immédiate donnant prise à la sélection naturelle.

Cependant parmi ces modifications il en est un nombre chaque jour plus considérable, qui se trouvent expliquées d'une façon indirecte. Les unes sont simplement corrélatives d'autres modifications utiles et il arrive souvent qu'à un moment donné la sélection ait prise sur elles, parce qu'elles trouvent à s'adapter à une fonction profitable; dès lors elles évoluent pour leur propre compte.

Il y a aussi des cas où nous sommes surpris de voir une architecture se poursuivre à partir d'une ébauche non corrélative de modifications utiles et dont l'existence n'offre aucun profit à l'unité vivante, tant que l'évolution n'est pas complète. C'est que généralement alors des causes physicochimiques insuffisamment connues entrent en jeu. Ce n'est pas sans quelque étonnement que nous voyons naître, par exemple, au niveau des pseudarthroses tous les tissus propres aux articulations vraies, bien que le rudiment de ces tissus n'y préexiste pas. Ce n'est pas sans étonnement non plus que nous voyons les travées osseuses s'organiser dans le sens du maximum d'effort dans toutes les pièces du squelette. Une utilité donnant prise à la sélection ne saurait exister que quand l'édifice architectural est complet et les néodarwiniens seraient assez embarrassés pour expliquer ces faits et tant d'autres analogues. Si « la fonction crée l'organe », le *modus faciendi* en reste parfois assez obscur.

Jusque dans l'intimité la plus secrète des unités microscopiques, il se passe des actions physico-chimiques dont nous ne connaissons que l'aspect extérieur. Mais ici, il faut savoir gré à la science de ce qu'elle explique, il faut lui faire crédit de ce qu'elle est impuissante encore à justifier. Il n'en est pas moins certain que dans tous les cas particuliers, elle nous laisse entrevoir un enchaînement rationnel de phénomènes conforme aux lois fondamentales de l'énergétique et à la loi biologique d'option.

C'est sur cette conclusion que nous terminerons ce deuxième livre, appendice à l'étude de la fonction de nutrition.

Les unités vivantes évoluent, elles évoluent sans discontinuité à partir des molécules inertes en formant des

agrégats doués de propriétés spéciales. Tous les actes
qui provoquent cette nutrition de la matière vivante,
cette évolution en unités de plus en plus complexes, ressortissent à la physico-chimie, mais sont triés et dirigés
dans une voie que justifie seule l'utilité propre à chacune de ces unités. Ce triage dans un sens défini, cette
option dans une direction nécessaire et fatale est la seule
explication rationnelle de la finalité apparente de la vie
sur notre globe.

A présent nous allons restreindre notre champ d'examen. Nous allons envisager des propriétés particulières
à certaines unités vivantes. Elles consistent dans la
faculté que possèdent ces unités d'opter d'une façon
plus personnelle et plus active dans leurs rapports avec
l'ambiance. Elles constituent ce qu'on appelle les fonctions de relation.

Un intermédiaire de plus en plus caractérisé va se dessiner entre les facteurs extérieurs provocateurs de phénomènes et les effets produits par l'être vivant : l'option
va se compliquer, elle va ne plus être immédiate ; il va
se faire un relai entre les causes extérieures et les
effets réactionnels, et ce relai va devenir l'origine du
moi conscient.

Toute une série d'organes vont se spécialiser dans
les fonctions de relation passives, je veux dire dans
l'apport des impressions extérieures à l'individualité ;
d'autres vont se spécialiser dans les fonctions de relation actives, dans la motilité en particulier sous ses
différents aspects.

Nous allons voir au cours de cette étude la loi d'option
prendre une importance de plus en plus grande et le

couronnement de son évolution à travers la chaîne des êtres animés va être l'option consciente que nous appelons la *volonté libre* chez l'homme. Nous verrons enfin que cette liberté est relative, puisque l'homme est comme toutes les unités vivantes, assujetti à agir toujours *dans un sens déterminé* : c'est, objectivement parlant, le sens imposé par le progrès indéfini et, subjectivement, celui que dicte la conscience morale.

LIVRE III

LES FONTCIONS DE RELATION

---

104. — Limites de l'étude que nous allons entreprendre. Son objet. Loi d'option et liberté consciente.

Le lecteur qui a parcouru les trois premiers tomes de cet ouvrage et les deux premiers livres du quatrième s'est demandé sans doute à plusieurs reprises pourquoi j'accordais un si grand développement à certaines parties de nos connaissances et pourquoi je ne montrais pas immédiatement le but de cette grande récapitulation scientifique. Il est vrai qu'en faisant cela, je l'aurais sans doute encouragé dans la lecture de certains chapitres, qui auront pu être trouvés fastidieux, en particulier dans la lecture des chapitres relatifs à la chimie biologique.

Les conclusions sommaires que je viens de donner au paragraphe précédent (§. 103) commencent à mettre suffisamment en lumière le but que je poursuis. Je vais le préciser ici pour exposer en même temps les raisons qui me rendront très bref dans l'étude pourtant si vaste des fonctions de relation.

Je me suis attaché tout d'abord, au cours des deux premiers volumes, à montrer quelle conception rationnelle nous pouvons nous faire de la matière en général et de sa formation, parce que de cette étude est sortie cette idée capitale que chaque unité, électron, atome, molécule, particule colloïdale, etc, en se formant, acquiert des propriétés que ne possèdent pas les éléments qui entrent dans sa texture. Ainsi avons-nous vu naître les forces gravides, les forces d'affinité atomique, les forces moléculaires si nombreuses et si variées dans leur aspect. Ces propriétés procèdent éminemment des rapports de l'unité considérée avec l'ambiance. Mais il nous est impossible de préciser comment elles dérivent des propriétés des éléments constituants. Toutes sortes d'images ont été données pour expliquer par exemple la force gravide à partir des relations de l'électron en mouvement avec l'éther, mais pas une n'est tout à fait satisfaisante. Il en est de même pour l'affinité chimique, pour les attractions moléculaires.

Quoi qu'il en soit nous avons dû reconnaître que toute unité qui se forme naît avec des propriétés qui la caractérisent et qui nous apparaissent comme réductibles à des phénomènes plus simples.

De ces notions se sont en outre dégagées quelques lois fondamentales régissant toutes les mutations observables : la loi de la conservation de l'énergie et la loi de la dégradation de l'énergie sont les deux principales.

Cela fait, j'ai cru devoir donner une grande place à l'étude de la molécule organique, à la chimie et à la morphologie des particules constituantes de la matière vivante, parce qu'il m'a semblé que cette étude était la base de toute conception de la vie. Dans mon troisième volume consacré à cette étude chimique et morphologique de la matière vivante je n'ai pas craint de rappeler des notions même élémentaires, parce que j'ai pensé qu'il était impossible d'avancer sûrement dans une étude biologique générale, sans posséder d'une façon précise toutes les données essentielles que j'y ai concentrées.

L'idée capitale qui est ressortie de ce volume est que la vie est faite d'un mouvement continuel de matière, que la matière vivante évolue à travers des unités successives et éphémères et que chacune de ces unités n'a une existence propre que grâce aux perpétuels changements de ses molécules constituantes. Ainsi, de même que nous n'avons pu concevoir l'unité matérielle autrement que comme résultant d'un certain équilibre cinétique de ses éléments formatifs, de même n'avons-nous pu nous figurer l'unité vivante que comme le résultat de mouvements chimiques sans cesse répétés.

Seulement dans l'atome matériel la cinétique des particules constitutives n'impliquait nullement leur renouvellement. Nous avons bien été conduits à admettre que des échanges d'électrons s'opèrent continuellement entre atomes ; la théorie cinétique de l'électricité, de la conductibilité métallique, des valences chimiques implique bien la possibilité du passage incessant d'électrons d'un atome à un atome voisin ; mais ces changements ne nous sont jamais apparus comme essentiels à l'existence des infiniment petits de la matière inerte.

Au contraire, la vie des unités organisées implique la rénovation ininterrompue des parties constituantes.

Bien plus, en étudiant la vie de chaque unité complexe et celle de chaque cellule constitutive de cette unité, nous avons vu que toujours chacune de ces individualités simples ou complexes évolue, qu'elle se nourrit et s'accroît à partir de sa naissance ; nous avons constaté que pendant tout le temps qu'elle dure, elle est le siège de transformations énergétiques conformes aux lois connues de la thermodynamique et d'échanges de matière conformes aux lois de la thermochimie.

Nous avons observé en outre que chaque unité ne naît pas du monde inerte directement, mais qu'au contraire elle procède d'une unité antérieure et qu'en remontant la chaîne des âges on est obligé de reculer l'origine première vers des souches de plus en plus lointaines et de *plus en plus simples*, si bien que nous avons dû observer que la matière vivante en évoluant à travers ses unités successives obéit à une loi particulière.

Cette loi qu'on appelle loi du progrès, loi d'évolution des êtres vivants, n'est pas contenue implicitement dans les deux grandes lois de l'énergétique et prend place à côté d'elles. Elle superpose son effet à celui de la loi de Carnot-Clausius et s'impose avec une nécessité sinon aussi immédiate, du moins aussi fatale que cette dernière.

En étudiant cette loi d'évolution dans la première partie du présent volume, nous avons vu clairement qu'elle se laisse disséquer par l'analyse.

Nous avons vu d'abord que les phénomènes vitaux

ont pour caractéristique de se passer dans des états voisins de l'état d'équilibre (c'est pour cela que nous avons dû donner un grand développement au chapitre traitant de l'équilibre chimique, des faux équilibres, des actions lytiques); que bien souvent l'unité organique trouve devant elle plusieurs voies isodégradatrices et qu'elle peut suivre indifféremment les unes ou les autres sans déroger à la deuxième loi de l'énergétique. C'est alors que nous avons vu surgir une propriété essentielle, particulière à la matière vivante : la possibilité de suivre de préférence une voie plutôt qu'une autre par *répétition d'un fait déjà accompli*, par *habitude*. L'habitude est une propriété d'agrégat des unités vivantes. Le résultat de son intervention est de permettre aux chaînes de mutations propres à la matière organisée de déroger aux prévisions du calcul des probabilités. C'est cela que nous avons appelé la *possibilité d'option* (1).

A peine avons-nous émis cette idée que nous avons vu la concurrence des lignées obliger chaque unité à opter pour la voie qui la conduit vers une amélioration et qui lui donne une supériorité, sous peine de déchéance pour ses descendants.

La *possibilité d'option*, grâce à l'hérédité et à la sélection naturelle, est ainsi devenue une *nécessité d'option dans un sens déterminé*. Cette nécessité d'opter dans un sens déterminé est ce que nous avons appelé *la loi biologique d'option*.

---

(1) Il est inutile que je fasse remarquer ici que cette possibilité d'option n'implique aucune propriété qui puisse faire songer à un discernement. Ce n'est que beaucoup plus tard, chez les unités supérieures, que l'option s'accompagne de discernement.

Nous avons vu que pas un acte de la nutrition n'échappe à ces lois fondamentales : *lois de l'énergétique* d'une part, *loi biologique d'option* d'autre part. Bien plus, nous avons vu qu'à elles seules ces lois suffisaient à rendre compte de la genèse de la vie et de la formation de ses unités les plus complexes.

Or pour que notre étude soit complète, il nous reste à rendre compte d'une chose étonnante à laquelle nous n'avons pas touché encore. Certaines unités vivantes en gravissant la pente du progrès sur laquelle elles s'élèvent sans cesse ont acquis une propriété qui nous apparaît merveilleuse. C'est la conscience de leur existence, la représentation du monde extérieur devant un moi individuel, et la possibilité d'agir, *d'opter*, avec une liberté au moins apparente. Chaque unité recevant des impressions du monde extérieur devient capable de réagir, de modifier ses rapports avec l'ambiance. Les plus simples le font inconsciemment; d'autres, plus perfectionnées le font consciemment, mais sans discernement, sans liberté d'option ; les supérieures voient s'épanouir dans toute sa force l'illusion de la *liberté*.

L'ensemble de tous ces phénomènes constitue les fonctions de relation.

L'étude de ces fonctions comporterait donc l'anatomie et la physiologie de tous les organes sensitifs et sensoriels, de tous les centres nerveux, de tous les organes de la motilité.

Loin de moi l'idée de l'entreprendre. J'ai à dessein donné plus haut un aperçu de la morphologie de quelques organes neuro-moteurs et neuro-sensitifs à l'occasion de l'étude de l'évolution des formes de la vie et j'ai choisi ceux dont la connaissance nous est le plus utile à présent, précisément pour éviter dans ce dernier livre, qui va nous mener droit à nos conclusions finales, d'avoir à ouvrir un chapitre d'anatomie et de physiologie.

Mon but ici est très précis et les voies qui nous y conduiront sont très directes; car déjà nous nous trouvons préparés à les suivre par les battues que nos avons faites antérieurement dans toutes les régions que nous allons traverser.

Nous allons voir en effet d'une façon très générale comment les perturbations, les changements survenus dans l'ambiance peuvent impressionner les unités vivantes et provoquer chez elles une réaction. Nous ne ferons que rappeler le mécanisme de la réception et celui qui engendre la réponse.

Entre l'action de l'ambiance et la réaction de l'organisme, nous verrons un relai se développer peu à peu dans la chaîne des êtres. Nous essaierons de concevoir la nature de ce relai.

Nous verrons comment ce relai devient le point de départ de cette chose étonnante que nous avons annoncée tout à l'heure, *le moi conscient*, le moi apparemment libre et susceptible de volition.

Nous dirons quelques mots de la conception que nous pouvons nous faire de ce moi si préoccupant pour l'intelligence humaine et de ses relations avec les mutations énergétiques dont nous sommes le siège. Et enfin nous terminerons en parlant de cette liberté d'option si caractérisée chez l'homme, de cette liberté qui lui laisse la possibilité de modifier à son gré certaines chaînes

de phénomènes, parfois à la manière des démons de
Maxwell, c'est-à-dire en opposition avec le deuxième
principe de l'énergétique, et cela nous amènera à envisager les bases de la morale humaine, dernier problème
dont nous avions posé les termes dans notre préface.

CHAPITRE PREMIER

Les organes de la vie de relation.
L'influx nerveux.

105. — L'irritabilité, propriété fondamentale de la
matière vivante est le phénomène essentiel de la vie
de relation.

« Tout ce qui vit est irritable », a dit Beaunis, et en
effet toutes les unités vivantes depuis les plus simples,
depuis les êtres monocellulaires jusqu'aux plus complexes, jusqu'aux espèces animales supérieures présentent ce caractère fondamental de réagir quand elles sont
affectées par certains agents extérieurs.

L'irritabilité ainsi envisagée peut être regardée
comme une propriété essentielle et propre à la matière
vivante. Mais en énonçant cette proposition il faut bien
s'entendre sur la valeur de ses termes. Je vais essayer
de préciser le sens qui s'y attache.

Quand nous considérons une machine simple telle
qu'un levier avec d'un côté une force, de l'autre une
résistance constituée par exemple par un ressort anta-
goniste, toute variation dans l'intensité de la force produit une réaction du côté du ressort. De même toutes

les actions physico-chimiques que nous constatons couramment dans la nature entraînent des *effets* qui ne sont autre chose que les réactions du système, siège du phénomène accompli.

Mais ce phénomène accompli, bien que réductible à une action et à une réaction, n'est pas un phénomène d'irritabilité. L'irritabilité a précisément pour caractère essentiel de n'être pas constituée par une relation de causalité simple entre l'action qui provoque le phénomène et la réaction qu'elle entraîne.

Est-ce à dire que l'irritabilité, caractéristique de la matière vivante, établit une barrière infranchissable entre les phénomènes propres aux êtres vivants dans leur vie de relation et la matière inerte? Evidemment non. Voici un fusil : d'un côté il y a une gâchette sur laquelle nous pourrons agir en mettant en œuvre un travail minime ; de l'autre côté il y a un tube d'acier par lequel va être projeté une balle de plomb avec une force vive considérable. Il est certain que si nous considérons le fusil comme un système sur lequel on agit par la gâchette et qui *réagit* par le canon, nous pourrons dire qu'il n'y a pas un rapport de causalité simple entre l'action et la réaction.

Alors nous devrons admettre que, par une série de phénomènes intermédiaires, différentes sources de mutations sont entrées en scène; c'est avant tout ici l'énergie d'explosion de la poudre convenablement enflammée. Par suite la force employée pour abaisser la gâchette peut être regardée seulement comme ayant *déclenché* certains rouages du système et ayant provoqué indirectement la mise en jeu de certaines formes de l'énergie qui existaient potentiellement dans ce système.

La physico-chimie abonde en exemples semblables : beaucoup de systèmes, quand on les soumet à certaines actions, réagissent d'une façon telle que l'effet produit n'est pas le résultat immédiat et direct de cette action. Si nous voulons connaître les chaînes de phénomènes qui convergent vers la production de cet effet, nous devons remonter dans des directions autres que celles où nous rencontrons l'action qui a déclenché tout le mécanisme.

Eh bien dans l'irritabilité de la matière vivante nous n'observons pas autre chose que cela. L'action du monde extérieur, qu'elle s'appelle choc sur une feuille de sensitive, éclairement unilatéral d'une jeune tige, variations thermiques, émission d'odeurs, de saveurs, de sons, etc., impressionnant les organes sensitifs ou sensoriels des animaux, cette action n'est pas liée à la réaction qui la suit par un rapport direct et simple de cause à effet, mais elle agit comme un déclencheur qui fait entrer en jeu une série de mutations appartenant à d'autres chaînes.

La seule différence entre les phénomènes du domaine de l'irritabilité et les phénomènes du monde inerte dont je viens de parler, *c'est que les chaînes de mutations déclenchées à l'occasion de l'impression causale appartiennent au domaine de la physico-chimie des plasmas vivants.* Nous avons dit que ces mutations des plasmas vivants ne diffèrent pas essentiellement de celles du monde inerte, qu'elles relèvent des grandes lois de l'énergétique, mais que cependant elles présentent une série de caractéristiques sur lesquelles nous avons insisté : c'est à cause de ces particularités seulement que l'irritabilité constitue une propriété fondamentale et distinctive de la matière vivante.

106. — Les fonctions de relation ne sont d'ailleurs qu'une petite partie du domaine de l'irritabilité.

Si comme nous l'avons vu au paragraphe précédent « tout ce qui vit est irritable » cela signifie que l'irritabilité est une propriété de la matière vivante aussi générale que la nutrition. On peut aller plus loin et dire que tous les actes de la nutrition mettent en jeu l'irritabilité. En effet nous avons vu que tous les actes de nutrition se réduisent à un chimisme particulier, au chimisme des états d'équilibre, de faux équilibre, aux actions lytiques et nous savons que toute modification de ces états, toute entrée en scène des catalyseurs implique une provocation d'origine extérieure suivie d'une réponse de l'unité, c'est-à-dire une action et une réaction entre lesquelles se placent les intermédiaires chimio-biologiques caractéristiques du phénomène de l'irritabilité.

Je sais bien que dans le langage courant on réserve plus spécialement le nom de phénomènes d'irritabilité pour désigner la propriété que présentent les êtres vivants de réagir par *un mouvement visible* à une perturbation de cause extérieure. Mais cependant personne n'ignore que beaucoup d'actions extérieures franchement irritatives n'entraînent d'autres réactions qu'un phénomène chimique ou un mouvement macroscopiquement à peine appréciable, une sécrétion glandulaire par exemple.

D'autre part on n'ignore pas non plus que, même chez les êtres très simples et *a fortiori* chez les êtres complexes, chez les animaux en particulier, tous les actes de la nutrition impliquent des mouvements réactionnels, mouvements des plasmas, des liquides nourriciers, des organes spécialisés dans les fonctions de digestion et d'assimilation, etc.

De quelque point de vue que l'on considère la vie, on doit donc reconnaître que l'irritabilité, base des fonctions de relation, est aussi la condition *sine qua non* de la nutrition et qu'elle est par suite la propriété la plus essentielle et la plus générale de la matière vivante.

Or des différentes catégories d'actes tributaires de l'irritabilité, celle qui nous conduit aux fonctions de relation est certainement la plus intéressante au point de vue philosophique. Elle comprend les phénomènes qui se révèlent à nous par un mouvement réactionnel, capable de modifier les rapports de l'être vivant avec son milieu. L'amibe qui allonge ou rétracte ses pseudopodes, la fleur qui, le soir, ferme ses pétales sur les organes délicats préposés à la pérennité de l'espèce, le mimosa qui replie ses folioles au moindre contact, ou l'animal qui à l'aide de son système musculaire se déplace à volonté pour les besoins de sa vie, tout cela constitue un ensemble d'actes propres aux fonctions de relation.

Les fonctions de relation dont le rôle est devenu peu à peu si essentiel à la vie dérivent donc de l'irritabilité primordiale de la matière vivante. Elles représen-

tent une spécialisation très remarquable de cette pro.
priété, mais ne diffèrent pas par leur origine des
fonctions de nutrition que nous connaissons déjà.

Peu développées dans le règne végétal, elles ont pris
chez les animaux un essor tel que leur étude nous
amène, par une série d'échelons insensibles, à des
degrés que la science d'hier regardait comme inacces-
sibles et à des notions qu'elle abandonnait aux disser-
tations oiseuses de la métaphysique. Elle nous conduit
en effet à considérer la faculté que possèdent les animaux supérieurs de recevoir des impressions capables
d'évoquer des images, d'y répondre sciemment par des
réactions qui ont aussi leur représentation psychique.
Elle nous conduit à envisager la conscience du moi,
conception la plus déconcertante que la science d'aujourd'hui offre à nos méditations.

107. — Les trois termes des actes tributaires des fonctions de relation.

Que le lecteur veuille donc bien retenir de ce préam-
bule la notion suivante : les fonctions de relation qui
ont pour effet de modifier suivant les circonstances les
rapports de l'unité vivante avec le milieu, procèdent
de l'évolution d'un caractère fondamental de la matière
vivante, l'irritabilité, et reposent sur le jeu d'organes
spécialisés de façons diverses.

Ces fonctions impliquent essentiellement deux facteurs : un processus d'impression qui fait que l'unité
est sensible à la perturbation extérieure et un processus

de réaction qui est le résultat ordinairement indirect de l'impression.

La réaction n'est pas liée à l'action, nous le savons, par une relation simple d'effet à cause. Bien au contraire, l'action ne fait que déclencher des processus appartenant à d'autres chaînes de phénomènes, si bien que l'unité vivante apparaît comme le lieu d'élaboration d'un travail où de petites causes semblent produire de grands effets et inversement. C'est un relai, un terme moyen de plus en plus compliqué à mesure qu'on s'élève dans la chaîne des organismes.

Ainsi, finalement tout acte de relation se ramène à trois termes :

1° Un processus d'impression de source extérieure (l'action).

2° Certains processus d'élaboration interne propres au système vivant entraînant des déclenchements dans les systèmes physico-chimiques en état de faux équilibre et constituant comme on l'a dit aussi, une sorte de mécanisme explosif.

3° Un processus de mouvement réactionnel résultant de cette élaboration.

Précisons ces trois termes à l'aide d'un exemple très complexe, mais accessible à tous : les mouvements réactionnels chez l'homme ; *le premier terme* est le processus d'impression par lequel sont affectées les terminaisons sensorielles ou sensitives sous l'action d'une radiation, d'un choc mécanique, du contact d'un agent physique ou chimique. *Le deuxième terme* est un ensemble de processus d'élaboration très compliqués : transports des impressions reçues avec représentation

cérébrale dans certains cas, réflexion consciente, délibération, détermination prise d'agir ou de ne pas agir,
puis volition finale. *Le troisième terme* consiste dans le
processus de commande nervo-motrice ou mieux dans
le travail musculaire terminal : c'est l'acte explosif.

Grâce à cet exemple, on voit tout de suite que ce
n'est pas l'énergie dépensée dans le processus d'impression qui se retrouve dans le processus de réaction.
L'énergie de l'impression peut être minime, celle de la
réaction considérable. L'énergie d'impression peut par
contre être considérable et celle de la réaction nulle.

L'énergie dépensée dans la réaction, quand celle-ci
se manifeste, provient d'autres sources, elle appartient
à des chaînes sur lesquelles les processus d'impression
n'ont agi que comme des agents lytiques d'un ordre très
particulier.

Mais à côté de cet exemple, presque inaccessible, dans
le mécanisme de ses rouages, à l'entendement humain,
je me hâte d'en placer un plus simple, celui du mimosa
pudica par exemple, la vulgaire sensitive, qui réagit au
moindre attouchement par le reploiement de ses
folioles. Ici, aucune conscience, aucune image représentative. Pourtant, entre l'action (l'attouchement) et la
réaction (le reploiement des folioles), il y a une entrée
en scène de facteurs divers capables de mettre en jeu
l'énergie suffisante et convenablement distribuée pour
provoquer le travail effectué.

Nous allons nous attacher, très succinctement d'ailleurs à chacun de ces trois termes de l'acte de relation,
afin d'arriver au plus vite à là notion du moi conscient
et des problèmes qui s'y rattachent.

Section I. — **Le premier degré des actes de relation. Le réflexe simple.**

108. — **Définition du réflexe simple.**

Nous avons dit plus haut que le caractère essentiel de l'irritabilité consiste dans ce fait qu'une action initiale entraîne un effet dont les causes immédiates appartiennent à des chaînes d'actes biologiques différentes de celle qui renferme cette action.

Si ces actes biologiques sont purement physico-chimiques ou s'ils ne mettent pas en jeu un système spécial d'élaboration impliquant la participation de centres nerveux différenciés, le phénomène rentre dans une catégorie qu'on peut qualifier de réflexe simple.

A cette catégorie du réflexe simple se rattachent les mouvements des organismes monocellulaires, les mouvements des végétaux, les mouvements propres aux animaux qui ne possèdent pas de centres nerveux ou qui n'en possèdent que de rudimentaires.

Pour éviter des subdivisions inutiles nous pouvons sans inconvénient ranger dans cette même catégorie des mouvements plus ou moins rapides, souvent très lents, qui sont des adjuvants de la fonction de nutrition, les tropismes chez les plantes par exemple.

Nous nous bornerons d'ailleurs à donner une vue d'ensemble de ces phénomènes dans le seul but d'apercevoir clairement les trois termes qui les caractérisent.

109. — 1°) Le réflexe simple chez les organismes mono-cellulaires et dans le règne végétal.

α) *Complexité des mouvements réactionnels les plus simples : mouvements amœboïdaux; mouvements ciliaires*. — Nous avons vu que beaucoup d'êtres mono-cellulaires modifient leurs relations avec le milieu grâce à certains processus dont le dernier terme est un mouvement.

Quand nous avons étudié la morphologie des organes spécialisés dans la fonction de relation (T. III, p. 328 et 339) nous avons vu que les organismes monocellulaires peuvent se déplacer par différents procédés et avant tout par des mouvements amœboïdaux et des mouvements ciliaires. Ces mouvements nous ont mis en évidence une propriété du plasma que nous avons décrite sous le nom de *contractilité*. Nous avons insisté sur ce fait que la motilité du cil vibratile implique une différenciation déjà remarquable du plasma, différenciation dont les stries plasmiques perceptibles au microscope donnent un aperçu grossier.

Les spores aquatiques d'un grand nombre d'espèces végétales, les anthérozoïdes de certains gymnospermes, de même que les bactéries, les diatomées, les myxomycètes, etc, sont, nous le savons, doués de mouvements ciliaires.

Nous avons montré aussi que les mouvements amœboïdaux des plasmodes et zoospores de certaines espèces inférieures, de même que les mouvements plasmiques intra cellulaires de certaines cellules fixes à

membrane cellulosique mettent en lumière cette propriété contractile des plasmas sur laquelle nous venons
d'insister.

Mais le mécanisme de la contraction plasmique,
même chez ces organismes très simples, est encore
bien obscur. Hofmeister a cru pouvoir l'attribuer à des
différences de pouvoir d'imbibition. Le plasma, formé
d'après sa conception de files de particules douées d'un
pouvoir d'imbibition variable, serait susceptible de se
contracter lorsque surviendrait une variation de ce
pouvoir d'imbibition dans telle ou telle partie des
chaînes (1). Mais cette explication n'est ni complètement justifiée, ni complètement satisfaisante, puisque
les raisons de ces variations nous échappent.

C'est là, qu'on ne se le dissimule pas, une constatation
assez décevante. En effet quand nous nous trouvons, en
biologie, placés devant un phénomène complexe, nous
devons avant tout, pour l'approfondir, chercher l'historique de son développement dans la chaîne phylogénique. Or ici quand nous considérons l'être le plus simple
de tous, le globule plasmique le moins différencié qui
se puisse imaginer, nous devons avouer que nous ne
sommes pas sûrs de comprendre le mécanisme de ses
mouvements ni la genèse du réflexe qui les produit;
nous couvrons simplement notre ignorance par un mot,
en disant que le plasma est irritable.

Ce qu'il y a de certain, c'est qu'une excitation extérieure est capable de provoquer une perturbation en un
point de ce plasma, que cette pertubation se transmet,

____

(1) *Die Lehre von den Pflanzenzellen* p. 59 à 68.

plus ou moins transmutée, et va en un autre point déclencher un mécanisme qui met en jeu des organites susceptibles de produire un travail mécanique.

β) *La transmission de l'excitation offre un champ d'étude à première vue moins inaccessible.* — Le fait que l'excitation peut être transmise fait immédiatement naître un espoir : en effet, les phénomènes de transmission sont ordinairement accessibles par certains côtés, à l'observation humaine et les végétaux sont si faciles à étudier que nous sommes en droit à première vue de supposer que nous allons saisir sur le vif, grâce à eux, une des manifestations les plus importantes du phénomène de l'irritabilité.

Il est certain que le plasma est éminemment conducteur du processus irritatif. Si le fait de la conduction ne frappe pas l'esprit quand on considère un globule plasmique seul, il devient manifeste quand on observe des organismes polycellulaires. L'excitation portée sur une cellule entraîne des phénomènes réactionnels chez les cellules voisines et l'on peut dans certains cas suivre le processus de cellule à cellule. Ce processus de transmission dans ces cas ne peut se faire que par le plasma.

La conductibilité plasmique peut du reste être mise en lumière même chez les organismes très simples, tels que les infusoires, par l'expérience suivante devenue classique. Quand on divise le corps d'un stentor en deux parties en laissant entre elles un pont plasmique, les deux moitiés agissent synergiquement lorsque l'une d'elles est excitée et elles ne prennent leur indépendance réactionnelle que par la section complète du pont qui les unit (Grüber).

On sait en outre que chez les végétaux, il existe fréquemment des ponts plasmiques entre cellules voisines;
et chez les animaux on trouve des communications analogues dans certains tissus comme par exemple dans le
tissu épithélial de la couche de Malpighi (Ranvier) ou de
la cornée (Cornil et Nuel).

Or chez les espèces végétales plus élevées dans
l'échelle de la complexité organique, on voit fréquemment une transmission s'opérer de proche en proche
jusqu'en des points très éloignés. Si nous touchons une
feuille de mimosa pudica, nous voyons à partir de la
tigelle excitée, le mouvement de reploiement des folioles s'effectuer en divergeant vers des régions de
plus en plus éloignées. Si nous soumettons à un choc,
ou au contact plus ou moins prolongé d'un objet dur, un
point de la partie terminale des plantes volubiles telles
que le *Scyphantus élegans*, *l'Akebia quinata* ou notre
phaseolus vulgaris commun, qui exécutent en une
heure, deux heures, ou un peu plus de temps, un tour
complet autour de leur support, ce n'est pas seulement
le point touché qui réagit, mais toute la zone avoisi-
nante; on est même surpris de voir chez des vrilles très
sensibles l'excitation à la courbure se propager très
loin du point touché.

Par suite, à première vue du moins, se trouve justifié
l'espoir que je signalais plus haut de voir les végétaux
nous offrir un champ d'expériences facile pour étudier
la transmission du phénomène mystérieux propre à la
deuxième phase du réflexe simple.

Malheureusement, l'apparence est trompeuse. En
effet, quand on soumet ces différents mouvements à

l'analyse, on s'aperçoit que les variations de la tension
de l'eau dans certaines cellules constituent le *primum
movens* de leur accomplissement; et nous savons déjà
que la turgescence et le dégonflement de certaines parties des articulations suffisent à expliquer les mouvements de reploiement diurnes et nocturnes des fleurs
et des feuilles. Or, bien que ces phénomènes soient
la conséquence de l'irritabilité plasmique, la propagation des mouvements réactionnels n'a ordinairement
rien à voir avec cette irritabilité, elle est due à la
propagation des ondes compressives ou décompressives
par les voies vasculaires et non à celle du processus
irritatif lui-même. C'est du côté du système vasculaire
que chez les végétaux se sont en général effectués les
progrès relatifs aux fonctions de relation et nous allons
nous rendre compte que ce fait leur enlève beaucoup
d'intérêt pour le problème qui nous occupe.

γ) *La propagation des mouvements réactionnels chez
les végétaux ne nous apporte aucun renseignement sur
la transmission des processus irritatifs.* — Il y a longtemps que les naturalistes ont mis au jour ce mécanisme
particulier de la motilité végétale. Brucke (1848),
Pfeffer, puis une série d'autres observateurs ont nettement établi le rôle des faisceaux vasculaires dans la
transmission; ils ont montré que les voies de propagation sont parfois très longues sans qu'il y ait lieu de
s'en étonner.

On sait par exemple depuis les expériences de Pfeffer
que les étamines de la centaurée ne répondent plus aux
excitations si l'on coupe l'axe de l'inflorescence en dessous de l'insertion des filaments.

D'ailleurs les expériences de Dutrochet (1824) nous avaient déjà appris que les changements brusques de pression de l'eau jouent le rôle capital dans la production des mouvements rapides des végétaux et ces mouvements rapides ne diffèrent pas essentiellement des mouvements plus lents des plantes volubiles, des vrilles, etc.

Si j'ai insisté sur ces considérations, c'est que dès lors que la transmission se fait par les voies vasculaires on se rend compte que cette transmission appartient à la phase mécanique simple du troisième acte du réflexe et l'étude de cette transmission, de ses caractères, de sa durée, ne saurait rien nous apprendre sur la nature des mutations énergétiques propres aux plasmas vivants. En considérant cette transmission nous sommes dans la situation d'un observateur qui, voulant étudier la nature du son, ferait tirer un coup de canon à 100 mètres d'une maison et étudierait la chute des vitres cassées tombant du cinquième étage; les fragments pourraient blesser successivement les locataires du quatrième, du troisième, puis du deuxième, penchés à leurs fenêtres, mais cette propagation des dégats de haut en bas, ne nous apprendrait rien sur la nature du son, ni sur les lois de sa transmission. Là aussi, il y a trois termes dans le phénomène : une perturbation qui se transmet à travers l'air ambiant (les vibrations sonores); une mutation d'énergie grâce à laquelle les vitres sont fracturées; puis un travail mécanique produit, la chute des fragments nés à l'occasion du déclenchement de la vitre hors de sa châsse.

Quand nous étudions les effets de compression ou de décompression vasculaire chez la plante et leur trans-

mission par les voies vasculaires, c'est un phénomène
physique banal que nous envisageons, c'est la chute de
la vitre. Aussi nous importe-t-il relativement peu au
point de vue du problème que nous poursuivons de
savoir que la vitesse de propagation de la réaction chez
la sensitive atteint 15 millimètres par seconde, ou chez
le drosera 1/6 de millimètre, et ce n'est pas sans déception que nous constatons le peu d'utilité de ces documents pour la connaissance du processus irritatif objet
de notre étude.

δ) *Hypothèses relatives à la nature du processus réactionnel chez les végétaux.* — Quelques auteurs, Cohn,
Unger, etc., ont cru pouvoir attaquer le problème de
front : de même que nous avons vu Hofmeister chercher dans les phénomènes intimes propres aux organites plasmiques l'explication des mouvements élémentaires, de même ces auteurs croient pouvoir admettre
que chez les végétaux, dans certains cas, il se produit
une contraction active du plasma résultant directement
du déclenchement excitateur sans émission d'eau. Cette
opinion ne semble guère justifiée par les faits de l'avis
de la plupart des naturalistes. D'autres tels que Amici,
Velten, partant de l'observation de l'un des cas les
plus simples qui se puissent imaginer, les courants
plasmiques à l'intérieur d'une enveloppe cellulosique,
ont cru pouvoir mettre en cause les courants électriques
intra cellulaires.

Si cette explication était vraie il serait admissible que
par l'intermédiaire de perturbations électriques dues à
des déformations de surface, rupture d'équilibre par
chocs, attouchements, etc, on puisse imaginer un

déclenchement électrique de faux équilibre appartenant au terme moyen du réflexe. Malheureusement les faits ne paraissent pas donner raison à ces prévisions. Des expériences de Becquerel 1837, montrant l'inaction des champs magnétiques puissants sur les mouvements plasmiques, ne sont guère en faveur de l'explication proposée. Quant aux constatations de Burdon-Sanderson et Munk qui ont reconnu l'existence de courants électriques dans la feuille intacte de la dionée, et à celles de beaucoup d'auteurs qui ont mis en lumière les différences de potentiel existant entre des points non symétriques de toute plante un peu volumineuse, elles ne sauraient apporter de preuves à l'appui de cette interprétation. Elles nous font soupçonner chez tous les êtres vivants un rôle probablement très important de l'électricité, mais elles ne nous éclairent pas sur le mécanisme intime de la mutation que nous avons en vue dans ce paragraphe.

Si l'on veut nous permettre de tirer une conclusion de ces considérations sommaires, elle ressort de la dissociation des trois actes du réflexe.

ε) *Conclusions : les trois actes du réflexe simple chez les végétaux et êtres monocellulaires.* — Les êtres monocellulaires réagissent donc aux impressions extérieures et cette irritabilité implique bien les trois actes du réflexe simple : 1°) l'impression qui provoque une certaine perturbation plasmique; 2°) un certain processus d'élaboration de cette perturbation qui va soit sur place, soit à une petite distance produire le déclenchement de faux équilibres dans les appareils ou dans les organites réactionnels; 3°) la réaction motrice qui en résulte.

Les végétaux polycellulaires, eux, depuis les plus simples jusqu'aux phanérogames supérieurs, sont susceptibles de réagir aussi aux impressions extérieures, soit pour se fixer à des supports et croître au mieux de leur intérêt, soit pour se défendre contre l'excès de lumière, de chaleur, de froid, d'évaporation, etc., soit pour capturer ou chasser des insectes, soit pour favoriser la reproduction.

Cette réaction implique aussi les trois actes du réflexe simple : 1°) l'impression provocatrice de la perturbation plasmique initiale ; 2° l'élaboration de cette perturbation qui va, soit sur place, soit à de petites distances par communication de cellule à cellule, produire les déclenchements réactionnels ; 3°) la réaction motrice qui en résulte, réaction parfois provoquée à de très grandes distances par voie hydromécanique banale. Le perfectionnement de la fonction s'est effectué surtout grâce à la spécialisation appropriée des systèmes osmotiques et vasculaires, spécialisation qui n'a pas fait gravir des échelons bien élevés au règne végétal dans les fonctions de relation.

Nous allons constater au contraire que dans le règne animal, l'évolution de ces fonctions est sortie d'un point de départ tout différent.

Cette conclusion nous fait voir que lorsque nous abordons les phénomènes de la vie de relation des animaux et en particulier le problème de l'individualité consciente, nous devons renoncer à l'espoir de trouver dans la simplicité du règne végétal des documents bien importants capables de nous éclairer. Les deux règnes ont suivi des voies complètement divergentes dans le développement de ces fonctions et les phanérogames les plus perfectionnés ne nous apprennent rien de plus que l'amibe ou le globule plasmique sur la genèse des réflexes du monde animal.

110. — Le réflexe simple chez les animaux.

Il suffit d'ouvrir un traité de physiologie pour savoir que chez les animaux supérieurs, chez l'homme en particulier, les actes réflexes simples de la motilité impliquent la participation de deux cellules nerveuses avec

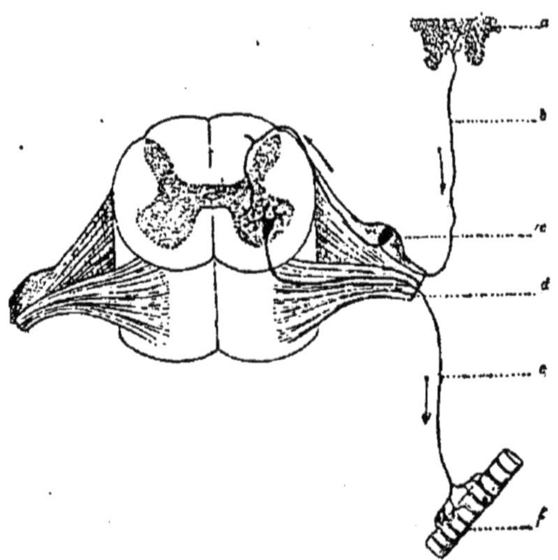

Fig. 71. — Le réflexe simple (Arthus).

a, organe sensitif ou sensoriel siège de l'action.
f, organe moteur, glandulaire, etc., siège de la réaction.
b c, neurone sensitif.
e, axone du neurone moteur.

leurs prolongements centripètes et centrifuges, c'est-à-dire de deux neurones, un neurone sensitif et un neurone moteur.

On sait que le corps du neurone sensitif *c* se trouve dans les ganglions spinaux (T. III p. 357); un prolongement cellulipète *b* conduit les perturbations venues des organes sensitifs ou sensoriels *a* à cette cellule, (ces prolongements constituent les nerfs sensitifs); un prolongement cellulifuge conduit la perturbation par la voie des racines postérieures de la moelle vers des arborisations terminales qui sont elles-mêmes en rapport avec celles du neurone moteur correspondant.

On sait aussi que le corps du neurone moteur se trouve dans les cornes antérieures de la moelle (T. III p. 356); des prolongements dendritiques formant une arborisation touffue conduisent la perturbation vers le corps cellulaire; un prolongement cellulifuge *e*, axone ou cylindraxe conduit la perturbation vers le muscle ou en général vers l'organe siège de la réaction *f*.

Jamais chez les vertébrés supérieurs, on ne trouve ce système bicellulaire ainsi isolé. Il existe toujours des connexions multiples qui relient ce système à d'autres, voisins ou supérieurs; néanmoins le schéma que nous venons de rappeler indique nettement le sens qu'il faut attribuer au réflexe simple.

On y aperçoit clairement les trois phases que nous avons détaillées. Je vais ici situer chacune de ces phases pour la clarté de la démonstration qui va suivre.

1°) La première phase comprend la production de l'irritation plasmique sous l'action externe ou si l'on veut la transformation de l'action externe en influx nerveux. Il y a bien là une véritable production de phénomène nouveau, de phénomène autonome sous l'influence d'une cause antécédente, d'ailleurs quelconque : ce qui le prouve c'est que toute action extérieure, quelle qu'elle soit, provoque ordinairement le même phénomène le long du nerf ; en effet, dans tous les cas où il se produit une image représentative du phénomène accompli, cette image est la même : une impression mécanique, lumineuse ou autre sur le nerf optique par exemple donne toujours une image de couleur (cf § 114), sur le nerf acoustique une image de son, etc. Il y a transformation de l'action extérieure en quelque chose d'autre qui est ce que nous appelons *l'influx nerveux* ; c'est l'agent lytique déclenchateur, qui *plus ou moins modifié en cours de route*, ira à l'extrémité périphérique du neurone moteur mettre en jeu les phénomènes mécaniques de la troisième phase.

Cette première phase se passe donc dans les organes sensoriels ou sensitifs et se termine par la production d'un influx nerveux ; son siège est en *a* dans notre schéma.

2°) La deuxième phase se passe dans le sytème nerveux et dans les terminaisons neuro-motrices. Elle comprend les vicissitudes que traverse l'influx nerveux dans son parcours et les phénomènes déclenchateurs qui marquent la fin de sa route. On peut donc la situer dans la chaîne *b c d e* du même schéma.

3°) La troisième phase se passe dans les muscles *f*.

Tout ce que nous venons de dire, relatif au réflexe simple de motilité s'applique d'ailleurs à tous les réflexes simples, c'est-à-dire à ceux qui présentent en *f* non pas une fibre musculaire, mais un élément susceptible d'une réaction quelconque, sécrétion glandulaire, processus nutritifs, etc.

On voit dès à présent que le deuxième terme du réflexe simple, schématisé dans notre figure 71, constitue l'ébauche d'un système extraordinairement compliqué, d'un relai extraordinairement organisé. Ce n'est ni dans le premier terme, ni dans le troisième que nous trouverons l'explication des grands mystères de la vie psychique, mais bien dans ce relai siège du terme moyen où nous allons voir se former les chaînes latérales de centres nerveux divers; c'est là en effet que va prendre naissance l'organe central de la vie de relation, lieu de production des phénomènes conscients chez les animaux supérieurs.

111. — Les phénomènes accessibles à l'observation dans le réflexe simple. Quelques considérations préliminaires.

Nous avons dit que, après le premier terme du réflexe simple, nous constatons que l'énergie mise en jeu dans *l'action extérieure* donne lieu à quelque chose d'inconnu que nous avons appelé l'influx nerveux. Dans le schéma de la figure 71, c'est cet influx nerveux qui parcourt la chaîne *b c d e* et qui à l'extrémité *f* joue le rôle d'agent explosif, de facteur lytique déclenchateur des énergies motrices du troisième terme.

Ainsi tandis que chez les êtres monocellulaires, la deuxième phase se déroule à peu près sur place, ici elle se développe, si je puis ainsi dire, sur une grande échelle; et nous assistons à quelque chose de nouveau, le transfert de l'influx nerveux à grande distance.

Cela ne signifie pas que l'influx nerveux soit différent

de l'irritabilité du globule plasmique. L'irritabilité plasmique est un *influx nerveux sur place*, si je puis ainsi dire. C'est un influx nerveux qui ne mérite pas le nom *d'influx*, parce qu'il ne se propage pas d'une façon appréciable, et pas plus le qualificatif de *nerveux* parce que les organites du système nerveux y sont tout au plus représentés par ces mitochondries primordiales et non différenciées que nous avons décrites au chapitre consacré à la morphologie de la matière vivante, mais les deux phénomènes sont de même nature. L'un est l'embryon de l'autre.

Si bien que, quoique plus complexe que le globule plasmique, il se pourrait que l'être doué de système nerveux, nous offre le moyen d'étudier un aspect très simple de processus réactionnels : la transmission du processus irritatif propre à la deuxième phase du réflexe.

L'étude de la transmission nerveuse a été à diverses reprises attaquée avec enthousiasme parce qu'on a cru pouvoir lui arracher le secret de cette chose impénétrable : l'influx nerveux, l'excitation cérébrale, et lui demander même la nature de la pensée.

Connaître certaines particularités de la translation d'une chose qu'on ignore et qu'on aspire à dévoiler est certainement souvent un grand pas vers la lumière.

Nous en avons eu déjà quelques exemples frappants dans l'histoire des connaissances humaines. Avant que l'on ait soupçonné les phénomènes électriques qui se passent dans les réactions chimiques, dans les perturbations mécaniques, avant qu'on ait prévu l'existence des charges ioniques, la nature électrique probable des valences, les différences de potentiel propres aux infiniment petits, avant qu'on ait eu la moindre idée de la structure électronique possible de l'atome, avant que l'on ait pu se faire aucune conception de la nature de l'électricité parce qu'on ignorait toutes ces notions, c'est-à-dire l'A. B. C. de la science électrique, on connaissait seulement deux choses : le courant électrique et les phénomènes électrostatiques.

Du courant électrique on ne savait presque rien, sinon que quand certaines actions ont lieu au bout d'un fil métallique, il peut se produire certaines réactions à l'autre bout. Des phénomènes électrostatiques on ne savait guère plus, sinon que des forces attractives et répulsives existent autour des corps chargés; mais la science a travaillé sans relâche sur ces données et le jour est venu où l'électrostatique et l'électrodynamique ont opéré leur conjonction inondant soudain d'une lumière éclatante une foule de phénomènes insoupçonnés.

Aujourd'hui que connaissons-nous des phénomènes neuro-cérébraux? Deux choses aussi seulement, l'influx nerveux qui circule et les phénomènes subjectifs de conscience. Du courant nerveux, nous ne savons presque rien, sinon que quand certaines actions se passent à un bout de la chaîne sensitivo-motrice, il peut se produire certaines réactions à l'autre bout. Des faits subjectifs de conscience, nous savons encore moins, sinon que les images représentatives des sensations ou des volitions sont des phénomènes statiques qui ne consomment point d'énergie. Il est certain que les images conscientes subjectives nous paraissent n'avoir pas plus de rapport avec les effets de la translation de l'influx nerveux, que l'attraction électrostatique ne paraissait jadis en avoir avec l'effet Joule des courants par exemple ; mais il se peut qu'un jour aussi la conjonction s'établisse entre ces deux ordres de phénomènes.

Il faut avouer que les espérances fondées sur les analogies que je viens de signaler ont été quelque peu déçues. Néanmoins on ne saurait nier que la connaissance du rôle transmetteur des nerfs est indispensable à qui veut étudier les phénomènes plus élevés du système nerveux et de la cérébralité.

Sans trop d'ambition immédiate attachons-nous donc à l'étude de ce qui est observable, faisons-nous chacun dans nos laboratoires les modestes pionniers des conquêtes difficiles qui s'offrent à notre persévérance, et, puisque l'influx nerveux est tout ce que nous pouvons voir évoluer devant nous, étudions-le sans dépit avec la même ténacité que les Galvani et les Volta se sont acharnés à l'étude de ces circuits bimétalliques qui se révélaient tout au plus par deux manifestations du domaine de la physique amusante : les grenouilles s'agitant à leur contact et l'aiguille de la boussole perdant le nord dans leur voisinage.

112. — Les lois de transmission de l'influx nerveux dans le réflexe simple. Nature du conducteur.

J'ai dit que le réflexe simple tel que nous l'avons figuré dans notre schéma, figure 71, est une fiction de l'esprit et que jamais il n'existe ainsi isolé de toute connexion chez les animaux supérieurs, néanmoins il y a des observations qui se rapportent à son mode de fonctionnement, abstraction faite de toute connexion plus compliquée. Ce sont celles-là que nous aurons en vue ici. D'autre part en remontant dans la chaîne ancestrale, on touve des exemples de systèmes nerveux très rudimentaires qui nous montrent clairement qu'en considérant ce réflexe simple nous nous attaquons bien au stade primordial de l'évolution neuro-cérébrale.

De très bonne heure en effet, dans la chaîne phylogénique, on aperçoit des voies de conduction nerveuse. Chez les cœlentérés par exemple on observe des filets nerveux formant une sorte de réseau sous l'ectoderme ; ce réseau est en communication d'un côté avec les cellules sensitives de l'épiderme et de l'autre avec les cellules myoépithéliales, sans que l'on puisse chez la plupart d'entre eux déceler de centres nerveux.

Mais il suffit de s'élever de quelques degrés dans l'échelle animale pour trouver des centres nerveux caractérisés. Nous avons vu qu'ils sont déjà très développés chez les méduses, les oursins, etc.

Bornons-nous ici à envisager le réflexe simple idéal tel que nous l'avons figuré et voyons les notions qui s'imposent à nous dès l'abord. Quelques observations importantes vont retenir tout de suite notre attention.

Il est un premier fait dont il faut bien se pénétrer dès le début, c'est que la fibre nerveuse ne doit pas être considérée comme un conducteur inerte. On s'imagine volontiers, quand pour la première fois on étudie l'anatomie du système nerveux chez les animaux, que les centres sont des lieux d'élaboration mystérieux et que les fibres servent simplement à conduire, tel un fil électrique, l'agent élaboré. Suivant cette conception les fibres différeraient autant des centres que les fils téléphoniques ou télégraphiques diffèrent des appareils savants qui engendrent ou font varier le flux électrique qu'ils transmettent. C'est là une conception erronée.

Je crois utile de mettre en regard une autre conception, erronée aussi, mais qui fera cependant ressortir une idée juste que nous dégagerons peu à peu de la complexité des faits.

Cette conception dérive de la théorie dite du réseau. Voici en quoi elle consiste.

Au lieu d'admettre que le système nerveux des animaux en général est formé, comme nous l'avons rappelé sommairement, d'une série de neurones connectés par leurs prolongements plasmiques ou leurs axones en rapport de continuité (Gerlach, Golgi) ou de simple contiguïté (Ramon y Cajal), certains auteurs avec Apathy ont cru pouvoir affirmer que les fibres nerveuses à elles seules constituaient sous forme *d'un réseau ininterrompu* tout l'appareil neuro-sensitif et neuro-moteur et que les cellules dites nerveuses étaient *en dehors* de ce réseau. Entre la périphérie sensible jouant le rôle de zone d'impression et la périphérie motrice jouant le rôle de zone de réaction, les fibrilles anastomosées formeraient un inextricable filet continu, dans les mailles duquel, de place en place, existeraient des cellules. Ces cellules seraient « comme des gares dans un réseau ferré, chargées d'assurer l'eau, le charbon, etc, aux voitures en marche ». Les fibres ne seraient nullement des expansions plasmiques de ces corps cellulaires, mais elles naîtraient sur place, indépendamment d'elles aux dépens de cellules qui n'auraient qu'une existence éphémère.

Les auteurs qui ont suivi Apathy dans cette voie sont à la vérité peu nombreux et je crois qu'on peut regarder la théorie du neurone comme assez solidement assise aujourd'hui pour que la théorie réticulaire n'offre plus qu'un intérêt historique. Néanmoins un point de cette théorie reste à méditer. Elle oblige à se représenter ce réseau de fibres nerveuses autrement que comme un lieu de passage, que comme une trame de conducteurs inertes; elle oblige à se l'imaginer comme un lieu d'élaboration, de transformation. Alors que nous sommes habitués à considérer le plasma de chaque unité cellulaire comme le siège de beaucoup de phénomènes et que l'étude des spécialisations cellulaires nous autorise à augmenter encore le nombre de ces phénomènes que nous localisons dans les corps cellulaires, au contraire la théorie réticulaire nous incite *à reporter sur la fibre nerveuse* (qui à elle seule représenterait toute la cellule antérieure qui l'a formée), *les propriétés de l'individualité disparue.*

Eh bien, il est utile de se pénétrer de cette conception et de la transposer dans la doctrine presque universellement admise du neurone. Il faut songer que la fibre est une fraction du plasma vivant, une fraction hautement différenciée et que dans l'élaboration des phénomènes nerveux si complexes, elle joue son rôle actif comme la cellule.

Jusqu'ici cette idée ne nous apparaît, il est vrai, que justifiée par la conception réticulaire généralement abandonnée, mais elle est en réalité indépendante d'elle et nous allons trouver des preuves multiples de sa justesse. Je n'ai rappelé la théorie du réseau que pour bien faire saisir, dès le début, au lecteur le thème que nous allons avoir en vue.

Sans quitter le terrain histologique, nous allons tout de suite énoncer un fait qui montrera l'erreur que l'on commettrait si l'on regardait la fibre nerveuse comme un conducteur inerte. Il est tellement connu, tellement étudié par tous les biologistes qu'il me suffira de le mentionner.

On sait que lorsqu'on sectionne une fibre nerveuse, séparant le conducteur cylindraxile de son corps cellulaire, la partie ainsi isolée du corps meurt, comme meurent en général chez les organismes monocellulaires qu'on fragmente les parties plasmiques séparées du noyau.

Or, dès que le conducteur nerveux a cessé de vivre les cellules de la gaîne isolante qui l'enveloppe, changent totalement d'aspect comme nous l'avons rappelé T. III, p. 353 (dégénérescence wallerienne). Ces cellules qui avaient subi, pour remplir leur rôle de cellules isolantes, une sorte de régression graisseuse reprennent leur vitalité. La myéline fragmentée se résorbe, le plasma actif prolifère. Nous avons insisté sur ce fait pour montrer le rôle du cylindraxe intact sur la vitalité des cellules de la gaîne, sur leur morphologie, et pour prouver que les formes de la matière vivante ne sauraient être comprises en dehors de la connaissance des fonctions de la vie. De cette considération nous est restée l'idée du rôle actif permanent joué par les fibres nerveuses sur le mode d'évolution des cellules voisines.

« Il semble, dit Arthus, que lorsque le cylindraxe est doué de toutes ses propriétés physiologiques, il tient dans un état d'asservissement et de dégénérescence les cellules de sa gaîne; vient-il à perdre ses propriétés fondamentales (par section par exemple), les cellules de la gaîne sortent de leur état de dégénérescence et acquièrent une vitalité considérable... Cette lutte entre le neurone et les cellules myéliniques se manifeste de nouveau lors de la régénération du neurone... » On sait en effet qu'après section d'un nerf le bout central prolifère, pousse des prolongements qui enfilent les gaînes anciennes et au fur et à mesure que le nouveau cylindraxe pénètre à travers les cellules de myéline, on voit ces dernières reprendre leur aspect dégénératif de cellules de protection à vitalité ralentie.

Tous les auteurs qui ont étudié le mécanisme de la régénérescence des nerfs sectionnés ont été frappés par la force attractive que paraissent exercer les cellules de la gaîne sur le jeune axone qui pénètre au milieu d'elles. Forssmann a montré, en sectionnant un nerf et en appliquant à l'extrémité du bout central deux petits tubes de collodion contenant l'un du foie, l'autre du cerveau, que les fibres néoformées se dirigent presque exclusivement du côté du tube renfermant la matière cérébrale : cette sorte de chimiotactisme positif dépendrait d'après lui de certaines substances chimiques, si bien qu'en fin de compte ce serait encore dans une action physico-chimique qu'il faudrait chercher l'explication des actions réciproques des cellules de la gaine et du plasma cylindraxile. Ces actions rentrent d'ailleurs dans le domaine de l'irritabilité et il y a longtemps que les maîtres de la médecine contemporaine, les Bichat, les Broussais, ont développé cette idée que les tissus pour vivre sont dans un état d'excitation réciproque perpétuel.

La fibre nerveuse est donc autre chose qu'un conducteur inerte que parcourrait, tel un courant électrique, l'influx nerveux. Elle représente un plasma actif qui en tout lieu et à tout instant va être capable de participer d'une façon active au phénomène dont nous allons le voir être le siège.

113. — Le rôle actif des fibres nerveuses dans la conduction. Les propriétés des filets terminaux.

Si les considérations mi-théoriques, mi-histologiques que nous venons d'exposer nous conduisent à regarder les fibres nerveuses comme du plasma fonctionnel ayant un rôle actif dans la conduction et non comme un conducteur inerte, certains faits d'ordre physiologique nous confirment complètement cette manière de voir.

L'un des plus facilement observables concerne les phénomènes dont les extrémités fibrillaires sont le siège. Nous allons nous y arrêter un moment.

α) *Conduction univoque des chaînes de neurones du réflexe simple.* — Il se passe au niveau de l'arborisation terminale des axones ou des extrémités dendritiques des prolongements plasmiques des faits peu compatibles avec leur passivité dans la conduction. En effet si des expériences très simples établissent que la conduction des fibres sensitives comme des fibres motrices

est *équivoque*, c'est-à-dire qu'elle se fait aussi bien dans
un sens que dans l'autre, comme cela aurait lieu pour
l'électricité par exemple dans un fil de cuivre inerte
par contre des expériences plus délicates, mais non
moins précises nous apprennent que quand on cherche
à faire circuler l'influx nerveux entre deux neurones,
l'un sensitif et l'autre moteur (voir fig. 71, p. 531)
articulés ensemble, cet influx ne se propage que dans
un sens au niveau de l'articulation de ces deux neurones :
une excitation portée en *e* ne se propage pas vers *c*,
tandis que l'excitation de *c* se propage vers *e*.

Il n'est pas sans intérêt d'ailleurs de remarquer que
les cellules nerveuses jouissent à un si haut degré de la
propriété de transmettre à des cellules voisines les
excitations dont elles sont le siège, qu'on est bien tenté
de voir dans cette transmission une manifestation de
l'activité plasmique de leurs terminaisons, surtout si
l'on admet entre les neurones de simples rapports de
contiguïté. Cette faculté de transmission s'observe
d'ailleurs non seulement entre les neurones formant
chaîne, mais au niveau des terminaisons motrices dans
le muscle et des terminaisons sensitivo sensorielles dans
les organes des sens. Tout se passe comme si à l'extrémité des fibres centrifuges les organites plasmiques
étaient disposés de façon à émettre et à faire rayonner
la perturbation qui leur a été transmise par voie de
conduction et comme si, à l'extrémité des fibres centripètes, ces organites étaient aptes à capter les perturbations de l'ambiance, à les encaisser ét à les transmettre
par la voie de conduction ouverte derrière eux. Là
encore nous découvrons donc une adaptation fonction-

nelle remarquable. Cette activité plasmique et ce triage des ondes nerveuses suivant leur sens n'excluent du reste pas l'explication physicochimique du phénomène de transmission. On y aperçoit certaine analogie, si lointaine qu'elle soit, avec le triage des ondes électriques et nous avons vu que les sélecteurs d'ondes, les coupures de circuits capables de faire soupapes sont très multiples et très variés dans la science électrique. Seulement ici encore, c'est dans l'activité plasmique elle-même, c'est-à-dire dans des faits physico-chimiques propres aux plasmas vivants qu'il faut chercher le mécanisme du phénomène.

β) *Deuxième preuve du rôle actif du plasma fibrillaire dans la différence d'excitabilité du muscle et du nerf.* — Un autre fait nous prouve la haute adaptation fonctionnelle du plasma nerveux, du plasma *de la fibre nerveuse* en particulier, à encaisser les excitations extérieures, à réagir vivement sous leur influence et à transmettre cette réaction vers les organes qui pour nous en sont les révélateurs, les muscles en particulier : si une même excitation électrique est portée successivement d'une part sur le nerf qui innerve un muscle, puis d'autre part sur ce muscle isolé de ses connexions nerveuses par curarisation, la contraction obtenue est beaucoup plus forte dans le premier cas, c'est-à-dire quand l'excitation passe par la voie nerveuse. Le neurone est excité, il réagit ; il réagit mieux que toutes les autres cellules de l'organisme parce qu'il est spécialisé dans cette fonction ; et sa réaction donne lieu, après avoir été transmise de proche en proche, aux phénomènes explosifs correspondants, bien mieux que si l'on portait la même perturbation physico-chimique directement sur les organes moteurs.

Cette constatation nous amène à préciser un point de la physiologie expérimentale d'une importance capitale. Quand on porte une excitation électrique soit sur un nerf, soit directement sur les fibres musculaires qu'il innerve, ce n'est pas l'énergie électrique employée pour l'excitation qui se transforme en travail musculaire. L'électricité ne sert que d'agent excitateur pour provoquer l'irritation cylindraxile ou plasmique musculaire qui va, elle, jouer le rôle d'élément déclenchateur, d'agent lytique ou explosif, provoquant la mutation de l'énergie chimique en réserve dans le muscle en énergie mécanique.

Cela ne veut pas dire qu'entre l'énergie chimique du muscle et l'énergie mécanique fournie par sa contraction, il n'y a pas une phase électrique de l'énergie. C'est là une toute autre question.

Les travaux d'éminents physicobiologistes, tels que d'Arsonval et Imbert, sur la genèse de la contraction du muscle, semblent bien établir que l'électricité entre en jeu dans le mécanisme du raccourcissement de la fibre musculaire. Ces auteurs, en effet, ont établi que les forces moléculaires des surfaces séparatrices des disques successifs de la fibre striée provoquent, quand on les perturbe, des variations électriques, si bien que des oscillations de potentiel électrique accompagnent toutes déformations de ces surfaces. Par suite, toute contraction fibrillaire engendre des différences de potentiel, et inversement toute perturbation dans les potentiels successifs engendre une perturbation mécanique des courbures superficielles, d'où résulte une contraction. Nous reviendrons plus loin sur ce point. Mais ce qu'il importe ici de bien mettre en lumière, c'est que dans l'excitation artificielle électrique du muscle, il n'y a nullement transformation directe de l'énergie électrique en énergie mécanique et que de même, dans la contraction physiologique, il n'y a nullement transformation de l'influx nerveux en travail mécanique. Personne n'ignore que quand on excite électriquement un muscle ou un nerf qui l'innerve, on peut produire un travail mécanique incomparablement supérieur à l'énergie mise en jeu dans l'excitation; et il est à peine besoin de rappeler à ce sujet certaine expérience de Matteucci qui établit que le travail musculaire produit est parfois 30.000 fois plus grand que l'énergie consommée. Il en est certainement de même de l'excitation transmise par les axones. Toutes ces excitations jouent, nous l'avons dit, le rôle d'agents lytiques ou de facteurs explosifs.

Cela posé, on conçoit qu'une excitation électrique portée sur le nerf puisse être plus efficace que portée directement sur le muscle, parce que le plasma de la fibre nerveuse est spécialisé dans la fonction de réagir puissamment sous l'action des excitants extérieurs et dans celle de transmettre vers les organes capables de manifester la réaction, l'irritation dont il est le siège.

γ) *Mécanisme du jeu des terminaisons dendritiques et cylindraxiles.* — Voyons à présent le mécanisme par lequel les terminaisons dendritiques et cylindraxiles manifestent leur intervention active dans la transmission de l'influx nerveux? Nous touchons là à une question épineuse. Une doctrine très séduisante a été développée à ce sujet; elle a eu un grand retentissement à la Faculté de Médecine de Paris il y a une vingtaine d'années, peut-être un peu grâce au charme de la parole de l'éminent maître qui s'en était fait l'apôtre, le Professeur Mathias Duval. C'est, nous le savons déjà, la doctrine de l'amœboïsme des cellules nerveuses.

Les terminaisons dendritiques et cylindraxiles seraient susceptibles de manifester des mouvements de retrait et d'avance. Le retrait isolerait les neurones, l'avance les mettrait dans un état de pseudo continuité. Ainsi au niveau de chaque articulation se passeraient des phénomènes mécaniques propres à l'activité plasmique ; et ces phénomènes existeraient non seulement dans les articulations des neurones faisant partie du réflexe simple, du réflexe complexe des centres médullo-bulbaire, mais dans les neurones des centres supérieurs; d'où une explication remarquablement simple des phénomènes psychiques de sommeil, de mémoire, d'association des idées, d'imagination, etc.

Cette doctrine est très controversée, elle a contre elle des faits auxquels beaucoup d'histologistes attachent une grande valeur.

La discussion des résultats expérimentaux produits pour ou contre cette thèse nous ferait sortir de notre cadre. Mais nous pouvons néanmoins rappeler quelques notions qui, sans trancher le différend, montreront du moins le rôle actif des terminaisons nerveuses. On sait que des cellules histologiquement assez voisines des cellules nerveuses, telles que les cônes et les bâtonnets de la rétine, les cellules du sens de l'odorat, présentent manifestement des mouvements plasmiques au cours de leur fonctionnement. On sait d'autre part que certains poisons tels que le curare agissent exclusivement sur les terminaisons nerveuses dans les plaques musculaires et que d'autres qui, comme la strychnine, le bromure de potassium, etc. modifient l'irritabilité de la chaîne réflexe, pourraient bien porter aussi leur action sur les articulations seules. On sait enfin que des modifications morphologiques importantes ont été observées dans les extrémités fibrillaires à la suite d'actions physiques ou physiologiques sur le système nerveux ou à la suite d'intoxication, par des observateurs dont la compétence est indiscutée tels que M. Demoor et Mlle Stephanowska. Tout cela est assez impressionnant pour que nous gardions de cet aperçu au moins l'idée que, au niveau des articulations, il se passe des choses qui, un jour ou l'autre, seront accessibles à l'observation et qui dès à présent nous fortifient dans cette conviction que la fibre nerveuse n'a pas un rôle seulement passif dans le phénomène de la conduction.

Il est d'autres données qui appuient encore ces déductions et qui jettent en même temps quelque vague clarté sur la nature de l'influx nerveux; nous allons en dire quelques mots dans un paragraphe spécial.

144. — Quelques faits montrant encore le rôle actif des fibres nerveuses dans la conduction et pouvant éclairer le nature de l'influx nerveux.

Lorsque nous avons plus haut (§ 110) localisé, dans la figure schématique 71 représentant le réflexe simple, chacune des trois phases de ce réflexe, nous avons dit qu'une transformation énergétique marque la séparation de la première et de la deuxième, c'est la mutation de l'énergie extérieure propre à *l'action* en influx nerveux, ou, ce qui est plus exact, la naissance de l'influx nerveux sous l'action extérieure. Nous avons alors insisté sur ce fait pour bien indiquer qu'il y avait là un premier phénomène de transformation, si bien que l'influx conduit par la fibre nerveuse ne saurait être regardé comme appartenant à la première phase du réflexe, comme étant la suite de l'action extérieure captée et transmise, cette action fut-elle électrique.

Pour justifier cette manière de voir et montrer qu'elle n'est pas une simple vue de l'esprit, nous avons tout de suite énoncé un fait à l'appui : nous avons dit que la mutation de l'énergie extérieure en une forme énergétique particulière aux plasmas est tellement obligatoire que, quand il en résulte une représentation cérébrale chez les animaux supérieurs, cette représentation est toujours la même quel que soit l'agent extérieur en cause ; toute perturbation physico-chimique ou mécanique produite sur les fibres optiques donne une image lumineuse ; toute perturbation portée sur les fibres acoustiques, une image sonore, etc.

Ce fait énoncé alors est très important, car il s'ajoute à ceux qui viennent de nous mettre en lumière l'activité propre de la fibre nerveuse ; on peut même aller plus loin et dire que la théorie de l'activité plasmique de la fibre dans la transmission a pour corollaire nécessaire cette unité de l'influx nerveux. En effet elle ramène la transmission de cet influx *à la propagation*

*de proche en proche d'une certaine perturbation réac-
tionnelle propre au plasma vivant* et très exaltée dans la
cellule nerveuse ; on ne concevrait que difficilement
qu'il pût exister un nombre indéfini de modalités énergétiques dans cet influx suivant la cause provocatrice.
Tout nous incite au contraire à admettre que dans
toutes les fibres nerveuses, le phénomène qui se passe
lorsqu'à lieu la conduction, est le même.

Autrement dit, si une fibre centripète aboutit à une
cellule visuelle, auditive, tactile, etc, l'influx qui la parcourt, lorsqu'une onde éthérée affecte la cellule visuelle,
lorsqu'une vibration sonore frappe la cellule auditive ou
lorsqu'un choc mécanique perturbe la cellule tactile, est
le même. Il est le même encore quand une cause pertur-
batrice différente de ces excitants physiologiques telle
que chocs, pincements, écrasements, actions chimiques
des sels, des acides, des bases, des solutions non ioni-
sées, variations électriques, vient impressionner ses
terminaisons ou son faisceau lui-même. Il est le même
aussi lorsque, passant des fibres centripètes aux fibres
centrifuges, on considère le courant qui va provoquer
une contraction dans une fibrille musculaire, une sécrétion dans une cellule glandulaire, etc.

L'expérience donne raison à ces prévisions. Une cellule musculaire, glandulaire, réagit toujours de même
façon, quel que soit l'agent externe excitateur, et nulle
part les phénomènes objectifs qui accompagnent la
conduction nerveuse, tels que les oscillations électriques d'action ne révèlent aucune différence décelable
dans les conditions d'excitation les plus variées.

Si l'on observe les organismes très simples tels que

les amibes, les infusoires, chez lesquels les fonctions ne sont pas différenciées, on observe que des agents extérieurs parfois très variés agissent de même façon sur le plasma et que les réactions sont les mêmes quel que soit l'excitant : ainsi on les voit se mettre en boule quand on les éclaire vivement ou quand on les agite d'une perturbation mécanique, d'une variation brusque de température, etc. De même on reconnaît facilement qu'en l'absence d'organe spécialisé toute la surface du corps est sensible aux perturbations énergétiques extérieures variées, même aux ondes lumineuses. On n'ignore pas d'ailleurs que la première différenciation phylogénique caractérisant l'organe visuel, consiste dans une formation dioptrique tégumentaire qui n'a d'autre effet que de se comporter comme une lentille et de concentrer sur un point du plasma les rayons lumineux.

Ceci nous amène à pénétrer un peu plus loin dans la nature de l'influx nerveux. En remontant à ses origines, là où il ne mérite comme nous l'avons dit ni le nom d'influx, ni le qualificatif de nerveux, il se ramène à ce quelque chose que nous avons vu à la base même du phénomène de l'irritabilité. En effet dire que tous les agents extérieurs provoquent le même influx nerveux chez les êtres possédant une chaîne réflexe et par suite les mêmes réactions perceptibles de la part de cet être, ou dire que tous les agents extérieurs chez les êtres monocellulaires, chez l'amibe, agissant sur un point quelconque du plasma, provoquent les mêmes réactions, revient bien à dire que les mutations énergétiques caractéristiques de l'irritabilité et les mutations énergétiques dont nous saisissons la phase moyenne dans le réflexe simple se confondent à l'origine.

C'est bien l'influx nerveux, un et toujours pareil à lui-même, que nous trouvons en rudiment dans le phénomène le plus simple de l'irritabilité plasmique.

Les différenciations nécessitées par la division du travail ont porté seulement sur les organes préposés à manifester la réaction et sur les organes adaptés à recevoir les impressions extérieures.

Ainsi jusque dans la cellule primordiale même, dans le plasma originel, nous trouvons bien comme nous l'avons fait prévoir plus haut, l'embryon de cette chose qui se révèle à nous dans le réflexe simple : l'influx nerveux. Il est partout où est l'irritabilité; il est la phase moyenne, la phase vivante, si je puis ainsi dire, du phénomène de l'irritabilité. Il commence là où finit l'*action* du monde extérieur; il finit là où commence l'acte physico-chimique ou mécanique banal de la réaction.

Ces premières conclusions me paraissent d'un intérêt capital pour ceux qui cherchent à comprendre la vie en partant de l'étude physico-chimique de la matière. Ceux-là en effet, imbus des exemples puisés dans le monde de la matière inerte, de l'électricité en particulier, se défendent à grand peine d'établir une analogie entre le courant nerveux et le courant électrique. L'étude des faits nous amène, bien au contraire, à cette conclusion que l'influx nerveux n'est autre chose que la propagation de proche en proche d'un certaine perturbation physico-chimique des organites plasmiques, perturbation qui se produit dans le plasma des êtres monocellulaires comme dans le système nerveux des animaux supérieurs.

Je ne prétends pas dire par là que la perturbation des organites ainsi transmise n'a aucun point commun avec la perturbation électronique que subissent les atomes matériels par les variations des champs magnétiques, je dis seulement que nous pouvons affirmer qu'elle n'est pas cela, à cause de la conception même que nous nous en faisons.

Que l'on découvre un jour que c'est dans l'énergétique électronique qu'il faut en dernier ressort chercher l'explication de l'irritabilité plasmique, comme c'est en elle qu'on croit aujourd'hui avoir trouvé l'explication de l'affinité chimique, rien de plus plausible, mais il paraît dès à présent inadmissible de faire du courant nerveux quelque chose d'assimilable à ce qui se passe dans les fils métalliques parcourus par un courant, ni même dans des conducteurs électrolytiques. Qu'il me suffise d'apporter à cette affirmation quelques preuves complémentaires.

1°) La première est que la *vitesse de l'influx nerveux* dans les fibres centripètes ou centrifuges est d'un ordre de grandeur bien différent de celui de la translation des perturbations électro-magnétiques dans l'espace ou le long des fils. Alors que nous savons que ces ondes cheminent à la vitesse de 300.000 kilomètres à la seconde environ, nous constatons, d'après les recherches minutieuses de nombreux physiologistes, Helmholtz en 1850, puis Valentin, Du Bois-Reymond, Marey, etc., que l'influx nerveux parcourt à peine quelques douzaines de mètres par seconde, 15 à 25 chez la grenouille, 30 à 35 chez l'homme, etc. Bien plus cette vitesse varie avec la température, augmentant ordinairement avec elle.

En marge de ce premier fait on peut en noter quelques autres qui seraient incompréhensibles si l'on voulait encore regarder le nerf comme un conducteur passif.

2°) L'influx nerveux paraît ralentir sa vitesse à mesure qu'on se rapproche de la périphérie, il paraît par contre augmenter d'intensité, comme s'il faisait boule de neige ou avalanche en cours de route (Pflüger) : une excitation toujours la même paraît donner une secousse d'autant plus grande qu'on excite un point plus éloigné de la périphérie !

3°) Quand on excite un réflexe, si l'on déduit le temps perdu de la contraction musculaire, c'est-à-dire le temps employé pour que l'influx nerveux déclenche le phénomène moteur, si l'on déduit en outre la durée de propagation de l'influx le long de la chaîne réflexe, il y a encore un temps perdu de l'action réflexe, qui est le temps employé pour que l'excitation extérieure produise la perturbation plasmique qui va être transmise de proche en proche. Ce retard là n'a rien des phénomènes électriques tels que la self induction ; il est dû à une transformation d'un acte extérieur en un acte propre au plasma. Il est de 0,″03 environ et il est si bien propre à la matière vivante que les agents physiques et chimiques le font varier dans une large mesure ; par exemple le froid l'augmente, la strychnine le diminue, etc.

4°) Quand on soumet un nerf à des excitations répétées, les réponses finissent par s'atténuer, le nerf se fatigue. Cela ne tient sûrement pas au muscle, car le muscle excité directement réagit comme auparavant. Des expériences très précises ont permis de montrer que la fatigue se localise surtout dans la plaque terminale motrice, et c'est là une nouvelle preuve du rôle actif du plasma de la fibrille nerveuse en particulier dans ses filaments terminaux dont nous avons déjà vu le rôle si important.

Je crois inutile d'accumuler plus de faits et d'insister plus longtemps sur cette démonstration. Quelques auteurs tels que Viault et Jolyet, voulant éviter toute confusion entre la translation opérée par le nerf et la translation des perturbations électriques, ont même proposé de donner le nom de *neurilité* ou *d'ondulations nerveuses* au « processus chimique » qui se propage dans le nerf, et de proscrire celui d'influx. J'ai dit sous quelles réserves il fallait accepter l'expression d'influx nerveux; mais étant donné que tout ce qui se propage peut recevoir l'appellation d'influx, je n'ai vu aucun inconvénient à continuer d'employer un terme compris de tout le monde. Le tout est de s'entendre sur sa signification.

Cette différence étant bien établie entre l'influx nerveux et la propagation d'une modalité énergétique le long d'un conducteur inerte, nous devons à présent ne pas négliger de rappeler quelques phénomènes électriques qui accompagnent cette translation et montrent que toutes les modalités de l'énergie se tiennent dans la nature.

Auparavant nous allons voir quelques faits relatifs au troisième acte du réflexe simple, à la contraction musculaire, parce que la considération de ces faits complète les données que nous venons d'exposer sur la notion de l'influx nerveux.

115. — Quelques faits relatifs à la contraction musculaire contribuant à éclairer la notion de l'influx nerveux.

Si l'on veut bien se reporter à ce que nous avons dit de la fibre musculaire (T. III, p. 331), quand nous avons décrit quelques unes des formes prises par la matière vivante au cours de ses adaptations fonctionnelles, on se rendra compte que le muscle nous offre l'exemple d'un tissu hautement différencié.

Nous savons que le plasma des êtres monocellulaires est contractile, mais nous avons vu que de bonne heure dans la chaîne phylogénique, des organites très spécialisés affectent une disposition architecturale merveilleusement adaptée à la fonction de contraction.

Le muscle lisse est un organe déjà très adapté à la fonction motrice, le muscle strié nous fournit un exemple de différenciation encore plus parfaite. Plus on s'élève dans l'échelle de la perfection musculaire, plus grande est la proportion des éléments différenciés par rapport au plasma banal qui leur donne naissance et les héberge ; plus grande aussi est la complexité de ces éléments.

Nous avons vu en effet que la fibre musculaire striée, celle qui nous intéresse le plus, doit être regardée comme une grosse cellule avec son enveloppe conjonctive, le sarcolemme, avec des noyaux multiples répartis de façon variable et avec du plasma banal ou sarcoplasme au milieu duquel se trouvent les fibrilles différenciées, organes de la contraction rapide.

L'importance de ces fibrilles est telle que l'on a l'habitude de regarder la fibre musculaire comme un faisceau de fibrilles et qu'on néglige volontiers le plasma banal, le sarcoplasme dont le rôle apparaît comme tout à fait effacé.

Nous avons vu d'ailleurs que chacune de ces fibrilles a une structure très compliquée, composée qu'elle est de disques sombres et clairs superposés. Des patientes recherches des histologistes et des physiologistes, il résulte que ce sont les disques sombres qui doivent être considérés comme les agents directs de la contraction, grâce au changement de forme qu'ils présentent, tandis que les disques clairs jouent surtout le rôle de liens élastiques s'opposant à la brusquerie de la secousse.

L'étude fonctionnelle du muscle à son état le plus parfait, c'est-à-dire l'étude du muscle strié, va nous expliquer beaucoup des particularités que nous avons signalées et en même temps va nous confirmer dans l'idée que nous nous sommes faite de l'influx nerveux.

Voyons d'abord comment le nerf et le muscle entrent en connexion.

Le cylindraxe du neurone moteur se termine sur la fibre musculaire par un épanouissement qui se perd au milieu d'une substance granuleuse, plasma banal, non différencié, appartenant au sarcoplasme de la fibre musculaire. Les enveloppes conjonctives de la fibre musculaire (sarcolemme) et de la fibre nerveuse (gaîne de Henle) se continuent ensemble. La gaîne de Schwann accompagne un moment les ramifications du cylindraxe puis se perd dans la substance granuleuse. La myéline a disparu dès l'arrivée dans la substance granuleuse.

L'ensemble de cet épanouissement et de la substance granuleuse porte le nom de *plaque terminale* chez les vertébrés supérieurs, de *buisson terminal* chez la grenouille, *d'éminence de Doyère* chez les invertébrés.

Ce qui justifie ces appellations différentes, c'est que la substance fondamentale est plus ou moins abondante suivant les espèces : le buisson terminal diffère de la plaque des vertébrés supérieurs parce que la substance fondamentale y est plus rare, l'éminence de Doyère des invertébrés en diffère parce qu'elle y est très abondante.

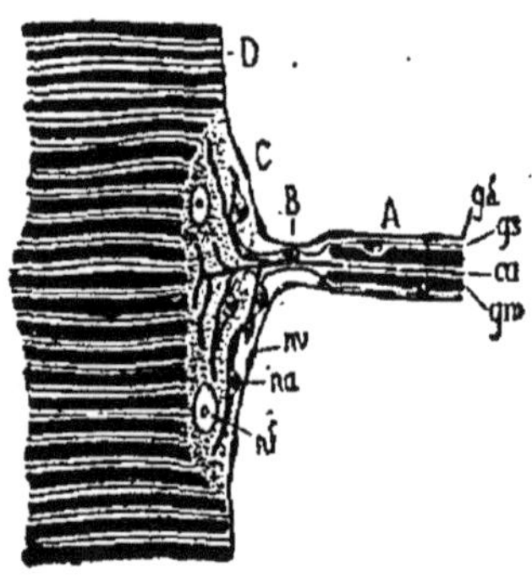

Fig. 72. — Plaque terminale (d'après ARTHUS).

ca, cylindraxe ; *gm*, gaine de myéline ; *gs*, gaine de Schwann ; *gh*, gaine de Henle ; *C*, sarcolemme ; *na*, noyau de la gaine de Schwann ; *nv*, noyau de la gaine de Henle ; *nf*, noyau de la substance fondamentale.

La plaque terminale renferme beaucoup de noyaux cellulaires. Les uns appartiennent au sarcoplasme banal (substance granuleuse fondamentale); d'autres à la gaîne de Henle, d'autres à la gaîne de Schwann.

Retenons de ces détails morphologiques que la fibre nerveuse se termine en se perdant par des branches multiples dans le sarcoplasme de la fibre musculaire. Ce sarcoplasme joue sans doute le rôle de diffuseur de la perturbation reçue et il la répartit aux myofibrilles

qui baignent dans sa substance. N'oublions pas que
les terminaisons des fibres centrifuges paraissent tout
spécialement adaptées à faire rayonner la perturbation
qu'elles transmettent (v. p. 544).

Arrivés à ce point de notre étude il est deux remarques qui doivent attirer notre attention.

La première est relative au rôle actif des terminaisons
cylindraxiles dans les plaques motrices. Nous avons
déjà insisté sur la participation active du plasma de la
fibre nerveuse dans le phénomène de la transmission de
l'influx nerveux, nous en apercevons une nouvelle preuve
ici. Ainsi certains poisons, la pyridine, la névrine, la
choline, la nicotine et surtout le curare paralysent l'action motrice de l'influx nerveux en agissant exclusivement sur les terminaisons cylindraxiles, sans rien
enlever de la conductibilité du neurone, ni de la contractilité du muscle : il s'agit comme l'a affirmé Vulpian
d'un isolement de la fibre musculaire et de la fibre nerveuse.

La deuxième est relative au rôle du sarcoplasme non
différencié. On peut imaginer que le sarcoplasme a seulement pour fonction de diffuser peut-être l'influx nerveux sur les fibrilles différenciées qui baignent dans sa
substance et de les nourrir. C'est là l'hypothèse assez
généralement admise d'ailleurs. Cependant après les
travaux de Bottazzi, de Weiss, et après les recherches
plus récentes de Mlle Ioteyko à l'Institut Solvay, on
tend à reconnaître au sarcoplasme des propriétés contractiles supérieures à cell es des plasmas communs.

Les raisons de cette théorie se trouvent surtout dans
la dualité fonctionnelle que présente le muscle strié

quand on l'étudie d'un peu près. Cette dualité avait été observée antérieurement par Schiff, mais l'explication qu'il en avait donnée était peu satisfaisante et c'est peut-être à cause de cela que ses observations ont été volontairement oubliées de la plupart des physiologistes. Leur réalité est cependant incontestable. Schiff avait remarqué qu'il existe deux contractions différentes dans le muscle strié, l'une brève, c'est la contraction physiologique communément observée, celle qu'on obtient par les excitants physiques, mécaniques et en particulier par les *ondes* électriques brèves, le courant faradique, l'autre lente, traînante, qu'on obtient facilement après la mort générale, et avant la mort du muscle, par un choc mécanique prolongé ou par l'action du courant continu. Schiff admettait que les deux contractions coexistent sur le vivant, mais que la réponse brève voile la réponse traînante. Il appelait la première *nervo-musculaire*, parce qu'il supposait que pour la produire les terminaisons nerveuses entraient en jeu, et la seconde *idio-musculaire* parce qu'il supposait que les terminaisons nerveuses paralysées par la mort générale n'y prenaient aucune part.

La dualité fonctionnelle du muscle s'accentue il est vrai quand par l'intoxication nerveuse ou la destruction du conducteur nerveux (dégénérescence wallérienne) on accroît l'autonomie du muscle : dans ces conditions, même chez le sujet vivant, lorsqu'on excite directement le muscle, mécaniquement ou électriquement, on observe à la suite de la secousse brève, quand elle se produit, une prolongation traînante de la contraction. La contraction brève est la nervo-musculaire de Schiff, la contraction qui la prolonge est l'idio-musculaire artificiellement exaltée. Ainsi les grenouilles au printemps donnent des réponses très inconstantes, très bizarres souvent, ce fait résulterait de l'action toxique des poisons accumulés durant l'hivernage.

Si l'interprétation de Schiff est inacceptable, ne serait-ce qu'à cause de ce fait que le curare, tout en paralysant les extrémités nerveuses laisse pourtant le muscle donner des réponses brèves «idio-musculaires», les faits qu'il a observés demeurent. Bottazzi, 1896, les explique tous en rapportant la contraction brève aux myo-fibrilles et la contraction lente au sarcoplasme.

Weiss a confirmé certaines des vues de Bottazzi en étudiant le fonctionnement du muscle au cours de son développement embryonnaire chez la grenouille, l'axolotl, le poulet, le cobaye. Au début quand il n'y a pas de fibrilles, la contraction est lente, elle est du type sarcoplastique et il n'y a alors pas de rapport direct entre la grandeur de l'excitation et l'intensité de la réponse. Au fur et à mesure que les myofibrilles se développent, la contraction brève apparaît et s'impose d'autant plus, voile d'autant plus la première, que l'élément fibrillaire prend une place plus grande dans l'architecture de la cellule musculaire. En même temps, on constate que l'intensité de la réponse est une certaine fonction de la grandeur de l'excitation.

En somme, on peut avec Weiss reconnaître que les muscles diffèrent entre eux :

1°) par la nature de leur sarcoplasme ;

2°) par la nature de leur fibrille ;

3°) par le rapport entre la quantité de sarcoplasme et de fibrilles.

Pour nous en tenir aux types les plus importants que nous avons à considérer dans l'espèce humaine le muscle strié marque le sommet de l'évolution myofibrillaire, le sarcoplasme n'y joue qu'un rôle des plus effacés, le muscle lisse manifeste au maximum les réactions sarcoplastiques, et le muscle cardiaque tient le milieu entre les deux.

Mlle Ioteyko, fervente adepte de la doctrine de Bottazzi, a développé récemment la théorie de « la dualité fonctionnelle » du muscle avec un luxe de preuves à l'appui très impressionnant. Tant par ses expériences personnelles que par celles des auteurs qui l'ont précédée, elle arrive à cette conclusion que la fonction sarcoplastique ne nous apparaît pas en général, parce que nous nous laissons frapper par la fonction myofibrillaire, mais il suffit d'affaiblir celle-ci pour qu'elle s'impose alors à nous d'une façon indiscutable. Ainsi a-t-elle étudié avec soin l'action des différents toxiques, de la vératrine en particulier, qui donne à la secousse musculaire provoquée l'aspect d'une contraction prolongée. Cette contraction n'est pas un tétanos comparable à une série de secousses myofibrillaires fusionnées, mais une contraction sarcoplastique exaltée.

Le muscle dont le nerf est dégénéré, le muscle qui présente la réaction électrique dite de dégénérescence, serait, d'après cette théorie un muscle dans lequel l'élément fibrillaire aurait régressé et dont la fonction sarcoplastique aurait pris la priorité. Nous reviendrons sur ce fait au paragraphe 117 consacré à l'étude du phénomène électrique de la fonction musculaire.

Si j'ai exposé un peu longuement cette théorie de la dualité fonctionnelle du muscle, c'est pour bien montrer qu'il n'y a pas lieu de chercher dans des différences qualitatives mystérieuses de l'influx nerveux, l'explication des différences de réaction musculaire observées.

Seulement nous pouvons tout de suite ajouter que si nous comparons un muscle à réaction sarcoplastique en contraction tonique, et un muscle à réaction myofibrillaire en contraction soutenue (tétanique), nous constatons une différence fondamentale : un seul influx nerveux, d'une durée assez prolongée toutefois, suffit pour provoquer la contraction sarcoplastique tonique lentement établie, longtemps soutenue et lentement relâchée ; au contraire quand un muscle strié à fonction myofibrillaire est en contraction soutenue, cette contraction se compose en réalité de la fusion de secousses très brèves produites par une succession d'influx nerveux, comme en témoigne le bruit de rouet qu'il est facile de percevoir en auscultant un muscle contracté, et que chacun a maintes fois perçu en se bouchant les oreilles et en contractant fortement les mâchoires. On sait que ce bruit indique pour la contraction volontaire une fréquence de secousses successives variant de 10 à 30 environ à la seconde suivant les espèces et les conditions physiologiques.

116. — Comparaison de la spécialisation fonctionnelle du muscle et de celle du nerf.

La description sommaire que nous venons de donner

du jeu du muscle le plus perfectionné, du muscle strié,
nous permet à présent de comprendre le fonctionnement général du système neuro-moteur. L'influx nerveux, ou excitation plasmique de la fibre cylindraxile,
est transmis par les fibres actives de la plaque terminale au sarcoplasme et sans doute par l'intermédiaire de
ce dernier aux myofibrilles; là, il joue le rôle d'un agent
déclenchateur, sous l'influence duquel l'énergie chimique en réserve dans les éléments musculaires est
transmutée en travail mécanique.

Quel est le mécanisme de ce déclenchement? Quel
est le processus par lequel l'énergie chimique se trans-
mute en énergie mécanique? Y a-t-il entre la phase
chimique de destruction des matières ternaires et le
phénomène mécanique accompli, une phase électrique
de l'énergie comme tendent à le faire admettre les
belles expériences de d'Arsonval (1) sur les tensions de
surface au niveau des ménisques séparateurs des disques clairs et sombres? Le moteur animal est-il un moteur électrique? Il est bien difficile dans l'état actuel
de la science de répondre à toutes ces questions.

Ce qui est certain, c'est que si nous nous plaçons au
point de vue de la thermodynamique, la mutation de
l'énergie chimique en énergie mécanique s'opère suivant les lois de l'énergétique. Et si nous nous plaçons
au point de vue mécanique, il paraît démontré que le
fait essentiel, primordial, du raccourcissement musculaire est le changement de forme, la mise en boule des
disques sombres des fibrilles, le disque clair ne jouant

(1) V. plus loin page 576.

que le rôle de lien élastique, d'amortisseur, évitant la
brusquerie de la traction.

Cela posé, l'évolution de la fonction neuro-musculaire
nous apparaît sous un jour très clair.

Alors que l'irritabilité chez l'amibe et chez les êtres
monocellulaires se révélait à nous par un mouvement
du plasma *in situ* sous l'action d'une irritation quelconque, alors qu'il nous fallait des artifices spéciaux pour
arriver à discerner chez eux les trois actes de l'irritabilité,
l'*impression*, *la perturbation plasmique* résultant d'elle et
transmise de proche en proche et la *réaction* motrice,
au contraire chez les animaux supérieurs s'affirment
deux spécialisations fonctionnelles remarquables :

1°) Une spécialisation de conduction : le tissu nerveux, la fibre nerveuse a assumé le rôle de transmettre
de proche en proche la perturbation plasmique développée par le fait de l'impression extérieure. En se
spécialisant dans cette fonction de conduction le plasma
nerveux a perdu presque complètement la faculté de
réagir aux impressions pour son propre compte par une
déformation morphologique. Cependant il n'a pas perdu
toute fonction motrice, si l'on en juge par certains phénomènes qui se passent vers ses terminaisons fibrillaires
et dont nous avons parlé plus haut.

2°) Une spécialisation de contraction : le tissu musculaire a progressivement développé, dans le sens de l'effort, des organites susceptibles de se déformer quand le
plasma est perturbé.

Ici, ce sont des striations plasmiques à peine perceptibles comme chez les êtres inférieurs, là ce sont des
fibres musculaires relativement simples comme dans

les muscles de la vie végétative, là, enfin, ce sont des
fibres à organites hautement différenciés, comme dans
les muscles volontaires.

En se spécialisant dans cette fonction de contraction
le plasma musculaire n'a d'ailleurs pas perdu complètement sa faculté de conduire les perturbations plasmiques; quand on irrite un point de sa surface il se con-
tracte plus ou moins vite à partir du point frappé dans
toute sa masse, si bien que c'est en lui que s'achève la
phase moyenne du réflexe simple, et l'influx nerveux se
poursuit jusque vers les minuscules organites où il va
provoquer les mutations d'énergie chimique en énergie
de traction.

Cette division du travail entre le nerf et le muscle et
ces spécialisations fonctionnelles nous expliquent maintenant pourquoi une excitation portée sur le muscle
provoque une réaction moins intense que si elle est
portée sur le nerf. Le muscle sait moins que le nerf
recevoir et transmettre la perturbation qui l'affecte directement.

Il y a d'ailleurs beaucoup à discuter sur la transmission idio-musculaire et peu de sujets ont soulevé autant
de controverses. Quand on isole de ses connexions nerveuses une fibre musculaire, puis qu'on l'excite en un
point de sa surface, on voit une onde de contraction
courir rapidement vers les extrémités à partir du point
excité comme si la perturbation plasmique transmise de
proche en proche provoquait successivement les réactions des organites de plus en plus éloignés. Cette onde
bien étudiée par Aeby se propage à la vitesse moyenne
de 1 mètre environ par seconde. Elle ne se produit du

reste jamais quand les fibrilles sont reliées à leur connexion nerveuse, sans doute parce que, en ce cas, la transmission est instantanée dans toute la masse. Selon Charpentier, il y aurait deux transmissions dans le muscle, une lente (1 à 6 mètres par seconde), c'est probablement la conduction idio-musculaire observée par Aeby, et une rapide de 20 à 29 mètres par seconde comparable à celle du nerf.

117. — La transmission de l'influx nerveux et la contraction musculaire s'accompagnent de manifestations électriques qui ne sauraient faire conclure à la nature électrique de cet influx.

J'ai vu souvent des personnes s'intéressant à la science électrique commettre une erreur qui m'a frappé parce qu'elle montre combien de simples apparences peuvent fausser le jugement et entraîner. des conceptions inexactes.

Comme au nombre de ces personnes il est. plus d'un médecin et même plus d'un spécialiste en électricité thérapique, c'est-à-dire des hommes possédant quelque éducation physiologique, je ne crois pas faire œuvre superflue en précisant cette erreur et en montrant comment elle pourrait écarter ceux qui n'en aperçoivent pas la puérilité d'une juste conception de l'influx nerveux.

Mettons sur la nuque d'un sujet une plaque d'ouate mouillée, reliée par une électrode d'étain et par un fil métallique à l'un des pôles d'une source d'électricité quelconque ; appliquons sur le trajet d'un nerf, le nerf médian au pli du coude par exemple, un tampon mouillé aussi et relié électriquement à l'autre pôle de la source, puis faisons passer des ondes électriques.

Les muscles fléchisseurs vont se contracter et tous les électriciens savent que la contraction est fonction de la rapidité de variation du courant excitateur et par suite dans certains cas, de l'intensité absolue de ce courant.

Lorsqu'on opère par exemple avec un courant alternatif dont la fréquence est constante et qu'on se borne à faire varier l'intensité, on observe nettement que les contractions, ou le tétanos résultant de ces contractions fusionnées, sont d'autant plus considérables que l'intensité est plus grande.

Cette relation des réponses avec l'intensité du courant dépensé pousse à l'erreur que j'énonçais et qui consiste tout d'abord à regarder le courant électrique comme l'agent direct de la contraction et ensuite à croire que, quand on électrise ainsi un nerf, on substitue le courant électrique à l'influx nerveux volontaire. J'ai déjà dit plus haut que le courant ne fait que provoquer la perturbation plasmique de la substance cylindraxile irritable et que c'est cette perturbation et non le courant électrique qui est l'agent explosif de la contraction.

Le fait que l'excitation portée directement sur le muscle produit la contraction lorsque le nerf est détruit, leur paraît encore les confirmer dans cette idée, alors que, nous le savons, la perturbation électrique agit seulement comme agirait un excitant mécanique sur le plasma musculaire irritable; il se produit sur place une perturbation plasmique, un peu moins vive que quand le nerf est en cause, mais cependant efficace, et c'est cette perturbation qui déclenche les énergies musculaires.

L'erreur est puérile, on le voit, mais malheureusement elle est réelle et fréquemment commise. Partant de là, certains esprits généralisateurs vont plus loin. Je me souviens avoir eu beaucoup de peine un jour à démontrer à un médecin familiarisé avec la science électrique pratique, qu'il faisait complètement fausse route en se représentant l'influx nerveux comme un véritable courant électrique circulant le long d'un conducteur électrolytique, et le cerveau comme un réseau de conducteurs sans cesse parcourus par des ondes électriques ; si bien que la pensée lui apparaissait comme une manifestation de la cinétique électronique, comme le résultat de déplacements électroniques à travers des fils conducteurs savamment connectés.

Ainsi certaines analogies trompeuses conduisent souvent à l'édification de théories qui ne peuvent qu'être inféconds parce qu'elles ne répondent que grossièrement à quelques apparences.

J'ai signalé cette erreur au début de ce paragraphe pour bien montrer au lecteur que nous touchons à présent à une région de la biologie où nous devons nous montrer très prudents, où nous devons à chaque pas nous mettre en garde contre notre ignorance et ne rien affirmer sans nous être préalablement livrés à un examen attentif de tous les faits observés. Je l'ai signalée aussi pour que, au moment d'envisager les manifestations électriques de l'appareil neuro-moteur, nous ayons bien présente à l'esprit la donnée énoncée plus haut, à savoir que l'influx nerveux n'est autre chose que la transmission de proche en proche d'une pertur-

·bation physico-chimique du plasma dont nous ne connaissons pas la nature. Si la propagation de cette perturbation entraîne des phénomènes thermiques, électriques, etc., cela n'implique nullement qu'il s'agisse d'une conduction thermique, ni électrique, mais par contre, je me hâte de l'ajouter, cela n'implique pas non plus que la perturbation physico-chimique elle-même ne soit pas reliée de très près à l'électronique atomique ou moléculaire, comme le sont les mutations chimiques, l'affinité atomique par exemple.

La production d'électricité n'est d'ailleurs nullement particulière dans l'organisme aux phénomènes que nous étudions, c'est-à-dire à la transmission de l'influx nerveux ou à la contraction musculaire. On peut dire que tout échange de substance, aussi bien dans le règne végétal que dans le règne animal s'accompagne de production d'électricité et de chaleur. La circulation des liquides nourriciers dans les canaux capillaires et toutes les actions mécaniques propres à la vie entraînent aussi en général des phénomènes électriques et thermiques.

Cela posé nous allons voir très sommairement quelles sont les manifestations électriques propres au système neuro-musculaire.

Considérons d'abord le muscle.

α) *Phénomènes électriques propres au muscle.* — Les différents points de la surface d'un muscle intact et au repos ne présentent ordinairement aucune différence de potentiel. Si l'on sectionne ce muscle perpendiculairement à la direction de ses fibres, les différents points de la section sont négatifs par rapport à ceux de la surface extérieure et, si l'on réunit la section et la surface extérieure par un circuit au moyen d'électrodes impolarisables, un courant prend naissance.

Ces phénomènes sont assez variables suivant les conditions expérimentales et il paraît certain que les processus physicochimiques résultant de la section jouent un rôle important dans leur genèse. Certains auteurs, tels que Hermann, Engelmann, etc., croient pouvoir affirmer que dans tous les cas les courants qu'on arrive à déceler dans le muscle au repos sont dus à des artifices de préparation et ils mettent en cause, en particulier, l'action de l'air sur la surface de section.

Si l'on considère le muscle en contraction, les résultats sont tout autres.

Tout d'abord supposons que l'on prenne un muscle isolé de ses connexions nerveuses par curarisation et qu'on excite une de ses extrémités. Au moment même de l'excitation, on constate que la zone excitée devient négative par rapport aux zones voisines. Toute la tranche excitée prend ainsi une tension négative immédiate, puis successivement ce sont les tranches voisines de plus en plus éloignées jusqu'à l'extrémité opposée, qui deviennent négatives; de sorte que cette propagation de proche en proche ressemble à la propagation d'une onde de tension négative qui cheminerait à la vitesse de 1 à 10 mètres par seconde.

La durée de cette oscillation négative pour chaque tranche considérée est très brève, 4/1000 de seconde environ. Elle est suivie plus ou moins rapidement de la réaction contractionnelle visible qui se manifeste par un bourrelet musculaire. Ce bourrelet chemine, en retard sur l'onde négative, vers l'extrémité du muscle. Burdon

Sanderson a démontré que, au moins dans certains cas, la variation négative se prolonge jusqu'au début de la réponse musculaire et quelquefois même dépasse son apparition.

Au fur et à mesure que cette onde négative passe par les tranches de plus en plus éloignées, les courants de repos, si le muscle a été préparé pour les observer, subissent une perturbation variable suivant les régions sur lesquelles ils sont dérivés. D'où les phénomènes d'apparence souvent très complexe relatés par les auteurs.

Si maintenant on considère un muscle relié à ses connexions nerveuses et se contractant sous l'influence de la volonté ou d'une excitation (mécanique par exemple) portée sur le nerf, on sait qu'alors la contraction a lieu en masse. De même, la variation négative intéresse l'ensemble du muscle.

Aujourd'hui, il est un appareil très répandu dans les cliniques médicales et qui met en relief les oscillations négatives que subit une région musculaire, au moment où elle va se contracter. C'est l'électro-cardiographe.

Le principe de cet appareil est le suivant : quand le muscle cardiaque fonctionne, la zone des oreillettes devient négative par rapport aux régions voisines au moment où les oreillettes, se contractant sur leur contenu, achèvent la réplétion ventriculaire. Un moment après, la zone des ventricules devient négative, lorsque la systole va se produire. Ainsi existe-t-il deux centres d'émission d'ondes négatives décalés dans le temps l'un sur l'autre et différents par leur situation. Ces ondes divergent circulairement dans toute la masse du corps comme les ondulations lumineuses autour d'un centre éclairant, ou comme les ondulations sonores autour d'un diapason.

Il en résulte que pendant que le cœur bat, deux points symétriques du corps présentent à tout moment des tensions électriques différentes, traversés qu'ils sont par les ondes négatives émanées de ces deux centres différents à des moments différents. Si donc on établit un circuit entre ces deux points symétriques, entre les deux mains par exemple plongeant dans un liquide électrolytique, on doit avoir à tout moment un courant de sens et d'intensité variables suivant la phase de la révolution cardiaque. C'est ce qui arrive en effet.

Si l'on fait passer ce courant à travers un fil en quartz argenté ou en platine de quelques μ de diamètre, placé entre les pôles d'un puissant électro-aimant (galvanomètre de Einthoven), ce fil traduit par ses déviations les

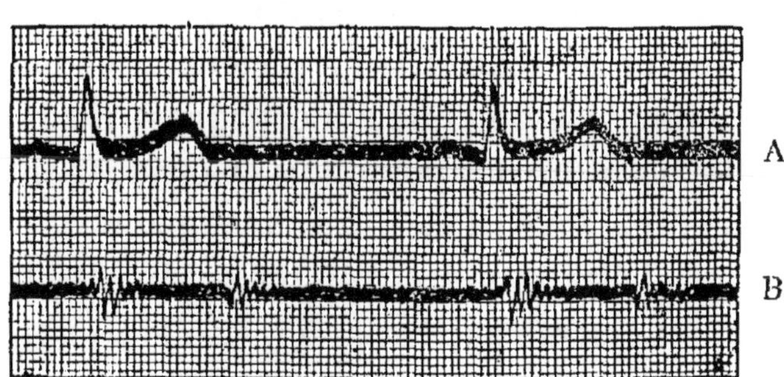

Fig. 73. — Tracé de la courbe électro-cardiographique A et inscription simultanée des bruits du cœur B (Weiss et Bull).

variations du courant et l'on peut par un enregistreur microphotographique approprié saisir les accidents de ces déviations même les plus minimes. On obtient ainsi une courbe remarquable dans laquelle on discerne nettement la variation négative auriculaire et la variation ventriculaire.

MM. Weiss et Bull au moyen d'un dispositif ingénieux, inscrivant en même temps les bruits du cœur, ont démontré que ces variations négatives précèdent bien les contractions comme le faisait prévoir la théorie.

La clinique tire parti de ces renseignements en raison des anomalies données par la courbe électro-cardiographique chez les sujets atteints de certaines maladies, chez les cardiaques en particulier.

Comment expliquer la variation négative? C'est ici que se place l'ingénieuse explication donnée par le Professeur d'Arsonval, explication qui pourrait bien en même temps donner la clé du phénomène de la contraction lui-même. Lorsque deux corps conducteurs tels que de l'eau acidulée et du mercure sont juxtaposés dans un tube capillaire, nous savons que toute déformation des surfaces de séparation entraînant une perturbation des forces de tension superficielle s'accompagne d'une variation des potentiels électriques. Et inversement toute variation des potentiels électriques entraîne une déformation des surfaces. Ce phénomène est mis en lumière par l'électromètre capillaire du Professeur Lippmann représenté par la fig. 74. La déformation des surfaces entraîne une ascension ou une descente du ménisque séparant le mercure H de l'eau acidulée A. Si, comme l'a fait d'Arsonval, on met dans un tube de caoutchouc une série de bulles de mercure et d'eau acidulée, une traction exercée sur le tube donne lieu à une oscillation électrique très appréciable et inversement si l'on soumet ce dispositif à des variations de courant, il en résulte des déformations de surface se manifestant par de légères oscillations de l'organe dans le sens de la longueur.

Le Professeur d'Arsonval conclut de cette expérience qu'il se peut que le secret de la contraction musculaire réside dans les actions électriques qui se passent au niveau des surfaces de séparation des disques sombres et des disques clairs.

Ainsi l'électricité serait la modalité énergétique intermédiaire entre la forme chimique et la forme mécanique dans l'intimité même des organites musculaires. Cette théorie proposée par Joule et soutenue par différents auteurs, Voit, Krause, etc. est certainement des plus séduisantes.

Fig. 74. — Electromètre capillaire de Lippmann.

Elle semble confirmée par ce fait que dans certains cas la nature paraît avoir utilisé la formation même de l'électricité dans les muscles. Il existe dans les séries animales des organes semblables aux muscles, mais n'ayant pas de fonction mécanique. Par contre leur disposition est telle qu'ils sont aptes à fournir le maximum de production d'électricité. Je veux parler de l'organe électrique des gymnotes, silures, torpilles, capable de donner des décharges comparables à celles des fortes bouteilles de Leyde et créant ainsi pour ces animaux d'excellentes armes offensives et défensives. Ces organes électriques renferment tous les éléments de l'architecture musculaire. Ce sont des muscles adaptés à une autre fonction : ici le nerf afférent n'a d'autre but que de mettre en activité les organites musculo-électriques et de déclencher les mutations chimiques productrices d'électricité. La perturbation nerveuse apportée par les cylindraxes n'a d'autre effet que de faire exploser les mutations d'énergie chimique du pseudo muscle en énergie électrique.

Si cette théorie est exacte, on voit que l'énergie chimique libérée lorsque l'influx nerveux la déclenche se transmuterait en différentes autres modalités : électricité, chaleur, etc. La modalité électrique à son tour se transmuterait en différentes autres formes : travail mécanique (par l'intermédiaire des déformations de surface), chaleur, etc., *sauf une petite partie dispersée sous forme de courants perceptibles à l'extérieur* (variation négative). Dans certains cas, comme chez les poissons électriques, l'utilisation mécanique serait à peu près supprimée et les différences de potentiel produites seraient utilisées directement.

Si tel est bien le mécanisme de la contraction musculaire il est à présumer que ce même mécanisme se retrouve dans le phénomène des contractions plasmiques chez les cellules non différenciées ; d'ailleurs aucun fait scientifique ne s'oppose à cette extension de la théorie électrique, bien plus séduisante et bien plus compréhensible que celle des variations d'imbibition que nous avons signalée à son heure (v. p. 523). Cela expliquerait sans doute aussi le fait mis en lumière par les recherches de Hermann, Ranke, Velten et Kimkel, etc., que tout point d'un végétal fortement excité devient négatif par rapport aux régions voisines.

Tout ce que nous venons de dire relativement aux phénomènes électriques qui accompagnent la contraction musculaire nous fortifie donc dans cette idée que l'influx nerveux agit simplement comme un agent lytique d'une nature spéciale et que l'électricité musculaire n'a rien à voir avec son intervention dans l'énergétique de l'organe moteur.

Demandons-nous à présent si le long de la fibre nerveuse elle-même, nous n'allons pas saisir quelque phénomène qui démente cette manière de voir.

β) *Phénomènes électriques propres au nerf.* — Le nerf au repos, comme le muscle au repos, n'offre pas de différences de potentiel entre les points les plus divers de sa surface longitudinale.

Si on le sectionne, les points de la surface de section sont négatifs par rapport à ceux de la surface longitudinale, comme cela a lieu dans le muscle et ici aussi il y a bien des raisons de croire que ces différences de potentiel résultent des phénomènes opératoires.

Le nerf en fonctionnement présente au contraire des phénomènes électriques certains.

La région excitée devient négative par rapport aux régions voisines aussitôt après l'excitation. Cette perturbation électrique se propage de part et d'autre de la zone excitée à la vitesse de l'influx nerveux (25 m. environ par seconde).

Si l'excitation mécanique ou électrique est répétée les ondes négatives se succèdent et les galvanomètres révélateurs des perturbations électriques, s'ils possèdent une certaine inertie, indiquent un courant soutenu.

Durant ce temps le muscle revélateur des excitations nerveuses entre en tétanos physiologique.

Ainsi, que l'on étudie le muscle ou que l'on étudie le nerf, on constate que la perturbation plasmique résultant d'une excitation quelconque s'accompagne d'une variation électrique.

Si la perturbation plasmique se propage de proche en proche, cette variation l'accompagne : s'agit-il du muscle qui traduit cette perturbation par un acte mécanique, une contraction, qui suit cette perturbation, on voit l'onde négative cheminer de pair avec l'onde contractile à la vitesse de quelques mètres par seconde. Seulement cette dernière est un peu *en retard* sur l'onde électrique car il y a un temps perdu entre l'excitation plasmique et la contraction. S'agit-il du nerf qui ne traduit pas extérieurement la perturbation plasmique qu'il conduit, l'onde négative chemine encore de pair avec l'influx nerveux à la vitesse de 25 mètres environ à la seconde.

La dépression négative, ce que nous appelons aujourd'hui la poussée électronique, se produit donc sur place à l'occasion et au moment de la perturbation plasmique, quel que soit ce plasma et quel que soit l'acte chimique, physique ou mécanique *qui la suit.*

L'avenir dira sans doute quelle est la signification de ce fait, si c'est un phénomène concomitant banal ou s'il y a là un laissé pour compte électronique, un reste inutilisé de la phase de l'énergie propre à la vie, comme il y a dans les machines à feu un laissé pour compte d'énergie thermique visée par le principe de Carnot.

118. — L'électricité est un excitant des mieux appropriés à provoquer l'influx nerveux. Ses modalités. Cela ne signifie pas que l'influx nerveux soit de nature électrique.

Parmi tous les excitants capables de provoquer la perturbation plasmique qui, dans le nerf, prend le nom d'influx nerveux et est conduite par lui le long de ses fibres les plus ténues, l'électricité est certainement le plus remarquable à cause de la délicatesse et de la variété de ses effets. Nous allons nous arrêter un moment à l'analyse des réactions électriques du système neuro-musculaire, parce que cette étude va être pour nous un complément d'informations utiles sur la nature de l'influx nerveux.

Les courants électriques agissent sur les nerfs sensitifs et sur les nerfs moteurs; ils agissent directement sur les muscles lisses ou striés; ils agissent sur le plasma non différencié.

La perturbation qu'ils provoquent dans les nerfs sensitifs et sensoriels donne, comme celle que provoque un excitant quelconque, une image (douleur, sensation de couleur, de son, etc.); et cette image est identique à l'image physiologique, je veux dire à l'image évoquée normalement par l'excitant physiologique des mêmes neurones, par les ondes lumineuses ou auditives, par les pressions ou oppositions matérielles, etc. Ce qui signifie, comme nous le disions plus haut, que ce n'est jamais l'onde électrique, qui, transmise par la voie nerveuse, va exciter les centres, se substituant ainsi à l'influx physiologique, mais c'est bien la perturbation plasmique normale qui se transmet après avoir été provoquée par l'onde électrique agissant comme un excitant banal. Cette conclusion doit être étendue à tous les nerfs, moteurs volontaires, vasomoteurs, etc.

Cela posé, il faut se hâter d'ajouter que, suivant la forme de l'onde excitatrice, suivant sa polarité, son intensité, sa durée, etc., la perturbation plasmique produite offre des modalités variées.

L'étude de ces variétés de réponses est particulièrement instructive quand on considère les nerfs moteurs qui donnent des réactions enregistrables, grâce au muscle qu'ils commandent.

Aussi allons-nous ici nous borner à étudier d'ailleurs très sommairement, l'action des courants électriques sur les muscles et les nerfs.

α) *Action des courants électriques sur les muscles.* — Le courant continu, à son état permanent, produit des phénomènes de transport ionique dans les tissus. En même temps que s'opère ce phénomène électro-chimique les plasmas réagissent en général par une déformation. Les prolongements amœboïdaux, organes ciliaires, organes des êtres inférieurs à stries longitudinales, ébauches musculaires et même muscles lisses des animaux supérieurs, traduisent ordinairement par une rétraction ou une contraction soutenue et assez longtemps prolongée le passage du courant continu. Par contre des ondes électriques brèves restent souvent inefficaces.

Au fur et à mesure que, chez les animaux supérieurs, le muscle se perfectionne et prend la forme de fibres striées, ses réactions sont beaucoup plus rapides, beau-

coup moins soutenues. Provoquées par une *perturba-*
tion électrique, par un *changement* de régime des ions,
elles ne persistent pas, et le muscle revient à la position de repos *tant que le nouveau régime n'est pas per-*
turbé.

Pour obtenir *une contraction permanente* on est réduit
à *fusionner* une série d'excitations distinctes c'est-à-dire
à produire un *tétanos.* La contraction volontaire est un
tétanos, comme en témoigne le bruit de rouet qui
l'accompagne. Pour produire électriquement ce tétanos
on ne peut donc pas employer le courant continu à son.
état permanent; il faut avoir recours à des ondes successives : période de fermeture et d'ouverture du courant
continu, courant faradique, courant de décharge des
condensateurs, etc.

Ce sont les variations de l'état électrique qui seules
provoquent les contractions et non le phénomène
ionique entretenu. D'ailleurs il faut se représenter conformément à la proposition développée ci-dessus, que
chaque onde produit une contraction non pas par la
transmutation directe de l'énergie électrique mise en
jeu en énergie mécanique, mais par *l'intermédiaire de*
la perturbation plasmique à laquelle donne lieu toute
cause mécanique, physique, chimique extérieure. Autrement dit plus le muscle est hautement différencié, moins
il est capable de répondre par une contraction tonique
soutenue à une perturbation plasmique isolée; il doit
pour soutenir sa contraction recourir au tétanos, c'est-
à-dire *être excité par une série de perturbations* plasmiques. Peu importe d'ailleurs que ces perturbations
successives soient provoquées par un agent mécanique,

physique ou chimique. Peu importe qu'elles soient nées sur place (excitation directe du muscle) ou apportées par le nerf moteur (excitation du neurone).

Ces considérations nous expliquent que, entre certaines limites, l'excitabilité du système neuro-moteur soit fonction non pas de la valeur absolue du courant agissant, mais de la rapidité de sa variation (1).

Aussi ce qui distingue le muscle hautement différencié, le muscle strié parfait, du muscle sarco-plastique, du plasma contractile, c'est, électriquement parlant, sa sensibilité aux perturbations électriques brèves, aux ondes rapides.

Mlle Ioteyko, partant de cette considération et de la théorie de Bottazzi sur la dualité fonctionnelle du muscle estime qu'on peut, par les seules relations électriques, juger de la valeur sarcoplastique et myo-fibrillaire respective d'un muscle donné.

Or, il arrive en pathologie humaine qu'un muscle

---

(1) Du Bois Reymond avait même cru pouvoir affirmer que l'excitation était uniquement fonction de la relation $\frac{dI}{dt}$, c'est-à-dire de la variation d'intensité dans le temps. On sait aujourd'hui qu'il faut faire entrer en ligne de compte la quantité d'électricité mise en jeu dans l'onde excitante considérée. Cette quantité Q ne peut descendre au-dessous d'un minimum a, si rapide que soit la variation ; on doit ajouter à ce minimum une quantité croissant avec la durée de l'onde et qu'on peut représenter par bt (b étant une constante). On a ainsi : $Q = a + bt$ (formule de Weiss). L'étude des excitations produites par la décharge des condensateurs, commencée par Chauveau, d'Arsonval, continuée par Zanietowski, Cybulski, puis Hoorweg et récemment reprise par Cluzet, Doumer, en France, a confirmé cette loi importante en montrant que la quantité d'électricité nécessaire pour produire l'excitation, ne peut descendre au-dessous d'une certaine valeur minima a qui doit être augmentée d'une quantité b proportionnelle à la capacité du condensateur, capacité de laquelle, comme on le sait, dépend la durée de la décharge.

peut subir une variation considérable de cette valeur :
ce fait se produit lorsque le conducteur nerveux qui le
tient sous sa dépendance fonctionnelle et trophique est
altéré. lorsque ce conducteur subit la dégénérescence
wallérienne par exemple. Il apparaît alors que le muscle rétrograde. Sa fonction myofibrillaire semble s'atténuer. Sa fonction sarcoplastique paraît reprendre le
dessus. Le muscle alors redevient sensible aux ondes
étalées et cesse de l'être aux ondes brèves, comme le
muscle à fibres lisses, comme le sarcoplasme.

En même temps, on constate que le muscle se con-
tracte mollement, il devient plus sensible au pôle positif qu'au pôle négatif quand on l'excite par l'établissement brusque d'un courant de pile, tous caractères qui
le rapprochent du muscle lisse.

β) *Actions des courants électriques sur les nerfs moteurs.* — Que la perturbation plasmique soit produite
dans le plasma de la fibre musculaire elle-même ou
qu'elle le soit dans le plasma de la fibre nerveuse qui
la commande, il n'y a qu'une différence de lieu : aussi
les effets produits sont-ils en général les mêmes; quelle
que soit la fibre nerveuse excitée, fibre à myéline, fibre
de Rémack, pourvu qu'elle soit intacte, la perturbation
plasmique produite peut être regardée comme identique. Elle se transmet pareillement. Seulement la
réaction musculaire diffère suivant la nature du muscle; les ondes rapides provoquent une réponse si le
muscle qui est au bout de l'axone est un muscle à
fibres striées; les ondes lentes, les ondes étalées sont
au contraire efficaces, quand le muscle correspondant est un muscle à fibres lisses, tandis qu'elles ne

donnent pas d'effet moteur si .le muscle correspondant est strié. La différence de réaction provient non pas d'une différence de modalité de l'influx nerveux, mais du réactif musculaire.

Quand le cylindraxe est altéré, il cesse ordinairement d'être conducteur de l'excitation plasmique, de sorte que dans les cas analogues à celui de la dégénérescence wallérienne, pendant que le muscle tend à prendre les réactions dites sarcoplastiques, le nerf cesse simplement peu à peu de conduire les excitations portées directement sur lui.

γ) *L'électrotonus et les variations d'excitabilité des plasmas hautement différenciés.* — L'excitabilité des plasmas vivants et en particulier l'excitabilité si délicate du neurone est variable. Elle est influencée par des causes diverses (température, causes physiques, chimiques, mécaniques, etc.) Pour n'en citer qu'un exemple, on sait que les anesthésiques tels que l'éther et le chloroforme l'exaltent à petite dose et l'annulent à haute dose.

Le courant galvanique par son passage à l'état permanent modifie aussi cette excitabilité. Si à l'aide de deux électrodes impolarisables, on fait passer un courant galvanique d'intensité invariable entre deux points peu distants l'un de l'autre d'un même nerf, on remarque que le nerf dans la région voisine de la cathode devient plus excitable aux perturbations mécanique, chimique, thermique, électrique, etc., tandis que son excitabilité diminue dans le voisinage de l'anode. On dit que le nerf se trouve alors dans un certain tonus électrique; ou qu'il est en électrotonus. La région voisine de la

cathode est en *cathélectrotonus* et la région voisine de
l'anode en *anélectrotonus*. Au moment où le courant
électronisant cesse il y a inversion des phénomènes
d'excitabilité.

C'est là un phénomène d'ordre biologique très spécial
et qu'il est assez facile d'expliquer. Il touche de près
comme on le pressent à la loi d'excitabilité des muscles
et des nerfs aux périodes d'état variable. Il s'accompagne d'ailleurs d'autres phénomènes électriques dont
la description ne peut trouver place ici et qui n'appor-
teraient aucune lumière nouvelle à la question qui nous
occupe.

Cet aperçu suffira, je l'espère, pour montrer le rôle de
l'électricité considérée comme facteur d'excitation pour
les plasmas vivants. Pas plus maintenant que tout à
l'heure, pas plus quand on envisage les effets moteurs
des courants que quand on observe les manifestations
électriques liées au fonctionnement du neurone ou du
muscle on ne trouve de confusion possible entre la
modalité électrique de l'énergie et ce que nous avons
appelé l'influx nerveux. Mais par contre les relations
intimes de tous les phénomènes plasmiques avec les
manifestations électriques concomitantes nous laissent supposer qu'au fond, la perturbation plasmique
transmise par le neurone, n'est pas sans relation avec
les phénomènes électroniques de la matière et que la
contraction musculaire peut bien être fonction d'une
phase électrique de l'énergie mise en jeu par les agents
explosifs de l'excitation.

Section II. — Le deuxième degré des actes de relation. Le jeu des centres non conscients.

119. — Sur les synergies utiles à un organisme dans la vie de relation. Accouplement lâche des impressions et des réactions.

Il est exceptionnel qu'une excitation extérieure provoquant une réaction de défense, un tactisme positif ou négatif, ou en général un mouvement utile, produise cet effet par un mécanisme simple. Presque toujours plusieurs mouvements élémentaires se trouvent combinés pour arriver à réaliser le phénomène utile. Il y a, en un mot, synergie, combinaison de plusieurs réactions élémentaires concourant à un même but. Ainsi le mouvement de la dionée gobe-mouches emprisonnant un insecte, de la sensitive dérobant ses surfaces foliolaires ou de la grenouille décapitée qui, piquée à la cuisse, chasse avec l'autre patte l'objet traumatisant, tout cela implique non pas un mouvement simple, mais une combinaison de plusieurs mouvements concourant au but utile.

L'utilité n'apparaît même très souvent que lorsque cette synergie est très complexe, chaque mouvement élémentaire ne présentant à lui seul aucun intérêt pour l'individu.

Plusieurs procédés sont possibles pour arriver à cette synergie et plusieurs se trouvent effectivement dans la nature. Tantôt une chute de tension liquide provoquée au niveau de quelque réservoir approprié,

va, par l'intermédiaire du système vasculaire, provoquer des mouvements combinés, grâce à un mécanisme
simple de flaccidité articulaire, tantôt la perturbation
plasmique irritative se diffuse de toute part, de cellule
à cellule, et provoque des réactions motrices dans les
organes moteurs atteints par la diffusion ; tantôt, et
c'est là le procédé le plus savant, celui qui se prête aux
combinaisons les plus délicates, celui qui a eu le plus
d'avenir dans la chaîne phylogénique animale, la perturbation plasmique, née dans un neurone sensitif sous
l'action d'un agent extérieur, se transmet à plusieurs
neurones moteurs : chacun de ces neurones comman-
dant une fibre musculaire, l'ensemble de leurs excitations provoque les mouvements combinés.

Si un même neurone sensitif était simplement en
rapport avec plusieurs neurones moteurs l'excitation
de ce neurone sensitif provoquerait toujours la même
combinaison de mouvements. Nous aurions là un
réflexe simple, mais un réflexe à plusieurs voies motrices pour une seule voie sensitive. Ce serait quelque
chose déjà, ce serait peu à coté de ce qui existe dans la
nature.

Remarquons en effet d'abord que plusieurs neurones
sensitifs sont excités à la fois lors d'une impression
extérieure, et la réaction utile qui suit est le résultat
de ces excitations multiples : le réflexe à plusieurs voies
motrices est par conséquent aussi un réflexe à plusieurs
voies sensitives.

Un pas de plus et nous allons arriver à concevoir un
mécanisme d'une souplesse remarquable pour se plier
aux besoins des fonctions de la vie.

Parmi ces besoins, il en est un capital. Il faut que suivant l'intensité ou les modalités respectives des excitations portées sur chacun des neurones sensitifs affectés, les réponses données par les neurones moteurs soient adaptées au mieux à l'utilité et à l'efficacité du travail produit. Il faut en un mot que la finalité prime les simples rapports de causalité mécanique, et qu'il y ait une large place, dans les transformations énergétiques produites, à ce facteur que nous avons maintes fois rencontré : le profit individuel pour le sujet.

Voici par exemple deux impressions assez voisines produites, l'une par une proie utile, l'autre par un ennemi dangereux. De très petites différences marquent le concert des excitations agissantes; de très grandes différences sont désirables dans les réponses : ici ce sera la position de défense qui sera nécessaire, là ce seront les mouvements actifs de capturation.

Si nous cherchions à construire un automate mécanique capable de réaliser ce desideratum, nous aurions le droit de rester effrayés par les difficultés mécaniques et par les obstacles à peu près insurmontables que nous rencontrerions. Mais par contre si nous avions à notre disposition comme élément de construction des matériaux analogues à ceux de la vie et jouissant de cette propriété remarquable de conserver la mémoire du déjà fait, de renouveler plus facilement un acte déjà accompli, le problème serait considérablement simplifié.

En effet plaçons des intermédiaires entre le système des neurones sensitifs excités et le système des neurones moteurs réagissants, c'est-à-dire interposons entre ces deux systèmes *des neurones d'association.*

Plaçons par exemple entre les neurones sensitifs NS, (fig. 75), et les neurones moteurs NM, les neurones d'association NA NA' réduits aux connexions très simples indiquées sur ce schéma. On conçoit : 1°) que suivant le plus ou moins d'excitation entre zéro et le maximum des fibres centripètes a, b, c, d, e, les réponses synergiques des fibres motrices f, g, h, i, k, seront des plus variées.

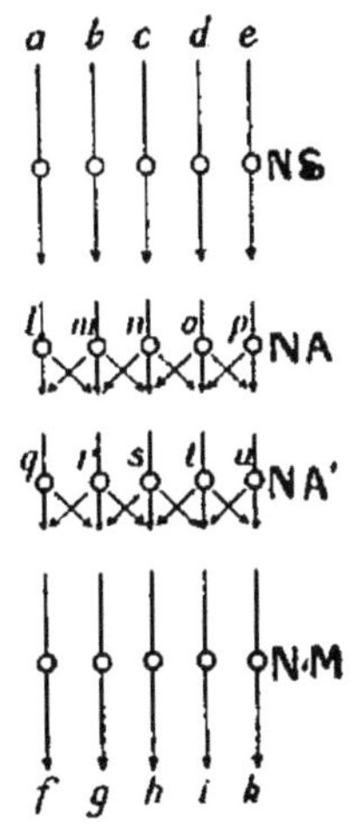

Fig. 75.— Schéma des connexions caractéristiques du réflexe du 2e degré.

2°) Que suivant l'excitabilité respective des neurones intermédiaires l, m, n...... t, u, les modalités de la transmission seront différentes ;

3°) Que du fait même de l'excitation complexe venue de NS l'excitabilité des neurones NA, NA' peut être modifiée ;

4°) Qu'elle peut être modifiée aussi suivant des états passagers ou durables, propres au sujet considéré.

Cette interposition des neurones NA, NA' que nous rencontrons couramment dans la nature constitue le réflexe du deuxième degré.

Alors il nous devient possible, grâce à ces neurones en connexion chacun avec plusieurs des neurones excités ou avec plusieurs des neurones moteurs, d'obtenir une infinité de nuances dans la réponse globale.

Nous allons voir comment la propriété remarquable de la matière vivante que nous rappelions plus haut et qui consiste dans la répétition plus facile du déjà fait va simplifier. la solution du problème si difficile que nous envisageons.

120 — Le réflexe du deuxième degré. Le rôle de l'habitude dans son accomplissement. Activité des neurones intermédiaires.

Que l'on veuille bien observer que dans la solution proposée, celle dont la figure 75 nous donne une image schématique, il y a deux choses distinctes et extrêmement importantes toutes deux à considérer.

La première réside dans la multiplicité des connexions, chaque neurone sensitif et chaque neurone moteur étant respectivement en relation avec plusieurs neurones d'association et ces derniers eux-mêmes pouvant être connectés entre eux ou avec d'autres neurones. Cette multiplicité des connexions rend les modalités de la réponse tributaires non seulement des modalités de l'excitation, mais de l'état des voies de connexion. Or ceci est capital, car, si l'influx nerveux est partout le même, s'il est susceptible seulement de *plus* ou de *moins* dans chaque fibre qui le conduit, on conçoit que le *plus* ou le *moins* des influx moteurs distribués respectivement aux fibres motrices, f, g, h, i, k, soit tributaire non pas seulement du *plus* ou du *moins* des influx afférents de chacune des voies centripètes a, b, c, d, e, mais aussi et surtout des agents répartiteurs NA, NA'.

La deuxième réside dans ce fait que les neurones d'association devenant les répartiteurs des excitations sont susceptibles de recevoir *un rôle actif* dans la genèse de la réponse.

De ces deux choses la première est du domaine de l'anatomie et de l'histologie, nous la préciserons tout à l'heure en faisant appel aux notions morphologiques que nous avons mentionnées dans notre tome III. La deuxième est d'ordre physiologique, nous allons nous en occuper immédiatement.

Voyons donc comment les neurones d'association vont pouvoir jouer un rôle actif dans le réflexe du deuxième degré.

C'est ici qu'il y a lieu de faire intervenir cette propriété remarquable de la matière vivante que nous rappelions ci-dessus : la mémoire matérielle du déjà fait.

Parmi plusieurs réactions possibles à travers les voies multiples offertes au réflexe, celles qui, à l'occasion d'une impression donnée, se sont déjà produites ont tendance à se renouveler de préférence aux autres. Chaque fois que la même impression se produira, la même réaction tendra à se réaliser parce que déjà accomplie et non parce que seule possible, non parce que mécaniquement inévitable.

Ici encore se produit une option, option de hasard, si l'on veut, en principe, mais bientôt option forcée, si l'on songe à l'emprise que la sélection naturelle a immédiatement sur ce phénomène, les êtres dont les réactions sont conformes à l'intérêt vital ayant le plus de chances de durer et de faire souche.

Ce mécanisme n'implique qu'une condition pour sa réalisation, c'est une certaine activité des neurones d'association. Or, nous avons longuement insisté sur ce fait que le plasma nerveux est actif dans le phénomène de la conduction et que les terminaisons fibrillaires en particulier ont un rôle essentiellement actif dans la transmission de l'influx nerveux d'un neurone au neurone suivant.

Ainsi pouvons-nous nous représenter les neurones d'association comme ayant *un rôle direct et actif* dans les actes préparatoires qui coordonnent les mouvements élémentaires de la réponse et qui préparent des actes synergiques dont le concert réalise le travail utile.

Cette activité que nous leur accordons n'implique bien entendu aucun discernement. Les phénomènes qui se passent là sont de même nature que ceux que nous avons observés dans l'étude de la fonction de nutrition, quand nous avons dégagé la faculté d'option et la loi d'option de la préférence systématique constatée entre les voies isodégradatrices offertes aux mutations biochimiques. Mais bientôt, dans l'étude de l'évolution phylogénique des phénomènes conscients, nous retrouverons cette activité des neurones centraux au point où nous la laissons à présent. Nous la retrouverons accompagnée d'une manifestation statique progressivement développée : la représentation cérébrale. Nous verrons ce phénomène statique, dont la production ne consomme par elle-même aucune énergie et ne produit aucun travail, capable cependant de devenir un facteur d'option, et c'est alors que pour couronner cette étude se posera en toute lumière le problème de la volonté libre. Je me borne ici à signaler par avance cet enchaînement pour faire voir tout de suite l'importance que nous devons attacher à l'activité des neurones centraux dans le réflexe du deuxième degré.

121. — Réalité histologique et fonctionnelle de la théorie de l'activité des neurones intermédiaires dans le réflexe du deuxième degré.

Nous avons dit que la seconde des deux choses importantes à considérer dans la description que nous avons donnée du réflexe du deuxième degré, est la multiplicité des voies de connexion permettant une synergie des réponses en vue d'un but à atteindre.

L'anatomie et la physiologie démontrent la réalité de ce fait. Nous allons nous en rendre compte. Nous commencerons par regarder un acte réflexe du deuxième degré s'accomplir physiologiquement puis nous jetterons un coup d'œil sur ses rouages anatomiques.

α) *Un exemple d'acte réflexe du deuxième degré; son accomplissement en vue d'un but utile.* — Prenons une grenouille. Sectionnons sa moelle épinière à sa partie supérieure. Les membres sont isolés du cerveau. Les excitations portées sur eux ne donnent plus de sensation et la volonté est impuissante à y produire aucun mouvement.

Cela fait, excitons un point de la patte postérieure par un choc mécanique, un acide corrosif dilué, une onde électrique ou une perturbation quelconque, la grenouille exécutera des mouvements limités à la patte touchée si l'excitant est faible, généralisés à tout le corps si l'excitant est violent.

Sans beaucoup de difficultés on peut constater que les mouvements ne sont pas quelconques; ils sont coordonnés jusqu'à un certain point : c'est ainsi qu'on voit

la patte opposée venir repousser l'excitant. On dira que
cela résulte de ce fait que l'animal, ayant des centres
supérieurs, avait pris l'habitude d'accomplir volontairement ces mouvements coordonnés de défense et qu'une
fois l'habitude prise le réflexe est devenu mecanique
et inconscient. Soit. Mais c'est précisément là un fait
remarquable de voir que l'habitude peut créer la coordination systématique; et l'on conçoit dès lors parfaitement que la répétition de certains mouvements, qui
jamais n'ont éveillé de phénomèmes conscients chez des
animaux dépourvus de centres supérieurs, puisse engendrer une habitude. Cette habitude si elle est bonne,
donnera prise à la sélection et deviendra le point de
départ d'un réflexe spontané à coordination plus ou
moins savante.

Ce que nous observons chez la grenouille privée de
ses centres supérieurs, nous le constatons chez les animaux inférieurs ne possédant que des centres peu
complexes. Toute excitation provoque des mouvements
coordonnés dans l'accomplissement desquels il est facile
de trouver un but utile c'est-à-dire le résultat d'une
habitude sélectionnée.

β) *Un exemple des rouages anatomiques de la machine
réflexe.* — Quand nous avons étudié les formes prises
par la matière vivante au cours de ses différenciations
et la morphologie des systèmes cellulaires de plus en
plus complexes, nous avons montré comment, en suivant
la chaîne phylogénique, nous assistons à la formation
progressive des centres nerveux. (T. III § 98 p. 392).

Ainsi nous avons signalé les centres décelables chez
les méduses, les échinodermes, la double chaîne gan-

glionnaire des vers avec une prédominance des centres
céphaliques qui est encore plus accentuée chez les
céphalopodes.

Ce développement très précoce dans la chaîne phylogénique des centres céphaliques rend un peu hésitantes
les limites entre les actes réflexes du deuxième et du
troisième degré. On ne sait pas au juste où commence
la représentation cérébrale. Mais ce fait ne gêne en rien
notre étude. Il nous est toujours loisible de faire abstraction chez les êtres, même doués d'un cerveau très développé, des connexions reliant les centres médullaires
aux centres supérieurs.

C'est pour cela que nous prendrons un exemple de
réflexe du deuxième degré dans la description sommaire
que nous avons faite (T. III p. 369 *ssq*) de la structure
des centres médullaires chez les vertébrés. Si le lecteur
veut bien parcourir l'aperçu que nous en avons donné
alors, il se rendra compte que les neurones dont le corps
cellulaire se trouve dans les cornes postérieures sont
des neurones d'association. Leurs dendrites s'articulent
avec l'arborisation terminale des cellules sensitives des
ganglions spinaux et leur cylindraxe avec les dendrites
d'une ou plusieurs cellules de chaînes motrices. Les
cylindraxes d'autres neurones médullaires, fuyant longi-
tudinalement le long de la moelle où ils contribuent à
former les cordons blancs, vont s'articuler avec les dendrites de neurones médullaires d'un étage de la moelle
situé plus haut ou plus bas.

Ainsi par cet exemple prenons-nous sur le vif le
dispositif que nous représentions schématiquement
figure 77.

L'existence de ces connexions intramédullaires dont un certain nombre traversent le plan sagittal médian et réunissent les neurones d'association droits et gauches, explique les lois que l'on a formulées relativement au jeu des réflexes : 1°) une excitation faible, a-t-on observé, portée sur une patte de grenouille occasionne un mouvement réflexe dans cette patte, c'est le réflexe le plus simple de retrait devant l'excitant. 2°) Une excitation plus forte occasionne un mouvement des deux pattes ; et, dans certaines conditions, la coordination réalisée est telle que la seconde patte vient vers l'endroit excité comme pour chasser l'agent excitant ; c'est le réflexe savant à haute coordination. 3°) Une excitation encore plus forte provoque des réponses généralisées qui peuvent déterminer des mouvements plus ou moins coordonnés en vue de la fuite par exemple.

Tous ces faits mettent en relief la multiplicité des connexions des neurones périphériques avec des neurones même très lointains et la mise en jeu plus ou moins intense de ces derniers suivant les cas. Si l'on voulait une preuve de plus de l'intervention active et sélectrice de ces neurones d'association, il suffirait d'observer les variations très étendues de leur excitabilité sous l'influence des agents les plus divers : la strychnine exalte cette excitabilité au point que des convulsions généralisées peuvent résulter du moindre attouchement ; l'opium, le bromure de potassium, le chloroforme, l'atténuent au contraire.

122. — Simple constatation du tonus réflexe. Ses agents excitateurs et frénateurs.

A présent que nous apercevons clairement le rôle des neurones d'association et la si utile coordination des mouvements qui résultent de leur mise en jeu, il est un fait sur lequel je dois particulièrement insister, parce que nous le retrouverons bientôt à la base de l'interprétation de ce phénomène si mystérieux à première vue : la conscience permanente de la vie. Je veux parler de l'activité continuelle des plasmas nerveux révélée par le *tonus réflexe*.

D'une façon générale, on sait que les muscles sont dans un état de tonus permanent qui les met dans une situation de contraction très modérée différente du relâchement absolu. Il suffit pour s'en rendre compte de regarder un sujet atteint de paralysie d'un seul côté, d'hémi-paralysie faciale par exemple. Le relâchement des muscles se voit nettement à la flaccidité du côté correspondant de la face.

Or la cause de ce tonus moyen n'est pas dans le muscle lui-même, sans quoi la section du nerf n'en produirait pas fatalement le relâchement. Il s'agit d'un tonus d'origine réflexe par voie nerveuse.

Si l'on en veut une preuve plus directe et plus convaincante, que l'on considère le tonus réflexe des sphincters, du sphincter anal par exempe. La section des nerfs centripètes partis de la région anale entraîne son relâchement, et l'excitation de ces nerfs, par la présence d'une fissure par exemple, l'exalte à tel point qu'il ne peut plus être physiologiquement relâché.

L'existence de ce tonus réflexe implique un état d'excitation à peu près constant du plasma nerveux. L'influx nerveux, autrement dit, parcourt sans cesse les conducteurs des voies réflexes et *la vie des organismes implique une circulation continuelle de cet influx*. Voilà un premier point que je prie le lecteur de bien retenir avant d'aborder la suite de notre étude.

Un second fait doit attirer notre attention, c'est la possibilité d'une frénation de l'excitabilité des neurones intermédiaires par une action nerveuse envoyée par d'autres neurones, frénation dont le rôle est beaucoup plus vaste qu'on ne le suppose à première vue. Tout le monde sait, par exemple, que le pneumo gastrique et le laryngé supérieur renferment des filets nerveux dont l'excitation provoque l'arrêt des mouvements respiratoires ; que le système nerveux central est frénateur des réflexes médullaires, d'où l'exagération des réflexes dans certaines maladies qui isolent les centres supérieurs des centres médullaires. Le mécanisme de ces actions frénatrices se trouve dans l'action inhibitrice exercée par les filets excités sur des centres médullaires ou ganglionnaires, qui cessent de transmettre l'influx provocateur des mouvements étudiés.

Ainsi conçoit-on que des actions nerveuses puissent favoriser ou empêcher la circulation des influx nerveux parcourant les chaînes des neurones, et que par suite *les tonus réflexes soient dans une certaine mesure sous la dépendance des centres régulateurs*.

Ce sont là des notions qu'il est utile de connaître avant de chercher à pénétrer comme nous allons le faire dans le domaine des réflexes conscients et de la pensée.

Section III. — Le troisième degré des actes de relation. — Fonction des centres conscients.

123. — Entre les centres réflexes simples et les centres conscients il y a une progression continue.

Nous avons tendance, lorsque nous voulons nous représenter l'organe de la pensée, à considérer les vertébrés supérieurs, l'homme en particulier ; et nous n'hésitons pas alors, à juste raison d'ailleurs, à localiser dans le cerveau la conscience du moi. La physiologie expérimentale, la pathologie humaine et animale s'accordent à faire regarder les centres cérébraux comme le siège exclusif du psychisme supérieur.

Si nous nous en tenions à cette simple constatation nous nous laisserions volontiers entraîner à voir dans le cerveau un organe né pour une fonction nouvelle et à admettre un hiatus irréductible entre les centres réflexes des deux premiers degrés et les centres du psychisme supérieur.

Cette conception serait erronée. Elle serait contraire aux observations et aux déductions que nous avons énoncées au cours de notre étude. Nous avons dit en particulier (T. III p. 369) que l'unité nerveuse de l'être se trouve préparée par les connexions centrales dérivées sur la chaîne des neurones sensitifs et moteurs périphériques. Nous venons de voir d'autre part que les voies réflexes sont sans cesse parcourues par des influx nerveux dont le tonus musculaire permanent est un des témoins les plus manifestes. Tout cela nous donne à penser que cette organisation déjà très complexe d'éléments déjà très actifs doit être fatalement une des étapes anatomo-physiologiques qui ont préparé les manifestations fonctionnelles du psychisme supérieur.

Unité nerveuse de l'être, obtenue grâce à ces connexions, et *activité permanente* des plasmas nerveux, telles sont en effet les deux pierres basales sur lesquelles l'étude morphologique de la matière vivante et l'étude des fonctions de la vie nous montrent édifiées ces deux choses étonnantes : la conscience que nous avons des phénomènes extérieurs et la notion permanente du moi.

Aucun hiatus anatomique ne sépare l'être inconscient de l'être conscient, et la conscience a pris progressivement naissance dans la chaîne phylogénique, à la faveur du progrès croissant des centres nerveux.

L'une des raisons qui a le plus, je crois, favorisé l'erreur que je signalais est que l'on éprouve *a priori* quelque peine à imaginer que les organes des sens aient pu être antérieurs à la conscience ; on a peine à concevoir qu'ils puissent exister sans les représentations subjectives qu'ils nous donnent.

Sans conscience, dit-on, pas d'organes des sens, car les organes des sens ont pour unique fonction et pour seule utilité de donner des sensations ; or les sensations sont choses subjectives qui impliquent la représentation cérébrale. On imagine bien à la rigueur que le sens du tact avant d'avoir été l'organe de la représentation de solidité et de forme des objets, ait pu être simplement l'organe de la transmission d'influx nerveux nés de perturbations mécaniques extérieures et que la représentation cérébrale n'ait été là qu'un épiphénomène, mais on a peine à concevoir les sens spéciaux, la vue, l'ouïe, etc., au stade de réflexe du deuxième degré.

Il suffit de réfléchir un moment pour s'apercevoir que le fonctionnement des sens spéciaux n'est qu'un cas particulier de l'irritabilité. Tout organe sensoriel n'est qu'une différenciation des cellules irritables propres aux réflexes simples. Tout centre sensoriel a son rudiment dans une formation intermédiaire du second degré.

Voici un animal du bas de l'échelle phylogénique qui présente du phototropisme : une vive lumière projetée sur son corps le fait fuir ou l'attire. Rien ne nous pousse à supposer évidemment qu'il y ait là le moindre phénomène conscient, la moindre image perçue. En voici un autre, qui, comme la pholade dactyle, d'après les observations de R. Dubois, présente dans son siphon des éléments dermatoptiques correspondant à une rétine diffuse et étalée, ou bien un autre qui possède un dispositif capable de concentrer les rayons lumineux sur un point du corps particulièrement riche en terminaisons nerveuses, véritable rétine en voie d'organisation. Est-ce à cause de cette spécialisation que nous allons tout de suite, par analogie avec ce qui se passe chez les espèces supérieures, nous figurer que l'excitation des organes de cette rétine va forcément donner une représentation de lumière, de couleur? Est-ce parce que le mot rétine a été prononcé que nous allons nous croire obligés de penser que l'influx nerveux né de l'excitation des ondes éthérées va se traduire par un phénomène subjectif? Pourquoi donc le ferions-nous plus ici que pour le tact! Sans aucune peine nous concevons que même chez les animaux qui possèdent des centres très développés, les impressions mécaniques, chimiques, thermiques du monde extérieur puissent rester inconscientes, pourquoi donc ne reconnaissons-nous pas aussi volontiers que les vibrations éthérées d'une longueur d'onde de l'ordre du dixième de μ peuvent avoir une action sur les nerfs centripètes sans que l'idée subjective de couleur et de lumière y soit attachée?

Il en est de même des vibrations sonores, des particules gustatives ou odorantes. Il ne faut pas, dès que nous apercevons une ébauche de baguettes auditives ou d'organes de Corti, d'appareil olfactif ou de cellules gustatives, nous croire en présence de dispositifs ayant pour fonction de donner des images subjectives.

Il est un exercice très salutaire pour ceux qui veulent arriver à se faire une idée exacte de l'évolution phylogénique des phénomènes psychiques. Il consiste à se représenter un être hypothétique pourvu, en outre de ses cellules tactiles tégumentaires, de cellules rétiniennes, auditives, olfactives et gustatives, mais chez lequel les influx centripètes partis de ces organes ne vont impressionner rien autre chose que des neurones moteurs directs ou des neurones d'association du second degré connectés entre eux, tels que ceux que nous avons envisagés au paragraphe précédent.

Plus délicatement irritable par la lumière, par les vibrations sonores, par les actions moléculaires des corps sapides ou odorants que les animaux inférieurs à irritabilité non différenciée, cet être aurait certainement sur eux de gros avantages. Plus apte à tirer profit des agents extérieurs favorables qui l'excitent, plus apte à se dérober devant les agents nuisibles à cause de cette délicatesse même des organes irritables, il n'est pas douteux que cet être hypothétique serait beaucoup mieux armé pour vivre que ses congénères moins perfectionnés.

Il serait tellement mieux armé, tellement mieux adapté aux besoins de la vie, que nous sommes amenés à nous demander comment il se peut faire que l'œuvre de la sélection naturelle n'ait pas fait de cet être hypothétique un être réel, et comment il se peut concevoir que cette transformation progressive, cette division fatale du travail ne se soit pas produite, conformément aux lois générales de l'évolution des organismes.

Mais avant de nous étonner, commençons donc par regarder autour de nous et cherchons si cet être hypothétique n'existe pas.

Entier, complet, pourvu sûrement de tous les organes d'irritabilité spéciale et dépourvu non moins sûrement de tout centre supérieur impliquant la représentation consciente, non, il ne paraît pas exister.

Mais s'il n'existe pas de toutes pièces, on le trouve partiellement réalisé çà et là et nous dirons tout à l'heure la raison de cette réalisation partielle seulement. On le trouve réalisé avec l'ébauche de tel ou tel récepteur spécialisé, de tel ou tel centre différencié. On trouve ici, comme chez les méduses, des corpuscules marginaux disposés le long de leur disque et qui représentent vraisemblablement les rudiments d'un appareil sensible aux ondes lumineuses. On trouve là, comme chez des arthropodes très simples, des poils tégumentaires différenciés particulièrement sensibles aux ondes sonores. Ailleurs ce sont, comme chez certains polypes, des. formations tentaculaires qui servent souvent à prendre les aliments et que bien des considérations anatomo-physiologiques obligent à regarder comme des rudiments d'appareils gustatifs. Ailleurs encore ce sont des organes ciliés ou tentaculaires dépendant de l'appareil respiratoire et que les naturalistes regardent ordinairement comme des rudiments d'appareil olfactif chez des animaux qui, tels certains mollusques, ne semblent pas posséder la conscience de leur vie. Et ce ne sont là que quelques exemples pris au hasard dans les séries phylogéniques.

Suivant son genre de vie telle ou telle lignée a vu se différencier des cellules dont l'irritabilité s'est spécialisée grâce à l'arrangement de ses organites, grâce à la répétition d'un même travail. Suivant le plus ou moins d'utilité, ce sont les ondes lumineuses ou sonores, les ions dissous ou gazeux, qui ont été les agents perturbateurs visés par la division du travail. Suivant le profit pour l'espèce, c'est tel ou tel de ces agents qui a été le point de départ d'excitations réflexes sur lesquelles la sélection naturelle a eu son emprise.

Ces considérations nous font comprendre, sans beaucoup d'effort, que si notre être hypothétique a été effectivement réalisé par parties dans la nature, il serait extraordinaire qu'il l'eût été totalement. Voici pourquoi :

Les sens spéciaux, les organes sensibles aux ondes lumineuses ou sonores, aux saveurs ou aux odeurs ne jouissent d'une importance prépondérante dans la vie que le jour où les perturbations plasmiques dont ils sont le siège éveillent des images représentatives. Alors vraiment ils prennent un essor rapide dans les lignées qui les possèdent. Alors vraiment ils donnent à celles-là un avantage décisif. Et sitôt que cette représentation existe tous deviennent d'une utilité supérieure, tandis que jusqu'à ce moment l'utilité de celui-ci ou de celui-là à peine était manifeste.

En conséquence, ce serait presque folie de vouloir trouver dans la nature un être.chez lequel, sans image représentative, sans conscience, les quatre ou cinq irritabilités spéciales se soient développées concurremment! Cette coïncidence extraordinaire aurait impliqué des conditions de milieu telles qu'il reste à peu près impossible de les imaginer réunies.

Quoi qu'il en soit, les considérations que nous venons de développer suffisent, je l'espère, à montrer que les organes sensoriels de la vie de relation ont eu forcément leur stade de fonctionnement inconscient et que la conscience est un épiphénomène développé au cours de l'évolution de la machine cérébrale.

124. — L'influx nerveux propre aux phénomènes de conscience ne nous offre pas de caractéristique spéciale. Les deux propositions fondamentales qui se dégagent de ce fait.

Il n'est rien de plus difficile que de préciser à partir de quelle étape dans la chaîne phylogénique la mise en jeu de l'irritabilité plasmique des neurones par les perturbations extérieures s'accompagne d'une représentation subjective. Il est non moins difficile de préciser dans la rapide évolution ontogénique de l'embryon *in ovo* ou *in utero* à partir de quel moment il possède la représentation des phénomènes qui se passent le long de ses neurones et la notion de son existence.

C'est dire qu'il n'existe pas de caractéristique anatomo-physiologique de l'irritabilité consciente.

Si tout le monde est à peu près convaincu de cette vérité, il est une conséquence à laquelle on n'apporte ordinairement qu'une attention secondaire et qui a pourtant une importance cardinale.

C'est la suivante:

Nous avons vu que l'influx nerveux est partout identique, que le phénomène de transmission qui se passe dans les chaînes de neurones est partout pareil à lui-même, que les cylindraxes ou les dendrites qui transmettent la perturbation plasmique née sous l'action d'une onde éthérée, d'une onde sonore, d'une impression chimique, mécanique, etc., n'offrent aucune différence histologique ni fonctionnelle.

Puisque rien ne marque la transition entre le réflexe inconscient et le réflexe conscient, cela signifie que quand l'influx nerveux, parcourant une chaîne de neurones rattachés aux éléments rétiniens, nous donne une image de lumière, ou quand l'influx nerveux, parcourant une chaîne de neurones rattachés à l'organe de Corti, nous donne une représentation sonore, c'est toujours le même phénomène d'irritabilité plasmique, le même influx nerveux qui est la cause des images si différentes produites. Si l'on arrivait avec une onde éthérée à exciter les cellules de Corti, ou avec une onde sonore à exciter les cônes et les bâtonnets de la rétine, les couleurs de l'arc-en-ciel nous donneraient des notes de musique, et la gamme des musiciens éveillerait en nous des idées lumineuses.

Ainsi deux théorèmes se dégagent dès à présent des faits que nous venons d'énoncer :

1°) *Toute perturbation extérieure agissant sur nos fibres centripètes provoque chez toutes le même phénomène : la transmission d'un influx nerveux partout le même.*

2°) *Ce qui caractérise les diverses images représentatives données par le cerveau, ce n'est pas la nature de l'influx nerveux, mais le territoire à travers lequel il chemine.*

Ces deux théorèmes ont une importance capitale. Nous allons en montrer la portée dans les paragraphes 126 et suivants; mais auparavant je crois indispensable d'essayer de donner une idée de la nature du phénomène que nous avons en vue, du phénomène de conscience, regardé du point de vue physico-chimique et en particulier du point de vue thermodynamique.

125. — Quelques notions préliminaires sur la nature du phénomène de conscience. La représentation consciente phénomène statique lié à l'accomplissement d'un acte dynamique.

Quand nous cherchons à nous représenter la nature objective des phénomènes physiques, telles que les ondulations éthérées qui font la lumière, les révolutions électroniques qui font sans doute les forces moléculaires, la solidité. la gravité, etc , nous arrivons à des conceptions fantaisistes, c'est entendu, mais ces conceptions nous satisfont provisoirement. Quand au contraire nous cherchons à nous représenter la nature de ce phénomène, plus mystérieux que les autres, que nous appelons la conscience, nous n'arrivons guère qu'à un amentable échec. Cet échec d'ailleurs ne doit pas nous décourager et rien ne nous autorise à croire qu'il est définitif. Seulement plutôt que de nous perdre en conjectures sur cet objet insaisissable et d'ouvrir des discussions stériles sur son essence, comme l'a fait la métaphysique des siècles passés, il faut, faisant abstraction de nous-mêmes et considérant ce phénomène comme tous les autres phénomènes de la nature, étudier de lui ce qui nous est accessible.

Or, nous avons dit déjà, quand nous avons envisagé le chimisme des êtres vivants, que la représentation subjective est une manifestation d'ordre statique. Si en effet, nous étudions la thermodynamique d'un être manifestement inconscient, pendant qu'il vit, et celle d'un être manifestement conscient ou tout au moins possédant comme l'homme la notion de certains des phénomènes dont il est le siège, pas plus dans le deuxième cas que dans le premier nous ne trouvons de quantité d'énergie consommée pour un usage inconnu, transformée en une modalité énergétique échappant à nos moyens de mesure.

L'être conscient peut certes par son activité cérébrale fréner ou exalter ses transformations énergétiques, comme toutes les manifestations statiques des énergies mises en jeu dans la nature peuvent fréner et même orienter la distribution de ces énergies, mais le fait de la représentation subjective n'absorbe pas plus d'énergie que le fait des attractions électrostatiques ou des attractions gravides, lorsqu'il n'y a pas de déplacement matériel produit par ces attractions, lorsqu'il n'y a par suite aucun travail produit.

A côté de ce caractère propre à nous éclairer sur la nature objective du phénomène de conscience, il en est un second relatif à sa production dont la connaissance marque certainement une étape vers l'objet de notre curiosité.

C'est que la conscience est liée à la circulation de l'influx nerveux : tout nous oblige à reconnaître que nulle conscience, nulle représentation cérébrale ne saurait se produire quand aucun influx nerveux ne circule, et cette circulation d'un influx nerveux nous apparaît comme la condition à peu près suffisante pour donner lieu à ce phénomène statique. Je dis à peu près, car en réalité nous savons déjà qu'il faut une certaine complexité des voies de translation de l'influx nerveux pour que l'être possède une unité consciente ; mais ce n'est là qu'une affaire de degré. Lorsqu'un être possède cette complexité, lorsqu'il possède des centres nerveux supérieurs, le phénomène qui se passe dans ces centres supérieurs est le même que celui qui affecte les neurones du réflexe du premier degré, et l'influx nerveux qui les traverse est bien la cause apparamment suffisante, capable de donner lieu aux images représentatives.

Ainsi la cause fondamentale de la représentation consciente, phénomène statique, se révèle à nous comme un phénomène d'ordre dynamique, la transmission d'une perturbation plasmique à travers le réseau des conducteurs nerveux.

Quand nous disons que la circulation d'un influx nerveux dans un centre arrivé à un degré suffisant de complexité est la condition nécessaire et à peu près suffisante de la production d'une image représentative, nous
entendons dire par là que, chez un être tel que l'homme
où les conditions de la production se trouvent réalisées,
il suffit que les neurones centraux soient parcourus par
un influx nerveux d'une origine quelconque pour qu'ait
lieu une représentation subjective. L'image représentative varie, comme nous l'avons dit au paragraphe
précédent, et commé nous allons le développer plus
loin, suivant la région parcourue, suivant les chaînes de
neurones qui participent à la perturbation, mais il suffit que quelque part se produise cette transmission pour
que l'être ait la notion qu'il vit. Aussi la notion de la
vie n'est-elle pas forcément liée à la production d'images sensorielles donnant une représentation du monde
extérieur. Il se peut que les régions cérébrales en relation plus spéciale avec les neurones sensoriels périphériques du tact, de la vue, de l'ouie, du goût, de l'odorat ne soient pas affectées et que l'être séparé du monde
extérieur continue néanmoins à avoir conscience de sa
vie. C'est qu'alors ses neurones centraux sont parcourus par des influx nerveux provoqués par le travail de
la vie organique, par l'activité permanente cellulaire ;
l'être se sent vivre et a la notion permanente de son
moi existant, sans que des perturbations lui viennent
de l'extérieur par les organes des sens.

Je ne suis peut-être pas tout à fait en communauté
d'idées, dans cet exposé, avec ceux qui, faisant procéder toute connaissance du jeu de nos cinq sens, ramè

nent le moi à la mémoire des centres sensoriels. Cependant je puis' avec eux admettre sans aucune réserve l'axiome dont on a fait bien à tort la formule symbolique du matérialisme le plus étroit « *Nihil est in intellectu quod prius non fuerit in sensu* ». Certainement la connaissance du monde extérieur résulte, comme l'a démontré l'apôtre de cette formule, de l'opposition du moi et du non moi, et chaque sujet n'acquiert la connaissance et la représentation du monde extérieur et de soi-même que par l'addition des sensations variées. Mais je dis qu'il nous est permis de concevoir un être aveugle, sourd, privé d'odorat et de goût et ayant une paralysie sensitive générale, qui cependant aurait une conscience vague de sa vie sans aucune représentation cérébrale de forme, de couleur, de consistance, etc.

Du fait que des influx nerveux circulent dans ses neurones centraux, en l'absence même de centres visuels, de centres auditifs, de centres de la sensibilité générale, etc., du fait que ces influx nerveux nés des excitations de la vie végétative, des échanges chimiques intérieurs, existent bien réellement, comme en témoignent par exemple le tonus musculaire, les sécrétions glandulaires, etc., il nous est permis de conclure que cette circulation neuronale peut s'accompagner de la conscience de la vie. En tout cas, il nous est interdit d'affirmer l'impossibilité de ce fait, que le raisonnement indique comme probable.

Que l'on veuille bien remarquer que ce ne serait pas infirmer ces déductions que d'assimiler à un 6ᵉ sens, sens de la vie végétative, la génération d'un influx nerveux par les actes de la vie chimique. Le seul fait intéressant est que ces actes n'éveillent aucune représentation du monde extérieur. Les influx qui résultent d'eux nous donnent tout juste, et encore dans certaines conditions seulement, la notion de notre vie. Que l'on appelle cela un sens, ou qu'on rejette cette dénomination, le fait reste le même.

Mais je me hâte d'ajouter un correctif à cette manière de voir. Si la seule caractéristique de la conscience est la circulation d'un influx nerveux dans un réseau de neurones centraux, il n'en est pas moins vrai que dans la nature, nous voyons toujours la conscience de la vie se développer parallèlement avec tel ou tel sens et surtout avec le concours de tous les sens, au point que, grossièrement parlant, toute la conscience apparaît primitivement comme réductible à la mémoire des impressions extérieures reçues et accompagnées d'images représentatives,

Cela posé nous allons pouvoir, avec plus de fruit, développer les deux théorèmes fondamentaux que nous avions annoncés au paragraphe précédent. Puis plus tard, dans un deuxième chapitre, nous dirons quelques mots de ce moi mystérieux en nous plaçant à un point de vue plus philosophique, autant du moins que peuvent le faire les adeptes des sciences positives peu portés pour les sports d'altitude et peu désireux de contempler les choses de la terre du haut des sommets où elles disparaissent à leurs yeux.

126. — La première proposition fondamentale énoncée. Uniformité de l'influx nerveux partout le même. Réalité et diversité des causes objectives extérieures. Nos sens, révélateurs différentiels.

Tous ceux qui, partant des données positives des sciences physico-chimiques et de l'énergétique, arrivent peu à peu à la connaissance de la vie n'ont aucune raison de s'étonner que des phénomènes extérieurs aussi différents que les ondulations éthérées ou sonores, l'opposition mécanique des corps solides, l'action physico-chimique des particules sapides ou odorantes, agissant sur nos terminaisons sensorielles, puissent produire un phénomène plasmique partout identique et toujours le même : l'influx nerveux. Combien y a-t-il d'exemples dans la nature de causes les plus variées produisant le même effet! N'avons-nous pas vu en particulier que les mutations physiques ou chimiques les plus diverses donnent ordinairement naissance à des courants électriques tous identiques par leur nature et variant seulement par leur caractéristique quantitative dans le temps?

Pas plus ils ne seront portés à s'étonner que cet influx uniforme puisse donner lieu à des images cérébrales différentes. Ne savent-ils pas en effet qu'une même modalité énergétique peut produire les effets les plus variés; ne savent-ils pas, par exemple, que le courant électrique, suivant le système dans lequel il circule, est capable de donner lieu aux effets dynamiques ou statiques les plus disssemblables, depuis l'incandescence lumineuse, la chaleur radiante des fils, jusqu'à l'attraction magnétique des bobines ou l'induction électrique des circuits.

Encore moins pourraient-ils concevoir que la dissemblance des effets et des causes qui les engendrent puisse faire mettre en doute la réalité de ces causes; et s'ils voyaient quelque sceptique ignorant douter que l'énergie chimique de la pile d'une sonnerie soit la source de l'énergie mécanique dépensée dans son timbre, ils pourraient sourire. Mais leur sourire se transformerait en une véritable stupeur, s'ils enten - daient ce même sceptique ignorant soutenir que l'attraction du fer étant le résultat de la mystérieuse circulation d'un agent immatériel dans un fil, la pile est illusoire comme une fiction de l'esprit.

Pourtant, nous l'avons vu, il est des philosophes qui ont nié la matière et qui ont affirmé le monde illusoire sous prétexte que les images cérébrales qui nous le font connaître sont l'effet de la mystérieuse translation d'un agent inconnu à travers nos conducteurs nerveux, translation provoquée ici par des ondulations, là par des oppositions mécaniques, ailleurs par des actions chimiques, parfois même par rien d'extérieur, et nulle part par des causes ressemblant aux effets produits. Et encore ces philosophes du néant n'avaient-ils pas l'idée nette de l'uniformité de l'influx nerveux! Ils pouvaient supposer qu'à chaque modalité de l'énergie extérieure correspondait une modalité spéciale de l'irritabilité plasmique. Qu'aurait-ce été, s'ils l'eussent possédée !

Nos sens, il faut bien que nous le sachions, ne sont que des révélateurs différentiels, je veux dire par là qu'ils nous permettent d'établir des comparaisons entre

des actions diverses produites par des agents variables
en qualité on en quantité, mais ils ne nous fixent pas
du tout sur la valeur absolue ni sur la nature absolue
de ces agents. Et à ce propos, il est remarquable de
constater que, dans beaucoup de cas et du moins entre
certaines limites, l'intensité de l'excitation extérieure
et l'intensité de la sensation correspondante sont liées
non pas par une simple loi de proportionnalité, mais
par une relation plus complexe, comme cela a lieu pour
beaucoup de ces révélateurs différentiels. Ainsi que
Weber, Fechner, et plusieurs autres physiologistes l'ont
établi, la sensation croît, entre un certain minimum et
un certain maximum, comme le logarithme de l'excitation, c'est-à-dire que quand l'excitation croît suivant
une progression géométrique, 1, 2, 4, 8..., la sensation
croît suivant une progression arithmétique 1, 2, 3, 4....

C'est là un fait qui contribue pour sa petite part à
nous mettre en lumière la nature de la représentation
cérébrale.

D'ailleurs presque toute la connaissance humaine
aussi bien dans le domaine des sciences précises que
dans celui de la représentation banale des choses est
uniquement basée sur cette méthode différentielle : nous
ne touchons jamais nulle part à l'absolu.

L'électricité elle-même, l'une des choses les mieux
connues de notre époque, la plus accessible à toutes
les mesures, la plus docile à se laisser capter et manier,
ne se révèle à nous que par les effets qu'elle produit,
effets qui sont bien différents d'elle-même et qui peuvent tout au plus nous donner une idée de l'énergie
mise en jeu et de sa modalité d'emploi : ici, c'est la

déviation d'une aiguille aimantée ou l'incandescence d'une lampe à filament qui nous donne une idée de l'intensité du courant, là c'est la rotation d'un disque de dynamo qui nous donne une idée de sa valeur énergétique, là c'est l'inclinaison d'un pendule qui nous donne une idée de ses quantités statiques, mais la déviation d'une aiguille ou d'un pendule, la rotation d'une dynamo ou la lumière due à l'effet thermique ne sont que des images représentatives nous permettant de comparer les quantités et les qualités de cet agent demeuré inaccessible à l'observation directe.

Seulement dans le domaine de la science, il nous paraît naturel que des effets se présentent sous une face essentiellement différente de celle de leurs causes, tandis que quand il s'agit des images cérébrales et des phénomènes propres à notre conscience, nous avons tendance à les objectiver tels qu'ils sont et nous sommes choqués et désorientés quand nous nous apercevons qu'il ne saurait en être ainsi.

Concluons simplement que *l'influx nerveux, un et toujours pareil à lui-même, est*, au point de vue philosophique qui nous préoccupe dans ce paragraphe, *l'intermédiaire entre des causes extérieures variées et des images représentatives toutes différentes d'elles, et variables suivant chacune de ces causes*.

127. — Deuxième proposition fondamentale énoncée. Ce qui fait la diversité des images c'est la diversité des réseaux de neurones parcourus. Spécialisation des centres cérébraux. Coordination des images dans la connaissance du monde extérieur.

L'explication de la diversité de ces images respectives implique donc plusieurs faits.

1°) Un triage des actions extérieures par les récepteurs est nécessaire; les organes des sens doivent être spécialisés. Il est évident en effet que, l'influx nerveux étant partout le même, si tous les organes épithéliaux étaient également sensibles aux impressions mécaniques, aux ondes éthérées, aux ondes sonores, jamais n'auraient pu s'organiser des régions centrales différenciées, sièges de la production d'images respectives lors de la mise en jeu de chacune de ces causes; toutes les régions cérébrales auraient été également affectées par des influx toujours les mêmes, quelle que soit l'impression extérieure, et jamais de distinction n'aurait pu s'établir entre le son, la lumière, les impressions tactiles, etc.

2°) Une spécialisation fonctionnelle et une certaine indépendance des régions centrales doivent exister, sans cela l'influx nerveux amené par un nerf optique ou l'influx nerveux amené par un nerf olfactif affecteraient les mêmes neurones centraux; et comme ces influx sont de même nature ils produiraient des images identiques.

3°) Ces centres indépendants doivent être le siège d'un phénomène représentatif différent quand ils sont affectés par un influx sensoriel. Il est évident que tout spécialisés qu'ils soient, s'ils donnaient tous la même image représentative, le triage des récepteurs serait absolument inutile et sans effet, les sensations seraient toutes d'une seule espèce.

Récepteurs sensoriels spécialisés dans telle ou telle réception, centres correspondant spécialisés et adaptés à donner des images représentatives différentes, telles sont les conditions sans lesquelles il serait impossible de concevoir la différenciation des images visuelles, tactiles, auditives, etc.

Cela posé, on comprend que les sens puissent se prêter un merveilleux concours pour développer en nous la connaissance du monde extérieur. La coordination des images visuelles et des images tactiles est à ce point de vue la plus remarquable de toutes. Chacun sait en effet que si c'est le sens du toucher qui nous apprend à connaître les aspérités, les angles, les dépressions, les bosses, en un mot la forme des corps matériels solides, l'œil nous apprend par le plus ou moins d'intensité lumineuse, par le jeu des lumières et des ombres, par les dimensions apparentes de lignes de longueur commune etc., à nous faire une représentation visuelle de ces formes. Le concours des perspectives accouplées dans la vision binoculaire complète cette éducation du sens de la vue par celui du toucher, au point que dans notre conception, nous regardons volontiers l'œil comme le sens révélateur de la forme des objets et c'est l'image visuelle qui nous apparaît toutes les fois que nous pensons à la conformation géométrique des choses de la nature. Personne n'ignore d'autre part à quelle illusion de forme peut donner lieu le jeu du toucher, véritable agent révélateur de la situation des points matériels dans l'espace.

Tous ces faits sont trop connus pour qu'il soit utile d'y insister ici; je me borne à les signaler comme un corollaire du théorème expliquant la diversité des images produites par des influx nerveux identiques nés sous des causes extérieures variées.

Par contre il est une question qui se rattache à ce même théorème et qui est loin de présenter la même simplicité. C'est la suivante :

Dans cette spécialisation progressive des centres supérieurs de plus en plus aptes à recevoir l'excitation de telle ou telle modalité des énergies extérieures par l'intermédiaire des sens adaptés respectivement à la captation de chacune d'elles, comment est apparue la conscience? Lorsqu'on passe des réflexes du deuxième degré aux réflexes conscients voit-on une conscience diffuse naître dans chacun des centres respectivement, ou bien la conscience est-elle l'apanage de régions spéciales des centres nerveux? Nous allons nous arrêter un moment à cette question délicate.

128. — Localisations cérébrales et conscience.

On sait combien aujourd'hui est discutée la question des localisations cérébrales ; et l'on connaît toutes les vicissitudes qu'elle a subies depuis le jour où Broca a affirmé que le pied de la troisième circonvolution frontale gauche est le siège du langage articulé. Les uns, se basant sur l'anatomie pathologique et la physiologie expérimentale, ont cru pouvoir localiser d'une façon absolue dans des territoires très limités les phénomènes conscients relatifs aux sensations et aux volitions; les autres, s'appuyant en particulier sur le phénomène des suppléances, en vertu duquel une région ordinairement préposée à une fonction peut être suppléée dans une certaine limite, en cas de lésion, par une autre, ont considérablement diminué la doctrine des localisations matérielles.

Mais ce n'est pas cette partie de la controverse, pourtant si intéressante, que j'ai en vue ici. Je ne l'aborderai même pas parce qu'il faudrait un volume pour la traiter. Celle que j'ai en vue présente un intérêt psychologique plus considérable encore : il s'agit de savoir si dans chaque centre spécialisé s'est développée peu à peu une conscience d'abord vague, puis plus précise et prenant peu à peu son unité, ou bien s'il a fallu pour que la conscience prenne naissance que s'établissent des dérivations de chaînes neuronales nouvelles, que se créent des centres nouveaux, *les centres conscients*.

Nombreux sont parmi les physiologistes anciens et modernes ceux qui ont fait du moi conscient une entité immatérielle habitant une région spéciale du corps. Aristote l'avait placé dans le cœur, Epicure dans la poitrine, Kant dans l'eau des ventricules cérébraux et Descartes dans la glande pinéale. Quelques autres auteurs, guidés davantage par cette idée que la conscience du moi devait résulter de quelque harmonie de toutes les parties de l'individu, lui donnaient pour siège un territoire parfois très étendu, ne la localisant à peu près nulle part. Ainsi Héraclite lui attribuait pour habitat tout le système sanguin.

A notre époque, l'un des savants qui a le plus brillamment soutenu la localisation de la conscience du moi dans des groupes de neurones dérivés est l'éminent Professeur Grasset, de la Faculté de Montpellier. Tandis que des biologistes comme Pflüger, Auerbach, se basant sur des résultats expérimentaux, admettent une conscience diffuse même dans les centres médullaires, Grasset pose formellement en principe que l'on peut diviser les centres nerveux chez les vertébrés supérieurs en trois groupes : 1°) les centres sensitivo-moteurs (centres de projection de Flechsig); 2°) les centres d'association inférieure, qu'il schématise sous forme d'un polygone dont chacun d'eux occupe un sommet et enfin 3°) le centre du psychisme supérieur qu'on a coutume d'appeler le centre O conformément à son schéma, et qu'il connecte à chaque sommet du polygone.

Il est bien certain que si dans le cerveau on met de côté les zones de l'écorce qui correspondent aux sphères tactiles, gustatives, olfactives, visuelles et auditives, et si l'on excepte encore les zones motrices, tout le reste est occupé par des neurones d'association. Ainsi les régions pariétales et occipito-temporales sont des zones d'association : elles constitueraient, d'après Grasset des centres d'association inférieure ou centres polygonaux.

Il est bien certain aussi que des sujets chez lesquels existent des lésions très variées, très diverses, intéressant les régions que nous venons d'énumérer, peuvent conserver l'intelligence générale indemne, mais à condition que la zone frontale soit intacte. Par suite, c'est dans cette région frontale de l'écorce qu'on est conduit à localiser le centre du psychisme supérieur, le centre

O de Grasset. D'ailleurs, comme n'a pas manqué de le faire remarquer l'éminent professeur de la Faculté de Montpellier à l'appui de sa théorie, ces centres apparaissent les derniers chez l'embryon et ils n'existent que chez les animaux supérieurs. De là à supposer que cette région du cerveau a été formée spécialement en vue de servir d'habitat à cette chose nouvelle, la conscience du moi, il n'y a qu'un pas; et plus d'un philosophe spiritualiste a aperçu dans cette localisation anatomique du moi pensant, une preuve contre l'hypothèse d'un développement graduel et progressif de la conscience. Chose nouvelle, habitat nouveau, c'est pour eux la preuve d'un fossé séparant les êtres en deux catégories, irréductibles l'une à l'autre : d'une part ceux qui ont la conscience, d'autre part ceux qui ne la possèdent pas.

Mais même à supposer que cette spécialisation fonctionnelle soit bien tranchée, cela ne prouverait nullement qu'elle ne soit pas un après coup de l'évolution et un résultat de différenciations progressives. Tout porte au contraire à admettre avec Joffroy et Pierre Janet que le psychisme inférieur et le psychisme supérieur ne sont que des degrés de l'évolution des mêmes chaînes dérivées. Si, au fur et à mesure que s'affirme l'individualité et l'unité intellectuelle de l'être, certaines régions se montrent plus spécialement préposées aux fonctions intellectuelles supérieures, cela indique simplement un hyper-développement des chaînes les plus propres à affirmer cette individualité, développement éminemment favorable à l'avenir des lignées, à leur triomphe dans la lutte pour la vie.

Tout nous incite à penser qu'ici comme partout se

sont produites des spécialisations fonctionnelles progressives; et pas plus dans les centres nerveux qu'ailleurs, nous n'apercevons d'organe nouveau né subitement avec une fonction nouvelle.

Ces considérations sont bien propres à nous donner une idée plus juste de ce moi dont l'unité nous paraît si intangible à première vue. Nous devons nous accoutumer à l'idée du moi flou, de la conscience vague, de la représentation diffuse durant les étapes de la chaîne phylogénique. Nous devons nous représenter que les êtres à segments multiples et à centres nerveux à peine ébauchés, s'ils possèdent, comme cela est probable pour beaucoup d'entre eux, une représentation des phénomènes dont ils sont le siège, n'ont que très vague cette représentation, et bien imprécise doit être la notion de leur existence individuelle. Mais par contre nous devons admettre qu'au fur et à mesure que se localisent dans le segment céphalique, les centres les plus développés, cette idée du moi existant doit progressivement prendre corps, en même temps que l'unité organique s'affirme de plus en plus.

Ainsi pouvons-nous concevoir qu'une série de transitions continues marquent le passage du deuxième au troisième degré des actes de relation, du réflexe non conscient au réflexe conscient et à la notion du moi, de ce moi qui va subir *sciemment* les actions du monde extérieur et qui va réagir *sciemment*, puis *volontairement* à son profit.

Au fur et à mesure que se développe ce troisième stade des actes de la vie de relation, nous voyons donc insensiblement l'être devenir apparemment maître de ses mouvements réactionnels, libre de ses actions. et tout de suite nous devons, avant d'aller plus loin, préciser la portée de ce phénomène étrange.

En effet si déjà la loi biologique d'option nous avait semblé plus haut mettre en défaut les lois fondamentales de la matière inerte et en particulier celle de Carnot-Clausius, ce nouveau phénomène nous apparaît à son tour comme susceptible de mettre en défaut la loi biologique d'option. Le caprice de l'être conscient va-t-il donc mettre en échec la grande loi biologique qui ressort de l'évolution des êtres? C'est à cette question si importante que nous allons consacrer le paragraphe suivant.

1 29. — La conscience, épiphénomène greffé sur les actes réflexes, ne soustrait pas les lignées à la loi d'évolution et d'option biologique.

Nous avons vu que la matière vivante, en évoluant à travers ses unités individualisées, est astreinte à une loi qui ne règne pas sur les transformations du monde inerte.

Tandis que les phénomènes du monde inerte obéissent uniquement à la loi d'augmentation entropique et, dans les cas où plusieurs voies isodégradatrices s'ouvrent à la fois, s'engagent dans l'une ou dans l'autre suivant les prévisions du calcul des probabilités, au contraire les phénomènes qui affectent les êtres organisés obéissent à une loi surajoutée. Se déroulant ordinairement dans le voisinage de l'indifférence entropique, bien loin qu'ils soient tributaires du seul calcul des probabilités, ils obéissent à un choix imposé, à une option obligatoire, obligatoire non pas parce qu'une loi physique pareille à celle de Carnot impose cette direction, mais pour une raison à allure de finalité : pour la raison que l'utilité individuelle entre en jeu et que l'avenir des lignées est subordonné au bon choix. Nous avons dit que l'habitude, la répétition du déjà fait est le *modus faciendi*, grâce auquel peut s'effectuer cette option imposée par la loi d'évolution.

Ces données étant bien présentes à notre esprit nous allons pouvoir franchir un nouveau pas dans l'étude de la vie.

Voici l'être, dont jusqu'ici les actes s'accomplissaient automatiquement, qui devient conscient. Cela signifie, nous le savons, que d'une part il a une représentation subjective des impressions du monde extérieur et que d'autre part cette conscience non seulement lui donne la représentation des réponses, des réactions dont il est le siège passif, mais lui permet de régler la route à suivre, d'imposer un choix actif entre plusieurs routes possibles, d'exercer en un mot une volonté apparemment libre. Est-il possible que ce choix conscient, que cette liberté mette en défaut la loi d'option propre à l'évolution de la matière vivante? L'être, du fait qu'il devient conscient, va-t-il pouvoir échapper à la loi fondamentale qui régit les mutations propres aux organismes vivants? C'est une question que nous aurons à considérer bientôt d'un point de vue plus philosophique que dans ce paragraphe; mais dès à présent nous devons bien savoir que la réponse s'impose avant toute discussion sur la nature de la liberté. Elle s'impose indépendamment de toute conception doctrinale sur la volonté autonome des êtres supérieurs.

En effet quelle que soit l'action de cette liberté sur la vie individuelle, quelle qu'en soit l'étendue, il est un fait certain contre lequel aucune théorie ne peut dresser d'objection, c'est que toute lignée qui sciemment ou inconsciemment, volontairement ou instinctivement, cesse de travailler à son utilité, à sa conservation, à son progrès, à la pérennité de sa substance à travers des unités de mieux en mieux adaptées à leurs conditions de vie, est une lignée vouée à la disparition lente ou rapide. C'est que toute race qui cesse d'obéir aux principes, aux lois qui l'ont amenée à son état de floraison, ira fatalement vers sa ruine si les facteurs de volition qu'elle se met à adopter sont nettement défavorables à sa descendance.

Toute race, toute lignée, doit, quel que soit son degré de développement des centres cérébraux, pour avoir droit à l'avenir, obéir à la loi d'option ; et en fin de compte, si la nature a donné à l'homme une certaine liberté d'agir, cette largesse ressemble un peu à celle du tyran qui dit à ses sujets : « Vous êtes libres, mais *libres* de faire ce que je veux ».

Ainsi ont été libres de courir à leur perte les races efféminées des Babylones antiques, le peuple jouisseur de la Rome décadente, les sociétés dévoyées de toutes les Sodome et Gomorrhe des civilisations les plus florissantes. Ainsi sont libres aujourd'hui de préparer leur ruine les sociétés qui, faisant fi des vertus ancestrales et plaçant les intérêts individuels et les plai-

sirs immédiats avant le souci de la prospérité de leurs
lignées, se bornent à contempler leur épanouissement
éphémère. L'avenir est là qui tôt ou tard redresse les
écarts par l'extinction des lignées réfractaires à cette
loi d'option; et les chantres des morales théistes ont
beau jeu pour faire voir là le doigt du Dieu vengeur
tendu menaçant vers les peuples insoumis.

Telles sont les données fondamentales que nous
devons avoir présentes à l'esprit en commençant l'étude
des deux problèmes qui nous restent à envisager : celui
de la nature de la conscience intellectuelle (1) et de la
liberté d'action et celui de la morale et de son objet.

(1) Comme nous allons par la suite employer le mot conscience
dans deux sens différents : 1°) dans le sens de connaissance du moi
et du monde extérieur, c'est-à-dire dans le sens le plus général et
2°) dans le sens d'instinct qui nous pousse à suivre les penchants
moraux, je mettrai les qualificatifs de intellectuelle dans le premier
cas et de morale dans le second.

CHAPITRE II

Le moi individuel

130. — La conscience intellectuelle du moi et l'unité physique de l'être.

Lorsque le grand philosophe du XVIIe siècle a posé son aphorisme célèbre *cogito, ergo sum,* je pense, donc je suis, le sujet visé par les deux termes de cette proposition le *moi pensant* et *étant* était avant tout le moi immatériel, *l'entité spirituelle* dont l'existence lui paraissait démontrée par le fait de la pensée.

Sous cette apparente vérité de la Palisse est ainsi cachée une affirmation très discutable, car, s'il est certain qu'une chose qui se manifeste par un effet est une chose qui existe, il est beaucoup moins certain que de l'examen superficiel de l'effet, on puisse d'emblée conclure à la nature de la chose.

Le sauvage qui pour la première fois entendrait un phonographe lui racontant une scène tragi-comique avec un entrain communicatif et qui concluerait « il cause, donc il a la voix ; il dit des choses qui me font rire, donc il a de l'esprit ; il me fait pleurer, donc il a du sentiment », pourrait faire toutes ces déductions avec quelque apparence de logique.

La personnalité de l'instrument aurait beaucoup à souffrir si notre sauvage, plus curieux et moins confiant, se donnait la peine de démonter et d'étudier ses articles avant de conclure.

C'est ainsi que nous avons procédé.

Au cours de ces quatre volumes, nous avons démonté l'instrument. Il a été long à analyser. Mais à présent, nous pouvons récolter le fruit de notre labeur, parce que nous avons acquis la possibilité de savoir où doit s'arrêter notre connaissance. Nous nous sommes fait une idée précise des lois d'évolution de la matière vivante et nous avons vu évoluer, depuis ses premières étapes, ce caractère si remarquable que nous avons longuement étudié, *l'irritabilité*. Nous avons vu s'affirmer l'unité physique de l'être en même temps qu'une admirable coordination fonctionnelle tendant à la servir. Nous avons vu à côté des coordinations de la vie de nutrition s'établir une coordination par voie nerveuse.

De la conscience, il n'était pas encore question alors. Mais le réflexe simple, le réflexe à deux degrés avec ses savantes synergies, l'intervention active de l'être dans la répartition et la régulation des influx nerveux, tout cela constituait, si j'ose dire, un présage; et nous aurions pu, comme le poète des *Voix intérieures*, frappé des signes que son imagination voyait dans les phénomènes de la nature penchée sur le lit de son impériale parturiente, nous écrier aussi : « quelqu'un de grand va naître ». Mais ce qui naquit dépasse tout ce que notre esprit inventif eût pu concevoir de plus fantastique et de plus extraordinaire. Ce qui s'affirma à travers les dédales de l'évolution lente de l'unité nerveuse déroute tout ce que notre raison eût pu tirer des probabilités et des présomptions de la science : l'être vivant enfanta sa personnalité consciente.

« Etre une personne, dit Ch. Richet, c'est dire *je, moi*; c'est affirmer sa propre existence. A ce point de vue la personnalité se confond avec la conscience. Mais non seulement on a la conscience qu'on est soi, mais on a conscience qu'on n'est pas un autre. Avoir conscience d'être soi et de n'être pas un autre, c'est là la personnalité (1) ».

Seulement cette parturition fut lente et progressive, nous l'avons vu; et nous nous sommes attachés à démontrer que la personnalité consciente ne fut pas l'œuvre d'un coup de baguette miraculeux qui eût séparé en deux catégories différentes les animaux de la nature : d'un côté les conscients, de l'autre les non-conscients. Il y a, il est vrai, en haut de l'échelle phylogénique les êtres hautement conscients de leur unité; en bas il y a les êtres manifestement inconscients, mais entre la conscience parfaite et la conscience nulle, il y a la multitude innombrable des transitions, il y a la conscience à peine soupçonnable, il y a la conscience floue avec peut-être quelques représentations de l'individualité, il y a la conscience de la personnalité naissante. C'est sur tous ces intermédiaires que la raison humaine doit porter son attention, si elle veut éviter les errements dans les efforts désespérés qu'elle accomplit chaque jour pour se comprendre elle-même.

(1) *Bulletin de l'Inst. Nat. Psych.* 1905. n° 2.

C'est qu'en effet lorsque nous passons brusquement de la contemplation des phénomènes du monde inerte ou de la matière vivante considérée sur la table du laboratoire, à la conception de ce phénomène étrange, en vertu duquel *nous savons que nous sommes*, nous perdons le fil directeur qui nous avait conduits à la conquête de toutes les découvertes positives.

Le domaine du subjectif tel que nous le concevons est un monde à part. Aussi ne faut-il pas s'étonner qu'un philosophe qui fut un penseur profond, mais un biologiste insuffisant, ait pu formuler cette opinion bizarre que le Créateur à l'heure des origines avait réglé pour l'éternité deux pendules qui marquent toujours la même heure et restent indéfiniment synchrones, celle du monde physique et celle des représentations immatérielles.

La conséquence de cette dualité d'aspect du moi conscient, c'est que les savants, faisant profession de ne rien connaître hors de la science positive, ne regardent l'être pensant que par son côté matériel et s'interdisent de disserter sur le moi subjectif, tandis qu'une certaine philosophie prétendant pouvoir baser la connaissance psychologique sur la logique subjective, se cantonne dans l'analyse de la pensée.

Aussi ces deux écoles ne se rencontrent-elles jamais, sinon au moment de poser leurs conclusions; et comme ces conclusions sont diamétralement opposées, les rencontres ne font que marquer leurs divergences. Nous verrons au paragraphe 133 combien ces divergences sont profondes, en apparence du moins.

Ces considérations nous montrent que toute étude de

la conscience doit porter sur ces deux aspects du moi individuel, *l'aspect subjectif* et *l'aspect objectif*. Nous allons les envisager successivement.

131. — Caractères subjectifs du moi conscient.

La formule la plus entière qui donne au moi conscient la valeur d'une entité réelle est évidemment la formule cartésienne avec l'idée spiritualiste qui s'y attache, *je pense, donc je suis* ; ce *je* qui pense ne saurait concevoir son démembrement ni son *plus* ou son *moins*. Il se présente comme une unité insécable. C'est ce *je* là qui, s'il n'ose affirmer en général qu'il a toujours existé, se convainc volontiers, à présent qu'il existe, qu'il ne saurait mourir.

Eh bien, sans quitter le point de vue subjectif auquel nous venons de nous placer, représentons-nous comment se forme l'idée du moi.

Si nous avons conscience que nous sommes, c'est que nous conservons le souvenir de perceptions internes successives. Je veux dire par là que la conscience de *notre existence durable* est faite de la mémoire des états d'âme successifs produits par la circulation d'influx nerveux dans nos centres, que ces influx aient pour origine des phénomènes de la vie nutritive ou des phénomènes sensoriels provoqués par le monde extérieur à notre corps.

Si nous avons conscience non seulement que *nous sommes*, mais que nous existons *d'une façon indépendante* par rapport au reste de la nature, c'est que nous additionnons ces états d'âme successifs provoqués par le jeu des organes sensitifs et sensoriels, états d'âme au cours desquels le sujet *passif*, qui *subit*, reste le même, tandis que le monde extérieur *actif* est sans cesse changeant.

C'est donc avant tout la mémoire de nos centres nerveux qui engendre la personnalité.

Une fois formée, cette idée de la personnalité s'impose à nous-même avec son caractère insécable. On *est* ou on *n'est pas*. Il ne nous apparaît pas qu'il puisse y avoir de milieu ni de degré.

Le moi est *un* dans le temps parce que la mémoire nous donne l'idée de sa continuité sans scissure. Il est *un* dans l'espace par la définition même que nous donnions plus haut de la personnalité.

Arrêtons-nous un moment à ces deux idées et voyons si cette unité est bien, toujours et partout, aussi absolue. Pour cela nous allons nous demander si la continuité, à laquelle est liée l'idée d'unité dans le temps, est rigoureuse et si l'insécabilité, à laquelle est liée l'idée d'unité dans l'espace, n'admet pas quelque tempérament.

Remarquons tout d'abord que notre personnalité est si bien faite du souvenir d'états d'âme qu'elle s'arrête là où s'arrête la mémoire. Les premiers mois ou même les premières années de l'enfance nous apparaissent comme une autre existence. Cette existence est la nôtre c'est vrai, mais elle pourrait aussi bien ne pas l'être et nous ne saurions en donner le démenti ni en fournir la preuve. Calino, que chacun connaît pour sa naïveté native, peut, sans être accusé de mauvaise foi, prétendre qu'il a été changé en nourrice.

Beaucoup de faits dans notre existence se sont passés

qui n'ont pas marqué dans notre souvenir, alors que des témoins indéniables, des écrits mêmes, prouvent la part active que nous y avons prise. Nous retrouvons des lettres écrites par nous dont nous n'avons aucun souvenir, nous rencontrons des personnes qui se rappellent des actes de notre seconde enfance, de notre adolescence, et dont nous n'avons pas gardé la mémoire, que nous pourrions en toute bonne foi nier comme étant nôtres. Ils auraient été accomplis par autrui qu'ils ne nous seraient pas moins personnels.

Certains souvenirs peuvent être réveillés par la mise en action de quelques chaînes d'associations d'idées qui fait sortir du subconscient ces impressions endormies, mais il faut pour cela pouvoir raviver des souvenirs reliés à elles. En remontant assez loin dans l'enfance, il devient tout à fait impossible de réveiller le passé. C'est alors que la personnalité est véritablement interrompue en fait, *quoique nous soyons sûrs qu'objectivement l'être soit demeuré le même.*

Ainsi le caractère de continuité subjective, inséparable de l'unité de la personnalité dans le temps est assez fragile en fait ; et l'unité physique objective de l'être, nous apparaît même comme plus solide que son unité subjective sujette aux vicissitudes des lacunes de mémoire.

Pourtant telle est notre foi en la continuité indéfinie de notre moi, que nous croyons volontiers que cette conscience si fragile à travers la succession des états d'âme qui la forment, pourra survivre encore quand auront cessé de circuler les influx nerveux provocateurs de ces états d'âme.

Ces déductions seraient encore plus lumineuses si nous abordions le sujet si vaste des amnésies pathologiques, des dédoublements de la personnalité! etc. Voici un sujet qui vit comme nous vivons tous et qui, soudain pendant un temps, n'enregistre plus les états d'âme qui l'affectent, tout en continuant de vivre et d'agir; puis qui reprend ensuite sa vie de souvenirs au point où il l'avait laissée. En voici un autre qui au lieu d'additionner ses états d'âme suivant une seule série, fait deux colonnes sur son registre, il a comme une double vie; ce qu'il fait dans la première est ignoré de ce qu'il fait dans la seconde et inversement, et il passe de l'un à l'autre soit sous l'action de l'hypnose, soit sous l'action de faits banaux de la vie, soit périodiquement comme s'il vivait d'une vie alternante. Mais nous ne pouvons que renvoyer aux traités spéciaux pour l'étude de ces questions si intéressantes.

Tous ces faits confirment d'une part la proposition établie plus haut que c'est la continuité des états d'âme connectés par la mémoire qui est le premier caractère essentiel de la personnalité et que, d'autre part, il existe grâce aux discontinuités accidentelles ou naturelles de ces états d'âme, des dissociations possibles de la personnalité dans le temps. Nous ne nous connaissons pas plus de liens avec le nourrisson que nous avons été, qui a pensé, qui a eu ses larmes et ses sourires, ses émotions tristes ou gaies, qu'avec notre voisin; et les malades dont je parlais tout à l'heure sont si indépendants dans chacun de leurs états qu'on a pu croire à deux « âmes » juxtaposées dans un même corps, alors que tout démontre d'une façon positive qu'il s'agit seulement de deux enchaînements, de deux séries parallèles dont l'indépendance est entretenue souvent par l'auto-suggestion.

Retenons seulement de cet aperçu la fragilité de l'unité du moi *dans le temps* et voyons ce qu'il faut penser de l'intangibilité de cette unité *dans l'espace*.

Faisons quelque effort et tâchons de nous mettre, qu'on me passe l'expression, dans la peau d'un de ces animaux à segments multiples, dont les vers inférieurs nous offrent des exemples. Ils ont assurément un certain degré d'unité nerveuse, j'allais dire de personnalité. Ils ont des mouvements coordonnés utiles à l'ensemble de leurs segments et ces mouvements sont assez savants pour impliquer quelque discernement. Or, si on les coupe en deux ou trois fragments, chaque fragment refait une unité nouvelle. Faut-il regarder ce partage d'un être en plusieurs êtres nouveaux comme la mort de l'individualité primitive ?

Je sais bien que contrairement à la réponse négative faite à cette question par la plupart des biologistes et en particulier par le Professeur Metchnikoff dans son *Essai sur la nature humaine*, d'éminents philosophes naturalistes, comme le Professeur Grasset de Montpellier, déclarent que lorsqu'un être monocellulaire se divise en deux êtres égaux, ou quand un être polycellulaire se bissectionne pour la continuité de sa lignée, l'unité initiale périt en se reproduisant. Toute individualité qui se sectionne serait une individualité qui meurt.

Une objection sérieuse se dresse contre cette manière de voir.

En effet ce qui meurt est ou bien quelque chose de purement abstrait : l'idée d'individualité que nous attribuons, nous spectateurs, à cet être ; ou bien quelque chose de subjectif pour l'individu considéré, puisque rien de matériel ne meurt. De l'idée, n'en parlons pas ici ; cette idée n'a aucune existence réelle. Quant à la mort de ce quelque chose de subjectif propre à l'individualité qui subit la scission, on ne peut guère la considérer autrement que comme une mort apparente, analogue à celle du moi que nous étions durant les premiers mois de notre vie et que nous pouvons renier comme étant nôtre.

Pour mon compte, j'y vois une simple transformation : de même que le moi du nourrisson se transforme insensiblement dans le temps en un moi qui lui fait suite sans démarcation sensible, mais dont les liens avec lui s'effritent peu à peu avec le temps, de même l'unité subjective très floue, telle que nous pouvons la concevoir chez les animaux polysegmentaires dont je parlais plus haut, se divise dans l'espace en plusieurs unités filles non moins floues. Ces personnalités filles sont d'autant moins rattachées à l'unité primitive que chez ces êtres simples, la continuité dans le temps doit être très limitée, la chaîne des souvenirs étant sans doute peu longue, à supposer même qu'elle existe.

Notre esprit ne se révolte à l'idée de la sécabilité du moi que si nous considérons ce moi dans son plein épanouissement, dans la pleine intensité du souvenir des états d'âme successifs qui forment une chaîne intangible. Mais le moi oublié, le moi que nous avons été jadis, ce moi qui suça le biberon pourrait avoir subi une ou plusieurs sections que certes nous ne sentirions nullement en nous la preuve du contraire, l'heure de la section étant effacée bien loin dans l'oubli .

Concluons donc que si la personnalité a dans la conception subjective que nous nous faisons d'elle un caractère d'unité absolue, nous devons apporter beaucoup de réserve à la généralisation de cette observation tirée de nous-mêmes à la phase du plein épanouissement de notre conscience. Cette unité, bien réelle pour notre personnalité actuelle, est fragile au cours des étapes de sa formation ontogénique ou phylogénique, elle est fragile vers sa fin, elle est fragile dans les états pathologiques. Ainsi sans sortir du domaine subjectif où cependant semblerait devoir régner en maître le célèbre aphorisme cartésien, nous devons avouer que l'intangibilité de l'individualité consciente est bien discutable et nous ne pouvons que nous résigner à demander à l'examen objectif, le seul qui d'ailleurs nous offre les garanties de la rigueur scientifique, de nous éclairer sur la nature du moi pensant.

132. — Caractères objectifs du moi conscient.

A plusieurs reprises j'ai parlé de la nature de la conscience envisagée du point de vue thermo-dynamique. Il n'est pas superflu de répéter une fois de plus au début de ce paragraphe qu'il faut bien différencier deux choses dans les phénomènes psychiques.

La première consiste en une circulation d'influx nerveux, je veux dire en la translation de proche en proche dans les fibres des neurones d'un état physicochimique du plasma nerveux. C'est là un acte de nature dynamique qui consomme de l'énergie, qui produit de la chaleur.

Le deuxième est un phénomène d'ordre statique, qui par lui-même ne consomme pas d'énergie ; c'est la représentation consciente, que nous ne saisissons que par son côté subjectif.

Si l'on veut me permettre de prendre une comparaison grossière et qu'il ne faudrait pas pousser trop loin sans risquer de faire naître des idées fausses, on peut trouver une image de ces phénomènes à double face dans l'électro-aimant. Là aussi il y a deux choses à considérer.

La première est une circulation d'électricité, disons si l'on veut une translation d'électrons pour nous placer dans l'hypothèse actuelle. C'est là un acte de nature dynamique, qui consomme de l'énergie, qui produit de la chaleur.

Le deuxième est un phénomène d'ordre statique, le champ magnétique créé, qui se révèle à nous en particulier par l'attraction des objets de fer et qui ne consomme aucune énergie si aucun déplacement n'en résulte, si aucun travail mécanique n'est effectué.

Pas plus que l'on n'est en droit de considérer la force magnétique au voisinage des aimants, ou la force électrostatique au voisinage des corps électrisés, ou la force gravide à l'entour des corps matériels, comme des modalités énergétiques qui nécessitent pour leur entretien une consommation effective d'énergie, consommation mesurée par la balance des entrées et des sorties dans les générateurs où se manifestent ces effets statiques et toujours égale à zéro, pas plus l'on ne saurait considérer la conscience comme une modalité de l'énergie. C'est une manifestation statique liée à un certain ordre de mutations de l'énergie.

Je pense que cette explication dissipera toute obscurité dans l'esprit de ceux qui, comprenant vaguement cette nature statique des phénomènes conscients, s'étonnent de voir les actes psychiques, les émotions, les efforts d'attention provoquer une élévation de la température cérébrale, comme Lombard, Schiff, Broca, P. Bert, Mosso et nombre d'autres expérimentateurs l'ont démontré; ou bien déterminer une accélération des mouvements du cœur, et la vaso-dilatation carotidienne, comme l'ont établi en particulier les expériences de Gley.

On comprend facilement que si l'être vivant, par les moyens dont il dispose, arrive à graduer à volonté l'intensité des représentations statiques qu'il perçoit, cette graduation se fait par la régulation des influx nerveux qui circulent dans ses centres, circulation qui, elle, consomme de l'énergie. De même dans l'électro-aimant quand on veut augmenter ou diminuer la valeur absolue des effets magnéto-statiques, on gradue en plus ou en moins les mutations énergétiques au cours desquelles se manifestent ces effets. L'énergie consommée pour leur production se trouve tout entière à la sortie; les effets statiques plus ou moins considérables ne consomment rien par eux-mêmes dans tous les cas.

D'ailleurs nous avons dit déjà que les manifestations statiques peuvent servir de freins, de régulateurs, de modificateurs, vis-à-vis des mutations causales, si bien que souvent ce sont elles qui paraissent commander directement la grandeur des mutations d'amont. Un examen superficiel nous fait volontiers croire dans ces cas à une consommation directe d'énergie pour la production de ces effets statiques, alors qu'ils ne sont que les témoins des mutations énergétiques à la faveur desquelles ils se produisent.

De même quand notre imagination fonctionne pendant que notre corps reste au repos ce sont nos freins statiques qui ouvrent leur robinet. Le chimisme de notre organisme s'accélère. Il se peut que l'intensité des images ou des pensées qui s'offrent à nous soit quelque fonction de l'intensité des échanges, comme les images représentatives des sensations externes sont parfois des fonctions logarithmiques du travail extérieur dépensé; il se peut que l'élévation thermique produite soit mathématiquement reliée à la grandeur des effets statiques produits, mais en aucun cas il n'y a disparition d'une partie de l'énergie d'amont pour la production de cette représentation immatérielle que nous appelons la pensée, la conscience.

Voilà pourquoi nous avons la possibilité, par le jeu de la pensée, l'attention, les opérations cérébrales, d'accélérer les mutations physico-chimiques de notre corps et voilà pourquoi ces phénomènes cérébraux épuisent parfois l'organisme, alors que nous n'apercevons aucun travail physique produit directement par eux.

Ces considérations nous éclairent-elles sur la nature du moi conscient, sur la conception objective que nous pouvons nous en faire ? Loin de moi toute présomption. Nous ignorons ce qu'est objectivement cette manifestation statique, et ceux qui prétendent la connaître et lui définir des attributs sont ordinairement les plus ignorants et les plus éloignés de la vérité, parce qu'ils obéissent à la plus subjective des manières de voir, je veux dire à la sentimentalité humaine.

Nous ignorons ce qu'elle est, mais notre ignorance n'a pas pour raison d'être le fait qu'elle est un phénomène de la vie, car nous ne savons pas plus ce que sont les forces gravides, les attractions statiques, etc. Malgré toutes les ingénieuses hypothèses mécanistes proposées pour expliquer toutes ces forces de la nature, nous devons avouer notre impuissance.

Cependant la pensée humaine ne doit pas se décourager dans sa marche pénible à la conquête de la vérité. Certaines lueurs sont dès à présent jetées sur ces mystérieuses forces statiques.

Ainsi nous avons vu en particulier que les forces statiques qui semblent émaner d'un point matériel, les forces que nous appelons forces centrales, celles qui se manifestent sous l'aspect d'un champ enveloppant le foyer central, ont vraisemblablement pour siège réel le milieu ambiant, tandis que le foyer d'où elles divergent n'est que leur point d'application.

Nous avons vu en second lieu que les unités matérielles du monde inerte, en devenant de plus en plus complexes, sont le siège de manifestations statiques de plus en plus variées. Tandis que l'électron ne paraît avoir d'autre propriété statique que son champ électro-magnétique qui l'agrippe à son milieu et lui donne son inertie

et sa masse, l'atome matériel a des propriétés statiques
nouvelles, la gravité par exemple qui paraît liée à la
cinétique de l'électron dans l'atome. Ainsi pouvons-nous
imaginer qu'à mesure que ces unités du monde inerte
se compliquent, les manifestations statiques qui accompagnent leur vie deviennent plus nombreuses tout en
dérivant les unes des autres. Mais toujours ces manifestations impliquent pour leur explication une relation
entre l'unité qui paraît en être le siège et l'ambiance.

Si ces idées sont facilement accessibles à l'esprit
humain, la précision des phénomènes en jeu dans la
genèse de ces propriétés statiques est malheureusement impossible. Elle est impossible surtout à cause de
ce fait fondamental que le milieu où se déroulent ces
phénomènes est inaccessible à notre mécanique. L'éther
des physiciens est l'objet le plus déconcertant que puisse
rencontrer l'intelligence humaine. Toutes les tentatives
faites pour lui appliquer les données de notre mécanique rationnelle n'ont conduit qu'aux plus grands
errements que l'imagination soit capable d'engendrer.

Quoi qu'il en soit, et tout en reconnaissant avec
modestie et sans mauvaise humeur la limite actuelle
imposée à notre curiosité, même en ce qui concerne
toutes ces unités du monde inerte, nous avons quelque
raison de supposer que la conscience, manifestation
statique propre à l'activité des unités vivantes, est,
elle aussi, une fonction des relations de ces unités avec
le milieu ; qu'elle procède, elle aussi, des propriétés
statiques et de la cinétique des éléments constituants,
et c'est quelque chose déjà pour une branche de la
science si inaccessible. Ces déductions nous invitent

naturellement à chercher l'origine de la conscience jusque dans les propriétés électroniques elles-mêmes. Ne savons-nous pas d'ailleurs que la circulation de l'influx nerveux entraîne des phénomènes connexes d'ordre électrique? Qui sait si ces phénomènes connexes ne seront pas reconnus un jour comme liés directement à la genèse de cette chose étrange qu'est la pensée.

Il est des philosophes qui ayant eu l'intuition de ces vues ont supposé que la matière inerte possède un certain degré de conscience. C'est évidemment aussi faux que de dire : l'électron doit posséder une masse gravide parce que l'atome matériel, qui procède de lui, est pesant. Mais il y a néanmoins dans cette proposition une part de vérité, en ce sens que la matière inerte possède les éléments qui, grâce à de savantes constructions, à de savantes synergies, arriveront à cette manifestation statique supérieure : la conscience.

Le lecteur arrivé à ce point de notre étude éprouvera-t-il une désillusion? Peut-être s'attendait-il à pénétrer plus loin dans le domaine de la conscience, à être mieux éclairé sur la nature du moi pensant! Nous devons nous résigner et ne pas vouloir quand même dépasser les données de la science positive. Il faut savoir tout au moins qu'au delà de ces données nous tombons dans la voie des hypothèses. Les notions acquises sur la nature du moi conscient, si peu étendues qu'elles soient, suffisent à nous mettre à l'abri d'erreurs grossières. Elles nous mettent en garde contre les idées fantaisistes avancées par certains esprits doctrinaux qui croient pouvoir, encore aujourd'hui, tirer du raisonnement seul la solution des problèmes biologiques les plus délicats. Aussi pouvons-nous à présent envisager brièvement quelques-unes des hypothèses philosophiques les plus en vogues sur le moi conscient et nous demander dans quelle mesure elles sont compatibles avec les données positives que nous venons d'acquérir.

133. — Quelques mots des doctrines matérialistes et spiritualistes relatives à la nature du moi conscient. Limites de compatibilité des hypothèses métaphysiques avec les données de la science.

En principe la science n'a pas à discuter les hypothèses métaphysiques. Ordinairement les savants les dédaignent. La plupart d'entre eux croiraient se déconsidérer s'ils en abordaient l'étude. Ils conduisent leurs lecteurs jusque sur les bords du précipice, puis ils leur disent : arrêtez-vous là ; bien convaincus d'ailleurs qu'ils n'en feront rien. Eux-mêmes ne s'arrêtent jamais là, bien qu'ils fassent profession de ne pas se pencher dans le vide. Ils se penchent, et plus que les autres, mais ils n'aiment pas l'avouer, parce qu'on n'avoue pas volontiers son impuissance.

Il est vrai que leur réserve n'est pas sans raison. En effet, en accompagnant nos lecteurs dans le bourbier métaphysique, leur sommes-nous de quelque utilité ? C'est discutable. Avons-nous quelque chose à leur apprendre ? C'est peu certain. Quand avec eux nous arrivons jusqu'aux confins de la science positive, n'en savent-ils pas autant que nous ? Assurément oui ! Cependant comme l'homme éprouve le besoin d'entendre parler de ce qu'il ignore, et comme d'autre part ceux qui ont passé leur vie à interroger les différentes branches de la science peuvent plus sûrement éviter les nombreux écueils où mènent les hypothèses et trouver la bonne route à force d'y penser, nous allons ensemble franchir un moment la frontière de la métaphysique. Nous n'irons du reste pas très loin dans ce domaine et nous ne perdrons pas de vue notre point d'attache scientifique: c'est la condition essentielle et suffisante pour ne pas s'égarer.

Il y a en réalité deux doctrines qui, plus ou moins remaniées et débaptisées, partagent les philosophes sur la question du moi conscient : le matérialisme et le spiritualisme.

Les matérialistes ont dit : le moi conscient est un produit de la matière. Il naît avec l'unité vivante. Il meurt avec elle.

Les spiritualistes ont répondu : le moi conscient est immatériel. La matière lui sert seulement de support. Il peut être en dehors d'elle.

Eh bien, l'étude que nous avons faite des sciences physiques et biologiques nous conduit-elle vers l'une plutôt que vers l'autre de ces doctrines? Documentés par les faits, par les découvertes les plus récentes, sommes-nous portés vers le matérialisme ou vers le spiritualisme? Dès le troisième volume de cette publication, on m'a taxé de matérialiste manqué, suspect de complaisances envers le spiritualisme.

Il est vrai que nous avons regardé la conscience comme une manifestation statique d'agrégat dont les éléments se trouvent dans les infiniment petits maté_ riels. Il est vrai aussi que nous avons vu la conscience du moi naître avec le développement de nos organes et subir les vicissitudes de leur évolution. Ce sont là les pierres basales de la doctrine matérialiste.

Mais par contre nous avons été conduits à regarder toutes les propriétés statiques comme paraissant résider dans tout ce qu'il y a de plus immatériel au monde, dans l'ambiance péri matérielle, c'est-à-dire partout sauf dans la matière qui ne lui sert que de support. Cette manière de voir est au moins une grande complaisance envers le spiritualisme, il faut le reconnaître.

Ce n'est pas tout et la question est bien plus embrouillée qu'elle ne le paraît au premier abord. Il y a un critérium précieux qui départit matérialistes et spiritualistes. C'est la question de l'immortalité de l'âme. Or nous avons dit que le moi conscient suit les vicissitudes de la matière. N'est-ce pas une manière discrète de dire qu'il meurt avec elle? Sommes-nous donc matérialistes avec l'idée de l'âme périssable, ou bien la discrétion même de nos expressions indique-t-elle un spiritualisme capable de trouver un peu d'immortalité derrière les déchéances matérielles?

Si nous voulons savoir ce que nous sommes, il faut je crois poser autrement les données du problème et préciser certains termes de ces données.

Il y a deux catégories de spiritualistes dont les idées sont très différentes.

Les premiers, qui chantent avec les poètes les éternels printemps dans l'éternel bonheur, affirment que le moi conscient avec ses souvenirs matériels, avec sa mémoire des sensations organiques, avec sa sentimentalité, son affectivité, son imagination, survit indéfiniment à la matière.

Les deuxièmes distinguent dans l'âme deux choses : d'abord une cause, une sorte d'entité, qui provoque, grâce au concours de la matière, les sensations, les sentiments, les pensées, etc., et ensuite un effet qui est précisément l'ensemble de ces propriétés matérielles de l'âme. L'entité demeurerait à travers le temps, les propriétés matérielles seraient périssables.

Seulement la difficulté commence quand il s'agit de préciser ce qui demeure et il existe beaucoup de divergences de vues à ce sujet.

C'est que, en effet, dans tout spiritualiste, il y a comme chez le commun des mortels deux individus différents : il y a l'être affectif qui imagine et qui part en plein rêve et il y a l'être rationnel qui tire sur les rênes et modère les grands enthousiasmes : il y a en un mot la sentimentalité et le raisonnement.

Il n'existe peut-être pas de grandes variétés dans la manière de raisonner, mais il y a une diversité étonnante dans la puissance et dans la forme de la sentimentalité chez les spiritualistes les plus convaincus.

Il est certain que la jeune fille qui jette son dévolu vers un unique objet d'espérance, que la fiancée qui ne saurait concevoir les sentiments qui l'agitent autrement qu'éternels, que la mère dont toute la vie morale est concentrée sur le berceau d'un enfant en danger, sont naturellement portées à regarder comme une injure faite à l'évidence, la supposition que les grands attachements peuvent finir. Plus on aime avec intensité, plus on tient à la pérennité de cet amour et par suite plus on regarde, comme une monstruosité l'hypothèse que nos sentiments puissent s'éteindre par la mort.

La jeune femme qui a eu ses revers, la mère qui a été déçue dans la tendresse qu'elle accordait à un fils indigne, l'amoureux vieilli qui ne sait plus exactement si c'est avec Graziella ou avec Julie qu'il a entendu jadis dans l'aube fleurie le rossignol chanter, tous désirent moins ardemment la pérennité de leur état d'âme actuel et parfois les revers moraux de la vie ont été si grands qu'en présence d'un danger mortel, ils se disent avec soulagement : « Enfin, je vais donc ne plus penser. » Que de fois le bel enthousiaste de vingt ans qui marchait l'œil rêveur tourné vers l'avenir, confiant dans la durée indéfinie de son bonheur terrestre et dans l'indéfinie prolongation de ses amours dans l'au-delà, bientôt à son déclin, n'a plus d'aspiration que la fin de ses souffrances dans l'éternel repos ; et trop souvent avant l'âge se trouve vérifiée la profonde formule de Metchnitkoff qui considère la mort comme naturelle et enviable au terme ultime de la vie. « On désire mourir, dit-il, lorsqu'on est parvenu à ce terme » voulant désigner par là le moment de l'usure organique où la pensée est à l'unisson de la déchéance physique.

Loin de moi certes l'idée de tourner en dérision les sentiments si respectables qui poussent l'être aimant ou malheureux à chercher dans la conception d'un paradis taillé sur mesure un refuge contre la mort ou une consolation contre les peines. Seulement l'homme qui raisonne cherche fatalement à se faire une opinion dépourvue de toute pression de l'affectivité.

Voilà pourquoi les spiritualistes, même ceux de la première catégorie dont je parlais tout à l'heure, ceux qu'on peut appeler les sentimentaux, sont obligés sans cesse de réagir contre les conceptions par trop enfantines qu'engendrent leurs aspirations. Aussi travaillent-ils sans cesse à dématérialiser, si j'ose ainsi dire, les attributs de l'âme, qu'ils font survivre à l'unité physique. Ils essaient d'idéaliser chaque sentiment au point de lui faire perdre toute base réelle. Par exemple, l'affection ou l'amour des êtres les uns pour les autres arrivent à être dépourvus d'objet réel : le sentiment seul reste, l'objet matériel manque. En somme, c'est aller vers la conception d'états d'âme abstraits où l'être aurait conscience d'un bonheur indéfini sans objet extérieur. C'est parfaitement incompréhensible, mais les choses les plus incompréhensibles sont souvent celles qui séduisent le plus l'esprit humain.

Ce travail de dématérialisation ne saurait avoir d'autres limites que la conception d'une entité dépourvue de mémoire, de sentimentalité, de conscience même; c'est-à-dire que finalement il aboutit à la conception formulée par notre deuxième classe de spiritualistes qui déclarent périssable tout ce qui, dans l'âme, nécessite pour se manifester le jeu des organes matériels.

Aussi voyons-nous dans le spiritualisme toute une gamme de dématérialisation de l'âme immortelle, depuis le moi pensant éternellement avec ses sentiments actuels, ses souvenirs et ses espérances, jusqu'à l'entité abstraite et inaccessible à notre conception qui, par le jeu de la matière corporelle, engendre tous les attributs du moi pensant. Suivant les besoins de la sentimentalité, chaque spiritualiste s'arrête à telle ou telle marche,

en gravissant les échelons qui conduisent du spiritualisme abstrait à la poésie affective de l'au delà.

Cela dit revenons donc au problème que nous nous
étions imposé : les données de la science sont-elles
compatibles avec l'idée de l'immortalité de l'âme?

Certes, je crois ne pas trop m'aventurer en déclarant
que la science nous porte peu à chanter les éternelles
amours du printemps de la vingtième année et c'est
peut-être à cause de ce peu de compatibilité des données
scientifiques avec la croyance à la pérennité des sentiments concrets, que l'on a accusé la science d'un
travail d'asséchement sur le cœur humain.

D'autre part, si je comprends bien la notion d'entité
causale visée par le spiritualisme abstrait, je pense que
ce mot désignerait à peu près la cause des manifestations statiques dont nous avons parlé, manifestations
nées du jeu de la cinétique propre aux agrégats organisés. On pourrait parler de même de l'entité, cause
des manifestations gravides, des attractions moléculaires, des attractions magnétiques ou électrostatiques, etc. C'est désigner ce quelque chose inaccessible
à notre entendement qui explique que, par la présence
de certains agrégats dans un certain milieu, des effets
statiques se manifestent.

Ce quelque chose n'est pas l'effet statique lui-même;
c'est la raison d'être qui le justifie, raison d'être *permanente*, qui se trouve dans ce milieu inconnu, origine et
lieu de tous les phénomènes de la nature.

Certes voilà une conception abstraite qui nécessite
quelque effort cérébral pour être assimilée, mais puisque nous avons entrepris de comprendre certaines affir-

mations des philosophes, il ne faut pas nous décourager pour si peu, car, après tout, elle n'a rien d'inaccessible. Tâchons de nous en pénétrer. Voici deux corps gravides qui s'attirent ; la manifestation statique que nous appelons la gravité, la pesanteur, est due si l'on en croit les données de la science, aux relations des agrégats matériels avec le milieu ambiant ; il semble même probable, avons-nous dit, qu'elle a pour raison d'être immédiate une réaction du milieu ambiant provoquée par le jeu de la cinétique intra-atomique. Elle disparaît, quand disparaît l'agrégat qui la provoque.

Mais ici je fais appel à tous les souvenirs de gymnastique cérébrale que chaque lecteur s'est vu imposer quand, vers l'âge de dix-huit ans, il jonglait avec les antinomies et les hypothèses. Si la manifestation statique disparaît, la raison qui l'a fait apparaître demeure, car chaque fois que des agrégats semblables affecteront le milieu, le milieu réagira par une manifestation gravifique. En un mot, ce milieu conserve en lui indéfiniment cette propriété de réaction. Il y a là, si l'on veut me permettre ce barbarisme thermodynamique, *la permanence d'une propriété statique à l'état potentiel*.

Dès lors que nous arrivons à saisir la possibilité d'une permanence des propriétés statiques à l'état potentiel, nous allons pouvoir gravir les dernières marches qui nous font apercevoir la conception spiritualiste. En effet voici la conscience, une manifestation statique d'un genre très particulier. Plus que les autres manifestations statiques, elle est inaccessible à notre intelligence, circonstance excellente pour faciliter le raisonnement quand une fois on a pénétré en pleine hypothèse.

Celte manifestation statique a sa cause permanente existant à l'état potentiel dans l'ambiance : voilà déjà quelque chose qui a bien l'allure de la pérennité.

Mais il y a plus. Les physiciens ne se sont-ils pas avisés d'émettre l'hypothèse que l'une des choses de la nature que nous croyions de toutes la plus continue et la plus incompatible avec l'équipartition, l'énergie, était en réalité dans la nature répartie en *quanta* insécables! Qu'il y ait à prendre et à laisser dans cette conception, ce n'est pas le lieu de le discuter ici, mais c'est une constatation qu'il est utile d'enregistrer.

D'autre part les biologistes n'ont-ils pas constaté que l'unité vivante n'est pas une fiction et qu'en réalité la vie ne se manifeste réellement que le jour où les unités plasmiques ont possédé leur autonomie. Ce qui se manifeste en effet dans la matière organique *diffuse* et non *organisée*, ce sont quelques manifestations de la vie, ce n e sont pas toutes les manifestations de la vie ; en un mot ce n'est pas *la vie individuelle*, celle qui nous préoccupe ici.

Voilà une seconde constatation qui, rapprochée de la première, pourra certainement faire voir que la science est susceptible de très grandes complaisances envers le spiritualisme, et je suis sûr que plus d'un amateur de merveilleux va voir voltiger dans l'espace ces *quanta* statiques à l'état potentiel en quête d'une unité matérielle. L'idée ne serait pas neuve d'ailleurs et ceux qui croiraient l'avoir imaginée devraient s'incliner devant de lointains devanciers. Il y a des milliers d'années que dans l'Inde, on enseignait que la *conscience universelle* était divisée en des milliers d'unités ou Jivas qui étaient les âmes individuelles, les unités énergétiques capables *d'organiser la matière suivant ses besoins.*

Hâtons-nous de nous arrêter dans cette voie et laissons les rêves aux créateurs de féeries. Mon seul but dans ce paragraphe était de montrer par quel acheminement les esprits, même très épris des sciences positives, peuvent s'évader vers le merveilleux, et grâce à quelles transitions les données rationnelles de l'observation sont compatibles avec les conceptions fantaisistes vers lesquelles nous pousse ordinairement notre sentimentalité. Nous ne savons pas dans ces conceptions fantaisistes, la part de la vérité ou de l'erreur, nous croyons volontiers, chacun suivant le besoin d'apaisement de nos angoisses de l'au delà, et c'est tout. Les uns croient avec énergie, les autres avec modération ; les uns voudraient imposer à tous leurs convictions, les autres s'en feraient scrupule ; beaucoup croient sur la foi d'un enseignement traditionnel qui a tellement pénétré leur esprit que leur conscience morale souffrirait affreusement de se dérober à leurs croyances ; d'autres font profession de rejeter systématiquement tout ce qui est enseigné par les traditions populaires ou religieuses. Ces divergences de vues sont la cause de beaucoup de dissentiments dans nos sociétés et jusqu'ici on ne peut malheureusement pas dire que de la discussion est née la lumière. La raison en est d'ailleurs que la science seule pourrait trancher les différends et que la science ne va pas encore jusque là.

Cependant la science et la critique d'observation peuvent nous aider à nous faire une doctrine, d'abord en nous montrant, comme nous venons de le voir, les

croyances compatibles avec ses déductions, d'autre part
en redressant les conceptions imaginatives que chacun
de nous se forme dès qu'il a franchi le seuil de l'inconnu.
Nous allons bientôt nous en rendre compte.

134. — Le moi du spiritualisme et la science positive.

Il ne faut pas nous dissimuler qu'en faisant profession « d'une grande complaisance envers le spiritualisme », nous avons ouvert la porte toute grande à une
meute d'erreurs.

Notre devoir à présent est non pas de nous garantir
contre toutes, ce qui serait impossible, mais au moins
contre quelques-unes qui peuvent être redressées par
les présomptions scientifiques.

Dénombrons d'abord nos concessions, ou si l'on veut
nos imprudences.

Nous avons concédé en premier lieu que la raison
d'être des manifestations conscientes pouvait être rapportée à une propriété durable du milieu générateur de
l'énergie et de la matière, d'où la possibilité, dans le
langage spiritualiste, de parler de la pérennité, sinon du
moi conscient, du moins de la cause qui lui donne naissance, sans qu'il y ait rien là de choquant pour le raisonnement scientifique.

Nous avons en second lieu déclaré que rien ne démon-
trait l'impossibilité d'une certaine équipartition de cette
propriété sous la forme de quelque quantum de force
statique à l'état potentiel multiplié à l'infini dans le
milieu générateur.

Hâtons-nous d'ajouter que la science ne démontre ni cette pérennité d'une propriété hypothétique d'un milieu immatériel, hypothétique lui-même, ni l'équipartition de cette propriété élevée au rang d'une entité philosophique. Mais elle ne démontre pas le contraire et c'est en reconnaissant ce fait que nous avons fait œuvre de spiritualisme.

Parmi les erreurs auxquelles nous avons ouvert la porte, il en est qui ne touchent pas aux vérités scientifiques: ce sont des conceptions doctrinales qui choquent plus ou moins notre bon sens, mais qui flottent tellement dans la fantaisie imaginative, loin de toute réalité appréciable par la science, que nous n'avons pas à les discuter ici. Il en est d'autres qui côtoient de plus près le domaine de la science positive. Celles-là peu‐vent se répartir en deux groupes principaux : 1°) celles qui procèdent de la contemplation de soi-même et 2°) celles qui procèdent de l'observation, sujette à cau‐tion, de phénomènes anormaux de la nature, magie, dématérialisation de la conscience, extériorisations variées de la force dite psychique, etc.

Nous allons nous occuper des premières dans ce para‐graphe et nous dirons quelques mots au paragraphe 135 des aberrations des « sciences occultes ».

Erreurs procédant de la contemplation de nous-mêmes. L'idée de la pérennité du moi subjectif attribuée à la seule âme humaine. — La contemplation de notre moi, même en dehors des besoins affectifs et sentimentaux dont j'ai parlé au paragraphe précédent, peut, avec une apparence de démonstration rationnelle, nous inciter à admettre sa pérennité intégrale. En effet nous sommes portés à nous étonner de ce fait étrange que, le temps nous apparaissant éternel, il se trouve que ce soit seulement pendant une courte durée finie de cette éternité que nous existions, nous, sujets pensants, pour disparaître ensuite. Pourquoi, nous disons-nous, à ce moment-ci plutôt qu'à un autre? Pourquoi toute une éternité derrière nous, toute une éternité devant nous, et ce court instant choisi, maintenant plutôt qu'hier ou plutôt que demain, pour notre existence?

Parce que nous sommes, parce que nous avons conscience que nous existons, il nous paraît ainsi *impossible* que nous ne soyons que pendant le court laps de l'éternité que durera notre organisme corporel; et, à cause de cela, nous nous croyons volontiers autorisés à attribuer au moi de nos conceptions spiritualistes une personnalité persistante.

Pas du tout au contraire nous ne sommes portés à regarder comme impossible le fait que les autres unités de la nature sont éphémères.

De là l'une des principales erreurs que j'avais en vue : c'est l'erreur qui consiste à nous croire, nous, hommes pensants, d'une tout autre nature que les autres unités du monde, et voilà pourquoi je disais que cette erreur côtoie le domaine de la science parce qu'elle est l'une des plus anti-scientifiques qui aient été soutenues.

Voyons donc dans ce paragraphe la valeur de cette séparation du moi humain et des autres unités de la nature.

L'hypothèse de la pérennité de notre moi subjectif ne saurait être envisagée scientifiquement comme le propre de l'humanité. — Il est utile avant tout d'observer que l'étrangeté de notre infime petitesse dans le temps n'est pas seule à nous étonner. La même étrangeté existe relativement à l'espace. Nous avons autour de nous un espace infini ; notre moi avec son support matériel n'occupe qu'une partie infime de cette immensité. A droite, à gauche, en dessus, en dessous, de tous côtés, il y a des espaces et encore des espaces où nous ne sommes pas.

La vérité est qu'il en est de même de toutes les unités. Chaque unité, qu'elle soit un animal, une plante, une partie de plante, une fleur, un astre, un système sidéral, chaque unité qui a sa vie, sa durée limitée, a, elle aussi, une part infime du temps infini qui lui est attribuée. Elle n'était pas auparavant. Elle ne sera pas après, en tant qu'individualité. Elle a d'ailleurs également sa part infime de l'immensité, elle est ici et non là. A côté, plus loin et jusqu'à l'infini il y a d'autres unités qui ne sont pas elle. Pourquoi est-elle celle-ci et non celle-là, personne ne s'en étonne ; l'étonnement ne peut naître qu'à une condition, c'est qu'on prête précisément à l'une de ces unités la conscience d'elle-même ; alors seulement celle-là, se contemplant subjectivement, pourra s'étonner d'être elle et non une autre parmi la foule innombrable des unités, et d'être au moment considéré et non à un autre moment parmi la suite indéfinie des durées successives. Le moi humain serait-il donc le seul à posséder des titres à cet étonnement, le seul pour qui l'idée de sa pérennité ne serait pas un leurre ?

Entre le moi subjectif de l'homme et celui des ani-

maux il n'y a pas de différences absolues mais seulement des différences de degré. — Nous avons vu au paragraphe 130 qu'il est nécessaire, si l'esprit humain veut se faire une juste conception de la conscience individuelle, qu'il porte son attention sur tous les intermédiaires qui séparent l'être tout à fait inconscient de l'être hautement conscient que nous sommes nous-mêmes. Nous avons rappelé qu'on rencontre dans la nature tous les degrés de conscience et que par eux il est facile de remonter insensiblement de la conscience parfaite aux ébauches imprécises des êtres les plus simples.

. Ainsi entre l'homme et les mammifères supérieurs, de même que nous n'avons trouvé que des différences organiques progressives, de même nous ne saurions constater autre chose que des différences de degré dans les qualités intellectuelles et morales.

Depuis longtemps on a fait beau jeu de l'automatisme de Descartes qui refusait la connaissance et le sentiment aux bêtes; de celui de Buffon qui leur accordait une certaine conscience de l'existence, mais niait qu'elles puissent réfléchir, se souvenir, imaginer ; et de tant d'autres opinions émises au cours des XVIIe et XVIIIe siècles où des hommes, possédant cependant une grande connaissance de la nature, ont sacrifié sans doute à leur insu, aux idées doctrinales de leur époque.

De tout temps l'homme a pu observer des manifestations évidentes de l'intelligence animale et il n'est pas sans intérêt de constater que les naturalistes qui ont embrassé la cause du Lamarckisme et du Darwinisme ont dû, pour convaincre leurs contradicteurs, reprendre des démonstrations aussi vieilles que nos civilisations.

Ne trouve-t-on pas en toutes lettres dans l'Histoire des animaux d'Aristote, que les bêtes possèdent la générosité, la douleur, la férocité, la timidité, la confiance, la colère, la malice, la honte, et même quelque chose qui ressemble à la pudeur.

Ces analogies qui marquent le trait d'union entre l'homme et les mammifères supérieurs ont à peine besoin d'être développées. Les récits et les exemples abondent qui montrent chez les animaux supérieurs une cérébralité et une sentimentalité qui approchent de celles de l'homme : ici c'est l'histoire d'un singe babouin qui au péril de sa vie va chercher au milieu d'une bande de chiens déchaînés un jeune babouin oublié sur une roche : là c'est l'aventure du chien de M. Romanès qui, ayant volé une côtelette et l'ayant cachée sous un meuble, demeure honteux et indécis, puis finalement la rapporte à son maître et s'offre à la correction ; ailleurs ce sont les traits d'intelligence, de réflexion, d'imagination des chiens, des chats, des renards, des éléphants, etc., etc. ; c'est à chaque instant ce que chacun de nous observe tous les jours.

Aucun caractère fondamental, ni la mémoire, ni l'imagination, ni la honte, ni la pudeur, ni la religiosité même qui procède de la crainte, ne différencient l'homme des animaux supérieurs, et le fossé creusé entre eux n'est que le résultat d'une sotte et vaniteuse présomption.

Comme d'autre part aucun hiatus organique ne les sépare, nous devons conclure avec une certitude voisine de l'évidence, qu'entre l'âme de l'homme et l'âme des animaux supérieurs, il n'y a qu'une différence de degré.

De telle sorte qu'au point de vue philosophique, le substratum, l'entité, imaginés pour l'une ne peuvent qu'être identiques au substratum, à l'entité, imaginés pour les autres.

Rien dans la science ne nous autorise à croire que quelque chose se surajoute à l'âme animale pour constituer l'âme humaine. Bien au contraire tout nous incite à condamner les hypothèses ou les doctrines qui prétendent faire de l'âme humaine une entité toute différente par sa nature de ce qui fait l'intelligence ou la pensée animale.

Pas plus il n'y a d'hiatus entre les mammifères supérieurs et les animaux inférieurs qui nous paraissent agir seulement par instinct, sans réflexion. On trouve entre les deux tous les intermédiaires. Le discernement qui donne à l'animal la possibilité de choisir sciemment entre deux actes se dégage peu à peu par degrés insensibles de l'acte irréfléchi. Mais il est certain que des animaux ne possédant aucun discernement peuvent posséder la conscience de leur vie et du monde extérieur, et tout nous porte à croire que cette conscience plus ou moins nette existe jusque vers des échelons tout à fait inférieurs de la vie.

De ces réflexions très générales, il résulte que si nous avons concédé aux spiritualistes la possibilité de concevoir une entité causale, sur laquelle ils puissent appuyer leur hypothèse de l'âme-individu, nous devons immédiatement ajouter que nous ne pouvons, sans mentir à la vérité scientifique, la leur accorder pour l'homme seulement et non pour les animaux.

La conscience, épiphénomène greffé sur des mani-

festations statiques antérieures, paraît avoir la même raison d'être qu'elles. — D'autre part, comme ni dans la vie individuelle du fœtus *in utero*, ni dans la chaîne phylogénique nous ne pouvons préciser aucun stade auquel apparaît la personnalité subjective, ni aucun signe anatomique caractéristique de cette apparition, nous sommes forcés de reconnaître que la conscience est un épiphénomène surajouté aux manifestations statiques de la vie qui déjà existent chez les êtres inconscients.

En conséquence la raison d'être des phénomènes conscients paraît bien se confondre à l'origine avec la raison d'être de tous ces phénomènes statiques propres à la vie, phénomènes statiques qui, déjà chez les êtres monocellulaires, chez les plantes, chez les animaux inférieurs sont, nous l'avons vu, des agents de triage, grâce auxquels s'exerce la loi d'option commune à tous les êtres.

Il ne faut pas se dissimuler dès lors que le spiritualiste qui imagine quelque quantum potentiel existant dans le milieu générateur comme raison d'être de chaque unité consciente, doit le concevoir d'une souplesse extraordinaire, puisque ce même quantum serait aussi à la base des premières manifestations statiques des organismes monocellulaires.

Mais ce n'est pas là la seule difficulté. Chaque organisme monocellulaire possédant une entité, raison d'être de son individualité, tous les êtres polycellulaires devraient de ce fait posséder une multitude de ces entités élémentaires, une pour chaque cellule de leur édifice, indépendamment de l'entité caractéristique de la collectivité.

Je ne veux pas certes, par l'exposé de ces difficultés, décourager ceux qui veulent se faire une opinion conforme à leurs aspirations, mais je crois cependant utile de les mettre en garde contre des conceptions par trop simplistes qui ne résisteraient pas à l'analyse.

On dira peut-être que toutes ces considérations semblent établir que les déductions de la science sont plutôt opposées à l'hypothèse d'entités distinctes persistant dans le milieu générateur, et qu'elles nous poussent à regarder la cause des manifestations conscientes comme une propriété diffuse de ce milieu.

C'est une conclusion qu'il serait à mon avis très présomptueux de tirer de ces données ; mais du moins la mise en lumière des obstacles inextricables offerts à l'imagination humaine à la recherche de sa pérennité individuelle doit nous rendre prudents dans l'édification de nos hypothèses. Je me souviens avoir connu il y a quelques années un jeune étudiant que ses goûts particuliers portaient vers les études philosophiques et qui en était arrivé à cette conception archaïque, que ne renieraient pas les religions d'Orient, d'entités indéfiniment perfectibles par leur passage dans des supports matériels de plus en plus parfaits, dans des organismes de plus en plus élevés, dont chacun lui aurait laissé une empreinte et une aptitude à monter plus haut. Que l'on veuille bien constater ici combien la pente est glissante, car dès lors qu'on admet une entité objective, il n'y a qu'un pas à faire pour supposer qu'elle conserve quelque trace des phénomènes dont l'être qui vient de lui servir de support a été le siège. Dans l'ignorance où nous sommes de nous-mêmes, qui donc se chargerait de démontrer scientifiquement l'inanité de ces croyances?

Concluons de cet aperçu que dès lors qu'on cherche à préciser une hypothèse sur la raison d'être de la conscience individuelle, et dès qu'on se risque, pour l'expliquer à faire appel aux conceptions nées de la contemplation subjective de notre moi pensant, on tombe le plus souvent dans la fantaisie grossière et dans les erreurs patentes. Nous allons voir à présent des erreurs beaucoup plus graves, parce qu'elles sont moins innocentes, et qu'elles peuvent revêtir l'aspect d'une véritable calamité sociale ; nous allons parler des croyances variées aux manifestations matérielles de ces prétendues entités individuelles libérées de leur support.

135. — Le moi du spiritualisme et les sciences occultes.

La croyance à une entité individuelle conservant après la mort les caractères psychiques de l'unité qui en était le support a suscité bon nombre d'illusions. Les *revenants* familiers à l'imagination populaire, les manifestations matérielles des esprits de l'au delà dans les tables tournantes, les apparitions provoquées par les médiums, les maisons hantées, etc., procèdent de cette croyance. Beaucoup de personnes, même très instruites, se laissent chaque jour convaincre par les apparences troublantes de ces prétendues manifestations. Des savants éminents ont ajouté foi à des expériences qui, si elles étaient réelles, bouleverseraient toute notre éducation scientifique.

On a l'habitude dans le public de rapprocher les

faits que je viens de citer des phénomènes de l'hypnose, du somnambulisme, des manifestations variées
d'une *lucidité* supérieure à la normale chez des sujets
normaux ou pathologiques.

C'est là une grave erreur.

L'hyperlucidité de certains sujets et l'hyperlucidité
propre à certains états d'hypnose relèvent de la physiologie ou de la pathologie psychique ; les apparitions,
les matérialisations de fantômes, les manifestations
matérielles d'esprits désincarnés relèvent de la magie
et souvent de la prestidigitation.

Seulement presque toujours les opérateurs de ces
scènes de magie, les médiums comme on les appelle
dans le langage des spirites, sont des hyperlucides,
des hystériques, des déséquilibrés ou tout au moins des
extra-sensibles. D'ailleurs, il y a toujours une part
d'auto-suggestion dans la perception des manifestations spirites. D'où la confusion entre les deux ordres
de faits dont je viens de parler.

En raison de cette confusion qui était fatale, je crois
qu'il n'est pas superflu ici de dire un mot de ces extra-
lucides. Cela nous aidera à comprendre le rôle des
médiums dans les scènes de magie.

Les extra-lucides. — Un sujet normal possède une
certaine acuité des sens, il offre une certaine perspicacité à démêler l'enchaînement des phénomènes qui se
déroulent autour de lui. Souvent, sans connaître tous
les anneaux d'une chaîne de phénomènes, une certaine
intuition lui dit ce qui va se passer. De plus chacun
peut dans une certaine mesure pénétrer les sentiments
d'un interloculeur avec lequel il converse ; il saisit des

nuances dans ses paroles, dans ses gestes, qui lui indiquent des états d'âme, des mobiles ou des motifs qui parfois échappent même à celui qui en est le siège.

Quand par hasard un sujet présente une acuité exceptionnelle d'un sens ou bien s'il possède une perspicacité intuitive inhabituelle, ou encore s'il est particulièrement apte à saisir ce qui se passe, consciemment ou non, dans l'esprit d'autrui, ce sujet nous paraît extraordinaire.

Or, il arrive que dans certains états qui touchent au pathologique, dans les états d'hypnose, de somnambulisme, certaines acuités, certaines perspicacités se trouvent exaltées au delà de tout ce que nous pouvons rationnellement concevoir. De là l'étonnement que nous éprouvons à voir un sujet en état d'hypnose ou une somnambule nous apprendre en nous regardant ou en nous prenant la main des faits que nous croyions ignorer, qui dormaient dans notre subconscience ou qui même n'y avaient pas pénétré, y étant annoncés seulement par une chaîne qui avait été interrompue.

Les diseuses d'avenir et les liseuses du passé ne sont pas autre chose que des sujets extra sensibles qui mettent au jour par une opération intuitive et inconsciente les différents anneaux de chaînes de phénomènes dont le sujet passif n'a enregistré que quelques fragments souvent à son insu.

Toute la science dite du magnétisme occulte repose sur ces phénomènes.

D'ailleurs tout le monde sait combien il est facile d'exalter les facultés intuitives normales que chacun de nous possède au fond de soi-même. Lorsque deux per-

sonnes placées dans une demi obscurité concentrent
leur attention sur un même sujet, par exemple sur les
mois de l'année, les jours de la semaine, l'une arrive à
préciser avec de remarquables chances d'exactitude, le
mois, le jour pensé par l'autre. Cette sorte de « communication de la pensée » paraîtrait se faire plus facilement quand les sujets se tiennent par la main. C'est
un célèbre prestidigitateur, Cumberland, qui introdui-
duisit en France ce jeu intéressant, d'où le nom de
cumberlandisme qui lui fut attribué. Tous les sujets ne
semblent pas avoir les mêmes aptitudes à la réussite de
ces transmissions. L'interprétation de ces faits est très
discutée. La plus favorable à la thèse du merveilleux
serait que non seulement toutes les parties matérielles
de l'individu qui pense se ressentent de ses états d'âme,
et que par suite un certain synchronisme de pensée
puisse s'établir entre deux sujets au contact, mais que
le champ environnant cet individu participe d'une certaine manière à la succession de ses états psychiques.
Un pas de plus et l'on arriverait à la conception de la
télépathie ou aptitude que présenteraient certaines personnes à ressentir les états d'âme des personnes absen-
tes à des distances considérables, à subir leurs souffrances par des pressentiments, à traduire les accidents
dont elles sont victimes par des syncopes, des cris, de
la tristesse, de l'angoisse.

Tous ces phénomènes sont très discutables et très
discutés. Les uns ne voient que simples coïncidences
là où les autres affirment des rapports de cause à effet.
Je crois que dans l'état actuel de nos connaissances, il
ne nous est pas plus permis de les nier que de les.

affirmer, les observations en telle matière étant des plus difficiles.

Suggestion hypnotique. — Beaucoup moins étranges sont les phénomènes de suggestion hypnotique qui cependant frappent à un très haut point l'imagination populaire. Ils consistent à profiter de l'état d'hypnose durant lequel les relations des centres cérébraux diffèrent certainement de ce qu'elles sont à l'état de veille, pour introduire dans le cerveau endormi une décision formelle. Cette décision une fois implantée, va aboutir à un acte immédiat ou différé. Parfois cet acte n'est exécuté qu'après le réveil, et en ce cas le sujet qui agit ne peut se soustraire à l'exécution, si la volonté étrangère, qui s'est momentanément substituée à sa propre volonté, a été assez forte pour s'imposer.

Les animaux d'ailleurs sont, eux aussi, dans une certaine mesure, accessibles à la suggestion d'hypnose : ainsi lorsqu'on veut faire changer de nid et d'œufs une poule couveuse, il suffit de l'endormir en lui plaçant la tête sous l'aile et en la balançant plusieurs fois, de la mettre sur le nouveau nid, puis de la laisser se réveiller naturellement. Il arrive même qu'on peut par ce procédé faire couver des poules qui n'étaient pas du tout dans une période naturelle de couvaison, tant la situation imposée pendant l'hypnose s'enracine dans l'équilibre cérébral nouveau.

On n'ignore pas non plus que l'hystérie, si propice aux manifestations extraordinaires dont nous venons de parler, n'est pas particulière à l'espèce humaine. On en cite des cas non douteux chez le chien; tel celui d'une chienne de 2 ans 1/2 qui en voyant sa maîtresse tenir dans ses bras un enfant nouveau né, fut frappée d'une crise d'hystérie avec dysphagie, toux, polyurie, aphonie parésie des membres, etc., et chez laquelle la noix vomique à petites doses provoquait, comme chez les hystériques, des convulsions cloniques (obs. de l'Ecole vétérinaire de Milan); tel encore celui d'un chien de 11 ans qui fit une attaque convulsive à l'occasion d'une réprimande; tels aussi certains cas observés chez les chevaux. (V. *Gaz. med. Ital. lomb.*, Milan 1853).

Il est certain que tous les faits que nous venons de passer en revue sont très frappants pour l'esprit humain, mais ils révèlent simplement certaines manifestations de l'activité cérébrale qui dépassent l'observation ordinaire. Tous méritent d'être étudiés de très près par la science, et peut-être renferment-ils en germe des découvertes inattendues sur les relations des agrégats que nous sommes avec l'ambiance. Mais ils n'ont rien de commun avec ceux que nous avons surtout en vue dans ce paragraphe, avec ceux qui tendraient, s'ils étaient exacts, à établir l'existence autour de nous d'esprits désincarnés, d'êtres immatériels ayant vécu et conservant tous les attributs que pourrait leur reconnaître le spiritualisme le plus puéril.

Occupons-nous donc à présent de ces phénomènes de haute magie.

L'occultisme. — L'une des manifestations les plus courues des âmes désincarnées consiste à secouer les tables de bois de mouvements apparemment contraires à la saine mécanique et à les faire en particulier frapper du pied pour converser avec les vivants. Les esprits frappeurs, suivant une opinion assez accréditée, sont en effet parmi les plus complaisants et les plus accessibles aux amateurs.

Il est peu de personnes qui n'aient au moins une fois dans leur vie assisté à une séance de table tournante, et l'impression que chacun en conserve est des plus variables.

En général pour qu'une table tourne ou parle il n'apparaît nullement utile qu'il y ait là un esprit frappeur, mais il est indispensable, comme l'a dit certain observateur peu crédule, qu'il y ait des esprits frappés.

J'ai toujours gardé le souvenir précis des impressions que j'ai ressenties lors de la première séance de table tournante à laquelle j'ai pris part. Pour plus de fidélité, j'en donne la relation telle que je l'ai écrite alors. Mise en scène appropriée, pièce mi-obscure, prélude par beaucoup de récits de maisons hantées, d'apparitions de fantômes, de phénomènes surnaturels de toute nature ; petite séance d'hypnose préalable très impressionnante. Puis voici la table. Quatre personnes s'assoient avec moi, autour d'elle ; les mains sont mises sur le plateau, elles doivent se toucher toutes de voisins à voisins... pour que le fluide circule mieux. Je sens des mains tremblantes à côté de moi. L'heure est propice. Dix minutes, quinze minutes passent. Je commence à sentir que mes muscles se fatiguent, que mon esprit se tend et je me demande si je saurai bien contrôler l'absence de tout mouvement actif de ma part. Le médium fait remarquer d'une voix impressionnée et convaincue qu'un souffle tiède est perceptible; ma voisine croit le sentir aussi et je me demande moi-même si je ne le sens pas. A ce moment un meuble craque dans la pièce. Grosse impression collective; heureuse coïncidence. Je ressens moi-même le frisson. Nous voilà tous au point. Je sens la table qui tend à s'incliner à gauche. Est-ce moi qui la pousse? Non, je ne crois pas, mais en suis-je bien sûr? Puis, elle se redresse. Bon! un coup frappé, puis deux coups, c'est la conversation qui commence. L'alphabet conventionnel est long; il faut compter chaque fois les lettres à partir de la première, et le z exige 25 coups, mais les témoins ne sont pas pressés, ils ont du temps à perdre. Vraiment on devrait bien apprendre l'alphabet Morse aux esprits d'outre tombe. Mais cette lenteur même me donne le temps d'étudier le phénomène. L'impression de mystère, d'inconnu, d'attente anxieuse à laquelle je n'avais pu me soustraire au début se dissipe et je regarde les mains et les avant-bras. La mode est aux bras nus, je suis favorisé. Un éclairage oblique tombe sur les radiaux droits de ma voisine de droite, je vois une légère saillie de contraction inconsciente se produire chez elle quand la table s'incline; chez le médium aussi. Mais chez moi? Eh, je crois bien que je suis le mouvement et que je l'aide. C'est étrange combien nous sommes dociles aux sollicitations des synergies et avec quelle facilité nous emboîtons le pas derrière nos entraîneurs. L'esprit d'ailleurs nous a tenu au début des propos incohérents. Il n'est devenu clair et n'a su ce qu'il voulait nous dire que quand nous-mêmes avons aperçu un sens possible à ses propos, car tous nous étions sincères, même le médium. Alors le reste a coulé de source. Il y eut encore des bruits, des souffles; tout le monde crut entendre; tout le monde crut sentir; j'avoue que je ne perçus rien. Décidément je n'étais plus en forme.

Depuis je n'ai jamais été en forme, mais j'ai parfois trouvé très instructif de suivre avec quelle puissance et quelle rapidité d'entraînement certaines personnes subissent l'influence de ces sollicitations vers la motricité inconsciente et le demi-perçu. Qu'on me pardonne d'avoir cité un fait personnel, mais je crois qu'en cette matière une observation sincère de ses propres impressions est la première étape que l'on doit parcourir pour arriver à une interprétation juste. Je me hâte d'ailleurs de laisser de côté l'étude de ces séances intimes. Dans cet art difficile d'évoquer l'au-delà, la parole est aux maîtres spirites. La relation de quelques-unes de leurs expériences les plus fameuses mérite bien que je lui consacre un paragraphe pour l'édification de ceux de mes lecteurs qui n'auraient pas encore subi le charme des puissances occultes.

136. — L'occultisme devant l'observation scientifique. Les séances magistrales. Les hauts faits des maîtres de la magie.

C'est l'illustre Douglas Home qui imagina le jeu des tables tournantes. C'est à lui que les esprits d'outre tombe enseignèrent leur langage. Ils lui enseignèrent aussi l'art de les matérialiser, de les faire réapparaître avec leurs formes charnelles. Leurs révélations furent si précises que la haute société du milieu du xixe siècle demeura convaincue; et Home, sûr de lui-même et de ses immatériels clients, lança à deux reprises un défi aux savants du monde entier, qui pourtant pour la plupart demeurèrent sceptiques.

L'un d'eux après avoir suivi quelques-unes de ses séances alla même jusqu'à déclarer qu'il ne pouvait voir en lui qu'un habile prestidigitateur ; il est vrai que celui-là n'était qu'un physicien. Il s'appelait Faraday.

D'autres eurent l'impudence de relever un de ses défis, mais ils furent si peu sympathiques aux âmes de l'au-delà, qu'elles répugnèrent à se manifester en leur présence, abandonnant l'opérateur à sa déconvenue. C'étaient d'ailleurs des savants dont les noms pâlissaient à côté de celui du grand Home ; c'étaient le physiologiste spiritualiste Elie de Cyon, le mathématicien Tchebyschef, le phycisien Petrowchewsky, etc.

Pour que les esprits se manifestent dans la plénitude de leur liberté il ne faut pas une astmosphère hostile, il ne faut même pas le regard froid du sceptique.

Suivons donc une fois d'après le récit d'un témoin oculaire le célèbre Douglas Home dans une de ces séances chaudes où l'air est propice et l'auditoire vibrant.

Nous voici au château de Compiègne en présence de Napoléon III, de l'impératrice, de la princesse de Metternich et de quelques autres témoins. La séance bat son plein. Les manifestations se succèdent. Le médium prévoit sans doute un phénomène extraordinaire qui va se produire, car il dirige nerveusement la conversation. Mais c'est étrange, avec quelle insistance il veut que l'impératrice parle directement à Napoléon III. Craint-il pour elle des émotions trop violentes et détourne t-il à dessein ses regards du lieu où il se trouve lui-même et où sans doute, la manifestation de l'au-delà va se produire ? Peut-être ! Pourtant le comte de Fleury qui suit de loin la scène a un soupçon. La disposition des lieux lui permet de sortir de la pièce et de rentrer doucement du côté opposé, derrière Home. Un cri d'effroi de l'impératrice : « la main d'un enfant mort vient de me toucher », dit-elle. Un frisson parcourt l'auditoire. Mais le général de Fleury, lui, a vu la main menue et froide : le célèbre médium ayant entrouvert la semelle truquée de sa bottine avait sur la dalle froide posé son pied nu et, « avec une extraordinaire agilité », il avait, de ce pied, touché la main de son auguste voisine.

Ce jour là on fut sans pitié et Douglas Home dut quitter la terre de France.

Un médium non moins célèbre, une femme, a tout récemment provoqué des mouvements très variés d'opinion dans les milieux scientifiques. Eusapia Paladino, d'abord étudiée par Richet, fut l'objet de recherches fameuses faites à l'Institut général psychologique en 1905, 1906, 1907 et 1908.

Des sommités scientifiques, d'Arsonval, Curie, Branly, Langevin, Debierne, Perrin, Jourevitch, Charpentier, Bergson, etc., ont assisté à ses séances. Toutes sortes de contrôles ont été imaginés ; des balances enregistrantes, des appareils révélateurs de toutes les modifications électriques, physiques, chimiques du milieu, tout un arsenal d'instruments inscripteurs destinés à éviter les erreurs d'hallucination collective des assistants ont été utilisés.

Je n'ai pas vu ces expériences, mais j'en ai lu plusieurs fois avec soin le compte rendu et l'impression la plus forte que j'en ai tirée est qu'il est regrettable qu'à côté des grands noms que je viens de citer, on ne voie pas figurer parmi les contrôleurs, celui d'un modeste disciple de Robert Houdin. Ces savants d'ailleurs ont déclaré hautement leur incompétence pour apprécier certains détails de la mise en scène et certaines préparations des phénomènes. Ils ont maintes fois exprimé le désir d'avoir avec eux des prestidigitateurs sincères, mais ce désir n'a pu être réalisé. La confraternité des médiums et des truqueurs professionnels s'opposait sans doute à ce contrôle.

Quoi qu'il en soit, il semble bien avéré qu'une fois les premières impressions passées la plupart des assistants n'ont remporté de ces séances d'autre conviction que celle d'avoir été agréablement, mais royalement dupés (1).

Le contrôle de ces expériences, comme l'explique l'éminent rapporteur, M. Jules Courtier, qui en a donné la relation complète, est à peu près impossible dans l'obscurité. Les mains du médium s'échappent sans cesse dans ses mouvements « d'agitation nerveuse ». Souvent le contrôleur de droite croit avoir sur sa main un doigt de la main droite d'Eusapia et le contrôleur de gauche pense sentir sa main gauche, alors que le médium, d'un superbe écarté, touche avec une seule main celles de ses deux voisins, tandis que sa main libre s'adonne aux travaux occultes les plus variés. Une autre difficulté du contrôle sur laquelle il insiste à juste raison est la perpétuelle division de l'attention « imposée par le médium ». En effet elle s'oppose d'une façon absolue à ce que quelqu'un l'observe, s'il n'est en

____

(1) *Bull. de l'Inst. général psychol.*, nov. déc. 1908.

même temps contrôleur et assis à ses côtés; ce n'est pas sans raison : le contrôleur a le souci constant de son contrôle et bien des faits étrangers lui échappent.

Faut-il dès lors s'étonner de l'apparition de ces mains humaines errantes, parfois légèrement phosphorescentes, dont la vue a frappé assez profondément plusieurs témoins?

Et puis quelle confiance peut-on prêter à un médium que les témoins prennent à chaque instant en train de frauder?

Un jour, c'est le comte de Bubna qui aperçoit un cheveu dans les mains d'Eusapia au moment où elle fait osciller une feuille de plante d'appartement sans contact entre ses deux mains. Une autre fois c'est M. Otto Lund qui remarque Eusapia en train de s'exercer avec un cheveu tendu entre ses deux mains à agir sur le plateau d'une balance.

Puis c'est M. Courtier qui surprend un petit clou échappé de la main du médium, quand on lui demande d'agir sans contact sur un appareil enregistreur enduit de noir de fumée. La pointe du clou laisse si peu de marque sur le noir de fumée!

C'est M. de Fleurières qui voit le genou d'Eusapia contre le pied de la table soulevée.

C'est M. de Meck qui constate le coup de la main unique pour les deux contrôleurs de droite et de gauche pendant que se produit une manifestation en arrière.

C'est M. Yourévitch surprenant Eusapia en train de se baisser maladroitement pour faire une empreinte dans la glaise.

Et Douglas Home et Eusapia Paladino ne sont pas

les seuls à avoir découragé la patience de leurs observateurs. Anna Rothe, le médium aux fleurs, fut démasquée en Allemagne. Florence Cook, qui offrait au grand chimiste William Crookes le fantôme matérialisé de Katie King, fut confondue par Jules Bois. Craddok, qui pratiquait aussi la matérialisation des esprits purs, fut un jour saisi à pleines mains par le colonel Mayhew qui voulut appréhender l'apparition immatérielle de l'au-delà; Bailey, Slade et combien d'autres, ont été tour à tour démasqués au cours de leurs fraudes (1).

Je sais bien que l'existence même de ces fraudes ne doit pas faire d'emblée condamner l'art des spirites et en cette matière on ne saurait trop admirer la discrète et bienveillante réserve des membres du jury scientifique qui entreprit l'examen du cas Paladino. M. Courtier, après avoir constaté les multiples supercheries auxquelles ont coutume de se livrer les médiums, leur trouve une excuse possible dans le désir de voir s'accomplir des phénomènes déjà obtenus par eux et trop longs à se manifester. Et lors de la discussion qui suivit ces séances, l'éminent Président, M. d'Arsonval, ne manqua pas de rappeler une tricherie du grand Ampère, histoire plaisante que lui-même tenait de Mascart. « Ampère, lors de sa découverte des phénomènes électrodynamiques avait convié Arago et plusieurs autres savants à assister à une expérience : la déviation d'un équipage électrique par le passage d'un courant. La déviation ne se produisant pas, il avait donné un coup

(1) Voir Grasset, *loc. cit.* J. Courtier, *Bull. Inst. Psychol.* 1907-1908. Élie de Cyon, etc.

de pouce et était passé à une autre expérience. Naturellement tout le monde s'était aperçu de la tricherie. Un moment après il était revenu à son équipage et l'équipage s'était mis à tourner. Alors tout joyeux Ampère de s'écrier : « Vous voyez, cette fois je n'y ai pas touché ». Il avait été tricheur de bonne foi, il savait que le phénomène devait se produire, il y avait aidé un peu ».

Plus près de nous, tous ceux qui se sont occupés des rayons N se sont réjouis d'une aventure fameuse arrivée à un de nos physiciens qui, tout à fait convaincu de leur existence, voulait nous démontrer la mesure de leur longueur d'onde. Une lampe Nernst, close de toutes parts et un prisme d'aluminium étaient disposés derrière l'échelle des mesures. Vaguement, bien vaguement chacun percevait ces légères variations de luminescence qui, on le sait, constituèrent le révélateur le plus net de la radiation nouvelle. Le savant professeur situait avec assurance les bandes plus lumineuses indicatrices des longueurs d'onde à peine perceptibles pour les témoins. A un moment donné l'un des témoins supprima à la faveur de l'ombre la lampe Nernst, source cachée de l'émission, et le prisme d'aluminium. Avec la même assurance le savant professeur continua sa démonstration. Voyait-il ses bandes lumineuses avec les yeux de la foi, ou donnait-il le coup de pouce? Qui le sait, et lui-même aurait-il pu le dire? En tout cas bien imprudent aurait été celui qui sur le vu de cette relation troublante aurait condamné la cause des rayons N. S'ils sont éteints aujourd'hui, nul ne saurait suspecter la bonne foi de ceux qui les ont découverts ou étudiés.

Que conclurons-nous de cet aperçu? A mon avis

conclusion qui s'en dégage est la suivante. Il est des manifestations de la conscience chez les êtres vivants que nous ne connaissons que par des faits isolés et d'une observation difficile. Outre l'exaltation souvent observée des facultés naturelles, exaltation qui va jusqu'à des limites que notre entendement a peine à concevoir, à côté des phénomènes de l'hypnose, du somnambulisme, de l'hyperlucidité, il se peut qu'il y ait autre chose et que tous nos états d'âme entraînent certaines modifications du milieu ambiant autres que celles que nous percevons ordinairement par nos sens. Il ne nous est permis ni d'affirmer, ni de nier ces hypothèses.

Mais en dehors de cela, tous les faits que l'imagination populaire ou les habiles supercheries des médiums rapportent à des manifestations d'esprits errants autour de nous sont de pure fantaisie, et leur examen n'aboutit jamais qu'à la confusion d'un metteur en scène impudent. Il est du devoir de chacun de démasquer ces erreurs qui impressionnent certains esprits au point de troubler la raison. Il y a là un véritable danger social qu'on n'empêchera ni par les interdictions religieuses ni par les prohibitions de publicité qui laissent à ces fantaisies puériles et grossières tout l'attrait du mystérieux et du fruit défendu. Le véritable remède est au contraire dans la mise en pleine lumière de tous ces faits par des gens sains d'esprit; dans l'exposé sincère des phénomènes observés; dans la séparation nette de ce qui est prouvé, problable ou possible et de ce qui n'est que mystification, imposture ou conception morbide.

137. — Le moi dans l'univers. Relations du moi et de l'ambiance. L'idée de Dieu devant les données de la science.

L'étude sommaire que nous venons de faire de notre personnalité morale aboutit donc en fin de compte à nous faire regarder cette étonnante manifestation statique comme résultant du jeu de nos synergies individuelles qui évoluent dans une ambiance déterminée ; et, sans nous acharner à vouloir pénétrer sa nature, nous sommes forcés d'accepter sans réserve une proposition dont la portée philosophique n'échappera à personne. C'est la suivante :

Puisque nous pensons, puisque la manifestation *conscience* existe dans la nature et se révèle dans certains agrégats matériels ou à la faveur de certaines synergies propres à ces agrégats, c'est que les éléments générateurs de notre monde ou, si l'on veut, le milieu que nous avons regardé comme la matrice générale de la matière est susceptible d'engendrer ces manifestations. Ce qui revient à dire, comme nous l'énoncions plus haut, que la raison d'être des phénomènes conscients, existe forcément à l'état potentiel dans le milieu générateur de notre monde.

Si nous nous transportons dans le passé, si nous nous représentons les périodes lointaines des nébuleuses ou mieux encore les périodes hypothétiques qui les ont précédées dans notre région de l'infini, nous sommes conduits à nous imaginer que s'il n'y avait pas alors de conscience individuelle, puisque pas d'individus, il y

avait du moins en puissance les raisons d'être capables
de les engendrer.

Ainsi le milieu générateur auquel nous avons attribué
les vertus capables d'engendrer les diverses modalités
énergétiques du monde inerte, les diverses propriétés
statiques, forces gravides, atomiques, moléculaires,
magnéto électriques, etc., que l'observation nous a
révélées, ce milieu générateur s'offre à présent à nous
comme possédant encore la raison d'être potentielle des
phénomènes de conscience.

Il suffira pour que ces phénomènes se manifestent
que les circonstances s'y prêtent. La circonstance utile
ici, c'est la formation de certains agrégats à partir des
premières ébauches de la matière, c'est la formation des
êtres vivants.

Ainsi l'homme dans sa contemplation naïve des
choses de la nature est-il toujours amené à porter sa
pensée, dès qu'il songe à ses origines et aux origines
du monde, vers ce milieu générateur que nous avons
envisagé quand nous avons étudié les hypothèses cosmogoniques (Tome II).

Cette considération va nous entraîner vers des déductions pleines d'intérêt pour les amateurs de métaphysique.

En effet, si un manuel de genèse essayait de traduire
la proposition que nous venons d'énoncer dans ce langage imagé qui plaît ordinairement au public, parce
que les mots qu'il emploie savent cacher notre ignorance, il dirait : Il est à l'origine des mondes un milieu
générateur, une *entité* génératrice, qui a tiré de son sein
toutes les énergies existantes et la matière elle-même,

modalité de l'énergie. Cet acte est l'acte essentiel de la création, l'acte essentiel de la création de notre monde en particulier.

L'observation nous montre que ce monde est fait d'unités distinctes et non d'une chose continue; ce sont les unités électromagnétiques, les unités matérielles, les atomes, les molécules, les unités vivantes, les cellules, les êtres polycellulaires, les unités sidérales, etc. Elle nous montre aussi que chacune de ces unités a ses propriétés particulières, ses propriétés d'agrégats qui se manifestent chez elle et qui ne se manifestent pas chez ses éléments constituants : chaque unité qui se forme *reçoit ainsi un véritable don* de l'entité génératrice puisque toutes ces propriétés d'agrégats procèdent des relations de l'unité et de son milieu. Elle nous montre enfin que toutes ces unités créées ont leur vie et leur évolution. Les mondes sidéraux naissent, évoluent et meurent; les unités atomiques se forment, se désagrègent et se résolvent sans doute en énergie; les unités vivantes d'une façon plus frappante encore parcourent leur cycle rapide. Toutes suivent au cours de leur vie des règles fatales, des lois inéluctables, telles que la loi de dégradation énergétique ou la loi biologique d'option. Ces lois, parce qu'elles sont générales, fatales, se révèlent comme l'expression d'enchaînements préfixés dès l'origine et cet ordonnancement procède encore des vertus du milieu générateur. Ainsi, pourrait ajouter notre manuel, cette *entité créatrice* qui peut tirer le monde d'elle-même est capable en même temps *de lui imposer des lois inéluctables,* auxquelles il est assujetti depuis sa naissance jusqu'à sa mort.

Or je crois qu'à ces paroles beaucoup de mes lecteurs auraient un sourire et dépisteraient dans notre *entité génératrice* quelque nouveau bon Dieu offert à leurs méditations. Quelques-uns iraient plus loin encore et n'y verraient qu'un très vieux bon Dieu fraîchement reverni et placé en meilleur jour, grâce aux lanternes de la science qui l'éclairent un peu. Et certes, je ne me chargerais pas de démontrer qu'ils ont tort.

Ainsi de l'étude du moi conscient nous voilà fatalement conduits à envisager une question toujours prête à déchaîner les mouvements passionnels dans le public. Y-a-t-il un Dieu créateur et directeur des mondes ? La science nous incite-t-elle à admettre ou à rejeter l'idée de Dieu ?

138. — L'idée de Dieu dans l'humanité. Tradition et science.

Il en est des croyances dans nos peuples civilisés comme des doctrines politiques ; c'est trop souvent l'étiquette qui seule qualifie la profession de foi.

Je connais des matérialistes professionnels et combien ! qui sont plus déistes que les spiritualistes les plus ardents, tout en proclamant bien haut leur athéisme.

Certains mots servent à rallier les partis comme les étendards qui les entraînent. Le mot Dieu est de ceux-là. Or, habituellement on ne sait pas plus ce qu'il y a derrière les mots que derrière les étendards ; moins on les comprend, plus on les aime et plus ils provoquent les grands enthousiasmes.

C'est pour cela que chez tous nos peuples civilisés il

y a un parti qui porte la bannière sacro-sainte des croyances traditionnelles en un Dieu tout puissant et il y a un parti opposé qui la hue. Derrière la bannière marchent d'innombrables adeptes qui ne savent pas au juste ce qu'elle signifie, mais qui se feraient tuer pour la défendre. Et de l'autre côté une foule non moins considérable fait chorus avec ceux qui la huent, sans connaître davantage l'objet de leur mépris.

Les premiers frémiraient d'indignation si nous leur disions : « Nous ne croyons pas à l'existence de Dieu »; et les autres hausseraient les épaules avec un regard de souveraine pitié, si nous leur disions : « L'existence de Dieu nous paraît évidente ».

Or aujourd'hui tout homme qui a réfléchi peut dire avec la même conscience aux uns ou aux autres : *Dieu est* ou *Dieu n'est pas*, sans risquer de faillir à ses convictions intimes.

La raison en est que rien n'est plus variable que l'idée de Dieu, même chez des coréligionnaires. Il suffit de sonder la pensée de quelques sujets pour s'en convaincre.

Un jour, je visitais une vieille église catholique avec un groupe de touristes parmi lesquels se trouvaient des jeunes filles un peu trop rieuses pour le caractère sacré de l'endroit; l'une d'elles, plus scrupuleuse, fit observer l'indécence de leurs propos et j'entendis alors une réponse qui me laissa sur le coup une certaine surprise. « Nous pouvons bien rire, le Bon Dieu n'y est pas ». Aussi ai-je depuis souvent recherché ce que pouvait bien être l'idée de Dieu chez les jeunes cerveaux frais émoulus du couvent et de la pension ; et, chaque fois

que l'occasion s'en est présentée, j'ai tâché de pénétrer ce que l'enseignement traditionnel peut à notre
époque faire germer dans des esprits naïfs possédant
une instruction moyenne. Je rapporte ici une opinion
qui schématise en quelque sorte le plus grand nombre
des réponses que j'ai recueillies. « Quand je cherche à
me représenter Dieu, me dit celle dont je cite les paroles, je ne vois que Jésus-Christ homme. C'est lui que je
me représente comme le maître de l'univers, parce
qu'il a l'âme sensible comme moi, parce qu'il sait pleurer, souffrir, aimer. Et comme il est le Verbe de Dieu, il
est Dieu lui-même, Dieu tout entier incarné dans un
cœur et dans un corps humain. Quant à Dieu le Père,
je ne le comprends pas, il est trop lointain, trop abstrait,
il ne répond à aucune forme précise pour moi; je ne
sais prier que le Dieu de l'Hostie parce que je sais qu'il
m'entend, qu'il me soutient et qu'il me juge. Si Jésus-
Christ n'était pas Dieu je ne saurais à qui m'adresser. »

Telle est dans tout son épanouissement la conception
du Dieu anthropomorphe, et voilà pourquoi le bon
Dieu n'est pas dans les églises quand l'autel ne renferme
pas d'hosties consacrées.

Quelques-unes arrivent à concevoir le Dieu créateur,
mais en abstrayant simplement du corps de Jésus-Christ
la chose immatérielle qui est Dieu et qui ne se représente à leur imagination que sous l'incarnation de Jésus.
D'ailleurs en général les origines du monde, la nature
de la matière, la raison d'être des lois qui la régissent
ne préoccupent pas du tout leur imagination; et, si l'on
essaie de les faire réfléchir sur ces questions, elles sont
tout juste accessibles à cette idée : puisque le monde

existe, c'est qu'il a été créé, donc Dieu est créateur. Ce Dieu créateur, pour elles, est cette *personnalité* imprécise qui a fait corps avec Jésus-Christ, homme, qui *est en dehors* de la nature et non *dans* la nature et qui a créé cette nature d'une façon quelconque, d'une façon qui ne les intéresse pas, en la tirant de rien... du néant placé à côté de lui... ce qui ne saurait les surprendre, puisqu'il est tout puissant.

Il est bien certain que tout autre est la conception du Dieu chrétien dans l'esprit du prêtre ou du pasteur instruit, chez lequel l'affectivité cède le pas à la curiosité rationnelle. Leur esprit se porte davantage vers la conception de cette entité abstraite qu'ils se représentent ordinairement comme ayant participé par sa substance même à la genèse des mondes et tellement inhérente à ce monde qu'elle en dirige les moindres phénomènes dans les plus infimes parcelles de l'infiniment petit. Il y a plus de différence entre l'idée du Dieu personnel à peine séparable de sa figure humaine dont je parlais tout à l'heure et la conception du Dieu abstrait de ces croyants instruits, qu'entre cette dernière et celle de l'entité génératrice tirée des données de la science.

La croyance en Dieu forme un immense clavier dont les notes graves et les notes aiguës n'ont de commun que le nom, et souvent entre deux notes voisines il y a de profondes discordances.

La plus grande imprudence, la faute la plus lourde qu'un philosophe scientifique puisse commettre, est de discuter sur cette chose imprécise que tout le monde croit connaître parce qu'un mot connu de tous la désigne, avant d'avoir parfaitement défini l'idée qu'il met en lice.

Pour nous la difficulté se trouve réduite au minimum, parce que nous savons clairement l'idée que nous mettons en lice.

Nous sommes arrivés à la conception d'un principe générateur dont nous ne connaissons rien autre chose, c'est entendu, que les manifestations matérielles; mais que nous nous représentons comme renfermant en puissance toutes les propriétés de la matière, toutes les énergies, toutes les manifestations dynamiques et statiques, toutes les lois de l'évolution d'un monde. Et nous nous posons simplement cette question : *Est-il séant, est-il logique de faire de cette conception l'aboutissant actuel de l'évolution de la pensée humaine dans son besoin de croire à un être suprème?*

Que l'on veuille bien remarquer que cette question n'a aucun intérêt scientifique. C'est une *controverse de point de vue*, voilà tout. La solution qui lui sera donnée ne changera pas un iota à nos conclusions antérieures. Mais par contre son intérêt pratique est énorme : si nous regardons la notion scientifique de l'Ens générateur comme l'aboutissant vers lequel évolue la croyance en Dieu répandue dans les foules, nous devrons dire dans nos ouvrages de vulgarisation : Oui Dieu est, et la science aide à le connaître en passant peu à peu l'éponge sur les errements de la tradition qui sont les témoins du balbutiement des peuples à la recherche de la vérité.

Si, au contraire, nous croyons les puérilités populaires incapables d'évoluer et de se confondre finalement avec l'idée rationnelle d'une entité génératrice, nous n'avons plus qu'à dénoncer l'erreur de la sentimentalité humaine et attendre le règne de la raison.

Les avis sont très partagés parmi les savants.

Les uns se proposent d'être utiles aux masses, de les éclairer, d'aider leur évolution, d'éviter pour elles les écueils ; ils veulent agir en pasteurs, la lutte pour la vérité, dût-elle en éprouver des lenteurs, des retards considérables. Les autres, intransigeants d'esprit, aiment la vérité pour la vérité et s'inquiètent peu de la route par laquelle l'humanité y arrivera : ils négligent l'homme du sentiment pour ne parler qu'à l'homme de la science. Mais le plus souvent l'homme du sentiment et l'homme de la science sont réunis dans le même individu, quoique chacun d'eux ignore l'autre. « Un système de cloison étanche, a dit Boutroux, sépare le raisonnement de l'homme dans son laboratoire du raisonnement de l'homme qui entre à l'oratoire ». Les intransigeants dont je parle ne frappent jamais qu'à la porte du laboratoire, pour y trouver leur homme et, s'ils le voient cheminer vers l'oratoire, ils se disent simplement que c'est un malade et qu'ils n'ont pas charge de sa cure. Ils aggravent encore la cloison séparatrice.

Les premiers agissent en médecins qui connaissent les souffrances de l'âme humaine, qui tiennent compte de ses besoins et de ses aspirations affectives et qui tiennent compte aussi des incertitudes que la science laisse dans leur propre pensée. Les seconds agissent en mathématiciens pour lesquels les formules sont indiscutables et brutales.

Les premiers cherchent à éclairer doucement les esprits par de lentes améliorations apportées à l'enseignement, par une vulgarisation prudente et non blessante des données philosophiques de la science. Les autres tendent à employer la manière forte en recourant au besoin à la contrainte pour extirper les errements.

Il y a donc là on le voit une controverse qui touche l'idéal moral du savant, du vulgarisateur, et dès lors la réponse implique un coefficient individuel d'une importance prépondérante. C'est donc une réponse toute personnelle que je vais donner; elle n'engage en rien, je le répète, les conclusions scientifiques auxquelles nous sommes arrivés.

Pour mon compte, j'estime que nous devons prendre modèle sur l'œuvre lente de la nature qui transforme progressivement les êtres en utilisant toujours le passé et sans rompre jamais avec lui. Je regarde comme un devoir pour le savant, pour le vulgarisateur, d'agir en médecin, de guérir doucement ses malades de leurs errements, en éclairant d'une lumière graduée les idées qu'ils aiment, les hypothèses qu'ils acceptent, sans jamais s'irriter que les masses ne puissent du premier coup arriver à des idées justes et à des conceptions dont lui-même, mieux que personne, connaît toute l'incertitude et le vague.

Elargir sans détruire, telle est la formule qui à mon sens convient au philosophe désireux de prendre contact avec l'esprit du peuple.

C'est pour cela que je trancherai par l'affirmative la controverse énoncée plus haut et je formulerai nettement cette proposition : *Il n'y a aucun inconvénient à regarder l'idée scientifique du milieu générateur, de l'Ens, principe du monde matériel, comme l'aboutissant rationnel vers lequel tendent les conceptions plus ou*

*moins puériles d'un Dieu créateur et directeur du monde
tel que se l'imaginent les simples.*

**139. — Le rôle de la science dans l'évolution de l'idée
de Dieu et de ses relations avec le moi individuel.
Vérité scientifique et croyance révélée dans l'âme des
peuples.**

Il ne faut pas nous dissimuler que nous venons de
poser là les données d'un thème, source de discussions
multiples. Faire de la vérité scientifique l'aboutissant
de certaines croyances, n'est-ce pas donner à entendre
que ces croyances du passé renfermaient dès leur origine, plus ou moins dissimulés, les germes de vérités
que la science de l'avenir devait mettre à jour? Et
comme ces croyances reposent en général uniquement
sur des affirmations rapportées à une révélation divine,
n'est-ce pas laisser supposer que les révélations ont
devancé les progrès de la pensée humaine et ont enseigné prématurément ce que nulle observation humaine
ne pouvait alors faire connaître?

Enoncer cette question est montrer son importance.

En effet il est une classe de croyants qui s'acharnent
à vouloir démontrer que toujours le nouveau rentre
dans l'ancien, que toujours les découvertes nouvelles
sont contenues implicitement dans les vérités anciennes,
parce que ces dernières sont des vérités révélées.
Beaucoup d'ouvrages récents cherchent ainsi à établir
« l'accord de la science et de la religion ».

Il y a dans ce thème un facteur dont nous allons faire
voir la fausseté et je me hâte d'ajouter que celui que je

défends et dont je viens d'affirmer les propositions fondamentales, lui est diamétralement opposé. Ce dernier,
pour ne citer qu'une de ses caractéristiques, implique
en effet l'évolution nécessaire des croyances, tandis que
le thème des apologétistes dont je parle implique leur
fixité.

Pour éviter toute ambiguïté, nous allons tâcher de
bien comprendre d'abord ce qu'on désigne par vérité
révélée dans les dogmes religieux. Puis nous verrons
dans quel sens il faut entendre que la vérité scientifique
peut être présentée à l'esprit des masses comme l'aboutissant vers lequel elles doivent orienter leurs croyances,
la croyance en Dieu en particulier.

Qu'est-ce donc que cette révélation qu'on trouve à
peu près dans toutes les religions sous des formes
variées?

Ecoutons, pour le savoir, parler l'âme populaire, avide
de merveilleux, charmée de contes mystiques, prête à
accepter toutes les invraisemblances, à aimer toutes les
impossibilités quand elles répondent à un sentiment
naturel, à un instinct, à un besoin. Interrogeons la
légende d'un peuple quelconque, elle est la légende de
tous les peuples, à cela près que les héros sont différents et que l'action varie suivant le temps et le lieu.

Nous voici par exemple dans l'Inde, 10 à 15 siècles
avant l'ère chrétienne. Les Aryas, c'est-à-dire les Ira-
niens et les Indous, descendent vers le Gange apportant
aux peuplades indigènes leurs coutumes et leurs
croyances variées. Parmi les contes traditionnels sous
lesquels se cachent parfois des conceptions philosophiques étonnantes, parmi les légendes mystiques qui sym-

bolisent souvent des thèmes d'une profondeur étrange ; parmi les corps de doctrines dont les Védas, les Brahmanas et autres livres sacrés de l'époque nous ont transmis les enseignements, la foi populaire monte surtout vers les récits émouvants où l'on voit les dieux descendre sur la Terre et entretenir les hommes des mystères de l'au delà. Nulle part ces scènes ne sont plus touchantes que dans les dogmes des sectes indouistes où fleurit la croyance à la Trinité brahmique.

Là Brahma, l'essence créatrice, est le Dieu qui a engendré le monde ; Siva est le Dieu irascible et destructeur et Vichnou le dieu conservateur fécondant la nature et perpétuant la vie. Si l'âme des foules est peu accessible à la contemplation du créateur abstrait, si elle craint et fuit le vindicatif Siva, par contre elle monte vers le divin Vichnou comme vers le maître accessible et cher. Vichnou est le dieu qui prend volontiers la forme humaine, celui qui s'incarne ici sous la figure de Rama, là sous celle de Krishna, ailleurs sous des réalités charnelles, humaines ou animales des plus variées : c'est le dieu qui aime approcher l'homme pour lui apporter la parole sacrée ou les missions d'en haut destinées à diriger ses actes. Suivons-le une fois dans l'œuvre qu'il accomplit sur la terre, au moment où il va naître et vivre parmi les hommes.

Devaki, vierge errante des bois, aperçoit un jour un dieu de lumière qui la plonge dans une extase sacrée et dans une félicité inconnue. Cette emprise du dieu créateur des mondes se dénoue par la conception d'un enfant divin qui tiendra sa substance charnelle du corps virginal et pur qui l'a nourri et dont l'âme, différente d'une âme humaine, sera une émanation directe du dieu qui l'a conçu. Homme par son être matériel, il saura aimer, souffrir et mourir comme les hommes dont il partage la vie. Dieu par son esprit, il saura leur traduire dans un langage qu'ils comprendront les vérités de l'au delà et la loi qui les conduira au bonheur.

D'ailleurs dans la jolie légende de la secte indouiste qui honore Krichna, la part de l'homme et la part du dieu n'apparaissent pas comme rigoureusement définies. On aperçoit là la double empreinte de la conception profonde des philosophes les plus étonnants de l'antiquité et de la puérilité des masses. L'enfant divin en effet s'ignore longtemps lui-même. Sa naissance est bien entourée de signes non équivoques qui le désignent aux regards de l'humanité, mais il ne connaît *a priori* ni ses hautes destinées, ni sa nature surhumaine. Les circonstances de sa vie les lui révèlent peu à peu.

Un jour en effet la vierge mère qu'il adorait d'une piété filiale extraordinaire disparaît à sa vue. Son désespoir est sans borne, sa vie désormais va être consacrée à fouiller le monde pour parvenir à elle.

Au cours de ses recherches il se trouve mêlé à des intrigues où les dieux secondaires et les hommes ont leur part. Il traverse des dangers, affronte des périls, subit des extases. Dans l'une de ces extases, il aperçoit le lumineux séjour, le septième ciel des Dévas; il y reconnaît sa mère. Dès lors il comprend sa mission, il prend conscience de lui-même et de sa nature divine, il se révèle aux masses. Il instruit des disciples sur le mont Mérou, puis va porter la parole sacrée aux peuplades des bords du Gange. Il prêche la charité, l'amour du prochain, le renoncement à soi-même, et meurt sous la persécution des impies.

Si j'ai choisi Krishna comme exemple du Verbe divin, apportant aux hommes les lumières d'en haut, c'est pour mettre en relief un caractère dominant dans l'histoire des religions : ce que l'humanité a surtout demandé à la parole divine, c'est une loi de conduite pour la vie et une espérance pour l'au delà. Quant aux explications du monde, de sa genèse et de son évolution, elle se contente de peu : longtemps après que dans ses incarnations successives, Vichnou eut instruit bon nombre de peuplades de l'Inde, les idées les plus dissemblables et les plus fantasques continuèrent à régner sur les origines.

Ici les êtres vivants sont nés des membres d'un géant écartelé par les dieux ; là ils ont été conçus par l'union de Dyaus Pater et de Prithivi, le dieu du ciel, et la Terre, déesse féconde, tandis que chez les philosophes règne l'idée maîtresse que les âmes individuelles sont des émanations de la grande unité primordiale scindée par la puissance du désir.

Vichnou a laissé subsister ces diversités de vue, il paraît même avoir enseigné des vérités contradictoires sur ce point spécial suivant les régions ou les peuplades où il s'est incarné. Les porte-paroles des dieux n'ont d'ailleurs jamais été des scientifiques. Leurs enseignements touchant les choses de la nature et l'origine des mondes n'ont été ordinairement qu'une cristallisation des croyances répandues dans l'âme des peuples auxquels ils se sont adressés. De là les multiples contradictions du verbe divin de l'Inde qui a eu le tort de donner plusieurs fois sa vie pour l'humanité dans des milieux où les croyances présentaient de profondes dissemblances.

Le besoin de croire à une religion révélée repose en un mot avant tout sur le besoin d'obéir à une loi reconnue divine, et sur celui d'appuyer ses espérances sur une certitude venue d'en haut. Les explications sur les origines sont accessoires.

Cela posé, il ne saurait rester aucun doute, je crois, sur le sens de la proposition que j'ai énoncée plus haut en donnant l'hypothèse scientifique comme l'aboutissant vers lequel on doit faire tendre sans cesse les croyances populaires, et comme la véritable révélation progressive de la nature. Cette révélation progressive s'offre à notre intelligence de telle façon qu'elle éclaire et qu'elle redresse nos intuitions antérieures et nos traditions.

On voit dès à présent combien cette doctrine scientifique, toute conciliatrice qu'elle est, diffère de celles des auteurs qui veulent à tout prix accorder les textes sacrés avec les découvertes ultérieures. La science doit laisser aux révélations leur caractère véritable, celui du balbutiement de la pensée humaine s'élevant vers la conception de l'inconnu dans un effort surhumain et disant de grandes choses morales à côté de grandes erreurs de fait.

D'ailleurs en faisant cela, elle ne professe aucune idée blessante à l'égard de nos traditions dont elle ne peut qu'admirer la profondeur, de nos croyances qu'elle ne saurait que respecter, de nos dogmes qu'elle considère comme de puissants facteurs de l'évolution morale dans l'humanité. Le savant sait trop l'étendue de son incommensurable ignorance pour ne pas comprendre et aimer l'effort de l'homme qui tâche de s'imaginer soi-même et de concevoir le monde. Toutes les pensées de l'humanité ont leur valeur à ses yeux; toutes portent leur fruit, toutes sont dignes de son attention et de ses égards, toutes sont pour lui des pierres de l'édifice à la construction duquel il consacre sa vie.

Cette affirmation ressemble peut-être à une profession de foi, mais je crois nécessaire à la fin de ce livre où nous touchons des questions si délicates, au moment surtout où nous allons étudier les bases scientifiques de la morale humaine, de ne laisser au lecteur aucun doute sur le véritable esprit qui, à mon avis, doit animer la doctrine scientifique.

L'ennemi de la science, ce n'est pas l'imagination de l'homme, ce n'est pas son amour du merveilleux, son besoin de foi, ses erreurs ou son ignorance. Son seul ennemi, celui qu'elle doit combattre avec acharnement, sans pitié, c'est l'intolérantisme, l'absolutisme dans des affirmations improuvées, l'obstination et l'arrogance dans le jugement. Aussi terminerons-nous notre présent chapitre sur la conception du moi individuel et de ses relations avec son milieu générateur en disant quelques mots de l'heureuse évolution de l'humanité s'éloignant de plus en plus de son vieil intolérantisme pour pratiquer la modestie scientifique, sans que pour cela ses besoins affectifs soient moins satisfaits et sans qu'elle perde rien de son désir d'idéal et de la foi dans son rôle.

140. — Affaiblissement graduel de l'intolérantisme de l'humanité avec conservation d'un idéal. Modestie scientifique dans l'affirmation de l'hypothèse.

Les habitants de la terre d'après diverses statistiques et notamment d'après celles de Hubner et celles de d'Omalius d'Halloy comprennent :

500 millions de bouddhistes,

380 à 400 millions de chrétiens dont moitié de catholiques, un peu plus d'un quart de protestants, un peu moins d'un quart de grecs et de sectes diverses.

100 à 150 millions de brahmanistes.

80 à 100 millions de musulmans.

6 millions et demi d'israélites.

100 à 250 millions professant des cultes divers et multiples.

Le propre de chacune des religions qui ont ainsi divisé l'humanité a été d'affirmer avec intransigeance son corps de doctrines traditionnelles et de se déclarer comme la seule dépositaire de la vérité sacrée. Presque toutes ont su donner force de loi à leurs enseignements en condamnant le doute comme un crime et en interdisant de soumettre au contrôle de la raison les affirmations de la tradition. Elles ont su mettre le sujet coupable de ces fautes graves en conflit avec sa conscience intime, en faisant pénétrer dans le bagage des instincts le respect des dogmes transmis. Leurs récits, leurs symboles, leurs explications, comme leurs icones, ont toujours été des *noli me tangere* pour l'intelligence humaine, des *tabous* inviolables dont l'intégrité et l'immunité ont été assurées par la crainte des châtiments supérieurs.

De siècle en siècle, au fur et à mesure que la conscience humaine s'éclaire et conçoit mieux son ignorance, elle devient moins arrogante et plus humble. Même les hommes que leur sentimentalité et leurs besoins affectifs attachent plus intimement aux idées traditionnelles, aux dogmes religieux, deviennent volontiers plus conciliants.

Je connais de nombreux croyants, catholiques, protestants, israélites, convaincus et pratiquants, qui comprennent ce qu'il y a d'incertain et de vague sous les affirmations précises de textes indiscutés, et qui, de ce fait, arrivent à cette large tolérance caractéristique des cerveaux instruits à quelque église qu'ils appartiennent.

J'ai déjà dit plus haut combien les formules les plus fermées deviennent vagues à l'analyse. Les affirmations les plus banales : « Dieu est », « l'âme est immortelle » prennent, nous le savons, l'aspect de formules vides de sens, parce que chacun conçoit à sa manière la signification de ces mots : Dieu, âme, ou d'autres semblables, trop familiers pour être connus, trop clairs pour être compris.

D'ailleurs cette raison n'est pas la seule pour laquelle les adeptes les plus sincères de nos vieux dogmes, les fidèles les plus attachés à nos traditions secouent le joug des étroitesses anciennes et renient les intolérances de nos ancêtres. Il en est une autre qui aide beaucoup à cette évolution des esprits traditionnalistes, c'est qu'ils reconnaissent tous de plus en plus volontiers l'importance du facteur humain dans toute révélation.

La religion catholique elle-même, si entière dans la lettre de ses textes, laisse s'estomper de nos jours dans l'ombre mystérieuse de ses origines, plus d'un récit où se reflète l'âme d'une humanité naïve dans son enfance inquiète et parfois cruelle. Du reste, chez elle plus que chez aucune autre se trouvent dissociés les enseignements relatifs à la genèse de notre monde et les paroles du Verbe incarné imposant la morale divine avec l'espoir suprême.

La loi du Sinaï, le premier livre du Pentateuque, qui renferme la genèse, est regardé par les églises chrétiennes et par la synagogue juive comme simplement dicté ou inspiré par Dieu, et personne aujourd'hui ne songe à s'irriter ni à sourire en voyant dans les récits de Moïse, le Créateur des mondes, se promener au frais, humant la fumée des sacrifices et ordonnant d'abominables massacres à ses élus. Tant que la lutte des humains pour la vie fut une lutte sanglante, le Dieu de l'avenir n'était-il pas avec le courage guerrier et avec le mépris de la vie du prochain, quand ce prochain était un ennemi ?

Au contraire l'orthodoxie catholique a regardé comme une tâche sacrée d'assurer à la parole du Christ, imposant au monde ses devoirs et ses espérances, la force de loi et l'infaillibilité. Ses conciles des premiers siècles déclarant Jésus fils de Dieu, né de la substance du Père et consubstantiel avec lui, éternel et immuable par nature, ont condamné tel évêque d'Antioche ou tel prêtre d'Alexandrie pour avoir cru à la supériorité du Dieu universel sur la personne du Verbe. Et depuis toutes les hérésies tendant à diminuer l'authenticité littérale de la parole du Christ, verbe divin, ont été impitoyablement poursuivies. Mais ni les répressions sanglantes des siècles passés, ni les condamnations morales des siècles présents ne sauraient entraver l'évolution fatale de la pensée humaine. Les meilleurs croyants, s'ils ont l'esprit rationnel et l'éducation scientifique savent faire la part de l'homme dans le Verbe du Dieu.

« *Errare humanum est* » dit une vieille formule dont nul ici bas ne doit avoir la prétention de s'affranchir ! Et nous-mêmes, physiciens, naturalistes, qui, partant des idées positives et rationnelles de la science, avons la conviction de marcher du côté de la vérité, en formulant nos hypothèses philosophiques, nous qui croyons sincèrement que l'observation scientifique est la vraie révélation par laquelle l'inconnu se dévoile à l'humanité, ne sommes-nous pas entraînés souvent à avancer des théories qui feront sourire la science de demain !

Un peu de modestie dans nos croyances, c'est là le premier pas vers la sagesse.

Aucun peuple, aucune race, aucune secte ne détient en ce monde le monopole de la vérité. Ce qui fait les heurts, les grands chocs d'opinion, c'est la méconnaissance de la faillibilité humaine et la folle prétention de l'ignorance. Telle vérité scientifique qui ne saurait être blessante pour un croyant éclairé devient une injure et un sacrilège aux yeux d'un ignorant renfermé dans ses dogmes.

Le rôle de la science aura été surtout d'imposer à l'homme un peu de réserve dans sa ridicule présomption de posséder la vérité absolue. Les progrès de notre intelligence, en nous montrant à la fois le pouvoir et l'insuffisance de la raison humaine, sauront fusionner dans un même aveu d'ignorance les étroitesses entre lesquelles elle était divisée.

En opérant cette fusion, ils n'enlèveront à l'homme ni ses hypothèses, ni ses consolations, mais la lumière jetée sur nos conceptions donnera à l'esprit humain la modestie dans ses affirmations, la réserve dans ses croyances, le respect pour la foi d'autrui et la charité devant l'erreur. La science et l'hypothèse, la connaissance positive et la croyance peuvent vivre côte à côte en cherchant, comme l'a dit Boutroux, « à s'acheminer vers la paix, l'accord et l'harmonie, sans jamais toucher le but. »

CHAPITRE III

LA LIBERTÉ INDIVIDUELLE. LA MORALE

SECTION I. — **Comment se pose le problème de la liberté humaine.**

141. — L'autonomie de l'être croît avec le progrès du moi conscient. La loi d'option et la liberté chez les êtres dépourvus de discernement.

Il est une question qui prime toute discussion sur la morale et sur la conduite humaine. C'est celle de la liberté. L'homme est-il libre dans ses actes ou bien est-il seulement, comme l'a dit d'Holbach un instrument passif entre les mains de la fatalité? La liberté d'agir qu'il sent en lui-même est-elle une liberté vraie ou une liberté apparente?

Nous avons déjà en plusieurs occasions fait prévoir que la liberté d'action des êtres supérieurs, qu'elle soit réelle ou qu'elle soit apparente, est la plus haute expression de l'option biologique dont la notion nous est devenue familière (V. § § 104, 120, 129). C'est pourquoi le problème de la liberté se ramène à déterminer les conditions d'évolution de la loi d'option avec les progrès de la cérébralité dans la chaîne des êtres.

Aussi allons-nous une dernière fois rappeler ce qu'est la loi d'option et montrer comment elle se manifeste dans la vie de relation des êtres aux différents degrés d'évolution du système nerveux.

A. *Première manifestation de la loi d'option dans la vie de relation.* — Nous savons que c'est jusque dans les actes les plus simples de la *vie de nutrition* qu'il faut chercher les premières manifestations de la loi d'option : ces actes chimiques se passent dans le voisinage des états d'équilibre ou sont consécutifs à la rupture de faux équilibres, et nous avons vu que le propre des phénomènes du monde vivant est de placer le système organique où ils se déroulent en présence de plusieurs voies sinon toujours isodégradatrices, du moins également accessibles grâce aux agents lytiques.

Le choix entre ces différentes voies n'est nullement imposé par les lois du monde inerte; la loi de Carnot-Clausius le laisse indifférent. Pourtant nous avons vu que ce choix n'est pas tributaire du seul calcul des probabilités. En vertu de la facilité de répétition du déjà fait, en vertu de l'habitude, une option systématique se produit et les réactions s'opèrent dans un sens déterminé.

Au fur et à mesure que les êtres deviennent plus complexes, nous avons vu cette option mettre en œuvre pour s'opérer les corrélations humorales et nerveuses de l'organisme et ainsi avons-nous pu nous rendre compte que le phénomène de l'irritabilité propre à la matière vivante est le facteur essentiel de cette option. L'irritabilité, en un mot, est intimement liée au phénomène en vertu duquel la matière vivante accomplit plus facilement ce qu'elle a déjà fait.

Or l'irritabilité est le « *primun movens* » des actes de relation ; elle évolue, elle se complique et se développe avec les progrès de la vie de relation. Par suite nous avons pu prévoir *a priori* que l'option biologique allait suivre une évolution parallèle et régner en maîtresse sur les actes par lesquels l'individu est mis en rapport avec son milieu.

C'est ce que notre étude a largement confirmé : chez les êtres les plus simples toute action venue de l'extérieur entraîne ordinairement une réaction ; entre plusieurs réactions possibles, il en est presque toujours une qui s'accomplit de préférence, qui est habituelle à l'individu considéré, habituelle à sa lignée. Nous avons longuement insisté sur ce fait que l'habitude de faire tel ou tel choix suit la matière vivante d'une lignée à travers ses unités successives, c'est-à-dire qu'elle est héréditaire. L'hérédité en permettant aux descendants de tirer profit des habitudes prises par les ascendants a été la condition du progrès indéfini des espèces.

Nous avons non moins insisté sur un autre fait tout aussi important : c'est que les habitudes ainsi implantées dans les lignées qui ont fait souche n'ont pas été laissées au hasard et ne sont pas résolubles par les prévisions du calcul des probabilités. En effet la sélection naturelle a frappé infailliblement tôt ou tard les lignées chez lesquelles une habitude prise a introduit une cause de déchéance : les lignées grâce auxquelles est assurée la pérennité de la matière vivante sont celles dont les habitudes sont conformes à l'utilité, au progrès de l'espèce. Par suite les habitudes bonnes, favorables à l'unité vivante, seules, peuvent s'implanter dans le bagage héréditaire des lignées d'avenir.

De ces notions établies et développées antérieurement se dégage en toute lumière la première proposition qui marquera l'étape initiale de notre étude sur la liberté : l'option, en apparence libre et laissée par la thermodynamique aux prévisions du calcul des probabilités chez les unités vivantes inférieures, est en réalité dirigée, orientée, par voie d'habitude, comme si une raison finale la tenait sous son joug.

On peut donc bien affirmer que chez ces êtres inférieurs existe la *nécessité d'opter* dans un sens déterminé et que la liberté est incompatible avec l'évolution. C'est d'ailleurs ce qui a justifié la dénomination de *loi d'option* que nous avons donnée à cette nécessité à laquelle est assujettie la matière vivante.

B. *Evolution de la loi d'option avec les progrès de la vie de relation.* — Si à l'origine la nécessité d'option s'exerce presque exclusivement sur des actes élémentaires qui intéressent à la fois la vie de nutrition et la vie de relation, elle s'affirme et prend un essor remarquable avec l'entrée en scène de l'influx nerveux et des voies de corrélations nerveuses chez les êtres plus élevés dans la chaîne phylogénique.

Au cours des § § 104, 120, 129, nous avons vu comment elle exerce son emprise sur les trois degrés des actes de la vie de relation et comment l'option dans le sens du progrès, de l'utilité de l'espèce, se trouve ici plus que jamais imposée par le contrôle de la sélection naturelle.

Le fait que chez un être, les actes accomplis s'accompagnent d'une représentation cérébrale, le fait qu'ils évoquent des images ne suffit pas à lui seul à changer quoi que ce soit à la nécessité d'option : les animaux à cérébralité naissante qui accomplissent un acte instinctif entraînant une représentation consciente sont astreints à accomplir ces actes en vertu d'impulsions internes qu'ils ne discernent pas, obéissant à des habitudes matérielles qu'ils ne sauraient discuter. C'est pour cela qu'il n'y a pas lieu de s'étonner de ces instincts, tout à fait surprenants *a priori*, d'après lesquels nous voyons des animaux agir comme s'ils entrevoyaient une finalité lointaine impliquant un degré d'intelligence qu'ils ne possèdent certainement pas. Tels les insectes qui préparent et amassent la nourriture pour des larves qu'ils ne verront jamais, et qui, elles-mêmes, accompliront plus tard le même acte instinctif sans avoir pu se rendre compte du travail fait en leur faveur par leurs ancêtres.

Beaucoup d'actes instinctifs nous apparaissent ainsi comme extraordinairement intelligents parce que leur finalité est très élevée. C'est ce qui a fait dire à Flourens que « tout ce qui dans les animaux est intelligence n'approche que de très loin l'intelligence humaine, tandis que tout ce qui, chez eux, *pourrait nous en imposer pour une intelligence supérieure n'est que force machinale ou aveugle.*

D'ailleurs la même explication qui a justifié l'installation d'une habitude chimique favorable, justifie aussi celle d'une habitude nerveuse. Si une lignée possède dans son bagage héréditaire une habitude nerveuse

favorable, un instinct utile, tandis que sa voisine possède une tendance contraire, il est certain que la première aura en elle un facteur de progrès, de triomphe,
de pérennité qui fera défaut à la seconde.

C'est pour cela que *les instincts ont pu se compliquer
autant que les organes matériels*. C'est pour cela qu'ils
ont pu s'adapter aux circonstances les plus particulières
de la vie de relation de chaque espèce, comme les
organes de nutrition, dans la délicatesse de leur fonctionnement, se sont adaptés à toutes les conditions de
milieu. C'est pour cela aussi, en raison de cette complexité même, de cette adaptation très spéciale à des
conditions très particulières, que les instincts comme
les organes laissent l'individu qui les possède dans un
désarroi, dans une impuissance lamentable, lorsque ces
conditions changent.

La défaillance des organes et celle des instincts en
présence de conditions inhabituelles sont absolument
identiques. De même par exemple que l'animal dont
les organes respiratoires et circulatoires sont adaptés
à l'oxygénation aérienne périt irrémédiablement, s'il
se trouve soumis à la vie aquatique, de même nous
voyons les instincts en pleine déroute, quand les
actions extérieures qui les provoquent ordinairement
sont perturbées. L'odeur du chénopode fétide, qui
évoque celle de la chair pourrie, déclenche chez la
mouche à viande les réflexes qui entraînent l'acte de la
ponte; si bien qu'elle dépose ses œufs sur cette plante
où ils seront voués à la destruction; elle les y dépose
avec la même fatalité que sur un morceau de viande en
décomposition où ils auraient normalement évolué.

Nombreux sont les exemples de déformation des instincts introduits par l'homme dans la vie des animaux
domestiques. Pour ne citer qu'un exemple, je rappellerai seulement une observation faite par Romanes et
certainement vérifiée par plus d'un éleveur. Une poule,
à laquelle on avait confié plusieurs couvées successives
de canards, s'était si bien habituée à voir les petits descendre à la rivière qu'ayant mené plus tard à bien un
lot d'œufs de poules, elle poussa la couvée vers l'eau dès
son éclosion.

Retenons de ces considérations que *l'être qui agit uniquement par instinct, par impulsion interne plus ou
moins consciente, agit nécessairement, fatalement, dans
un sens déterminé; qu'il subit la loi d'option au même
titre que les animaux du bas de l'échelle, quoique possédant la conscience de leurs actes. De liberté, point.*

142. — La loi d'option et la liberté chez les êtres à haute cérébralité.

Nous avons montré qu'il n'y a pas de fossé infranchissable entre les êtres qui agissent par instinct et les
êtres doués d'intelligence. Il est même difficile de préciser chez les animaux supérieurs la limite des actes
intelligents. L'intelligence et le discernement s'insi-
nuent insensiblement parmi les opérations instinctives.
. En effet la plupart des animaux qui nous paraissent
agir presque exclusivement par instinct font preuve
d'une certaine réflexion, d'un certain discernement, lorsqu'on les place dans des conditions telles que l'instinct

devienne hésitant. S'ils délibèrent avant de prendre un parti, c'est qu'ils réfléchissent ; c'est qu'ils n'agissent plus seulement par impulsion interne. Il est vrai qu'en fait il est à peu près impossible de définir la part de délibération, de réflexion qui existe dans l'hésitation. Mais ce qui est certain c'est que nous constatons nettement, chez les animaux du bas de l'échelle phylogénique, l'absence de délibération, et chez les autres, les plus élevés, une délibération certaine ; peu importe dès lors la part plus ou moins grande du discernement chez tel ou tel intermédiaire. Si personne n'a jamais mis en doute la première de ces constatations, nombreux sont au contraire ceux qui n'aperçoivent pas d'emblée la seconde. Aussi est-il utile d'insister sur cette dernière que nous avons déjà développée au § 134.

Regardons un chien mis en présence d'aliments qui lui plaisent. Son instinct le pousse à manger sans délai. Cependant si ces aliments sont placés dans l'appartement de son maître, l'éducation lui a fait savoir qu'il ne doit pas y toucher et qu'une correction l'attend s'il enfreint la défense. Alors il y a en lui conflit entre l'obéissance et l'instinct. « Il pourrait, dit le Professeur Sabatier, analysant un cas analogue, porter la langue sur ces aliments, mais il peut aussi ne pas le faire. Il y a en lui assez de liberté pour que, mis en présence de la chose désirée, il y ait chez lui tentation ou hésitation. Il flaire, il approche, il recule, il hésite, il délibère » (*Rev. de métaph. et de morale*, janvier 1895).

S'il triomphe de ses désirs a-t-on le droit de supposer qu'il subit une impulsion interne, irréfléchie, un instinct de néoformation ?

Je sais bien que les animaux domestiques offrent de nombreux exemples d'instincts nouveaux ou d'instincts perturbés par l'œuvre de la domestication. J'en ai cité déjà plusieurs. Le chien lui-même en présente de, remarquables. Les races de plaine arrêtent de naissance quand elles sont de franche lignée, c'est-à-dire par instinct, quoiqu'il y ait là un acte absolument contraire à l'intérêt des carnivores qui est de se lancer sur leur proie. L'éducation des générations successives a créé chez elles une impulsion, en présence du gibier, à démeurer sur place.

Je sais bien aussi qu'on pourrait dire : l'acte de toucher à la nourriture du maître ou celui de foncer sur le gibier ayant donné lieu chez une série de générations à de sévères corrections, la vue des objets défendus éveille chez les descendants, pour peu que l'éducation y aide, l'idée de s'en éloigner ou de rester ferme à l'arrêt devant eux. Il y aurait là quelque chose de comparable à ces résidus psychiques dont parle Maudsley à l'occasion de l'affolement causé sur les oiseaux de basse-cour par les oiseaux de proie, même quand ils les aperçoivent pour la première fois et sans avoir pu recevoir des ascendants aucun enseignement à ce sujet.

Mais il faudrait vraiment avoir bien peu observé la nature pour faire de l'hésitation du chien un acte de mécanisme impulsif et lui refuser le discernement. Je me rappelle avoir possédé autrefois un chien rôdeur. J'avais essayé de le corriger à tout prix. Il était devenu tellement sensible aux reproches qu'un seul regard sévère lui faisait comprendre que je le savais coupable et il venait alors, rampant à mes pieds, implorer son pardon. Or je l'ai vu souvent au moment d'entreprendre une fugue, s'arrêter devant la porte entr'ouverte, hésiter, la franchir, puis rentrer pour sortir encore. Parfois il dominait son instinct et alors venait me faire des caresses désordonnées pour manifester son contentement. D'autres fois quand il rentrait, je feignais d'ignorer son escapade ; mais triste, l'œil morne, il se couchait à quelques pas de moi; si je le caressais, il paraissait en éprouver un certain soulagement, mais conservait néanmoins une tristesse que le temps seul parvenait à dissiper.

J'ai déjà au § 134 cité un exemple plus frappant encore rapporté par Romanes (1). Je le répète à dessein ici et je crois utile d'en donner la relation complète de l'auteur lui-même, pour bien montrer la portée morale qui s'y attache. Le chien dont il parle n'avait jamais volé, or « un jour qu'il avait grand faim, il saisit une côtelette sur la table et l'emporta sous un canapé. J'avais, dit l'éminent observateur, été témoin de ce fait, mais je fis semblant de n'avoir rien vu et le coupable resta plusieurs minutes sous le canapé, partagé entre le désir d'assouvir sa faim et le sentiment du devoir; ce dernier finit par triompher et le chien vint déposer à mes pieds la côtelette qu'il avait dérobée. Cela fait, encore honteux du mouvement de mauvaise action accompli, il retourna se cacher sous le canapé d'où aucun appel ne put le faire sortir. En vain je lui passai doucement la main sur la tête, cette caresse n'eut pour effet que de lui faire détourner le visage

_____

(1) Letourneau. *Morale Evolutionniste.*

d'un air de contrition vraiment comique » ; et Romanes termine en faisant remarquer que ce chien n'avait jamais été battu. C'est là une preuve d'un développement déjà avancé des sentiments moraux sur lesquels nous reviendrons plus loin.

Si j'ai cité ces quelques exemples, c'est pour bien mettre en lumière que, même si l'on admet que l'acte d'obéissance soit une impulsion interne assimilable à un instinct, le seul fait d'hésiter entre deux impulsions contradictoires constitue une preuve de discernement. Les « signes extérieurs » dans ces exemples, en sont des témoins incontestables.

Eh bien si l'acte-instinctif, impulsif est la manifestation consciente, brutale, de la loi d'option, l'acte de réflexion et de discussion avec soi-même est tout autre chose. Dès qu'apparaît ce discernement voulu, à quelque étape que ce soit de la chaîne phylogénique, on peut dire qu'à ce moment entre en scène un facteur qui va, à l'impulsion interne irréfléchie, substituer des motifs et mobiles appréciés par le sujet.

Dès lors la question que nous avons à résoudre quand nous étudions la loi d'option chez les êtres à haute cérébralité est la suivante :

L'entrée en scène de motifs et mobiles conscients se substituant ou se surajoutant à la simple impulsion interne, soustrait-elle les êtres à la fatalité de la loi d'option et prépare-t-elle l'affranchissement du moi devenu maître de sa conduite?

Tel est, exprimé sous une autre forme, le problème de la liberté humaine que nous posions au début de ce paragraphe. Sa solution va être des plus simples, grâce aux données préliminaires que nous venons de passer en revue.

Ce problème en réalité est double et pour peu qu'on prenne la peine de l'étudier sous ses deux faces, on évite les confusions regrettables et les discussions fameuses auxquelles il a donné lieu.

En effet, il comporte deux questions distinctes :

1º La question de la liberté des êtres vivants, des sociétés, des lignées considérées d'un point de vue objectif.

2º La question de la liberté subjective de l'individu qui agit.

Nous allons nous occuper d'abord de la première question.

Section II. — Le problème de la liberté envisagé du point de vue objectif.

143. — Le premier terme du problème de la liberté. L'humanité, quelque libres que soient les actions des hommes, est tributaire de la loi biologique d'option sous le contrôle de la sélection naturelle.

α) *Nécessité universelle de la loi d'option biologique.* — Déjà nous avons montré que nul être vivant, quelle que soit la liberté d'action qu'on puisse lui supposer, ne saurait échapper à la loi d'option. Nous avons consacré le paragraphe 129 à l'étude de cette nécessité. « La conscience, avons-nous dit, épiphénomène greffé sur les actes réflexes ne soustrait pas les lignées à la loi dévolution et d'option biologique... Quelque liberté

qu'on puisse supposer aux individus d'une lignée, il est
un fait certain contre lequel aucune théorie ne peut
dresser d'objection, c'est que toute lignée qui sciemment
ou inconsciemment, volontairement ou instinctivement,
cesse de travailler à son utilité, à sa conservation, à son
progrès, à la pérennité de sa descendance, est une
lignée vouée à la déchéance... Toute lignée, pour avoir
droit à l'avenir doit obéir à la loi naturelle d'option
sous peine de succomber dans la lutte pour la vie ».

Telle est la proposition fondamentale devant laquelle
toute théorie sur la liberté doit d'abord s'incliner.

« *Natura non vincitur nisi parendo* », a dit Bacon,
développant un thème un peu différent de celui-ci :
« on ne triomphe de la nature qu'en lui obéissant ».

C'est là une formule qui traduit dans un style imagé
la vérité que nous développons.

β) *Autre expression de cette loi : ratification des actes
irréfléchis par la volonté libre.* — On peut exprimer
cette proposition sous une autre forme en disant que
l'être, au fur et à mesure qu'il devient conscient en
gravissant les échelons de la chaîne phylogénique, est
contraint d'exécuter ses actes volontaires dans le même
sens qu'il exécutait antérieurement ses actes spontanés
et instinctifs, c'est-à-dire qu'il est obligé de ratifier,
en réfléchissant, les impulsions *irréfléchies* de sa lignée
ancestrale.

Cette dernière formule évidemment doit être prise dans
un sens très général. Il ne faudrait pas en induire que le
devoir, que la morale qui est l'expression de ces obligations doit en toute circonstance être la confirmation des
instincts ancestraux. Bien au contraire, il y a parfois con-

flit entre la morale et l'instinct, et comme, dans nos sociétés l'homme a d'autant plus de mérite à faire son devoir
qu'il lutte davantage contre ses impulsions naturelles, on
fait volontiers de la morale une puissance destinée à mater
les instincts. Rien n'est plus faux d'ailleurs. Il n'y a en
général aucun antagonisme entre les actes dictés par le
sens moral et les actes auxquels nous incitent les impulsions naturelles, mais une certaine opposition devait
fatalement se produire sur quelques points. En effet à
partir du moment où les êtres ont agi en vertu de motifs
et de mobiles conscients, ils ont continué néanmoins à
évoluer ; leurs fonctions de relations, leur activité dans
l'ambiance évoluent en même temps ; par suite, les
vieux instincts qui s'affaiblissent de génération en généra-
ration se trouvent en retard sur cette évolution. D'où
le conflit possible des devoirs raisonnés imposé par les
nouvelles conditions de vie avec eux.

Cette petite difficulté étant écartée, nous pouvons
tirer de notre théorème un corollaire dont on va apercevoir la haute portée philosophique :

γ) *Les instruments de cette contrainte. Orientation
générale des mobiles et motifs.* — Puisque les êtres supérieurs et l'homme obéissent dans le choix de leurs
actes à des motifs et des mobiles déterminés, et puisque
ce choix est conforme à celui qu'imposaient à leurs
ancêtres les impulsions spontanées, les instincts, *il faut
donc que ces motifs et mobiles qui placent devant leur
esprit une cause finale soient ou bien l'expression subjective des raisons finales inconscientes qui imposaient
l'option aux animaux inférieurs, ou bien quelque chose
d'analogue.*

Un exemple fera mieux comprendre ce corollaire. Voici un homme qui, ayant faim, se met à table. En faisant cela il obéit, si nous négligeons la part d'instinct qui existe au fond de beaucoup de nos actes, à certains motifs ou mobiles. En se mettant à manger il sait qu'il va apaiser son appétit, qu'il va se donner des forces pour le travail, qu'il va faire une réparation nécessaire; en choisissant ses aliments il sait que les uns lui seront salutaires, les autres nuisibles; en limitant son repas au nécessaire il sait qu'il évitera des malaises consécutifs.

Or, si nous nous demandons les raisons *objectives* pour lesquelles une unité vivante, quelle qu'elle soit, se nourrit, nous constatons que la nécessité de son acte est imposée par ce fait qu'en le faisant, elle se répare, elle s'augmente, elle assure son avenir et parce que, si elle ne le faisait pas systématiquement, elle condamnerait sa lignée à l'anéantissement. Que cette nécessité soit absolument mécanique et inconsciente comme chez les unités inférieures ou bien qu'elle se traduise sous la forme d'un besoin perçu, peu importe, acte mécanique ou besoin répondent à une même nécessité imposée par la loi d'évolution de la matière vivante.

Il y a donc bien dans ce cas conformité entre les raisons *objectives* à allure de finalité qui ont établi les besoins, les instincts, et les raisons finales *subjectives* qui constituent les motifs et mobiles des actes chez les êtres à haute cérébralité.

Seulement il faut se garder d'une erreur puérile, c'est de croire que l'apparition d'une ébauche de discernement implique la conception d'une finalité très éle-

vée. Les choses sont beaucoup plus simples dans la
nature et c'est très lentement que l'être passe de la
conception d'une finalité très raccourcie, très immédiate à celle d'une finalité lointaine dans l'orientation
consciente de ses actes volontaires. Nous allons mieux
comprendre cette tranformation et par suite le mode
d'action de la loi biologique d'option en étudiant l'évolution des devoirs et du sens moral chez les animaux
supérieurs et chez l'homme.

144. — Par quel mécanisme la loi d'option s'impose à l'activité des êtres libres. Finalité lointaine et finalité immédiate.

L'être qui commence à accomplir volontairement un
acte conforme à la loi d'option, « à faire son devoir »,
n'a pas conscience, avons-nous dit, d'une finalité très
élevée justifiant son acte, mais il agit en vue d'une
finalité très raccourcie.

Telle est la première idée à préciser. Nous devons
pour cela nous représenter avant tout ce qu'il faut
entendre par devoir.

Nous n'avons pas d'autre définition scientifique du
devoir que la suivante : *une unité vivante fait ce qu'elle
doit, quand, douée de discernement, elle agit conformément à la loi d'option qui lui impose de travailler à la
pérennité et au progrès de son espèce.*

Les êtres qui ne possèdent pas le discernement ont
bien en certaines occasions la possibilité d'agir pour ou
contre l'intérêt de leur espèce, lorsque, par exemple, on

les change de milieu et que leurs instincts sont mis en défaut, mais on ne peut pas, en ce cas, dire d'eux qu'ils font ou qu'ils ne font pas leur devoir, parce que l'idée de devoir implique celle de *discernement*.

Les êtres supérieurs, d'une cérébralité voisine de celle de l'homme, et l'homme lui-même, quand ils agissent conformément aux exigences de la loi d'option, *font leur devoir*. En le faisant, ils obéissent à des raisons connues d'eux, et qui sont pour eux *un but final à leur acte*.

Ainsi l'individu qui mange quand il a faim, fait son devoir, quoiqu'il n'ait d'autre effort à faire pour cela que d'obéir à un besoin.

Le chien qui, voyant un compagnon ronger un os, ne l'attaque pas, quoique souvent il soit sûr de la victoire, fait son devoir, parce que l'état de guerre perpétuel, entre animaux d'une même espèce est nuisible à l'avenir de cette espèce. En faisant cela il n'a nullement besoin de concevoir cette finalité lointaine, il obéit à des raisons plus immédiates : l'ennui d'une lutte, un certain respect de la propriété d'autrui, qu'on voit se développer nettement chez les oiseaux, les mammifères supérieurs, certains sentiments sur lesquels nous allons revenir tout à l'heure.

L'abeille qui, affamée, ne touche pas aux provisions d'hiver fait son devoir pour peu qu'on suppose un peu de discernement dans son acte, parce que l'approvisionnement hivernal est la condition de vie de la ruche. Cela n'implique pas chez elle une finalité morale très élevée, mais seulement quelques sentiments imposés par la vie en commun.

Ainsi voyons-nous des finalités *très raccourcies* entrer en jeu dans les actes égoïstes ou altruistes les plus simples. Tâchons de préciser cette finalité dans les différentes manifestations de l'activité volontaire.

Il y a deux catégories principales de devoirs, les devoirs envers soi-même ou *devoirs égoïstes* et les devoirs envers autrui ou *devoirs altruistes*.

D'une façon générale les devoirs envers soi-même sont une simple ratification des instincts par satisfaction volontaire des *besoins*. Cependant très vite on y découvre autre chose. Quand par exemple un individu se modère volontairement dans la satisfaction de ses appétits, ce n'est plus un besoin seul qui est en jeu comme mobile, mais une finalité médiate : la crainte d'une nuisance différée; elle n'implique pas l'existence du sens moral, mais elle constitue un *motif*, une raison finale à cause de laquelle l'individu agit d'une façon plutôt que d'une autre.

Les instincts, les impulsions internes passent insensiblement du rôle de causes efficientes à celui de mobiles dans l'accomplissement des actes égoïstes.

L'animal qui ne délibère pas mange par instinct, les besoins l'y poussent; l'animal qui réfléchit ses actes mange en vue de satisfaire son appétit : le besoin, l'instinct passent du rôle d'impulsion interne à celui de mobile et comme la satisfaction de ce besoin procurera un bien-être, un plaisir, ce plaisir sera dans beaucoup de cas volontairement cherché : il comptera alors aussi parmi les motifs immédiats de l'action accomplie..

Nous verrons au paragraphe suivant en étudiant l'évolution des motifs et mobiles des actes moraux égoïstes, ce rôle du plaisir et de la douleur. Nous verrons aussi qu'ils tiennent une place importante dans l'évolution des devoirs envers autrui, mais que ce serait un tort d'exagérer à outrance ce rôle de la recherche du plaisir dans les actes altruistes. A côté du bien-être moral causé par l'accomplissement d'une action utile au prochain et pénible pour soi-même, bien-être moral sur lequel nous insisterons bientôt, il est certain que les sentiments altruistes d'affection, de sympathie, etc., figurent au premier rang dans la finalité raccourcie que dictent les devoirs envers autrui.

Cette finalité raccourcie consiste donc, aussi bien pour les devoirs altruistes que pour les devoirs égoïstes, en mobiles et motifs qui naissent progressivement dans le champ des actes instinctifs, au fur et à mesure que ces actes deviennent des actes volontaires.

Nous allons à présent descendre du domaine de la théorie dans la considération des faits et regarder dans la nature cette évolution de l'agissement instinctif obligatoire vers l'agissement moral apparemment facultatif, vers le devoir imposé par le sens moral.

145. — Les motifs et mobiles immédiats des actes moraux. Le rôle du plaisir, de la douleur, des sentiments altruistes, pour imposer la loi d'option aux actions humaines.

Dans chacun de nos actes, il y a la part de l'homme et la part de la bête.

La part de la bête, c'est ce qu'il y a en eux de spontané, d'instinctif, d'irréfléchi.

La part de l'homme, c'est ce qu'ils renferment de finalité discernée et voulue.

La première va s'atténuant à travers les âges à mesure que l'intelligence progresse depuis les races humaines primitives jusqu'à l'homme civilisé.

La deuxième, d'étape en étape, gagne du terrain, devient plus vaste; en même temps la finalité devient moins immédiate, plus lointaine, plus élevée.

C'est cette dernière qui nous intéresse ici, nous allons voir comment elle prend naissance, et comment elle va en fait pousser l'homme à agir conformément aux lois de la nature.

Nous avons dit qu'il existe deux catégories de devoirs : les devoirs envers soi-même et les devoirs altruistes. L'évolution de chacun d'eux gagne à être envisagée séparément.

I. *Les devoirs envers soi-même* portent plus que tous les autres l'empreinte des instincts antérieurs. Au fond de la plupart des actions égoïstes la finalité volontairement poursuivie est la recherche du plaisir, du bien-être, et le souci d'éviter les sensations pénibles, la douleur, le mal-être.

Ordinairement les états de bien-être correspondent à des modifications dont l'effet est profitable à l'individu qui les subit. Les états de mal-être correspondent à des modifications nuisibles. En cherchant le bien-être, en évitant le mal-être, l'individu travaille donc en réalité pour cette finalité lointaine conforme à la loi d'option : la conservation de l'individu, la pérennité de la matière vivante, le progrès des lignées.

Mais cette finalité lointaine il n'a pas besoin de la

connaître, il ne la connaît pas, à moins d'être un humain éclairé, il ne connaît que les motifs immédiats de ses actes : la recherche du plaisir, la crainte de la douleur.

Personne n'aura l'idée de contester que ces motifs immédiats, ces mobiles presque irréfléchis dans certains cas, sont communs à l'homme et aux animaux. La recherche du plaisir est la première forme sous laquelle se manifeste l'activité libre des animaux et il est bien difficile de préciser dans les actes de ceux-ci la part de l'impulsion irréfléchie et celle de la recherche consciente des états de bien-être. Les insectes, les mollusques, les vertébrés inférieurs qui mangent, qui satisfont leur appétit sexuel, agissent-ils seulement par impulsion naturelle ou bien volontairement, librement en vue de la satisfaction d'un besoin, en vue d'un plaisir ? Nous avons dit combien il serait présomptueux de prétendre préciser dans chaque cas la part de l'instinct et la part des mobiles volontaires.

Seulement très vite nous voyons, avec les progrès du discernement, les motifs égoïstes de nos actes monter d'un degré. Ils cessent d'être immédiats ; ils deviennent rapidement des motifs à terme.

L'un des cas les plus typiques de cette évolution réside dans la limitation imposée à l'assouvissement des appétits. Le plaisir immédiat d'un excès d'assouvissement se trouve ordinairement contrebalancé par une souffrance différée. L'effort fait pour arrêter à temps cet assouvissement est payé par un bien-être médiat. Ainsi trouvons-nous à chaque pas des motifs à plusieurs degrés qui acheminent l'être vers une finalité de plus en plus lointaine, même dans sa morale égoïste.

Sans sortir du domaine de la morale égoïste on peut constater que l'effort que l'on fait pour dominer un appétit, en écartant un plaisir immédiat, procure une certaine *satisfaction* au sujet qui prend l'habitude de l'accomplir. Si par exception il lui arrive de céder à ce plaisir immédiat, contrairement à l'habitude acquise, un malaise moral en résulte, c'est *l'état de remords*.

Satisfaction morale et remords sont des états d'âme qui constituent *le sens moral*. Nous en verrons le développement bien plus nettement en examinant l'évolution des devoirs altruistes.

II. *Les devoirs altruistes* eux aussi portent l'empreinte des instincts antérieurs, quoique à un degré bien moins marqué. Nous avons eu en effet plusieurs fois l'occasion de constater l'existence d'instincts altruistes utiles à la collectivité chez des animaux peu élevés dans l'échelle phylogénique. A ceux-là on ne peut supposer la conception d'une finalité qui nécessiterait dans la plupart des cas un discernement déjà très développé. Tel est le cas de l'insecte qui prépare la nourriture à des larves qu'il ne connaîtra jamais.

L'animal capable de délibérer, lorsqu'il accomplit un acte altruiste, y est poussé le plus souvent par des sentiments : l'amour maternel, la sympathie pour les proches, pour les individus d'une même société, pour les maîtres, les commensaux. Que sont ces sentiments? Il est aussi difficile d'expliquer leur nature que de pénétrer la nature de la pensée elle-même, mais leur utilité en justifie la genèse. C'est l'intérêt collectif, comme dit Aug. Comte; ou l'intérêt universel de la nature, comme dit Herbert Spencer, qui justifie l'existence de la sympathie, de l'amour du prochain, communs à l'homme et aux animaux, parce que ces sentiments deviennent précisément la raison consciente des devoirs altruistes.

C'est là une proposition que nous allons justifier par des exemples, étant donnée son importance; mais auparavant il faut que nous posions en principe que si l'accomplissement de ces actes utiles à autrui et parfois pénibles pour soi-même, procure une satisfaction au sujet qui les accomplit, si leur non accomplissement lui procure par contre un malaise moral ou un remords, ce serait une erreur de faire de la recherche du plaisir moral et de la crainte du remords les vrais motifs de ces actes comme l'ont prétendu certains philosophes.

La méthode scientifique qui étudie sur le vif l'évolution des sentiments moraux donne un démenti formel à cette manière de voir en montrant que des animaux chez lesquels on ne constate manifestement pas trace de sens moral, de satisfaction de conscience, de remords, accomplissent cependant des actes altruistes dans lesquels se révèlent les sentiments dont nous venons de parler.

Le plaisir de bien agir et le remords de mal agir sont, nous le verrons, des motifs puissants dans les actions humaines, mais ce ne sont pas les motifs fondamentaux qui poussent l'être doué de discernement à accomplir des actes utiles à autrui. Quelques exemples vont nous montrer à la fois le rôle des sentiments altruistes et l'entrée en scène *ultérieure* du sens moral dans la genèse des devoirs envers le prochain, envers la société, envers sa descendance.

146.— Importance primordiale des sentiments altruistes dans la genèse des devoirs envers autrui.

La sympathie, avec la tendance qu'elle fait naître de porter aide à un être qui souffre ou qui a besoin, est un sentiment très répandu dans l'animalité.

La première manifestation qu'on en observe est certainement celle de *l'amour maternel*.

La fauvette qui fait semblant d'être blessée et s'éloigne en titubant de son nid pour détourner un ennemi du lieu où est sa nichée, agit certainement en partie par instinct irréfléchi, mais n'y a-t-il pas déjà là une part d'amour maternel? Cet amour maternel se révèle d'ailleurs manifestement dans beaucoup d'autres actes : ainsi nous voyons des oiseaux d'espèces très variées, lorsque la pluie et le froid font souffrir leurs petits, les couver constamment de leurs ailes « au point qu'ils en oublient le besoin de se nourrir et meurent souvent sur eux » (Leroy).

Des exemples plus frappants ont été maintes fois relevés et sont à chaque pas observables chez les mammifères. Ici c'est une femelle d'ours blanc qui, malgré cinq blessures, ne songe qu'à protéger vaillamment son ourson contre les coups des chasseurs et des chiens et qui, le voyant à la fin étranglé et inanimé sur le sol, « se met à le lécher avec une tendresse passionnée », cherche à le relever et l'exhorte à combattre, puis, comprenant enfin la mort de son petit, succombe en se ruant contre ses ennemis (Hayes, cité par Letourneau). Là c'est une femelle de singe Stentor Niger, blessée d'un coup de feu, qui rassemble ses dernières forces pour lancer son petit sur des rameaux voisins, puis, ce devoir maternel accompli, qui tombe de l'arbre et expire » (Spix, id). Ailleurs c'est cette autre guenon qui, blessée dans les mêmes conditions, envoie son petit vers les hautes futaies trop grêles pour la supporter et l'exhorte du geste à fuir oubliant son propre danger. C'est un singe Cebus qui chasse avec sollicitude les mouches qui tourmentent son rejeton (Rengger).

C'est un hylobate qui lave la figure de son petit dans un ruisseau (Duvancel). Ce sont les multiples exemples de guenons qui meurent de chagrin dans leur désespoir maternel ; ce sont les lamentables plaintes des vaches auxquelles on enlève leur nourrisson ; c'est la douleur de toutes les mères auxquelles la nature a demandé la tâche de soigner leur progéniture quand l'objet de leur sollicitude leur est ravi.

Mais il ne faudrait pas croire que l'amour maternel soit le seul qu'on rencontre en dehors de l'humanité. *L'amour du mâle pour la femelle* existe chez beaucoup d'espèces, chez presque toutes celles où le rapprochement sexuel n'est pas livré au hasard des rencontres, et entraîne une vie familiale au moins momentanée. Il se manifeste tantôt par des actes d'héroïsme, tantôt par un certain respect du ménage constitué. Il est capable d'engendrer des actions d'un altruisme remarquable, même chez des animaux dont l'intellectualité n'est pas très élevée. J'ai eu autrefois l'occasion d'observer longuement les mœurs des pigeons. J'ai constaté maintes fois que lorsque des mâles recherchent la possession d'une femelle libre, ils lui font sans réserve une cour active et

publique, se battent parfois avec acharnement, l'enjeu
restant ordinairement au plus fort. Quant au contraire il s'agit d'une femelle déjà en ménage régulier,
les mâles les plus entreprenants cessent avec une docilité comique leurs travaux d'approche dès qu'apparaît
le conjoint attitré, fut-il de beaucoup le plus faible :
il suffit qu'il se montre pour reprendre ses droits légitimes et imposer à ses rivaux le respect de l'union
notoire.

On connaît d'autre part de nombreux exemples de
dévouement du mâle pour sa femelle.

Qu'il me suffise d'en citer un cas chez des animaux
qui ne sont pas réputés pour posséder une cérébralité
très remarquable : l'oie mâle du Canada en présence
d'un danger oblige ordinairement sa femelle à fuir pour
s'exposer seul aux risques de la lutte. (Audubon, in
Letourneau).

L'amour maternel, l'amour intersexuel sont certainement les formes les plus répandues et les plus saisissa-
bles des sentiments altruistes. Il y en a d'autres. La
famille, l'intersexualité ne sont pas les seules modalités
de vie à plusieurs que nous constatons chez les animaux. La vie sociale est fréquente ; et, dès lors qu'elle a
lieu entre animaux possédant le discernement, elle
entraîne ses obligations et ses droits. *L'amour du prochain* est le motif conscient le plus important qui entre
en jeu quand les instincts sociaux se transforment en
devoirs sociaux.

Il n'est du reste pas toujours facile de préciser la part
du discernement dans les actes altruistes. Quand les
lapins s'en vont en groupe brouter hors des terriers, les

vieux de la bande montent le guet. En cas d'alerte ils donnent le signal du départ en frappant bruyamment le sol de leurs pattes de derrière. Assurément bien hardi serait celui qui voudrait prouver une grande part de discernement dans cet acte. Mais cependant voyons ce qui se passe si des jeunes s'attardent ; les vieux, pourtant peureux de nature, nul ne l'ignore, ne prennent pas la fuite, ils renouvellent leur avertissement, ils le renouvellent avec insistance, alors que le danger les menace eux-mêmes et partent les derniers Il est plus difficile alors de nier dans ce rôle protecteur une certaine entrée en scène des sentiments altruistes.

Cette entrée en scène devient plus manifeste chez d'autres espèces. Quand par exemple nous voyons des pélicans nourrir un vieux-compagnon aveugle (Stansbury), des fourmis soigner pendant 5 mois avec sollicitude une vieille estropiée (Lubbock), des corbeaux donner à manger à des infirmes atteints de cécité (Blyth, cité par Darwin), des serins nourrir bec à bec une vieille aïeule malade pendant plusieurs années (Letourneau), quand nous voyons deux éléphants chassés tomber dans une fosse, l'un deux en sortir, puis cela fait, au lieu de fuir tout de suite, « tendre une trompe secourable à son compagnon moins agile » (Franklin in Letourneau), il faut bien reconnaître une part d'altruisme réfléchi dans ces actes.

Les devoirs altruistes procèdent aussi en partie dans leur genèse de sentiments autres que l'amour du prochain : l'émulation, la fierté, l'orgueil, le souci de l'opinion, l'obéissance, la jalousie, la honte, la magnanimité, etc., y jouent leur rôle et personne n'ignore qu'on trouve en embryon chez les animaux supérieurs la plupart d'entre eux.

N'est-ce pas de la bravoure que l'acte de ce vieux Babouin observé par Brehm et dont j'emprunte le récit à Letourneau! Une troupe de Babouins se trouvant aux prises avec des chasseurs et une meute de chiens, il arriva qu'un jeune resta isolé sur un rocher. Tandis que tous les autres se mettaient hors de portée sur un coteau voisin, celui-ci se mit à pousser des cris d'appel déchirants. Alors on vit un vieux mâle descendre lentement vers le rocher où il se trouvait, le rassurer du geste et l'emmener tranquillement au milieu de la meute trop étonnée pour l'attaquer.

N'est-ce pas de l'obéissance que la docilité avec laquelle les jeunes singes de la même espèce reçoivent une gifle des chefs de bande quand il leur arrive de faire du bruit au cours des expéditions de pillage?

Et ne connaît-on pas la jalousie du chien; sa honte de la désobéissance; son orgueil, sa fierté quand il porte le paquet de son maître; son émulation à la chasse; la magnanimité du terre-neuve vis-à-vis du roquet?

Je crois qu'il est inutile d'insister plus longuement sur ces faits. Ils nous permettent de conclure que les sentiments nés naturellement dans la chaîne phylogénique avec les progrès de la cérébralité sont devenus les facteurs les plus puissants capables de créer des motifs d'actions altruistes et que ces motifs peu à peu ont pris la place des impulsions inconscientes qui poussaient les animaux inférieurs à agir conformément aux intérêts de la collectivité.

Mais à eux seuls ils auraient bien pu être insuffisants

à assurer le triomphe de la loi d'option, je veux dire le triomphe de l'intérêt collectif et l'avenir des lignées, à cause des intérêts égoïstes avec lesquels ils entrent souvent en conflit dans les sociétés organisées.

C'est alors que de plus en plus le sens moral va jouer son rôle.

147. — Le rôle du sens moral pour imposer la loi d'option aux actions humaines.

α) *Sens moral et habitude.* — La satisfaction de conscience est ce bien-être moral éprouvé par l'individu qui a fait un effort volontaire soit dans l'ordre des devoirs égoïstes pour sacrifier un plaisir immédiat à un plaisir médiat plus élevé, soit dans l'ordre des devoirs altruistes pour satisfaire un des sentiments que nous avons énumérés plus haut, au risque d'en éprouver lui-même un déplaisir ou une souffrance.

Le remords est un malaise moral éprouvé par l'être qui n'a pas fait cet effort.

On a dit à juste raison que le remords est le résultat d'une rupture d'habitude. L'habitude dont la rupture cause le remords consiste en une tendance à la répétition d'actes déjà faits et utiles à l'évolution de l'espèce.

C'est cette habitude qui crée l'impulsion morale, sorte d'impulsion spontanée qui nous pousse à accomplir l'effort utile.

Cette *impulsion morale*, comme toutes les habitudes, est dans une certaine mesure transmissible héréditairement, c'est pour cela que le sens moral, ensemble de ces impulsions particulières, a pu être considéré comme inné.

Habitudes relativement récentes dans la haute animalité, les impulsions morales peuvent être annihilées par des habitudes contraires volontairement cultivées par le sujet. On devient, par cette culture, amoral et même immoral.

Le sens moral pour être maintenu, affirmé et développé de plus en plus comme il l'est dans les sociétés qui vont vers le progrès, a besoin de l'influence collective qui maintient et soutient les efforts de chacun.

Le sens moral, la satisfaction de conscience, le remords se constatent, mais ne s'expliquent pas plus que les autres états d'âme, pas plus que les sentiments. Mais dès que leur existence est constatée, il est facile de comprendre que la recherche du bien-être moral en lui-même et la crainte du remords, en tant que souffrance subjective, influent sur nos actions.

Ces influences s'ajoutent à l'action des sentiments altruistes dans l'accomplissement des devoirs envers le prochain. Elles s'ajoutent à la recherche du plaisir, à la crainte de la douleur ou du malaise physique et à l'action de sentiments variés dans l'accomplissement des devoirs envers soi-même.

Voilà pourquoi l'évolution du sens moral et des sentiments moraux a donné prise à la sélection, car on conçoit qu'ils ont pu contribuer pour une très large part à diriger les actions de l'animalité supérieure et de l'homme dans le sens de la loi d'option, c'est-à-dire, comme nous l'avons dit, vers le progrès des lignées, vers l'intérêt de l'humanité et de la nature tout entière.

β) *Le sens moral utile à l'évolution des devoirs n'est pas indispensable à l'accomplissement de tous les devoirs.* — Mais on conçoit en même temps par les définitions que nous avons données antérieurement que les êtres peuvent agir conformément à cet intérêt, à cette utilité, c'est-à-dire qu'ils peuvent faire leur devoir sans pour cela posséder le sens moral.

Le sens moral une fois établi apporte son appoint à cette orientation, l'assure, l'affirme et complète l'œuvre de la sentimentalité altruiste pour créer la morale.

Plus d'un lecteur en lisant ces lignes aura sans doute la réminiscence lointaine d'une vieille formule qui n'aura pas été sans lui causer quelque étonnement à l'âge où la préparation du baccalauréat de philosophie l'obligeait à enregistrer les idées les plus saugrenues des grands prestidigitateurs de la pensée humaine. L'un deux n'a-t-il pas affirmé l'opposition radicale des *actions faites par sentiment* et des *actions morales?* Ce qu'on fait par sympathie, par compassion, par charité, a dit celui-là, n'implique *aucune moralité,* au contraire ; tous ces actes là sont *contraires à la morale* parce qu'en les accomplissant on agit sous l'impulsion d'un sentiment et pour le satisfaire!

Il est difficile d'être plus en opposition avec la méthode scientifique et avec les enseignements tirés des faits. Il est vrai que ce grand métaphysicien ne craignait pas les antinomies, puisqu'il s'appelait Kant.

γ) *Le sens moral chez les animaux supérieurs et dans l'humanité inférieure.* — Le sens moral existe-t-il chez les animaux supérieurs? Tous les hommes possèdent-ils le sens moral? Voilà une question qui apparaît presque oiseuse, lorsque, comme nous l'avons fait, on étudie l'évolution intellectuelle des êtres par la méthode scientifique. Nous n'avons pas été surpris de voir le chien révéler par son facies extérieur un état de malaise moral après des actes de désobéissance tels que ceux que nous avons mentionnés. Nous ne sommes pas plus surpris de lire le récit d'explorateurs nous montrant des races humaines inférieures tout à fait incapables de concevoir le remords ou la satisfaction de conscience. Et pourtant combien d'âpres discussions ont fait naître ces problèmes, surtout quand les partisans de l'immutabilité des espèces ont voulu faire du sens moral la caractéristique de l'humanité !.

Quoi qu'il en soit, nous nous rendons compte à présent que du jour où le sens moral entre en scène, il constitue un caractère utile au progrès de l'espèce, un caractère qui va progresser. Seulement il faut bien remarquer que le sens moral ne renferme pas *un code des actions bonnes et mauvaises*. Le bien et le mal définis par le sens moral ne correspondent pas forcément au bon et au mauvais, à l'utile et au nuisible définis par la loi d'option : c'est par le développement de cette proposition que nous terminerons la présente étude.

δ) *Unité du sens moral et diversité des devoirs suivant le temps et le lieu.* — La proposition que nous venons d'énoncer est des plus importantes et elle a été la source de discussions fameuses.

Les uns ont dit, il n'y a qu'une morale : le bien est absolu. D'autres ont répondu la morale est relative, ce qui est bien ici est mal là-bas et inversement. On peut discuter sans fin sur ces affirmations, si on les envisage comme le faisait la métaphysique des siècles derniers. La méthode scientifique tranche au contraire avec une clarté remarquable toutes les difficultés.

En effet : 1°) elle nous apprend que le bien et le mal correspondent objectivement à ce qui est utile ou nuisible à l'avenir des lignées, à la pérennité de l'espèce, au progrès de l'humanité; que par suite ce qui est bien pour une société vivant dans certaines conditions de milieu peut être également bien pour une autre si les différences de condition de vie ne créent pas de différences d'utilité ou de nuisance entre les deux, mais que par contre si ces différences d'utilité et de nuisance existent, ce qui est bon pour l'une peut être mauvais pour l'autre. Il y a donc une certaine relativité objective dans le bien et le mal, mais il n'en est pas moins vrai que le bien et le mal correspondent *pour un peuple donné*, placé dans des conditions données, à quelque chose d'objectivement défini et par suite d'absolu.

2°) Elle nous montre que le sens moral peut subjectivement indiquer comme bien et comme mal des choses qui ne correspondent pas forcément au bon et au mauvais objectif.

C'est surtout ici qu'il faut bien se rendre compte des résultats curieux donnés parfois dans les sociétés par l'évolution des sentiments moraux déviés de leur objet rationnel.

Le sens moral peut être exalté, le bien-être et le remords peuvent être ressentis d'une façon très aiguë et les actes visés par ces états d'âme peuvent être tout à fait étrangers au *bon* et *mauvais* objectif en relation avec la loi d'option. Les exemples les plus saisissants de ces déviations du sens moral nous sont donnés par les scrupules, les tabous, les craintes superstitieuses, etc.

Est-il besoin de citer quelques exemples frappants d'actes étonnants accomplis par « obligation morale ».

Dans la Judée ancienne, on immolait par devoir le premier né à la divinité. Les Phéniciens sacrifiaient leurs enfants à Moloch. Les Vitiens croient encore aujourd'hui nécessaire d'enterrer vivants leurs vieux parents. Sans chercher aussi loin, il est dans nos peuples civilisés des exemples multiples de personnes qui, peu scrupuleuses dans leurs rapports avec autrui et accomplissant sans trop en souffrir bon nombre d'indélicatesses réprouvées par une saine morale, auraient cependant des remords terribles si elles se dérobaient à quelqu'une des prescriptions rituelles de leur culte. Le respect des icones, des tabous, objets sacrés rendus inviolables par une prescription religieuse et les scrupules nés du manquement à ces obligations sacrées relèvent de cette même déviation des sentiments moraux.

Ces écarts, ces déviations, ce flottement dans l'utilisation du sens moral montrent une fois de plus combien au fur et à mesure que se compliquent les êtres vivants, la sélection naturelle n'a qu'une prise lointaine sur chaque facteur de leur évolution pris en particulier. Les redressements ne s'effectuent qu'à la longue, péniblement, au milieu du dédale des caractères multiples qui simultanément entrent en jeu avec le facteur considéré.

C'est sur cette observation que nous terminerons l'exposé de ce que nous avons appelé le premier terme du problème de la liberté. Les cinq paragraphes que nous lui avons consacrés ont, je l'espère, suffisamment mis en lumière la nécessité objective qui s'impose aux actions humaines, ils ont fait voir le mécanisme par lequel s'opère cette contrainte et ont montré le rôle des motifs et mobiles, des sentiments, du sens moral dans l'évolution de la volonté.

Nous pouvons en conclure qu'au point de vue objectif les êtres vivants ne sont pas libres de se soustraire à la loi d'option, sans quoi ils tombent fatalement, soit durant leur propre existence, soit durant celle de leur descendance sous le coup de la sélection naturelle.

Mais voyons à présent ce que signifie cette loi envisagée du deuxième point de vue, du point de vue subjectif.

Section III. — Le problème de la liberté envisagé du point de vue subjectif.

148. — Le deuxième terme du problème de la liberté. Liberté subjective de l'individu qui agit. Sanction individuelle ou non individuelle de ses actes. Responsabilité.

On a dit :

« Quand nous allons accomplir un acte nous sentons que nous avons la faculté de l'accomplir ou de ne pas l'accomplir. Au moment de faire le geste qui va déclencher la chaîne des phénomènes que nous allons produire, nous avons conscience que nous pouvons ne pas faire ce geste. Donc nous avons des raisons de croire que nous sommes libres.

» Mais cette liberté, a-t-on ajouté, n'est pas réelle, elle est une illusion pour deux raisons.

» La première est que nous agissons toujours en vertu de motifs et mobiles antérieurs, ne serait-ce que par le désir de faire l'épreuve de ce que nous croyons être notre liberté. Ces motifs et ces mobiles sont des anneaux de la chaîne des phénomènes subséquents.

» La deuxième est que, même si nous admettons cette liberté comme vraie, elle ne l'est pas en réalité, puisque si nous agissons contrairement aux ordres de la nature, nous tombons sous le coup des sanctions de ses lois ».

La conclusion serait donc que, même à notre point de vue subjectif, nous n'aurions aucune liberté d'action. Cette conclusion est manifestement erronée.

Les deux raisons que nous venons d'énumérer, pour spécieuses qu'elles soient, n'ont qu'une valeur apparente. Nous connaissons déjà en partie les objections qui les contredisent. Il n'est pas superflu de les grouper ici.

I. — La première de ces raisons renferme tout d'abord une source de confusion grossière entre les phénomènes d'ordre statique et les phénomènes d'ordre dynamique, confusion qu'il suffit de signaler pour l'éliminer. Nos pensées, les images qui sont évoquées en notre esprit, les représentations cérébrales qui accompagnent les associations d'idées sont des phénomènes d'ordre statique. Or quand, à la suite d'opérations intellectuelles, nous prenons une décision qui va se manifester au dehors par un mouvement et des effets variés, nous sentons que nous pouvons nous en abstenir. Quand par exemple au cours d'opérations militaires, un général ayant repéré les positions ennemies, ayant pesé ses chances de succès, ses moyens de retraite éventuelle, les appuis qu'il peut recevoir, déclenche d'un mot l'appareil formidable qui va anéantir mille vies humaines, mettre une ville à feu et à sac, produire un conflit de quantités énergétiques incalculables, au moment de donner cet ordre, il sait, il sent qu'il peut ne pas le faire. S'il le fait a-t-on le droit de dire que les motifs qui l'ont fait agir sont des mailles de la chaîne des phénomènes matériels consécutifs? Assurément non. Les mailles antérieures sont tout autres, ce sont les énergies accumulées dans les explosifs, ce sont les forcés accumulées dans les muscles des soldats, ce sont tous les efforts dépensés antérieurement pour permettre la ruée à propos. Quant à la volonté du général, elle agit là comme un catalyseur qui fait glisser les mutations énergétiques vers telle ou telle voie.

Mais cette confusion évitée, l'objection demeure. En effet alors même que ces motifs ne sont pas des maillons de la chaîne considérée, alors même qu'ils agissent comme des freins ou des agents directeurs, il n'en est pas moins vrai qu'ils résultent de phénomènes produits dans notre cerveau et qui ont leurs raisons antérieures.

C'est vrai et l'on pourrait même être tenté d'aller plus loin encore. On pourrait être tenté de dire : chaque idée, tout en étant bien un phénomène statique, est liée à l'accomplissement d'un acte dynamique : la circulation d'un influx nerveux. Cette circulation est provoquée par des actions physico-chimiques, elle relève de l'énergétique commune de la matière vivante et par suite est tributaire d'un certain déterminisme, en vertu duquel

les chaînes de la cérébralité se déroulent aussi fatalement que les phénomènes du monde physique.

On pourrait suivant toujours la même orientation
doctrinale ajouter : les opérations intellectuelles reposent avant tout sur la mémoire et l'association des idées.
Or la *mémoire* d'un fait est la circulation d'un influx
nerveux par des voies déjà parcourues; c'est une répétition du déjà fait avec reproduction du phénomène statique correspondant, la pensée ; et *l'association des
idées* est un lancé d'influx nerveux provoqué à l'occasion d'un influx antérieur. Partant de là, il faudrait
regarder l'éducation intellectuelle, la culture cérébrale
comme un entraînement à provoquer tel ou tel lancé
d'influx nerveux à l'occasion de tel ou tel influx antérieur, et l'on arriverait à cette conclusion que l'imagi-
tion elle-même ne serait que la production de lancés
inordinaires à l'occasion d'influx qui habituellement ne
les provoquent pas.

Ainsi toutes les opérations intellectuelles, même
l'imagination, même celles qui relèvent du génie, se
réduiraient à des chaînes de phénomènes déterminés par
la loi de circulation des influx nerveux, avec cette seule
particularité qu'un peu de hasard, un peu de flottement,
peut régner dans la provocation des lancés.

L'imagination et le génie deviendraient tributaires
du calcul des probabilités et ne seraient que des anomalies d'habitude, des provocations de lancés aberrants engendrant des associations d'idées imprévues.
L'homme, a dit d'Holbach, n'est indépendant dans aucun
moment de sa durée. Il n'est pas maître de ses idées ou
des modifications de son cerveau dues à des causes qui,

malgré lui et à son insu, agissent continuellement sur lui.

Il y a dans ce raisonnement une chose capitale que l'on oublie : c'est que précisément dans ce jeu de la cérébralité, dans ce prétendu hasard des lancés, les freins statiques règnent en maîtres et c'est là que vraiment s'exerce ce pouvoir directeur des agents statiques dont nous avons souvent parlé. Or ici l'agent statique c'est la pensée humaine, c'est le moi conscient, qui sait lever à propos les vannes ouvrant la voie aux influx, c'est-à-dire provoquer avec un certain degré de liberté les associations d'idées.

Parce que cet agent statique est *nous-mêmes*, le hasard de son intervention s'appelle *notre propre caprice*, la probabilité de la direction qu'il imprime s'appelle *notre volonté* ou *la loi* de conduite que nous suivons *volontairement*.

Donc libres, nous le sommes bien, car ce qu'il y a de probabilité, de hasard, de caprice, de fantaisie dans le choix des lancés, dans l'orientation des associations d'idées, tout cela *s'identifie avec notre moi pensant*.

Faire abstraction de cette orientation active imposée par le moi conscient, ce serait réduire l'intelligence à l'instinct et nier le raisonnement.

Hâtons-nous d'ajouter que la puissance des freins statiques, des agents directeurs, est limitée; qu'il y a toujours une part de déterminisme dans l'enchaînement des lancés d'influx, que l'atavisme, les habitudes, l'entraînement inconscient, etc., créent dans chaque cerveau des *modus reagendi* qui ont presque force d'instinct. Certains auteurs n'ont aperçu que ces causes dans la conduite humaine, ils ont méconnu l'élément libre : c'est de cette erreur qu'est sortie la théorie qui nie la responsabilité humaine. Nous reviendrons plus loin sur cette question si troublante du degré de responsabilité devant les conditions de l'atavisme. Auparavant, nous devons envisager la seconde objection qui a été faite à la doctrine de la liberté.

II. — Cette deuxième objection, comme nous l'avons dit ci-dessus, met en avant le fait que l'individu doit obéir aux lois de la nature, les actions contraires à ces lois trouvant leur sanction dans l'œuvre de la sélection naturelle qui élimine à la longue les lignées insoumises.

Le fait allégué ici est parfaitement réel ; nous l'avons développé au § 142. Mais si nous avons pris soin de regarder la liberté humaine de deux points de vue différents, du point de vue subjectif et individuel propre au moi qui agit et du point de vue objectif et général d'où l'on aperçoit les grandes lois qui mènent les peuples, c'est précisément pour montrer que si l'homme a au-dessus de lui une férule qui redresse ses actions, il n'en a pas moins la liberté d'agir à sa guise, *quitte à s'exposer aux sanctions.*

Un écolier sans cesse surveillé par l'œil du maître a, lui aussi, sa liberté, mais plus la sanction est proche, plus la liberté lui paraît illusoire : ainsi il considère qu'il n'est pas libre de fumer à l'étude parce que, immédiatement, l'odeur et la vue de la fumée révéleraient la faute et entraîneraient une punition grave ; au contraire il sent qu'il est libre de penser à autre chose qu'à l'objet de son travail ; il y aura bien à cela aussi une sanction dans les notes de la semaine, mais elle est moins immédiate.

D'ailleurs même dans le cas où la sanction est immédiate, il conserve le sentiment de sa liberté, il peut enfreindre les pires défenses quitte à supporter les peines disciplinaires correspondantes.

L'homme en général est à peu près dans la même situation vis-à-vis de la nature. Seulement les sanctions sont lointaines, et ce qu'il y a de plus effrayant pour notre conception subjective de la justice, c'est que le plus souvent le coupable n'est pas frappé lui-même, mais *c'est sa lignée ou la société dont il fait partie qui paie la peine de ses fautes.*

De là cette sensation de pleine et entière liberté que nous sentons en nous-mêmes; mais en même temps *la conception d'un devoir d'obéissance* qui accompagne le sentiment de notre propre responsabilité.

149. — Les limites de la responsabilité et de la liberté humaines. Le criminel-né de Lombroso.

Nous avons dit qu'il y a deux parts à considérer dans les actions humaines : la part de l'homme et la part de la bête.

Nous avons surtout voulu montrer par là que l'être qui agit obéit pour une part à des motifs et mobiles conscients au sujet desquels il a délibéré et pour une autre part à des instincts ataviques qui créent en lui des impulsions spontanées, des tendances. Nous savons d'ailleurs qu'avec les progrès de l'intelligence cette influence des instincts va diminuant de plus en plus.

A présent, nous devons compléter cette notion par une considération dont l'importance est capitale.

Tandis que les vieux instincts perdent d'âge en âge du terrain, un phénomène remarquable se produit dans le domaine de l'intellectualité. Il ressortit à une propriété de la matière que nous connaissons bien : la facilité de répétition du déjà fait, l'habitude.

En vertu de ce phénomène un acte qui résulte d'abord d'une délibération voulue, d'une réflexion attentive suivie d'une détermination bien mûrie, devient de plus en plus automatique, à mesure qu'il est plus souvent répété. L'habitude devient ainsi une cause inconsciente d'action et d'option absolument assimilable à une impulsion interne.

Ainsi ce que nous avons appelé la part d'instinct atavique, la part de la bête, diminue d'un côté à cause des progrès mêmes de l'intellectualité, et de l'autre s'accroît par un *a posteriori* des actes les plus élevés de la volonté libre . Des habitudes prises par éducation, par imitation d'exemples sociaux, par suite d'influences multiples, s'invétèrent et prennent la force d'impulsions spontanées.

Nous savons que c'est par un processus de cette nature que s'est constitué le sens moral. Mais des habitudes dont l'effet est diamétralement opposé aux exigences de la loi morale et de l'option peuvent s'établir par ce même processus, s'installer dans le cerveau jeune dès le premier âge et même se transmettre héréditairement.

Cela posé, regardons ce qui se passe dans une société comme la nôtre, chez nos peuples civilisés où la morale

altruiste a pris une si grande place. La plus grande
partie des sujets de ces sociétés ont reçu une éducation
propre à affirmer les principes moraux, tout prêts à se
manifester d'ailleurs par prédisposition héréditaire;
l'instruction, la vie sociale, l'expérience de chaque jour
continuent toute la vie à soutenir la direction imprimée
à leur conduite individuelle. Mais le petit nombre des
autres sujets peut se trouver dans une situation toute
différente. Il se peut que pour ceux là l'éducation ait
été faite à rebours, que l'exemple ait manqué ou que ce
soit le mauvais exemple qui l'ait emporté. Bien plus il
se peut que, héréditairement, la prédisposition toute
prête à se manifester, soit une prédisposition contraire à
celle qu'exigerait la loi morale.

Voilà donc des sujets qui, placés dans les mêmes conditions que les sujets normaux, prenant en considération
les mêmes mobiles et motifs, vont recevoir du fond
d'eux-mêmes une impulsion capable à elle seule de
décider de la voie choisie, voie qui sera la mauvaise,
alors que la majorité subira l'impulsion contraire
capable de les aiguiller dans la bonne voie.

Celui-ci est-il donc si méritant et celui-là si coupable?
Puisque le facteur qui a fait pencher la balance est une
impulsion interne, puisque c'est la part de la bête qui a
fait l'excédent bon ou mauvais, le sujet qui a agi contre
la loi morale doit-il porter la peine de ses fautes?

Tel est le problème qui se pose.

Son importance pratique n'échappera à personne,
car il soulève deux questions d'une gravité exceptionnelle : la première est d'ordre doctrinal; elle met en
litige la théorie même de la liberté humaine. La

deuxième est d'ordre pratique, elle rend discutable l'égalité des sujets devant la pénalité morale et sociale et
l'emploi d'un système unique de poids et mesures
pour juger les fautes de chacun, la responsabilité
pouvant être subordonnée à des contingences individuelles.

Je ne parlerai pas de la première de ces questions
parce que la méthode scientifique que nous avons suivie
nous en a donné la solution : nous savons que l'être
doué de discernement, celui qui est capable de peser
les motifs de ses actes et qui est subjectivement libre
de ses actions, est responsable : s'il se dérobe aux commandements de la loi d'option il est coupable, parce que
lui, sa lignée, ou la société dont il fait partie subiront
par sa faute une nuisance. C'est la théorie qui s'est
dégagée de l'étude de l'évolution de la matière vivante;
elle est née avec la renaissance intellectuelle de la révolution française, avec l'éclosion des idées transformistes,
avec Lamarck, Darwin, Comte, Spencer, etc. Elle a
renvoyé dos à dos par une fin de non recevoir les controverses doctrinales du *Jansénisme*, qui conduisait tout
droit au fatalisme, et *du libre arbitre* dont les philosophes cartésiens avaient fait l'apologie et dont les
Jésuites avaient formulé la nécessité théologique durant
les deux siècles précédents.

La deuxième question est beaucoup plus intéressante
pour nous. Il ne s'agit plus de mettre en doute la responsabilité de l'homme normal, c'est-à-dire de l'être qui
possède le discernement moyen, chez lequel le rôle
relatif des impulsions internes et des motifs raisonnés
est conforme au type normal moyen de nos sociétés,

mais il s'agit de savoir si tous les hommes d'une société peuvent être assimilés à ce type normal moyen.

Présentée sous cet aspect cette question n'offre aucune difficulté et sa réponse s'impose : il y a des malades de la cérébralité comme il y a des malades du corps; il y a, suivant la classification de Duprat, des sujets qui offrent de la débilité mentale, de l'imbécibilité, de l'infantilisme, il y a des impulsifs, des obsédés, des passionnés; il y a des sujets tarés offrant des signes de dégénérescence manifeste. Tous ces anormaux certainement n'ont pas la même part de discernement que les sujets moyens, soit que le jugement leur manque d'une façon habituelle, soit qu'il se trouve fatalement obnubilé au moment d'un acte par un état impulsif dominant irrésistiblement la scène.

Seulement, dès lors qu'on aborde l'étude de ces caractères propres à atténuer la responsabilité d'un sujet, on s'engage sur une pente des plus dangereuses, surtout lorsqu'on admet que les états impulsifs occasionnels, les mouvements passionnels en particulier, sont capables de justifier les défaillances de la volonté. Le mérite individuel consiste précisément à vaincre les passions par un entraînement volontaire pour les asservir à la raison.

Le siècle dernier a vu s'épanouir dans une floraison inconsidérée cette doctrine de l'atténuation illimitée de la responsabilité. L'école d'anthropologie de Turin, avec Lombroso, entreprit d'expliquer l'homme criminel par ses caractères anatomo-physiologiques et, sous son impulsion, se développa une doctrine rapidement envahissante. D'après cette doctrine les caractères matériels du cerveau seraient tels que dès la naissance un

enfant se trouverait prédestiné à devenir un grand
homme ou un grand criminel, pour peu que les circonstances s'y prêtent. Ces caractères se traduiraient extérieurement à nos yeux par un certain habitus physique,
par certains signes somatiques tellement pathognomo-
niques que quelques-uns d'entre eux suffiraient à stig-
matiser le « criminel-né ».

Lombroso, de l'observation de plus de 3,500 condamnés, a cru ainsi pouvoir dégager le type idéal de ce criminel-né. Capacité crânienne plus faible, aplatissement
de la voûte du crâne et du front, capacité orbitaire
augmentée, diminution de l'acuité des sens, face irrégu-
lière, mâchoire inférieure lourde et proéminente, oreilles
mal ourlées, plus longues que le nez et insérées trop
bas, etc., telles en seraient les caractéristiques les plus
frappantes.

Le Dr H. Thierry, auteur d'un travail remarquable sur
la responsabilité atténuée, a montré au point de vue
juridique, les dangers d'une semblable conception, qui de
plus a le tort de faire du criminel un anormal-type, alors
que ces types sont légions. A ce propos il rapporte une
observation qui ne manque pas d'un certain sel.

Recherchant un jour les signes de Lombroso chez
7 accusés qui défilaient devant la Cour d'assises, il ne les
rencontra que chez un seul d'entre eux; mais par contre
deux membres du tribunal sur trois offraient les stigmates indéniables de la criminalité.

Il semble que depuis une vingtaine d'années on ait
réagi contre cette tendance.

L'irresponsabilité a été laissée aux déments et la responsabilité atténuée aux malades de la cérébralité, mais

ces cas pathologiques ont été restreints et mieux délimités.

Les fautes individuelles étant supportées par la descendance et la société, c'est pour la collectivité une nécessité capitale de redresser les errements individuels. Aussi doit-elle punir quand un sujet normal a fauté. Lorsqu'un anormal a accompli une action néfaste, elle doit se préserver de la récidive et traiter le pathologique mental comme un malade dangereux.

Mais ce qu'il faut bien savoir, c'est qu'il n'y a que des responsables et des malades : contre les uns, les sanctions ; contre les autres les précautions de défense, sans préjudice des soins, qui, s'il y a lieu, peuvent leur être procurés ou imposés.

Il ne faut pas méconnaître d'ailleurs que pour les sujets dont la responsabilité est atténuée, comme pour les sujets normaux, la crainte du châtiment social, de la sanction menaçante de la société, joue le rôle d'un motif empêchant, capable de les détourner d'une faute. Atténuer outre mesure cette sanction sous prétexte de mouvements passionnels, d'impulsions internes serait agir à l'encontre du rôle que doit normalement assumer la collectivité pour le redressement des écarts individuels.

150. — La liberté subjective et la préoccupation humaine touchant la finalité dernière de la loi morale et de la loi d'option.

Nous avons regardé comme un devoir pour l'être intelligent d'agir conformément à la loi d'option ; et nous avons dû reconnaître d'ailleurs que ce devoir lui est imposé : si l'homme prétendait s'y soustraire par sa volonté libre, l'avenir le ramènerait forcément dans la direction fatale par l'élimination des lignées dissidentes. En un mot, nous avons constaté qu'il ne peut pas se soustraire aux obligations de la loi morale sans contribuer à une œuvre néfaste : faire encourir la vindicte de la sélection naturelle à sa descendance ou à la descendance de la collectivité dont il fait partie.

Mais l'avenir de l'humanité est-il pour nous un but suprême, le but idéal répondant à nos aspirations? Le progrès de l'espèce, la pérennité de notre descendance, l'utilité de la nature, sont-ce là des choses que nous avons forcément à cœur d'aider, de soutenir et d'aimer plus que nous-mêmes? Autrement dit cette finalité scientifique de la loi morale est-elle *indispensable* et *suffisante* à notre intelligence?

A cette question on a répondu que d'une part elle n'est pas indispensable à une grande partie des hommes, et cela bien heureusement, car beaucoup n'arriveraient pas à concevoir la grandeur du but; et que d'autre part elle est souvent insuffisante à ceux qui la comprennent, insuffisance très malheureuse, car fréquemment la préoccupation d'une finalité plus absolue conduit à l'angoisse du doute.

Nous touchons là, on le voit, à des questions vitales pour l'activité et la conduite humaines. Nous allons les préciser pour préparer la discussion qui en sera faite au chapitre suivant :

1. — On dit tout d'abord que *la connaissance de la finalité de la loi morale n'est pas indispensable à une grande partie des Hommes.* C'est parfaitement exact. En effet

beaucoup d'individus peuvent, sans concevoir aucun idéal, sans poursuivre aucune finalité lointaine, agir conformément à la loi morale.

Le bien et le mal, par l'habitude, par l'exemple, ont pris pour eux une valeur absolue. Le sens moral est devenu un maître devant lequel ils s'inclinent sans le discuter, parce qu'ils sont nés et qu'ils ont grandi avec lui. Le jugement d'autrui, l'opinion des parents, des amis, de la société, la crainte de la loi du talion, le souci de leur propre dignité, une foule d'autres facteurs convergent vers ce même résultat : rendre indiscutable l'autorité de ce tyran qui leur dit : il y a des choses bonnes, il y a des choses mauvaises; vous devez faire les premières et vous détourner des secondes; le devoir est d'agir bien et d'éviter le mal.

Ils lui désobéissent parfois, comme on désobéit à un supérieur dont on craint les représailles, mais sans pour cela contester la légitimité de sa puissance.

Le chien qui vole une côtelette, qui mange une pièce de gibier, qui escalade une clôture interdite, n'accomplit pas, en faisant cela, un acte de rébellion contre une autorité dont il voudrait secouer le joug. Il est tout prêt à venir demander pardon en rampant. Ce n'est pas un révolté, c'est un faible, qui a cédé à un mouvement dont il se blâme souvent lui-même. Il en est de même de beaucoup d'humains; quand ils font un acte immoral, ils cèdent à un instinct, à un besoin, à une passion, mais en se reprochant à eux-mêmes leur faiblesse; ils cèdent non pas en faisant le procès du sens moral, mais en se dérobant, et ils sont tout disposés après la faute à faire l'acte de contrition.

Ainsi une grande partie des hommes, sans toujours se conduire conformément à la loi morale, reconnaissent son autorité, parce qu'elle est de notoriété publique, de tradition, parce qu'elle est dans l'air, parce qu'elle est « dans le sang ». Quant à son but suprême, ils ne sauraient en avoir cure.

On ajoute *que cela est très heureux*, et nous n'aurions garde de le contester, parce que s'il était nécessaire pour être moral d'entrevoir la finalité de la conduite humaine dans le progrès indéfini de l'espèce et la pérennité de la matière vivante, il en est bien peu parmi ceux dont nous nous occupons qui auraient chance d'y parvenir.

II. — On dit en second lieu que *la notion de la finalité de la loi morale dans le progrès risque fort d'être insuffisante à ceux que préoccupent les grands mystères de l'avenir.*

En effet ceux là ne sont pas des soumis par nature ; ce sont, si l'on veut des dociles, mais des dociles conditionnels, et la condition qu'ils mettent à leur docilité, c'est d'être éclairés et de savoir la raison des efforts que l'on exige d'eux.

Or, rien ne saurait les empêcher de faire le raisonnement suivant : « Je sais que le monde évolue, que notre système solaire suit une loi inéluctable, que la matière terrestre subit des transformations nécessaires, que les êtres vivants progressent d'après une règle inflexible, que l'humanité ne saurait s'y soustraire, mais je sais aussi que je suis libre et que ma liberté me permet de me dérober à ce joug. Je peux être intempérant, débauché, nuisible à autrui, irrespectueux de ses droits, de sa propriété, ardent à donner le mauvais exemple, à entraîner à ma suite ma descendance, mes voisins, mes émules ; je sais enfin qu'avec de la persévérance j'arriverai à faire taire mon sens moral et à le détruire peu à peu chez ceux qui me suivront.

« Vous dites que nos descendants, les générations à venir en seront frappés. Et que m'importe ? Après moi le déluge ! N'est-elle pas grotesque cette assiduité de l'homme à aider l'œuvre de la nature, alors que le terme de son évolution ne se révèle à nous que sous la forme de l'anéantissement général de l'édifice si péniblement construit ! « Pourquoi tant de travail et tant d'efforts, a dit l'Ecclésiaste, puisque la mort nous attend et que notre planète disparaîtra un jour ! »

Nous pouvons ajouter *que cela est malheureux*, car de deux choses l'une : ou bien ces individus, ne se préoccupant d'aucune autre finalité et trouvant celle-là insuffisante, deviendront des révoltés et renieront la loi d'option, ou bien ils voudront se justifier à eux-mêmes leur idéal moral par une finalité plus lointaine et risqueront de se jeter dans l'hypothèse et de subir la souffrance de l'incertain.

Nous devons donc aussi conclure à l'exactitude de la deuxième proposition : la finalité dans le progrès est souvent insuffisante à ceux qui la comprennent et cette insuffisance s'accompagne fréquemment de l'angoisse du doute.

Le fait que la notion de la finalité scientifique n'est *pas indispensable* aux simples, et qu'elle *n'est pas toujours suffisante* aux hommes instruits, a fait formuler en termes violents le grief le plus sérieux qu'on puisse opposer à l'enseignement de l'éthique rationnelle : *Inu-*

tile aux simples, *insuffisante* aux penseurs, a-t-on dit en aggravant les termes de l'accusation, elle serait un fruit mort-né de la science contemporaine. Ouvrant à l'intelligence humaine des horizons sans fin sur des controverses insolubles, elle serait *un danger* pour la race, qu'elle risquerait d'affranchir de ses obligations traditionnelles.

Est-il donc possible qu'une vérité apparaissant à la raison humaine soit capable de perturber dans son accomplissement l'une des plus grandes lois de la nature ?

Est-il admissible qu'une notion résultant des progrès de l'intelligence humaine et des conquêtes de la science soit inutile ou nuisible à l'évolution de l'humanité ?

Est-il à craindre que son enseignement soit un danger ?

A supposer que cela soit, il faudrait cependant admettre, en dépit de tous les mauvais présages, que l'accord de cette vérité avec l'observance volontaire de la loi d'option, s'accomplira fatalement dans l'avenir, parce que cette loi est inéluctable et que par la force des choses, la raison doit s'y plier, sans pour cela désavouer les enseignements des progrès de la science.

En bien d'autres circonstances la vérité scientifique a momentanément troublé la quiétude humaine et lui est apparue comme étrange. Puis peu à peu, elle s'est implantée dans nos habitudes et dans nos mœurs. La rotation de la terre, quand Galilée la mit au jour, a pu gêner quelques cerveaux, mais aujourd'hui tout le monde s'est habitué à ce mouvement, sans vertige. Le transformisme, quand Lamarck et Darwin en posèrent les bases, a jeté le désarroi dans la philosophie traditionnelle, puis nous nous sommes faits à l'idée de nos ancêtres animaux et nous n'en apercevons que plus belle aujourd'hui l'œuvre de la création.

Fatalement l'accord se fera donc, mais il s'agit de savoir si l'homme sera asservi malgré sa raison ou avec sa raison; s'il se soumettra las de lutter dans le doute, de souffrir dans la recherche de problèmes insolubles, ou bien éclairé par les données de ses connaissances toujours plus étendues et tourné confiant vers les nouvelles aspirations de sa pensée.

Il est impossible aujourd'hui de dire ce que l'avenir nous réserve, mais dès à présent, en serrant la question de plus près, nous pouvons apercevoir par quel remaniement d'habitus mental la finalité médiate que la science vient de nous révéler se conciliera avec les besoins de notre sentimentalité et avec notre soif d'idéal. C'est à cet examen que je vais consacrer les dernières pages de ce volume. Elles prépareront les conclusions de cette longue étude que nous venons de faire des données nouvelles apportées par les sciences physiques et biologiques contemporaines, à la conception de la vie.

Section IV. — **La notion de la finalité dernière de la loi morale et l'évolution de l'esprit humain. L'enseignement de la morale nécessaire.**

151. — La notion de la finalité dans le progrès ne peut que favoriser l'observance de la loi morale chez les simples. 1° Les simples « naturellement bons ».

Le problème de la conception par l'esprit humain de la finalité dernière de la loi morale comprend, avons-nous dit, deux propositions. L'une est relative *aux simples*, à l'âme des foules ; l'autre aux penseurs, aux cerveaux instruits, aux philosophes.

Nous allons nous occuper de la première dans les paragraphes 151 et 152. Il s'agit de savoir si la conception de la finalité dans le progrès de la race, dans l'utilité universelle, conception qui n'est pas *indispensable* à l'esprit des masses, nous le savons, peut du moins lui être *utile* pour les fortifier dans le respect de la loi morale et pour élever leur idéal. Il s'agit de savoir en outre si cette finalité ne créera dans aucun cas, pour elles, un danger.

Nous avons dit qu'une partie des simples suit la loi morale sans avoir besoin de finalité, ni d'idéal. A ceux là, qu'on peut appeler les « naturellement bons », est-il utile de faire apercevoir le progrès des êtres vivants et l'idéal d'une perfectibilité indéfinie?

Pour répondre à cette question il faut se rendre compte du mode de formation de l'idée morale dans l'enfance chez nos peuples civilisés.

α) *Notions tirées du mode de formation de l'idée*

morale chez les simples. — L'éducation donne la notion du bon et du mauvais, du bien et du mal ; l'association des châtiments et des récompenses y aide : l'expérience individuelle, les sentiments altruistes et les facteurs que nous avons énumérés plus haut parachèvent l'œuvre.

Mais, ordinairement, il n'y a pas que cela.

Dans presque toutes nos sociétés actuelles civilisées ou non civilisées, un adjuvant puissant vient donner son appoint à l'éducation : c'est *la crainte religieuse.*

Il est bien rare en effet qu'à un moment quelconque de sa vie un individu n'ait pas quelque préoccupation de l'au delà. Tantôt c'est après la première enfance quand l'idée de la mort commence à frapper l'esprit, tantôt c'est durant l'adolescence, quand se développe et s'épanouit la sentimentalité avec ses longs espoirs et ses aspirations jusque dans l'éternité ; tantôt c'est au cours de maladies, d'épreuves physiques ou morales qui montrent la fragilité du bonheur ; tantôt enfin c'est à la vue des injustices criantes de ce monde, joies et honneurs affluant parfois vers les déméritants, pendant que douleurs et revers affligent souvent les honnêtes et les bons. Même ceux à qui les préoccupations philosophiques sont à peu près indifférentes et pour qui la simple notion du bien et du mal est un guide indiscutable et suffisant, même ceux là sondent alors l'avenir et interrogent la finalité de leurs actions.

Or, à cette préoccupation plus ou moins vague qui ne saurait compromettre en général la moralité d'un grand nombre d'individus, mais qui, satisfaite dans le bon sens, peut du moins les fortifier singulièrement dans leur quiétude, les religions ont donné des réponses d'une haute portée dans leur simplicité puérile.

β) *Le rôle des religions dans la formation de l'idée morale.* — De très bonne heure en effet, les croyances ont contracté un lien intime avec la morale. Ce n'est que dans les religions tout à fait primitives que croyances et morale semblent s'ignorer réciproquement et que l'on peut trouver un au-delà où tous les hommes continuent après la mort, *sans distinction de mérite*, une existence pareille à celle qu'ils ont eue sur la terre : dans la religion des Vitiens par exemple l'homme demeure pour l'éternité dans l'état où l'a surpris la mort, d'où la pieuse obligation pour les enfants d'immoler leurs parents avant que la vieillesse les aient trop affaiblis ; dans les religions de certaines peuplades de l'Australie la vie future prolonge simplement les réjouissances de la vie présente avec de nombreuses fêtes pour éviter la monotonie aux habitants de l'au-delà et beaucoup de tabac pour charmer leurs loisirs, etc.

Peu à peu s'introduit la notion des récompenses et des châtiments posthumes, par une sélection des morts dans l'éternel séjour, mais il semble que la sélection entre les forts et les faibles ait précédé celle des bons et des mauvais. Déjà chez les Néo-Calédoniens, dont la religion est un peu moins simpliste dans son ensemble que celles que nous venons de citer, le paradis futur, lieu de réjouissance où l'on mange et où l'on danse, est assuré aux chefs et pas toujours au vulgaire ; chez les Peaux Rouges une vaste prairie, où règne un printemps perpétuel et où le gibier pullule, reçoit aux premières places ceux qui ont tué le plus d'ennemis, tandis que les obscurs et les lâches sont déversés dans les plaines glacées du nord (Prescott, in Letourneau *loc. cit.*); chez les Mexicains, les guerriers morts au champ d'honneur et les victimes des sacrifices aux dieux sont désignés pour accompagner indéfiniment le soleil dans sa course diurne. Il est vrai que chez les peuples primitifs le courage était le premier des devoirs : promettre des honneurs posthumes à la vaillance était encourager la vertu la plus utile à l'avenir de la race.

Très vite une finalité morale plus élevée se précise. Le paradis des braves devient le paradis des bons et le séjour du vulgaire devient la gehenne des coupables et des méchants. Mais longtemps, très longtemps, aujourd'hui encore, non seulement dans les religions des peuplades mi-sauvages, mais dans les religions des peuples civilisés, dans nos grandes religions, ce ne sont pas tant les grandes fautes contre la morale altruiste que les manquements aux prescriptions puériles d'ordre cultuel qui damnent les âmes vers les éternels supplices.

γ) *Déviation du scrupule religieux imposé par le sens moral*. — Cette particularité dont n'arrivent pas à s'affranchir les plus belles religions contemporaines est due sans doute au respect atavique de l'humanité pour les tabous fantaisistes désignés par les prêtres à la superstition des foules. Les objets tabous, les animaux tabous, les lieux tabous sont aussi bizarres que variés. Tandis qu'à Madagascar la poursuite d'un hibou ou d'un chat est un crime capital, le meurtre d'un humain y est peccadille légère. Et dans l'Inde antique alors que le meurtre d'un âne, d'un bélier, d'un insecte, d'un ver était une faute épouvantable, il suffisait à un prêtre coupable des crimes les plus lourds d'apprendre par

cœur le *Rig Veda* pour se les faire absoudre (Gf. Letourneau, *loc. cit.*).

Au fur et à mesure que les religions sont entrées en
lutte directe les unes contre les autres, un crime bien
plus abominable encore que l'irrespect des tabous a été
la tolérance pour les pratiques d'autrui et les concessions faites aux croyances étrangères.

Pour Jehovah, le dieu du Judaïsme antique, l'idolâ-
trie et le blasphème sont les fautes les plus honteuses.
Ceux qui s'en rendent coupables sont personnes si
abjectes que le devoir de toute famille honorable est
d'exterminer ces impies, alors même qu'ils sont des
êtres chers, les enfants, l'épouse, etc. Avec le christianisme durant les temps modernes, le culte de la divinité
devient le souverain bien, l'intolérance pour les croyances
d'autrui est imposée comme une obligation capitale et
tous les devoirs de famille, tous les devoirs égoïstes et
altruistes s'effacent devant les pratiques cultuelles, la
contemplation et la prière.

De nos jours encore la plupart de nos religions prê-
chent l'intolérance; et les pratiques rituelles sont regardées trop souvent comme des obligations primordiales
qui doivent primer les autres devoirs quand par hasard
il y a conflit entre eux.

Malgré ces déviations des obligations morales le rôle
des religions dans l'évolution des devoirs a été considérable, parce que toutes peuvent, aux périodes de
doute, d'angoisse, dont je parlais tout à l'heure, apporter un remède radical avec le maximum de simplicité.
Aux bons, en effet, elles assurent la félicité éternelle
posthume, tandis qu'elles représentent les coupables

condamnés à des supplices infernaux dont les souffrances physiques du feu et de l'ébouillantement ont donné une idée à l'imagination populaire. « Tous les hommes ressusciteront en corps et en âme, mais leurs corps ne seront pas semblables. Les corps des réprouvés seront hideux, horribles et soumis aux épouvantables souffrances. Les corps des élus seront au contraire *impassibles*, à l'abri de toute douleur; *brillants* comme le soleil et radieux de beauté; *agiles* c'est-à-dire rapides comme la lumière et la pensée; *subtils* c'est-à-dire spiritualisés et capables de pénétrer partout comme la lumière traverse le cristal »... (le P. A. Hillaire, *la Religion démontrée*, 1900).

Le résultat de cette conjonction de la morale et de la religion à telle ou telle époque de la formation du sens moral dans l'esprit de chacun a été capital.

Chez ceux dont j'ai parlé jusqu'ici, ceux que nous avons appelés les « naturellement bons », ceux qui accomplissent à peu près automatiquement leur devoir, le plus souvent en effet les croyances religieuses, même s'ils sont non pratiquants et peu croyants, suffisent pour combler la lacune qui s'est présentée passagèrement à leur esprit et à laquelle ils ont cessé de penser. Si bien que, grâce à ces croyances vagues, même estompées dans le passé, dans l'oubli, l'individu vit toute son existence dans la quiétude de la fin dernière et n'est jamais tourmenté par ce problème troublant : Pourquoi bien agir?

Chez ceux là la notion d'une finalité positive de la loi morale dans le progrès est-elle utile et n'est-elle jamais dangereuse?

δ) *Aux simples « naturellement bons » et plus ou moins croyants est-il utile et non dangereux d'enseigner la finalité morale dans le progrès?* — A cette question, je crois qu'on peut répondre sans hésitation : *oui, elle est utile ; non, elle n'est jamais dangereuse.*

En effet comment la conception d'une loi qu'ils ont le droit de regarder comme une loi divine et qui leur fait apercevoir une manifestation directe du Dieu qui leur est cher dans la conduite de l'humanité pourrait-elle en quoi que ce soit les agiter et les troubler? Abondance de bien ne nuit pas, et je ne vois pas quelle crainte pourrait faire naître l'enseignement de ces notions éminemment fertiles dans l'esprit même des traditionnalistes. Je ne parle pas bien entendu des traditionnalistes étroits qui se figurent que l'obscurantisme est la condition de la vie morale, qui interdisent à l'esprit humain toute discussion avec lui-même et qui croient devoir condamner l'évolutionisme et toutes les doctrines qui peuvent élargir l'idée de leur dieu anthropomorphique comme un « athéisme honteux et hypocrite ». Il est certain qu'on ne peut concevoir une loi aussi grandiose que la loi du progrès des espèces, la loi d'option, la loi de finalité morale sans qu'immédiatement l'idée simpliste que chacun pouvait se faire d'un Dieu créateur prenne du même coup une envergure imprévue. Si c'est cela qui effraie certains penseurs, qu'ils rassurent leurs scrupules : avec eux ou contre eux cet élargissement se fera fatalement et s'ils veulent éviter les soubresauts dans la pensée populaire, mieux vaut pour eux se plier de bonne grâce à la loi de nature et aider l'esprit humain à son évolution.

A présent parlons un peu de l'autre catégorie des simples, ceux qui ne sont pas des « naturellement bons », les indociles qui discutent les ordres et veulent savoir pourquoi on les leur donne.

152. — La notion de finalité dans le progrès ne peut être qu'utile à la deuxième catégorie des simples : 2° Les simples qui ont besoin d'une férule.

C'est pour cette catégorie là surtout que l'on a dit : « il faut une férule dont votre finalité dans le progrès ne les menace pas ; il faut une crainte dans l'au-delà, un intérêt égoïste que seul peut leur apporter la foi dans les *peines et les récompenses futures* ignorées de la science et enseignées par la religion.

Ici, je dois bien préciser le terrain sur lequel je me suis placé en écrivant ce livre. J'ai eu pour objet principal de faire connaître les découvertes nouvelles de la science, puis de mettre en relief les lois d'évolution de notre monde et en particulier de dégager la loi d'option de l'étude de la matière vivante, de montrer comment la loi morale n'est qu'une face de cette loi d'option et établir par suite que l'enseignement de la finalité morale dans le progrès ne peut qu'ouvrir de nouveaux horizons à la pensée humaine et la fortifier dans l'accomplissement de ses devoirs. Je n'ai donc pas à discuter si tel ou tel esprit simpliste est plus sûr d'agir moralement quand il possède la croyance religieuse chrétienne, mahométane, bouddhiste ou autre en une récompense individuelle posthume que quand il ne la possède pas, pas plus que je n'ai à discuter la valeur des religions révélées qui ne sont pas du domaine de la science.

La seule question qui se pose dans ce paragraphe est la suivante :

Prenons nos sociétés contemporaines telles qu'elles sont, avec des croyants de toutes les églises et de tous les degrés et avec des incroyants. Considérons parmi eux les simples et considérons parmi ces simples, croyants ou incroyants, les esprits curieux de connaître le pourquoi de la loi morale qu'on veut leur faire suivre, et prêts à discuter ses ordres, s'ils ne lui sont pas imposés par la manière forte. Nous avons à nous demander seulement si, à ces sujets là, il est *utile* et *non dangereux* de faire apercevoir la finalité dans le progrès et dans l'avenir de la race.

Le prétendu danger de supprimer une notion salutaire est une raison invoquée contre l'enseignement scientifique par certains croyants. Or, il n'y a pas, que je sache, antagonisme entre cet enseignement scientifique et la croyance en une finalité plus lointaine. Si des croyants, si des catholiques en particulier avaient la moindre crainte à cet égard, je ne pourrais que leur répéter des paroles qui se trouvent dans les plus stricts manuels de leur religion : « L'opposition entre la foi et la science est une chimère... les dogmes de la foi sont des vérités révélées par Dieu, les vrais enseignements de la science sont des vérités connues par la raison ; le vrai ne peut être opposé au vrai... Ces deux ordres de vérités émanent de la même source qui est Dieu » (le P. A. Hillaire *loc. cit.*)

Que les notions scientifiques que nous avons déve-

loppées ne nous conduisent pas au mystère de l'au-
delà, nous le savons tous, mais puisque d'après l'avis
même des plus croyants, elles ne sont pas incompatibles avec les dogmes des peines et des récompenses
futures chez ceux qui possèdent cette foi, où donc serait
le danger qu'ils pourraient y voir ?

*Nous ne prétendons pas substituer une finalité scien-
tifique certaine à une finalité doctrinale* plus capable de
mater l'égoïsme individuel chez un homme accessible
aux convictions traditionnelles. Notre rôle est tout
autre. Nous prétendons seulement faire voir un idéal plus
terrien, accessible à tous et indiscutable pour tous. Aux
incroyants ce sera un idéal salutaire. Aux croyants ce
sera un idéal de plus, on n'en a jamais trop. Donner un
idéal certain à qui n'en possède pas est évidemment
faire œuvre utile, personne ne le constestera ; et ajouter un idéal positif à qui ne concevait qu'une finalité
doctrinale ne saurait nuire. Le voyageur qui n'a qu'une
étoile pour le guider, souvent cachée par les nuages, ne
dédaigne pas les repères géographiques plus accessibles quand il en rencontre devant lui.

Il reste à savoir quel est le degré d'utilité moyenne
pour la masse des hommes, en particulier pour la catégorie des simples qui nous occupent dans ce paragraphe, de ce repère accessible, de cet idéal terrien.

Pour répondre à cette question, il faut simplement se
rendre compte que l'utilité pratique de cet idéal positif
est d'autant plus grande que le sujet possède moins de
croyances doctrinales, ou que, possédant ces croyances,
il éprouve plus le besoin de les éclairer par la vérité
scientifique.

Or un fait est indéniable dans nos sociétés, c'est que le nombre des croyants ayant une foi suffisante en la férule suprême, est assez restreint. Beaucoup ont pu croire dans l'enfance, mais cela n'a pas duré; bébé devenu adolescent n'a plus peur de Satan.

Ordinairement c'est à l'âge où les instincts et les besoins se manifestent le plus contre les sentiments moraux que se produit ainsi cette transformation intellectuelle. On devient d'ailleurs le plus souvent en même temps incroyant et immoral, plutôt qu'incroyant parce qu'immoral ou immoral parce qu'incroyant.

Je sais bien que les traditionalistes disent : au lieu de chercher à enseigner une finalité morale qui ne donnera pas pleine satisfaction à l'esprit, évertuez-vous donc simplement d'imposer la foi coûte que coûte.

Je répète que la discussion de cette opinion ne rentre pas dans mon programme.

Nous voyons beaucoup de religions autour de nous. Aucune n'est scientifiquement démontrable. Par conséquent nous n'avons pas à prendre parti pour l'une ou pour l'autre. D'autre part cette solution ne plaît pas à la majorité d'un peuple tel que celui de notre France qui a plusieurs fois manifesté nettement la volonté de ne voir enseigner officiellement et obligatoirement que les choses certaines communes à tous les citoyens. Dans ces conditions toute donnée scientifique capable de fournir un commencement de justification indiscutable à la loi morale est une donnée *utile à enseigner*.

Concluons donc que l'enseignement de la morale scientifique n'offre *aucun danger* pratique, ni aux simples « routiniers », ni aux simples « indociles » et que, *étant utile* sinon à tous ceux de la première catégorie, du moins à tous ceux de la seconde, il ne saurait y avoir qu'avantage à généraliser cet enseignement; d'autant plus que pratiquement on ne saurait distinguer *a priori* les enfants qui seront des *routiniers* de ceux qui seront des *indociles*.

Restent. deux questions capitales : 1°) une question d'ordre technique, c'est celle de déterminer les notions élémentaires qu'on peut, dans l'enseignement primaire et dans l'enseignement secondaire, mettre à la portée des jeunes cerveaux, parmi toutes les connaissances scientifiques indiscutables propres à mettre en relief les grandes lois de l'évolution de notre monde, la loi de conservation de l'énergie, la loi de Carnot-Clausius, la loi d'option, la loi Morale. C'est un choix très délicat qui est à faire. Cette discussion pédagogique me ferait sortir du cadre que je me suis tracé . dans le présent ouvrage et mérite de faire l'objet d'un travail spécial.

2°) Une question d'ordre philosophique : c'est celle de savoir s'il est pratiquement facile ou difficile pour les individus qui éprouvent le besoin de posséder une finalité métaphysique lointaine de concilier la finalité scientifique de la loi morale avec cette finalité d'ordre hypothétique ou sentimental.

Cette dernière question intéresse les sujets de haute culture plus que les simples. Plus l'esprit est simple, moins il a besoin d'une finalité très lointaine et il suffit qu'il aperçoive un but bien défini à ses actions pour donner une assise solide à sa volonté et pour compléter l'effet des mobiles automatiques qui le poussent à agir dans le sens imposé.

C'est donc en recherchant comment les esprits cultivés peuvent concilier la finalité scientifique avec les hypothèses métaphysiques ou avec l'idéal d'ordre sentimental qu'ils préfèrent, que nous devons étudier cette dernière question qui touche à nos conclusions.

153. — La notion de finalité dans le progrès est conciliable avec un idéal d'ordre métaphysique plus lointain. D'où l'utilité de cette notion pour les hommes instruits.

« Pourquoi tant de travail et tant d'efforts puisque la mort nous attend et que notre planète disparaîtra un jour ? ». C'est par cette interrogation déconcertante, citée au § 148, que je pourrais résumer le problème qui se pose aux hommes instruits, à ceux qui connaissent les lois de l'évolution des mondes et qui conçoivent dans toute sa grandeur la finalité de la loi d'option et de la loi morale dans le progrès. En effet après avoir établi cette finalité, la science s'arrête et laisse l'esprit désemparé lorsque soudain se présente à la pensée l'idée de l'anéantissement du monde matériel où il évolue. Elle reste muette sur les résultats lointains de cette évolution d'une terre de l'espace. Or tant est puissante l'idée qui attire l'homme vers la conception de l'absolu, que la notion d'une finalité limitée lui est insuffisante et qu'il veut un objet durable, c'est-à-dire d'une portée infinie, à ses efforts, à ses joies, à ses peines. Là où la raison s'arrête, la sentimentalité passe outre. Elle veut savoir. Et quand la science positive lui refuse les facteurs de la solution, elle imagine. A-t-elle tort? Bien fou serait celui qui voudrait le soutenir.

Appartient-il à un auteur de vulgarisation scientifique de passer outre lui aussi? Certes, c'est discutable. Cependant il est une chose qu'il peut faire et que même, à mon avis, il doit faire. C'est de montrer comment les conclusions auxquelles il est arrivé et auxquelles il a conduit ses lecteurs, sont conciliables avec les aspirations de la pensée humaine et avec ses espérances. C'est ce que je vais essayer de faire en mettant en lumière l'accord possible de la finalité scientifique immédiate avec certaines croyances ou certaines doctrines toutes faites, chères à quelques-uns des sujets de haute culture visés par ce paragraphe.

Les besoins de la sentimentalité ne sont pas les mêmes pour tous.

Les uns se refusent à admettre la fin de leur moi pensant et veulent indéfiniment conserver à travers les siècles de l'avenir le souvenir des quelques années qui ont suivi, sur la terre, la date de leur propre création. Le temps qui s'écoule, leur jeunesse qui passe, la vieillesse qui déjà fait plus chers les souvenirs d'un temps qu'ils savent fini pour eux, les rend infiniment tristes. « Comment admettre que l'on est soi-même non loin de finir, tout simplement parce que l'on atteindra bientôt le nombre d'années compté sans merci à la moyenne des existences, écrit notre grand penseur P. Loti! Mon Dieu, finir quand on ne sent rien en soi qui ait changé et que le même élan vous emporterait vers l'aventure, vers l'inconnu, s'il en restait quelque part! »

« Avoir été un enfant pour qui le monde va s'ouvrir, avoir été celui *qui vivra*, et ne plus être que celui qui a vécu », nous apparaît évidemment comme la chose la plus navrante qui se puisse concevoir ; et cette angoisse du néant, dit l'auteur que je cite, nous pousse infailliblement à nous réfugier dans la « Pitié suprême » comme autrefois, enfants, nous allions soulager nos peines éphémères dans le sein d'une mère aimante. « Il faut qu'elle soit capable, cette Pitié suprême, d'entendre au moment des séparations de la mort notre clameur d'infinie détresse, sans quoi la création... deviendrait une cruauté par trop inadmissible à force d'être odieuse et à force d'être lâche ».

Ceux-là le plus souvent placent en eux-mêmes la finalité de leur conduite sur la terre et comme en même temps ce sont presque toujours des croyants en un Dieu personnel qui possèderait des sentiments comparables aux nôtres, leurs croyances métaphysiques ne peuvent que les inciter à s'incliner devant la loi du progrès instituée par ce Dieu, directeur des mondes.

La science est bien pour eux la révélatrice de ses desseins et la morale du progrès ne peut leur apparaître que comme l'expression tangible pour l'humanité de sa volonté supérieure.

Les autres souhaitent conserver leur personnalité, mais font avec joie le sacrifice de leurs souvenirs. Je serai après ma mort, disent volontiers ceux là, ce que je fus avant ma naissance ; et pas plus je ne me rappelle mon passé, pas plus je n'aurai la mémoire de ma vie présente ! Et cela heureusement, ajoutent-ils, car les émotions, les enthousiasmes s'émoussent par leur répétition et l'on n'éprouve avec intensité et plénitude de joie que ce qui est nouveau.

Un pas de plus, c'est la vie à répétition de Cagliostro, ou la vie indéfinie des psychistes et des spirites; un pas encore, c'est la métempsychose.

Ces conceptions sont-elles plus logiques ou moins logiques que les précédentes, je répète que je ne veux pas discuter ces problèmes, je me borne à constater des opinions, des pensées. Ceux qui professent les croyances dont je parle trouvent en elles pour la plupart une raison majeure à se conformer à la loi qui nous mène. En effet beaucoup d'entre eux admettent un moi perfectible à travers sa vie terrestre et c'est là une forme de récompense posthume; beaucoup aussi étendent simplement à une durée indéfinie la finalité limitée qui les poussait à bien agir durant leur vie : l'utilité collective qu'ils servaient individuellement leur apparaît comme une raison d'être plus vaste puisque sous une forme ou sous une autre, ils croient qu'ils assisteront dans l'avenir aux résultats d'une évolution plus longue auxquels ils auraient contribué. Aussi pour ceux là encore il y a non seulement conciliation possible entre la finalité scientifique et la finalité métaphysique qu'ils imaginent mais la finalité scientifique peut être regardée comme la partie accessible de leur corps de doctrines.

Enfin il est une troisième catégorie d'individus instruits. Elle est, je crois, la plus nombreuse. Elle comprend ceux qui n'ont pas d'idées métaphysiques toutes faites et qui demandent aux connaissances acquises de les aider à se faire une doctrine.

L'utilité de la finalité scientifique pour ceux-là est

indiscutable, puisqu'elle est un commencement de satisfaction pour leur curiosité et un soutien pour la conduite de leur vie. Mais il s'agit de savoir si, en l'absence de croyances traditionnelles ou d'idées toutes faites acceptées par l'esprit, ces individus pourvus des données de la science et de la notion de la morale évolutionniste, seront capables de se créer un idéal lointain qui satisfasse à la fois leur curiosité philosophique et leur sentimentalité.

Poser cette question, c'est toucher le problème si angoissant que j'ai énoncé dans l'introduction du premier volume de cette publication. Ce problème-là n'est pas un problème de morale positive; il sort de l'étude scientifique de la loi d'option. Aussi je crois préférable de le traiter sous une autre rubrique en posant les conclusions générales de l'ouvrage.

Je terminerai donc ce chapitre en concluant simplement à l'utilité pour l'homme, quel qu'il soit, de connaître la nécessité de la loi qui lui dicte ses actions, et à l'utilité pour nos sociétés civilisées d'établir un large enseignement de la morale dès l'enfance, d'une morale basée sur les seules notions de la science positive, communes à tous les citoyens et compatibles avec toutes les convictions, et sur les sentiments altruistes qui sont au fond de tous les cœurs.

CONCLUSIONS GÉNÉRALES

On ne trouvera pas sous cette rubrique les conclusions particulières des grands problèmes abordés au cours de cet ouvrage. En effet, le nombre de ces conclusions serait considérable, et elles perdraient en clarté à être éloignées des chapitres où elles ont été élaborées.

Nous avons d'ailleurs donné ces conclusions particulières au fur et à mesure des besoins. Quand nous avons étudié la matière, nous avons dit ce que la science contemporaine nous fait conclure sur sa structure. Quand nous avons parlé de ses propriétés physiques et chimiques, nous avons dit où nous mènent les nouvelles hypothèses qui les expliquent, et en particulier la théorie cinétique. Quand nous avons analysé les phénomènes électriques, nous avons conclu à la vraisemblance des théories de l'électron, du magnéton, qui jettent un jour nouveau sur certains caractères de la matière. Quand nous avons parlé des corps radio-actifs, nous avons dit ce que nous étions en droit de supposer sur la vie de l'atome matériel. Quand nous avons cherché à sonder les phénomènes de l'énergie pure, nous avons été conduits à exposer les hypothèses sur son évolution et sur l'éther des physiciens. Plus tard, l'étude de la matière organisée nous a amenés à des conclusions importantes sur la nature des réactions d'équilibre et sur les phénomènes catalytiques si importants dans l'évolution de la vie. Celle des unités vivantes nous a permis de dégager de l'évolution des formes et des fonctions de la vie une loi qui prend place à côté des lois fondamentales de l'énergétique. Les problèmes de l'hérédité, de la genèse de la vie sur la terre ont reçu leur solution. Enfin, quand nous avons abordé l'analyse des fonctions de relation, nous avons dit les conclusions auxquelles nous conduit l'étude de l'irritabilité des plasmas, de l'influx nerveux, et de cette manifestation statique si préoccupante que nous appelons la conscience du moi.

Et ce ne sont là que quelques-unes des conclusions particulières que nous avons formulées.

L'ouvrage pourrait donc se passer de conclusions générales. Ses déductions pourraient s'arrêter aux horizons que chacun de ses chapitres a ouverts à notre imagination.

Cependant je crois que je manquerais à mes engagements vis-à-vis des lecteurs qui m'ont suivi jusqu'au bout, si je n'ajoutais pas à ces conclusions de la science positive les conclusions de la pensée en mal de finalité. J'ai trop insisté sur ce fait que les révélations de la science n'apportaient pas une fin de non-recevoir aux aspirations de l'âme humaine touchant les destinées de l'évolution des mondes pour ne pas au moins montrer par quelle issue l'imagination peut, hors du cercle étroit de ses connaissances positives, s'échapper vers ses rêves.

Ces dernières conclusions vont donc s'adresser seulement à cette catégorie d'individus instruits et souffrant de l'angoisse du doute, dont je parlais à la fin du dernier paragraphe.

Ceux-là le plus souvent, sont portés à admettre l'évanouissement du moi individuel avec ses sensations, ses sentiments et ses souvenirs, mais regardent forcément cette chose statique liée à l'unité matérielle que nous sommes, comme une manifestation particulière d'une propriété très générale du milieu générateur : de même que l'attraction atomique, la gravidité disparaissent avec les unités qui en sont le support, mais demeurent *en puissance* dans l'éther, en l'absence de toute matière, de même la conscience, propriété statique individuelle disparaît avec l'individu, mais reste *en puissance* dans le milieu générateur. Cette chose potentielle devient actuelle chaque fois que les circonstances matérielles la rendent effective.

Libre à eux d'ailleurs de supposer chez elle une certaine équipartition ou la continuité absolue. Dans ce champ incertain toutes les hypothèses sont permises.

C'est là l'image la plus large et la plus abstraite de l'immortalité de l'âme qui se puisse concevoir. Qui sait si elle n'est pas la plus proche de la vérité !

Les philosophes que guident ces conceptions doivent reconnaître au milieu générateur, à l'Être suprême, des vertus potentielles ou actuelles supérieures à tout ce que notre intelligence peut se représenter. Aussi on ne peut nier que ce Dieu de la philosophie contemporaine s'offre aux croyants de toutes les religions comme la conception la plus vaste vers laquelle ils puissent élever celle du Dieu que la tradition leur a rendu cher.

Eh bien, pour ces philosophes quelle peut donc être cette finalité lointaine de la loi d'option qui conduit les êtres vivants au progrès sur notre terre?

Puisque pour eux le moi individuel, bien que susceptible peut-être de conserver une certaine unité posthume, s'absorbe après la mort comme disaient les livres sacrés de l'Inde antique dans l'âme universelle de la nature, comment donc concevoir la finalité du progrès? Est-ce que chaque moi individuel garde une empreinte du progrès dont il a été le siège? Est-ce que au contraire la somme de ces progrès partiels marque seule au tableau en faisant retour à la masse? Ou bien est-ce que rien ne s'enregistre, le progrès étant propre à la seule matière périssable? Aucune donnée scientifique ne peut nous éclairer sur ce point.

Dans le premier cas quelle pourrait être la fin de cette progression indéfinie des quantum pensants?

Dans le second comment pourrait être conçu le but du progrès indéfini du milieu : cette conception devrait-elle nous ramener à la doctrine jadis si discutée du Dieu indéfiniment perfectible? Le progrès, comme le temps et comme l'espace, peut-il être indéfini et sans borne?

Et dans le troisième cas si rien ne s'enregistre dans les archives de l'univers, si un *statu quo* général est le seul aboutissant des évolutions partielles des mondes qui naissent, évoluent et s'évanouissent sans rien laisser de leur vie qu'une poignée de grains de matière ou d'énergie, faut-il croire que la création ne peut nous apparaître que « comme une cruauté inadmissible à force d'être odieuse »?

Eh bien non, il me semble que même alors et quelle

que soit celle de ces hypothèses troublantes que nous voulions accepter, l'épouvante ne résiste pas à l'examen. En effet si d'un puissant coup d'aile la pensée s'élève au-dessus de nos ambitions les plus légitimes, une idée consolante et rassurante s'impose à notre esprit et calme nos terreurs. Nous pouvons apercevoir plus loin que la vie de chaque monde, de chaque système sidéral, de chaque unité lactéenne ou autre plus vaste encore, une vie générale de l'univers total, dans l'immensité sans borne.

Cette vie nous apparaît faite des mutations de chaque monde comme notre propre vie est faite des mutations particulières à chaque élément de notre corps.

Obéir à la loi d'évolution du monde où l'on existe, c'est participer à cette vie immense *au mieux de son accomplissement*

Cette vie universelle représente-t-elle la *stabilité* éternelle de l'ensemble infini ou son *progrès* sans fin? Envisagée sous cette face la question posée plus haut perd beaucoup de son angoissant intérêt : que chaque monde parcourt un cycle fermé qui le ramène finalement à son point de départ sans que le travail accompli détermine un progrès dans l'immensité, ou bien que l'œuvre réalisée entraîne dans l'univers total ce que nous appelons une amélioration, qu'importe! Nous est-il donc plus indispensable de participer à un progrès sans fin plutôt qu'à une vie éternellement stable?

Le *statu quo* de l'Ens infini n'implique pas l'inutilité de nos efforts et notre tâche dans une immensité stable n'est nullement diminuée.

Quoi qu'il en soit, dans la doctrine que nous envisa-

geons, les cycles parcourus par chaque monde, par
chaque parcelle de l'immensité sont des éléments de la
vie totale, comme dans la chimio-physiologie de notre
organisme les cycles du carbone, de l'azote, sans cesse
renouvelés et sans cesse pareils à eux-mêmes, sont la
condition d'accomplissement des plus hautes fonctions
de la vie individuelle et de la pensée elle-même. Si les
atomes de nos molécules si complexes, si les catalyseurs
qui président à leurs mutations et grâce auxquels se
déroulent nos cycles chimiques possédaient le discernement et le libre arbitre, eux aussi pourraient targuer
d'ironie ces courbes fermées qu'ils décrivent; et je crois
que l'ascension des groupements atomiques vers les
formes moléculaires les plus savantes pourrait leur
paraître aussi comme un travail odieux, puisque la
dégradation inverse doit s'accomplir ensuite et que
leur cycle doit finir là où il avait commencé. C'est vrai, il
y a à cela quelque tristesse, mais qu'importe puisqu'ils
ont, en le faisant, participé à une vie collective qui a
fait de grandes choses et qui a pensé.

Et encore leur tristesse aurait-elle quelque raison
d'être plus plausible que la nôtre, puisque la vie à
laquelle ils participent est une vie changeante et limitée
qui conduit chaque être vers une apogée éphémère,
suivie d'un déclin et de la mort, tandis que nous du
moins, nous pouvons imaginer, avec quelque vraisemblance, que nous participons à une vie indéfinie, sinon
à une vie progressive dont l'apogée ne sera jamais
atteinte.

Ainsi, même des hypothèses les plus suspectes de
désespérance et de tristesse, se dégage à l'examen quel-

que chose de sublime, et rien ne nous autorise à regarder chaque monde comme parcourant un cycle fermé isolé dans une immensité indifférente.

Si l'absolu demeure impénétrable, du moins pouvons-nous pressentir que nous collaborons par notre volonté libre à une œuvre grandiose dont notre pensée ne peut imaginer l'étendue.

Tels sont les nouveaux horizons que la science ouvre à l'intelligence humaine. Bien loin de nous apporter, comme on l'a craint, l'épouvante et le désespoir, bien loin de nous assécher le cœur, elle nous met au contraire à l'abri de déceptions cruelles à l'heure où nos peuples civilisés, pleurant les rêves et les illusions de leur enfance, sont appelés à regarder en face la réalité.

Puissé-je avoir contribué en écrivant cet ouvrage à soutenir les efforts de ceux qui souffrent du doute et qui cherchent un refuge contre leurs angoisses.

Puissé-je aussi avoir contribué à montrer notre ignorance aux demi-instruits qui, croyant détenir la vérité absolue, attaquent en raillant les rêves puérils, et à donner un peu de modestie aux croyants de toutes les religions, de toutes les traditions, en leur faisant comprendre à quelle folle présomption ils obéissent quand ils s'attribuent le droit et le devoir d'imposer leur foi à autrui et de torturer même ceux qui leur sont chers pour bien mériter des puissances occultes dispensatrices des récompenses posthumes. Modestie, tolérance et charité envers les erreurs d'autrui, ce sont les trois vertus doctrinales que nous enseigne la conception de notre ignorance.

Enfin, je souhaite un dernier résultat encore. C'est,

grâce à la mise en lumière de la loi d'option, d'avoir montré la morale comme un corollaire des lois d'évolution du monde vivant et par suite d'avoir contribué à rendre plus facile et plus rationnel son enseignement. Plus tangible dans son objet, plus accessible dans sa nature, quoique compatible avec les hypothèses métaphysiques les plus variées, la morale doit entrer dans le programme de l'éducation de l'enfance franchement, ouvertement, comme toutes les données positives communes à tous les citoyens. Elle ne doit pas être le monopole d'une doctrine, d'une chapelle, d'un parti, elle est la loi la plus fondamentale devant laquelle tout sujet doit s'incliner. Elle est à la base même des lois sociales dont le code, avec son système de pénalité, formule certains articles, ceux qui concernent les rapports des hommes vivant en sociétés.

Il y a là un enseignement complet et délicat à organiser : c'était à l'étude de la science contemporaine qu'il appartenait de décider si elle pouvait en fournir les éléments rationnels. Si j'ai réussi à démontrer cette possibilité, j'aurai atteint le but le plus difficile que j'avais résolu de poursuivre.

TABLE ALPHABÉTIQUE

TABLE DES MATIÈRES

LIVRE I

FONCTION DE NUTRITION. CROISSANCE. REPRODUCTION. ENERGETIQUE ANIMALE.

Chapitre II. — **Fonction de nutrition.**

Section I. — Fonction de nutrition au point de vue chimique.

CONCLUSIONS DE L'ETUDE DE LA FONCTION DE NUTRITION

LIVRE II

ORIGINE DES ÊTRES VIVANTS. LA FONCTION DE NUTRITION ET L'ORIGINE DE LA MATIÈRE VIVANTE.

LIVRE III

LES FONCTIONS DE RELATION

CHAPITRE Iᵉʳ. — **Les organes de la vie de relation.
L'influx nerveux.**

Coulommiers. — Imprimerie DESSAINT ET Cie.